网站开发案例课堂

Dreamweaver 动态网站开发案例课堂

刘玉红　蒲　娟　编著

清华大学出版社
北　京

内容简介

本书以零基础讲解为宗旨，用实例引导读者深入学习，采取“网站基础知识→网页美化布局→动态网站开发→网站全能拓展”的讲解模式，深入浅出地讲解了 Dreamweaver 开发动态网站的各项技术及实战技能。

本书第 1 篇主要讲解网页设计与网站建设认知、网站配色与布局、Dreamweaver CS6 创建网站站点、网页内容之美、HTML 5 新增元素与属性速览、设计网页超链接、使用网页表单和行为、使用表格布局网页、使用框架布局网页、使用模板等；第 2 篇主要讲解使用 CSS 样式表美化网页、CSS+DIV 布局典型范例、网站的发布等；第 3 篇主要讲解构建动态网站的运行环境、使用 MySQL 数据库、动态网站应用模块开发、娱乐休闲类网站开发实战、电子商务类网站开发实战等；第 4 篇主要讲解网站优化与推广、网站安全与防御等。本书还在配套的在 DVD 光盘中赠送了丰富的资源，诸如本书实例素材文件、教学幻灯片、本书精品教学视频、网页样式与布局案例赏析、Dreamweaver CS6 快捷键和技巧、HTML 标签速查表、精彩网站配色方案赏析、CSS+DIV 布局赏析案例、Web 前端工程师常见面试题等。

本书适合任何想学习 Dreamweaver 开发动态网站的人员，无论您是否从事计算机相关行业，无论您是否接触过 Dreamweaver，通过学习本书内容均可快速掌握 Dreamweaver 开发动态网站的方法和技巧。

图书在版编目(CIP)数据

Dreamweaver 动态网站开发案例课堂/刘玉红，蒲娟编著. --北京：清华大学出版社，2016
(网站开发案例课堂)
ISBN 978-7-302-42355-3

Ⅰ. ①C…　Ⅱ. ①刘…　②蒲…　Ⅲ. ①网页制作工具　Ⅳ. ①TP393.092

中国版本图书馆 CIP 数据核字(2015)第 296142 号

责任编辑：张彦青
装帧设计：杨玉兰
责任校对：文瑞英
责任印制：杨　艳

出版发行：清华大学出版社
网　　址：http://www.tup.com.cn，http://www.wqbook.com
地　　址：北京清华大学学研大厦 A 座　**邮　　编**：100084
社 总 机：010-62770175　**邮　　购**：010-62786544
投稿与读者服务：010-62776969，c-service@tup.tsinghua.edu.cn
质 量 反 馈：010-62772015，zhiliang@tup.tsinghua.edu.cn
印 装 者：清华大学印刷厂
经　　销：全国新华书店
开　　本：190mm×260mm（附光盘 1 张）　**印　张**：28.5　**字　　数**：693 千字
版　　次：2016 年 2 月第 1 版　**印　　次**：2016 年 2 月第1 次印刷
印　　数：1～3000
定　　价：59.00 元

产品编号：066583-01

前　　言

"网站开发案例课堂"系列图书是专门为网站开发和数据库初学者量身定做的一套学习用书，整套图书涵盖网站开发、数据库设计等诸多方面，具有以下特点。

■ 前沿科技

无论是网站建设、数据库设计还是 HTML5、CSS，我们都精选较为前沿或者用户群最大的领域推进，帮助大家认识和了解最新动态。

■ 权威的作者团队

组织国家重点实验室和资深应用专家联袂编著该套图书，融合丰富的教学经验与优秀的管理理念

■ 学习型案例设计

以技术的实际应用过程为主线，全程采用图解和同步多媒体结合的教学方式，生动、直观、全面地剖析使用过程中的各种应用技能，降低难度和提升学习效率。

为什么要写这样一本书

随着网络的发展，很多企事业单位和广大网民对于建立网站的需求越来越强烈；另外对于大中专院校，很多学生需要做网站毕业设计，但是这些读者又不懂网页代码程序，不知道从哪里下手，针对这些情况，我们编写了此书，以期全面带领读者学习网页设计和网站建设的全面知识。通过本书的实训，读者可以很快地上手设计网页和开发网站，提高职业化能力，从而解决其需求。

本书特色

■ 零基础、入门级的讲解

无论您是否从事计算机相关行业，无论您是否接触过 Dreamweaver 和动态网站开发，都能从本书中找到最佳起点。

■ 超多、实用、专业的范例和项目

本书在编排上紧密结合深入学习 Dreamweaver 开发动态网站技术的先后过程，从 Dreamweaver 的基本操作开始，带领大家逐步深入地学习各种应用技巧，侧重实战技能，使用简单易懂的实际案例进行分析和操作指导，让读者读起来简明轻松，操作起来有章可循。

■ 随时检测自己的学习成果

每章首页中，均提供了学习目标，以指导读者重点学习和检查。

每章最后的“跟我练练手”板块，均根据本章内容精选而成，读者可以随时检测自己的学习成果和实战能力，做到融会贯通。

■ 细致入微、贴心提示

本书在讲解过程中，在各章中使用了“注意”“提示”“技巧”等小栏目，使读者在学习过程中更清楚地了解相关操作、理解相关概念，并轻松掌握各种操作技巧。

■ 专业创作团队和技术支持

本书由 IT 应用实训中心组织编写并提供技术支持。

如果您在学习过程中遇到了问题，可加入 QQ 群(群号为 221376441)进行提问，届时会有专家人员在线答疑。

“Dreamweaver 开发动态网站”学习最佳途径

本书以学习“Dreamweaver 开发动态网站”的最佳制作流程来分配章节，从 Dreamweaver 基本操作开始，然后讲解了网页美化布局、动态网站开发、网站全能拓展等内容。最后在项目实战环节又特意补充了两个常见综合动态网站开发过程，以便能更进一步提高读者的实战技能。

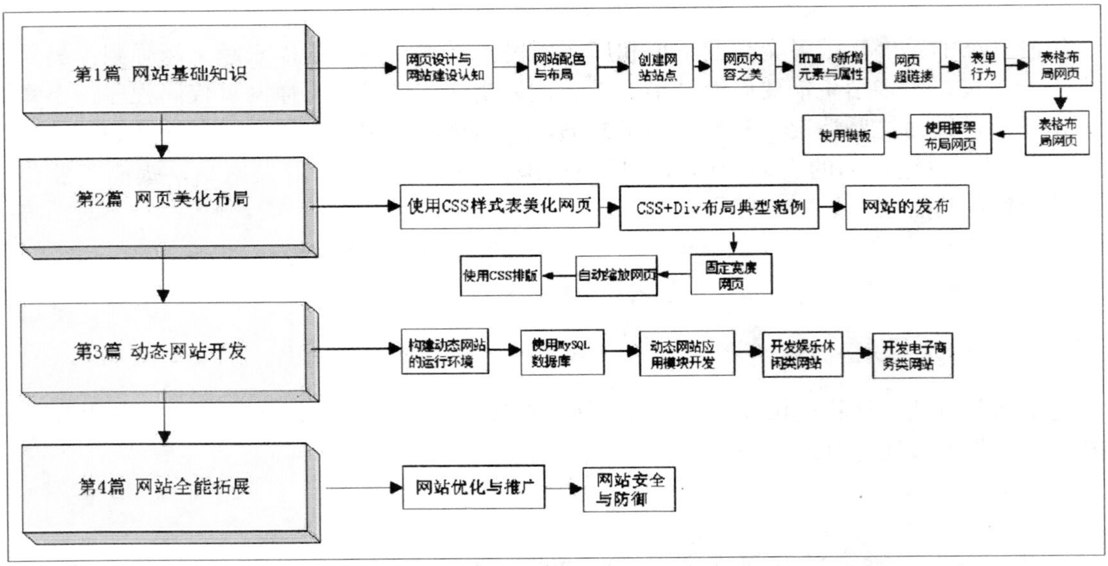

超值光盘

❑ 全程同步教学录像

涵盖本书所有知识点，详细讲解每个实例及项目实施过程中的关键技术，让读者更轻松地掌握书中所有的 Dreamweaver 开发动态网站知识。其中的扩展讲解部分可让读者得到比书中内容更多的收获。

- 超多容量资源大放送

赠送大量资源，包括本书实例素材文件、教学幻灯片、本书精品教学视频、网页样式与布局案例赏析、Dreamweaver CS6 快捷键和技巧、HTML 标签速查表、精彩网站配色方案赏析、CSS+DIV 布局赏析案例、Web 前端工程师常见面试题等。

读者对象

- 没有任何 Dreamweaver 基础的初学者。
- 有一定的 Dreamweaver 基础，想精通动态网站开发的人员。
- 有一定的动态网站开发基础，没有项目经验的人员。
- 正在进行毕业设计的学生。
- 大专院校及培训学校的老师和学生。

创作团队

本书由刘玉红策划，IT 应用实训中心高级讲师蒲娟编著，参加编写的人员有付红、李园、郭广新、侯永岗、王月娇、包慧利、陈伟光、胡同夫、梁云梁和周浩浩。

在编写过程中，我们虽尽其所能，将最好的讲解呈现给读者，但书中也难免有疏漏和不妥之处，敬请读者朋友不吝指正。若您在学习中遇到困难或疑问，或有何建议，可写信发送至信箱 357975357@qq.com。

编　者

目　录

第 1 篇　Dreamweaver 网页设计

第 2 篇 网页美化与布局

第 3 篇 动态网站开发篇

第 4 篇　网站全能拓展篇

第 I 篇

Dreamweaver 网页设计

- 第 1 章　网页设计与网站建设认知
- 第 2 章　整体把握网站结构——网站配色与布局
- 第 3 章　磨刀不误砍柴工——Dreamweaver CS6 创建网站站点
- 第 4 章　制作我的第一个网页——网页内容之美
- 第 5 章　Web 新面孔——HTML 5 新增元素与属性速览
- 第 6 章　不在网页中迷路——设计网页超链接
- 第 7 章　让网页互动起来——使用网页表单和行为
- 第 8 章　初步接触布局使用——使用表格布局网页
- 第 9 章　极速的页面布局——使用框架布局网页
- 第 10 章　批量制作风格统一的网页——使用模板

第 1 章 网页设计与网站建设认知

随着互联网的迅速推广，越来越多的企业和个人得益于网络的发展和壮大，越来越多的网站也如雨后春笋般纷纷涌现，但是人们越来越不满足于只有文字和图片的静态网页效果，所以动态网站的开发越来越占据网站开发的主流。

其实动态网站的开发与制作并不难，用户只要掌握网站开发工具的用法，了解网站开发的流程和相关技术，再加上自己的想象力，就可以创造出动态网站。本章就先来介绍网页设计与网站建设的基础知识，例如网页和网站的基本概念与区别、网页的 HTML 构成，以及 HTML 中的常用标记等。

本章要点(已掌握的，在方框中打勾)

- ☐ 熟悉什么是网页和网站。
- ☐ 熟悉网页的相关概念。
- ☐ 掌握网页的 HTML 结构。
- ☐ 掌握 HTML 常用的标签。
- ☐ 掌握制作日程表的步骤。

1.1　认识网页和网站

在创建网站之前，首先需要认识什么是网页、什么是网站，以及网站的种类与特点。本节就来介绍一下它们的相关概念。

1.1.1　什么是网页

网页是 Internet(国际互联网，也称因特网)中最基本的信息单位，是把文字、图形、声音及动画等各种多媒体信息相互链接起来而构成的一种信息表达方式。

通常，网页中有文字和图像等基本信息，有些网页中还有声音、动画和视频等多媒体内容。网页一般由站标、导航栏、广告栏、信息区和版权区等部分组成，如图 1-1 所示。

在访问一个网站时，首先看到的网页一般称为该网站的首页。有些网站的首页只是网站的开场页，具有欢迎访问者的作用，单击页面上的文字或图片，可打开网站的主页，而首页也随之关闭，如图 1-2 所示。

图 1-1　网站的网页

图 1-2　网站的主页

网站的主页与首页的区别在于：主页设有网站的导航栏，是所有网页的链接中心。但多数网站的首页与主页通常合为一个页面，即省略了首页而直接显示主页。在这种情况下，它们指的是同一个页面，如图 1-3 所示。

图 1-3　省略首页的网站

1.1.2 什么是网站

网站就是在 Internet 上通过超级链接的形式构成的相关网页的集合。简单地说，网站是一种通信工具，人们可以通过网页浏览器来访问网站，获取自己需要的资源或享受网络提供的服务。

例如，人们可以通过淘宝网站查找自己需要的信息，如图 1-4 所示。

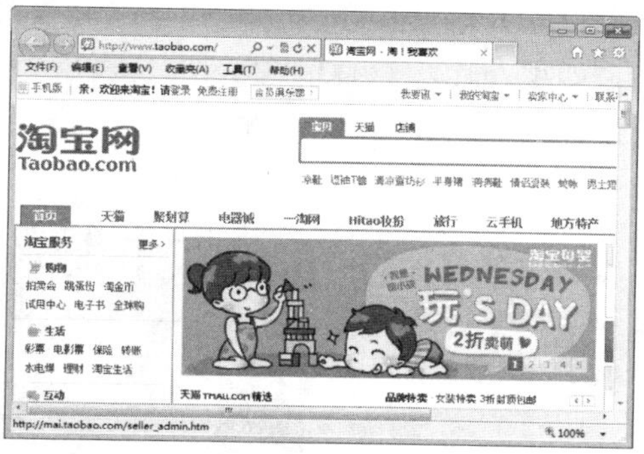

图 1-4 淘宝网网站

1.1.3 网站的种类和特点

按照内容和形式的不同，网站可以分为门户网站、职能网站、专业网站和个人网站等四大类。

1. 门户网站

门户网站是指涉及领域非常广泛的综合性网站，例如国内著名的三大门户网站：网易、搜狐和新浪。如图 1-5 所示为网易网站的首页。

2. 职能网站

职能网站是指一些公司为展示其产品或对其所提供的售后服务进行说明而建立的网站。如图 1-6 所示为联想集团的中文官方网站。

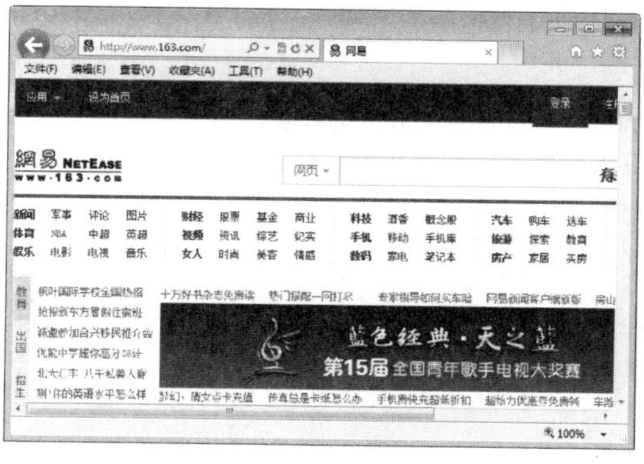

图 1-5 门户网站示例

图 1-6 职能网站示例

3. 专业网站

专业网站是指专门以某个主题为内容而建立的网站，这种网站都是以某一题材的信息作为网站的内容的。如图 1-7 所示为赶集网网站，该网站主要为用户提供租房、二手货交易等同城相关服务。

4. 个人网站

个人网站是指由个人开发建立的网站，在内容形式上具有很强的个性化，通常用来宣传自己或展示个人的兴趣爱好。如现在比较流行的淘宝网，在淘宝网上注册一个账户，开一家自己的小店，在一定程度上就宣传了自己，展示了个人兴趣与爱好，如图 1-8 所示。

图 1-7 专业网站示例

图 1-8 个人网站示例

1.2 网页的相关概念

在制作网页时，经常会接触到很多和网络有关的概念，如浏览器、URL、FTP、IP 地址及域名等，理解与网页相关的概念，对制作网页会有一定的帮助。

1.2.1 因特网与万维网

因特网(Internet)又称国际互联网，是一个把分布于世界各地的计算机用传输介质互相连接起来的网络。Internet 主要提供的服务有万维网(WWW)、文件传输协议(FTP)、电子邮件(E-mail)及远程登录(Telnet)等。

万维网(World Wide Web，WWW)简称为 3W，它是无数个网络站点和网页的集合，也是 Internet 提供的最主要的服务。它是由多媒体链接而形成的集合，通常我们上网看到的内容就是万维网的内容。如图 1-9 所示，这是使用万维网打开的百度首页。

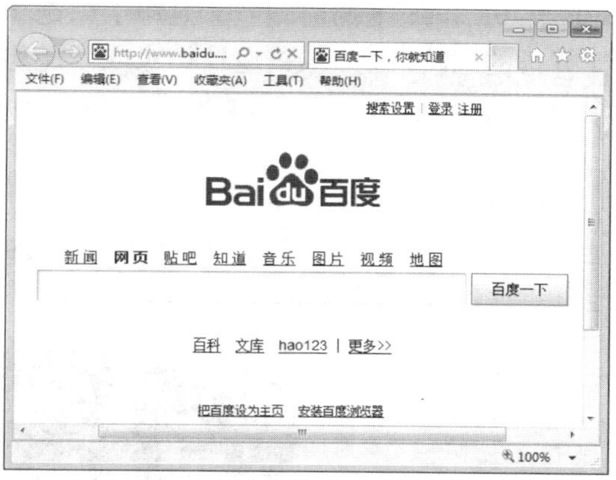

图 1-9　百度首页

1.2.2　浏览器与 HTML

浏览器是将互联网上的文本文档(或其他类型的文件)翻译成网页，并让用户与这些文件交互的一种软件工具，主要用于查看网页的内容。目前最常用的浏览器有两种：美国微软公司的 Internet Explorer(通常称为 IE 浏览器)，美国网景公司的 Netscape Navigator(通常称为网景浏览器)。如图 1-10 所示是使用 IE 浏览器打开的页面。

HTML(HyperText Marked Language)即超文本标记语言，是一种用来制作超文本文档的简单标记语言，也是制作网页的最基本的语言，它可以直接由浏览器执行。如图 1-11 所示为使用 HTML 语言制作的页面。

图 1-10　使用 IE 浏览器打开的页面

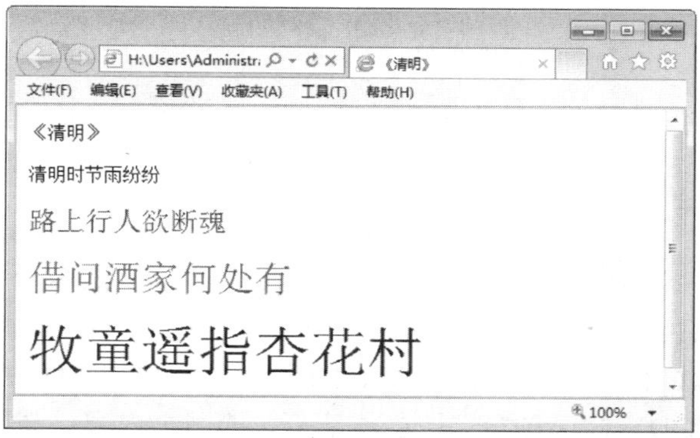

图 1-11　使用 HTML 语言制作的页面

1.2.3　URL、域名与 IP 地址

URL(Uniform Resource Locator)即统一资源定位器，也就是网络地址，是在 Internet 上用来描述信息资源，并将 Internet 提供的服务统一编址的系统。简单来说，通常在 IE 浏览器或 Netscape 浏览器中输入的网址就是 URL 的一种，如百度网址 http://www.baidu.com。

域名(Domain Name)类似于 Internet 上的门牌号，是用于识别和定位互联网上计算机的层次结构的字符标识，与该计算机的因特网协议(IP)地址相对应。但相对于 IP 地址而言，域名更便于使用者理解和记忆。URL 和域名是两个不同的概念，如 http://www.sohu.com/是 URL，而 www.sohu.com 是域名，如图 1-12 所示。

IP(Internet Protocol)即因特网协议，是为计算机网络相互连接进行通信而设计的协议，是计算机在因特网上进行相互通信时应当遵守的规则。IP 地址是给因特网上的每台计算机和其他设备分配的一个唯一的地址。使用 ipconfig 命令可以查看本机的 IP 地址，如图 1-13 所示。

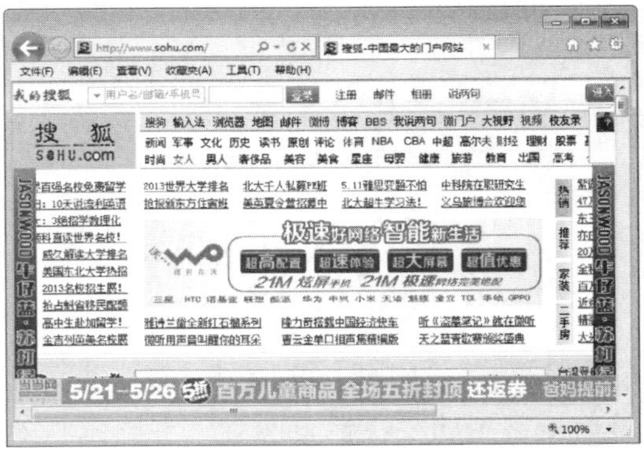

图 1-12　搜狐首页

图 1-13　使用 IPconfig 命令查看 IP 地址

1.2.4　上传和下载

上传(Upload)是从本地计算机(一般称客户端)向远程服务器(一般称服务器端)传送数据的行为和过程。下载(Download)是从远程服务器取回数据到本地计算机的过程。

1.3　网页的 HTML 构成

在一个 HTML 文档中，必须包含<HTML></HTML>标记(也称标签)，并且该标记需放在一个 HTML 文档的开始和结束位置。即每个文档以<HTML>开始，以</HTML>结束。<HTML>与</HMTL>之间通常包含两个部分，分别是<HEAD></HEAD>标记和<BODY></BODY>标记。HEAD 标记包含 HTML 头部信息，例如文档标题、样式定义等。BODY 标记包含文档主体部分，即网页内容。需要注意的是，HTML 标记不区分大小写。

为了便于读者从整体把握 HTML 文档结构，下面通过一个 HTML 页面来介绍 HTML 页面的整体结构，示例代码如下：

```
<!DOCTYPE HTML>
<HTML>
<HEAD>
    <TITLE>网页标题</TITLE>
</HEAD>
<BODY>
    网页内容
```

```
</BODY>
</HTML>
```

从上述代码可以看出，一个基本的 HTML 页由以下几个部分构成。

(1) <!DOCTYPE>声明必须位于 HTML5 文档中的第一行，也就是位于<HTML>标记之前。该标记用于告知浏览器文档所使用的 HTML 规范。<!DOCTYPE>声明不属于 HTML 标记；它是一条指令，告诉浏览器编写页面所用的标记的版本。由于 HTML5 版本还没有得到浏览器的完全认可，后面介绍时还采用以前通用的标准。

(2) <HTML>和</HTML>说明本页面是使用 HTML 语言编写的，可使浏览器软件能够准确无误地解释、显示。

(3) <HEAD>和</HEAD>是 HTML 的头部标记，头部信息不显示在网页中。在该标记内可以嵌套其他标记，用于说明文件标题和整个文件的一些公用属性，如通过<style>标记定义 CSS 样式表，通过<Script>标记定义 JavaScript 脚本文件。

(4) <TITLE>和</TITLE>标记是 HEAD 中的重要组成部分，它包含的内容显示在浏览器的窗口标题栏中。如果没有 TITLE，浏览器标题栏就只显示本页的文件名。

(5) <BODY>和</BODY>标记用来包含 HTML 页面显示在浏览器窗口的客户区中的实际内容。例如页面中的文字、图像、动画、超链接以及其他 HTML 相关的内容都是在该标签中定义的。

1.3.1 文档标记

一般 HTML 的页面以<HTML>标记开始，以</HTML>标记结束。HTML 文档中的所有内容都应位于这两个标记之间。如果这两个标记之间没有内容，则该 HTML 文档在 IE 浏览器中的显示将是空白的。

<HTML>标记的语法格式如下：

```
<HTML>
......
</HTML>
```

1.3.2 头部标记

头部标记(<HEAD>……</HEAD>)包含的是文档的标题信息，如标题、关键字、说明以及样式等。除了<TITLE>标题外，一般位于头部标记中的内容不会直接显示在浏览器中，而是通过其他的方式显示。

(1) 内容。

头部标记中可以嵌套多个标记，如<TITLE>、<BASE>、<ISINDEX>和<SCRIPT>等标记，也可以添加任意数量的属性，如<SCRIPT>、<STYLE>、<META>或<OBJECT>等。除了<TITLE>标记外，嵌入的其他标记可以使用多个。

(2) 位置。

在所有的 HTML 文档中，头部标记不可或缺，但是其起始和结尾标记却可以省去。在各个 HTML 的版本文档中，头部标记一直紧跟<BODY>标记，但在框架设置文档中，其后跟的是<FRAMESET>标记。

(3) 属性。

<HEAD>标记的属性 PROFILE 给出了元数据描写的位置，从中可以看到其中的<META>和<LIND>元素的特性。该属性的形式没有严格的格式规定。

1.3.3 主体标记

主体标记(<BODY>……</BODY>)包含了文档的内容，用若干个属性来规定文档中显示的背景和颜色。

主体标记可能用到的属性如下：

(1) BACKGROUND=URI(文档的背景图像，URL 指图像文件的路径)；

(2) BGCOLOR=Color(文档的背景色)；

(3) TEXT=Color(文本颜色)；

(4) LINK=Color(链接颜色)；

(5) VLINK=Color(已访问的链接颜色)；

(6) ALINK=Color(被选中的链接颜色)；

(7) ONLOAD=Script(文档已被加载)；

(8) ONUNLOAD=Script(文档已推出)。

为该标签添加属性的代码格式如下：

```
<BODY BACKGROUNE="URI"BGCOLOR="Color">
......
</BODY>
```

1.4 HTML 的常用标记

HTML 文档是由标记组成的文档，要熟练掌握 HTML 文档的编写，就要先了解 HTML 的常用标记。

1.4.1 标题标记<h1>到<h6>

在 HTML 文档中，文本的结构除了以行和段的形式出现之外，还可以标题的形式存在。通常一篇文档最基本的结构，就是由若干不同级别的标题和正文组成的。

HTML 文档中包含有各种级别的标题，各种级别的标题由元素<h1>到<h6>来定义。<h1>至<h6>标题标记中的 h 是英文 headline(标题行)的首字母。其中<h1>代表 1 级标题，级别最高，字号也最大，其他标题元素依次递减，<h6>级别最低。

下面具体介绍一下标题的使用方法。

【例 1.1】 标题标记的使用(实例文件：ch01\1.1.html)。具体代码如下：

```
<html>
<head>
<title>文本段换行</title>
```

```
</head>
<body>
<h1>这里是 1 级标题</h1>
<h2>这里是 2 级标题</h2>
<h3>这里是 3 级标题</h3>
<h4>这里是 4 级标题</h4>
<h5>这里是 5 级标题</h5>
<h6>这里是 6 级标题</h6>
</body>
</html>
```

将上述代码输入在记事本当中，并以后缀名为.html 的格式保存后，可在 IE 浏览器中预览效果，效果如图 1-14 所示。

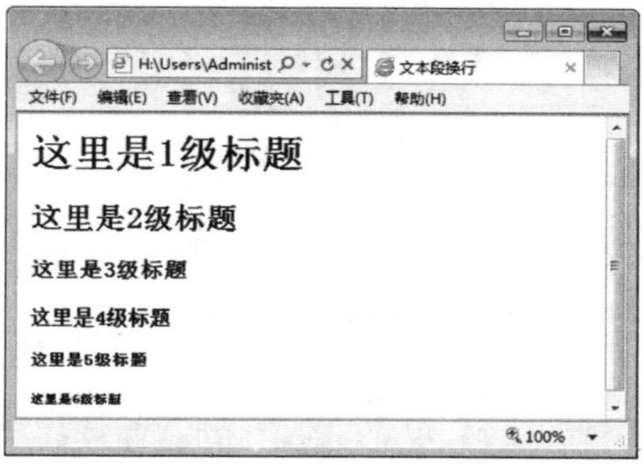

图 1-14 标题标记的使用效果

1.4.2 段落标记<p>

段落标记<p>用来定义网页中的一段文本，文本在一个段落中会自动换行。段落标记是双标记，即<p>和</p>，在开始标记<p>和结束标记</p>之间的内容形成一个段落。如果省略掉结束标记，从<p>标记开始，那么直到在下一个段落标记出现之前的文本，都将被默认为同一段段落内。段落标记中的 p 是指英文单词 paragraph(即“段落”)的首字母。

下面具体介绍一下段落标记的使用方法。

【例 1.2】 段落标记的使用(实例文件：ch01\1.2.html)。具体代码如下：

```
<html>
<head>
<title>段落标记的使用</title>
</head>
<body>
<p>白雪公主与七个小矮人!</p>
<p>很久以前，白雪公主的后母——王后美貌盖世，但魔镜却告诉她世上唯有白雪公主最漂亮。王后怒
火中烧派武士把她押送到森林准备谋害，武士很同情白雪公主让她逃往森林深处。
</p>
<p>
小动物们用善良的心抚慰她，鸟兽们还把她领到一间小屋中，收拾完房间后她进入了梦乡。房子的主人
是在外边开矿的七个小矮人，他们听了白雪公主的诉说后把她留在家中。
</p>
<p>
```

```
王后得知白雪公主未死，使用魔镜把自己变成一个老太婆，来到密林深处，哄骗白雪公主吃下一只有毒
的苹果，使公主昏死过去。鸟儿识破了王后的伪装，飞到矿山向小矮人报告了白雪公主的不幸。七个小
矮人火速赶回，王后仓皇逃跑，在狂风暴雨中跌下山崖摔死。
</p>
<p>
七个小矮人悲痛万分，把白雪公主安放在一只水晶棺里日日夜夜守护着她。邻国的王子闻讯，骑着白马
赶来，爱情之吻使白雪公主死而复生。然后王子带着白雪公主骑上白马，告别了七个小矮人和森林中的
动物，到王子的宫殿中开始了幸福的生活。
</p>
</body>
</html>
```

将上述代码输入在记事本当中，并以后缀名为.html 的格式保存，然后在 IE 浏览器中预览效果，如图 1-15 所示，可以看出<P>标记将文本分成了 4 个段落。

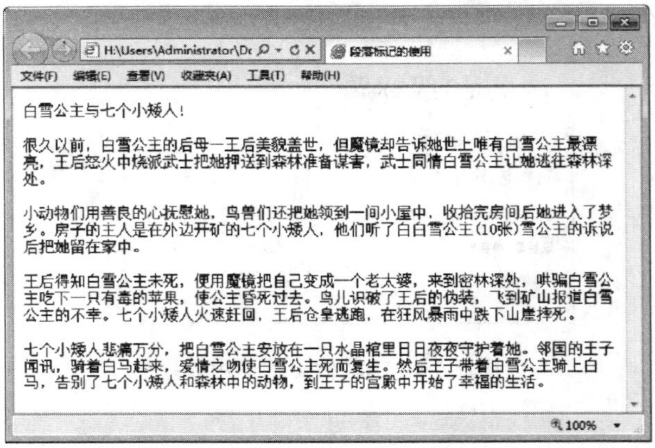

图 1-15　段落标记的使用效果

1.4.3　换行标记

使用换行标记
可以给一段文字换行。该标记是一个单标记，它没有结束标记，是英文单词 break 的缩写，作用是将文字在一个段内强制换行。一个
标记代表一次换行，连续的多个标记可以实现多次换行。使用换行标记时，在需要换行的位置添加
标记即可。

下面具体介绍一下换行标记的使用方法。

【例 1.3】 换行标记的使用(实例文件：ch01\1.3.html)。具体代码如下：

```
<html>
<head>
<title>文本段换行</title>
</head>
<body>
清明<br/>
清明时节雨纷纷<br/>
路上行人欲断魂<br/>
借问酒家何处有<br/>
牧童遥指杏花村
</body>
</html>
```

将上述代码输入在记事本当中，并以后缀名为.html 的格式保存，然后在 IE 浏览器中预览效果，如图 1-16 所示。

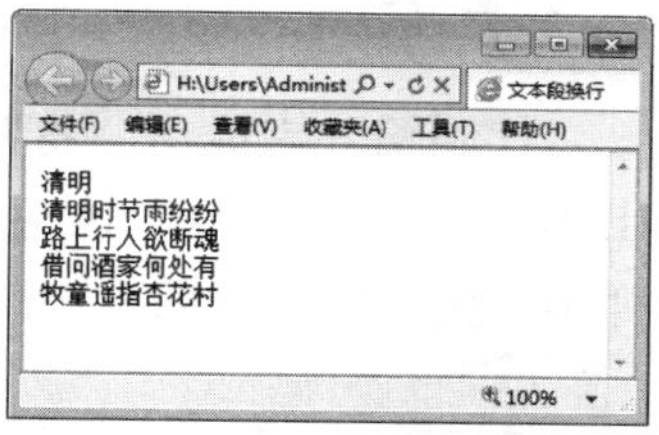

图 1-16　换行标记的使用效果

1.4.4　链接标记<a>

链接标记<a>是网页中最为常用的标记，主要用于把页面中的文本或图片链接到其他的页面、文本或图片。建立链接的要素有两个，即可被设置为链接的网页元素和链接指向的目标地址。链接的基本结构如下：

```
<a href=URL>网页元素</a>
```

下面具体介绍链接标记的使用方法

1. 设置文本和图片的链接

可被设置为链接的网页元素是指网页中通常使用的文本和图片。文本链接和图片链接通过<a>和</a>标记来实现，即将文本或图片放在<a>开始标记和</a>结束标记之间即可建立文本和图片链接。

【例 1.4】 设置文本和图片的链接(实例文件：ch01\1.4.html)。打开记事本文件，在其中输入以下 HTML 代码：

```
<html>
<head>
<title>文本和图片链接</title>
</head>
<body>
<a href="a.html"><img src="images/Logo.gif"></a>
<a href="b.html">公司简介</a>
</body>
</html>
```

代码输入完成后，将其保存为“链接.html”的文件，然后双击该文件，就可以在 IE 浏览器中查看到使用链接标签设置文本和图片的效果了，如图 1-17 所示。

2. 设置电子邮件路径

电子邮件路径，即用来链接一个电子邮件的地址。其写法如下：

```
mailto:邮件地址
```

【例 1.5】 设置电子邮件路径(实例文件：ch01\1.5.html)。打开记事本文件，在其中输入以下 HTML 代码：

```
<html>
<head>
<title>电子邮件路径</title>
</head>
<body>
使用电子邮件路径：<a href="mailto:liule2012@163.com">链接</a>
```

```
</body>
</html>
```

代码输入完成后，将其保存为“电子邮件链接.html”文件，然后双击该文件，就可以在IE 浏览器中查看到使用链接标签设置电子邮件路径的效果了。当单击含有链接的文本时，会弹出一个发送邮件的对话框，显示效果如图 1-18 所示。

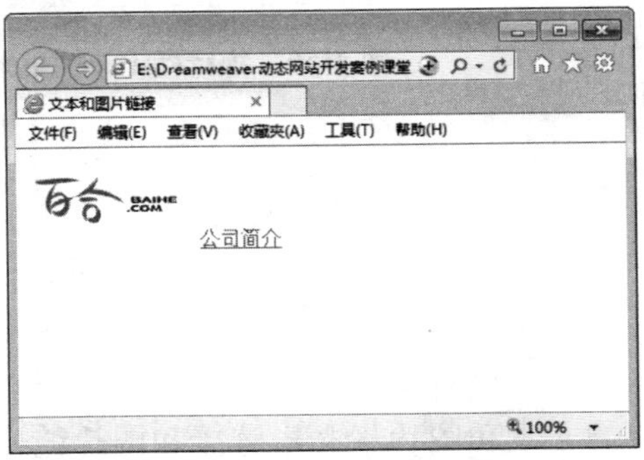

图 1-17　文本与图片链接效果

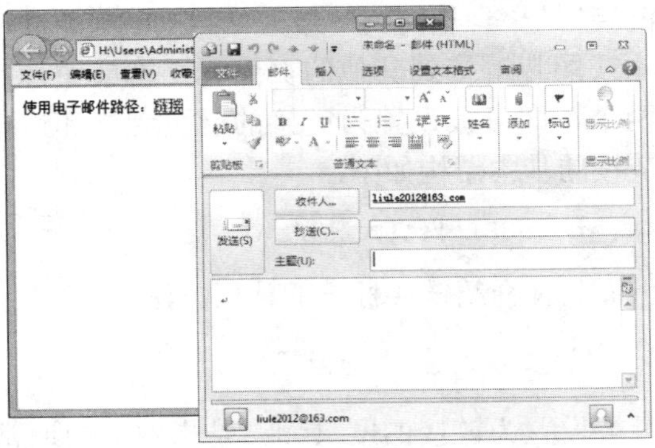

图 1-18　电子邮件链接路径效果

1.4.5　列表标记<ul>

文字列表可以有序地编排一些信息资源，使其结构化和条理化，并以列表的样式显示出来，以便浏览者能更加快快捷地获得相应信息。HTML 中的文字列表如同文字编辑软件 word 中的项目符号和自动编号。

1. 建立无序列表

无序列表相当于 word 中的项目符号，无序列表的项目排列没有顺序，只以符号作为分项标识。无序列表的建立使用的是一对标记<ul>和</ul>，其中每一个列表项使用的建立还要一对标记<li>和</li>。其结构如下：

```
<ul>
  <li>无序列表项</li>
  <li>无序列表项</li>
  <li>无序列表项</li>
  <li>无序列表项</li>
</ul>
```

在无序列表结构中，使用<ul>和</ul>标记表示该无序列表的开始和结束，<li>则表示该列表项的开始。在一个无序列表中可以包含多个列表项，并且<li>的结束标记可以省略。

下面实例介绍了使用无序列表实现文本的排列显示。

【例 1.6】 建立无序列表(实例文件：ch01\1.6.html)。打开记事本文件，在其中输入以下HTML 代码：

```
<html>
<head>
<title>嵌套无序列表的使用</title>
```

```
</head>
<body>
<h1>网站建设流程</h1>
<ul>
    <li>项目需求</li>
    <li> 系统分析
      <ul>
        <li>网站的定位</li>
        <li>内容收集</li>
        <li>栏目规划</li>
        <li>网站目录结构设计</li>
        <li>网站标志设计</li>
        <li>网站风格设计</li>
        <li>网站导航系统设计</li>
      </ul>
   </li>
   <li>伪网页草图
      <ul>
        <li>制作网页草图</li>
        <li>将草图转换为网页</li>
      </ul>
   </li>
   <li>站点建设</li>
   <li>网页布局</li>
   <li>网站测试</li>
   <li>站点的发布与站点管理 </li>
</ul>
</body>
</html>
```

代码输入完成后，将其保存为“无序列表.html”文件，然后双击该文件，就可以在 IE 浏览器中查看到使用列表标记建立无序列表的效果了，如图 1-19 所示。

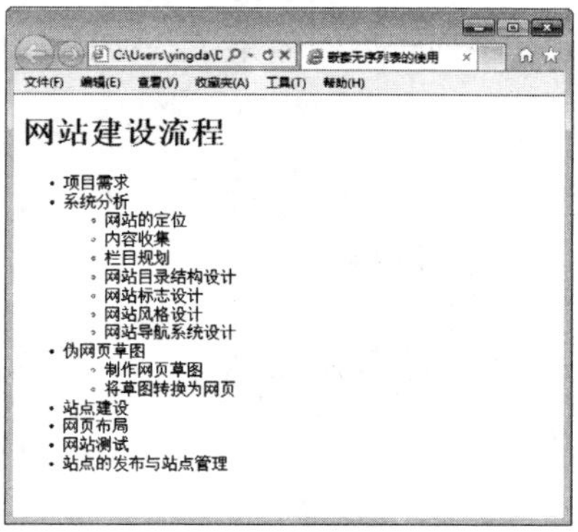

图 1-19　建立的无序列表

通过观察发现，无序列表项中，可以嵌套一个列表。如代码中的“系统分析”列表项和“伪网页草图”列表项中都有下级列表，因此在这对<li>和</li>标记间又增加了一对<ul>和</ul>标记。

2. 建立有序列表

有序列表类似于 Word 中的自动编号功能。有序列表的使用方法和无序列表的使用方法基本相同。它使用的标记是<ol>和</ol>，每个列表项前使用的标记是<li>和</li>，且每个项目都有前后顺序之分，多数情况下，该顺序使用数字表示。其结构如下：

```
<ol>
  <li>第 1 项</li>
  <li>第 2 项</li>
  <li>第 3 项</li>
</ol>
```

下面实例介绍了使用有序列表实现文本的排列显示。

【例 1.7】 建立有序列表(实例文件：ch01\1.7.html)。打开记事本文件，在其中输入以下 HTML 代码：

```
<html>
<head>
<title>有序列表的使用</title>
</head>
<body>
<h1>本讲目标</h1>
<ol>
  <li>网页的相关概念</li>
  <li>网页与 HTML</li>
  <li>Web 标准(结构、表现、行为)</li>
  <li>网页设计与开发的过程</li>
  <li>与设计相关的技术因素</li>
  <li>HTML 简介</li>
</ol>
</body>
</html>
```

代码输入完成后，将其保存为“有序列表.html”文件，然后双击该文件，就可以在 IE 浏览器中查看到使用列表标记建立有序列表后的效果了，如图 1-20 所示。

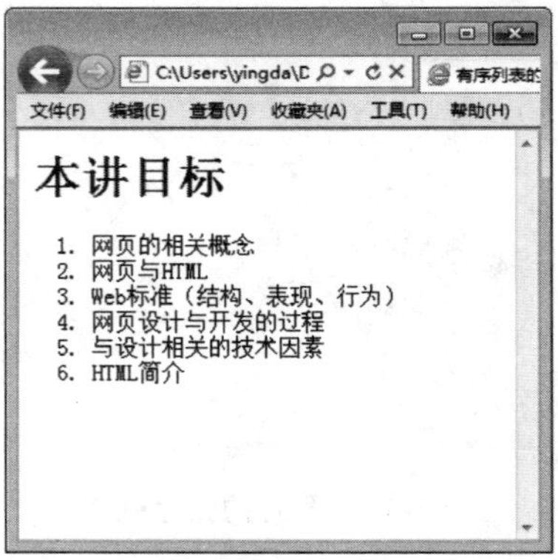

图 1-20　建立的有序列表

1.4.6　图像标记<img>

图像可以美化网页，插入图像时可使用图像标记<img>。<img>标记的属性及描述如表 1-1

所示。

表 1-1 <img>标记的属性

属 性	值	描 述
alt	text	定义有关图形的短的描述
src	URL	要显示的图像的 URL
height	pixels %	定义图像的高度
ismap	URL	把图像定义为服务器端的图像映射
usemap	URL	定义作为客户端图像映射的一幅图像。请参阅 <map> 和 <area> 标签，了解其工作原理
vspace	pixels	定义图像顶部和底部的空白。不支持。请使用 CSS 代替
width	pixels %	设置图像的宽度

1. 插入图片

src 属性用于指定图片源文件的路径，它是<img>标记必不可少的属性。其语法格式如下：

```
<img src="图片路径">
```

图片的路径既可以是绝对路径，也可以是相对路径。

【例 1.8】 在网页中插入图片(实例文件：ch01\1.8.html)。打开记事本文件，在其中输入以下 HTML 代码：

```
<html>
<head>
<title>插入图片</title>
</head>
<body>
<img src="images/meishi.jpg">
</body>
</html>
```

代码输入完成，将其保存为“插入图片.html”文件，然后双击该文件，就可以在 IE 浏览器中查看到使用<img>标记插入图片后的效果了，如图 1-21 所示。

图 1-21 插入图片的显示效果

2. 从不同位置插入图片

在插入图片时，用户可以将其他文件夹或服务器中的图片显示到网页中。

【例 1.9】 从不同位置插入图片(实例文件：ch01\1.9.html)。打开记事本文件，在其中输入以下 HTML 代码：

```
<html>
<body>
<p>
来自一个文件夹的图像：
<img src="images/meishi.jpg" />
</p>
<p>
来自 baidu 的图像：
<img
src="http://www.baidu.com/img/shouye_b5486898c692066bd2cbaeda86d74448.gif"
/>
</p>
</body>
</html>
```

代码输入完成后，将其保存为“插入其他位置图片.html”文件，然后双击该文件，就可以在 IE 浏览器中查到使用<img>标签插入图像后的效果了，如图 1-22 所示。

图 1-22 从不同位置插入的图像

3. 设置图片的宽度和高度

在 HTML 文档中，还可以任意设置插入图片的显示大小。设置图片尺寸可通过图片的属性 width(宽度)和 height(高度)来实现。

【例 1.10】 设置图片在网页中的宽度和高度(实例文件：ch01\1.10.html)。打开记事本文件，在其中输入如下 HTML 代码：

```
<html>
<head>
<title>插入图片</title>
```

```
</head>
<body>
<img src="images/01.jpg">
<img src="images/01.jpg" width="200">
<img src="images/01.jpg" width="200" height="300">
</body>
</html>
```

代码输入完成后，将其保存为“设置图片大小.html”文件，然后双击该文件，就可以在 IE 浏览器中查看到使用<img>标签设置的图片的宽度和高度效果了，如图 1-23 所示。

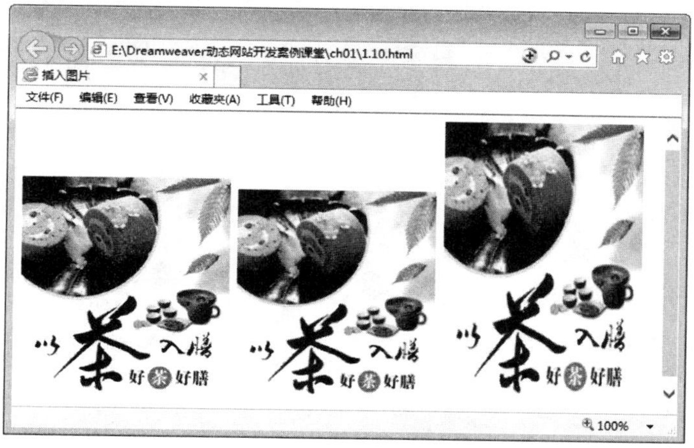

图 1-23 图片高度与宽度的设置效果

由图 1-23 可以看到，图片的显示尺寸是由 width 和 height 控制的。当只为图片设置一个尺寸属性时，另外一个尺寸就以图片原始的长宽比例来显示。图片的尺寸单位可以选择百分比或数值。百分比为相对尺寸，数值是绝对尺寸。

注意 网页中插入的图像都是位图，当放大图片的尺寸时，图片就会出现马赛克，变得很模糊。

技巧 在 Windows 中查看图片的尺寸，只需找到图像文件，把鼠标指针移动到图像上，停留几秒后，就会出现一个提示框，显示出该图片文件的尺寸。尺寸后显示的数字，代表的是图片的宽度和高度，如 256 × 256。

1.4.7 表格标记<table>

HTML 中的表格标记有以下几个。

- <table>……</table>标记：<table>标记用于标识一个表格对象的开始；</table>标记标识一个表格对象的结束。一个表格中，只允许出现一对<table>和</table>标记。
- <tr>……</tr>标记：</tr>用于标识表格一行的开始；</tr>标记用于标识表格一行的结束。表格内有多少对<tr>和</tr>标记，就表示表格中有多少行。
- <td>……</td>标记：<td>标记用于标识表格某行中的一个单元格开始；</td>标记用于标识表格某行中的一个单元格结束。<td>和</td>标记书写在<tr>和</tr>标记内。

一对<tr>和</tr>标记内有多少对<td>和</td>标记，就表示该行有多少个单元格。

最基本的表格，必须包含一对<table>和</table>标记、一对或几对<tr>和</tr>标记以及一对或几对<td>和</td>标记。一对<table>和</table>标记定义一个表格，一对<tr>和</tr>标记定义一行，一对<td>和</td>标记定义一个单元格。

【例 1.11】 定义一个 4 行 3 列的表格(实例文件：ch01\1.11.html)。打开记事本文件，在其中输入以下 HTML 代码。

```
<html>
<head>
<title>表格基本结构</title>
</head>
<body>
<table border="1">
  <tr>
    <td>A1</td>
    <td>B1</td>
    <td>C1</td>
  </tr>
  <tr>
    <td>A2</td>
    <td>B2</td>
    <td>C2</td>
  </tr>
  <tr>
    <td>A3</td>
    <td>B3</td>
    <td>C3</td>
  </tr>
  <tr>
    <td>A4</td>
    <td>B4</td>
    <td>C4</td>
  </tr>
</table>
</body>
</html>
```

代码输入完成后，将其保存为“表格.html”文件，然后双击该文件，就可以在 IE 浏览器中查看到使用表格标记插入表格后的效果了，如图 1-24 所示。

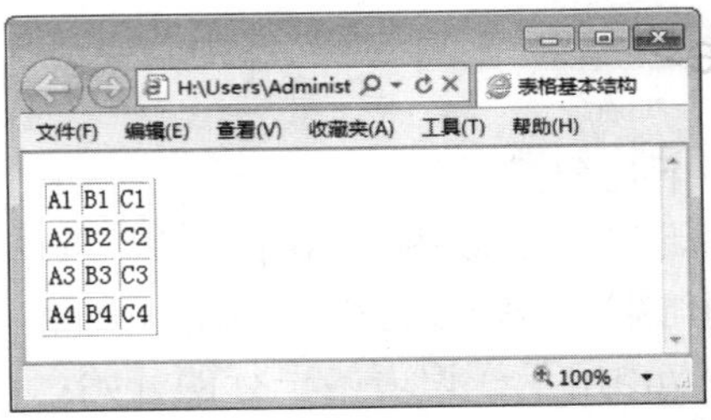

图 1-24　表格标记的使用

1.4.8 框架标记<frame>

框架是网页中最常用的页面设计方式，很多网站都使用了框架技术。框架通常用来定义页面的导航区域和内容区域，最常见的框架使用模式是一个框架显示包含导航栏的文档，而另一个框架显示含有内容的文档。

框架页面中最基本的内容就是框架集文件，它是整个框架页面的导航文件，其基本语法如下。

```
<html>
<head>
<title>框架页面的标题</title>
</head>
<frameset>
    <frame>
    <frame>
    ......
</frameset>
</html>
```

从上面的语法结构中可以看出，在使用框架的页面中，<body>主体标记被框架标记<frameset>所代替。而对于框架页面中包含的每一个框架，都是通过<frame>标记来定义的。

注意：不能将<body>和</body>标记与<frameset>和</frameset>标记同时使用！不过，假如你要添加包含一段文本的<noframes>标记，那么你就必须将这段文字嵌套在<body>和</body>标记之间。

混合分割窗口就是在一个页面中，既有水平分割的框架，又有垂直分割的框架。语法结构如下：

```
<frameset rows="框架窗口的高度,框架窗口的高度,......">
<frame>
<frameset cols="框架窗口的宽度,框架窗口的宽度,......">
<frame>
<frame>
......
</frameset>
<frame>
......
</frameset>
```

当然，也可以先进行垂直分割，再进行水平分割。其语法如下：

```
<frameset cols="框架窗口的宽度,框架窗口的宽度,......">
<frame>
<frameset rows="框架窗口的高度,框架窗口的高度,......">
<frame>
<frame>
......
</frameset>
<frame>
......
</frameset>
```

注意 在设置框架窗口时，一定要注意窗口大小的设置与窗口个数的统一。

【例 1.12】 将一个页面分割成不同的框架(实例文件：ch01\1.12.html)。打开记事本文件，在其中输入以下 HTML 代码

```
<html>
<head>
<title>混合分割窗口</title>
</head>
<frameset rows="30%,70%">
<frame>
  <frameset cols="20%,55%,25%">
<frame>
<frame>
<frame>
  </frameset>
</frameset>
</html>
```

由上述代码可以看出，首先页面被水平分割成上下两个窗口，接着下面的框架又被垂直分割成 3 个窗口。因此下面的框架标记<frame>便被框架集标记所代替。运行程序，其效果如图 1-25 所示。

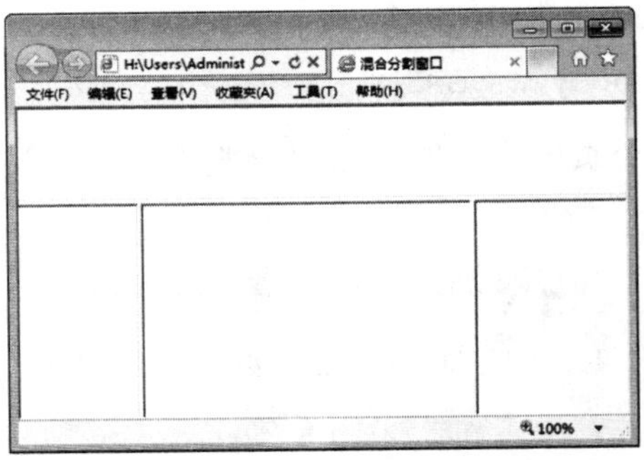

图 1-25 框架标记的使用效果

1.4.9 表单标记<form>

表单主要用于收集网页上浏览者的相关信息。其标记为<form>和</form>。表单的基本语法格式如下：

```
<form action="url" method="get|post" enctype="mime">
</form >
```

其中，action=url 用于指定处理提交表单的格式，它可以是一个 URL 地址或一个电子邮件地址。method=get 或 post 用于指明提交表单的 HTTP 方法。enctype=cdata 用于指明把表单提交给服务器时的互联网媒体形式。表单是一个能够包含表单元素的区域。通过添加不同的表单元素，将显示不同的效果。

下面介绍一下如何使用表单标记开发一个简单网站的用户意见反馈页面。

【例 1.13】 开发用户意见反馈页面(实例文件：ch01\1.13.html)。打开记事本文件，在其中输入以下 HTML 代码：

```
<html>
<head>
<title>用户意见页面</title>
</head>
<body>
<h1 align=center>用户意见页面</h1>
<form method="post" >
<p>姓    名：
<input type="text" class=txt size="12" maxlength="20" name="username" />
</p><p>性    别：
<input type="radio" value="male" />男
<input type="radio" value="female" />女
</p><p>年    龄：
<input type="text" class=txt name="age"  />
</p>
<p>联系电话：
<input type="text" class=txt name="tel" />
</p><p>电子邮件：
<input type="text" class=txt name="email" />
</p><p>联系地址：
<input type="text"  class=txt name="address" />
</p>
<p>
请输入您对网站的建议<br>
<textarea name="yourworks" cols ="50" rows = "5"></textarea>
<br>
<input type="submit" name="submit" value="提交"/>
<input type="reset" name="reset" value="清除" />
</p>
</form>
</body>
</html>
```

代码输入完成后，将其保存为“表单.html”文件，然后双击该文件，就可以在 IE 浏览器中查看到使用表单标记插入表单后的效果了，如图 1-26 所示，可以看到创建的用户反馈表单，包含一个标题“用户意见页面”，还包括“姓名”“性别”“年龄”“联系电话”“电子邮件”“联系地址”等内容。

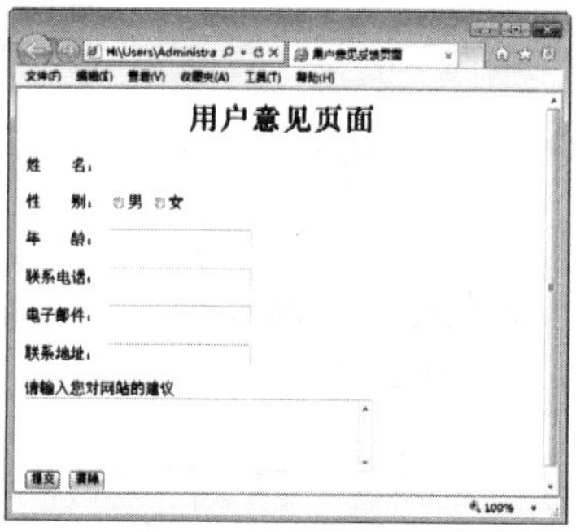

图 1-26 表单标记的使用效果

1.4.10 注释标记<!>

注释是在 HTML 代码中插入的描述性文本，用来解释该代码或提示其他信息。注释只出现在代码中，浏览器对注释代码不进行解释，并且在浏览器的页面中不显示。在 HTML 源代码中适当地插入注释语句是一种非常好的习惯。对于设计者日后的代码修改、维护工作很有好处。另外，如果将代码交给其他设计者，其他人也能很快读懂前者所撰写的内容。

注释标记的语法如下：

```
<!--注释的内容-->
```

注释语句元素由前后两个部分组成，前一部分由一个左尖括号、一个半角感叹号和两个连字符组成，后一部分由两个连字符和一个右尖括号组成。

```
<html>
<head>
<title>标记测试</title>
</head>
<body>
<!-- 这里是标题-->
<h1>网站建设精讲</h1>
</body>
</html>
```

页面注释不但可以对 HTML 中一行或多行代码进行解释说明，而且可能注释掉这些代码。如果希望某些 HTML 代码在浏览器中不显示，则可将这部分内容放在<!--和-->之间。例如上述代码，可修改如下：

```
<html>
<head>
<title>标记测试</title>
</head>
<body>
<!--
<h1>网站建设精讲</h1>
-->
</body>
</html>
```

修改后的代码，将<h1>标记处理成了注释内容，在浏览器中这部分内容将不会被显示。

1.4.11 移动标记<marquee>

使用 marquee 标记可以将文字设置成动态滚动的效果。其语法结构如下：

```
<marquee>滚动文字</marquee>
```

提示 想设置滚动文字只需在标记之间添加要进行滚动的文字即可，而且还可以在标记之间设置这些文字的字体、颜色等属性。

【例 1.14】 制作一个滚动的文字(实例文件：ch01\1.14.html)。打开记事本文件，在其中输入以下 HTML 代码：

```
<html>
```

```
<head>
<title>设置滚动文字</title>
</head>
<body>
<marquee>
<font face="隶书" color="#CC0000 " size=4>你好，欢迎光临五月蔷薇女裤专卖店!这里有最适合你的打底裤，这里有最让你满意的服务</font>
</marquee>
</body>
</html>
```

代码输入完成后，将其保存为“滚动文字.html”文件，然后双击该文件，就可以在 IE 浏览器中查到使用移动标记设置的滚动文字的效果了，如图 1-27 所示。从中可以看到设置为红色隶书的文字从浏览器的右方缓缓向左滚动。

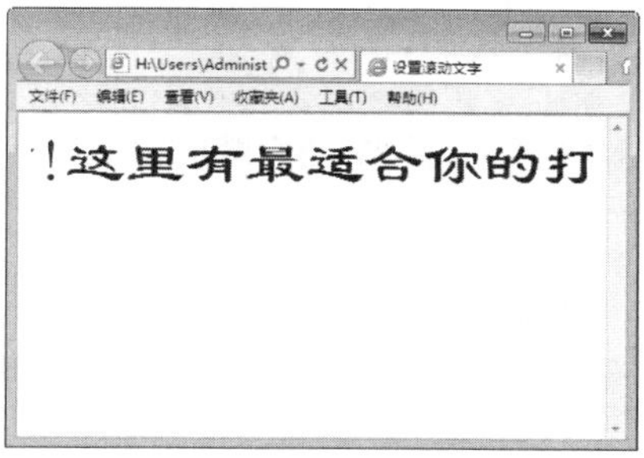

图 1-27　设置的网页文字的滚动效果

1.5　实战演练——制作日程表

通过在记事本中输入 HTML 语言，可以制作出多种多样的页面效果。本节将以制作日程表为例，介绍 HTML 语言的综合应用方法。其具体的操作步骤如下。

step 01 打开记事本，在其中输入以下代码：

```
<html>
 <head>
   <META http-equiv="Content-Type" content="text/html; charset=gb2312" />
<title>制作日程表</title>
</head>

<body>
</body>
</html>
```

输入代码后的记事本页面，如图 1-28 所示。

step 02 在</head>标记之前输入以下代码：

```
<style type="text/css">
body {
background-color: #FFD9D9;
text-align: center;
}
</style>
```

输入代码后的记事本页面，如图 1-29 所示。

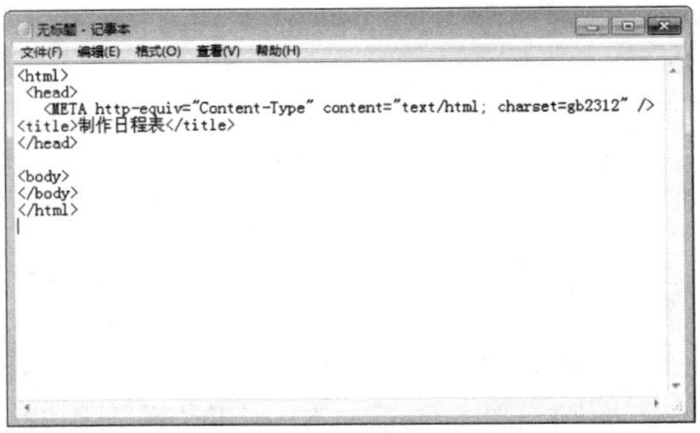

图 1-28 输入代码后的记事本页面

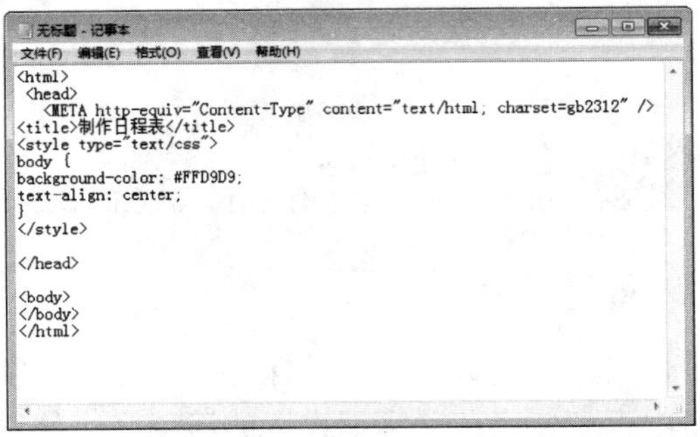

图 1-29 输入代码后的记事本页面

step 03 在</style>之前输入以下代码：

```
.ziti {
    font-family: "方正粗活意简体", "方正大黑简体";
    font-size: 36px;
}
```

输入代码后的记事本页面，如图 1-30 所示。

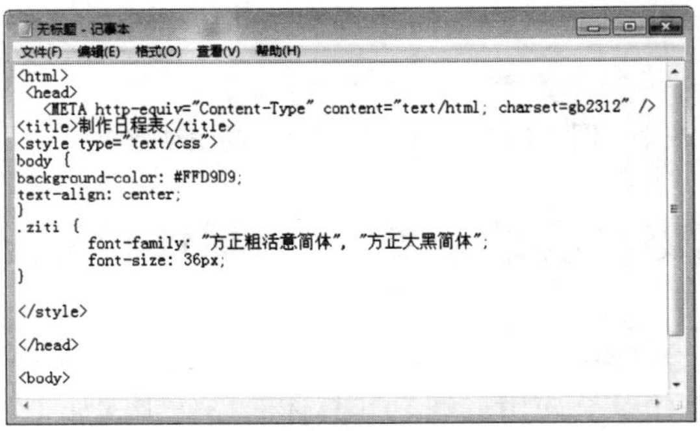

图 1-30 输入代码后的记事本页面

step 04 在<body>和</body>标签之间输入以下代码：

```
<span class="ziti">一周日程表</span>
```

输入代码后的记事本页面，如图 1-31 所示。

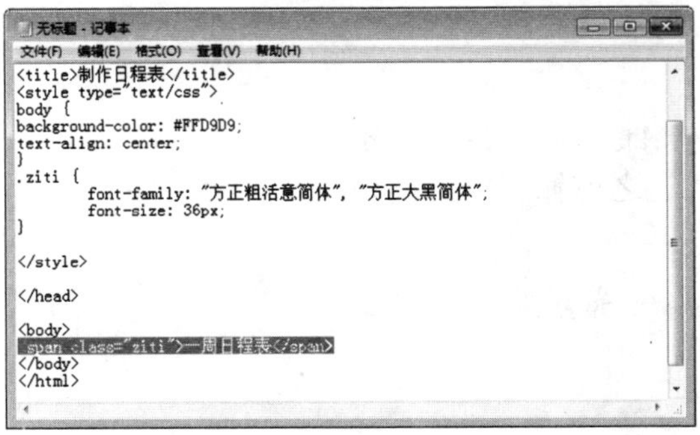

图 1-31 输入代码后的记事本页面

step 05 在</body>标签之前输入以下代码：

```
<table width="470" border="1" align="center" cellpadding="2"
cellspacing="3">
  <tr>
    <td width="84" style="text-align: center"> </td>
    <td width="84" style="text-align: center">工作一</td>
    <td width="86" style="text-align: center">工作二</td>
    <td width="83" style="text-align: center">工作三</td>
    <td width="83" style="text-align: center">工作四</td>
  </tr>
  <tr>
    <td style="text-align: center; font-family: '宋体';">星期一</td>
    <td style="text-align: center"> </td>
    <td style="text-align: center"> </td>
    <td style="text-align: center"> </td>
    <td style="text-align: center"> </td>
  </tr>
  <tr>
    <td style="text-align: center; font-family: '宋体';">星期二</td>
    <td style="text-align: center"> </td>
    <td style="text-align: center"> </td>
    <td style="text-align: center"> </td>
    <td style="text-align: center"> </td>
  </tr>
  <tr>
    <td style="text-align: center; font-family: '宋体';">星期三</td>
    <td style="text-align: center"> </td>
    <td style="text-align: center"> </td>
    <td style="text-align: center"> </td>
    <td style="text-align: center"> </td>
  </tr>
  <tr>
    <td style="text-align: center; font-family: '宋体';">星期四</td>
    <td style="text-align: center"> </td>
    <td style="text-align: center"> </td>
    <td style="text-align: center"> </td>
    <td style="text-align: center"> </td>
  </tr>
  <tr>
    <td style="text-align: center; font-family: '宋体';">星期五</td>
    <td style="text-align: center"> </td>
    <td style="text-align: center"> </td>
    <td style="text-align: center"> </td>
    <td style="text-align: center"> </td>
  </tr>
</table>
```

输入代码后的记事本页面，如图 1-32 所示。

step 05 在记事本中选择【文件】→【保存】菜单命令，弹出【另存为】对话框，在【保存在】下拉列表框中设置保存文件的位置，在【文件名】下拉列表框中输入“制作日程表.html”，然后单击【保存】按钮，如图 1-33 所示。

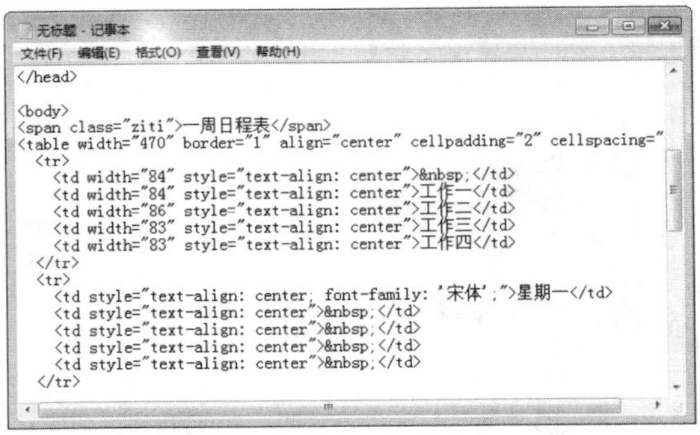

图 1-32 输入代码后的记事本页面

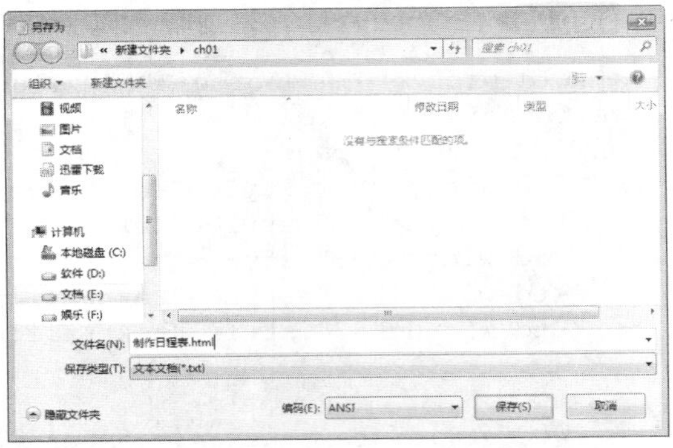

图 1-33 【另存为】对话框

step 06 双击打开保存的 index.html 文件，即可看到制作的日程表，如图 1-34 所示。

step 07 如果需要在日程表中添加工作内容，可以用记事本打开 index.html 文件，在代码段<td style="text-align: center"> </td>的 之前输入内容即可。比如要输入星期一完成的第 1 件工作内容“完成校对”，可在如图 1-35 所示的位置输入。

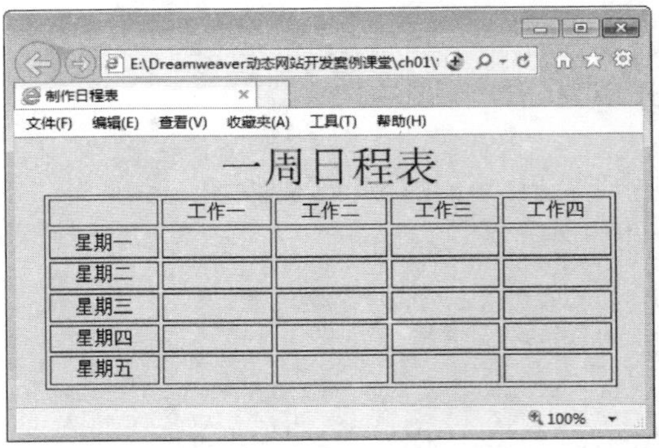

图 1-34 查看制作的日程表

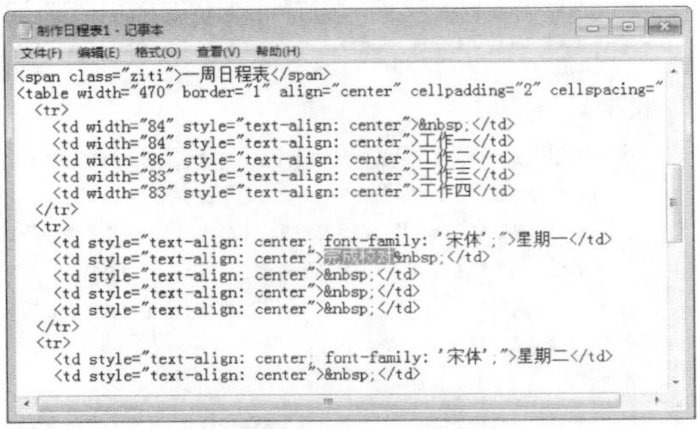

图 1-35 输入内容后的记事本页面

step 08 保存后打开文档，即可在浏览器中看到添加的工作内容，如图 1-36 所示。

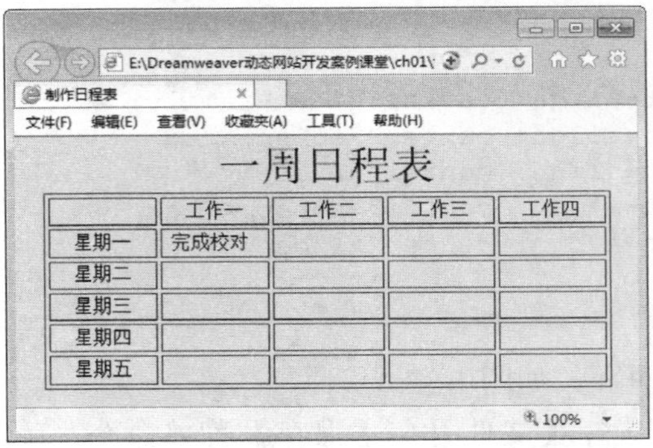

图 1-36 查看制作的日程表

1.6 跟我练练手

1.6.1 练习目标

能够熟练掌握本章节所讲内容。

1.6.2 上机练习

练习 1：HTML 常用标记的使用。

练习 2：制作日程表。

1.7 高 手 甜 点

甜点 1：HTML5 中的单标记和双标记的书写方法。

HTML5 中的标记分为单标记和双标记。所谓单标记是指没有结束标记的标签，双标记是指既有开始标签又包含结束标签。

对于单标记是不允许写结束标记的元素，只允许以<元素/>的形式进行书写和使用。例如
和</br>的书写方式是错误的，正确的书写方式为
。当然，在 HTML5 之前的版本中，
这种书写方法可以被沿用。HTML5 中不允许写结束标记的元素有 area、base、br、col、command、embed、hr、img、input、keygen、link、meta、param、source、track、wbr。

对于部分双标记可以省略结束标记。HTML5 中允许省略结束标记的元素有 li、dt、dd、p、rt、rp、optgroup、option、colgroup、thead、tbody、tfoot、tr、td、th。

HTML5 中有些元素还可以完全被省略。即使这些标记被省略了，该元素还是以隐式的方式存在的。HTML5 中允许省略全部标记的元素有 html、head、body、colgroup、tbody。

甜点 2：使用记事本编辑 HTML 文件时应注意的事项。

很多初学者在保存文件时，没有将 HTML 文件的扩展名.html 或.htm 作为文件的后缀，导致文件还是以.txt 为扩展名，因此，无法在浏览器中查看。如果读者是通过单击右键创建的记事本文件，那么在给文件重命名时，一定要以.html 或.htm 作为文件的后缀。特别要注意的是，当 Windows 系统的扩展名是隐式的时，更容易出现这样的错误。为避免这种情况的发生，读者可以在【文件夹选项】对话框中查看扩展名是否是显示的。

第 2 章
整体把握网站结构——网站配色与布局

一个网站能否成功，很大程度上取决于网页的结构与配色。因此，在学习制作动态网站之前，首先需要掌握网站结构与网页配色的相关基础知识。本章介绍的内容包括网页配色的相关技巧、网站结构的布局，以及网站配色的经典案例等。

本章要点(已掌握的，在方框中打勾)

- ☐ 了解网页的色彩处理。
- ☐ 熟悉网页色彩的搭配技巧。
- ☐ 掌握网站结构的布局。
- ☐ 掌握常见网站配色的应用。
- ☐ 掌握定位网站页面框架的方法。

2.1 善用色彩设计网页

经研究发现，当用户第一次打开某个网站时，给用户留下第一印象的既不是网站的内容，也不是网站的版面布局，而是网站具有冲击力的色彩，如图 2-1 所示。

图 2-1 网页色彩搭配

色彩的魅力是无限的，它可以让本身很平淡无味的东西瞬间变得漂亮起来。作为最具说服力的视觉语言，作为最强烈的视觉冲击，色彩在人们的生活中起着先声夺人的作用。因此，作为一名优秀的网页设计师，不仅要掌握基本的网站制作技术，还要掌握网站的配色风格等设计艺术。

2.1.1 认识色彩

为了能更好地应用色彩来设计网页，需要先了解色彩的一些基本概念。自然界中有好多种色彩，比如玫瑰是红色的，大海是蓝色的，橘子是橙色的……但是最基本的色彩有三种(红，绿，蓝)，其他的色彩都可以由这三种色彩调和而成。这三种色彩被称为“三原色”，如图 2-2(a)所示。

现实生活中的色彩可以分为彩色和非彩色。其中黑白灰属于非彩色系列；其他的色彩都属于彩色系列。任何一种彩色的色彩都具备色相、明度和纯度三个特征。而非彩色的色彩只具有明度属性。

1. 色相

色相指的是色彩的名称。这是色彩最基本的特征，是一种色彩区别于另一种色彩最主要的因素，比如紫色、绿色、黄色等都代表了不同的色相。同一色相的色彩，通过调整亮度或者纯度，就很容易搭配，如图 2-2(b)所示。

2. 明度

明度也叫亮度，是指色彩的明暗程度。明度越大，色彩越亮，比如一些购物、儿童类网站，用的是一些鲜亮的颜色，让人感觉绚丽多姿、生气勃勃。明度越低，颜色越暗。低明度的色彩主要用于一些充满神秘感的游戏类网站，以及一些为了体现个人的孤僻，或者忧郁等性格的个人网站。

有明度差的色彩更容易调和，比如紫色(#993399)与黄色(#ffff00)，暗红(#cc3300)与草绿(#99cc00)，暗蓝(#0066cc)与橙色(#ff9933)等，如图 2-3 所示。

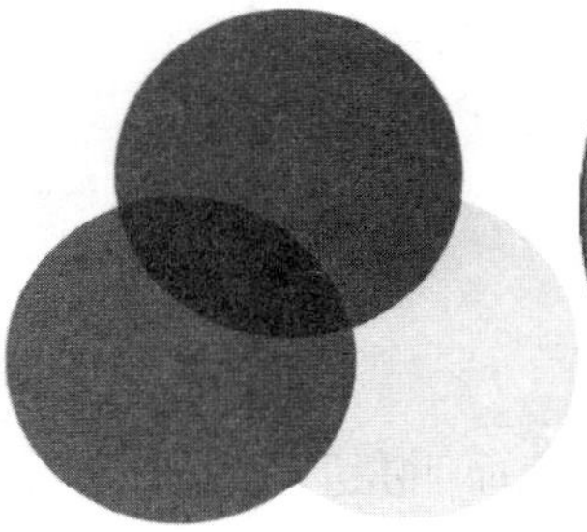

(a)

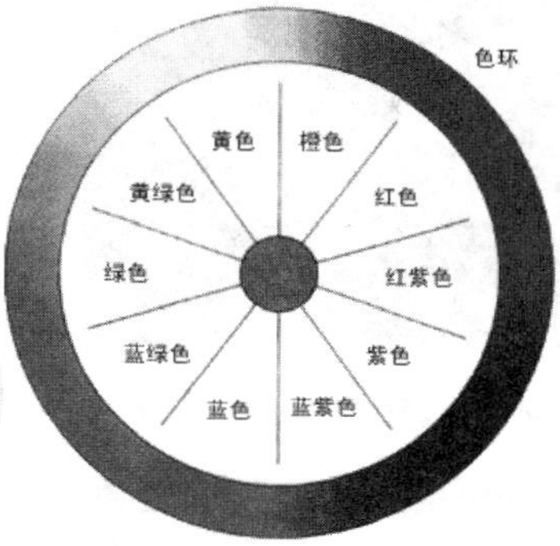

(b)

图 2-2　三原色与色相

图 2-3　色彩的明度

3. 纯度

纯度指色彩的鲜艳程度。纯度高的色彩颜色鲜亮；纯度低的色彩颜色暗淡发灰。

2.1.2　网页上的色彩处理

色彩是人的视觉最敏感的东西，网页的色彩如果处理得好，可为网页锦上添花，达到事半功倍的效果。

1. 色彩的感觉

人们对不同的色彩有不同的感觉，具体如下。

- 色彩的冷暖感：红、橙、黄代表太阳、火焰；蓝、青、紫代表大海、晴空；绿、紫代表不冷不暖的中性色；非彩色系列中的黑代表冷，白代表暖。
- 色彩的软硬感：高明度、高纯度的色彩给人以软的感觉；反之，则感觉硬，如图 2-4 所示。
- 色彩的强弱感：亮度高的，明亮、鲜艳的色彩感觉强；反之，则感觉弱。
- 色彩的兴奋与沉静：红、橙、黄，偏暖色系，高明度，高纯度，对比强的色彩感觉兴奋；青、蓝、紫，偏冷色系，低明度，低纯度，对比弱的色彩感觉沉静，如图 2-5

所示。

图 2-4　色彩的软硬感

图 2-5　色彩的兴奋与沉静

- 色彩的华丽与朴素：红、黄等暖色和鲜艳而明亮的色彩搭配给人以华丽感；青、蓝等冷色和浑浊而灰暗的色彩搭配给人以朴素感。
- 色彩的进退感：对比强、暖色、明快、高纯度的色彩代表前进；反之，代表后退。

以上对色彩的这种认识十多年前就已被国外众多企业所接受，并由此产生了色彩营销战略。许多企业以此作为市场竞争的有利手段和再现企业形象特征的方式，通过设计色彩抓住商机，比如绿色的“鳄鱼”、红色的“可口可乐”、红黄色的“麦当劳”，以及黄色的“柯达”等，如图 2-6 所示。

图 2-6　经典色彩搭配的网页

在欧美和日本等发达国家，设计色彩早就成为一种新的市场竞争力，并被广泛使用。

2. 色彩的季节性

春季处处一片生机，通常会流行一些活泼跳跃的色彩；夏季气候炎热，人们希望凉爽，通常会流行以白色和浅色调为主的清爽亮丽的色彩；秋季秋高气爽，流行的是沉重的暖色调；冬季气候寒冷，深颜色有吸光、传热的作用，人们希望能暖和一点，喜爱穿深色衣服。这就很明显地形成了四季的色彩流行趋势：春夏以浅色、明艳色调为主；秋冬以深色、稳重色调为主。每年色彩的流行趋势，都会因此而分成春夏和秋冬两大色彩趋向，如图 2-7 所示。

图 2-7　色彩的季节性

3. 颜色的心理感觉

不同的颜色会给浏览者带来不同的心理感受。

- 红色：红色是一种激奋的色彩，代表热情、活泼、温暖、幸福和吉祥。红色容易引起人们注意，也容易使人兴奋、激动、热情、紧张和冲动，而且还是一种容易给人造成视觉疲劳的颜色。
- 绿色：绿色代表新鲜、充满希望、和平、柔和、安逸和青春，显得和睦、宁静、健康。绿色具有黄色和蓝色两种成分颜色。在绿色中，将黄色的扩张感和蓝色的收缩感进行了中和，并将黄色的温暖感与蓝色的寒冷感相抵消。绿色和金黄、淡白搭配，可产生优雅、舒适的气氛，如图 2-8(a)所示。

(a)　　(b)

图 2-8　色彩的心理感觉

- 蓝色：蓝色代表深远、永恒、沉静、理智、诚实、公正、权威，是最具凉爽、清新特点的色彩。蓝色和白色混合，能体现柔顺、淡雅、浪漫的气氛(比如天空的色彩)。
- 黄色：黄色具有快乐、希望、智慧和轻快的个性，它的明度最高，代表明朗、愉快、高贵，是色彩中最为娇气的一种色。只要在纯黄色中混入少量的其他色彩，其色相感和色性格均会发生较大程度的变化，如图 2-8(b)所示。
- 紫色：紫色代表优雅、高贵、魅力、自傲和神秘。在紫色中加入白色，可使其变得优雅、娇气，并充满女性的魅力。
- 橙色：橙色也是一种激奋的色彩，具有轻快、欢欣、热烈、温馨、时尚的效果，如图 2-9(a)所示。

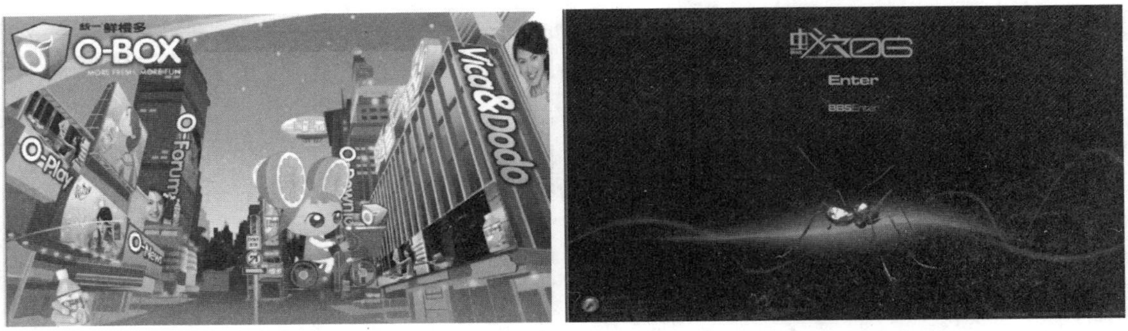

(a) (b)

图 2-9　色彩的心理感觉

- 白色：白色代表纯洁、纯真、朴素、神圣和明快，给人的洁白、明快、纯真、清洁的感觉。如果在白色中加入其他颜色，则会影响其纯洁性，使其性格变得含蓄。
- 黑色：黑色给人以深沉、神秘、寂静、悲哀、压抑的感觉，如图 2-9(b)所示。
- 灰色：在商业设计中，灰色给人以柔和、平凡、温和、谦让、高雅的感觉，具有永远流行性。在许多的高科技产品中，尤其是和金属材料有关的，几乎都采用灰色来传达高级、科技的形象。使用灰色时，大多需要利用其不同的参差变化和其他色彩相配，才不会给人过于平淡、沉闷、呆板和僵硬的感觉。

每种色彩在饱和度、亮度上略微变化，就会给人产生不同的感觉。以绿色为例，黄绿色有青春、旺盛的视觉意境，而蓝绿色则显得幽宁、深沉。其中白色与灰色在色彩搭配中使用最为广泛，也常称为万能搭配色。在没有更好的对比色选择时，使用白色或者灰色作为辅助色，效果一般都不会差，如图 2-10 所示。

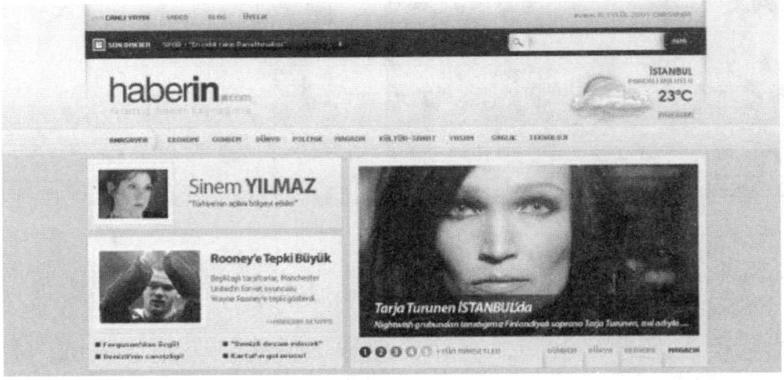

图 2-10　色彩的心理感觉

2.2　网页色彩的搭配

从上面可以看出，色彩对人的视觉效果非常明显。一个网站设计的成功与否，在某种程度上取决于设计者对色彩的运用和搭配，因为网页设计属于一种平面效果设计。在平面图上，色彩的冲击力是最强的，它最容易给客户留下深刻的印象。如图 2-11 所示为利用色彩搭配原理设计的儿童的网站。

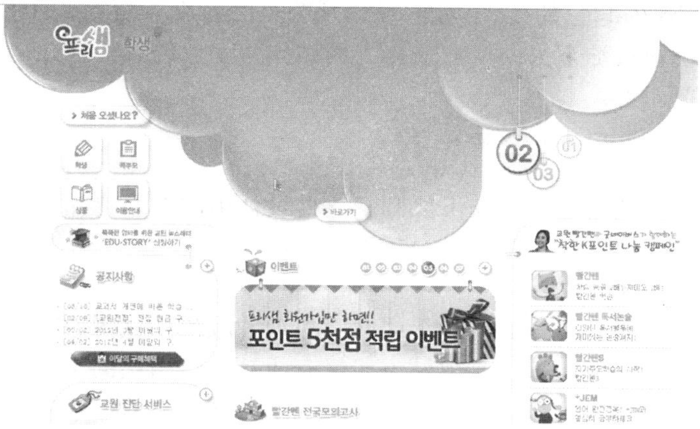

图 2-11 儿童网站网页色彩的搭配

2.2.1 确定网站的主题色

一个网站一般不使用单一颜色，因为会让人感觉单调、乏味；但也不能将所有的颜色都运用到网站中，让人感觉不庄重。一个网站必须围绕一种或两种主题色进行设计，这样既不至于让客户迷失方向，也不至于让客户感到单调、乏味。所以确定网站的主题色是设计者必须考虑的问题之一。

1. 主题色确定的两个方面

在确定网站主题色时，通常可以从以下两个方面去考虑。

(1) 结合产品、内容特点。

根据产品的特点来确定网站的主色调，如果企业产品是环保型的，可以采用绿色，企业主营的产品是高科技或电子类的可以采用蓝色等；如果是红酒企业，则可以考虑使用红酒的色调，如图 2-12 所示。

图 2-12 商业网站色彩的搭配

(2) 根据企业的 VI 识别系统。

如今有很多公司都有自己的 VI 识别系统，从公司的名片、办公室的装修、手提袋等可以看得到，这些都是公司沉淀下来的企业文化。网站作为企业的宣传方式之一，也在一定程度上需要考虑这些因素。

2. 主题色的设计原则

在主题色确定时我们还要考虑如下原则，这样设计出的网站界面才能别出心裁，体现出企业的独特风格，更有利于向受众传递企业信息。

(1) 与众不同，富有个性。

过去许多网站都喜欢选择与竞争对手的网站相近的颜色，试图通过这样的策略来快速实现网站构建，减少建站成本，但这种建站方式鲜有成功者。网站的主题色一定要与竞争网站能明显地区别开，只有与众不同、别具一格才是成功之道，这是网站主题色选择的首要原则。如今越来越多的网站规划者开始认识到这个真理，比如中国联通已经改变过去模仿中国移动的色彩，推出了与中国移动区别明显的红黑搭配组合作为新的标准色，如图 2-13 所示。

图 2-13 以红黑搭配组合为标准色的中国联通网页

(2) 符合大众审美习惯。

由于大众的色彩偏好非常复杂，而且是多变的，甚至是瞬息万变的，因此要选择最能吻合大众偏好的色彩是非常困难，甚至是不可能的。最好的办法是剔除掉大众所禁忌的颜色。比如，巴西人忌讳棕黄色和紫色，他们认为棕黄色使人绝望，紫色会带来悲哀，紫色和黄色配在一起，则是患病的预兆。所以在选择网站主题色时要考虑你的用户群体的审美习惯。

2.2.2 网页色彩搭配原理

色彩搭配既是一项技术性工作，也是一项艺术性很强的工作。因此，在设计网页时，除了要考虑网站本身的特点外，还要遵循一定的艺术规律，从而设计出色彩鲜明、性格独特的网站。

网页的色彩是树立网站形象的关键要素之一，色彩搭配是令网页设计初学者感到头疼的问题。网页的背景、文字、图标、边框、链接等应该采用什么样的色彩，应该搭配什么样的色彩才能最好地表达出网站的内涵和主题呢？下面就来详细介绍一下。

1. 色彩的鲜明性

网页的色彩要鲜明，这样容易引人注目。一个网站的用色必须要有自己独特的风格，这样才能显得个性鲜明，给浏览者留下深刻的印象。

2. 色彩的独特性

网站要有与众不同的色彩，使得大家对网站的印象强烈。一般可通过使用网页颜色选择器选择一个专色，然后根据需要进行微调，如图 2-14 所示。

3. 色彩的艺术性

网站设计也是一种艺术活动，因此必须遵循艺术规律。在考虑到网站本身特点的同时，按照内容决定形式的原则，大胆进行艺术创新，设计出既符合网站要求，又有一定艺术特色的网站。

不同的色彩会产生不同的联想：蓝色使人联想到天空、黑色使人联想到黑夜、红色使人联想到喜事等，选择色彩要和网页的内涵相关联，如图 2-15 所示。

图 2-14　网页颜色选择工具

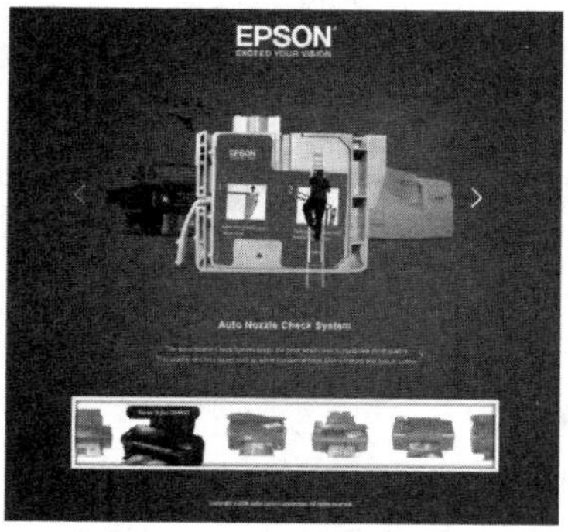

图 2-15　色彩的艺术性示例

4. 色彩搭配的合理性

一个色彩搭配合理的页面，尽量不要超过四种颜色，用太多的色彩会让人感到网站没有方向，没有侧重点。当主题色确定好以后，考虑其他配色时，一定要考虑其他配色与主题色以及要体现的效果之间的关系。另外哪种因素占主要地位，是明度、纯度还是色相都需要设计者去考虑。网站设计者可以考虑从以下两个方面去着手设计，可以最大程度减少设计成本。

(1) 选择单一色系：在主题色确定好之后，可以选择与主题色相邻的颜色进行设计，如图 2-16 所示。

(2) 选择主题色的对比色：在设计时，一般以一种颜色为主色调，对比色作为点缀，从而可产生强烈的视觉效果，使网站特色鲜明、重点突出。

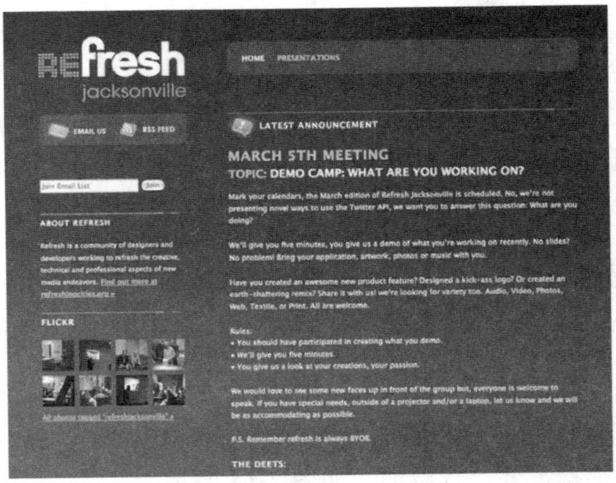

图 2-16　单一色彩的网页

2.2.3　网页中色彩的搭配

色彩在人们的生活中带有丰富的感情和含义，在特定的场合下，同种色彩可以代表不同的含义。色彩总的应用原则应该是“总体协调，局部对比”，即主页的整体色彩效果是和谐的，局部、小范围的地方可以配一些对比强烈的色彩。在色彩的运用上，可根据主页内容的需要，分别采用不同的主色调。

色彩具有象征性，比如嫩绿色、翠绿色、金黄色、灰褐色分别象征春、夏、秋、冬。其次还有职业的标志色，比如军警的橄榄绿、医疗卫生的白色等。色彩还具有明显的心理感觉，比如冷、暖的感觉，进、退的效果等。另外，色彩还具有民族性。各个民族由于环境、文化、传统等因素的影响，对于色彩的喜好也存在着较大的差异。

1. 色彩的搭配

充分运用以下色彩的这些特性，可以使网站的主页具有深刻的艺术内涵，从而提升主页的文化品位。

- 相近色：色环中相邻的 3 种颜色。相近色的搭配给人的视觉效果很舒适、很自然，所以相近色在网站设计中极为常用。
- 互补色：色环中相对的两种色彩。对互补色调整一下补色的亮度，有时是一种很好的搭配。
- 暖色：暖色与黑色搭配，一般应用于购物类网站、电子商务网站、儿童类网站等，用以体现商品的琳琅满目，或网站的活泼、温馨等效果，如图 2-17 所示。
- 冷色：冷色一般与白色搭配，一般应用于一些高科技、游戏类网站，主要表达严肃、稳重等效果。绿色、蓝色、蓝紫色等都属于冷色系列，如图 2-18 所示。

图 2-17　暖色色系的网页

图 2-18　冷色色系的网页

- 色彩均衡：网站让人看上去舒适、协调，除了文字、图片等内容的排版合理外，色彩均衡也是相当重要的一个部分。比如一个网站不可能单一地运用一种颜色，所以色彩的均衡问题是设计者必须要考虑的问题。

2. 非彩色的搭配

黑色与白色搭配是最基本和最简单的搭配，无论是白字黑底还是黑底白字都非常清晰明了。灰色是万能色，可以和任何色彩搭配，也可以帮助两种对立的色彩和谐过渡。如果在网页设计中实在找不出合适的搭配色彩，那么可以尝试用灰色，效果绝对不会太差，如图 2-19 所示。

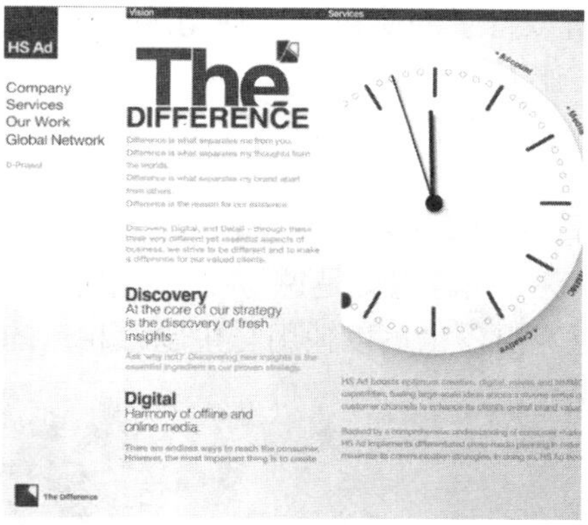

图 2-19　黑白色性的网页

2.2.4　网页元素的色彩搭配

为了让网页设计得更亮丽、更舒适，增强页面的可阅读性，必须合理、恰当地运用页面各元素间的色彩搭配。

1. 网页导航条

网页导航条是网站的指路方向标，浏览者在网页间的跳转、了解网站的结构、查看网站的内容，都必须使用导航条。导航条的色彩搭配，可以使用稍微具有跳跃性的色彩吸引浏览者的视线，使其感觉网站清晰明了、层次分明，如图 2-20 所示。

图 2-20　网页导航条的色彩搭配

2. 网页链接

一个网站不可能只有一页，所以文字与图片的链接是网站中不可缺少的部分。尤其是文字链接，因为文字链接有别于一般文字，所以文字链接的颜色不能与文字的颜色一样。要让浏览者快速地找到网站链接，设置独特的文字链接颜色是一种驱使浏览者点击链接的好办法，如图 2-21 所示。

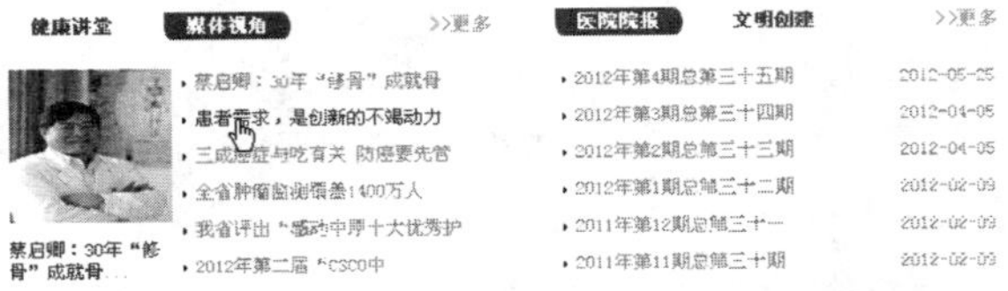

图 2-21　网页链接的色彩搭配

3. 网页文字

如果网站中使用了背景颜色，就必须考虑背景颜色的用色与前景文字的色彩搭配问题。一般的网站侧重的是文字，所以背景的颜色可以使用纯度或者明度较低的色彩，文字的颜色可以使用用较为突出的亮色，让人一目了然。

4. 网站标志

网站标志是宣传网站最重要的部分之一，所以网站标志在页面上一定要突出、醒目，可以将 Logo 和 Banner 做得鲜亮一些。也就是说，在色彩搭配方面网站标志的色彩要与网页的主题色彩分离开。有时为了更突出，也可以使用与主题色相反的颜色，如图 2-22 所示。

图 2-22　网站标志的色彩搭配

2.2.5 网页色彩搭配的技巧

色彩搭配是一门艺术，灵活地运用它能让网站的主页更具亲和力。要想制作出漂亮的主页，在灵活运用色彩的基础上还需要加上自己的创意和技巧。下面将详细介绍网页色彩搭配的一些常用技巧。

1. 单色的使用

尽管网站设计要避免采用单一的色彩，以免产生单调的感觉，但通过调整单一色彩的饱和度与透明度，也可以使用网站色彩产生变化，使网站避免单调，做到色彩统一，有层次感，如图 2-23 所示。

2. 邻近色的使用

所谓邻近色，就是色带上相邻近的颜色，比如绿色和蓝色、红色和黄色就互为邻近色。采用邻近色设计网页可以使网页避免色彩杂乱，易于使页面色彩丰达到富、和谐统一，如图 2-24 所示。

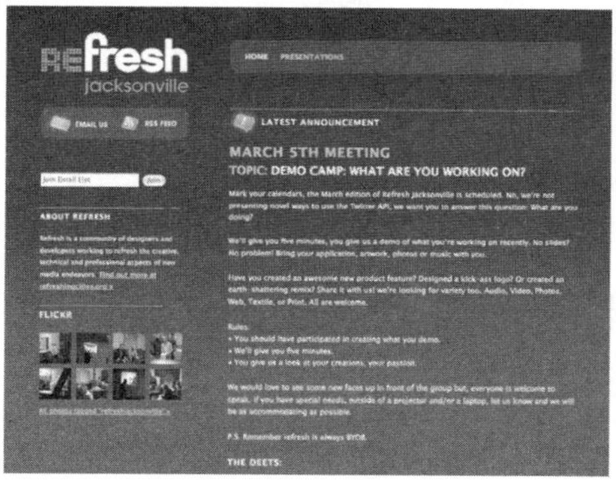

图 2-23 单色的使用示例

图 2-24 邻近色的使用示例

3. 对比色的使用

对比色可以突出重点，产生强烈的视觉效果。通过合理使用对比色，能够使网站特色鲜明、重点突出。在设计时，一般以一种颜色为主色调，将对比色作为点缀，可以对设计起到画龙点睛的作用。

4. 黑色的使用

黑色是一种特殊的颜色，如果使用恰当、设计合理，往往能产生很强的艺术效果。黑色一般用来作为背景色，与其他纯度色彩搭配使用。

5. 背景色的使用

背景颜色不要太深，否则会显得过于厚重，而且还会影响整个页面的显示效果。在设计时，一般采用素淡清雅的色彩，避免采用花纹复杂的图片和纯度很高的色彩作为背景色，同时，背景色要与文字的色彩对比强烈一些。但也有例外，使用黑色的背景衬托亮丽的文本和图像，则会给人一种另类的感觉，如图 2-25 所示。

6. 色彩的数量

一般初学者在设计网页时往往会使用多种颜色，使网页变得很“花”，缺乏统一和协调，缺乏内在的美感，给人一种繁杂的感觉。事实上，网站用色并不是越多越好，一般应控制在 4 种色彩以内，可以通过调整色彩的各种属性来使网页产生颜色上的变化，从而保持整个网页的色调统一。

图 2-25　背景色的使用示例

7. 要和网站内容匹配

了解网站所要传达的信息和品牌，选择可以加强这些信息的颜色，比如在设计一个强调稳健的金融机构时，就要选择冷色系、柔和的蓝、灰或绿色。如果使用暖色系或活泼的颜色，可能会破坏了该网站的品牌。

8. 围绕网页主题

色彩要能烘托出主题。根据主题确定网站颜色，同时还要考虑网站的访问对象，文化的差异也会使色彩产生非预期的反应。还有，不同地区与不同年龄层对颜色的反应也会有所不同。年轻人一般比较喜欢饱和色，但这样的颜色引不起高龄人群的兴趣。

此外，白色是网站用得最普遍的一种颜色。很多网站甚至留出大块的白色空间，作为网站的一个组成部分，这就是留白艺术。很多设计性网站较多地运用留白艺术，给人一个遐想的空间，让人感觉心情舒适、畅快。恰当的留白对于协调页面的均衡会起到相当大的作用，如图 2-26 所示。

总之，色彩的使用并没有一定的法则，如果一定要用某个法则去套，则效果只会适得其反。色彩的运用还与每个人的审美观、个人喜好、知识层次等密切相关。一般应先确定一种能体现主题的主体色，然后根据具体的需要通过近似和对比的手段来完成整个页面的配色方案。整个页面在视觉上应该是一个整体，以达到和谐、悦目的视觉效果，如图 2-27 所示。

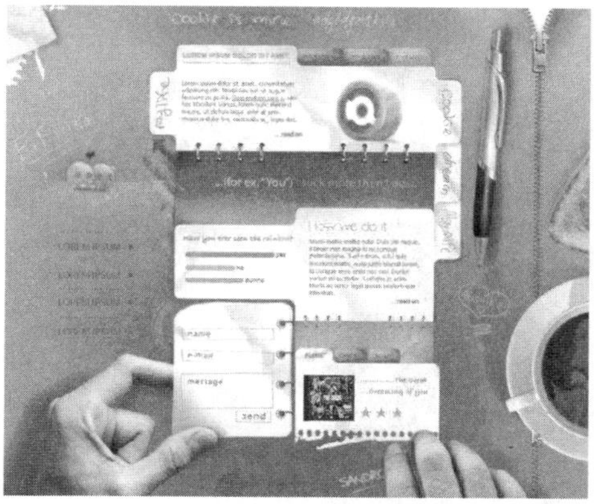

图 2-26 网页留白色处理

图 2-27 网页色彩的搭配

2.3 布局网站板块结构

在规划网站的页面前，对所要创建的网站要有充分的认识和了解。大量的前期准备工作可使设计者在规划网页时胸有成竹，得心应手，一路畅行。在网站中网页布局大致可分为“国”字型、标题正文型、左右框架型、上下框架型、综合框架型、封面型、Flash 型等。

2.3.1 “国”字型

“国”字型也可以称为“同”字型，它是布局一些大型网站时常用的一种结构类型，即网页最顶端是网站的标题和横幅广告条，接下来是网站的主要内容。网页左右分列一些内容条目，中间是主要部分，与左右一起罗列到底。顶端最下方是网站的一些基本信息、联系方式和版权声明等。这种结构几乎是网上使用最多的一种结构类型，如图 2-28 所示。

图 2-28 “国”字型网页结构

2.3.2 标题正文型

标题正文型即网页最上方是标题或类似的一些东西，下方是正文，如图 2-29 所示。一些网站的文章页面或注册页面等采用的就是这种类型。

图 2-29 标题正文型网页结构

2.3.3 左右框架型

左右框架型是一种左右为两页的框架结构。一般来说，左侧是导航链接，有时最上方会有一个小的标题或标志，右侧是正文。大部分的大型论坛采用的都是这种结构，有一些企业网站也喜欢采用这种结构。这种类型的结构非常清晰，一目了然，如图 2-30 所示。

2.3.4 上下框架型

上下框架型与左右框架型类似，区别仅在于这是一种分为上下两部分的框架，如图 2-31 所示。

图 2-30 左右框架型网页结构

图 2-31 上下框架型网页结构

2.3.5 综合框架型

综合框架型是多种结构的结合，是相对复杂的一种框架结构，如图 2-32 所示。

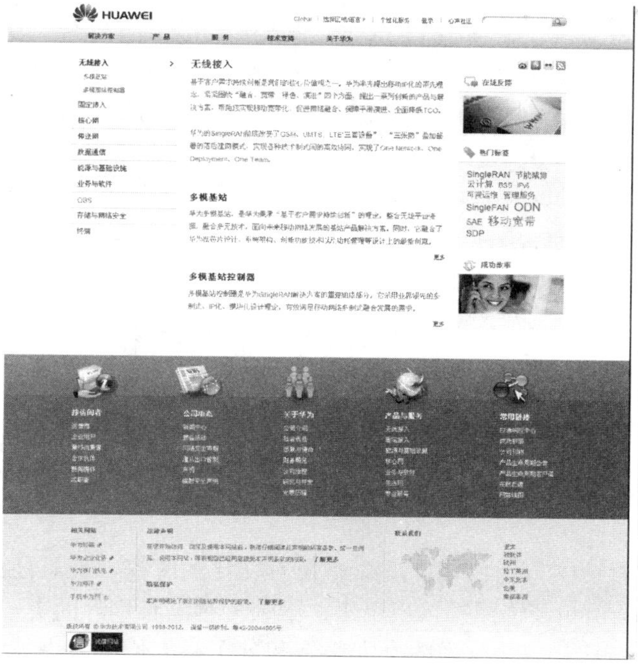

图 2-32 综合框架型网页结构

2.3.6 封面型

封面型网页结构基本上出现在一些网站的首页，大部分为一些精美的平面设计与一些小的动画相结合，放上几个简单的链接，或者仅是一个“进入”的链接，甚至直接在首页的图片上做链接而没有任何提示。这种类型大部分出现在企业网站和个人主页。如果处理得好，则会给人带来赏心悦目的感觉，如图 2-33 所示。

2.3.7 Flash 型

其实 Flash 型网页结构与封面型结构是类似的，只是这种类型采用了目前非常流行的 Flash。与封面型不同的是，由于 Flash 具有强大的功能，所以页面所表达的信息更丰富。其视觉效果及听觉效果如果处理得当，绝不亚于传统的多媒体，如图 2-34 所示。

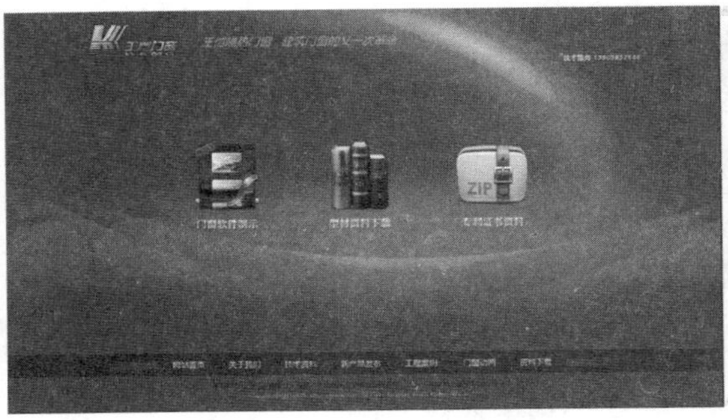

图 2-33　封面型网页结构

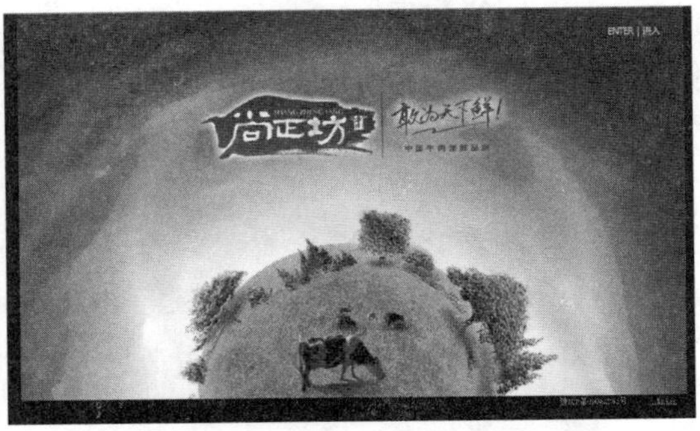

图 2-34　Flash 型网页结构

2.4　网站配色应用案例

在了解了网站色彩的搭配原理与技巧后，下面介绍一些网站配色的应用案例。

2.4.1　案例 1——网络购物网站的色彩应用

网络购物类网站囊括的范围比较广泛，不仅有文化的时尚，而且还有品牌的时尚。品牌的时尚多通过服饰、鞋帽和装饰品等体现出来，给人一种高雅娴静的美。

通常情况下，说起具有品牌时尚的女性服装和鞋子，人们脑海中就会不自觉地涌现出那些红色、紫色以及粉红色，因为这些颜色已经成为女性的专用色彩，所以典型的女性服饰都是以这些专用色作为网站的配色颜色。

如图 2-35 所示即为一个主色调为红色(中明度、中纯度)，辅助色为灰色(低明度、低纯度)、蓝色(中明度、中纯度)和白色(高明度、高纯度)的时尚网站。该网站的红色给人以醒目温暖的感觉，白色则给人干净、明亮的感觉。

图 2-35　网络购物网站的色彩应用

2.4.2 案例 2——游戏网站的色彩应用

随着互联网技术的不断发展，各种类型的游戏网站如雨后春笋般出现，并逐渐成为娱乐网站中不可缺少的类型。其网站的风格和颜色也是千变万化，随着游戏性质的不同而呈现出不同的风格。

如图 2-36 所示是一个以拳击为题材的游戏网站。该网站的主色调为红色(中明度、中纯度)，辅助色为黑色(低明度、低纯度)和黄色(中明度、中纯度)。拳击运动凭借力量取胜，所以该网站运用具有强悍的人物图片展现游戏的性质；运用大面积的红色修饰整个网页，意在突出动感的活力；而运用黑色和黄色作为修饰色，则更加突出了整个网页的武力色彩，给人一种身临其境的感觉。

图 2-36　游戏网站的色彩应用

如图 2-37 所示即为一个战斗性游戏类网站。该网站的主色调为灰蓝色(中明度、中纯度)，辅助色为黑色(低明度、低纯度)、黄褐色(中明度、中纯度)。

图 2-37　游戏网站色的彩应用

网站大面积使用蓝灰色修饰网页，给人一种深幽、复古的感觉，仿佛让人回到了那悠远的远古时代。使用黑色和黄褐色做点缀，更加突出了远古人决斗的场景，从而吸引更多浏览者进入到虚幻的战斗中去。

2.4.3 案例 3——企业门户网站的色彩应用

企业类网站在整个网站界中占据着重要的地位，充当着网站设计的主力军，其网站配色也十分重要，是初学者必须学习的案例。

1. 以企业形象为主的网站

以企业形象为主体宣传的网站，表现形式与众不同，经常以宽广的视野、强大的视觉冲击力，并配以震撼的音乐和气宇轩昂的色彩，将企业形象不折不扣地展现在世人面前，给人以信任和安全的感觉。

如图 2-38 所示就是一个典型的以企业形象为主的主页。该网页是一个房地产网站的首页。该网站的主色调为深蓝色(中明度、中纯度)，辅助色为黑色(低明度、低纯度)、红色(中明度、中纯度)和淡黄色(高明度、中纯度)，页面以深蓝色为主修饰色，给人一种深幽、淡雅的感觉。

图 2-38 以企业形象为主的网站首页

如图 2-39 所示也是一个以企业形象为主的地产公司网站。该网站的主色调为暗红色(中明度、中纯度)，辅助色为灰色(中明度、低纯度)，页面采用暗红色来勾勒修饰，并运用战争年代战士们冲锋陷阵的图片作为此网站的主背景，意在向人们展现此企业犹如抗战时期的中国一样，有毅力、有动力、有活力，并且有足够的信心将自己的企业做大做强。另外，用灰色作为修饰色，更加表现出企业坚定的决心和充足的信心。

2. 以企业产品为主的网站

以企业产品为主的网站大都是为了推销其产品，整个网页贯穿着产品的各种介绍，并从整体和局部准确地展示了产品的性能和质量，从而突出产品的特点和优越性。此类网站的表现手法比较新颖，总是在网站首页或欢迎页面以产品形象作为展示的核心，同时配以动画或音效等，吸引浏览者的注意力，从而达到宣传自己企业的目的。

如图 2-40 所示为某品牌汽车厂商的网站。该网站是以汽车销售为主的企业性网站，用黑色作为主色调(低明度、低纯度)，用以展现企业产品汽车的强悍与优雅。特别是运用灰色(中明度、低纯度)做辅助色搭配，使页面在稳重中增添了明亮的色彩，增加了汽车的力量感，从而将企业产品醒目地展现给了浏览者。

图 2-39　以企业形象为主的网站首页

图 2-40　以企业产品为主的网站

温暖舒适的色调，稳重高雅的装饰，是一个家庭装饰的重中之重，而作为地板类网站，如图 2-41 所示，该网站成功地把握消费者的消费心理，其主色调为浅棕色(高明度、中纯度)，辅助色为米黄色(中明度、中纯度)。

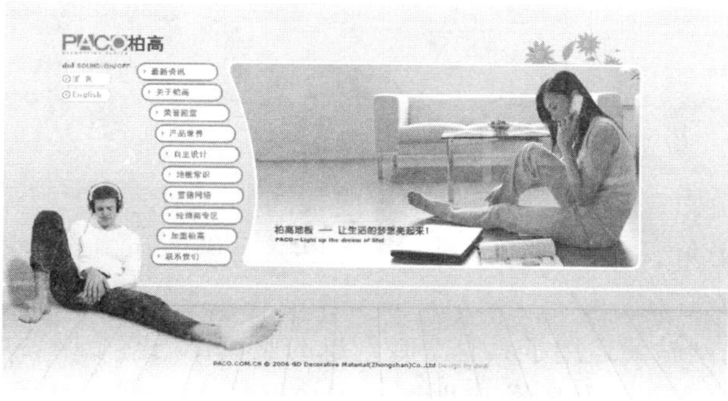

图 2-41　以企业产品为主的网站

该网站是一个知名品牌柏高地板的网站，采用的是两种比较接近的颜色，整个画面渗透着清新淡雅的情调，充盈着浪漫温馨的气氛。其中的浅棕色属于中性色，给人一种平静的感觉，而米黄色则属于暖色，跟浅棕色搭配在一起，给人一种宾至如归的感觉。另外该网页在设计时把产品置于浅棕色色调中，展现出其产品的古典特色，从而让浏览者能从视觉上更进一步地了解产品，达到了宣传产品的目的。

2.4.4 案例 4——时政新闻网站的色彩应用

所谓时政要闻类网站是指那些以提供专业动态信息为主，面向获取信息的专业用户的网站。此类网站比门户类网站更具有特色。如图 2-42 所示即为一个标准的时政要闻类网站。

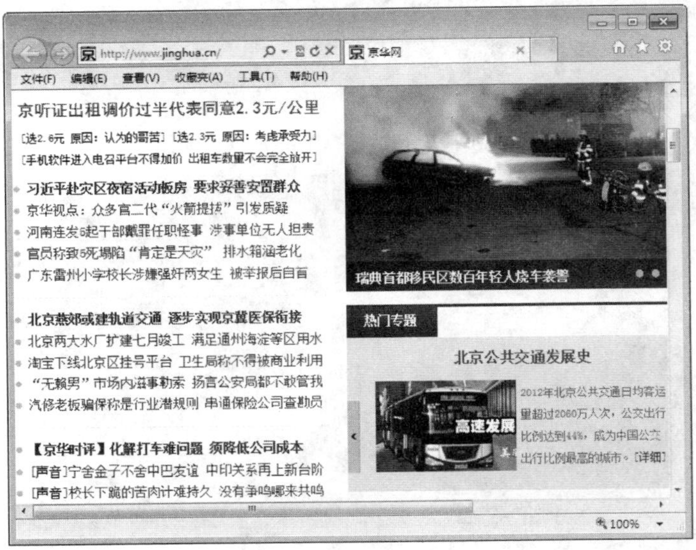

图 2-42 时政新闻网站的色彩应用

该网站的主色调为蓝色(高明度、高纯度)，辅助色为白色(高明度、高纯度)。该网站结构清晰明了，各个板块分配明朗，同时该网站之间的色彩调和也非常到位，用白色作为背景色，更显示出了蓝色的纯净与舒适，使整个页面显得简单而又整齐，给人一种赏心悦目的感觉。

2.4.5 案例 5——影音视频网站的色彩应用

在众多的网站中，影音类网站是受欢迎程度很高的网站之一，特别是青少年群体无疑是影音类网站浏览者的主角。由于影音类网站重点以突出影像和声音为特点，所以此类网站在影像和声音方面的表现尤为突出。

如图 2-43 所示的网站就运用了具有空旷气息的蓝色作为整个网页修饰色，突出了此网站的自然气息。该网站的主色调为蓝色(中明度、中纯度)，辅助色为红色(中明度、中纯度)和白色(高明度、高纯度)。蔚蓝的天空、清澈的湖水、巍峨的高山，一切仿佛就在眼前，带给人一种心旷神怡的感觉。使用自然的白色更加衬托出蓝色洁净和优雅，最后运用亮眼的红色作为整个网站的点缀色彩，起到烘托修饰的作用，从而更加鲜明地突出网站内容的主题。

图 2-43　影音视频网站的色彩应用

2.4.6　案例 6——电子商务网站的色彩应用

所谓电子商务是指买卖双方不用见面，只是利用简单、快捷、低成本的电子通讯方式，来进行各种商贸活动的行为。随着科学的发展、互联网的迅速普及，各种类型的电子商务网站有如雨后春笋般涌现。

如图 2-44 所示网站就是一个典型的电子商务网站。该网站的主色调为棕色(中明度、中纯度)，辅助色为黑色(低明度、低纯度)、灰色(中明度、中纯度)和白色(高明度、高纯度)。该网站大面积使用棕色来修饰整个房间家具的颜色。棕色是一种中性色，含有冷色调的酷和暖色调的柔，用这种颜色配置的家具，给人一种轻松舒适的感觉。

图 2-44　电子商务网站的色彩应用

另外，使用黑色和灰色作为框架的修饰色，更衬托出棕色的安静。使用白色作为链接字体色，给人一种醒目的感觉，整个网页都活跃了起来，更加突出了产品的优点。

2.4.7 案例 7——娱乐网站的色彩应用

在众多类别的网站中，思想最活跃、格调最休闲、色彩最缤纷的网站非娱乐类网站莫属，格式多样化的娱乐类网站，总是通过独特的设计思路来吸引浏览者注意力，表现其个性的网站空间。如图 2-45 所示就是一个音乐类网站。

图 2-45　娱乐网站的色彩应用

该网站的主色调为黑色(低明度、低纯度)，辅助色为紫红色(中明度、中纯度)和白色(高明度、高纯度)，使用具有神秘色彩的黑色作为通篇修饰色，从而调动人们的好奇心，再使用紫红色来点缀人物活动的场景，让整个网页的气氛活跃起来。另外，使用小范围白色来烘托其网站的娱乐性能，很容易给人留下永恒的回忆。

2.5 实战演练——定位网站页面的框架

在网站布局中采用“综合框架型”结构对网站进行布局，即网站的头部主要用于放置网站 Logo 和网站导航；网站的左框架主要用于放置商品分类、销售排行框等；网站的主体部分则为显示网站的商品和对商品的购买交易；网站的底部主要放置版权信息等。

设计网页之前，设计者可以先在 Photoshop 中勾画出框架，然后再在该框架的基础上进行布局，具体的操作步骤如下。

step 01 打开 Photoshop CS6，如图 2-46 所示。

step 02 选择【文件】→【新建】菜单命令，打开【新建】对话框，在其中设置文档的宽度为 1024 像素、高度为 800 像素，如图 2-47 所示。

step 03 单击【确定】按钮，即可创建一个 1024×800 像素的文档，如图 2-48 所示。

step 04 选择左侧工具框中的【矩形工具】，并调整路径状态，画一个矩形框，如图 2-49 所示。

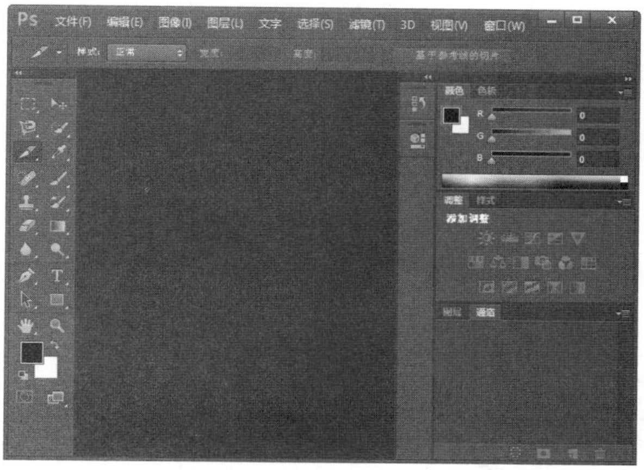

图 2-46 Photoshop CS6 的操作界面

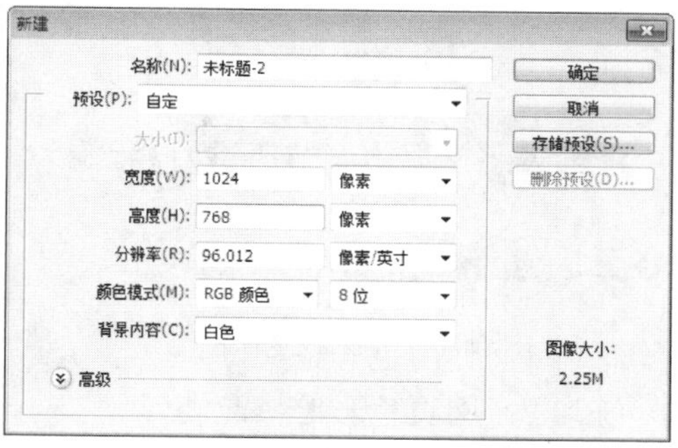

图 2-47 【新建】对话框

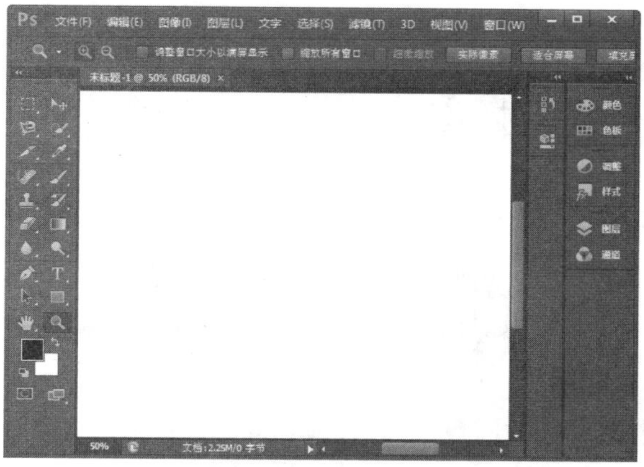

图 2-48 创建空白文档

图 2-49 绘制矩形框

step 05 使用文字工具，创建一个文本图层，输入“网页的头部”，如图 2-50 所示。

step 06 依次绘出网站的中左、中右和底部，网站的结构布局最终如图 2-51 所示。确定好网站框架后，就可以结合各相关知识进行网站不同区域的布局设计了。

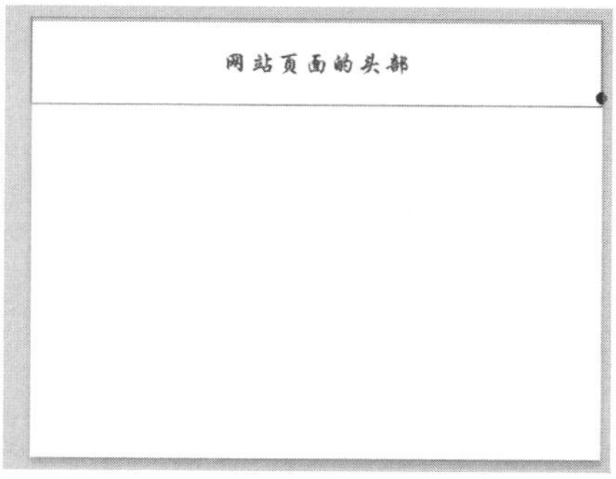

图 2-50 输入文字

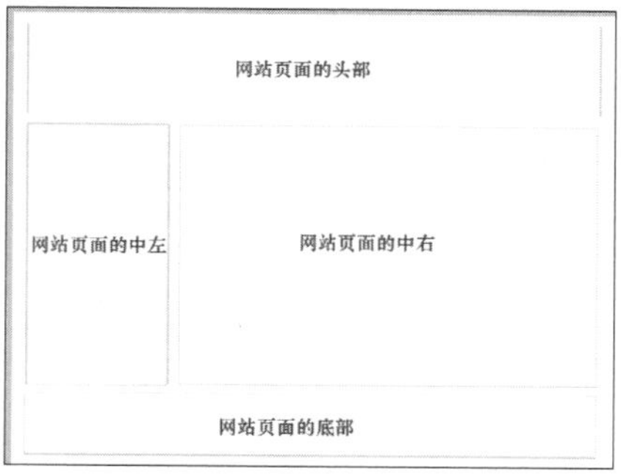

图 2-51 网站页面结构的最终布局

2.6 跟我练练手

2.6.1 练习目标

能够熟练掌握本章节所讲内容。

2.6.2 上机练习

练习 1：使用色彩搭配网页。
练习 2：网页色彩的搭配。
练习 3：布局网站板块的结构。
练习 4：网站配色应用案例。
练习 5：定位网站的页面框架。

2.7 高 手 甜 点

甜点 1：如何使自己的网站的配色更具有亲和力？

在对网页进行配色时，必须考虑网站本身的性质。如果网站的产品以化妆品为主，那么这样的网站的配色多采用柔和、柔美、明亮的色彩。这样就可以给人一种温柔的感觉，具有很强的亲和力。

甜点 2：如何在自己的网页中营造出地中海风情的配色？

使用“白＋蓝”的配色，可营造出地中海风情的配色。白色很容易令人感到十分的自由，好像是属于大自然的一部分，令人心胸开阔，似乎像海天一色的大自然一样开阔自在。要想营造这样的地中海式风情，必须把室内的物品，比如家具、家饰品、窗帘等都限制在一个色系中，这样就会产生统一感。对于向往碧海蓝天的人士，白色与蓝色是居家生活最佳的搭配选择。

第 3 章

磨刀不误砍柴工——Dreamweaver CS6 创建网站站点

Dreamweaver CS6 是一款专业的网页编辑软件，利用它可以创建网页。其强大的站点管理功能，合理的站点结构能够加快对站点的设计，提高工作效率，节省时间。本章将要介绍的内容就是如何利用 Dreamweaver CS6 创建并管理网站站点。

本章要点(已掌握的，在方框中打勾)

- ☐ 熟悉 Dreamweaver CS6 的工作环境。
- ☐ 掌握创建站点的方法。
- ☐ 掌握管理站点的方法。
- ☐ 掌握操作站点文件及文件夹的方法。
- ☐ 掌握建立站点文件和文件夹的方法。

3.1 认识 Dreamweaver CS6 的工作环境

在学习如何使用 Dreamweaver CS6 制作网页之前，先来认识一下 Dreamweaver CS6 的工作环境。

3.1.1 启动 Dreamweaver CS6

完成 Dreamweaver CS6 的安装后，就可以启动 Dreamweaver CS6 了，具体操作步骤如下。

step 01 选择【开始】→【所有程序】→ Adobe Dreamweaver CS6 选项，或双击桌面上的 Dreamweaver CS6 快捷图标，即可启动 Dreamweaver CS6。在弹出【默认编辑器】对话框中选中需要 Dreamweaver 为默认编辑器的文件类型，如图 3-1 所示。

step 02 单击【确定】按钮，进入 Dreamweaver CS6 的初始化界面。Dreamweaver CS6 的初始化界面时尚、大方，给人以焕然一新的感觉，如图 3-2 所示。

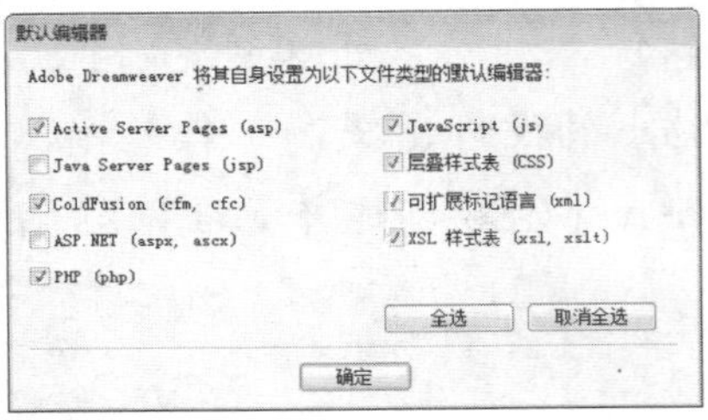

图 3-1 【默认编辑器】对话框

图 3-1 Dreamweaver CS6 的初始化界面

step 03 通过初始化界面，便可打开 Dreamweaver CS6 工作区的开始页面。默认情况下，Dreamweaver CS6 的工作区布局是以【设计】视图布局的，如图 3-3 所示。

step 04 在开始页面中，单击【新建】栏下方的 HTML 选项，即可打开 Dreamweaver CS6 的工作界面，如图 3-4 所示。

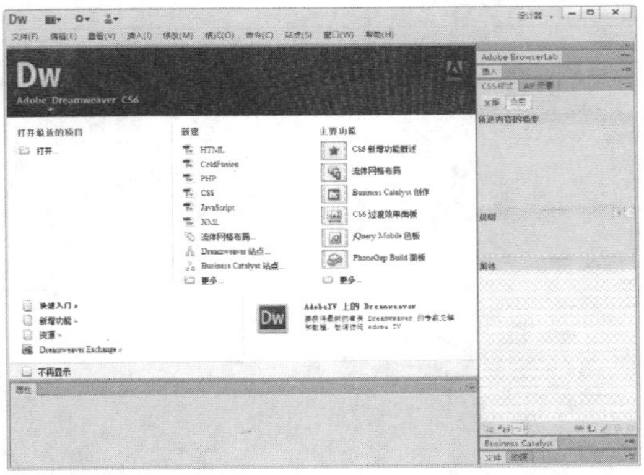

图 3-3 Dreamweaver CS6 的开始界面

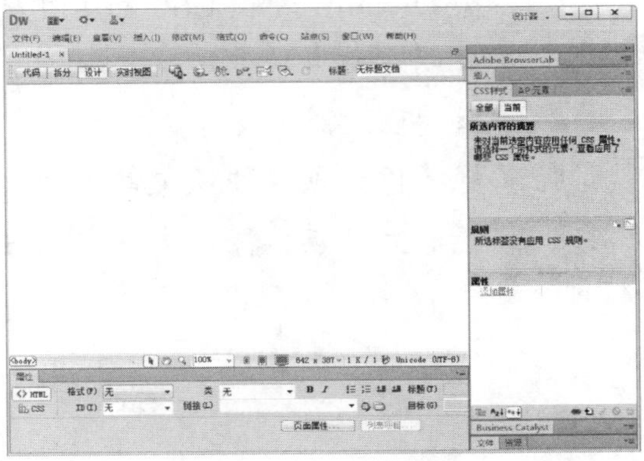

图 3-4 Dreamweaver CS6 的工作界面

3.1.2 认识 Dreamweaver CS6 的工作区

在 Dreamweaver 的工作区可查看到文档和对象属性。工作区将许多常用的操作放置于工具栏中，便于快速地对文档进行修改。Dreamweaver CS6 的工作区主要由应用程序栏、菜单栏、【插入】面板、文档工具栏、文档窗口、状态栏、【属性】面板和面板组等部分组成，如图 3-5 所示。

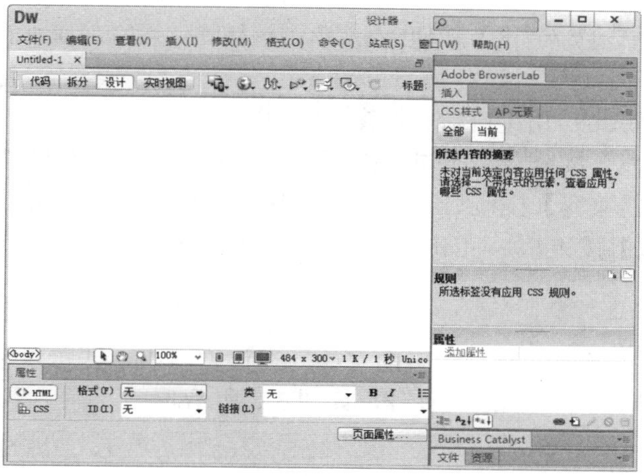

图 3-5 Dreamweaver CS6 的工作界面

1. 菜单栏

该部分包括 10 个菜单，单击每个菜单，会弹出下拉菜单，利用菜单中的命令基本上能够实现 Dreamweaver CS6 的所有功能，如图 3-6 所示。

图 3-6 菜单栏

2. 文档工具栏

该部分包含 3 种文档窗口视图(代码、拆分和设计)按钮、各种查看选项和一些常用的操作功能(如在浏览器中预览)，如图 3-7 所示。

图 3-7 文档工具栏

文档工具栏中常用按钮的功能如下。

(1) 【显示代码视图】按钮 代码 ：单击该按钮，仅在文档窗口中显示和修改 HTML 源代码。

(2) 【显示代码视图和设计视图】按钮 拆分 ：单击该按钮，在文档窗口中同时显示 HTML 源代码和页面的设计效果。

(3) 【显示设计视图】按钮设计：单击该按钮仅在文档窗口中显示网页的设计效果。

(4) 【实时视图】按钮实时视图：单击该按钮，显示不可编辑的、交互式的、基于浏览器的文档视图。

(5) 【多屏幕】按钮：单击该按钮，可以多屏幕浏览网页。

(6) 【文档标题】文本框标题: 无标题文档：该文本框用于设置或修改文档的标题。

(7) 【文件管理】按钮：单击该按钮，通过弹出的菜单可实现消除只读属性、获取、取出、上传、存回、撤销取出、设计备注以及在站点定位等功能。

(8) 【在浏览器中预览/调试】按钮：单击该按钮，可在定义好的浏览器中预览或调试网页。

(9) 【刷新】按钮：用于刷新文档窗口的内容。

(10) 【可视化助理】按钮：单击该按钮，可使用各种可视化助理来设计页面。

(11) 【检查浏览器兼容】按钮：单击该按钮，可检查 CSS 是否对各种浏览器兼容。

(12) 【W3C 验证】按钮：单击该按钮，可检测网页是否符合 W3C 标准。

3. 文档窗口

文档窗口用于显示当前创建和编辑的文档。在该窗口中，即可以输入文字、插入图片、绘制表格等，也可以对整个页面进行处理，如图 3-8 所示。

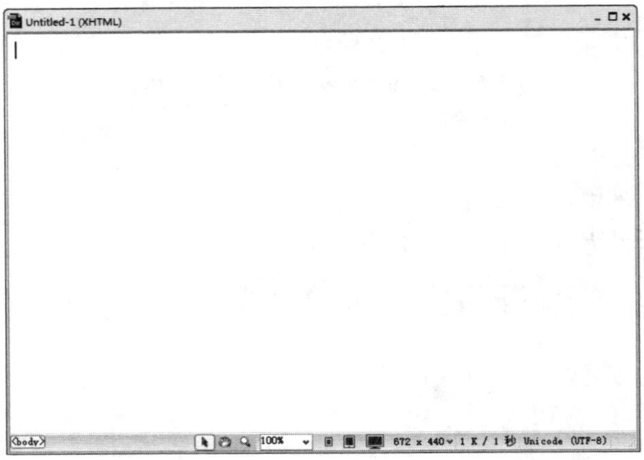

图 3-8 文档窗口

4. 状态栏

状态栏位于文档窗口的底部，包括 3 个功能区：标签选择器(用于显示和控制文档当前插入点位置的 HTML 源代码标记)、窗口大小弹出菜单(用于显示页面大小，允许将文档窗口的大小调整到预定义或自定义的尺寸)和下载指示器(用于估计下载时间，查看传输时间)，如图 3-9 所示。

图 3-9 状态栏

5. 【属性】面板

【属性】面板是网页中非常重要的面板，用于显示在文档窗口中所选元素的属性，并且可以对被选中的元素的属性进行修改。该面板随着选择元素的不同而显示不同的属性，如图 3-10 所示。

图 3-10　【属性】面板

6. 工作区切换器

单击【工作区切换器】下拉箭头，可以打开一些常用的调板。在下拉菜单中选择命令即可更改页面的布局，如图 3-11 所示。

7. 【插入】面板

【插入】面板包含将各种网页元素(比如图像、表格和 AP 元素等)插入到文档时的快捷按钮。每个对象都是一段 HTML 代码，插入不同的对象时，可以设置不同的属性。单击相应的按钮，可插入相应的元素。要显示【插入】面板，选择【窗口】→【插入】菜单命令即可，如图 3-12 所示。

8. 【文件】面板

【文件】面板用于管理文件和文件夹，无论它们是 Dreamweaver 站点的一部分，还是位于远程服务器上。在【文件】面板上还可以访问本地磁盘上的全部文件，如图 3-13 所示。

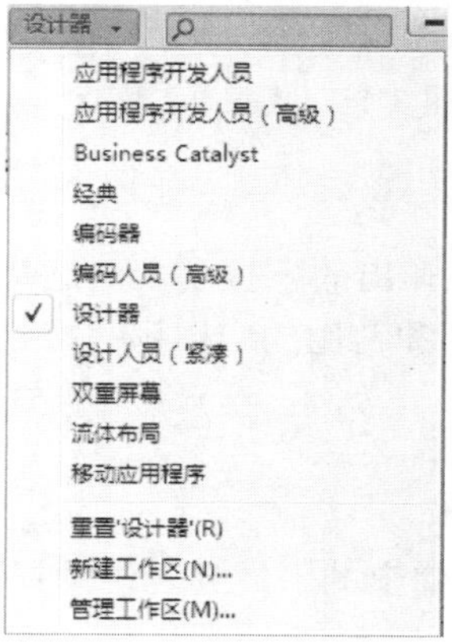

图 3-11　工作区切换器

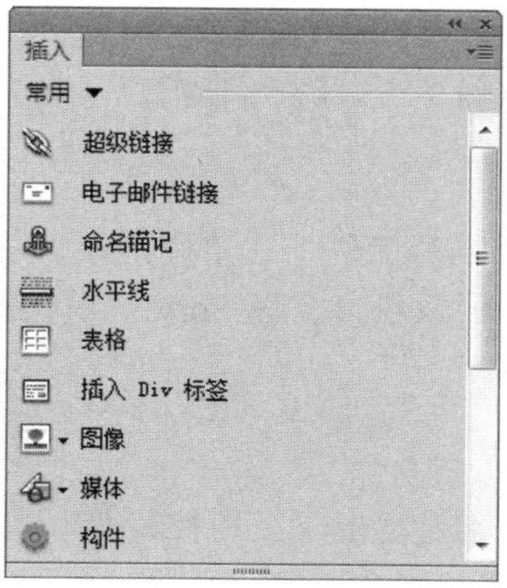

图 3-12　【插入】面板

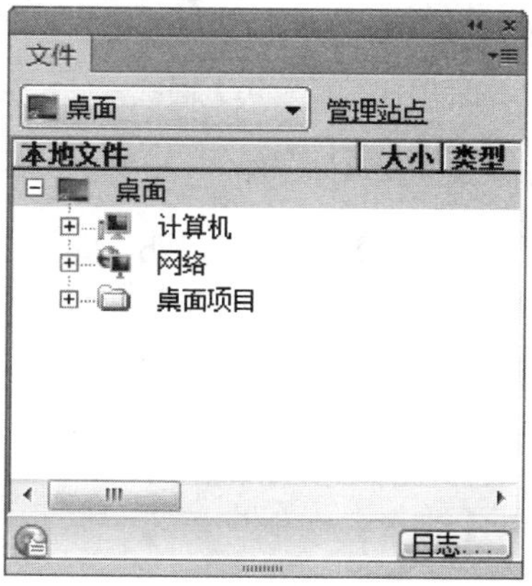

图 3-13　【文件】面板

3.1.3　熟悉 Dreamweaver CS6 的面板

【插入】面板中包括 8 组面板，分别是【常用】面板、【布局】面板、【表单】面板、

【数据】面板、Spry 面板、InContext Editing 面板、【文本】面板和【收藏夹】面板。各面板的功能具体如下。

1. 【常用】面板

在【常用】面板中，用户可以创建和插入最常用的对象，比如图像和表格等。如图 3-14 所示。

2. 【布局】面板

在【插入】面板中单击“常用”名称旁的下三角按钮，在弹出的下拉列表中选择【布局】项，即可打开【布局】面板，如图 3-15 所示。【布局】面板包含插入表格、层和框架的常用命令按钮和部分 Spry 工具按钮。

3. 【表单】面板

在【插入】面板中单击“布局”名称旁的下三角按钮，在弹出的下拉列表中选择【表单】项，即可打开【表单】面板，如图 3-16 所示。【表单】面板包含一些常用的创建表单和插入表单元素的按钮及一些 Spry 工具按钮。

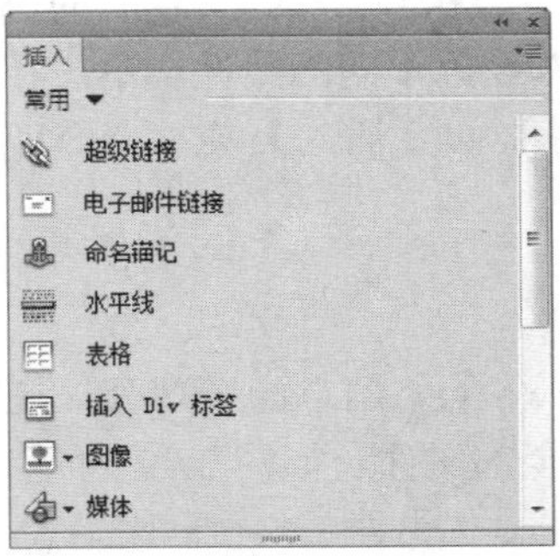

图 3-14　【常用】面板

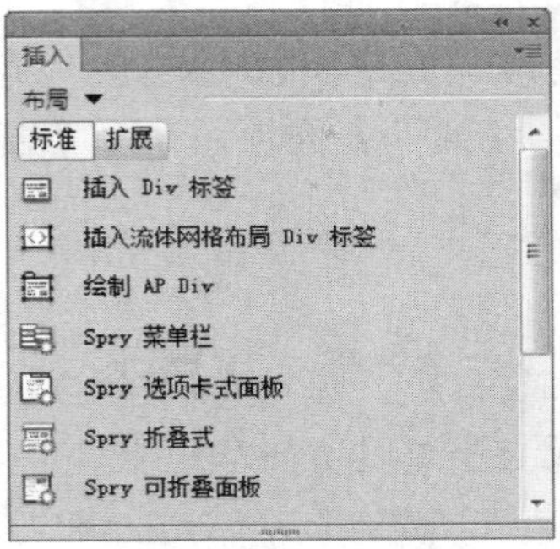

图 3-15　【布局】面板

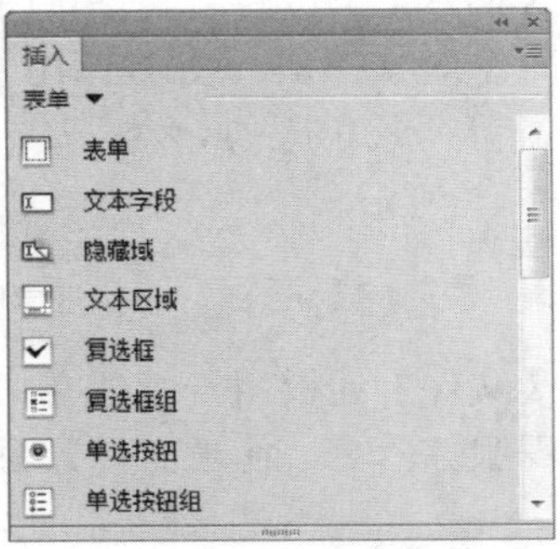

图 3-16　【表单】面板

4. 【数据】面板

在【插入】面板中单击“表单”名称旁的下三角按钮，在弹出的下拉列表中选择【数据】项，即可打开【数据】面板。该面板包含一些 Spry 工具按钮和常用的应用程序按钮，如图 3-17 所示。

5. Spry 面板

在【插入】面板中单击“数据”名称旁的下三角按钮，在弹出的下拉列表中选择 Spry 项，即可打开 Spry 面板。该面板主要包含 Spry 工具按钮，如图 3-18 所示。

6. InContext Editing 面板

InContext Editing 面板包括两个选项，分别是【创建可重复区域】和【创建可编辑区域】，如图 3-19 所示。

图 3-17 【数据】面板

图 3-18 Spry 面板

图 3-19 InContext Editing 面板

- 【创建可重复区域】：InContext Editing 重复区域由开始标签中包含 ice:repeating 属性的一对 HTML 标签构成。重复区域定义了用户在浏览器中进行编辑时，可以“重复”创建页面区域。
- 【创建可编辑区域】：用于定义用户可以直接在浏览器中编辑的页面区域。

7. 【文本】面板

【文本】面板主要包含对字体、文本和段落具有调整辅助功能的按钮，如图 3-20 所示。

8. 【收藏夹】面板

【收藏夹】面板用于将常用的按钮添加到该面板中，以便于以后使用，如图 3-21 所示。

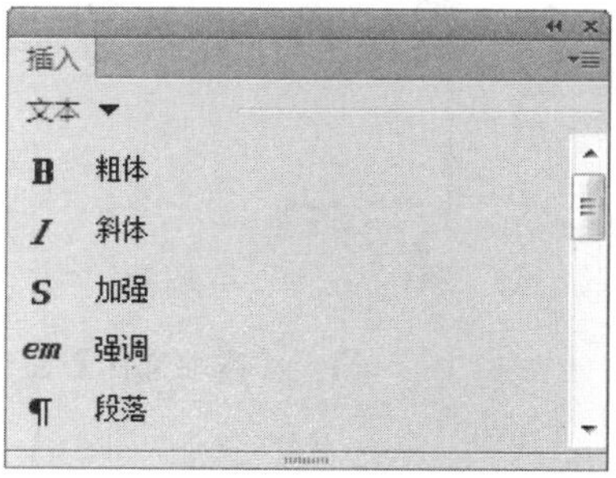

图 3-20 【文本】面板

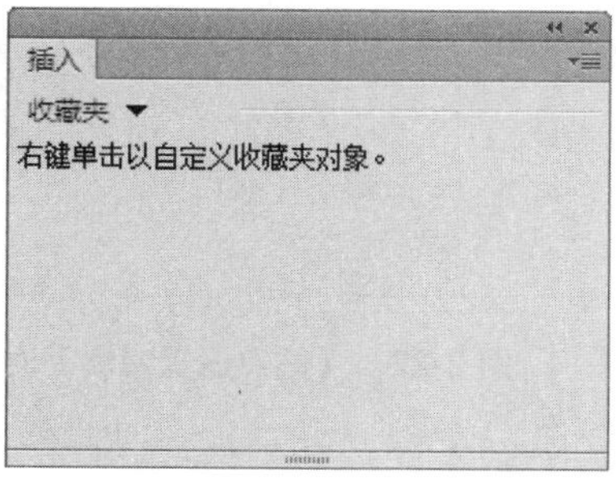

图 3-21 【收藏夹】面板

3.2 创 建 站 点

在开始制作网页之前，首先需要定义一个新站点，以便于在后面的操作中能更好地利用站点对文件进行管理，尤其能尽可能减少链接与路径方面的错误。

3.2.1 案例 1——创建本地站点

Dreamweaver 站点是一种用于管理网站中所有关联文档的工具，通过站点可以实现将文件上传到网络服务器、自动跟踪和维护、管理文件以及共享文件等功能。Dreamweaver 中的站点包括本地站点、远程站点和测试站点等 3 类。

- 本地站点：是指用来存放整个网站框架的本地文件夹，是用户的工作目录，一般制作网页时只需建立本地站点即可。
- 远程站点：是指存储于 Internet 服务器上的站点和相关文档。通常情况下，为了不连接 Internet 而对所建的站点进行测试时，可在本地计算机上创建远程站点，对真实的 Web 服务器进行模拟测试。
- 测试站点：是指 Dreamweaver 处理动态页面的文件夹，使用此文件夹生成动态内容并在工作时可连接到数据库，对动态页面进行测试。

在 Dreamweaver CS6 中使用向导创建本地站点的具体步骤如下。

step 01 打开 Dreamweaver CS6，选择【站点】→【新建站点】菜单命令，弹出【站点设置对象】对话框，在其中输入站点的名称，并设置本地站点文件夹的路径和名称，然后单击【保存】按钮，如图 3-22 所示。

step 02 本地站点创建完成，在【文件】面板的【本地文件】窗格中会显示该站点的根目录，如图 3-23 所示。

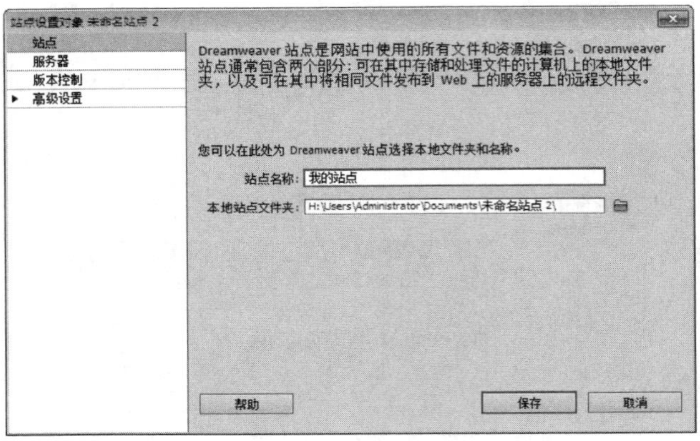

图 3-22 【站点设置对象】对话框

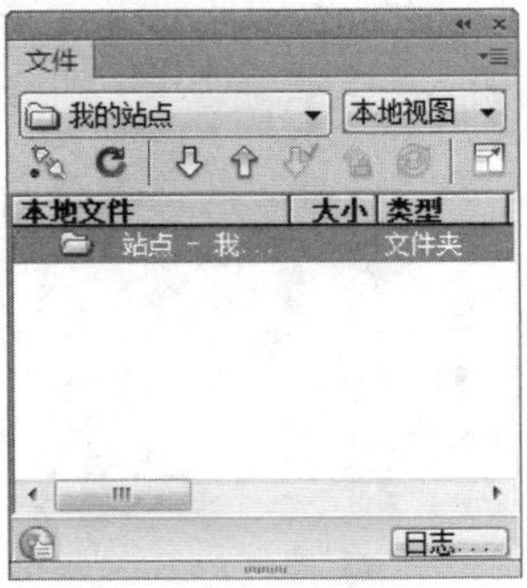

图 3-23 【本地文件】窗格

3.2.2 案例 2——使用【文件】面板创建站点

在【文件】面板中提供了【管理站点】功能，利用该功能可以创建站点，具体的操作步骤如下。

step 01 单击【文件】面板右侧的下三角按钮，在弹出的下拉列表中选择【管理站点】选项，如图 3-24 所示。

step 02 弹出【管理站点】对话框，在对话框中单击【新建站点】按钮，如图 3-25 所示。

step 03 弹出【站点设置对象】对话框，在对话框中即可根据前面介绍的方法创建本地站点，如图 3-26 所示。

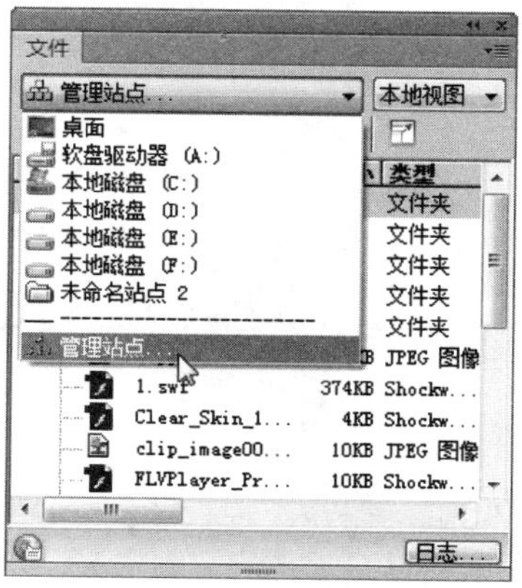

图 3-24 【文件】面板

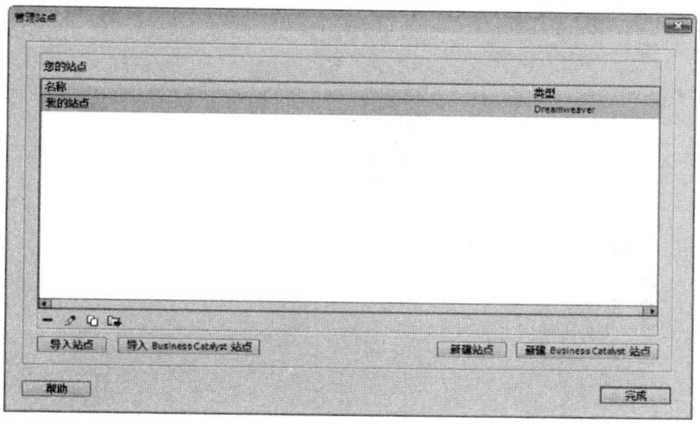

图 3-25 【管理站点】对话框

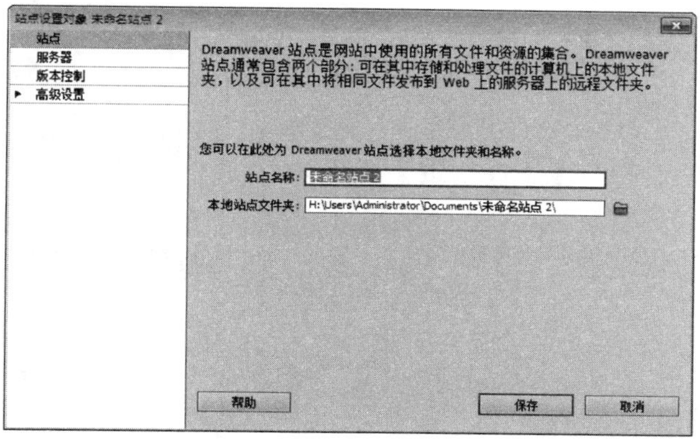

图 3-26 【站点设置对象】对话框

3.3 管理站点

设置好 Dreamweaver CS6 的站点后，还可以对本地站点进行管理，比如打开站点、编辑站点、删除站点及复制站点等。

3.3.1 案例 3——打开站点

站点创建完毕后，如果不能一次完成网站的制作，就需要再次打开站点，对站点中的内容进行编辑。

打开站点的具体操作步骤如下。

step 01 选择【窗口】→【文件】菜单命令，打开【文件】面板，在左边的站点下拉列表中选择【管理站点】选项，如图 3-27 所示。

step 02 弹出【管理站点】对话框，单击站点名称列表框中的【我的站点】选项，如图 3-28 所示。

step 03 单击【完成】按钮，打开站点，如图 3-29 所示。

图 3-27 【文件】面板

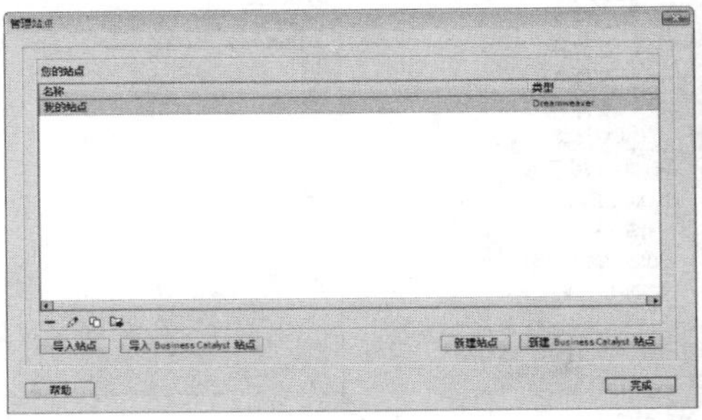

图 3-28 【管理站点】对话框

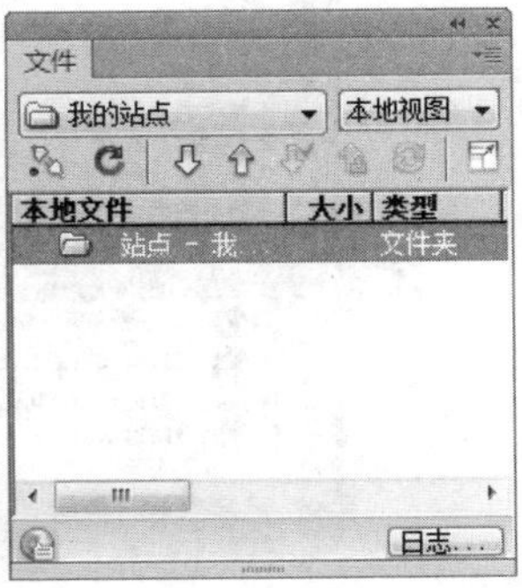

图 3-29 打开的站点

3.3.2 案例 4——编辑站点

创建了站点之后，可以对站点的属性进行编辑，具体的操作步骤如下。

step 01 选择【站点】→【管理站点】菜单命令，打开【管理站点】对话框。从中选定要编辑的站点名称，然后单击【编辑目前选定的站点】按钮，如图 3-30 所示。

step 02 打开【站点设置对象】对话框，从中按照创建站点的方法对站点进行编辑，如图 3-31 所示。

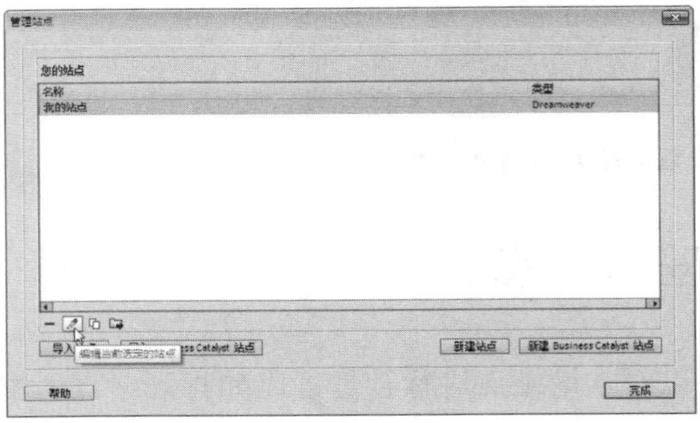

图 3-30 【管理站点】对话框

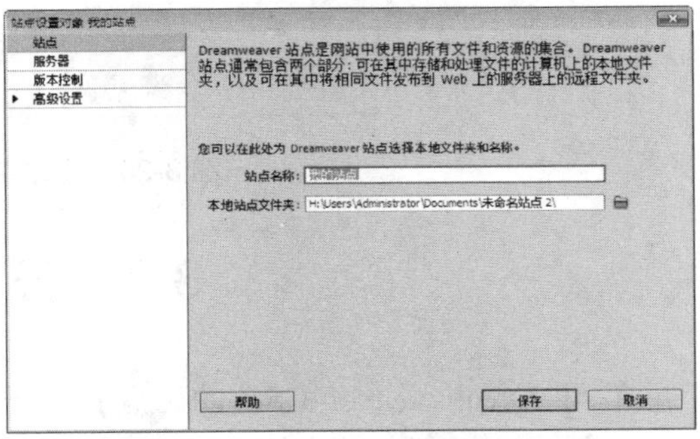

图 3-31 【站点设置对象】对话框

提示

在【管理站点】对话框中双击站点的名称，可以直接打开【站点设置对象】对话框。

step 03 编辑完成单击【保存】按钮，返回【管理站点】对话框，然后单击【完成】按钮，即可完成对基点的编辑操作。

3.3.3 案例 5——删除站点

如果不再需要使用 Dreamweaver 对本地站点进行操作，可以将其从站点列表中删除。具体的操作步骤如下。

step 01 选择要删除的本地站点，然后在【管理站点】对话框中单击【删除当前选定的站点】按钮，如图 3-32 所示。

step 02 弹出 Dreamweaver 对话框，系统提示用户删除站点操作不能撤消，询问是否要删除本地站点。单击【是】按钮，即可删除选定的本地站点，如图 3-33 所示。

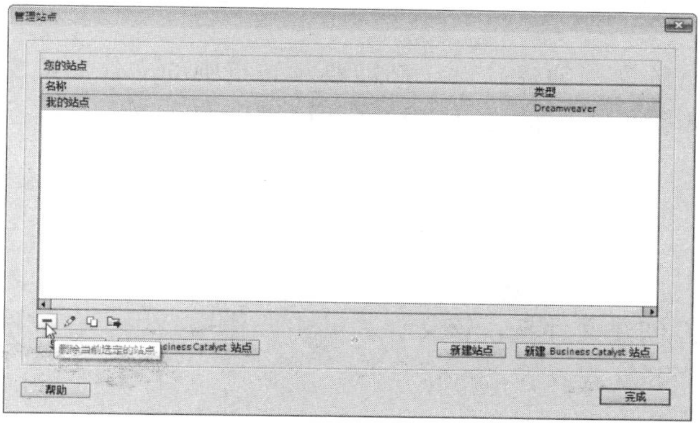

图 3-32 【管理站点】对话框

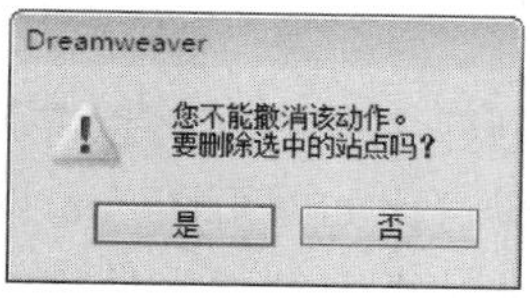

图 3-33 信息提示框

提示

删除站点操作实际上只是删除了 Dreamweaver 同本地站点之间的关系，而实际的本地站点内容(包括文件夹和文件等)仍然保存在磁盘相应的位置上。因此用户可以重新创建指向其位置的新站点，重新对其进行管理。

3.3.4 案例 6——复制站点

如果想创建多个结构相同或类似的站点，则可利用站点的可复制性实现。复制站点的具体步骤如下。

step 01 在【管理站点】对话框中单击【复制当前选定的站点】按钮，即可复制该站点，如图 3-34 所示。

step 02 新复制出的站点名称会出现在【管理站点】对话框的站点列表框中。该名称在原站点名称的后面会添加“复制”字样，如图 3-35 所示。

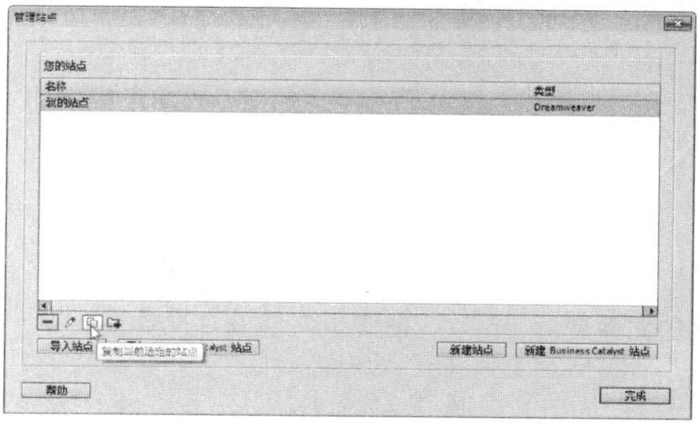

图 3-34 【管理站点】对话框

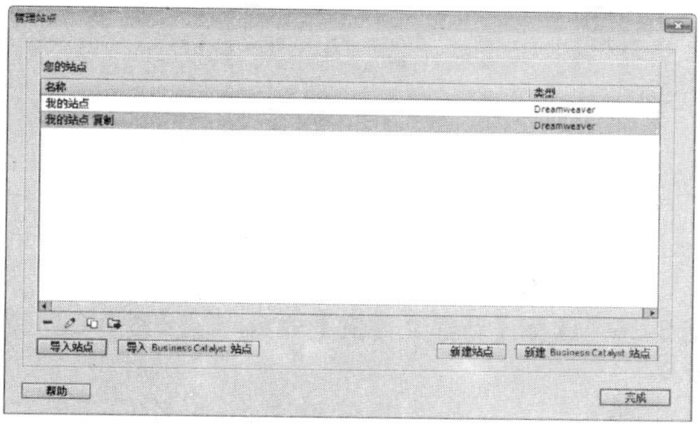

图 3-35 复制的站点

step 03 如需要更改站点名称，选中新复制的站点，单击【编辑】按钮，即可对其更改。然后在【管理站点】对话框中单击【完成】按钮，即可完成对站点的复制操作。

3.4 操作站点文件及文件夹

无论是创建空白文档，还是利用已有的文档创建站点，都需要对站点中的文件夹或文件进行操作。利用【文件】面板，可以对本地站点中的文件夹和文件进行创建、删除、移动和复制等操作。

3.4.1 案例 7——创建文件夹

站点创建完毕后，可以在站点的下方创建文件夹，该文件夹的主要作用是用于存放网页的相关资料，比如网页图片、网页中的 CSS 样式表等。

在本地站点中创建文件夹的具体步骤如下。

step 01 选择【窗口】→【文件】菜单命令，打开【文件】面板，在准备新建文件夹的位置右击，在弹出的快捷菜单中选择【新建文件夹】命令，如图 3-36 所示。

step 02 新建的文件夹的名称处于可编辑状态，可以对新建文件夹重新命名，如图 3-37 所示。

step 03 将新建文件夹命名为 images，通常使用该文件夹来存放图片。单击新建文件夹以外的任意位置，即可完成文件夹的新建和重命名操作，如图 3-38 所示。

图 3-36 选择【新建文件夹】命令

图 3-37 新建的文件夹

图 3-38 重命名文件夹

提示 如果想修改文件夹名，选定文件夹后，单击文件夹的名称或按 F2 键，激活文字使其处于可编辑状态，然后输入新的名称即可。

3.4.2 案例8——创建文件

文件夹创建好后，就可以在文件夹中创建相应的文件了。具体的操作步骤如下。

step 01 选择【窗口】→【文件】菜单命令，打开【文件】面板，在准备新建文件的位置右击，在弹出的快捷菜单中选择【新建文件】命令，如图3-39所示。

step 02 新建文件的名称处于可编辑状态，可以为新建文件重新命名，如图3-40所示。

step 03 新建的文件名默认为untitled.html，可将其改为index.html。单击新建文件以外的任意位置，即可完成文件的新建和重命名操作，如图3-41所示。

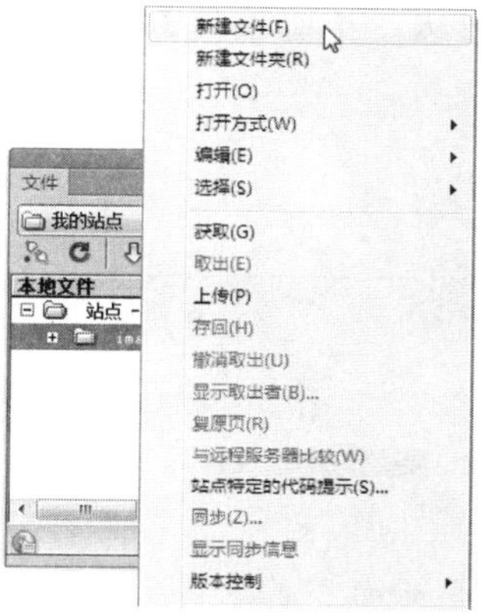

图3-39 选择【新建文件】菜单命令

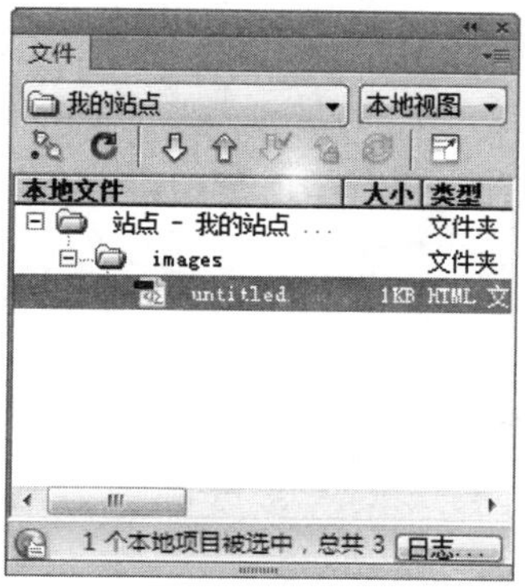

图3-40 新建的文件

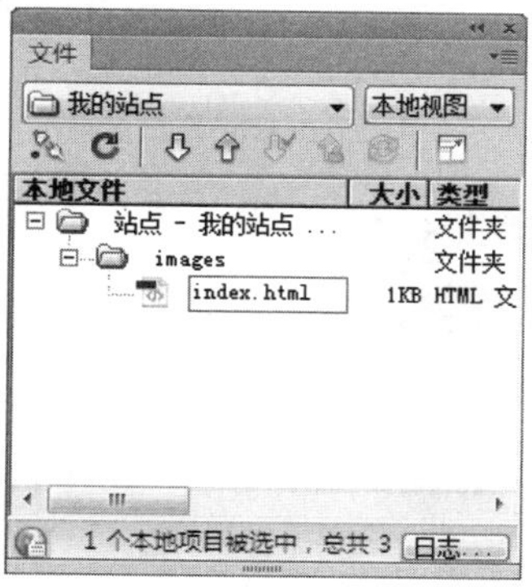

图3-41 重命名文件

3.4.3 案例9——文件或文件夹的移动和复制

站点下的文件或文件夹可以进行移动与复制操作，具体的操作步骤如下。

step 01 选择【窗口】→【文件】菜单命令，打开【文件】面板，选中要移动的文件或文件夹，然后拖动到相应的文件夹即可，如图3-42所示。

step 02 利用剪切和粘贴的方法也可以移动文件或文件夹。在【文件】面板中，选中要移动或复制的文件或文件夹并右击，在弹出的快捷菜单中选择【编辑】→【剪切】或【拷贝】命令，即可复制文件或文件夹，如图3-43所示。

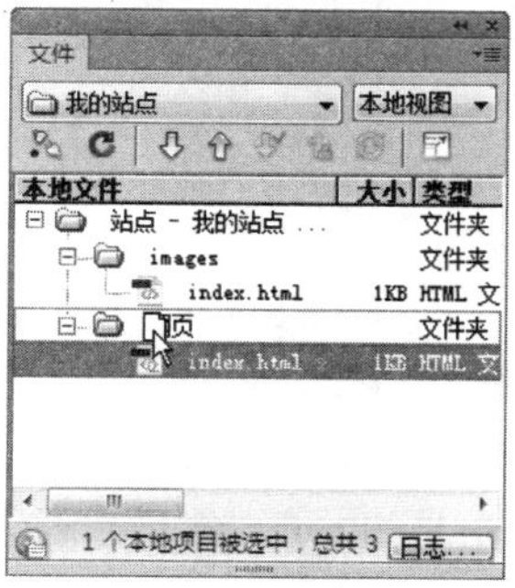

图3-42 移动文件

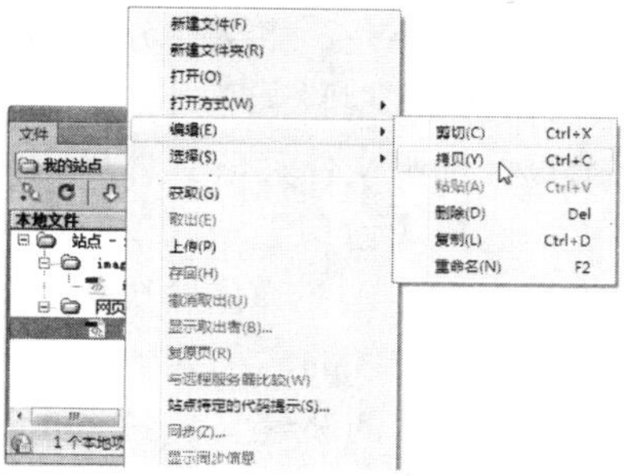

图3-43 复制文件

step 03 选中目标文件夹并右击，在弹出的快捷菜单中选择【编辑】→【粘贴】命令，这样，文件或文件夹就会被移动或复制到相应的文件夹中。

3.4.4 案例 10——删除文件或文件夹

对于站点下的文件或文件夹，如果不再需要，就可以将其删除，具体的操作步骤如下。

step 01 在【文件】面板中，选中要删除的文件或文件夹，然后在文件或文件夹上右击，在弹出的快捷菜单中选择【编辑】→【删除】命令或者按 Delete 键，如图 3-44 所示。

step 02 弹出提示对话框，询问是否要删除所选文件或文件夹。单击【是】按钮，即可将文件或文件夹从本地站点中删除，如图 3-45 所示。

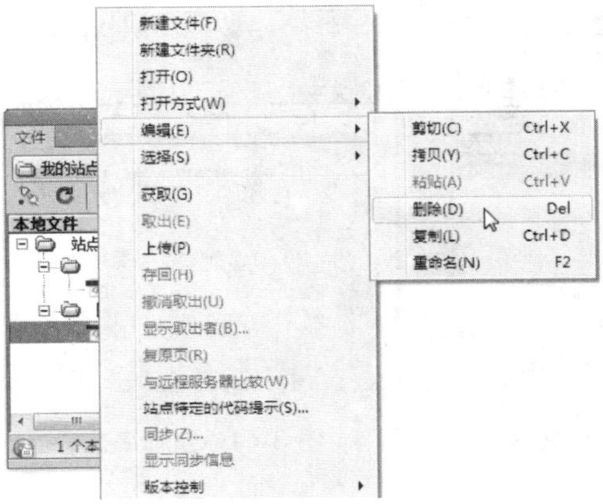

图 3-44 删除文件

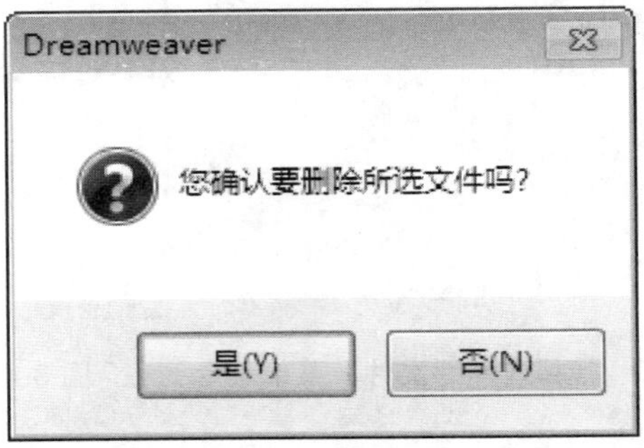

图 3-45 信息提示框

提示：和站点的删除操作不同，对文件或文件夹的删除操作会使文件或文件夹从磁盘上真正地被删除。

3.5 实战演练——建立站点文件和文件夹

为了管理和日后的维护方便，可以建立一个文件夹来存放网站中的所有文件，再在文件夹内建立几个子文件夹，将文件分别放在不同的文件夹中，比如图片可以放在 images 文件夹内，HTML 文件放在根目录下等。

建立站点文件和文件夹的具体步骤如下。

step 01 选择【窗口】→【文件】菜单命令，打开【文件】面板，在站点名称“我的站点”上右击，在弹出的快捷菜单中选择【新建文件】命令，如图 3-46 所示。

step 02 新建文件的名称处于可编辑状态，如图 3-47 所示。

step 03 将默认的新建文件名 untitled.html 重命名为 index.html，然后单击新建文件以外的任意位置，完成主页文件的创建，如图 3-48 所示。

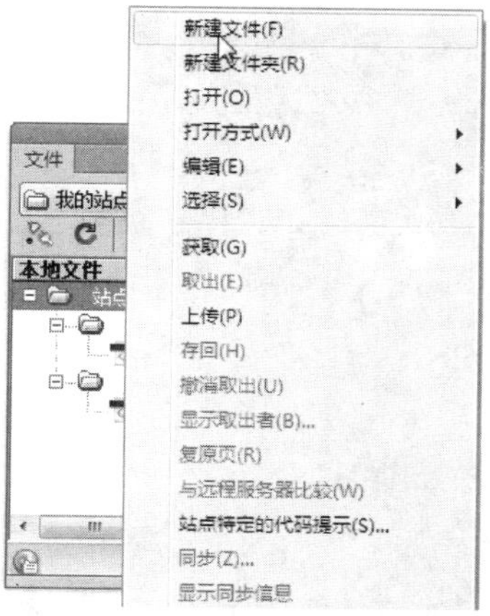

图 3-46　选择【新建文件】命令

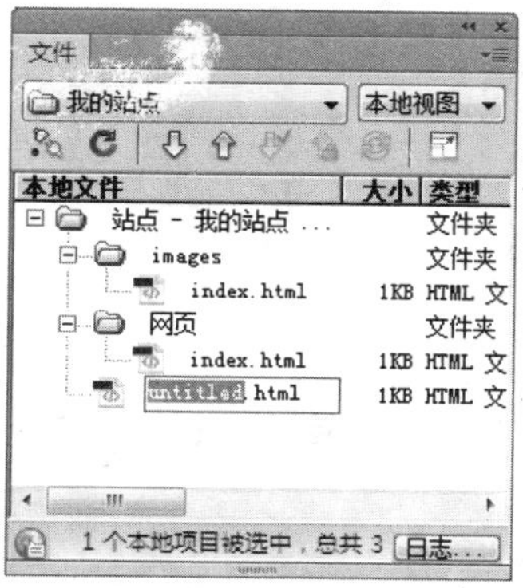

图 3-47　新建的文件

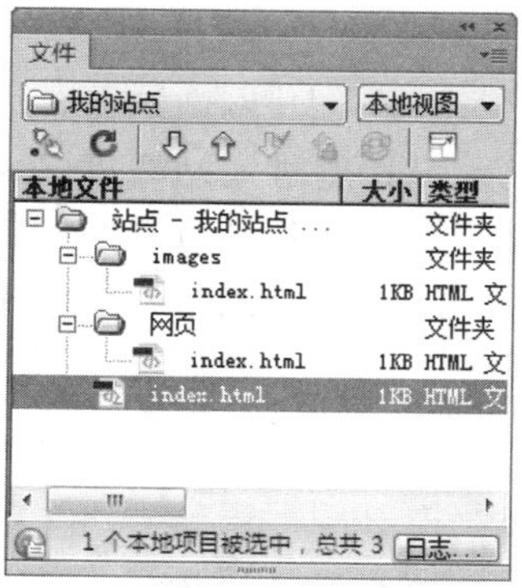

图 3-48　重命名文件

step 04 在站点名称“我的站点”上右击，在弹出的快捷菜单中选择【新建文件夹】命令，如图 3-49 所示。

step 05 新建文件夹的名称处于可编辑状态，如图 3-50 所示。

step 06 将默认的新建文件夹名 untitled 重命名为“图片”，此文件夹将用于存放图片。单击新建文件夹以外的任意位置，完成图片文件夹的创建，如图 3-51 所示。

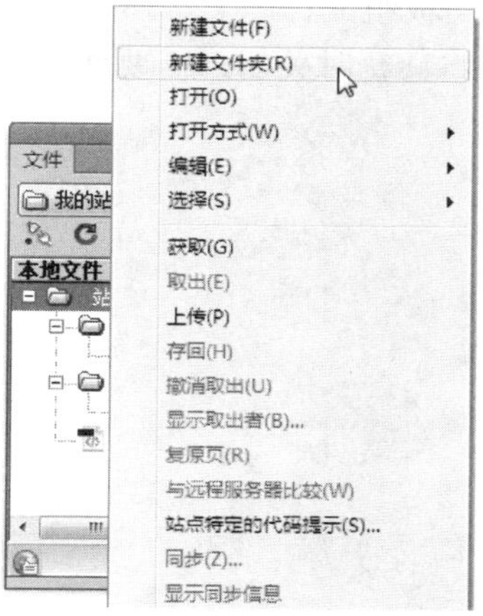

图 3-49　选择【新建文件夹】命令

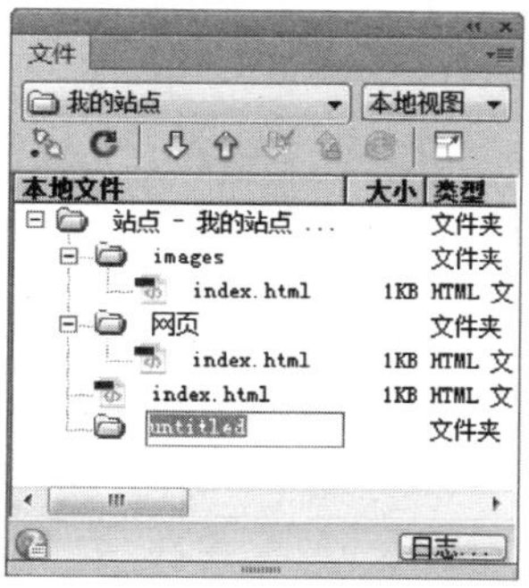

图 3-50　新建的文件夹

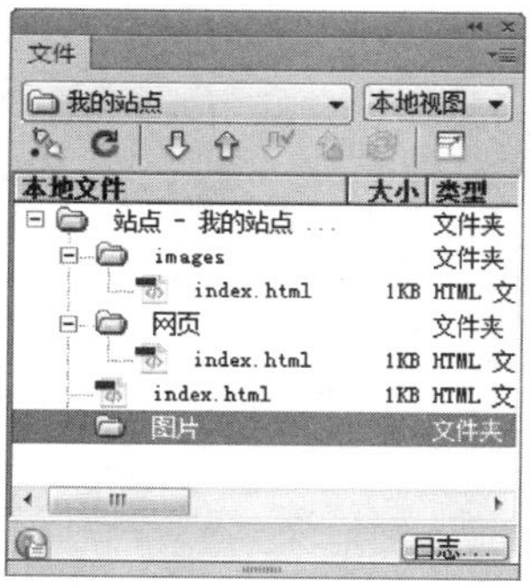

图 3-51　重命名文件夹

3.6　跟我练练手

3.6.1　练习目标

能够熟练掌握本章节所讲的内容。

3.6.2 上机练习

练习 1：创建网站站点。
练习 2：管理网站站点。
练习 3：操作站点文件与文件夹。
练习 4：建立网站站点文件和文件夹。

3.7 高手甜点

甜点 1：在【资源】面板中，为什么有的资源在预览区中无法正常显示(比如 Flash 动画)?

之所以会出现这种情况，主要是由于不同类型的资源有不同的预览显示方式。比如 Flash 动画，被选中的 Flash 在预览区中显示为占位符，要观看其播放效果，必须单击预览区中的播放按钮。

甜点 2：在 Adobe Dreamweaver CS6 的【属性】面板中为什么只显示了其标题栏?

之所以会出现这种情况，主要是由于属性检查器被折叠起来了。Adobe Dreamweaver CS6 为了节省屏幕空间为各个面板组都设计了折叠功能，单击该面板组的标题名称，即可在“展开/折叠”状态之间进行切换。同时对于不用的面板组还可以将其暂时关闭，需要使用时再通过【窗口】菜单将其打开。

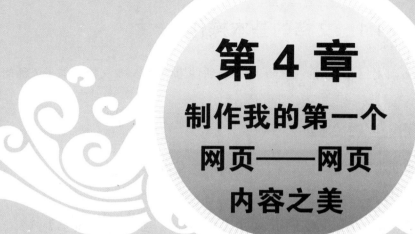

第 4 章
制作我的第一个网页——网页内容之美

浏览网页时，通过文本和图像获取信息是最直接的方式。文本是基本的信息载体，不管网页内容如何丰富，文本自始至终都是网页中最基本的元素。图像能使网页的内容更加丰富多彩、形象生动，可以为网页增色不少。

本章要点(已掌握的，在方框中打勾)

- ☐ 理解文档的基本操作。
- ☐ 掌握用文字美化网页的方法。
- ☐ 掌握用图像美化网页的方法。
- ☐ 掌握用动画美化网页的方法。
- ☐ 掌握用其他网页元素美化网页的方法。

4.1 文档的基本操作

使用 Dreamweaver CS6 可对网站的网页进行编辑。该软件为创建 Web 文档提供了灵活的编辑环境。

4.1.1 案例 1——创建空白文档

制作网页的第一步就是创建空白文档，使用 Dreamweaver CS6 创建空白文档的具体操作步骤如下。

step 01 选择【文件】→【新建】菜单命令。打开【新建文档】对话框，并选择其左侧的【空白页】选项，在【页面类型】列表框中选择 HTML 选项，在【布局】列表框中选择“无”选项，如图 4-1 所示。

step 02 单击【创建】按钮，即可创建一个空白文档，如图 4-2 所示。

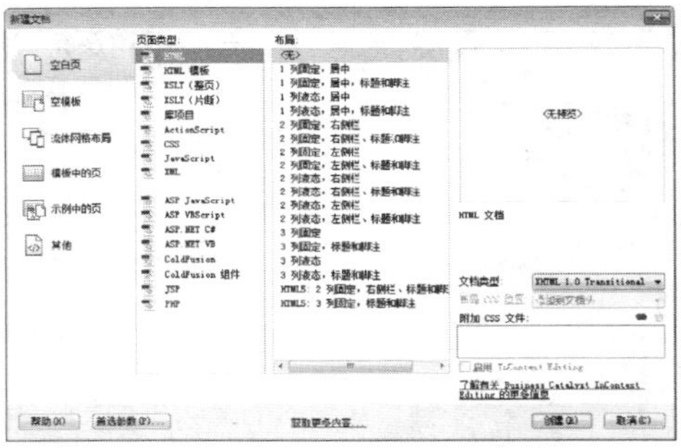

图 4-1 【新建文档】对话框

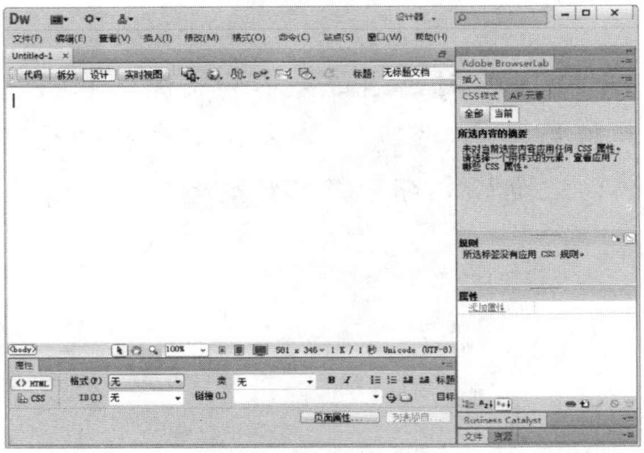

图 4-2 创建空白文档

4.1.2 案例 2——设置页面属性

创建空白文档后，接下来需要对文件的页面属性进行设置，也就是设置整个网站页面的外观效果。选择【修改】→【页面属性】菜单命令，如图 4-3 所示。或按 Ctrl+J 组合键，打开【页面属性】对话框，从中可以设置外观、链接、标题、标题/编码和跟踪图像等属性。下面分别介绍如何设置页面的外观、链接、标题等属性。

1. 设置外观

在【页面属性】对话框的【分类】列表框中选择【外观】选项，可以设置 CSS 外观和 HTML 外观。外观的设置可以从页面字体、文字大小、文本颜色等方面进行，如图 4-4 所示。

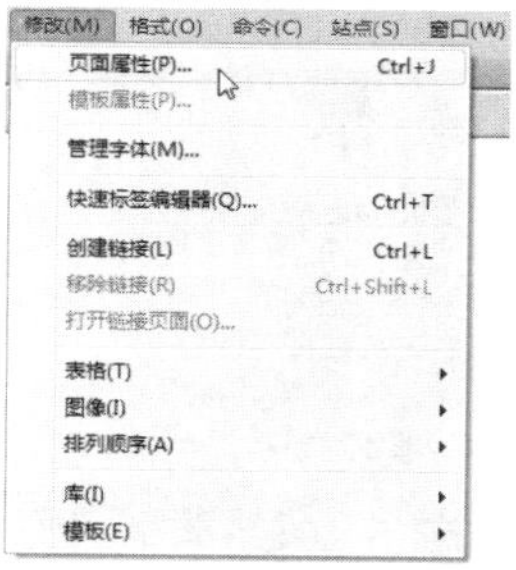

图 4-3 选择【页面属性】菜单命令

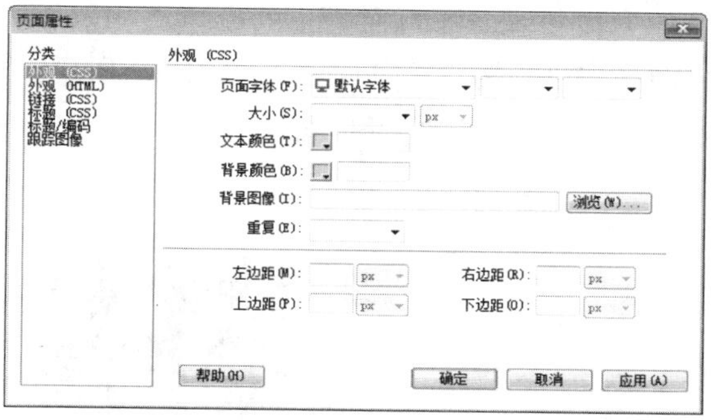

图 4-4 【页面属性】对话框

(1) 设置页面字体。

在【页面字体】下拉列表中可以设置文本的字体样式。比如这里选择一种字体样式，然后单击【应用】按钮，页面中的字体即可显示为这种字体样式，如图 4-5 所示。

页面属性
页面字体(F): Consolas, Andale
生活是一首歌，一首五彩缤纷的歌，一首低沉而又高昂的歌，一首令人无法捉摸的歌。生活中的艰难困苦就是那一个个跳动的音符，由于这些音符的加入才使生活变得更加美妙。

图 4-5 设置页面字体

(2) 设置字号大小。

在【大小】下拉列表中可以设置文本的字号大小，这里选择 36，在右侧的单位下拉列表中选择 px 单位，单击【应用】按钮，页面中的文本字号即可显示为 36px 大小，如图 4-6 所示。

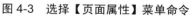

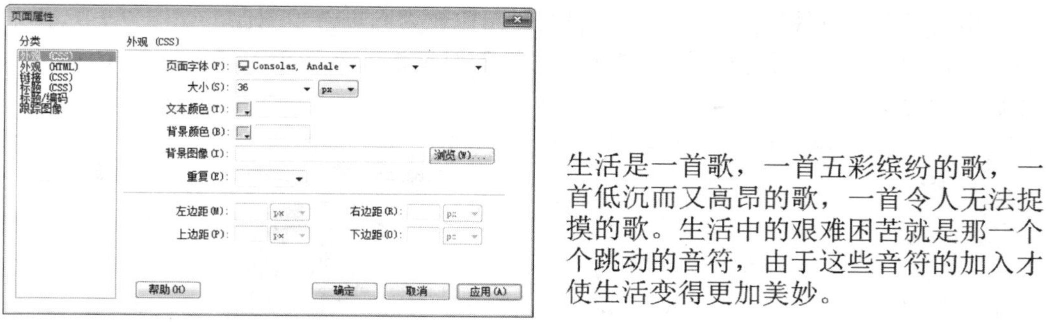
页面属性
页面字体(F): Consolas, Andale
大小(S): 36 px
生活是一首歌，一首五彩缤纷的歌，一首低沉而又高昂的歌，一首令人无法捉摸的歌。生活中的艰难困苦就是那一个个跳动的音符，由于这些音符的加入才使生活变得更加美妙。

图 4-6 设置页面字号的大小

(3) 设置文本颜色。

在【文本颜色】文本框中输入显示文本颜色的十六进制值，或者单击文本框左侧的【选择颜色】按钮，即可在弹出的颜色选择器中为文本选择颜色。单击【应用】按钮，即可看到页面文本呈现为选中的颜色，如图 4-7 所示。

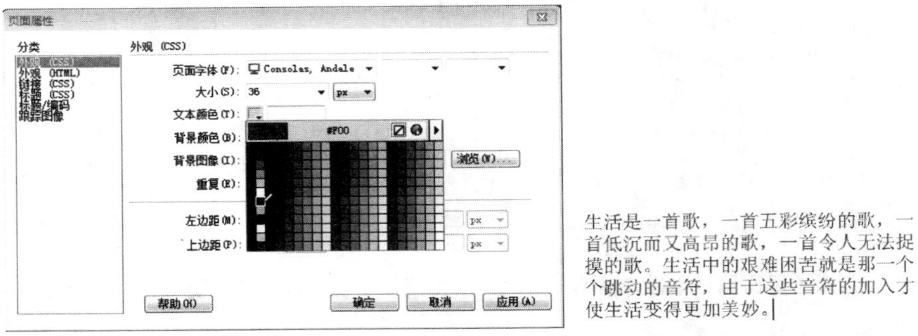

图 4-7　设置页面文本的颜色

(4)　设置背景颜色。

在【背景颜色】文本框中设置背景颜色，这里输入墨绿色的十六进制值#09F，完成后单击【应用】按钮，即可看到页面背景呈现出所输入的颜色，如图 4-8 所示。

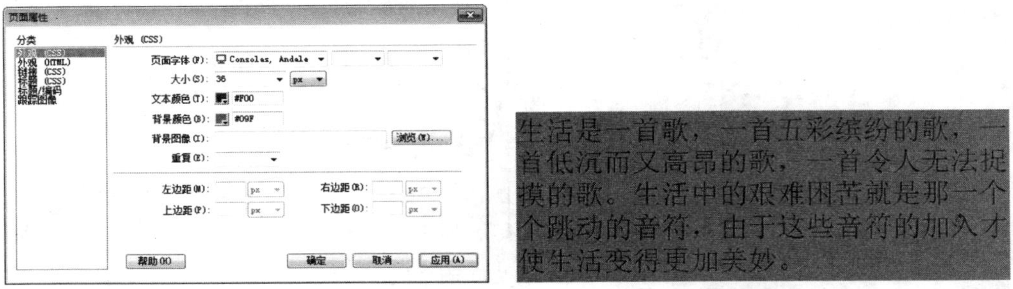

图 4-8　设置页面背景颜色

(5)　设置背景图像。

在该文本框中，可直接输入网页背景图像的路径，或者单击文本框右侧的浏览(W)...按钮，在弹出的【选择图像源文件】对话框中选择图像作为网页背景图像，如图 4-9 所示。

完成之后单击【确定】按钮返回【页面属性】对话框，然后单击【应用】按钮，即可看到页面显示的背景图像，如图 4-10 所示。

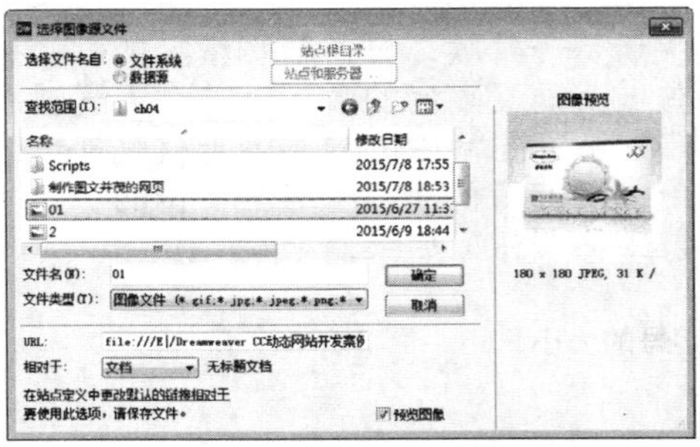

图 4-9　【选择图像源文件】对话框

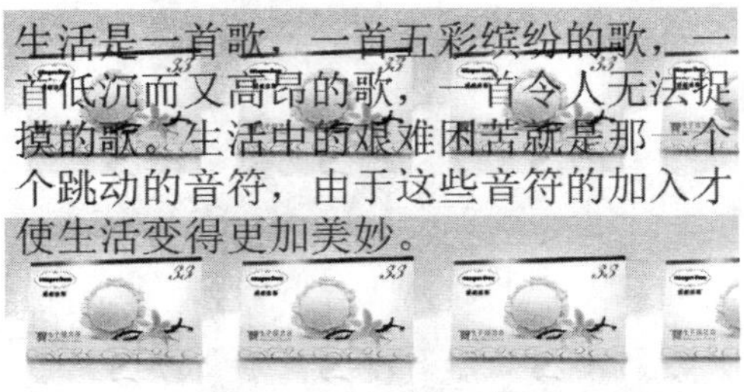
生活是一首歌，一首五彩缤纷的歌，一首低沉而又高昂的歌，一首令人无法捉摸的歌。生活中的艰难困苦就是那一个个跳动的音符，由于这些音符的加入才使生活变得更加美妙。

图 4-10　设置页面文本的背景图片

(6) 设置重复方式。

【重复】选项用来可选择背景图像在网页中的重复方式，有不重复、重复、横向重复和纵向重复等 4 个选项。比如选择 repeat-x(横向重复)选项，背景图像就会以横向重复的排列方式显示，如图 4-11 所示。

(7) 设置页边距。

【左边距】、【上边距】、【右边距】和【下边距】选项用于设置页面四周边距的大小，如图 4-12 所示。

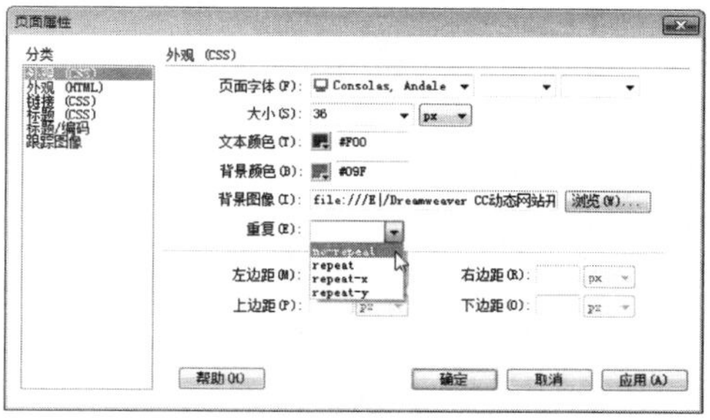

图 4-11　设置背景图像的排列方式

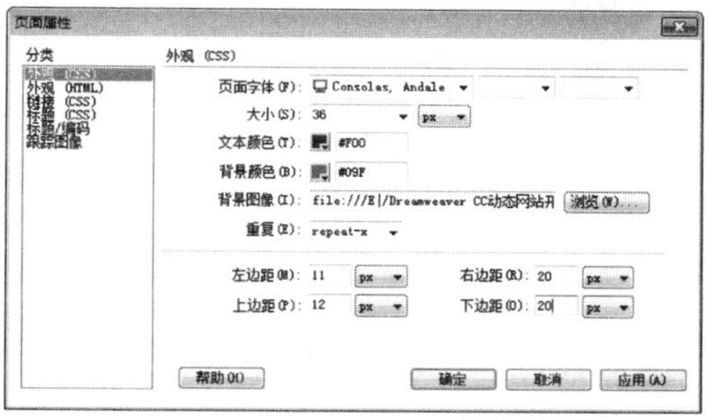

图 4-12　设置页边距

提示　【背景图像】和【背景颜色】不能同时显示。如果在网页中同时设置了这两个选项，则在浏览网页时只显示网页的【背景图像】。

2. 设置链接

在【页面属性】对话框的【分类】列表框中选择【链接】选项，可设置链接的属性，如图 4-13 所示。

3. 设置标题

在【页面属性】对话框的【分类】列表框中选择【标题】选项，可设置标题的属性，如图 4-14 所示。

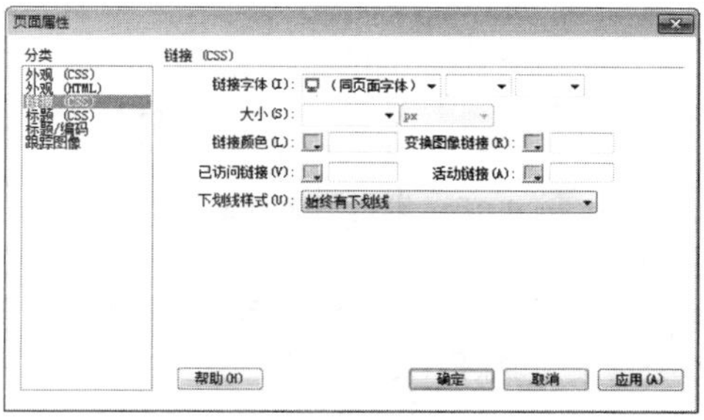

图 4-13　设置页面的链接

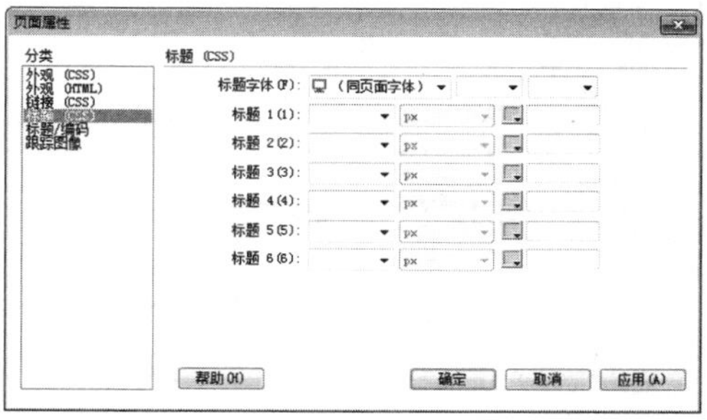

图 4-14　设置页面的标题

4. 设置标题/编码

在【页面属性】对话框的【分类】列表框中选择【标题/编码】选项，可以设置标题/编码的属性。比如网页的标题、文档类型和网页中文本的编码，如图 4-15 所示。

5. 设置跟踪图像

在【页面属性】对话框的【分类】列表框中选择【跟踪图像】选项，可设置跟踪图像的属性，如图 4-16 所示。

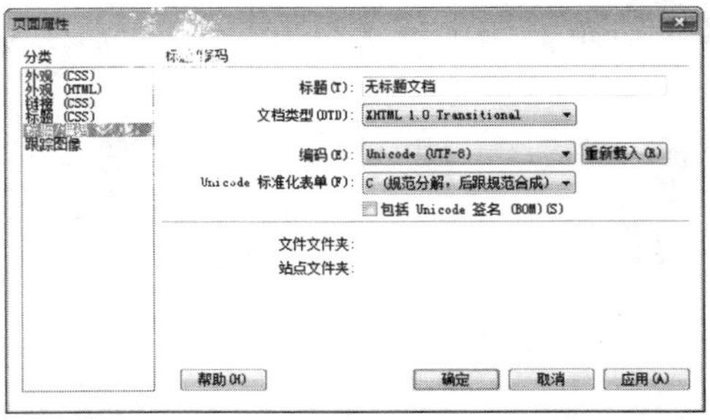

图 4-15　设置标题/编码

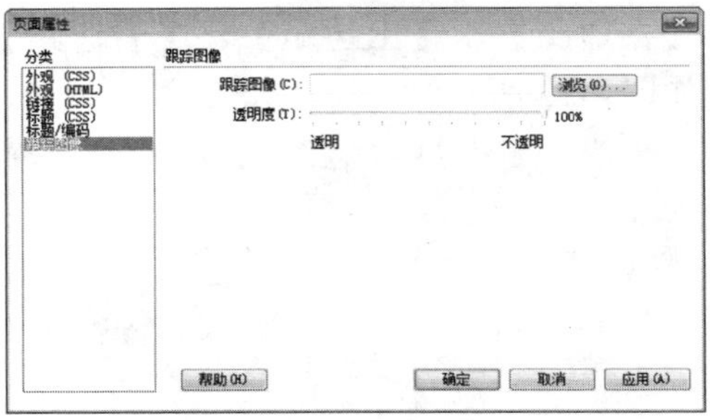

图 4-16　设置跟踪图像

(1) 设置跟踪图像。

【跟踪图像】选项用于设置作为网页跟踪图像的文件路径。通过单击文本框右侧的浏览按钮 浏览(B)... ，也可以在弹出的对话框中选择图像作为跟踪图像，如图 4-17 所示。

跟踪图像是 Dreamweaver 中非常有用的功能。使用这个功能时，需先用平面设计工具设计出页面的平面版式，再以跟踪图像的方式将其导入到页面中，这样用户在编辑网页时就可以精确地定位页面元素。

(2) 设置透明度。

拖动滑块，可以调整图像的透明度，透明度越高，图像越清晰，如图 4-18 所示。

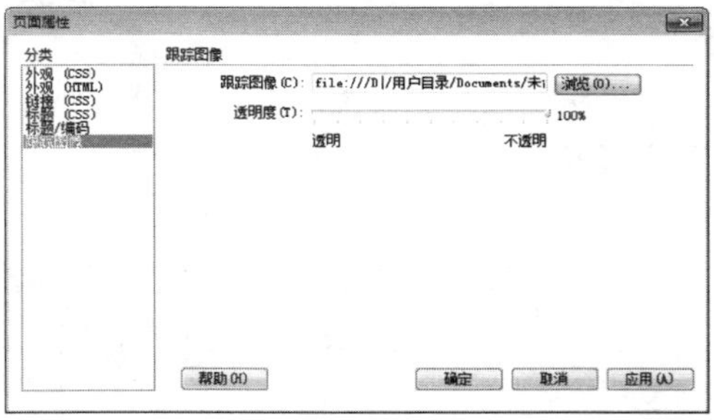

图 4-17　添加图像文件

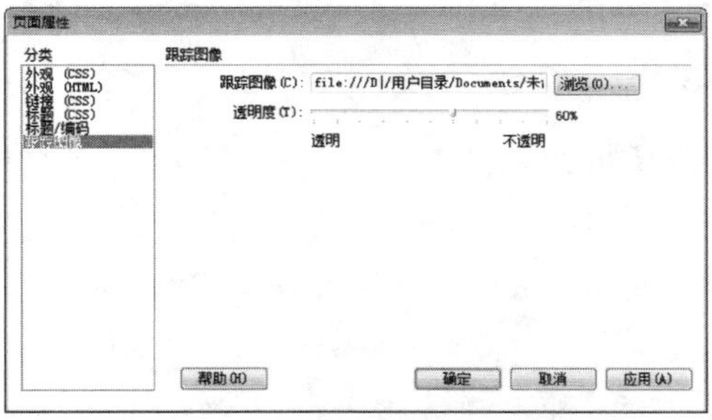

图 4-18　设置图像的透明度

注意

使用了【跟踪图像】后，原来的背景图像则不会显示。但是在 IE 浏览器中预览时，则会显示出页面的真实效果，而不会显示跟踪图像的效果。

4.2　用文字美化网页

所谓设置文本属性，主要是对网页中的文本格式进行编辑和设置，包括文本字体、文本颜色和字体样式等。

4.2.1 案例 3——插入文字

文字是基本的信息载体，是网页中最基本的元素之一。在网页中运用丰富的字体、多样的格式以及赏心悦目的文字效果，是网站设计师必不可少的技能。

在网页中插入文字的具体操作步骤如下。

step 01 选择【文件】→【打开】菜单命令，弹出【打开】对话框，在【查找范围】下拉列表中定义打开文件的位置为“ch04\插入文本.html”，然后单击【打开】按钮，如图 4-19 所示。

step 02 打开随书光盘中的素材文件，然后将光标放置在文档的编辑区，如图 4-20 所示。

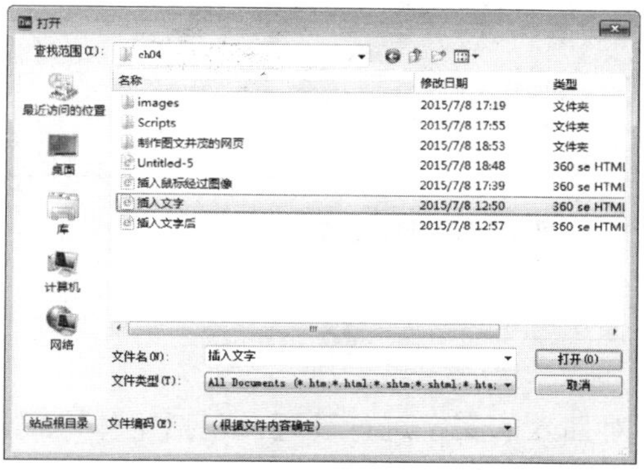

图 4-19 【打开】对话框

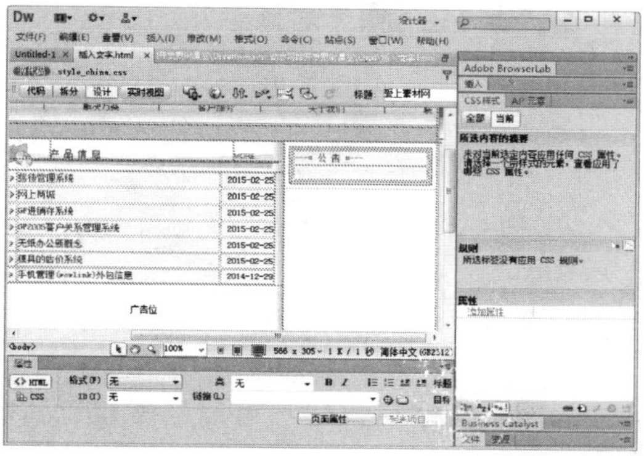

图 4-20 打开的素材文件

step 03 输入文字，如图 4-21 所示。

step 04 选择【文件】→【另存为】菜单命令，将文件保存为“ch04\插入文本后.html”，按 F12 键在浏览器中预览效果，如图 4-22 所示。

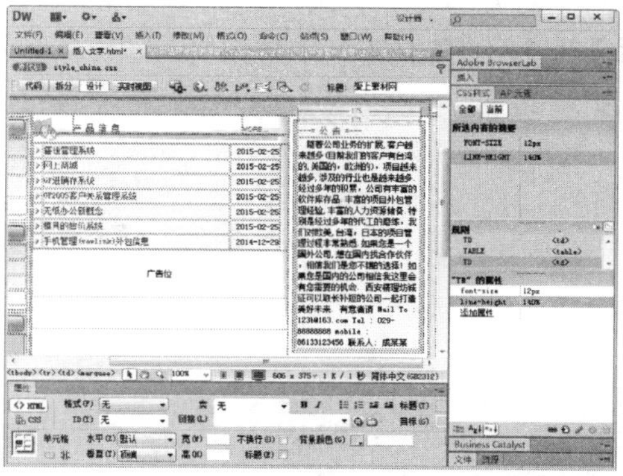

图 4-21 输入文字

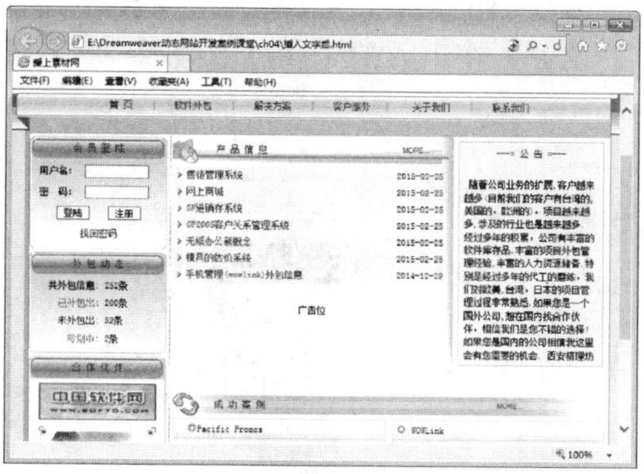

图 4-22 预览网页效果

提示

在输入文本的过程中，换行时如果直接按 Enter 键，生成的行间距就会比较大。一般情况下，在网页中换行时需要按 Shift+Enter 组合键，才能得到正常的行距。

通过在文档中添加换行符来实现文本换行，有以下两种操作方法。

(1) 选择【窗口】→【插入】菜单命令，打开【插入】面板，然后单击【文本】选项卡中的【字符】图示，在弹出的列表中选择【换行符】选项，如图 4-23 所示。

(2) 选择【插入】→HTML→【特殊字符】→【换行符】菜单命令，如图 4-24 所示。

图 4-23　选择【换行符】选项

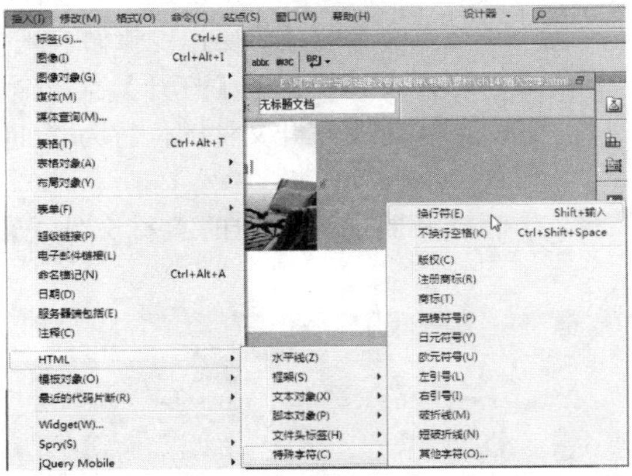

图 4-24　选择【换行符】菜单命令

4.2.2　案例 4——设置字体

插入网页文字后，用户可以根据自己的需要对插入的文字进行设置，包括字体样式、字体大小、字体颜色等。

1. 设置字体

对网页中的文本进行字体设置的具体步骤如下。

step 01 打开随书光盘中的“ch04\插入文本后.html”文件。在文档窗口中，选中要设置字体的文本，如图 4-25 所示。

step 02 在下方的【属性】面板中，在【字体】下拉列表中选择字体，如图 4-26 所示。

图 4-25　选中文本

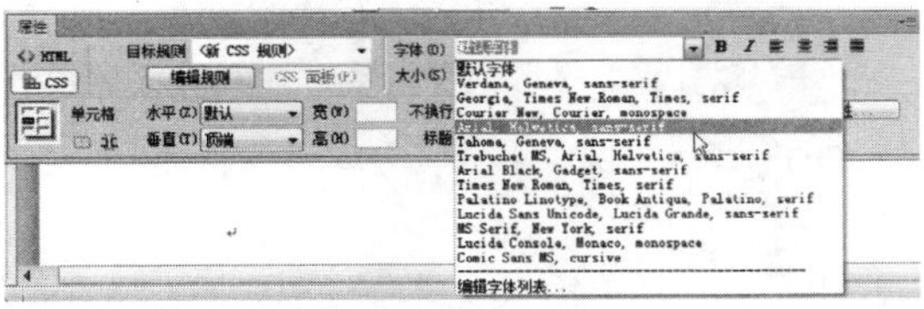

图 4-26　选择字体

step 03 选中的文本即可变为所选字体。

2. 无字体提示时的解决方法

(1) 如果字体列表中没有需要的字体，可按照以下步骤编辑字体列表。

step 01 在【属性】面板的【字体】下拉列表中选择【编辑字体列表】选项，打开【编辑字体列表】对话框，如图 4-27 所示。

step 02 在【可用字体】列表框中选择要使用的字体，然后单击添加按钮«，所选字体就会出现在左侧的【选择的字体】列表框中，如图 4-28 所示。

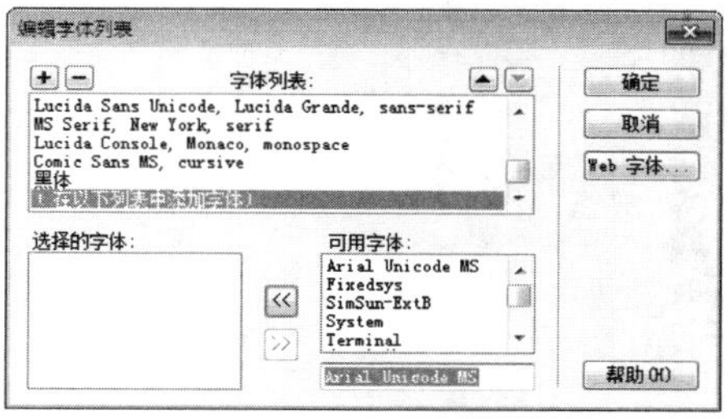

图 4-27　打开【编辑字体列表】对话框

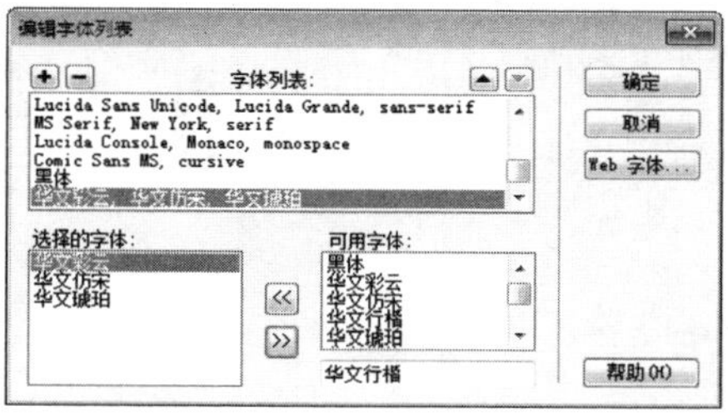

图 4-28　选择需要添加的字体样式

提示　【选择的字体】列表框显示的是当前选定字体列表项中包含的字体名称，【可用字体】列表框显示的是当前所有可用的字体名称。

(2) 如果要创建新的字体列表，可以从列表框中选择【(在以下列表中添加字体)】选项。如果没有出现该选项，可以单击对话框左上角的添加⊞按钮，如图 4-29 所示。

(3) 如果要从字体组合项中删除字体，可以从【字体列表】列表框中选定该字体组合项，然后单击列表框左上角的删除按钮⊟，设置完成单击【确定】按钮即可，如图 4-30 所示。

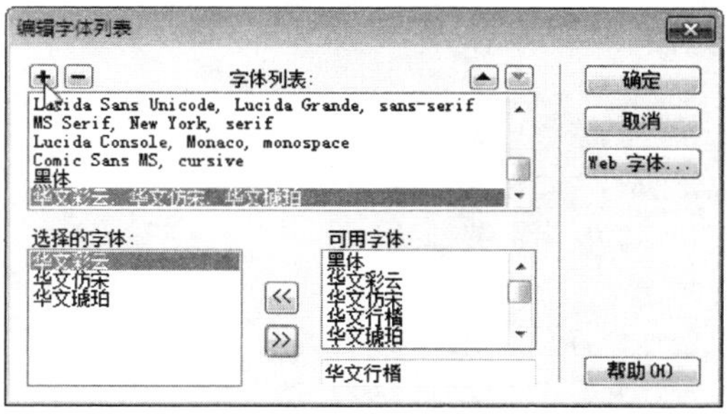

图 4-29　添加选择的字体

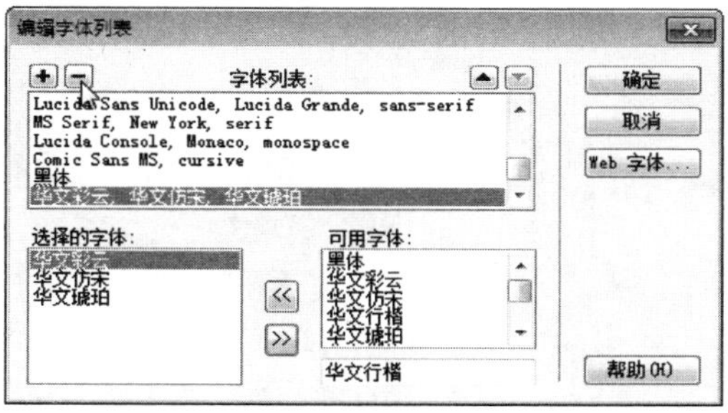

图 4-30　删除选择的字体

提示　一般来说，应尽量在网页中使用宋体或黑体，不使用特殊的字体，因为浏览网页的计算机中如果没有安装这些特殊的字体，在浏览时就只能以系统默认的字体来显示。对于中文网页来说，应该尽量使用宋体或黑体，因为大多数的计算机中系统都默认装有这两种字体。

4.2.3　案例 5——设置字号

字号是指字体的大小。在 Dreamweaver CS6 中设置文字字号的具体步骤如下。

step 01 打开随书光盘中的“ch04\插入文本后.html”文件，选定要设置字号的文本，如图 4-31 所示。

图 4-31　选择需要设置字号的文本

step 02 在【属性】面板的【大小】下拉列表中选择字号。这里选择 18，如图 4-32 所示。

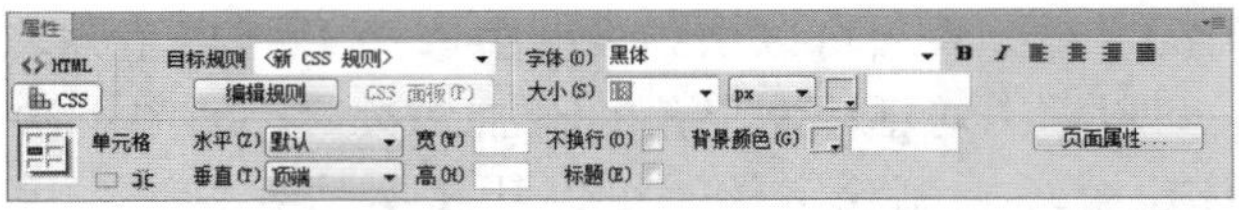

图 4-32　【属性】面板

step 03 选中的文本字体大小将更改为 18，如图 4-33 所示。

图 4-33　设置字号后的文本显示效果

提示

如果要设置字符相对默认字符大小的增减量，可以在同一个下拉列表中选择 xx-small、xx-large 或 smaller 等选项。如果要取消对字号的设置，选择【无】选项即可。

4.2.4　案例 6——设置字体颜色

多彩的字体颜色会增强网页的表现力。在 Dreamweaver CS6 中，设置字体颜色的具体步骤如下。

step 01 打开随书光盘中的“ch04\设置文本属性.html”文件，选中要设置字体颜色的文本，如图 4-34 所示。

step 02 在【属性】面板上单击【文本颜色】按钮，打开 Dreamweaver CS6 颜色板，从中选择需要的颜色，也可以直接在该按钮右边的文本框中输入颜色的十六进制数值，如图 4-35 所示。

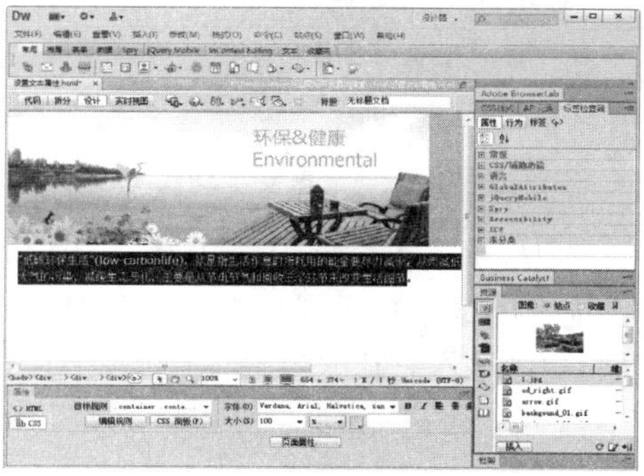

图 4-34　选中文本

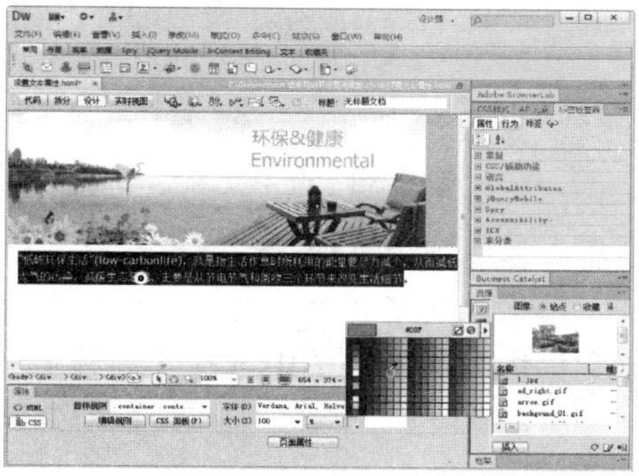

图 4-35　设置文本颜色

提示　设置颜色也可以选择【格式】→【颜色】菜单命令，在弹出的【颜色】对话框中，选择需要的颜色，然后单击【确定】按钮即可，如图 4-36 所示。

step 03 选定颜色后，被选中的文本将更改为选定的颜色，如图 4-37 所示。

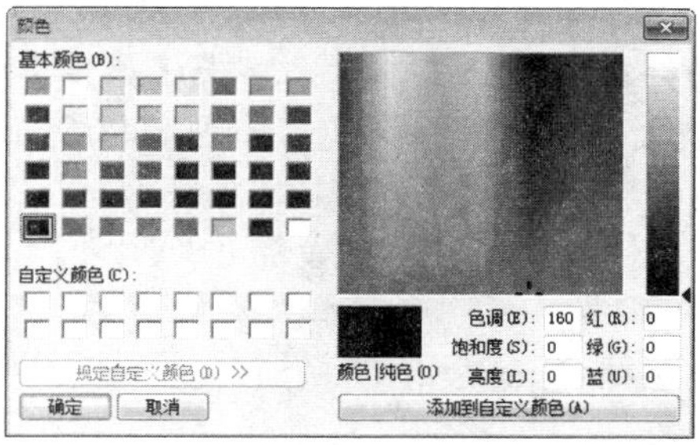

图 4-36　【颜色】文本框

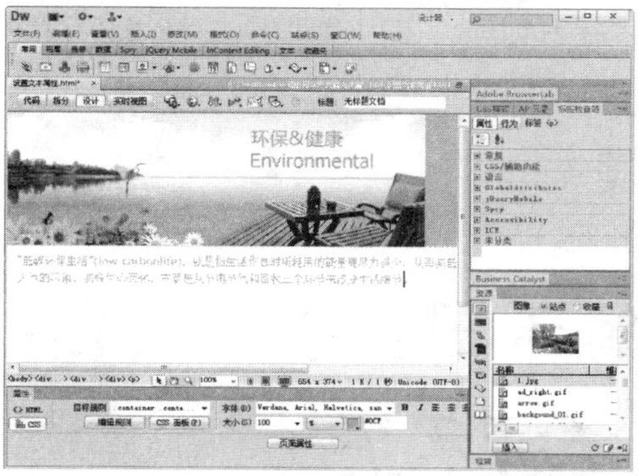

图 4-37　设置的文本颜色

4.2.5　案例 7——设置字体样式

字体样式是指字体的外观显示样式，比如字体的加粗、倾斜、加下划线等。利用

Dreamweaver CS6 可以设置多种字体样式，具体的操作步骤如下。

step 01 选定要设置字体样式的文本，如图 4-38 所示。

step 02 选择【格式】→【样式】菜单命令，弹出子菜单，如图 4-39 所示。

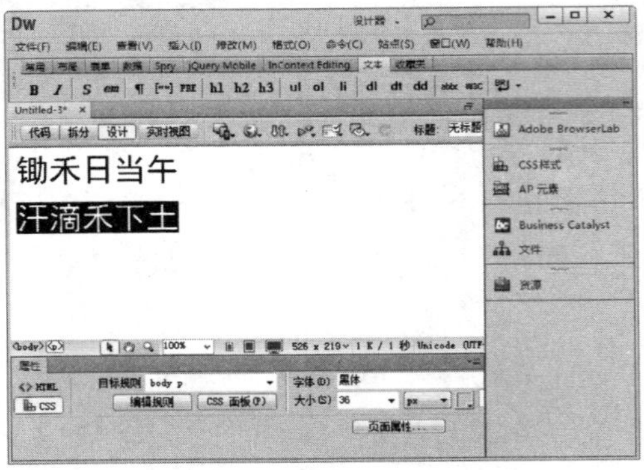

图 4-38 选中文本

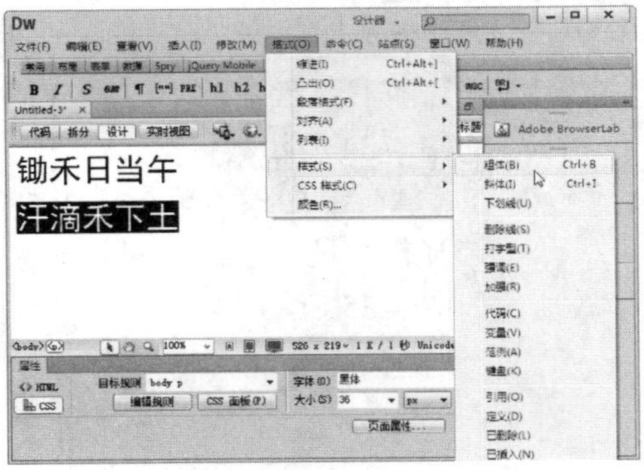

图 4-39 设置文本样式

子命令各选项含义如下。

- 粗体：从子菜单中选择【粗体】命令，可将选中的文字加粗显示，如图 4-40 所示。
- 斜体：从子菜单中选择【斜体】命令，可将选中的文字显示为斜体样式，如图 4-41 所示。

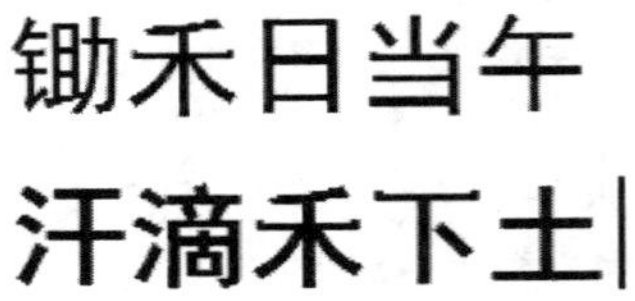

图 4-40 设置文字为粗体

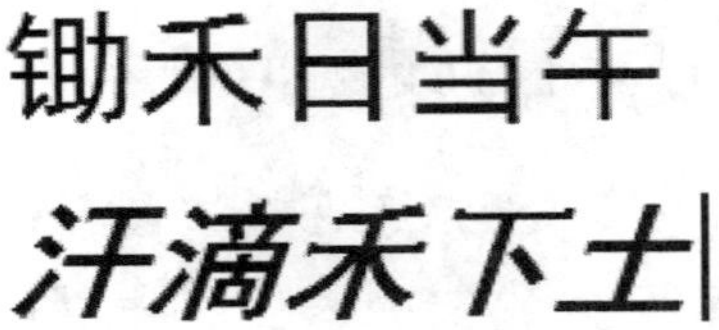

图 4-41 设置文字为斜体

- 下划线：从子菜单中选择【下划线】命令，可在选中的文字下方显示一条下划线，如图 4-42 所示。

提示 利用【属性】面板也可以设置字体的样式。选中文本后，单击【属性】面板上的 **B** 按钮可加粗字体，单击 *I* 按钮可使文本变为斜体样式，如图 4-43 所示。

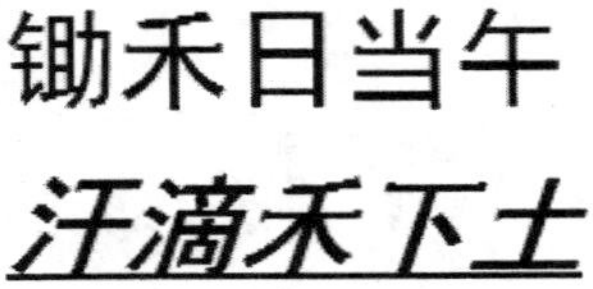

图 4-42 给文字添加下划线

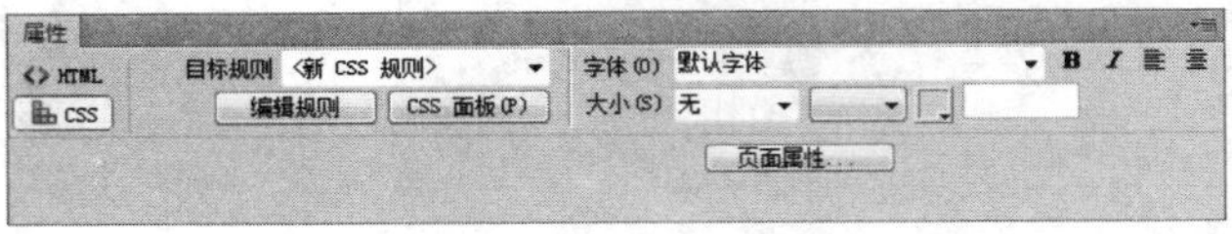

图 4-43 属性面板

提示 按 Ctrl+B 组合键，可以使选中的文本加粗；按 Ctrl+I 组合键，可以使选中的文本倾斜。

- 删除线：如果从【格式】→【样式】子菜单中选择【删除线】命令，就会在选中的文字的中部出现一条横贯的横线，表明文字已被删除，如图 4-44 所示。
- 打字型：如果从【格式】→【样式】子菜单中选择【打字型】命令，就可以将选中的文本作为等宽度文本来显示，如图 4-45 所示。

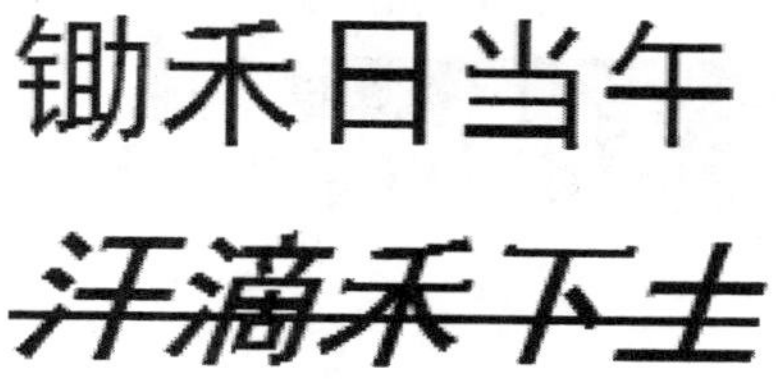

图 4-44　添加文字删除线

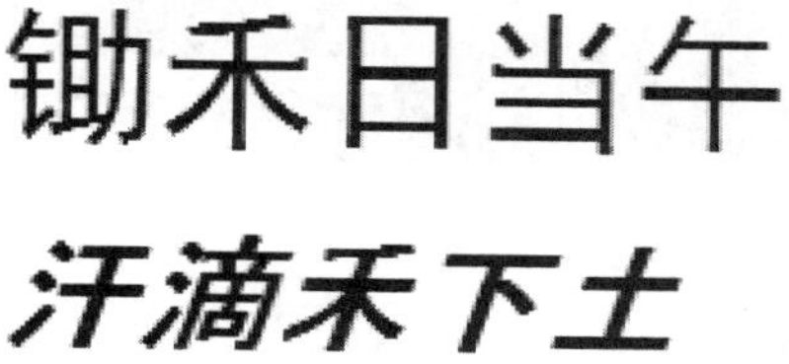

图 4-45　设置字体的打字效果

提示　所谓等宽度文本，是指每个字符或字母的宽度相同。

- 强调：如果从【格式】→【样式】子菜单中选择【强调】命令，则表明选中的文字需要在文件中被强调。大多数浏览器会把它显示为斜体样式，如图 4-46 所示。
- 加强：如果从【格式】→【样式】子菜单中选择【加强】命令，则表明选定的文字需要在文件中以加强的格式显示。大多数浏览器会把它显示为粗体样式，如图 4-47 所示。

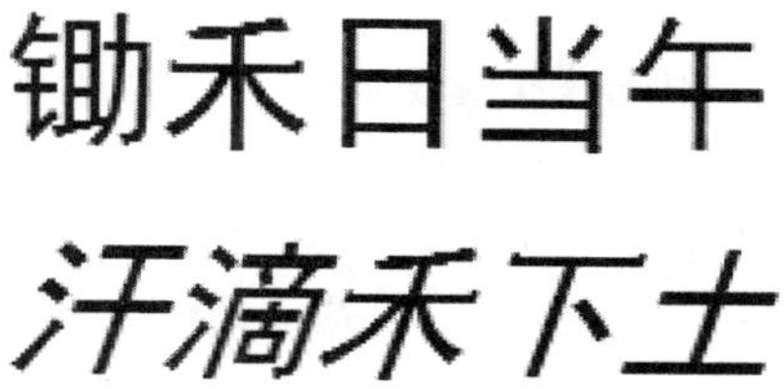

图 4-46　添加文字强调效果

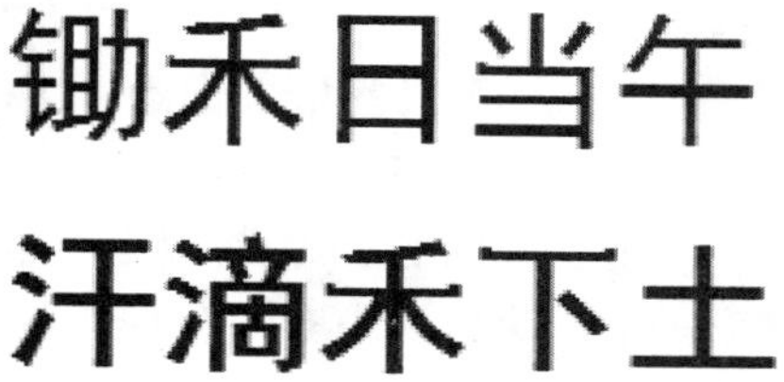

图 4-47　加强文字效果

4.2.6　案例 8——编辑段落

段落指的是一段格式上统一的文本。在文件窗口中每输入一段文字，按 Enter 键后，就会生成一个段落。编辑段落主要是对网页中的一段文本进行设置。

1. 设置段落格式

使用【属性】面板中的【格式】下拉列表，或选择【格式】→【段落格式】菜单命令，都可以设置段落格式。其操作步骤如下。

step 01 将光标放置在段落中任意一个位置，或选中段落中的一些文本，如图 4-48 所示。

step 02 选择【格式】→【段落格式】子菜单中的命令，如图 4-49 所示。

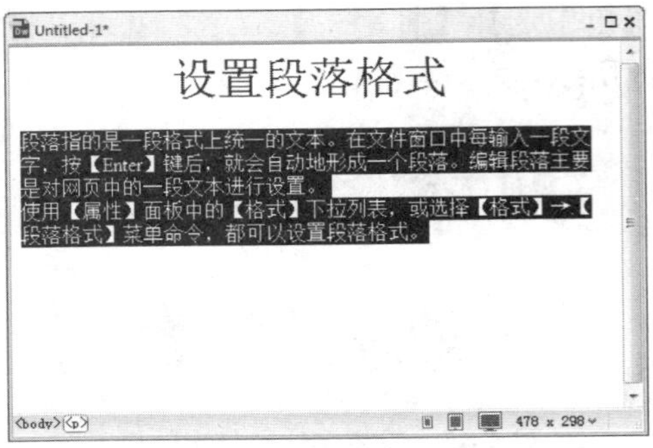

图 4-48 选中段落

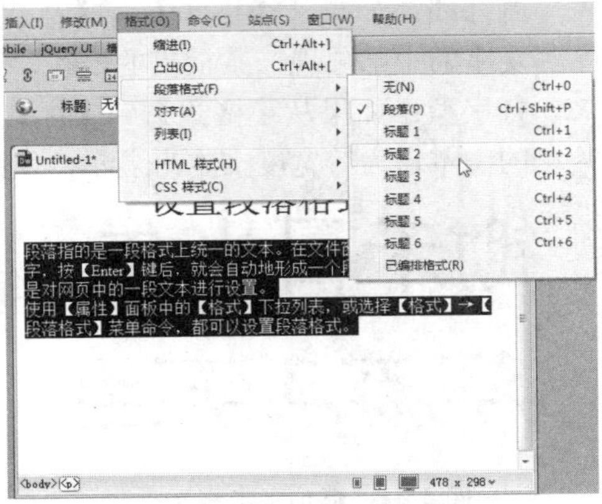

图 4-49 选择段落格式

提示　在【属性】面板的【格式】下拉列表中选择任一选项，如图 4-51 所示。

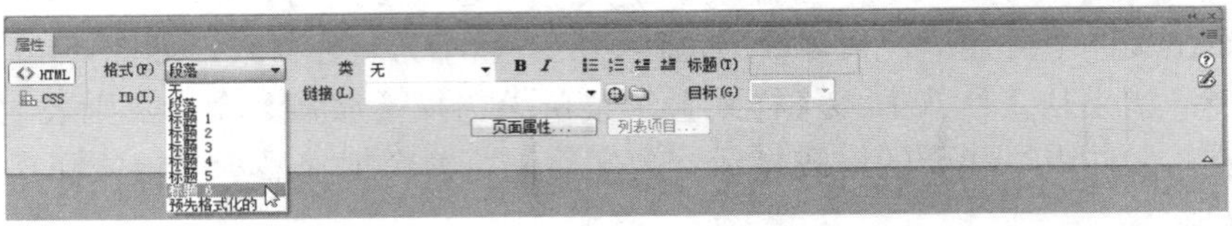

图 4-51 【属性】面板

step 03 选择一个段落格式(比如【标题 1】)，然后单击【拆分】按钮，在代码视图下可以看到与所选格式关联的 HTML 标记(比如表示【标题 1】的 h1、表示【预先格式化的】文本的 pre 等)将应用于整个段落，如图 4-52 所示。

step 04 在段落格式中对段落应用标题标记时，Dreamweaver 会自动地添加下一行文本作为标准段落，如图 4-53 所示。

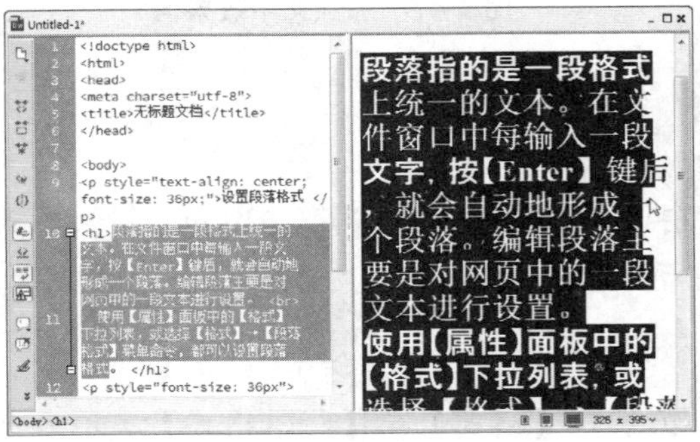

图 4-52 查看段落代码

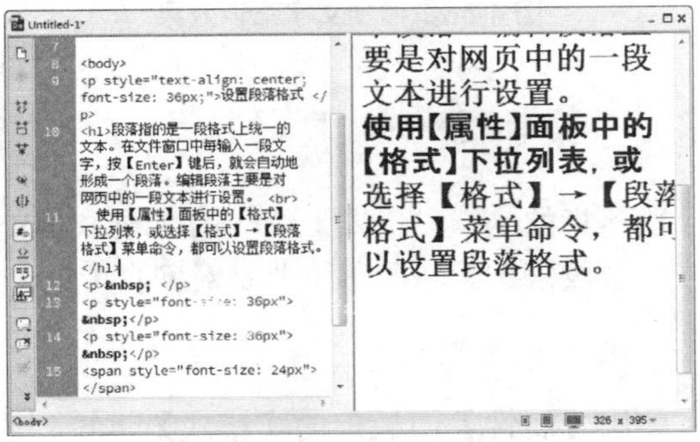

图 4-53 添加段落标记

提示　若要更改已设置的段落标记，可以选择【编辑】→【首选参数】菜单命令，弹出【首选项】对话框，然后在【常规】分类中的【编辑选项】区域中，撤选【标题后切换到普通段落】复选框即可，如图 4-54 所示。

2. 定义预格式化

在 Dreamweaver 中，不能连续地输入多个空格。在显示一些特殊格式的段落文本(比如诗歌)时，这一点就会显得非常不便，如图 4-55 所示。

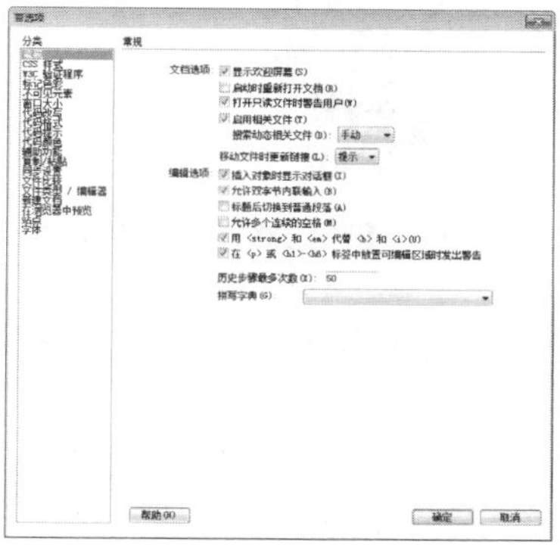

图 4-54 【首选项】对话框

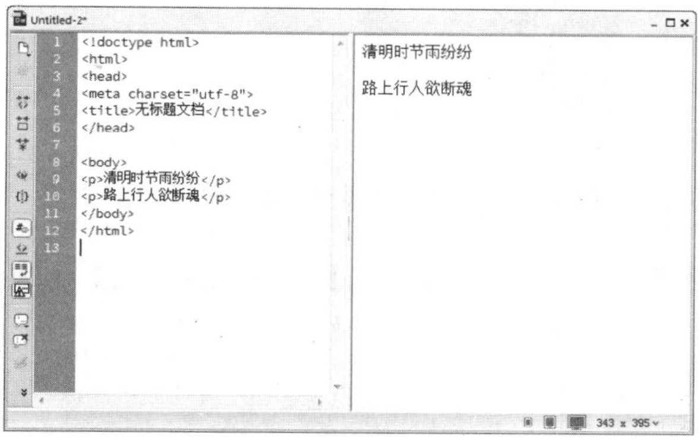

图 4-55 输入空格后的段落显示效果

在这种情况下，可以使用预格式化标签<p>和</p>解决该问题。

> 提示
>
> 预格式化指的是预先对<p>和</p>之间的文字进行格式化，这样，浏览器在显示其中的内容时，就会完全按照真正的文本格式来显示，即原封不动地保留文档中的空白，比如空格及制表符等，如图 4-56 所示。

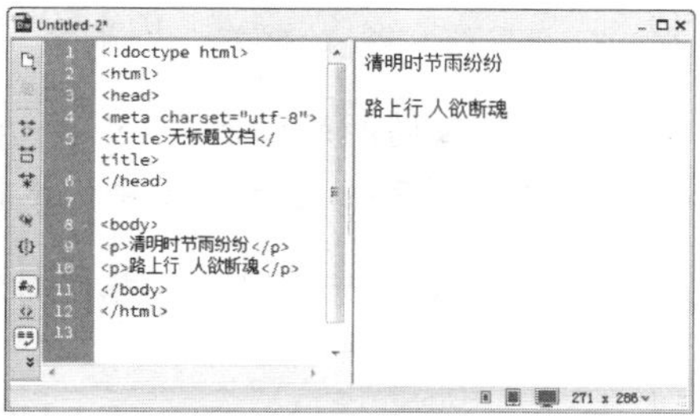

图 4-56 预格式化的文字

在 Dreamweaver 中，设置预格式化段落的具体步骤如下。

step 01 将光标放置在要设置预格式化的段落中，如图 4-57 所示。

step 02 按 Ctrl+F3 组合键打开【属性】面板，在【格式】下拉列表中选择【预先格式化的】选项，如图 4-58 所示。

> 提示
>
> 如果要将多个段落设置为预格式化，则可同时选中多个段落，如图 4-59 所示。

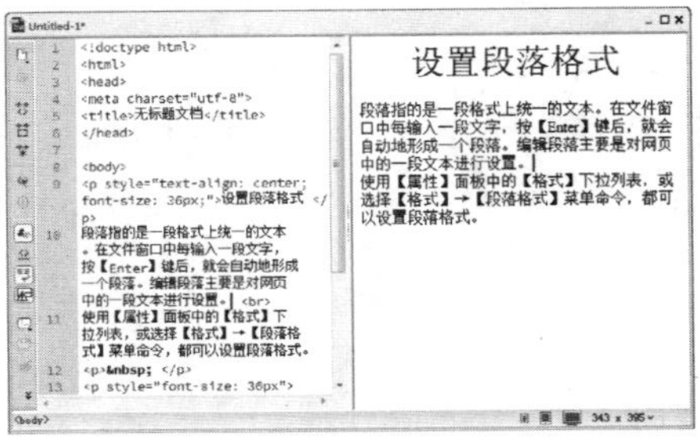

图 4-57　选择需要预格式化的段落

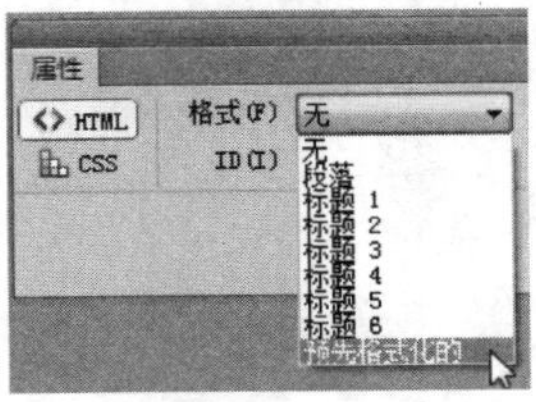

图 4-58　选择【预先格式化的】选项

提示　选择【格式】→【段落格式】→【已编排格式的】菜单命令，也可以实现段落的预格式化，如图 4-60 所示。

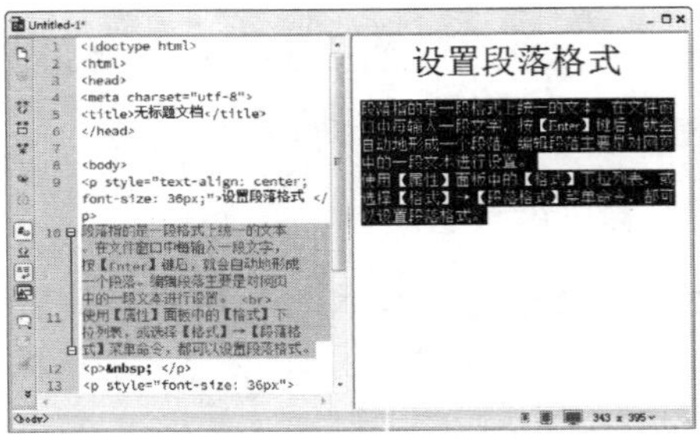

图 4-59　选中多个段落

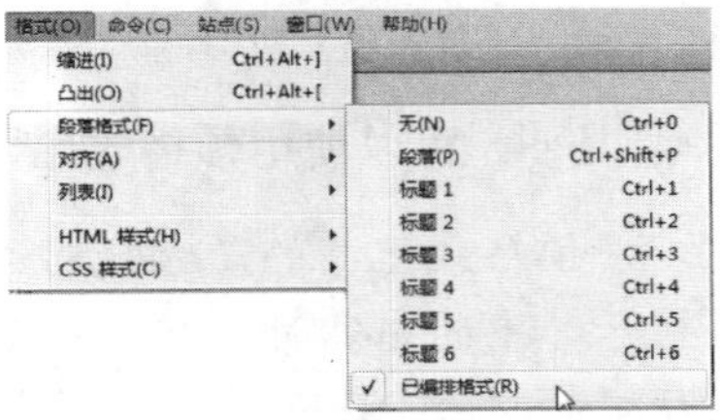

图 4-60　选择段落格式菜单

注意　该操作会自动地在相应段落的两端添加<pre>和</pre>标记。如果原来段落的两端有<p>和</p>标记，则会分别用<pre>和</pre>标记将其替换，如图 4-61 所示。

提示　由于预格式化文本不能自动换行，因此除非绝对需要，否则尽量不要使用预格式化功能。

step 03 如果要在段首空出两个空格，不能直接在【设计视图】方式下输入空格，必须切换到【代码视图】中，在段首文字之前输入代码“ ”，如图 4-62 所示。

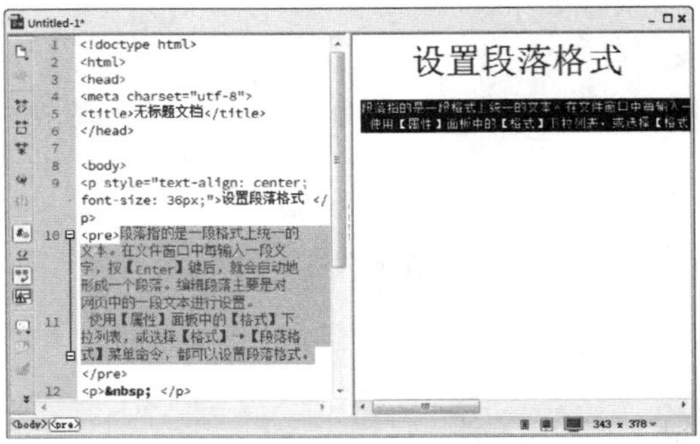

图 4-61　添加段落标记<pre>

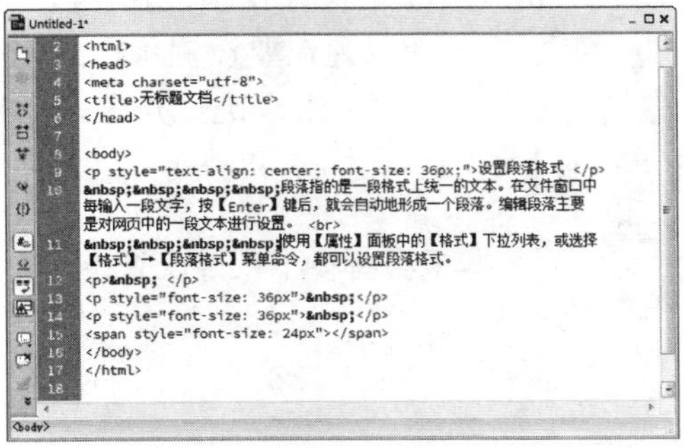

图 4-62　在代码视图中输入空格代码

step 04 该代码只表示一个半角字符，要空出两个汉字的位置，需要添加 4 个代码。这样，在浏览器中就可以看到段首已经空两个格了，如图 4-63 所示。

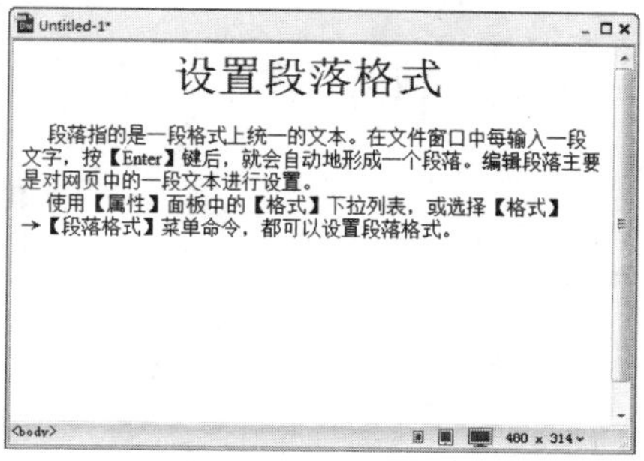

图 4-63 设置段落首行缩进格式

3. 设置段落的对齐方式

段落的对齐方式指的是段落相对文件窗口(或浏览器窗口)在水平位置的对齐方式，有 4 种对齐方式：左对齐、居中对齐、右对齐和两端对齐。

对齐段落的具体步骤如下。

step 01 将光标放置在要设置对齐方式的段落中。如果要设置多个段落的对齐方式，则选择多个段落，如图 4-64 所示。

step 02 进行下列操作之一。

(1) 选择【格式】→【对齐】菜单命令，然后从子菜单中选择相应的对齐方式，如图 4-65 所示。

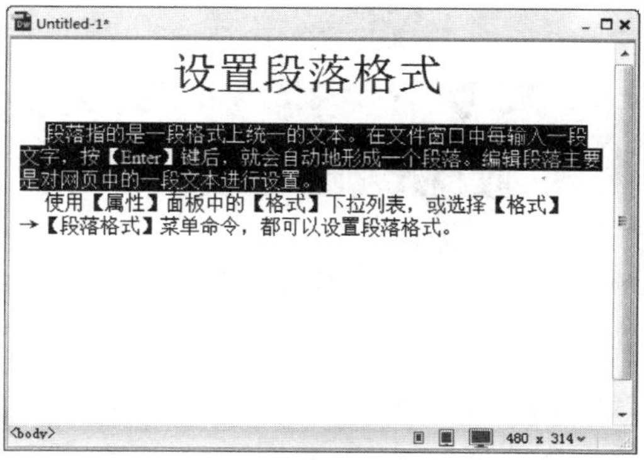

图 4-64 选择多个段落

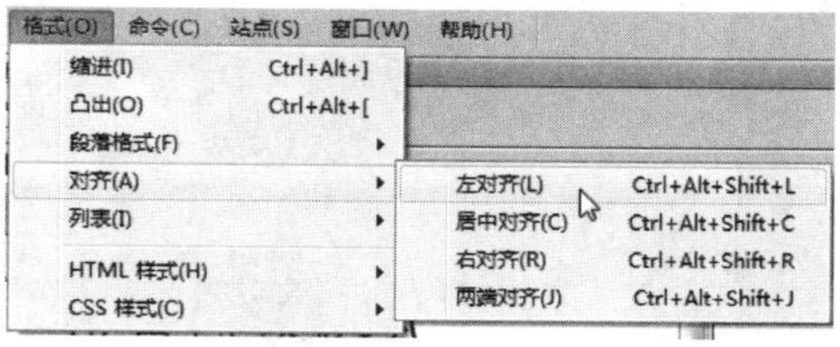

图 4-65 选择段落的对齐方式

(2) 单击【属性】面板中的对齐按钮，如图 4-66 所示。

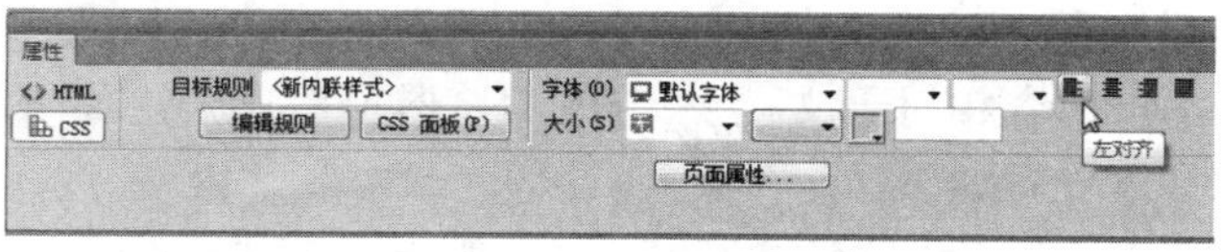

图 4-66 【属性】面板

可供选择的按钮有 4 个，其含义如下。

- 【左对齐】按钮：单击该按钮，可以设置段落相对文档窗口向左对齐，如图 4-67 所示。
- 【居中对齐】按钮：单击该按钮，可以设置段落相对文档窗口居中对齐，如图 4-68 所示。

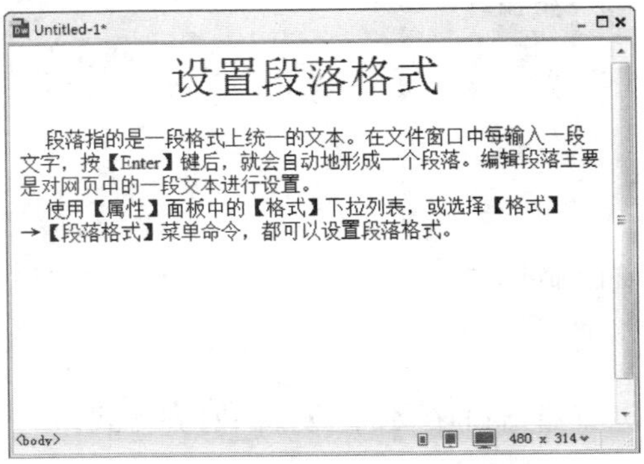

图 4-67　段落向左对齐

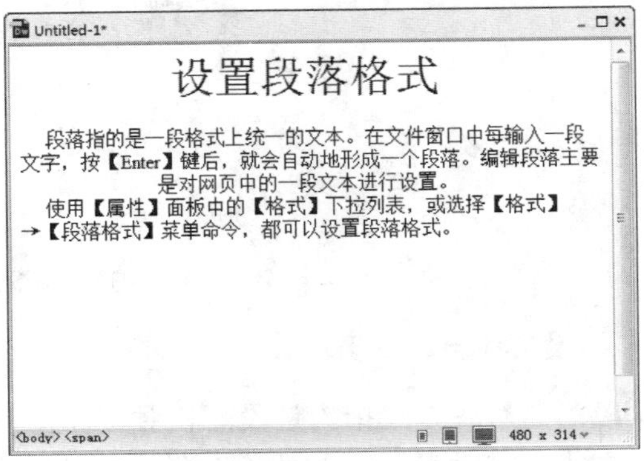

图 4-68　段落居中对齐

- 【右对齐】按钮：单击该按钮，可以设置段落相对文档窗口向右对齐，如图 4-69 所示。
- 【两端对齐】按钮：单击该按钮，可以设置段落相对文档窗口向两端对齐，如图 4-70 所示。

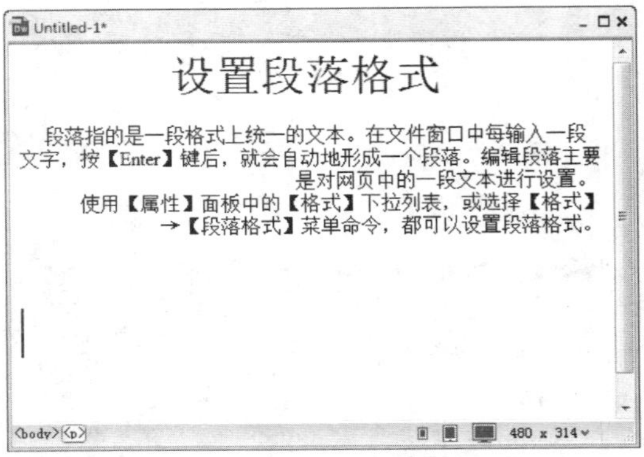

图 4-69　段落向右对齐

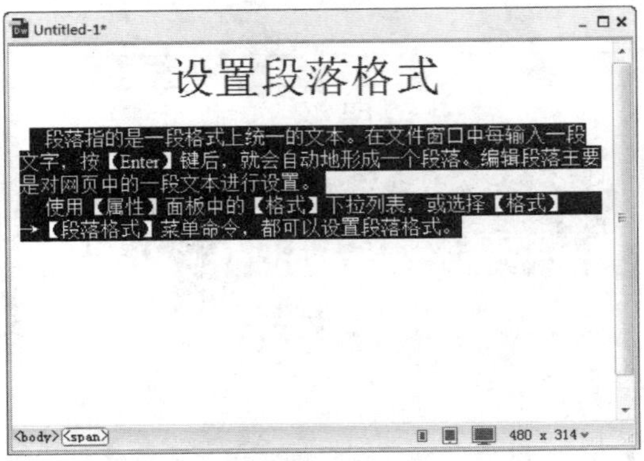

图 4-70　段落向两端对齐

4. 设置段落缩进

在强调一段文字或引用其他来源的文字时，需要对文字进行段落缩进，以表示和普通段落有区别。缩进主要是指内容相对于文档窗口(或浏览器窗口)左端产生的间距。

实现段落缩进的具体步骤如下。

step 01 将光标放置在要设置缩进的段落中。如果要缩进多个段落，则选中多个段落，如图 4-71 所示。

step 02 选择【格式】→【缩进】菜单命令，即可将当前段落往右缩进一段位置，如图 4-72 所示。

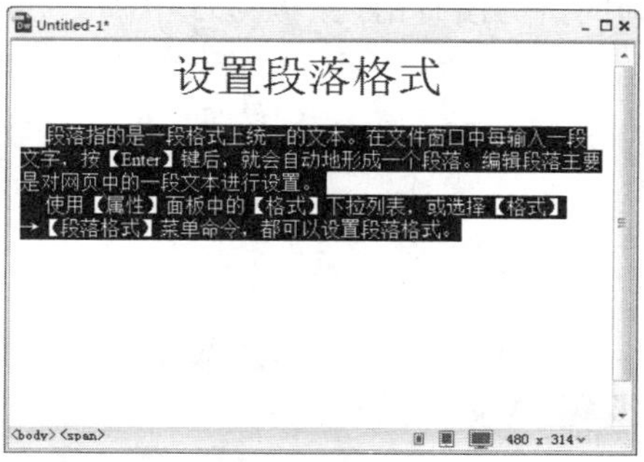

图 4-71 选中段落

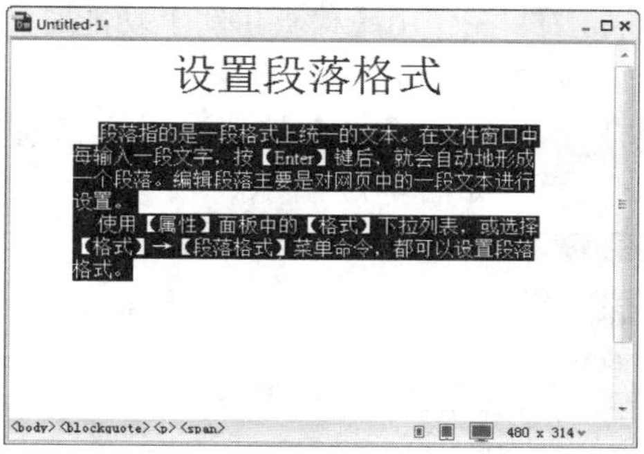

图 4-72 段落缩进

单击【属性】面板中的【删除内缩区块】按钮和【内缩区块】按钮，即可实现当前段落的凸出和缩进。凸出是将当前段落向左恢复一段缩进位置。

提示 按 Ctrl + Alt +]组合键可以进行一次右缩进，按 Ctrl + Alt + [组合键可以向左恢复一段缩进位置。

4.2.7 案例 9——检查拼写

如果要对英文材料进行检查更正，可以使用 Dreamweaver CS6 中的检查拼写功能。具体的操作步骤如下。

step 01 选择【命令】→【检查拼写】菜单命令，如图 4-73 所示，可以检查当前文档中的拼写。【检查拼写】命令会忽略 HTML 标记和属性值。

step 02 默认情况下，拼写检查器使用美国英语拼写字典。要更改字典，可以选择【编辑】→【首选参数】菜单命令。在弹出的【首选项】对话框中选择【常规】分类，在【拼写字典】下拉列表中选择要使用的字典，然后单击【确定】按钮即可，如图 4-74 所示。

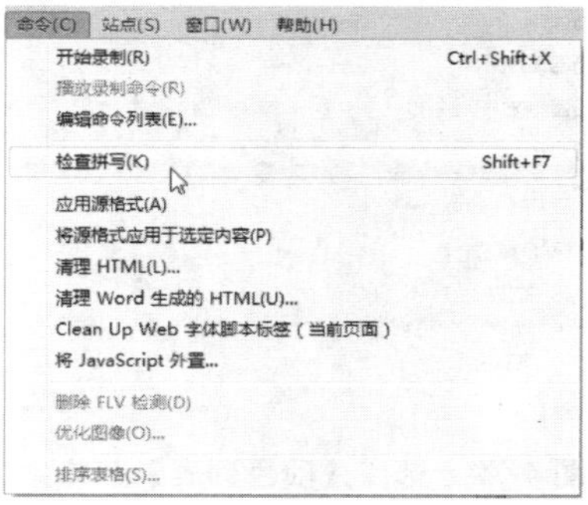

图 4-73 选择【检查拼写】菜单命令

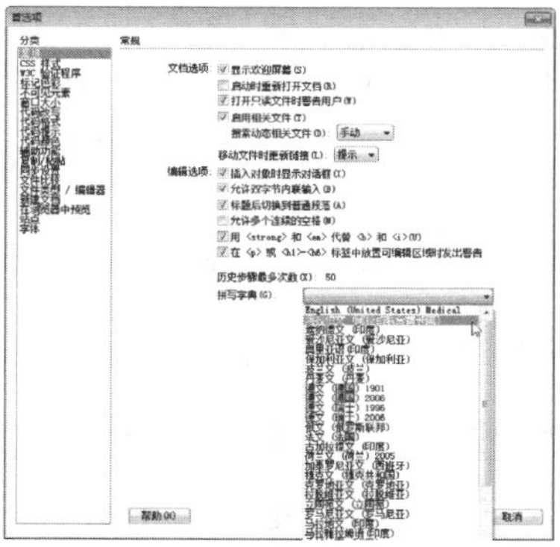

图 4-74 【首选项】对话框

step 03 选择检查拼写菜单命令后，如果文本内容有误，系统就会弹出【检查拼写】对话框，如图 4-75 所示。

step 04 在使用【检查拼写】功能时，如果单词的拼写没有错误，则会弹出如图 4-76 所示的提示框。

step 05 单击【是】按钮，弹出信息提示框，然后单击【确定】按钮，关闭提示框即可，如图 4-77 所示。

图 4-75 【检查拼写】对话框

图 4-76 信息提示框

图 4-77 信息提示框

4.2.8 案例 10——创建项目列表

列表就是那些具有相同属性元素的集合。Dreamweaver CS 中常用的列表有无序列表和有序列表两种。无序列表使用项目符号来标记无序的项目，有序列表使用编号来记录项目的顺序。

1. 无序列表

在无序列表中，各个列表项之间没有顺序级别之分，通常使用一个项目符号作为每个列表项的前缀。

设置无序列表的具体步骤如下。

step 01 将光标放置在需要设置无序列表的文档中，如图 4-78 所示。

step 02 选择【格式】→【列表】→【项目列表】菜单命令，如图 4-79 所示。

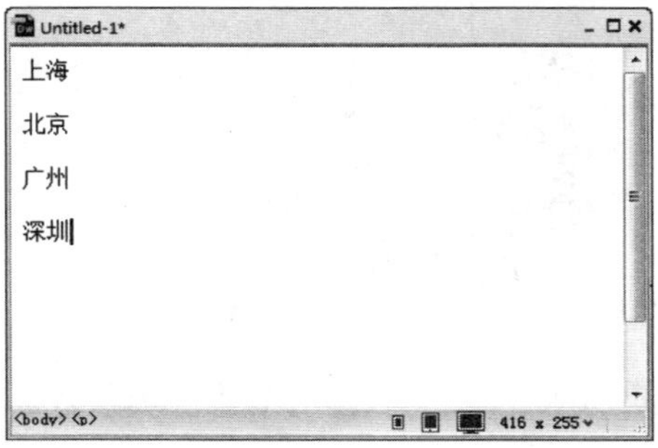

图 4-78 设置无序列表

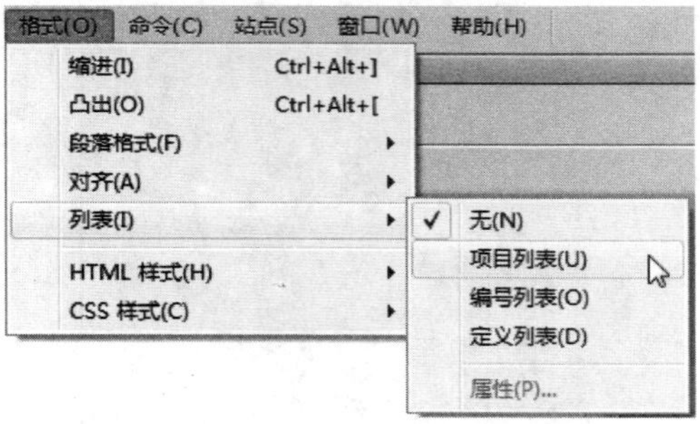

图 4-79 选择【项目列表】菜单命令

step 03 光标所在的位置将出现默认的项目符号，如图 4-80 所示。

step 04 重复以上步骤，设置其他文本的项目符号，如图 4-81 所示。

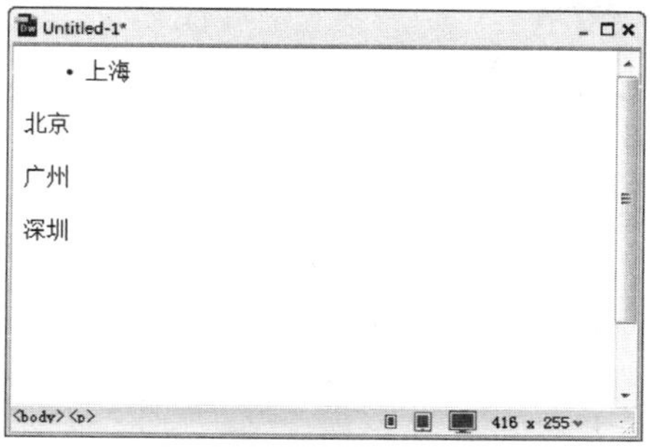

图 4-80　添加无序的项目符

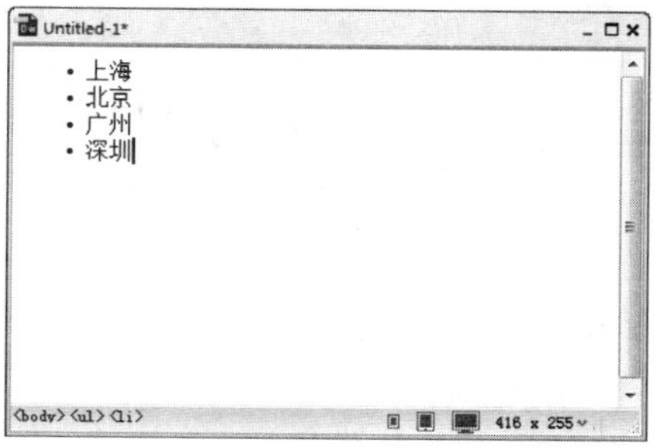

图 4-81　带有项目符号的无序列表

2. 有序列表

对于有序编号，可以指定其编号类型和起始编号。其编号可以采用阿拉伯数字、大写字母或罗马数字等。

设置有序列表的具体步骤如下。

step 01 将光标放置在需要设置有序列表的文档中，如图 4-82 所示。

step 02 选择【格式】→【列表】→【编号列表】菜单命令，如图 4-83 所示。

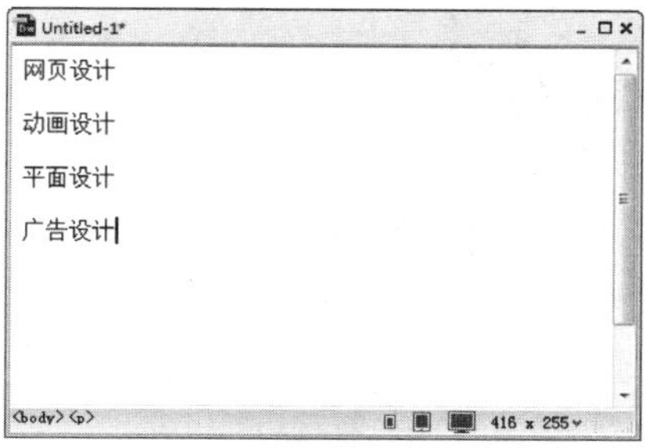

图 4-82　设置有序列表

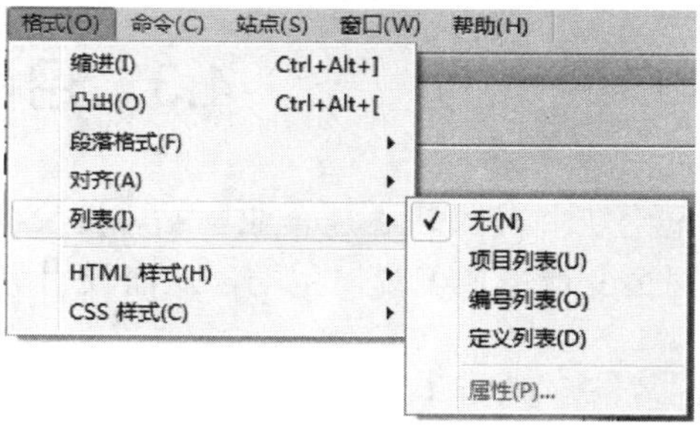

图 4-83　选择【编号列表】菜单命令

step 03 光标所在的位置将出现编号列表，如图 4-84 所示。

step 04 重复以上步骤，设置其他文本的编号列表，如图 4-85 所示。

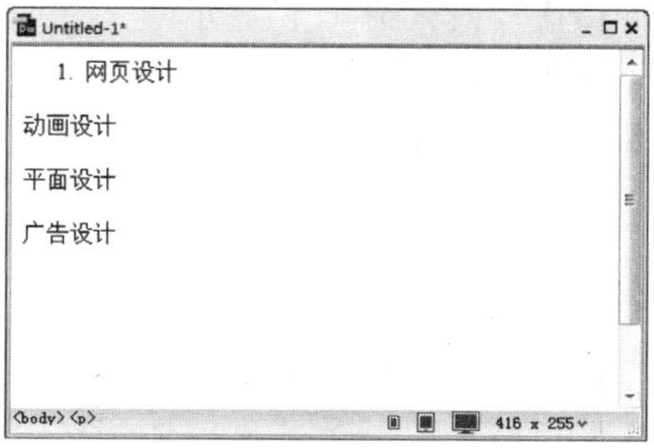

图 4-84　设置有序列表

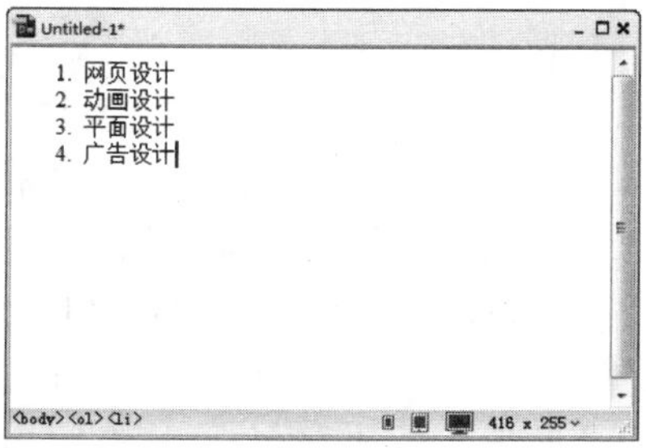

图 4-85　有序列表效果

列表还可以嵌套，嵌套列表是指一个列表中还包含有其他列表的列表。设置嵌套列表的操作步骤如下。

step 01 选中要嵌套的列表项。如果有多行文本需要嵌套，则需要选中多行文本，如图 4-86 所示。

step 02 单击【属性】面板中的【缩进】按钮，选择【格式】→【缩进】菜单命令。如图 4-87 所示。

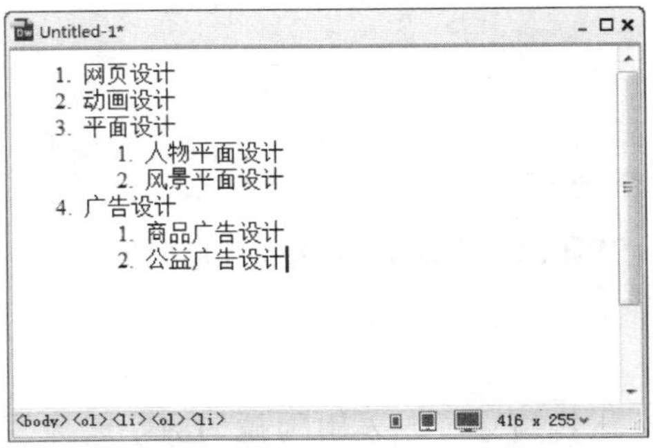

图 4-86　列表嵌套效果

图 4-87　【属性】面板

提示　在【属性】面板中直接单击或按钮，可以将选定的文本设置成项目(无序)列表或编号(有序)列表。

4.3　用图像美化网页

无论是个人网站还是企业网站，图文并茂的网页都能为网站增色不少。用图像美化网页会使网页变得更加美观、生动，从而吸引更多的浏览者。

4.3.1　案例 11——插入图像

网页中通常使用的图像格式有 3 种，即 GIF、JPEG 和 PNG。其具体特性如下。

- GIF 格式：网页中最常用的图像格式，其特点是图像文件占用磁盘空间小，支持透明背景和动画，多数用于图标、按钮、滚动条和背景等。
- JPEG 格式：一种图像压缩格式，主要用于摄影图片的存储和显示，文件的扩展名为.jpg 或.jpeg。
- PNG 格式：汲取了 GIF 格式和 JPEG 格式的优点，存储形式丰富，兼有 GIF 格式和 JPEG 格式的色彩模式，采用无损压缩方式来减小文件的大小。

在网页中插入图像的具体步骤如下。

step 01 新建一个空白文档，如图 4-88 所示。

step 02 将光标放置在要插入图像的位置，在【插入】面板的【常用】选项卡中单击【图像】按钮，或选择【插入】→【图像】菜单命令，如图 4-89 所示。

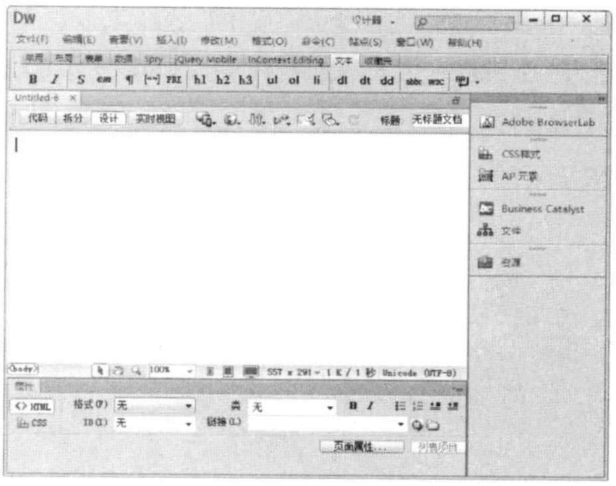

图 4-88 新建空白文档

图 4-89 【常用】面板

step 03 弹出【选择图像源文件】对话框，从中选中要插入的图像文件，如图 4-90 所示。

step 04 单击【确定】按钮，即可完成向文档中插入图像的操作，如图 4-91 所示。

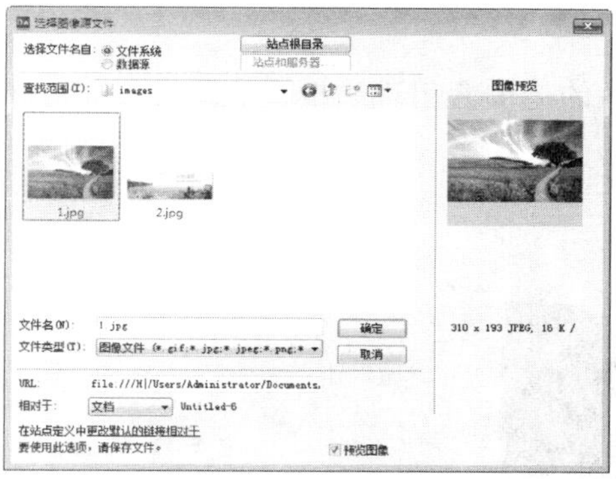

图 4-90 【选择图像源文件】对话框

图 4-91 插入图像

step 05 保存文档，按 F12 键在浏览器中预览效果，如图 4-92 所示。

step 06 在插入图像等对象时，有时会弹出如图 4-93 所示的对话框。

图 4-92 网页预览效果

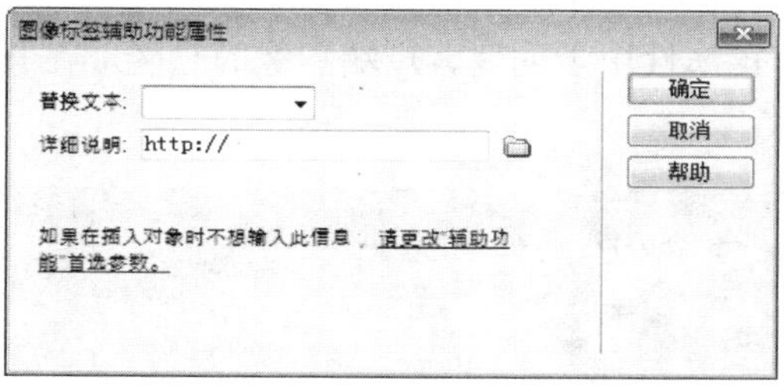

图 4-93 【图像标签辅助功能属性】对话框

如果不希望弹出该对话框，则可以选择【编辑】→【首选参数】菜单命令，打开【首选参数】对话框，在【分类】列表框中选择【辅助功能】选项，然后在【在插入时显示辅助功能属性】栏下撤选相应对象的复选框即可，如图 4-94 所示。

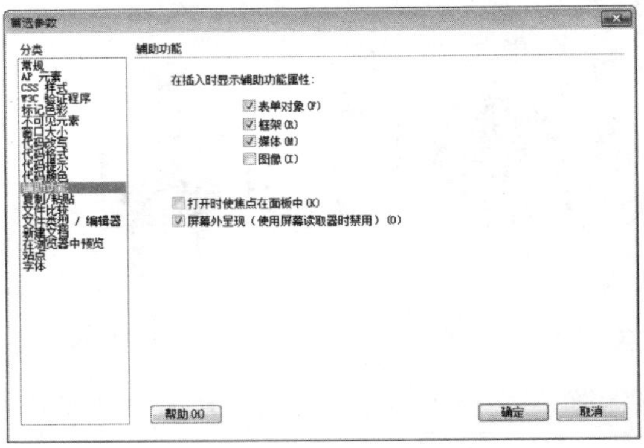

图 4-94 【首选参数】对话框

4.3.2 案例 12——图像属性设置

在页面中插入图像后单击选中图像，此时图像的周围会出现边框，表示图像正处于选中状态，如图 4-95 所示。

图 4-95 选中图像

在【属性】面板中可设置图像的属性。比如设置源文件、输入替换文本、设置图片的宽与高等，如图 4-96 所示。

1. 【地图】

该属性用于创建客户端图像的热区，在其右侧的文本框中可以输入地图的名称，如图 4-97 所示。

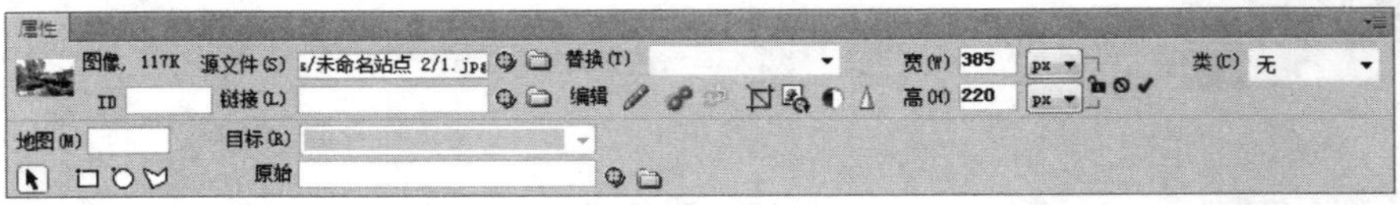

图 4-96 【属性】面板

图 4-97 图像地图设置区域

提示　【地图】属性中输入的名称只能包含字母和数字，并且不能以数字开头。

2. 【热点工具】按钮

单击【热点工具】按钮，可以创建图像的热区链接。

3. 【宽】和【高】

该属性用于设置在浏览器中显示图像的宽度和高度，以像素为单位。比如在【宽】文本框中输入宽度值，页面中的图片即会显示相应的宽度，如图 4-98 所示。

提示　【宽】和【高】的单位除像素外，还有 pc(十二点活字)、pt(点)、in(英寸)、mm(毫米)、cm(厘米)和 2in+5mm 等单位的组合。

【宽】和【高】设置完成后，其文本框的右侧将显示【重设图像大小】按钮，单击该按钮，可恢复图像到原来的大小。

4. 【源文件】

该属性用于指定图像的路径。单击文本框右侧的【浏览文件】按钮，弹出【选择原始文件】对话框，可从中选择图像文件，或直接在文本框中输入图像路径，如图 4-99 所示。

图 4-98　设置图像的宽与高

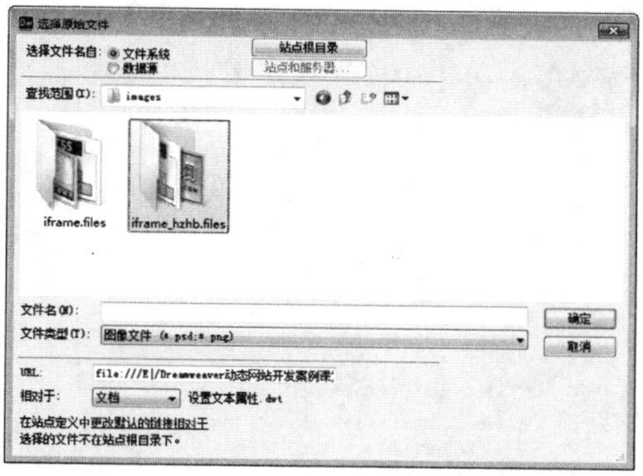

图 4-99　【选择原始文件】对话框

5. 【链接】

该属性用于指定图像的链接文件，可拖动【指向文件】图标到【文件】面板中的某个文件上，或直接在文本框中输入 URL 地址，如图 4-100 所示。

6. 【目标】

该属性用于指定链接页面在框架或窗口中的打开方式，如图 4-101 所示。

图 4-100　输入 URL

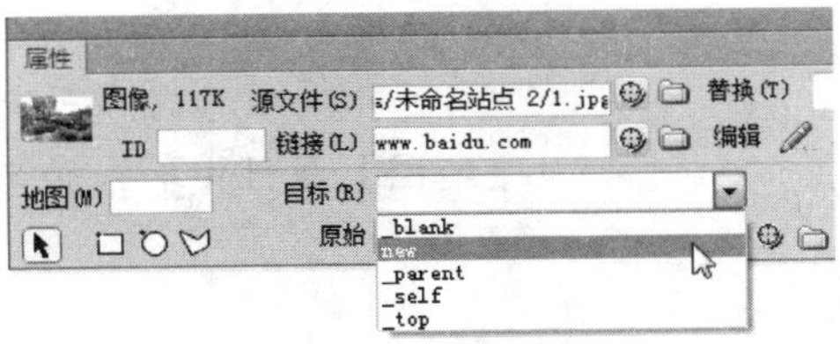

图 4-101　设置图像目标

【目标】属性的下拉列表中有以下几个选项。其含义分别如下。

- _blank：在弹出的新浏览器窗口中打开链接文件。
- _parent：如果是嵌套的框架，会在父框架或窗口中打开链接文件；如果不是嵌套的框架，则与_top 相同，在整个浏览器窗口中打开链接文件。
- _self：在当前网页所在的窗口中打开链接。此目标为浏览器默认的设置。
- _top：在完整的浏览器窗口中打开链接文件，因而会删除所有的框架。

7. 【原始】

该属性用于设置图像下载完成前显示的低质量图像，这里一般指 PNG 图像。单击其旁边的【浏览文件】按钮，即可在弹出的对话框中选择低质量图像，如图 4-102 所示。

8. 【替换】

该属性用于在浏览器不显示图像而显示替代图像的文本，如图 4-103 所示在其右侧的文本框中输入对图像的说明性文字即可。

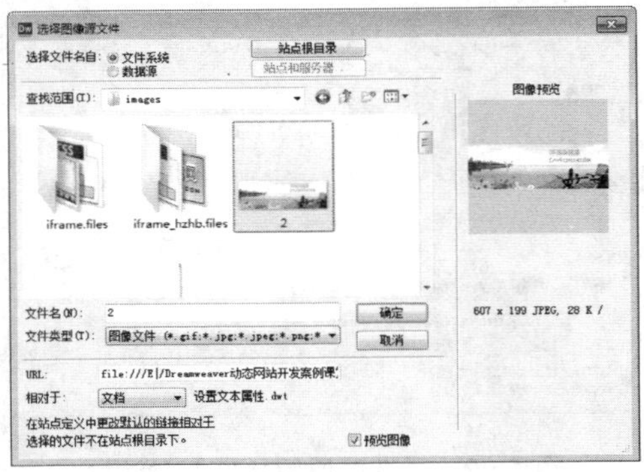

图 4-102　【选择图像源文件】对话框

图 4-103　设置图像替换文本

4.3.3　案例 13——图像的对齐方式

图像的对齐方式主要是设置图像与同一行中的文本或另一个图像等元素的对齐方式。对齐图像的具体操作方法如下。

在文档窗口中选中要对中的图像，如图 4-104 所示。

(1)　选择【格式】→【对齐】→【左对齐】菜单命令后，效果如图 4-105 所示。

图 4-104　选择图像

图 4-105　图像左对齐

(2) 选择【格式】→【对齐】→【居中对齐】菜单命令后，效果如图 4-106 所示。

(3) 选择【格式】→【对齐】→【右对齐】菜单命令后，效果如图 4-107 所示。

图 4-106　图像居中对齐

图 4-107　图像右对齐

4.3.4　案例 14——插入鼠标经过图像

鼠标经过图像是指在浏览器中查看并在鼠标指针移过时发生变化的图像。鼠标经过图像实际上是由两幅图像组成，即初始图像(页面首次加载时显示的图像)和替换图像(鼠标指针经过时显示的图像)。

插入鼠标经过图像的具体步骤如下。

step 01 新建一个空白文档，将光标置于要插入鼠标经过图像的位置，选择【插入】→【图像对象】→【鼠标经过图像】菜单命令，如图 4-108 所示。

提示　在【插入】面板的【常用】选项卡中单击【图像】按钮右侧的下拉箭头，然后从弹出的下拉列表中选择【鼠标经过图像】按钮，如图 4-109 所示，也可以实现插入鼠标经过图像。

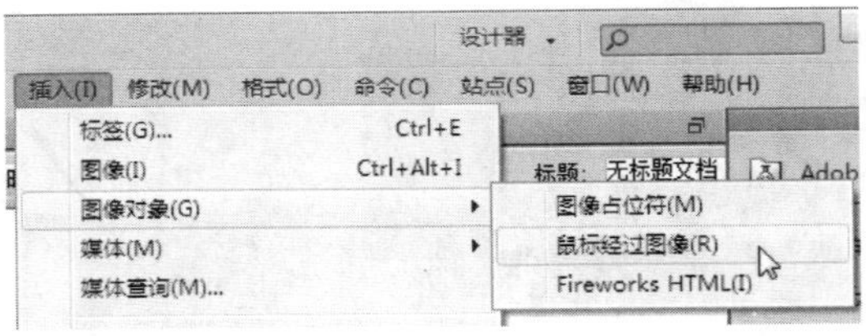

图 4-108 选择【鼠标经过图像】菜单命令

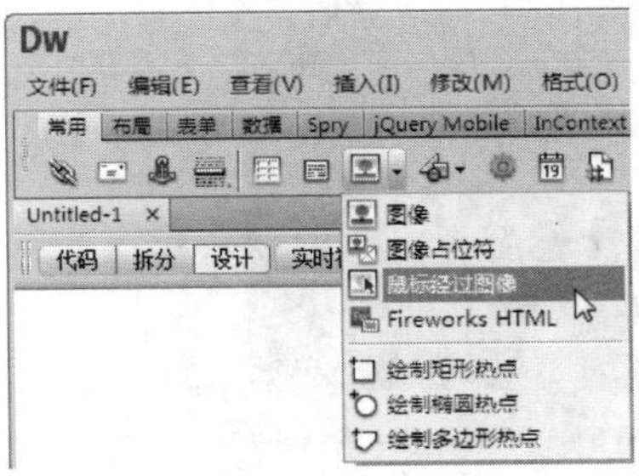

图 4-109 下拉列表

step 02 弹出【插入鼠标经过图像】对话框，在【图像名称】文本框中输入名称(这里保持默认名称不变)，如图 4-110 所示。

step 03 单击【原始图像】文本框右侧的【浏览】按钮，在弹出的【原始图像：】对话框中选择鼠标经过前的图像文件，设置完成后单击【确定】按钮，如图 4-111 所示。

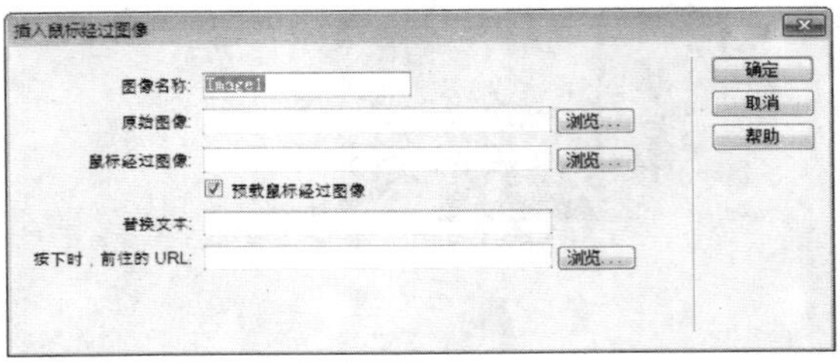

图 4-110 【插入鼠标经过图像】对话框

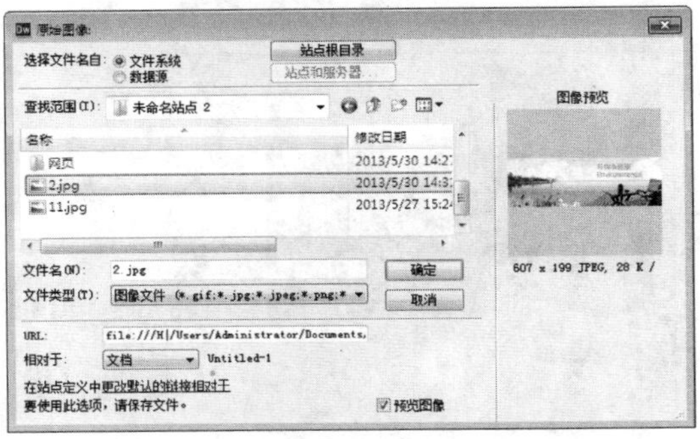

图 4-111 选择原始图像

step 04 返回【插入鼠标经过图像】对话框，在【原始图像】文本框中即可看到添加的原始图像文件路径，如图 4-112 所示。

step 05 单击【鼠标经过图像】文本框右侧的【浏览】按钮，在弹出的【鼠标经过图像：】对话框中选择鼠标经过原始图像时显示的图像文件，然后单击【确定】按钮，返回【插入鼠标经过图像】对话框，如图 4-113 所示。

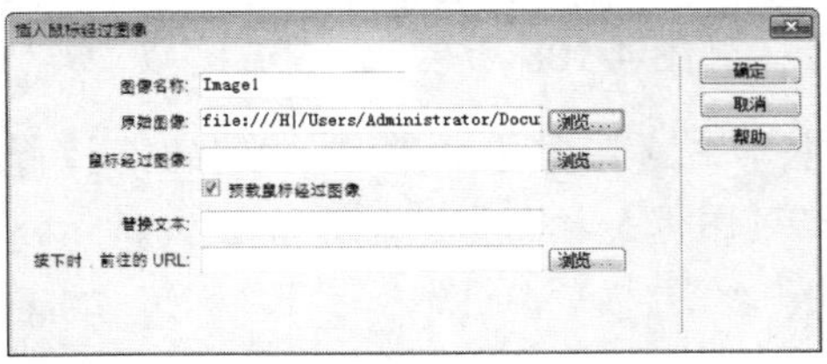

图 4-112 【插入鼠标经过图像】对话框

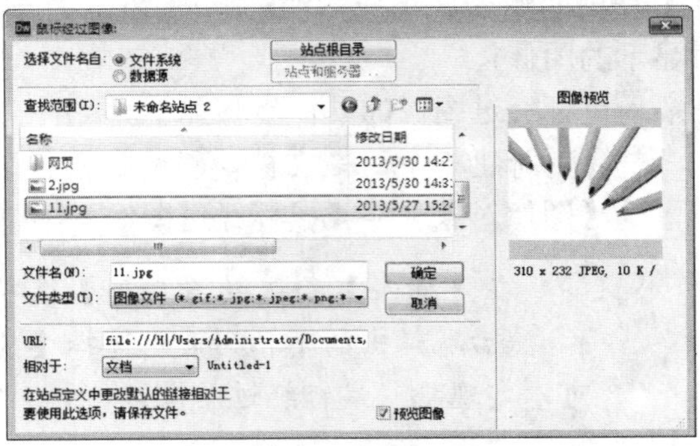

图 4-113 选择鼠标经过图像

step 06 在【替换文本】文本框中输入名称(这里不再输入)，并选中【预载鼠标经过图像】复选框。如果要建立链接，可以在【按下时，前往的 URL】文本框中输入 URL 地址，也可以单击右侧的【浏览】按钮，选择链接文件(这里不填)，如图 4-114 所示。

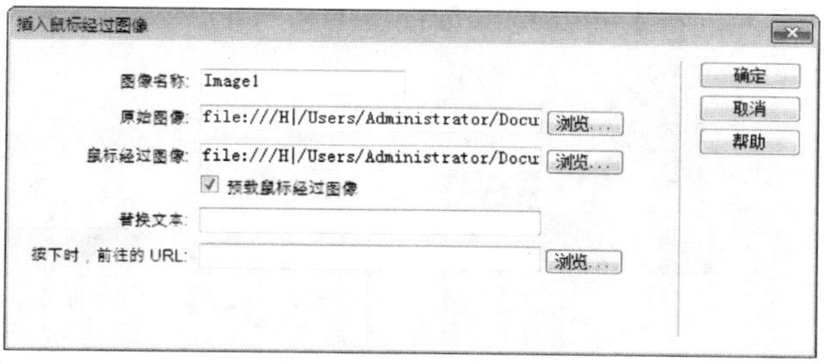

图 4-114 【插入鼠标经过图像】对话框

step 07 单击【确定】按钮，关闭对话框，保存文档，按 F12 键在浏览器中预览效果。鼠标指针经过前的图像如图 4-115 所示。

图 4-115 鼠标经过前的图像

step 08 鼠标指针经过后的图像如图 4-116 所示。

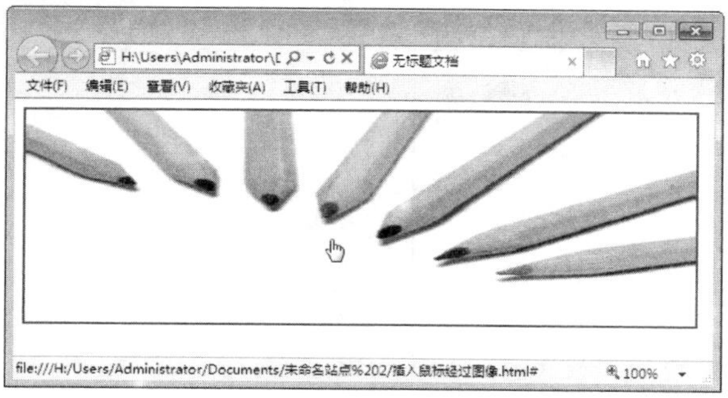

图 4-116 鼠标经过后显示的图像

4.3.5 案例 15——插入图像占位符

在布局页面时，有时可能需要插入的图像还没有制作好。此时为了整体页面效果的统一，可暂时使用图像占位符来替代图片的位置。

插入图像占位符的操作步骤如下。

step 01 新建一个空白文档，将光标置于要插入图像占位符的位置。选择【插入】→【图像对象】→【图像占位符】菜单命令，如图 4-117 所示。

step 02 弹出【图像占位符】对话框，如图 4-118 所示。

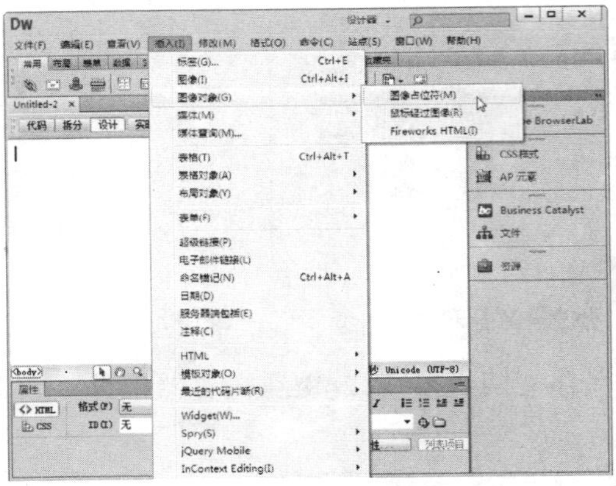

图 4-117　选择【图像占位符】菜单命令

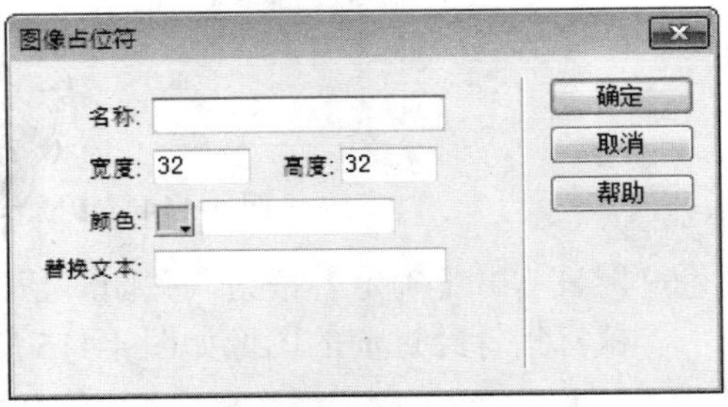

图 4-118　【图像占位符】对话框

step 03 在【名称】文本框中输入图片名称“Banner”，在【宽度】和【高度】文本框中输入图片的宽度和高度(这里输入“550”和“80”)，在【颜色】选择器中选择图像占位符的颜色为#0099FF，在【替换文本】文本框中输入替换图片的文字“Banner 位置”，如图 4-119 所示。

step 04 单击【确定】按钮，即可插入图像占位符，如图 4-120 所示。

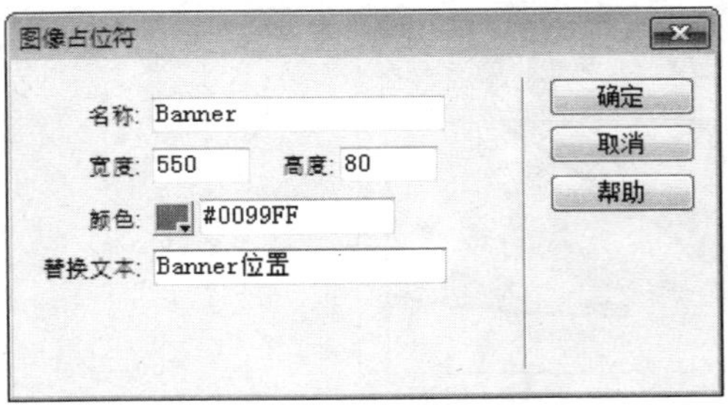

图 4-119　设置图像占位符

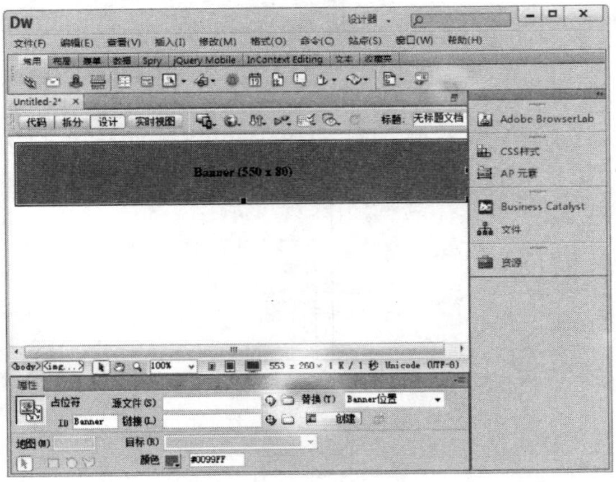

图 4-120　插入的图像占位符

提示　【图像占位符】对话框中的【名称】文本框中的名称只能包含小写 ASCII 字母和数字，且不能以数字开头。

4.4 用动画美化网页

在网页中插入动画是美化网页的一种方法，常见的网页动画有 Flash 动画、FLV 视频等。

4.4.1 案例 16——插入 Flash 动画

Flash 与 Shockwave 电影相比，其优势是文件小且上传输速度快。在网页中插入 Flash 动画的操作步骤如下。

step 01 新建一个空白文档，将光标置于要插入 Flash 动画的位置，选择【插入】→【媒体】→SWF 菜单命令，如图 4-121 所示。

step 02 弹出【选择 SWF】对话框，从中选择相应的 Flash 文件，如图 4-122 所示。

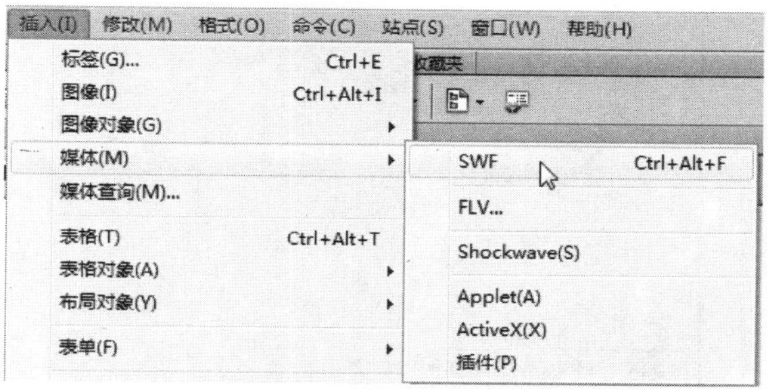

图 4-121 选择 SWF 菜单命令

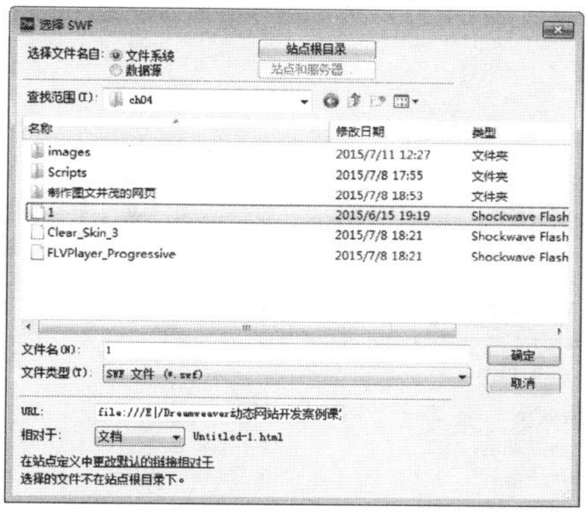

图 4-122 【选择 SWF】对话框

step 03 单击【确定】按钮插入 Flash 动画，然后调整 Flash 动画的大小，使其适合网页，如图 4-123 所示。

step 04 保存文档，按 F12 键在浏览器中预览效果，如图 4-124 所示。

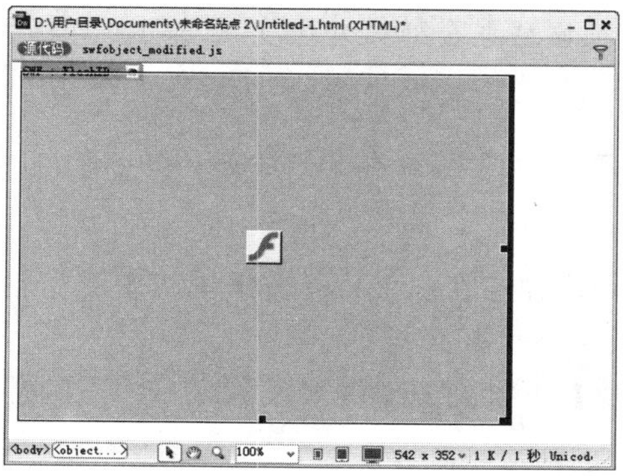

图 4-123 调整 Flash 的大小

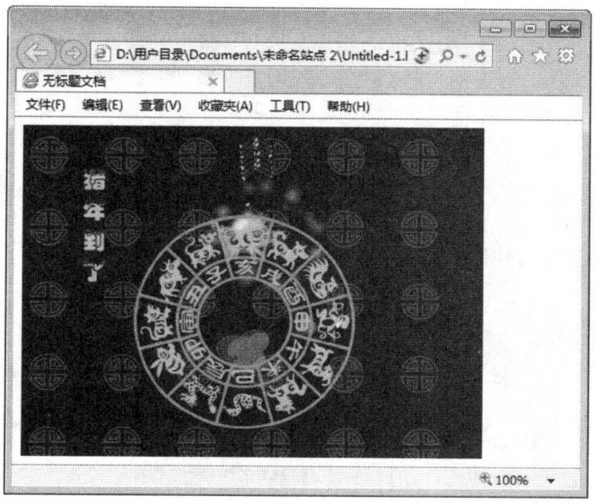

图 4-124 预览网页动画

4.4.2 案例 17——插入 FLV 视频

在 CS6 中用户可以向网页中轻松地添加 FLV 视频，而不必借助 Flash 工具添加。在开始操作之前，必须有一个经过编码的 FLV 文件。

插入 FLV 视频的操作步骤如下。

step 01 新建一个空白文档，将光标置于要插入 Flash 动画的位置，选择【插入】→【媒体】→ FLV 菜单命令，如图 4-125 所示。

step 02 弹出【插入 FLV】对话框，从【视频类型】下拉列表中选择视频类型。这里选择【累进式下载视频】选项，如图 4-126 所示。

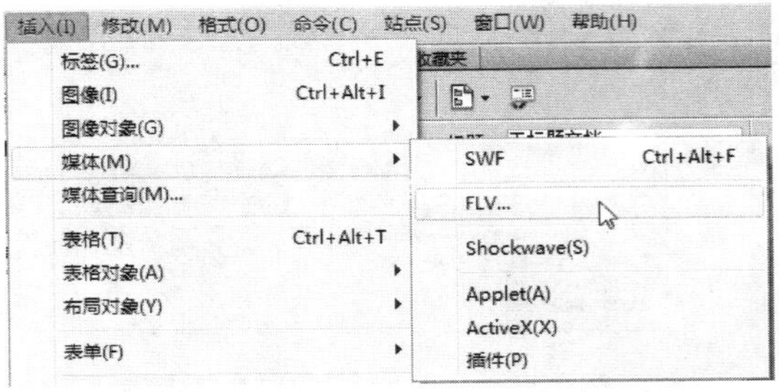

图 4-125 选择 FLV 菜单命令

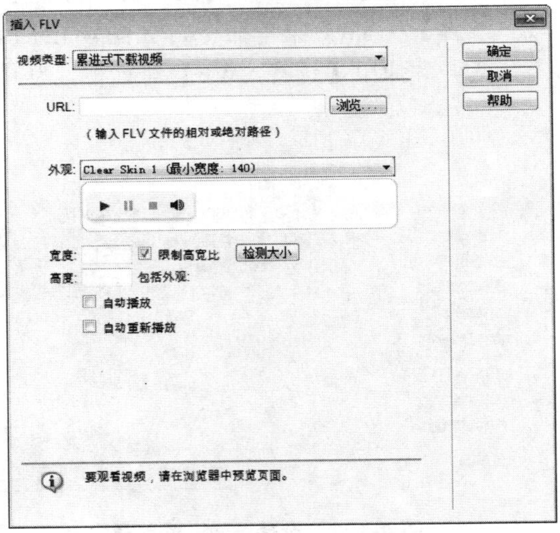

图 4-126 【插入 FLV】对话框

提示："累进式下载视频"是将 FLV 文件下载到站点访问者的硬盘上，然后播放。但是，与传统的"下载并播放"视频传送方法不同，累进式下载允许在下载完成之前就开始播放视频文件。在选择视频类型时，也可以选择【流视频】选项。选择此选项后【视频类型】选项下方的选项区域也会随之发生变化，用户可根据实际需要进行相应的设置，如图 4-127 所示。

提示："流视频"对视频内容进行了流式处理，并在一段可确保流畅播放的缓冲时间后，才在网页上播放该内容。

step 03 在 URL 文本框右侧单击【浏览】按钮，即可在弹出的【选择 FLV】对话框中选择要插入的 FLV 文件，如图 4-128 所示。

step 04 返回【插入 FLV】对话框，在【外观】下拉列表中选择设置显示出来的播放器外观，如图 4-129 所示。

step 05 设置【宽度】和【高度】，并选中【限制高宽比】、【自动播放】和【自动重新播放】等 3 个复选框，完成后单击【确定】按钮，如图 4-130 所示。

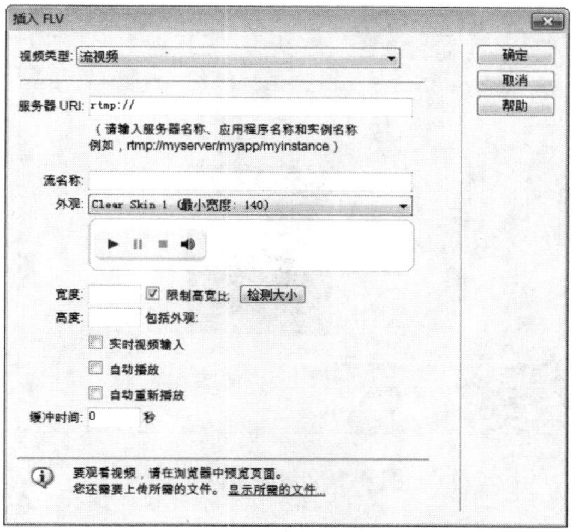

图 4-127 【流视频】选项

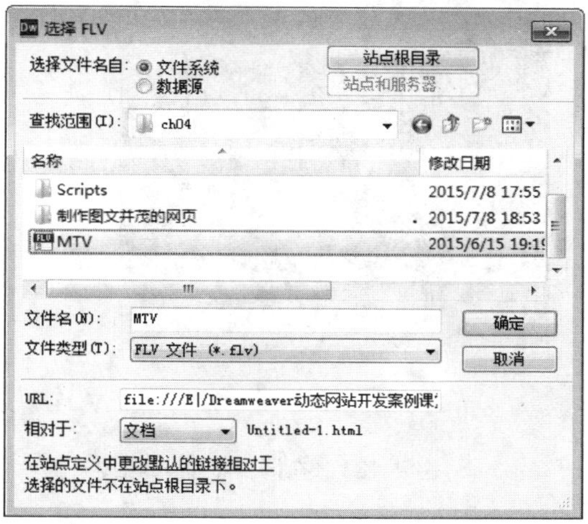

图 4-128 【选择 FLV】对话框

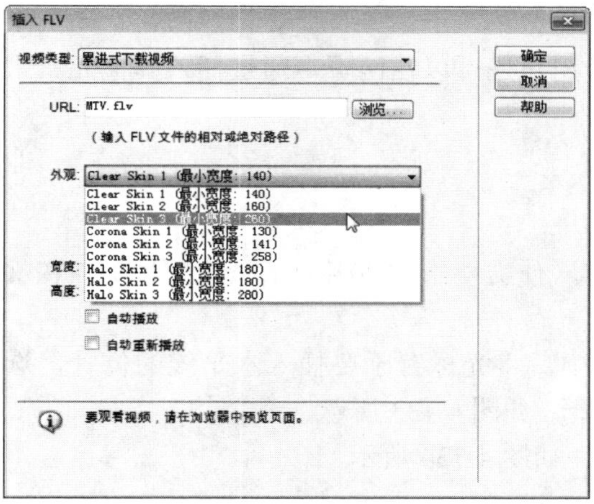

图 4-129 选择外观

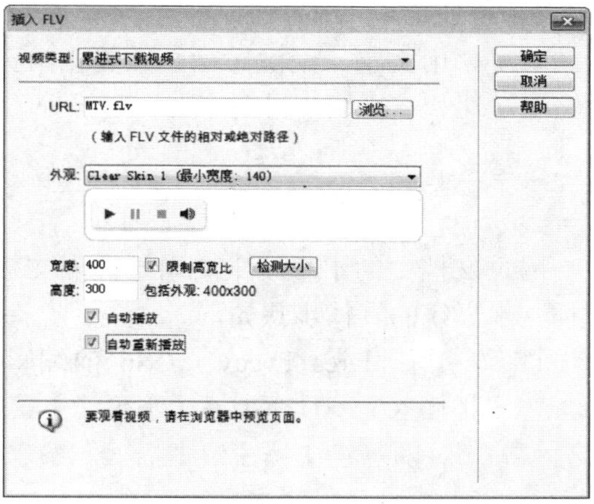

图 4-130 设置 FLV 的高度与宽度

提示 “包括外观”是 FLV 文件的宽度和高度与所选外观的宽度和高度相加得出的总和。

step 06 单击【确定】按钮关闭对话框，即可将 FLV 文件添加到网页上，如图 4-131 所示。

step 07 保存页面后按 F12 键，即可在浏览器中预览效果，如图 4-132 所示。

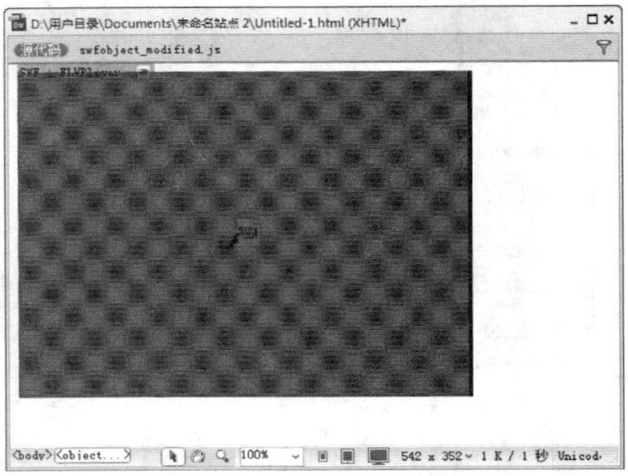

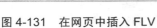

图 4-131 在网页中插入 FLV

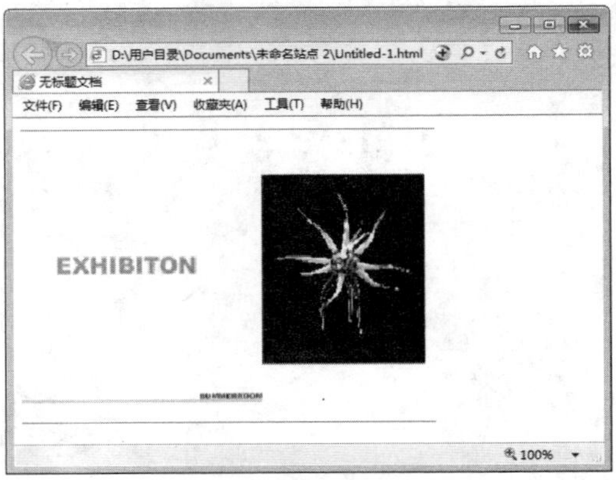

图 4-132 预览网页

4.5 用其他网页元素美化网页

除了使用文字、图像、动画来美化网页外，用户还可以在网页中通过插入其他元素来美化网页，比如水平线、日期、特殊字符等。

4.5.1 案例 18——插入水平线

网页文档中的水平线主要用于分隔文档内容，使文档结构清晰明了，便于浏览。在文档中插入水平线的具体步骤如下。

step 01 在 Dreamweaver CS6 的编辑窗格中，将光标置于要插入水平线的位置，选择【插入】→HTML→【水平线】菜单命令，如图 4-133 所示。

step 02 即可在文档窗口中插入一条水平线，如图 4-134 所示。

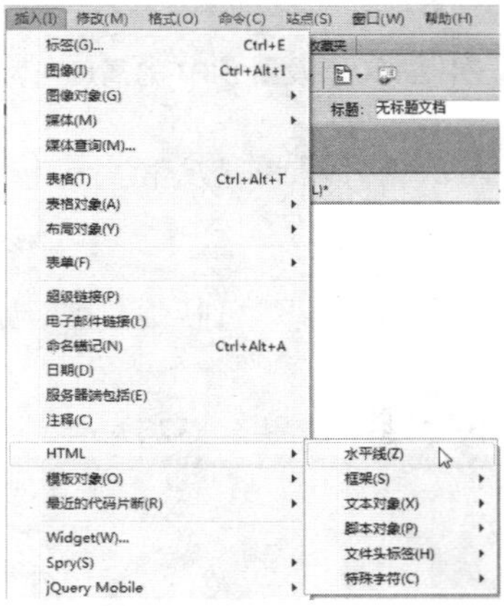

图 4-133 选择【水平线】菜单命令

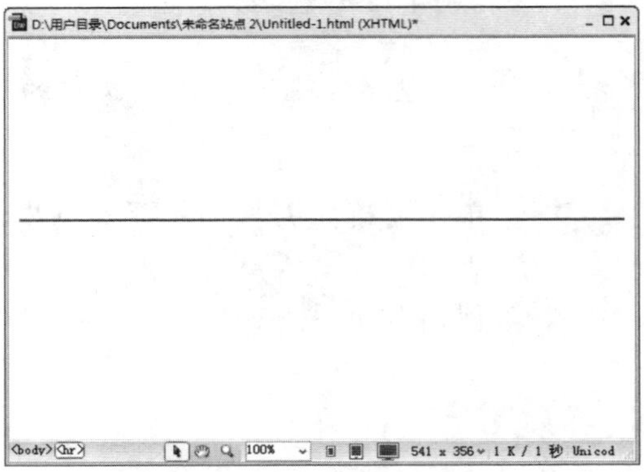

图 4-134 插入的水平线效果

step 03 在【属性】面板中，将【宽】设置为 710，【高】设置为 5，【对齐】设置为

“默认”，并选中【阴影】复选框，如图 4-135 所示。

图 4-135 【属性】面板

step 04 保存页面后按 F12 键，即可预览插入的水平线效果，如图 4-136 所示。

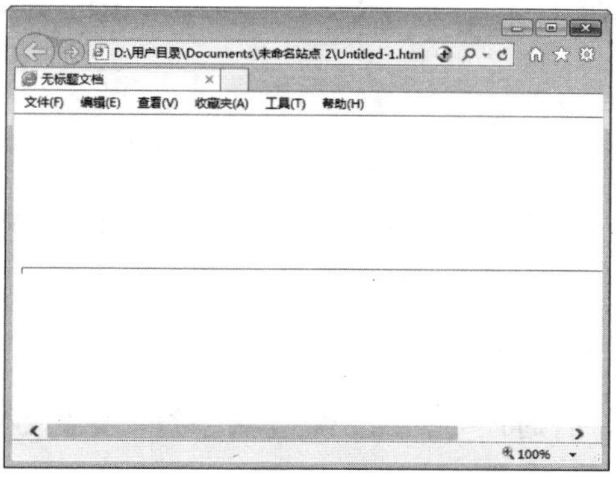

图 4-136 预览网页

4.5.2 案例 19——插入日期

向网页中插入系统当前日期的具体方法有以下两种。

(1) 在文档窗口中，将插入点放到要插入日期的位置。选择【插入】→【日期】菜单命令，如图 4-137 所示。

(2) 单击【插入】面板【常用】选项卡中的【日期】图标，如图 4-138 所示。

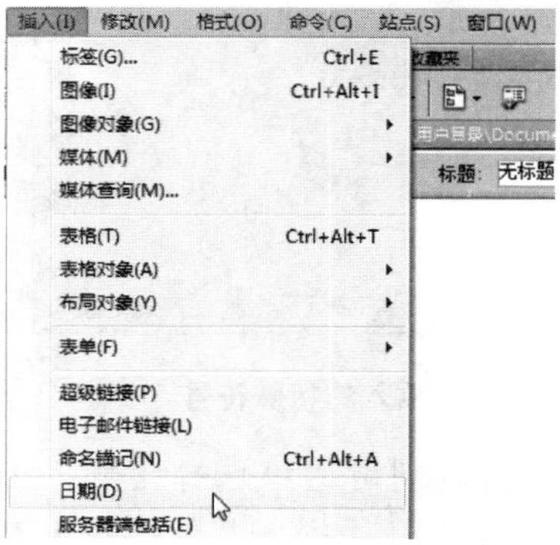

图 4-137 选择【日期】菜单命令

图 4-138 【常用】选项卡

完成上述任一种操作后，可按以下步骤操作。

step 01 弹出【插入日期】对话框，从中分别设置【星期格式】、【日期格式】和【时间格式】，并选中【储存时自动更新】复选框，如图 4-139 所示。

step 02 单击【确定】按钮，即可将日期插入到当前文档中，如图 4-140 所示。

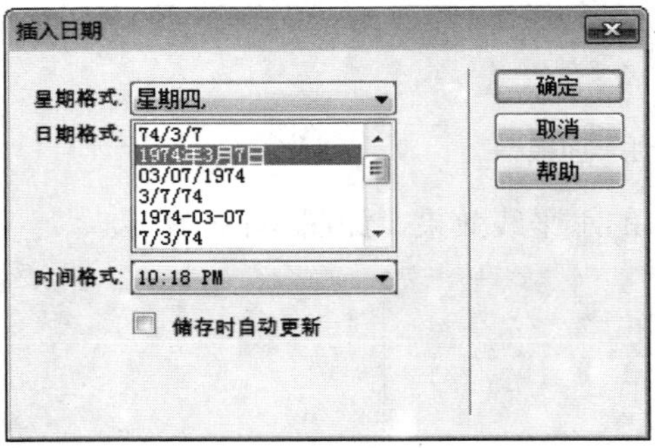

图 4-139 【插入日期】对话框

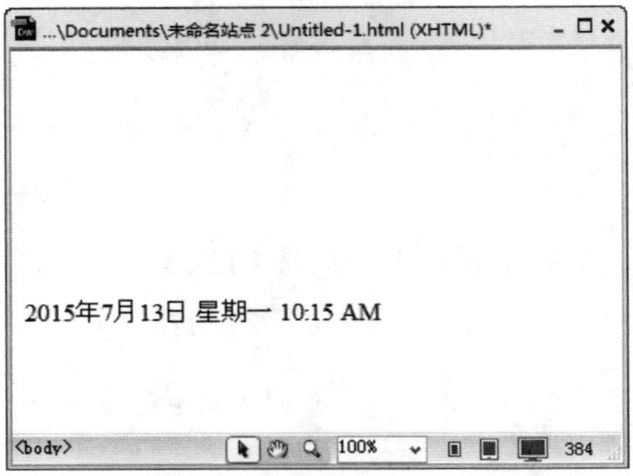

图 4-140 插入的日期

4.5.3 案例 20——插入特殊字符

在 Dreamweaver CS 中，有时需要插入一些特殊字符，比如版权符号和注册商标符号等。插入特殊字符的具体步骤如下。

step 01 将光标放到文档中需要插入特殊字符(这里输入的是版权符号)的位置，如图 4-141 所示。

step 02 选择【插入】→HTML→【特殊字符】→【版权】菜单命令，即可插入版权符号，如图 4-142 所示。

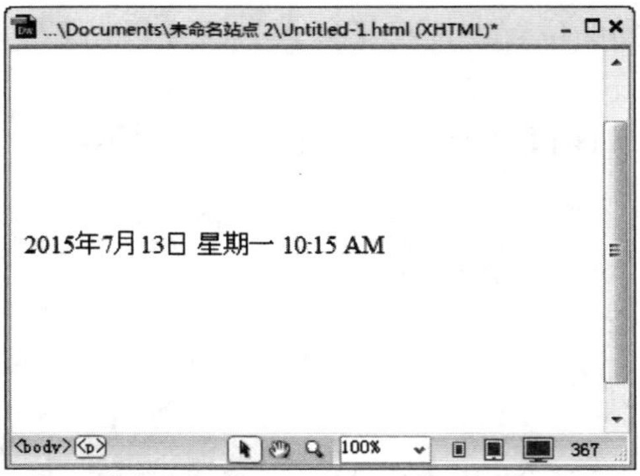

图 4-141 定位插入特殊符号的位置

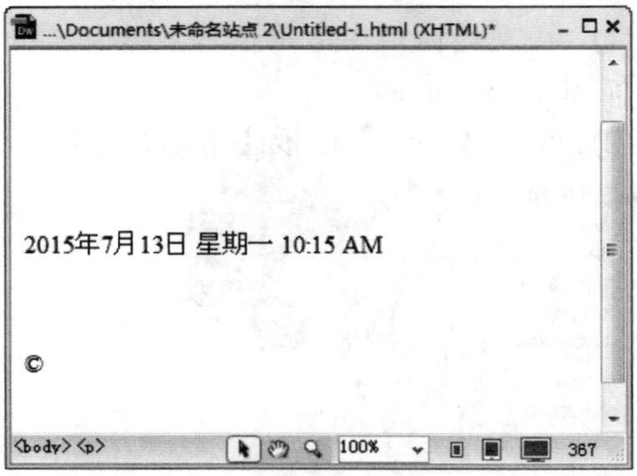

图 4-142 插入的特殊符号

如果在【特殊字符】的子菜单中没有需要的字符，则可通过选择【插入】→HTML→【特殊字符】→【其他字符】菜单命令，打开【插入其他字符】对话框，如图 4-143 所示。

step 03 单击需要插入的字符，该字符就会出现在【插入】文本框中，如图 4-144 所示。

step 04 单击【确定】按钮，即可将该字符插入到文档中，如图 4-145 所示。

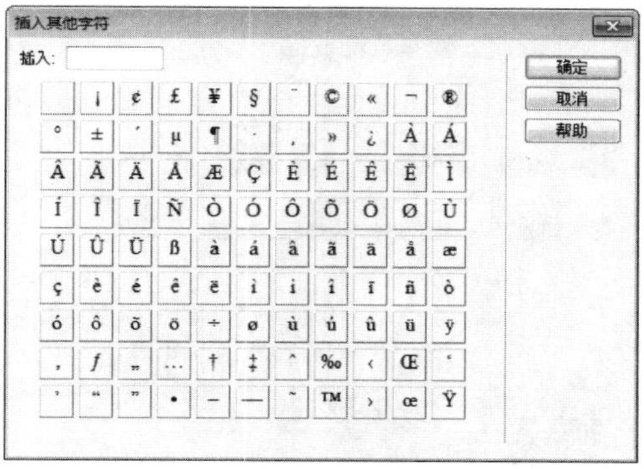

图 4-143 【插入其他字符】对话框

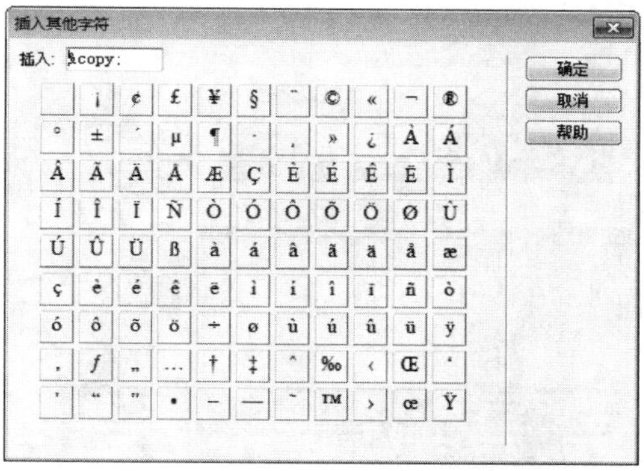

图 4-144 选择要插入的字符

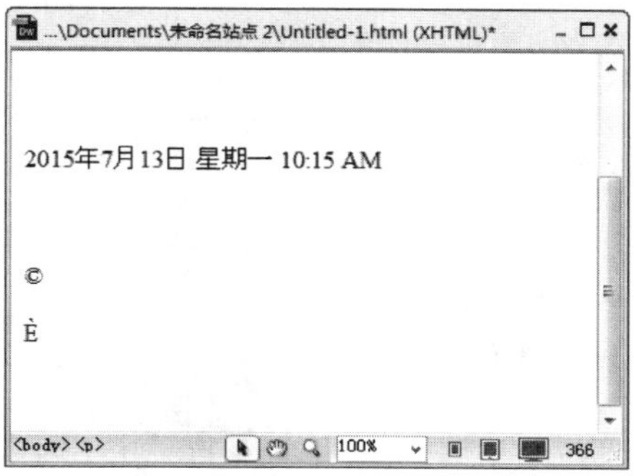

图 4-145 插入的特殊字符

4.6 综合演练——制作图文并茂的网页

本实例讲述如何在网页中插入文本和图像，并对网页中的文本和图像进行相应的排版，以形成图文并茂的网页。

其具体的操作步骤如下。

step 01 打开随书光盘中的“ch04\index.htm”文件，如图 4-146 所示。

step 02 将光标放置在要输入文本的位置，然后输入文本，如图 4-147 所示。

step 03 将光标放置在文本的适当位置，选择【插入】→【图像】菜单命令，弹出【选择图像源文件】对话框，从中选择图像文件，如图 4-148 所示。

step 04 单击【确定】按钮，插入图像，如图 4-149 所示。

step 05 选择【窗口】→【属性】菜单命令，打开【属性】面板，在【属性】面板的【替换】文本框中输入“欢迎您的光临！”，如图 4-150 所示。

step 06 选定所输入的文字，在【属性】面板中设置【字体】为“宋体”，【大小】为 12，并在中文输入法的全角状态下，设置每个段落的段首空两个汉字的空格，如图 4-151 所示。

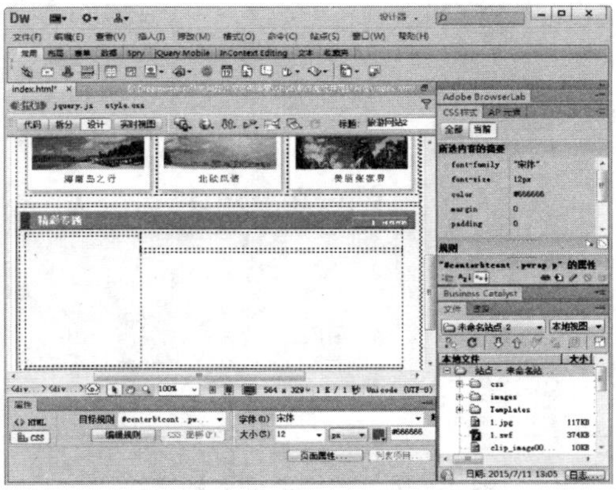

图 4-146　打开素材文件

图 4-147　输入文本

图 4-148　【选择图像源文件】对话框

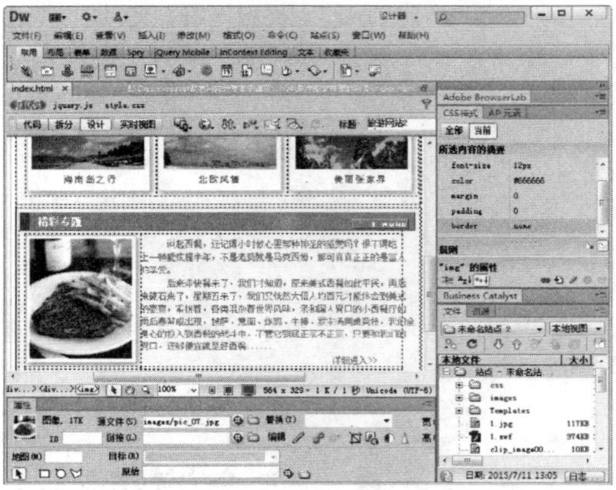

图 4-149　插入图像

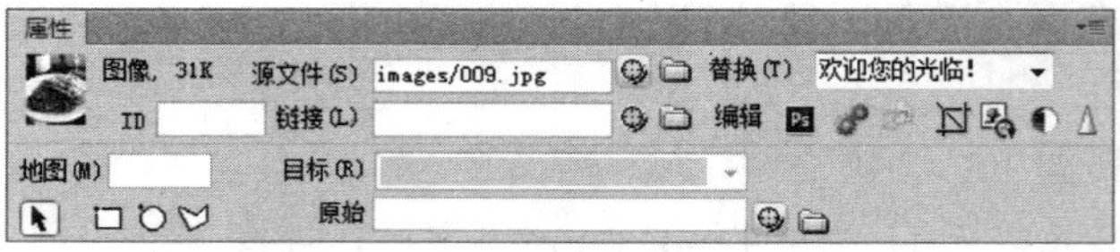

图 4-150　输入替换文字

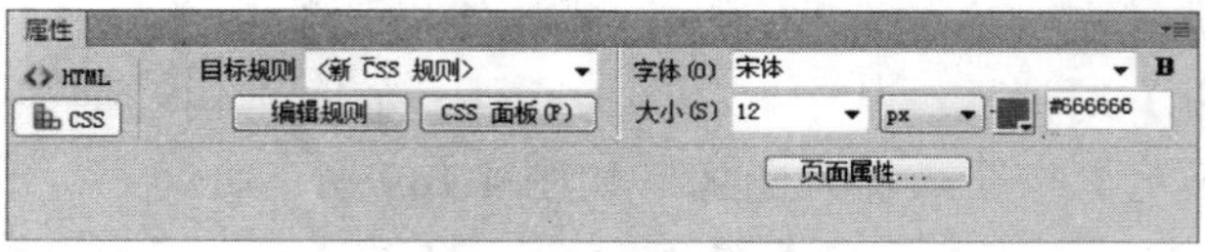

图 4-151　设置字体大小

step 07 保存文档，按 F12 键在浏览器中预览效果，如图 4-152 所示。

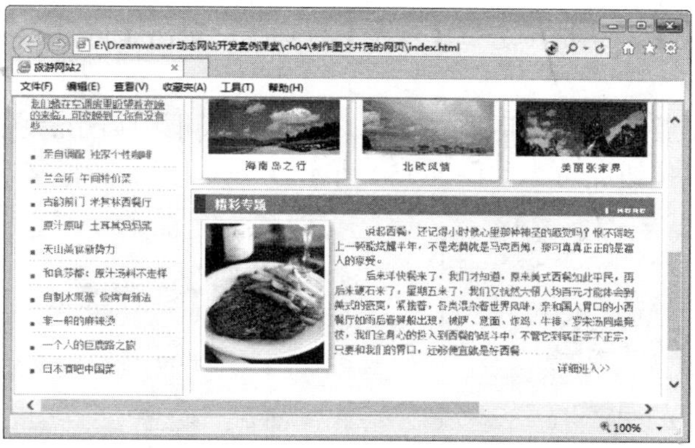

图 4-152　预览效果

4.7　跟我学上机

4.7.1　练习目标

能够熟练掌握本章节所讲内容。

4.7.2　上机练习

练习 1：文档的基本操作。
练习 2：用文字美化网页。
练习 3：用图像美化网页。
练习 4：用动画美化网页。
练习 5：用其他网页元素美化网页。

4.8　高 手 甜 点

甜点 1：如何查看 FLV 文件？

若要查看 FLV 文件，用户的计算机必须安装 Flash Player 8 或更高的版本。如果没有安装所需的 Flash Player 版本，但安装了 Flash Player6.0、6.5 或更高的版本，则浏览器将显示 Flash Player 快速安装程序，而非替代内容。如果用户拒绝快速安装，那么页面就会显示替代内容。

甜点 2：如何正常显示插入的 Active？

使用 Dreamweaver 在网页中插入 Active 后，如果浏览器不能正常地显示 Active 控件，则可能是因为浏览器禁用了 Active 所致，此时可以通过下面的方法启用 Active。

step 01 打开 IE 浏览器窗口，选择【工具】→【Internet 选项】菜单命令。打开

【Internet 选项】对话框，选择【安全】选项卡，单击【自定义级别】按钮，如图 4-153 所示。

step 02 打开【安全设置】对话框，在【设置】列表框中启用有关的 Active 选项，然后单击【确定】按钮即可，如图 4-154 所示。

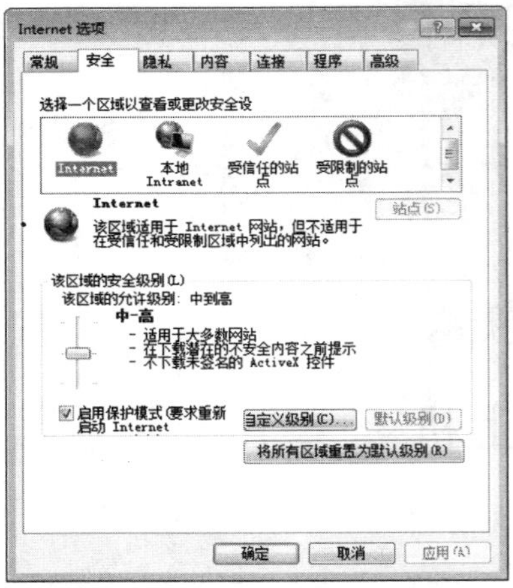

图 4-153　单击【自定义级别】按钮

图 4-154　【安全设置】对话框

第 5 章

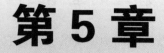

Web 新面孔——HTML 5 新增元素与属性速览

HTML5 中新增了大量的元素与属性，这些新增的元素和属性使 HTML5 的功能变得更加强大，使网页设计效果有了更多的实现可能。

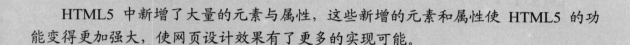

本章要点(已掌握的，在方框中打勾)

- ☐ 掌握 HTML5 新增的主体结构元素。
- ☐ 掌握 HTML5 新增的非主体结构元素。
- ☐ 掌握 HTML5 新增的其他常用元素。
- ☐ 掌握 HTML5 新增的全局属性。
- ☐ 掌握 HTML5 新增的其他属性。

5.1　新增的主体结构元素

在 HTML5 中，新增了几种新的与结构相关的元素，它们分别是 section 元素、article 元素、aside 元素、nav 元素和 time 元素。

5.1.1　案例 1——section 元素

<section>标记用于定义文档中的节，比如章节、页眉、页脚或文档中的其他部分。它可以与 h1、h2、h3、h4、h5、h6 等元素结合起来使用，标示文档的结构。

section 标记的代码结构如下：

```
<section>
<h1>......</h1>
<p>......</p>
</section>
```

【例 5.1】 section 元素的使用(实例文件：ch05\5.1.html)。具体代码如下：

```
<!DOCTYPE HTML>
<html>
<body>
<section>
    <h2>section 元素使用方法</h2>
    <p> section 元素用于对网站或应用程序中页面上的内容进行分块。</p>
</section>
</body>
</html>
```

在 IE 浏览器中可以看到使用 Section 元素标示文档结构的效果如图 5-1 所示，实现了内容的分块显示。

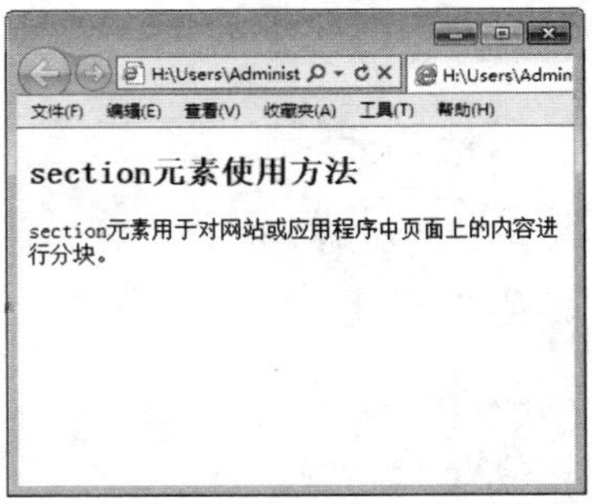

图 5-1　例 5.1 的代码运行效果

5.1.2　案例 2——article 元素

<article>标记用于定义外部的内容。外部内容可以是来自一篇外部的新闻，或者来自 blog 的文本，或者是来自论坛的文本，或者是来自其他外部源的内容。

article 标记的代码结构如下：

```
<article>
......
</article>
```

【例 5.2】 article 标记的使用(实例文件：ch05\5.2.html)。具体代码如下：

```
<!DOCTYPE HTML>
<html>
<body>
<article>
   <header>
    <h1> apple 教程</h1>
    <p>时间：<time pubdate="pubdate">2013-2-1</time></p>
   </header>
   <p>轻松学习 apple 教程，就来</p>
<a href="http://www.apple.com">www.apple.com</a><br />
   <footer>
    <p><small>底部版权信息：apple.com 公司所有</small></p>
   </footer>
  </article>
</body>
</html>
```

在 IE 浏览器中可以看到使用 article 元素效果，如图 5-2 所示，实现了外部内容的定义。

图 5-2 例 5.2 的代码运行效果

这个实例讲述 article 元素使用方法，在 header 元素中嵌入了文章的标题部分，在标题下部的 p 元素中，嵌入了一大段正文内容，在结尾处的 footer 元素中，嵌入了文章的著作权，作为脚注。整个示例的内容相对比较独立、完整。因此，对这部分内容使用了 article 元素。

1. article 元素与 section 元素的区别

下面再来介绍一下 article 元素与 section 元素的区别。

【例 5.3】 article 元素与 section 元素的区别(实例文件：ch05\5.5.html)。具体代码如下：

```
<!DOCTYPE HTML>
<html>
<body>
<article>
     <h1>article 元素与 section 元素的使用方法</h1>
     <p>何时使用 article 元素？何时使用 section 元素？</p>
     <section>
          <h2>article 元素使用方法</h2>
          <p>article 元素代表文档、页面或应用程序中独立的、完整的、可以独自被外部引用
              的内容。</p>
     </section>
     <section>
          <h2>section 元素使用方法</h2>
```

```
            <p> section 元素用于对网站或应用程序中页面上的内容进行分块。</p>
        </section>
</article>
</body>
</html>
```

在 IE 浏览器中的预览效果如图 5-3 所示，可以清楚地看到这两个元素的使用区别。

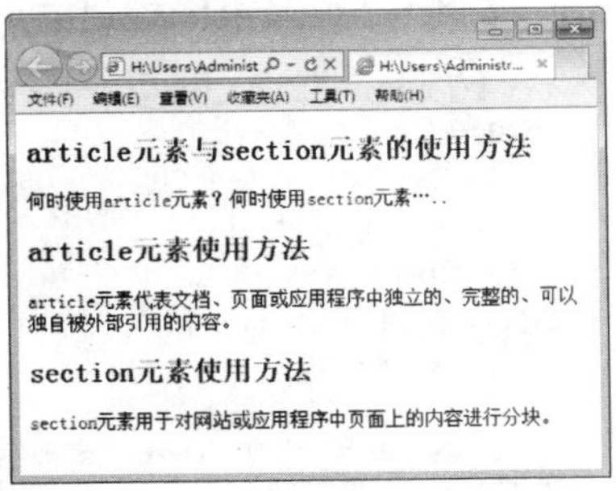

图 5-3　例 5.3 的代码运行效果

2. article 元素的嵌套

article 元素是可以嵌套使用的，内层的内容在原则上需要与外层的内容相关联。比如，一篇博客文章中，针对该文章的评论就可以使用嵌套 article 元素的方式；用来呈现评论的 article 元素，被包含在表示整体内容的 article 元素里面。

【例 5.4】 article 元素的使用(实例文件：ch05\5.5.html)。具体代码如下：

```
<!DOCTYPE HTML>
<html>
<body>
<article>
    <header>
        <h1>article 元素的嵌套</h1>
        <p>发表日期：<time pubdate="pubdate">2012/10/10</time></p>
    </header>
    <p>article 元素是什么？怎样使用 article 元素？……</p>
    <section>
        <h2>评论</h2>
        <article>
            <header>
                <h3>发表者：唯一 </h3>
                <p><time pubdate datetime="2011-12-23T:21-26:00">1 小时
                   前</time></p>
            </header>
            <p>这篇文章很不错啊，顶一下！</p>
        </article>
        <article>
            <header>
                <h3>发表者：唯一</h3>
                <p><time pubdate datetime="2015-2-20 T:21-26:00">1 小时
                   前</time></p>
            </header>
            <p>这篇文章很不错啊</p>
        </article>
    </section>
</article>
</body>
</html>
```

在 IE 浏览器中预览流行上述代码，效果如图 5-4 所示。

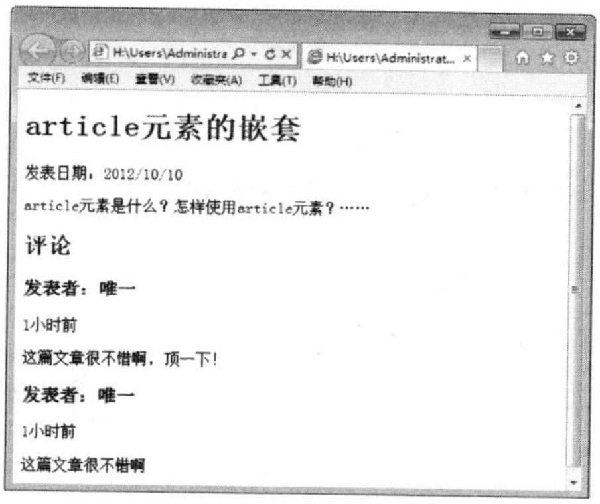

图 5-4　例 5.4 的代码运行效果

实例 5.4 中的代码比较完整，它添加了读者对文章的评论内容。该实例内容被分成了几个部分，文章标题放在了 header 元素中，文章正文放在了 header 元素后面的 p 元素中，然后 section 元素把正文与评论进行了区分(是一个分块元素，用来把页面中的内容进行区分)。在 section 元素中嵌入了评论的内容。评论中每一个人的评论相对来说又是比较独立的、完整的，因此对它们都使用一个 article 元素。在评论的 article 元素中，又可以分为标题与评论内容部分，分别放在 header 元素与 p 元素中。

5.1.3　案例 3——aside 元素

aside 元素一般用来表示网站当前页面或文章的附属信息部分，它可以包含与当前页面或主要内容相关的广告、导航条、引用、侧边栏评论，以及其他区别于主要内容的部分。

aside 元素主要有以下两种使用方法。

(1) 被包含在 article 元素中作为主要内容的附属信息部分，其内容可以是与当前文章有关的相关资料、名次解释等。使用该方法时，aside 标记的代码结构如下：

```
<article>
  <h1>......</h1>
  <p>......</p>
  <aside>......</aside>
</article>
```

(2) 在 article 元素之外使用作为页面或站点全局的附属信息部分。最典型的是侧边栏，其内容可以是友情链接\博客中的其他文章列表、广告单元等。使用该方法时，aside 标记的代码结构如下：

```
<aside>
  <h2>......</h2>
  <ul>
    <li>......</li>
    <li>......</li>
  </ul>
  <h2>......</h2>
  <ul>
```

```
    <li>......</li>
    <li>......</li>
  </ul>
</aside>
```

【例 5.5】 aside 元素的使用(实例文件：ch05\5.5.html)。其代码如下

```
<!DOCTYPE html>
 <html>
 <head>
   <title>标题文件</title>
   <link rel="stylesheet" href="mystyles.css">
 </head>
 <body>
   <header>
     <h1>站点主标题</h1>
   </header>
   <nav>
     <ul>
       <li>主页</li>
       <li>图片</li>
       <li>音频</li>
     </ul>
   </nav>
   <section>
  </section>
   <aside>
     <blockquote>文章 1</blockquote>
     <blockquote>文章 2</blockquote>
   </aside>
</body>
 </html>
```

在 IE 浏览器中预览使用 aside 元素的效果，如图 5-5 所示。

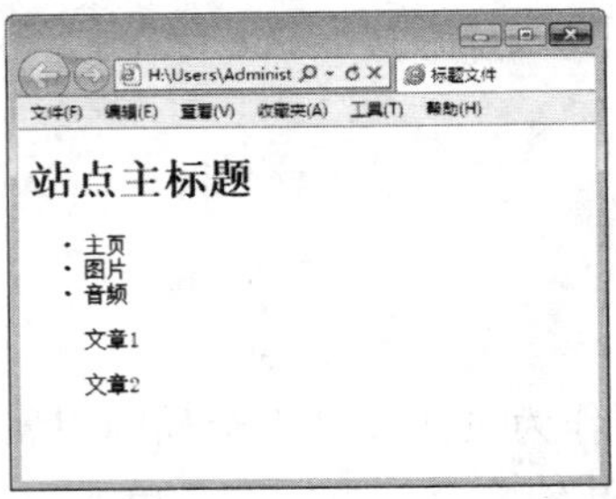

图 5-5 例 5.5 的代码运行效果

提示

<aside>元素可以位于示例页面的左边或右边，该标记并没有预定义的位置。<aside>元素仅仅描述所包含的信息，而不反映结构。<aside>元素可位于布局的任意部分，用于表示任何非文档主要内容的部分。例如，可以在<section>元素中加入一个<aside>元素，甚至可以对该元素加入一些重要信息中，比如文字引用。

5.1.4 案例 4——nav 元素

<nav>用来将具有导航性质的链接划分在一起，使代码结构在语义化方面更加准确，同时对于屏幕阅读器等设备的支持也更好。

具体来说，nav 元素可以用于以下这些场合。

- 传统导航条：现在主流网站上都有不同层级的导航条，其作用是将当前画面跳转到网站的其他主要页面上去。
- 侧边栏导航：现在主流博客网站及商品网站上都有侧边栏导航，其作用是将页面从当前文章或当前商品跳转到其他文章或其他商品页面上去。
- 页内导航：其作用是在本页面几个主要的组成部分之间进行跳转。
- 翻页操作：是指在多个页面的前后页或博客网站的前后篇使文章滚动。
- 其他：除此之外，nav 元素也可以用于其他所有用户觉得是重要的、基本的导航链接组中。

具体实现代码如下：

```
<nav>
<a href="......">Home</a>
<a href="......">Previous</a>
<a href="......">Next</a>
</nav>
```

提示　如果文档中有【前后】按钮，则应该把它放到<nav>元素中。

一个页面中可以拥有多个<nav>元素，可将其作为页面整体或不同部分的导航。

【例 5.6】 nav 元素的使用(实例文件：ch05\5.6.html)。其代码如下：

```
<!DOCTYPE html>
<html>
<body>
<h1>技术资料</h1>
<nav>
   <ul>
      <li><a href="/">主页</a></li>
      <li><a href="/events">开发文档</a></li>
   </ul>
</nav>
<article>
  <header>
      <h1>HTML 5 与 CSS 3 的历史</h1>
      <nav>
          <ul>
             <li><a href="#HTML 5">HTML 5 的历史</a></li>
             <li><a href="#CSS 3">CSS 3 的历史</a></li>
          </ul>
      </nav>
  </header>
```

```
    <section id="HTML 5">
        <h1>HTML 5 的历史</h1>
        <p>讲述 HTML 5 的历史的正文</p>
        <footer>
        <p>
            <a href="?edit">已往版本</a> |
            <a href="?delete">当前现状</a> |
            <a href="?rename">未来前景</a>
        </p>
    </footer>
    </section>
    <section id="CSS 3">
        <h1>CSS 3 的历史</h1>
        <p>讲述 CSS 3 的历史的正文</p>
    </section>
    <footer>
        <p>
            <a href="?edit">已往版本</a> |
            <a href="?delete">当前现状</a> |
            <a href="?rename">未来前景</a>
        </p>
    </footer>
</article>
<footer>
    <p><small>版权所有：青花瓷</small></p>
</footer>
</body>
</html>
```

在 IE 浏览器中预览使用 nav 元素效果，如图 5-6 所示。

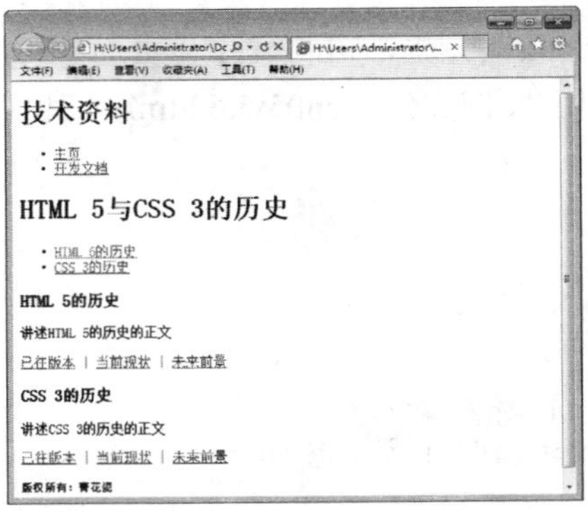

图 5-6　例 5.6 的代码运行效果

在实例 5.6 中，可以看到<nav>不仅可以用来作为页面全局导航，也可以放在<article>标签内，作为单篇文章内容的相关导航，链接到当前页面的其他位置。

注意　在 HTML 5 中不要用 menu 元素代替 nav 元素，menu 元素是用在一系列发出命令的菜单上的，是一种交互性的元素，或者更确切地说是使用在 Web 应用程序中的一种元素。

5.1.5 案例 5——time 元素

<time>是 HTML 5 新增的一个标记，用于定义时间或日期。该元素可以代表 24 小时中的某一时刻，且在表示时刻时，允许有时间差。在设置时间或日期时，只需将该元素的属性 datetime 设为相应的时间或日期即可。

具体实现代码如下：

```
<p>
   <time>
   ......
   </time>
</p>
<p>
   <time datetime=
   ......
   </time>
</p>
```

【例 5.7】 time 元素的使用(实例文件：**ch05\5.7.html**)。具体代码如下：

```
<!DOCTYPE html>
<html>
<body>
<h1>Time 元素</h1>
<p id="p1">
  <time datetime="2015-5-17">
今天是 2013 年 3 月 17 日
  </time>
 <p>
 <p id="p2">
  <time datetime="2015-5-17T17:00">
现在时间是 2013 年 3 月 17 日晚上 5 点
  </time>
 <p>
<p id="p3">
   <time datetime="2015-12-31">
    新款冬装将于今年年底上市
   </time>
 </p>
  <p id="p4">
    <time datetime="2015-5-15" pubdate="true">
    本消息发布于 2013 年 3 月 15 日
    </time>
 </p>
</body>
</html>
```

为了在文档中将这两个日期进行区分，上述代码在最后一个<time>元素中增加了 pubdate 属性，表示此日期为发布日期。

在 IE 浏览器中预览上述代码使用 time 元素的运行效果，如图 5-7 所示。

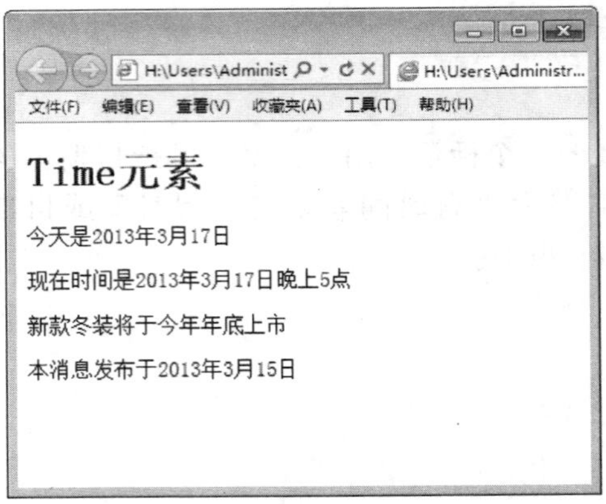

图 5-7　程序运行结果

说明：

- <p>元素 ID 号为 p1 中的<time>元素表示的是日期。页面在解析时，获取的是属性 datetime 中的值，而标记之间的内容只是用于显示在页面中。
- <p>元素 ID 号为 p2 中的<time>元素表示的是日期和时间，它们之间使用字母 T 进行分隔。如果在整个日期与时间的后面再加上一个字母 Z，则表示获取的是 UTC(世界统一时间)格式。
- <p>元素 ID 号为 p3 中的<time>元素表示的是将来时间。
- <p>元素 ID 号为 p4 中的<time>元素表示的是发布日期。

提示　<time>元素中的可选属性 pubdate 表示时间是否为发布日期，它是一个布尔值。该属性不仅可以用于<time>元素，还可用于<article>元素。

5.2　新增的非主体结构元素

在 HTML5 中还新增了一些非主体的结构元素，比如 header、hgroup、footer 等。

5.2.1　案例 6——header 元素

header 元素是一种具有引导和导航作用的结构元素，通常用来防止整个页面或页面内某个内容区块的标题，但也可以包含其他内容，比如数据表格、搜索表单或相关的 logo 图片。

header 标记的代码结构如下：

```
<header>
<h1>......</h1>
<p>......</p>
</header>
```

在整个页面中的标题一般放在页面的开头。一个网页中的 header 元素的个数并没有限制，可以拥有多个，可以为每个内容区块添加一个 header 元素。

【例 5.8】 header 元素的使用(实例文件：ch05\5.8.html)。具体代码如下：

```
<!DOCTYPE html>
<html>
<body>
<header>
  <h1>网页标题</h1>
</header>
<article>
  <header>
    <h1>文章标题</h1>
  </header>
  <p>文章正文</p>
</article>
</body>
</html>
```

在 IE 浏览器中预览上述代码使用 heade 元素的效果，如图 5-8 所示。

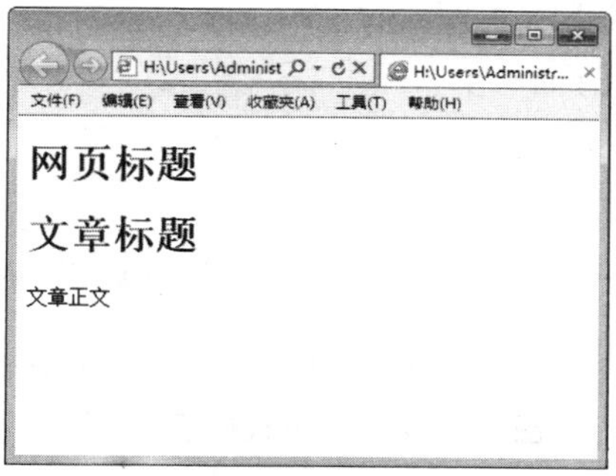

图 5-8 例 5.8/的代码运行结果

提示 在 HTML5 中，一个 header 元素通常至少包括一个 headering 元素(h1-h6)。此外还可以包括 hgroup、nav 等其他元素。

5.2.2 案例 7——hgroup 元素

<hgroup>标记用于对网页或区段(section)的标题进行组合。hgroup 元素通常会将 h1～h6 元素进行分组，譬如一个内容区块的标题及其子标题可算作一组。

hgroup 标记的使用代码如下：

```
<hgroup>
  <h1>......</h1>
  <h2>......t</h2>
</hgroup>
```

通常，如果文章只有一个主标题，是不需要 hgroup 元素的。比如下面这个实例就不需要 hgroup 元素。

【例 5.9】 hgroup 元素的使用(实例文件：ch05\5.9.html)。具体代码如下：

```
<!DOCTYPE html>
```

```
<html>
<body>
<article>
    <header>
        <h1>文章标题</h1>
        <p><time datetime="2015-05-20">2013 年 10 月 29 日</time></p>
    </header>
    <p>文章正文</p>
</article>
</body>
</html>
```

在 IE 浏览器中预览上述代码的运行效果，如图 5-9 所示。

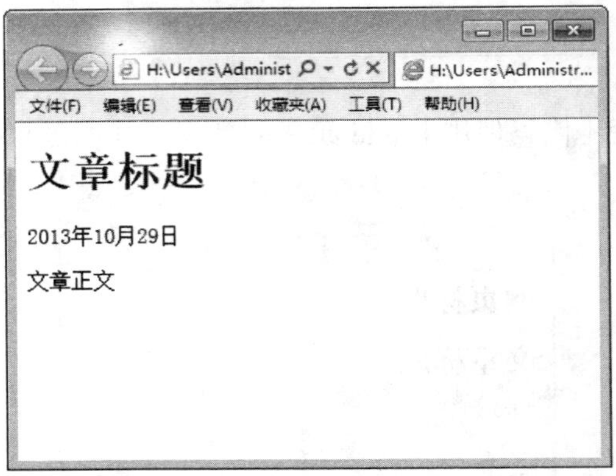

图 5-9　例 5.9 的代码运行效果

但是，如果文章有主标题，主标题下有子标题，就需要使用 hgroup 元素了。比如下面这个实例就需要 hgroup 元素。

【例 5.10】 hgroup 元素的使用(实例文件：ch05\5.10.html)。具体代码如下：

```
<!DOCTYPE html>
<html>
<body>
<article>
    <header>
        <hgroup>
            <h1>文章主标题</h1>
            <h2>文章子标题</h2>
        </hgroup>
        <p><time datetime="2015-05-20">2013 年 10 月 29 日</time></p>
    </header>
    <p>文章正文</p>
</article>
</body>
</html>
```

在 IE 浏览器中预览上述代码使用 hgroup 元素的运行效果如图 5-10 所示。

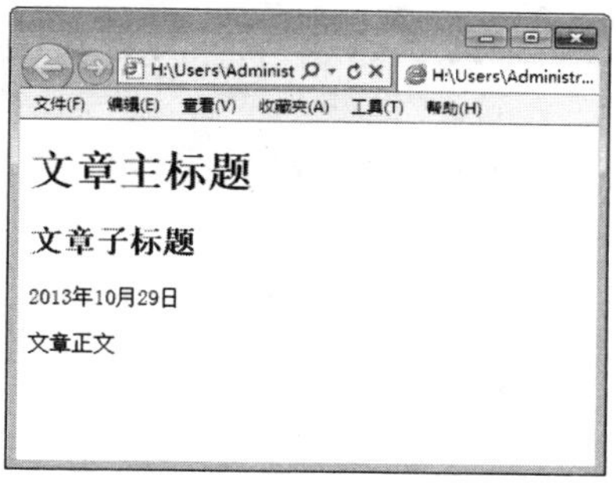

图 5-10　例 5.10 的代码运行效果

5.2.3　案例 8——footer 元素

footer 元素可以作为其上层父级内容区块或是一个根区块的脚注。footer 通常包括其相关区块的脚注信息，比如作者、相关阅读链接及版权信息等。

使用 footer 标记设置文档页脚的代码如下：

```
<footer>......</footer>
```

在 HTML 5 出现之前，网页设计人员使用下面的方式编写页脚。

【例 5.11】 ul 元素的使用(实例文件：ch05\5.11.html)。具体代码如下：

```
<!DOCTYPE html>
<html>
<body>
<div id="footer">
    <ul>
        <li>版权信息</li>
        <li>站点地图</li>
        <li>联系方式</li>
    </ul>
<div>
</body>
</html>
```

在 IE 浏览器中预览上述代码使用 UL 元素的运行效果，如图 5-11 所示。

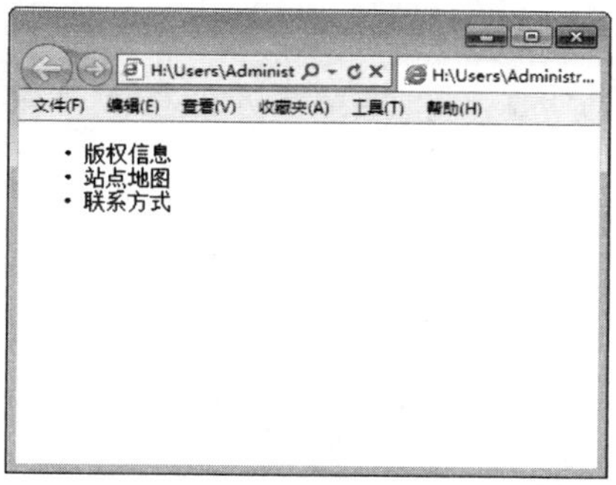

图 5-11　例 5.11 的代码运行效果

但是等到 HTML 5 出现之后，例 5.11 中的编写方式便不再被使用，而是使用更加语义化的 footer 元素来替代。

【例 5.12】 footer 元素的使用(实例文件：ch05\5.12.html)。具体代码如下：

```
<!DOCTYPE html>
<html>
<body>
<footer>
    <ul>
        <li>版权信息</li>
        <li>站点地图</li>
        <li>联系方式</li>
    </ul>
</footer>
</body>
</html>
```

在 IE 浏览器中预览上述代码使用 footer 元素的运行效果如图 5-12 所示。

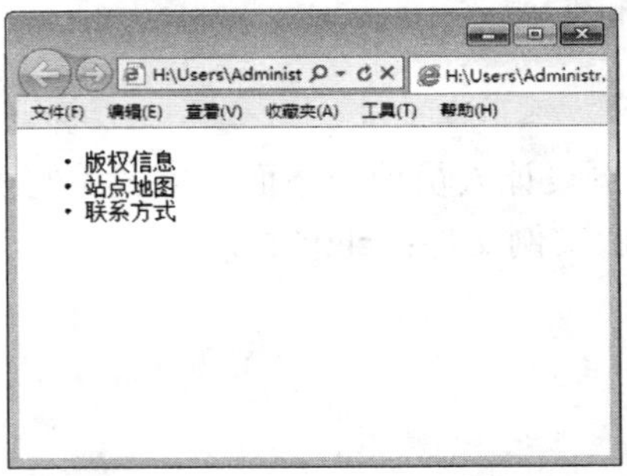

图 5-12　例 5.12 的代码运行效果

提示　与 header 元素一样，在一个页面中 footer 元素的个数也不受限制。同时，还可以为 article 元素或 section 元素添加 footer 元素。

【例 5.13】 添加多个 footer 元素(实例文件：ch05\5.13.html)。具体代码如下：

```
<!DOCTYPE html>
<html>
<body>
<article>
    文章内容
     <footer>
        文章的脚注
     </footer>
</article>
<section>
    分段内容
     <footer>
        分段内容的脚注
     </footer>
 </section>
</body>
</html>
```

在 IE 浏览器中预览上述代码的运行效果，如图 5-13 所示。

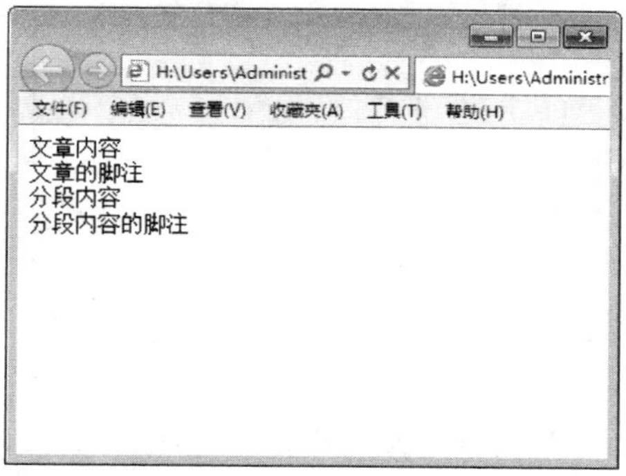

图 5-13　例 5.13 的代码运行效果

5.2.4　案例 9——figure 元素

figure 元素是一种元素的组合，可带有标题(可选)。figure 标签用来表示网页上一块独立的内容，将其从网页上移除后不会对网页上的其他内容产生影响。figure 所表示的内容可以是图片、统计图或代码示例。

figure 标记的实现代码如下：

```
<figure>
   <h1>......</h1>
   <p>......</p>
</figure>
```

注意　使用 figure 元素时，需要使用 figcaption 元素为 figure 元素组添加标题。不过，一个 figure 元素内最多只允许放置一个 figcaption 元素，其他元素可无限放置。

1. 不带有标题的 figure 元素的使用

【例 5.14】 不带有标题的 figure 元素的使用(实例文件：ch05\5.14.html)。具体代码如下：

```
<!DOCTYPE HTML>
<html>
<head>
<title>不带有标题的 figure 元素</title>
</head>
<body>
   <figure>
      <img alt="images/logo.jpg"/>
   </figure>
</body>
</html>
```

在 IE 浏览器中运行上述代码预览，效果如图 5-14 所示。

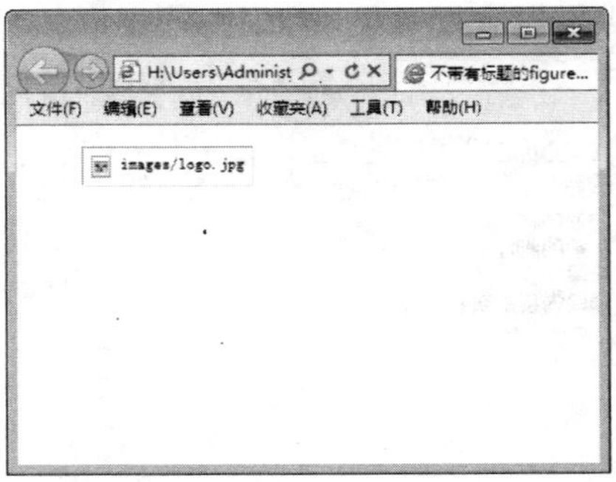

图 5-14　例 5.14 的代码运行效果

2. 带有标题的 figure 元素的使用

【例 5.15】 带有标题的 figure 元素的使用(实例文件：ch05\5.15.html)。具体代码如下：

```
<!DOCTYPE HTML>
<html>
<head>
<title>带有标题的 figure 元素</title>
</head>
<body>
   <figure>
      <img alt="images/logo.jpg"/>
   </figure>
      <figcaption>标题提示</figcaption>
</body>
</html>
```

在 IE 浏览器中运行上述代码预览，效果如图 5-15 所示。

图 5-15　例 5.15 的代码运行效果

3. 多张图片，同一标题的 figure 元素的使用

【例 5.16】 多张图片，同一标题的 figure 元素的使用(实例文件：ch05\5.16.html)。具体代码如下：

```
<!DOCTYPE HTML>
<html>
<head>
<title>多张图片，同一标题的 figure 元素</title>
```

```
</head>
<body>
    <figure>
       <img alt="images/logo.jpg"/>
            <img alt="images/logo1.jpg"/>
            <img alt="images/logo2.jpg"/>
    </figure>
            <figcaption>标题提示</figcaption>
</body>
</html>
```

在 IE 浏览器中运行上述代码预览，效果如图 5-16 所示。

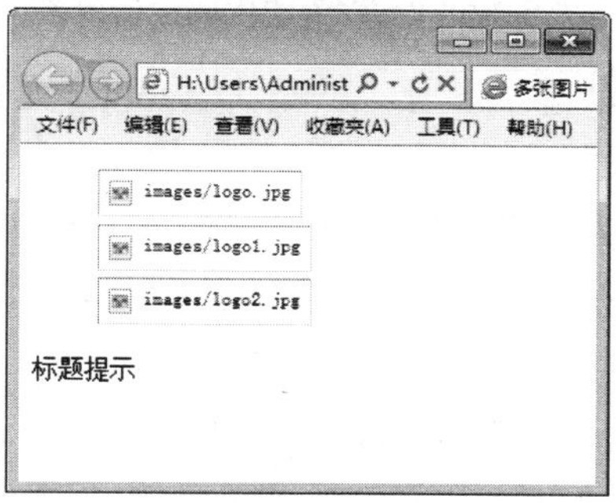

图 5-16　例 5.16 的代码运行效果

5.2.5　案例 10——address 元素

address 元素用来在文档中呈现联系信息，包括文档作者、文档维护者的名字、他们的网站链接、电子邮箱、真实地址、电话号码等。

address 标签的实现代码如下：

```
<address>
      <a href=......>......</a>
              ......
</address>
```

【例 5.17】 address 元素的使用(实例文件：ch05\5.17.html)。具体代码如下：

```
<!DOCTYPE html>
<html>
<body>
<address>
       <a href=http://blog.sina.com.cn/zhangsan>张三</a>
      <a href=http://blog.sina.com.cn/lisi>李四</a>
      <a href=http://blog.sina.com.cn/wanger>王二</a>
</address>
</body>
</html>
```

在 IE 浏览器中预览上述代码的运行效果，如图 5-17 所示。

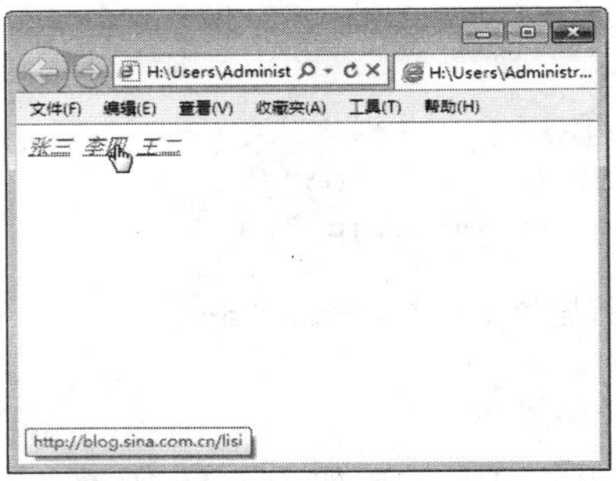

图 5-17　例 5.17 的代码运行效果

另外，address 元素不仅可以单独使用，还可以与 footer 元素、time 元素及 address 元素结合起来使用。

【例 5.18】 address 元素与其他元素结合使用(实例文件：ch05\5.18.html)。具体代码如下：

```
<!DOCTYPE html>
<html>
<body>
<footer>
    <div>
       <address>
          <a title="文章作者：张三" href="http://blog.sina.com.cn/zhangsan">
          张三</a>
       </address>
         发表于<time datetime="2015-5-17">2013 年 3 月 17 日</time>
    </div>
</footer>
</body>
</html>
```

在 IE 浏览器中预览上述代码的运行效果，如图 5-18 所示。

图 5-18　例 5.18 的代码运行效果

5.3　新增其他常用元素

除了结构元素外，在 HTML 5 中，还新增了其他元素，比如 progress 元素、command 元素、embed 元素、mark 元素、details 元素等。

5.3.1　案例 11——mark 元素

mark 元素主要用来在视觉上向用户呈现那些需要突出显示或高亮显示的文字。mark 元素的一个比较典型的应用就是在搜索结果中，向用户高亮显示搜索关键词。其使用方法与<em>和<strong>有相似之处，但相比而言，HTML 5 中新增的<mark>元素在突出显示时，更加随意与灵活。

HTML 5 中<mark>元素的代码示例如下：

```
p>......<mark>......</mark>......</p>
```

【例 5.19】 mark 元素的使用(实例文件：ch05\5.19.html)。

在页面中，首先使用<h5>元素创建一个标题"优秀开发人员的素质"，然后通过<p>元素对标题进行阐述。在阐述的文字中，为了引起用户的注意，使用<mark>元素高亮处理字符"素质""过硬"和"务实"。

具体的代码如下：

```
<!DOCTYPE html>
 <html>
 <head>
 <meta charset="utf-8" />
 <title>mark 元素的使用</title>
 <link href="Css/css5.css" rel="stylesheet" type="text/css">
 </head>
 <body>
  <h5>优秀开发人员的<mark>素质</mark></h5>
  <p class="p3 5">
     一个优秀的 Web 页面开发人员，必须具有
    <mark>过硬</mark>的技术与
    <mark>务实</mark>的专业精神
 </p>
 </body>
 </html>
```

在 IE 浏览器中预览上述代码的运行效果，如图 5-19 所示。

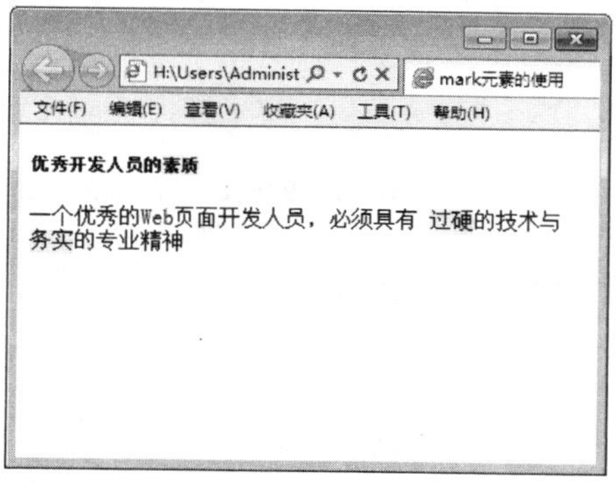

图 5-19　例 5.19 的代码运行效果

<mark>元素的这种高亮显示的特征，除用于文档中突出显示外，还常用于查看搜索结果

页面中关键字的高亮显示，其目的主要是引起用户的注意。

注意　虽然<mark>元素在使用效果上与<em>或<strong>元素有相似之处，但三者的出发点是不一样的。<strong>元素是作者对文档中某段文字的重要性进行的强调；<em>元素是作者为了突出文章的重点而进行的设置；<mark>元素是数据展示时，以高亮的形式显示某些字符，与原作者本意无关。

5.3.2　案例 12——rp、rt 与 ruby 元素

ruby 元素由一个或多个字符(需要一个解释/发音)和一个提供该信息的 rt 元素组成，还包括可选的 rp 元素，用于定义当浏览器不支持 ruby 元素时显示的内容。

rp、rt 与 ruby 元素结合使用的代码结构如下：

```
<ruby>
    <rt><rp>(</rp>  <rp>)</rp></rt>
</ruby>
```

【例 5.20】使用 ruby 注释繁体字“漢”(实例文件：ch05\5.20.html)。具体代码如下：

```
<!DOCTYPE html>
<html>
<body>
    <ruby>
      漢<rt><rp>(</rp> 汉 <rp>)</rp></rt>
</ruby>
</body>
</html>
```

在 IE 浏览器中预览上述代码的运行效果，如图 5-20 所示。

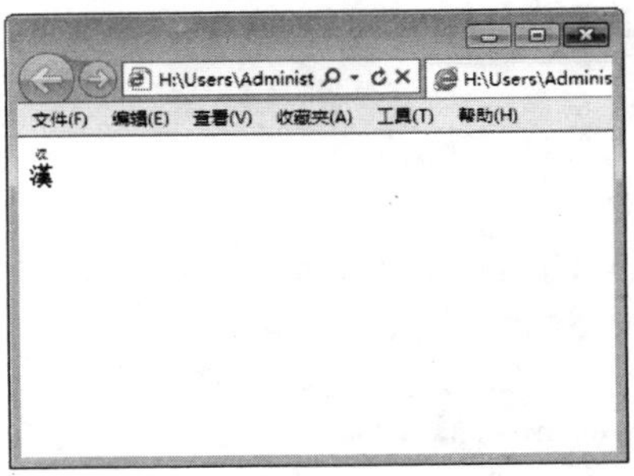

图 5-20　例 5.20 的代码运行效果

提示　支持 ruby 元素的浏览器不会显示 rp 元素的内容。

5.3.3　案例 13——progress 元素

progress 元素表示运行中的进程，可使用 progress 元素来显示 JavaScript 中耗费时间的函数的进程。比如下载文件时，文件下载到本地的进度值，可以通过该元素动态展示在页面

中，展示的方式既可以使用整数(如 1～100)，也可以使用百分比(如 10%～100%)。

<progress>元素的属性及描述如表 5-1 所示。

表 5-1　<progress>元素的属性及描述

属　性	值	描　述
max	整数或浮点数	设置完成时的值，表示总体工作量
value	整数或浮点数	设置正在进行时的值，表示已完成的工作量

注意　<progress>元素中设置的 value 值必须小于或等于 max 的属性值，且两者都必须大于 0。

【例 5.21】 使用 progress 元素表示下载进度(实例文件：ch05\5.21.html)。具体代码如下：

```
<!DOCTYPE HTML>
<html>
<body>
    对象的下载进度：
    <progress>
      <span id="objprogress">76</span>%
    </progress>
</body>
</html>
```

在 IE 浏览器中预览上述代码的运行效果，如图 5-21 所示。

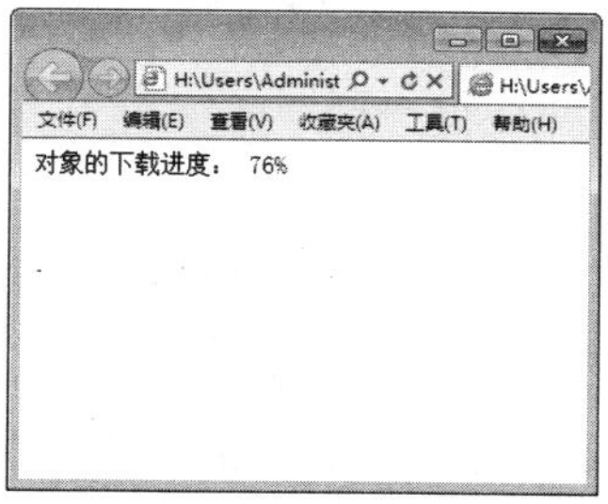

图 5-21　例 5.21 的代码运行效果

5.3.4　案例 14——command 元素

command 元素表示用户能够调用的命令，可以定义命令按钮，比如单选按钮、复选框或按钮。

HTML 5 中使用的 command 元素的代码结构如下：

```
<command type="command">......</command>
```

【例 5.22】 使用 command 元素标记一个按钮(实例文件：ch05\5.22.html)。具体代码如下：

```
<!DOCTYPE HTML>
<html>
<body>
    <menu>
```

```
        <command onclick="alert('Hello World')">Click Me!</command>
    </menu>
</body>
</html>
```

在 IE 浏览器中预览上述代码的运行效果，如图 5-22 所示。单击网页中的 Click Me 区域，将弹出提示信息框。

图 5-22　例 5.22 的代码运行效果

提示：只有当 command 元素位于 menu 元素内时，该元素才是可见的。否则不会显示这个元素，但是可以用它规定键盘快捷键。

5.3.5　案例 15——embed 元素

embed 元素用来插入各种多媒体，其格式可以是 Midi、Wav、AIFF、AU、MP3 等。HTML 5 中使用的 embed 元素的代码结构如下：

```
<embed src="......"/>
```

【例 5.23】 使用 embed 元素插入动画(实例文件：ch05\5.23.html)。具体代码如下：

```
<!DOCTYPE HTML>
<html>
<body>
<embed src="images/飞翔的海鸟.swf"/>
</body>
</html>
```

在 IE 浏览器中预览上述代码的运行效果，如图 5-23 所示。

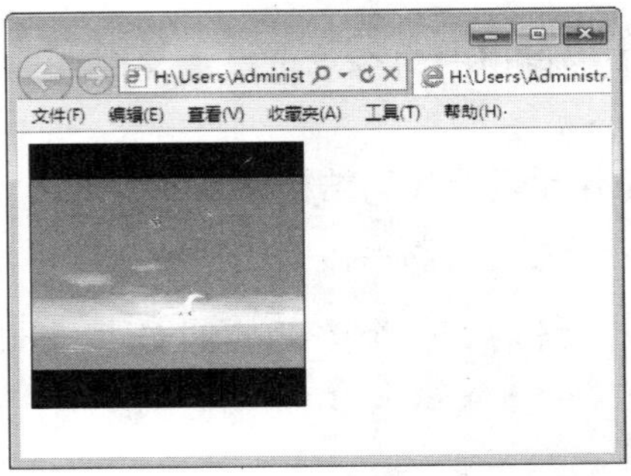

图 5-23　例 5.23 的代码运行效果

5.3.6 案例16——details与summary元素

details元素表示用户要求得到的细节信息，与summary元素配合使用。summary元素提供标题或图例。标题是可见的，用户点击标题时，会显示出细节信息。summary元素应该是details元素的第一个子元素。

HTML 5中使用details与summary元素代码结构如下：

```
<details>
   <summary>......</summary>
   ... ...
</details>
```

【例5.24】 使用details元素制作简单页面(实例文件：ch05\5.24.html)。具体代码如下：

```
<!DOCTYPE HTML>
<html>
<body>
<details>
  <summary>苹果冰激凌</summary>
  <img src="images/冰激凌.jpg" alt="苹果冰激凌"/>
  <div>
     <h3> 材料：苹果500g，白糖150g，新鲜牛奶两瓶。</h3>
     <p>制作方法：将苹果洗净，去皮挖核，切成薄片，搅成浆状，放入白糖及1000克开水，加入
煮沸的牛奶，搅拌均匀，倒入盛器内冷却后置于冰箱冻结即成。
    </p>
  </div>
</details>
</body>
</html>
```

在IE浏览器中预览上述代码的运行效果，如图5-24所示。

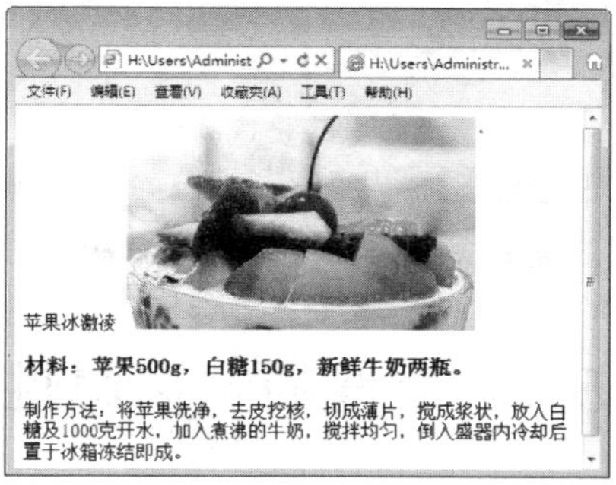

图5-24 例5.24的代码运行效果

提示 默认情况下，浏览器理解details元素，除了summary标签外，它里面的其他内容都将会被隐藏。

5.3.7 案例17——datalist元素

datalist是用来辅助文本框的输入功能，他本身是隐藏的，与表单文本框中的list属性绑

定，即将 list 属性值设置为 datalist 的 ID 号，类似于 suggest 组件，目前只支持 opera 浏览器。

HTML 5 中使用 datalist 元素的代码结构如下：

```
<datalist>......</datalist>
```

【例 5.25】 使用 datalist 元素制作列表框(实例文件：ch05\5.25.html)。代码如下：

```
<!DOCTYPE HTML>
 <html>
 <head>
     <title>datalist 测试</title>
 </head>
 <body>
 <form action="#">
     <fieldset>
         <legend>请输入职业</legend>
         <input type="text" list="worklist">
         <datalist id="worklist">
             <option value="程序开发员"></option>
             <option value="系统架构师"></option>
             <option value="数据维护员"></option>
         </datalist>
     </fieldset>
 </form>
 </body>
 </html>
```

在 Opera 中预览上述代码的运行效果，如图 5-25 所示。

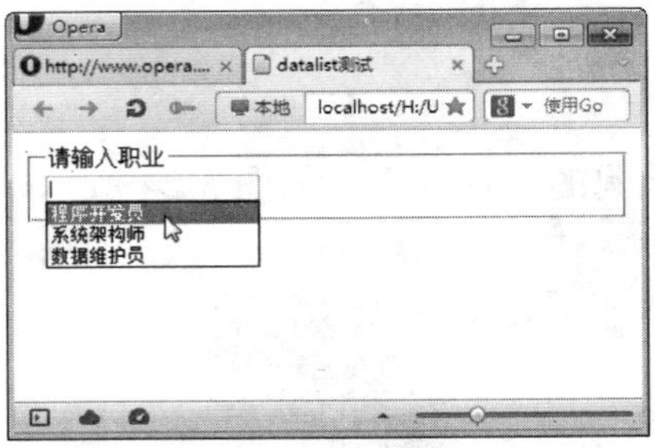

图 5-25　例 5.5 的代码运行效果

5.4　新增的全局属性

在 HTML 5 中新增了许多全局属性，下面来详细介绍一下常用的新增属性。

5.4.1　案例 18——content Editable 属性

Contenteditable 属性是 HTML5 中新增的标准属性，其主要功能是指定是否允许用户编辑内容。该属性有两个值：true 和 false。

为内容指定的 Contenteditable 属性为 true 时，表示可以编辑；为 false 时，表示不可编辑。如果没有指定值则会采用隐藏的 inherit(继承)状态，即如果元素的父元素是可编辑的，则该元素就是可编辑的。

【例 5.26】 使用 contentEditable 属性的实例(实例文件：ch05\5.26.html)。具体代码如下：

```
<!DOCTYPE html>
<head>
<title>conentEditable 属性示例</title>
</head>
<body>
<h3>对以下内容进行编辑内容</h3>
<ol contentEditable="true">
<li>列表一</li>
<li>列表二</li>
<li>列表三</li>
</ol>
</body>
</html>
```

使用 IE 浏览器查看网页内容，打开后可以在网页中输入相关内容，效果如图 5-26 所示。

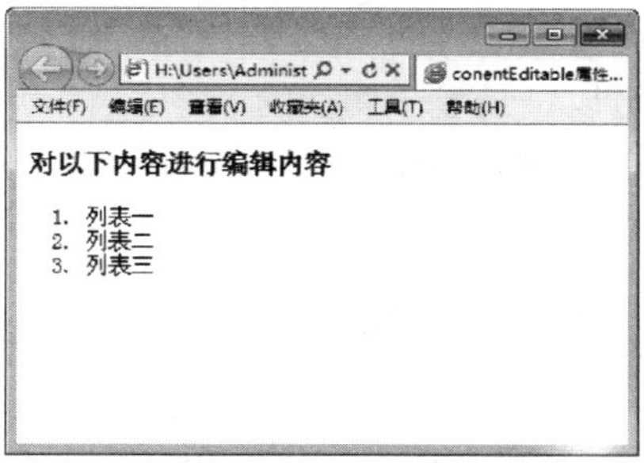

图 5-26　例 5.26 代码运行效果

注意　对内容进行编辑后，如果关闭网页，编辑的内容将不会被保存。如果想要保存其中的内容，则只能把该元素的 innerHTML 发送到服务器端进行保存。

5.4.2　案例 19——spellcheck 属性

spellcheck 属性是 HTML5 中的新属性，用于规定是否对元素内容进行拼写检查。可对以下文本进行拼写检查：类型为 text 的 input 元素中的值(非密码)、textarea 元素中的值、可编辑元素中的值。

【例 5.27】 使用 spellcheck 属性的实例(实例文件：ch05\5.27.html)。具体代码如下：

```
<!DOCTYPE html>
<html>
<head>
<title>hello, word</title>
</head>
<body>
<p contenteditable="true" spellcheck="true">使用 spellcheck 属性，使段落内容可被
```

```
编辑。</p>
</body>
</html>
```

使用 IE 浏览器查看网页内容，打开后可以在网页中输入相关内容，效果如图 5-27 所示。

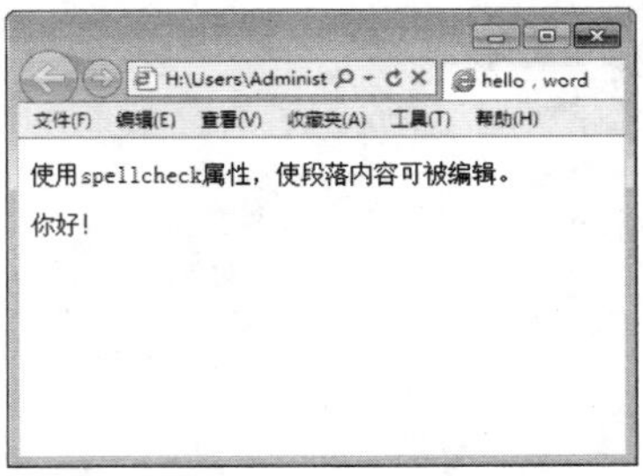

图 5-27 例 5.27 的代码运行效果

5.4.3 案例 20——tabindex 属性

tabIndex 属性可设置或返回按钮的 Tab 键控制次序。打开页面，连续按 Tab 键，会在按钮之间切换，tabIndex 属性则可以记录显示切换的顺序。

【例 5.28】 使用 tabIndex 属性的实例(实例文件：ch05\5.28.html)。具体代码如下：

```
<html>
<head>
<script type="text/javascript">
function showTabIndex()
{
var bt1=document.getElementById('bt1').tabIndex;
var bt2=document.getElementById('bt2').tabIndex;
var bt3=document.getElementById('bt3').tabIndex;
document.write("Tab 切换按钮 1 的顺序： " + bt1);
document.write("<br />");
document.write("Tab 切换按钮 2 的顺序： " + bt2);
document.write("<br />");
document.write("Tab 切换按钮 3 的顺序： " + bt3);
}</script>
</head>
<body>
<button id="bt1" tabIndex="1">按钮 1</button><br />
<button id="bt2" tabIndex="2">按钮 2</button><br />
<button id="bt3" tabIndex="3">按钮 3</button><br />
<br />
<input type="button" onclick="showTabIndex()" value="显示切换顺序" />
</body>
</html>
```

使用 IE 浏览器查看网页内容，打开后多次按 Tab 键，使控制中心在几个按钮对象间切换，如图 5-28 所示。

单击【显示切换顺序】按钮，显示出依次切换的顺序，如图 5-29 所示。

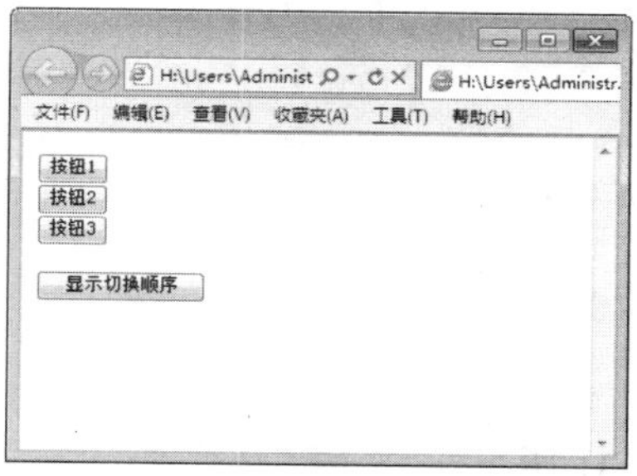

图 5-28　例 5.28 的代码运行效果

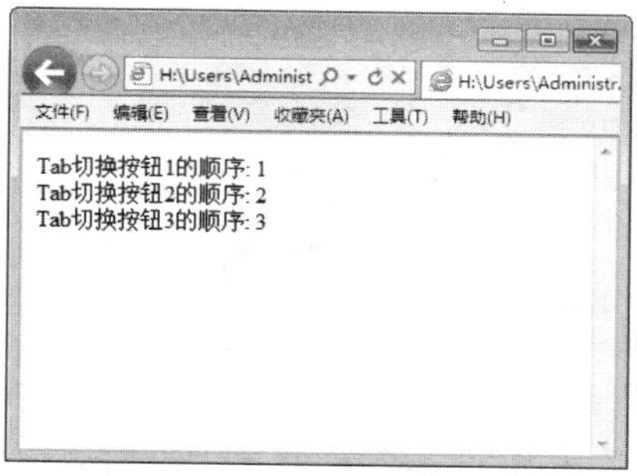

图 5-29　例 5.28 的代码运行效果

5.5　HTML 新增属性与废除的属性

新增属性主要分为三大类：表单相关的属性、链接相关属性和其他新增属性。具体内容如下。

5.5.1　案例 21——表单属性

新增的表单属性有很多，下面来分别进行介绍。

1. autocomplete

autocomplete 属性规定 form 或 input 域应该拥有自动完成功能。Autocomplete 适用于<form>标签，以及以下类型的<input>标签：text、search、url、telephone、email、password、datepickers、range、color。

【例 5.29】 使用 autocomplete 属性的实例(实例文件：ch05\5.29.html)。具体代码如下：

```
<!DOCTYPE HTML>
<html>
<body>
<form action="demo_form.asp" method="get" autocomplete="on">
   姓名:<input type="text" name="姓名" /><br />
   性别: <input type="text" sex="性别" /><br />
   邮箱: <input type="email" name="email" autocomplete="off" /><br />
   <input type="submit" />
</form>
</body>
</html>
```

使用 IE 浏览器查看上述代码的运行效果，如图 5-30 所示。

2. autofocus

autofocus 属性规定在页面加载时，域自动地获得焦点。autofocus 属性适用于所有<input>标签的类型。

【例 5.30】 使用 autofocus 属性的实例(实例文件：ch05\5.30.html)。具体代码如下：

```
<!DOCTYPE HTML>
<html>
<body>
<form action="demo_form.asp" method="get">
    用户名: <input type="text" name="user_name" autofocus="autofocus" />
    <input type="submit" />
</form>
</body>
</html>
```

使用 IE 浏览器查看上述代码的运行效果。如图 5-31 所示。

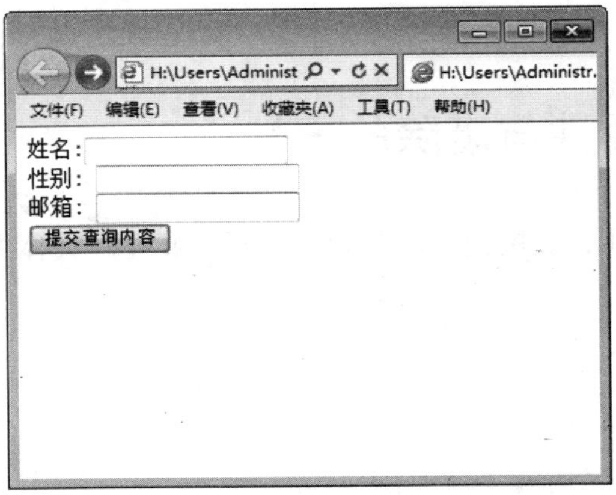

图 5-30 例 5.29 的代码运行效果

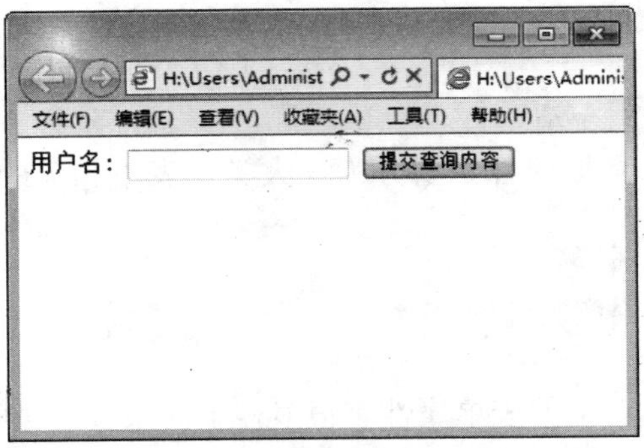

图 5-31 例 5.30 的代码运行效果

3.form

form 属性规定输入域所属的一个或多个表单。form 属性适用于所有<input>标签的类型，必须引用所属表单的 id。

【例 5.31】 使用 form 属性的实例(实例文件：ch05\5.31.html)。具体代码如下：

```
<!DOCTYPE HTML>
<html>
<body>
<form action="demo_form.asp" method="get" id="user_form">
    姓名:<input type="text" name="姓名" />
    <input type="submit" />
</form>
   性别: <input type="text" sex="性别" form="user_form" />
</body>
</html>
```

使用 IE 浏览器查看上述代码的运行效果，如图 5-32 所示。

4. form overrides

表单重写属性(form override attributes)允许重写 form 元素的某些属性设定。

表单重写属性有以下几方面的内容。

- formaction，重写表单的 action 属性。

- formenctype，重写表单的 enctype 属性。
- formmethod，重写表单的 method 属性。
- formnovalidate，重写表单的 novalidate 属性。
- formtarget 重写表单的 target 属性。

表单重写属性适用于以下类型的<input>标签：submit 和 image。

【例 5.32】 使用 form overrides 属性的实例(实例文件：ch05\5.32.html)。具体代码如下：

```
<!DOCTYPE HTML>
<html>
<body>
<form action="demo_form.asp" method="get" id="user_form">
    邮箱: <input type="email" name="userid" /><br />
    <input type="submit" value="提交" /><br />
    <input type="submit" formaction="demo_admin.asp" value="以管理员身份提交"
/><br />
    <input type="submit" formnovalidate="true" value="提交未经验证" /><br />
</form>
</body>
</html>
```

使用 IE 浏览器查看上述代码的运行效果，如图 5-33 所示。

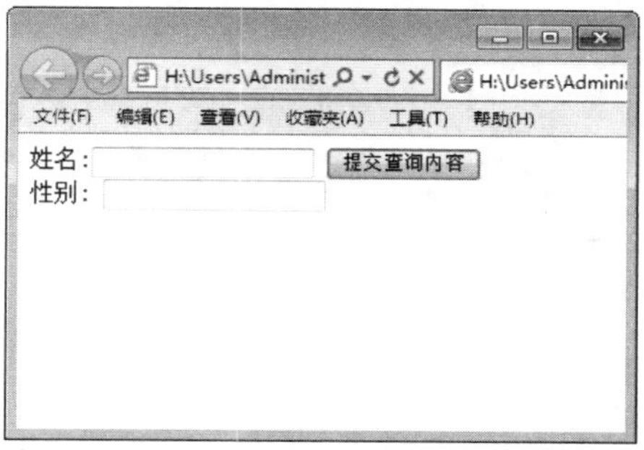

图 5-32 例 5.31 的代码运行效果

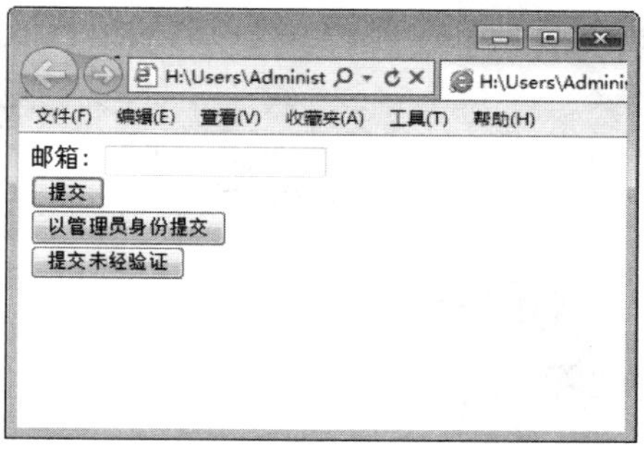

图 5-33 例 5.32 的代码运行效果

5. height 和 width

height 和 width 属性用于规定 image 类型的 input 标签的图像高度和宽度。height 和 width 属性只适用于 image 类型的<input>标签。

【例 5.33】 使用 height 和 width 属性的实例(实例文件：ch05\5.33.html)。具体代码如下：

```
<!DOCTYPE HTML>
<html>
<body>
<form action="demo_form.asp" method="get">
    用户名: <input type="text" name="user_name" /><br />
    <input type="image" src="/images/按钮.jpg" width="99" height="99" />
</form>
</body>
</html>
```

使用 IE 浏览器查看上述代码的运行效果，如图 5-34 所示。

6. list

list 属性规定输入域的 datalist。datalist 是输入域的选项列表。list 属性适用于以下类型的<input>标签：text、search、 url、 telephone、email、date pickers、number、range、color。

【例 5.34】 使用 list 属性的实例(实例文件：ch05\5.34.html)。具体代码如下：

```
<!DOCTYPE HTML>
<html>
<body>
<form action="demo_form.asp" method="get">
  主页：<input type="url" list="url_list" name="link" />
  <datalist id="url list">
    <option label="baisu" value="http://www.baidu.com" />
    <option label="qq" value="http://www.qq.com" />
    <option label="Microsoft" value="http://www.microsoft.com" />
  </datalist>
<input type="submit" />
</form>
</body>
</html>
```

使用 IE 浏览器查看上述代码的运行效果，如图 5-35 所示。

图 5-34 例 5.33 的代码运行效果

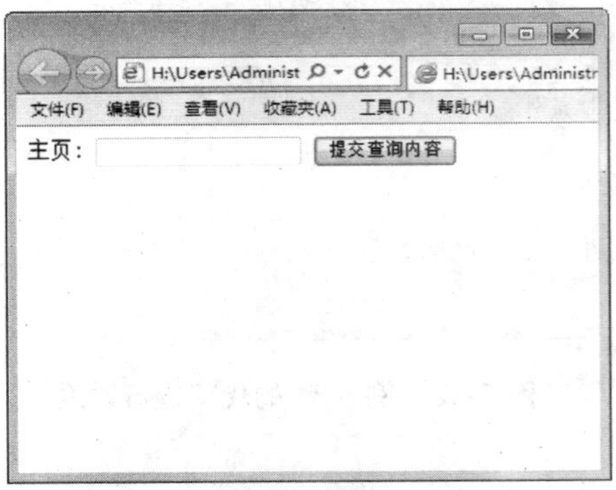

图 5-35 例 5.34 的代码运行效果

7. min、max 和 step

min、max 和 step 属性用于为包含数字或日期的 input 类型规定限定(约束)。max 属性规定输入域所允许的最大值；min 属性规定输入域所允许的最小值；step 属性为输入域规定合法的数字间隔(如果 step="3"，则合法的数是 -3,0,3,6 等)。

min、max 和 step 属性适用于以下类型的<input>标签：date pickers、number、range。

【例 5.35】 使用 min、max 和 step 属性的实例(实例文件：ch05\5.35.html)。具体代码如下：

```
<!DOCTYPE HTML>
<html>
<body>
<form action="demo_form.asp" method="get">
```

```
    成绩：<input type="number" name="points" min="0" max="10" step="3"/>
<input type="submit" />
</form>
</body>
</html>
```

使用 IE 浏览器查看上述代码的运行效果，如图 5-36 所示。

8. multiple

multiple 属性规定输入域中可选择多个值。multiple 属性适用于以下类型的<input>标签：email 和 file。

【例 5.36】 使用 multiple 属性的实例(实例文件：ch05\5.36.html)。具体代码如下：

```
<!DOCTYPE HTML>
<html>
<body>
<form action="demo_form.asp" method="get">
    选择图片：<input type="file" name="img" multiple="multiple" />
<input type="submit" />
</form>
</body>
</html>
```

使用 IE 浏览器查看上述代码的运行效果，如图 5-37 所示。

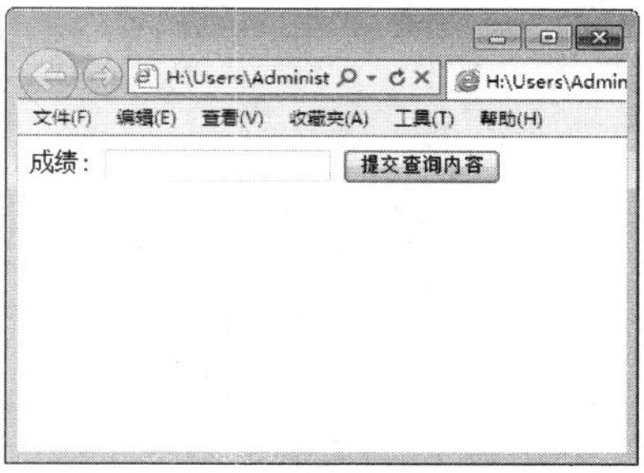

图 5-36 例 5.35 的代码运行效果

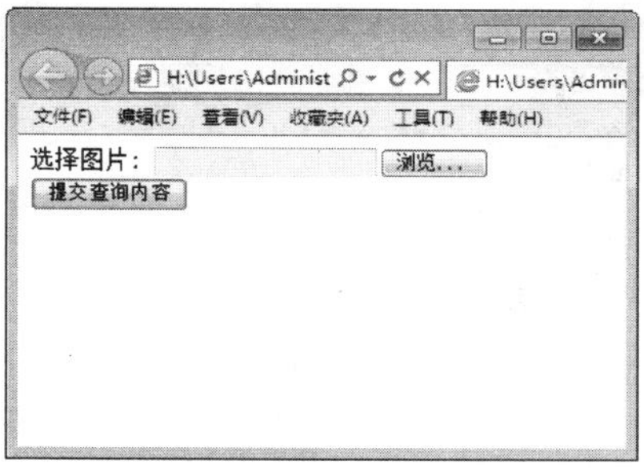

图 5-37 例 5.36 的代码程序运行效果

提示：单击图 5-37 中的【浏览】按钮，可以打开【选择要加载的文件】对话框，可在其中选择要添加的图片信息。

9. pattern (regexp)

pattern 属性规定用于验证 input 域的模式(pattern)。pattern 属性适用于以下类型的<input>标签：text、search、url、telephone、email、password。

【例 5.37】 使用 pattern 属性的实例(实例文件：ch05\5.37.html)。具体代码如下：

```
<!DOCTYPE HTML>
<html>
<body>
<form action="demo_form.asp" method="get">
    电话区号：<input type="text" name="country_code" pattern="[A-z]{3}"
```

```
    title="Three letter country code" />
    <input type="submit" />
</form>
</body>
</html>
```

使用 IE 浏览器查看上述代码的运行效果，如图 5-38 所示。

10. placeholder

placeholder 属性提供一种提示(hint)，描述输入域所期待的值。placeholder 属性适用于以下类型的<input>标签：text、search、url、telephone、email、assword。

【例 5.38】 使用 placeholder 属性的实例(实例文件：ch05\5.38.html)。具体代码如下：

```
<!DOCTYPE HTML>
<html>
<body>
<form action="demo form.asp" method="get">
    <input type="search" name="user_search" placeholder="baidu" />
    <input type="submit" />
</form>
</body>
</html>
```

使用 IE 浏览器查看上述代码的运行效果，如图 5-39 所示。

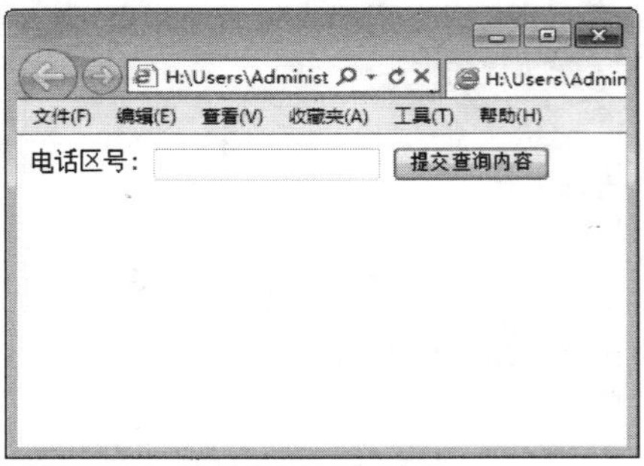

图 5-38　例 5.37 的代码运行效果

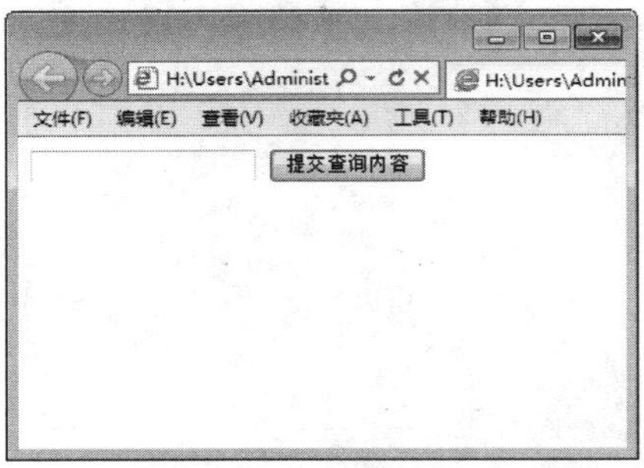

图 5-39　例 5.38 的代码运行效果

11. required

required 属性规定必须在提交之前填写输入域(不能为空)。required 属性适用于以下类型的<input>标签：text、search、url、telephone、 email、 password、date pickers、number、checkbox、radio、file。

【例 5.39】 使用 required 属性的实例(实例文件：ch05\5.39.html)。具体代码如下：

```
<!DOCTYPE HTML>
<html>
<body>
<form action="demo_form.asp" method="get">
    姓名：<input type="text" name="usr_name" required="required" />
    <input type="submit" />
</form>
```

```
</body>
</html>
```

使用 IE 浏览器查看上述代码的运行效果，如图 5-40 所示。

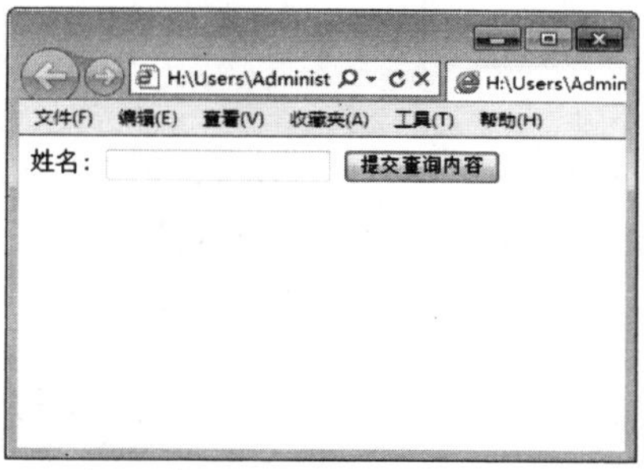

图 5-40　例 5.39 的代码运行效果

5.5.2　案例 22——链接相关属性

HTML 新增的与链接相关的属性如下。

1. media 属性

media 属性规定目标 URL 是为哪种类型的媒介/设备进行优化的。该属性用于规定目标 URL 是为特殊设备(比如 iPhone)、语音或打印媒介设计的。只能在 href 属性存在时使用。

【例 5.40】 使用 media 属性的实例(实例文件：ch05\5.40.html)。具体代码如下：

```
<!DOCTYPE HTML>
<html>
<body>
  <a href="www.baidu.com" media="print and (resolution:300dpi)">
    链接查询.
  </a>
</body>
</html>
```

使用 IE 浏览器查看上述代码的运行效果，如图 5-41 所示。

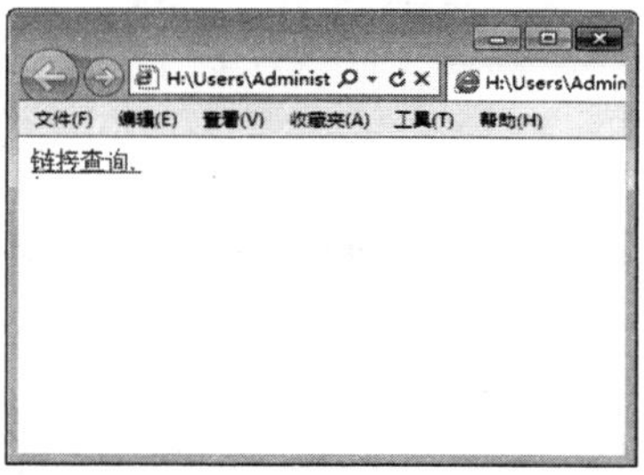

图 5-41　例 5.40 的代码运行效果

2. type 属性

在 HTML5 中，为 area 元素增加了 type 属性，用于规定目标 URL 的 MIME 类型。但

type 属性仅在 href 属性存在时才可以使用。

type 属性的语法结构如下：

```
<input type="value">
```

3. sizes

在 HTML5 中，为 link 元素增加了新属性 sizes。该属性可以与 icon 元素结合使用(通过 rel 属性)。该属性用于指定关联图标(icon 元素)的大小。

4. target

在 HTML5 中，为 base 元素增加了 target 属性，主要目的是保持与 a 元素的一致性。

【例 5.41】 使用 sizes 与 target 属性的实例(实例文件：ch05\5.41.html)。具体代码如下：

```
<!DOCTYPE html>
<html>
<head>
    <link rel="icon" href="demo_icon.ico" type="image/gif" sizes="16x16" />
</head>
<body>
    <h2>Hello world!</h2>
    <p>打开<a href="2.40.html" target="_blank">新链接</a>窗口。</p>
</body>
</html>
```

使用 IE 浏览器查看上述代码的运行效果，如图 5-42 所示。

图 5-42　例 5.41 的代码运行效果

5.5.3　案例 23——其他属性

除了以上介绍的与表单和链接相关的属性外，HTML 5 中还增加了其他属性，如表 5-2 所示。

表 5-2 HTML 5 中增加的其他属性

属 性	隶属于	意 义
reversed	ol 元素	指定列表倒序显示
charset	meta 元素	为文档的字符编码的指定提供了一种比较良好的方式
type	menu 元素	让菜单可以以上下文菜单、工具条与列表菜单 3 种形式出现
label	menu 元素	为菜单定义一个可见的标注
scoped	style 元素	用来规定样式的作用范围，比如只对页面上某个树起作用
async	script 元素	定义脚本是否异步执行
manifest	html 元素	开发离线 Web 应用程序时它与 API 结合使用，定义一个 URL，在这个 URL 上描述文档的缓存信息
sandbox、srcdoc 与 seamless	iframe 元素	用来提高页面安全性，防止不信任的 Web 页面执行某些操作

5.5.4 HTML 5 中已废除的属性

在 HTML 5 中废除了很多不再需要使用的属性，这些属性已被其他属性或其他方案替代，具体内容如表 5-3 所示。

表 5-3 HTML 5 中废除的属性

已废除的属性	使用该属性的元素	在 HTML 5 中代替的方案
rev	link、a	rel
charset	link、a	在被链接的资源中使用 HTTP content-type 头元素
shape、coords	a	使用 area 元素代替 a 元素
longdesc	img、iframe	使用 a 元素链接到较长描述
target	link	多余属性，被省略
nohref	area	多余属性，被省略
profile	head	多余属性，被省略
version	html	多余属性，被省略
name	img	id
scheme	meta	只为某个表单域使用 scheme
archive、classid、codebase、codetype、declare、standby	object	使用 data 与 type 属性类调用插件。需要使用这些属性来设置参数时，使用 param 属性
valuetype、type	param	使用 name 与 value 属性，不声明值的 MIME 类型
axis、abbr	td、th	使用以明确简洁的文字开头，后跟详述文字的形式，可以对更详细的内容使用 title 属性，来使单元格的内容变得简短

续表

已废除的属性	使用该属性的元素	在 HTML 5 中代替的方案
scope	td	在被链接的资源的中使用 HTTP Content-type 头元素
align	caption、input、legend、div、h1、h2、h3、h4、h5、h6、p	使用 CSS 样式表进行替代
alink、link、text、vlink、background、bgcolor	body	使用 CSS 样式表进行替代
align、bgcolor、border、cellpadding、cellspacing、frame、rules、width	table	使用 CSS 样式表进行替代
align、char、charoff、height、nowrap、valign	tbody、thead、tfoot	使用 CSS 样式表进行替代
align、bgcolor、char、charoff、height、nowrap、valign、width	td、th	使用 CSS 样式表进行替代
align、bgcolor、char、charoff、valign	tr	使用 CSS 样式表进行替代
align、char、charoff、valign、width	col、colgroup	使用 CSS 样式表进行替代
align、border、hspace、vspace	object	使用 CSS 样式表进行替代
clear	br	使用 CSS 样式表进行替代
compact、type	ol、ul、li	使用 CSS 样式表进行替代
compact	dl	使用 CSS 样式表进行替代
compact	menu	使用 CSS 样式表进行替代
width	pre	使用 CSS 样式表进行替代
align、hspace、vspace	img	使用 CSS 样式表进行替代
align、noshade、size、width	hr	使用 CSS 样式表进行替代
align、frameborder、scrollingmarginheight、marginwidth	iframe	使用 CSS 样式表进行替代
autosubmit	menu	无

5.6 综合演练——制作 HTML 5 的网页

HTML 的格式非常简单，是由文字和标记组成的纯文本文件，几乎任何的文字编辑软件都可以编写 HTML 文件。比如 Windows 中的写字板、记事本等，只要将文件保存成 ASCII 纯文本格式，并且设置扩展名为.htm 或.html 即可。

下面的实例是用记事本创建 HTML 文件。用户在输入 HTML 代码时，需要注意图片引用的路径。

step 01 打开记事本，输入以下 HTML 代码：

```
<html>
<head>
<title>学校网站</title>
<style type="text/css">
<!--
.STYLE1 {font-size: 12px}
-->
</style></head>
<body topmargin="0" leftmargin="0">
<table width="762" border="0" align="center" cellpadding="0"
cellspacing="0">
<td height="534" valign="top">
<img src="images/学校.jpg" alt="学校简介" width="240" height="180" border="3"
align="left" />
<p class="STYLE1">
 学校成立于 2002 年，是经教育主管部门批准成立的一所教育机构。
办学几年来，一直坚持“正规办学，保证教学质量，社会效益第一”的原则，为社会培养了大量优秀的
电脑技术人才，得到了社会各界的认可。
<br />
几年来，学校以公司技术为依托，凭借科学的教学方法、严格的管理制度、一流的教学质量和广泛的就
业渠道，逐步形成了长期班与短期班互补，学历教育与认证培训为一体的多层次教育格局，其正茁壮成
长为电脑培训行业中一颗耀眼的新星。
<br />
经过几年的不断发展和完善，学校锤炼了一支具有丰富理论知识和实践经验、专业知识扎实、高素质、
敬业精神良好的年轻教师队伍。
采用驱动式教学，保证了教学质量和学习效果。学校现有教学场地 1000 余平方米。
采用多媒体教学，全空调学习环境。交通便利，环境幽雅。
<br />
以“培养专业实用的技能人才”为目标，以服务社会为己任，先后为广东、上海、江苏、浙江以及河南
地区输送大量优秀专业人才。
<br />
在秉承“系统、专业、实用”的同时，不断汲取现代化的管理理念和技术，针对学科的技术发展和市场
的就业需求，推出了专业定位更准确、课程组合更优化的专业，将为有志于 IT 领域发展的社会各界人
士提供更切实际的多样化教育选择。
<br />
学校特色：
<br />
★全封闭管理，统一食宿，让学生不受外界干扰。学校将为学员办理人身保险，保障学生在校期间的最
大安全。
<br />
★课程设置结合企业，实行“素质+技能+学历+就业”的模式，让学生结业拿技能证书，毕业颁发学历
证书。
<br />
```

```
★就业渠道广阔，办学五年来，学员分别安排到广州、上海、福建、浙江、江苏、河南等地。
<br />
★学校可为毕业生在国家信息化人才库备案。保证合格毕业生百分百高薪就业，彻底免除家长的后顾之忧。
</p>
</td>
</tr>
</table>
</td>
</tr>
</table>
</body>
</html>
```

step 02 编辑完 HTML 文件后，选择【文件】→【保存】菜单命令，在弹出的【另存为】对话框中将【保存类型】设为【所有文件】，将扩展名设为.htm 或.html，然后单击【保存】按钮，如图 5-43 所示。

step 03 打开网页，在浏览器中浏览网页，如图 5-44 所示。

图 5-43 【另存为】对话框

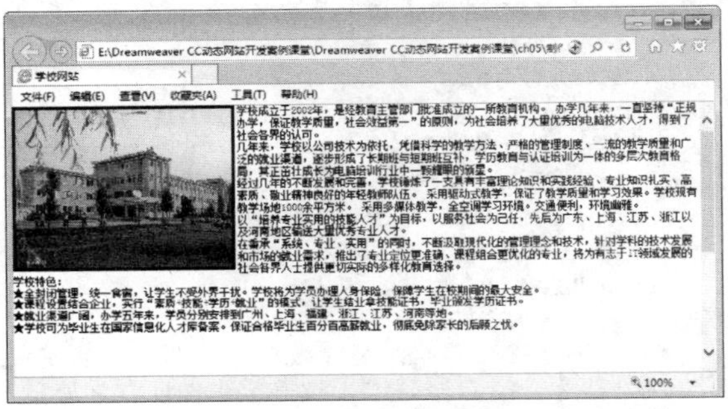

图 5-44 网页预览效果

5.7 跟我练练手

5.7.1 练习目标

能够熟练掌握本章节所讲内容。

5.7.2 上机练习

练习 1：练习新增主体结构元素的使用。
练习 2：练习新增非主体结构元素的使用。
练习 3：练习新增全局属性的使用。
练习 4：练习新增其他属性的使用。

5.8 高手甜点

甜点 1：HTML5 中的单标记和双标记的书写方法。

答：HTML5 中的标记分为单标记和双标记。所谓单标记是指没有结束标记的标记，双标记是指既有开始标记又有结束标记。

对于单标记是不允许写结束标记的元素，只允许使用<元素/>的形式进行书写。比如"
……</br>"的书写方式是错误的，正确的书写方式为
。当然，在 HTML5 之前的版本中
这种书写方法可以被沿用。HTML5 中不允许写结束标记的元素有 area、base、br 、col、command、embed、hr、img、input、keygen、link、meta、param、source、track、wbr。

对于部分双标记可以省略结束标记。HTML5 中允许省略结束标记的元素有 li、dt、dd、p、rt、rp、optgroup、option、colgroup、thead、tbody、tfoot、tr、td、th。

HTML5 中有些元素还可以完全被省略，即使这些标记被省略了，该元素还是以隐式的方式存在的。HTML5 中允许省略全部标记的元素有 html、head、body、colgroup、tbody。

甜点 2：新增属性 Target 在 HTML 5.01 与 HTML 5 之间的差异有哪些？

答：在 HTML5 中，不再允许把框架名称设定为目标，因为不再支持 frame 和 frameset。在 HTML 5.01 中，self、parent 和 top 这 3 个值大多数时候与 iframe 一起使用。

第 6 章 不在网页中迷路——设计网页超链接

链接是网页中比较重要的部分，是各个网页之间相互跳转的依据。网页中常用的链接形式包括文本链接、图像链接、锚记链接、电子邮件链接、空链接及脚本链接等。本章就来介绍一下如何创建网站链接。

本章要点(已掌握的，在方框中打勾)

- ☐ 熟悉什么是链接与路径。
- ☐ 掌握添加网页超链接的方法。
- ☐ 掌握检查网页连接的方法。

6.1 链接与路径

链接是网页中极为重要的部分，单击文档中的链接，即可跳转至相应的位置。网站中正是有了链接，才实现了在各文档之间的相互跳转进而方便地查阅各种各样的知识，享受网络带来的无穷乐趣。

6.1.1 链接的概念

链接也叫超级链接。根据链接源端点的不同，超级链接可分为超文本和超链接两种。超文本就是利用文本创建的超级链接。在浏览器中，超文本一般显示为下方带蓝色下划线的文字。超链接是利用除了文本之外的其他对象所构建的链接，如图 6-1 所示。

通俗地讲，链接由两个端点(也称锚)和一个方向构成，通常将开始位置的端点称作源端点(或源锚)，而将目标位置的端点称为目标端点(或目标锚)，链接就是由源端点到目标端点的一种跳转。目标端点可以是任意的网络资源，比如，它可以是一个页面、一幅图像、一段声音、一段程序，甚至可以是页面中的某个位置。

利用链接可以实现在文档间或文档中的跳转。可以说，浏览网页就是从一个文档跳转到另一个文档，从一个位置跳转到另一个位置，从一个网站跳转到另一个网站的过程，而这些过程都是通过链接来实现的，如图 6-2 所示。

图 6-1　网站首页

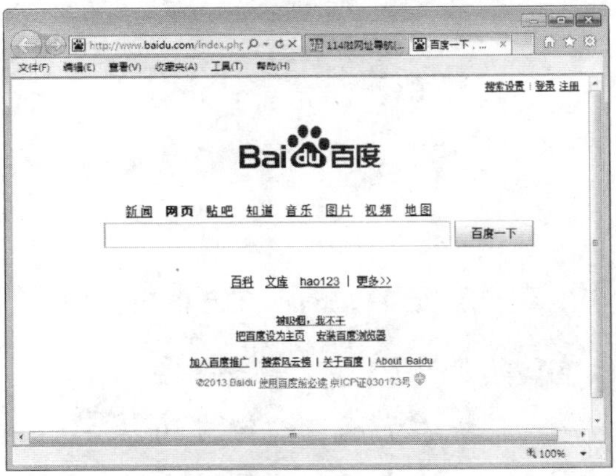

图 6-2　通过链接进行跳转

6.1.2 链接路径

一般来说，Dreamweaver 允许使用的链接路径有 3 种：绝对路径、文档相对路径和根相对路径。

1. 绝对路径

如果在链接中使用完整的 URL 地址，这种链接路径就被称为绝对路径。绝对路径的特点是，路径同链接的源端点无关。

例如要创建“白雪皑皑”文件夹中的 index.html 文档的链接，则可使用绝对路径“D:\我的站点\index.html”，如图 6-3 所示。

提示　采用绝对路径有两个缺点：一是不利于测试，二是不利于移动站点。

2. 文档相对路径

文档相对路径是指以当前文档所在的位置为起点到被链接文档经由的路径。文档相对路径可以表述源端点同目标端点之间的相互位置，它同源端点的位置密切相关。

使用文档相对路径有以下 3 种情况。

(1) 如果链接中源端点和目标端点在同一目录下，那么在链接路径中只需提供目标端点的文件名即可，如图 6-4 所示。

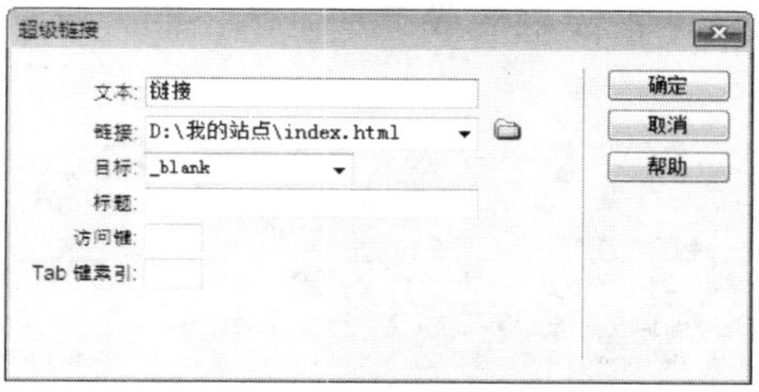

图 6-3　绝对路径

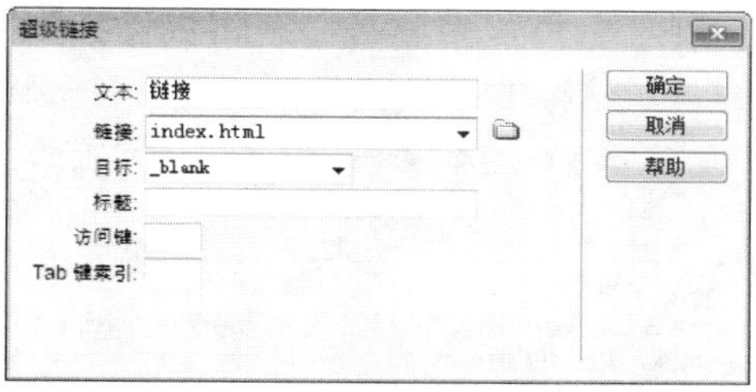

图 6-4　相对路径

(2) 如果链接中源端点和目标端点不在同一目录下，则需要提供目录名、前斜杠和文件名，如图 6-5 所示。

(3) 如果链接指向的文档没有位于当前目录的子级目录中，则可利用“../”符号来表示当前位置的上级目录，如图 6-6 所示。

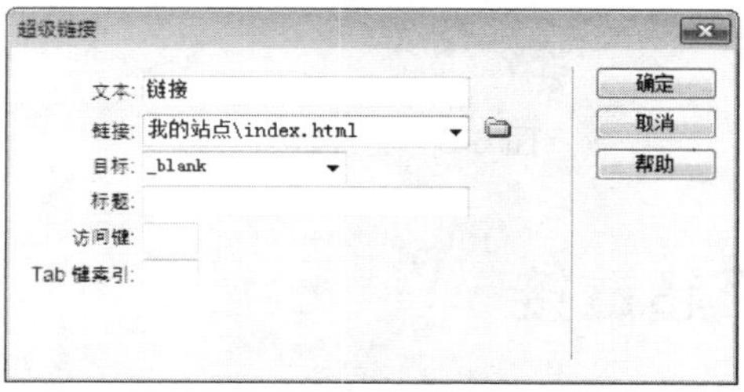

图 6-5　相对路径

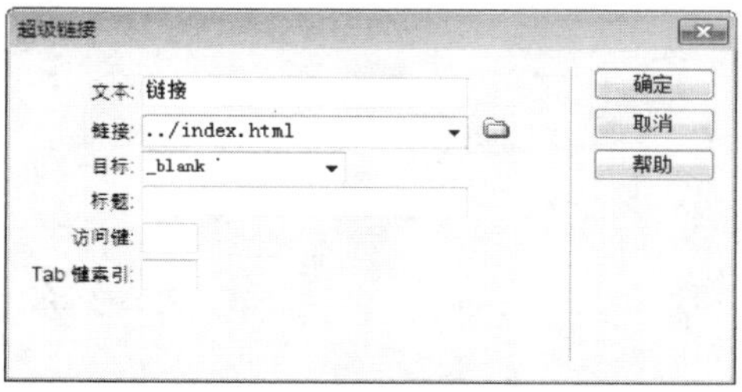

图 6-6　相对路径

采用相对路径的特点是，只要站点的结构和文档的位置不变，那么链接就不会出错，否则链接就会失效。在把当前文档与处在同一文件夹中的另一文档链接，或把同一网站下不同文件夹中的文档相互链接时，就可以使用相对路径。

3. 根相对路径

根相对路径可被看作是绝对路径和相对路径之间的一种折中，是指从站点根文件夹到被链接文档经由的路径。在这种路径表达式中，所有的路径都是从站点的根目录开始的，同源端点的位置无关，通常用一个斜线 / 来表示根目录。

提示 根相对路径同绝对路径非常相似，只是它省去了绝对路径中带有协议地址的部分。

6.1.3 链接的类型

根据链接的范围，链接可分为内部链接和外部链接两种。内部链接是指同一个文档之间的链接；外部链接是指不同网站文档之间的链接。

根据建立链接的不同对象，链接又可分为文本链接和图像链接两种。浏览网页时，会看到一些带下划线的文字，将鼠标移到文字上时，鼠标指针将变成手形，单击文字就会打开一个网页，这样的链接就是文本链接，如图 6-7 所示。

在网页中浏览内容时，若将鼠标移到图像上，鼠标指针将变成手形，单击图片就会打开一个网页，这样的链接就是图片链接，如图 6-8 所示。

图 6-7 文本链接

图 6-8 图片链接

6.2 添加网页超链接

Internet 之所以越来越受欢迎，很大程度上是因为在网页中使用了链接。

6.2.1 案例 1——添加文本链接

通过 Dreamweaver，可以使用多种方法来创建内部链接。使用【属性】面板创建网站内文本链接的具体步骤如下。

step 01 启动 Dreamweaver CS6，打开随书光盘中的 ch06\index.htm 文件，选定“关于我们”这几个字，将其作为建立链接的文本，如图 6-9 所示。

step 02 单击【属性】面板中的【浏览文件】按钮，弹出【选择文件】对话框，选择网页文件“关于我们.html”，单击【确定】按钮，如图 6-10 所示。

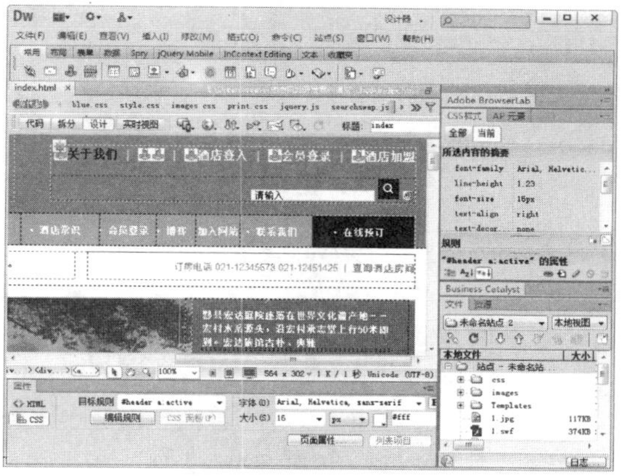

图 6-9 选定文本

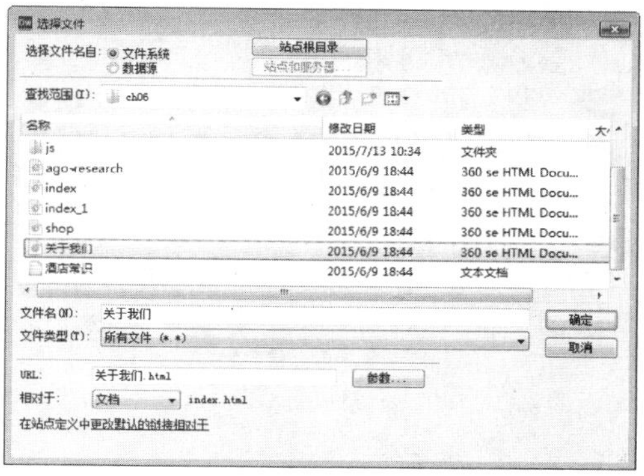

图 6-10 【选择文件】对话框

提示 在【属性】面板中直接输入链接地址也可以创建链接。其方法是，选定文本后选择【窗口】→【属性】菜单命令，打开【属性】面板，然后在【链接】文本框中直接输入链接文件名“关于我们.html”即可。

step 03 保存文档，按 F12 键在浏览器中预览添加的文本链接效果，如图 6-11 所示。

图 6-11 预览网页

6.2.2 案例 2——添加图像链接

使用【属性】面板创建图像链接的具体步骤如下。

step 01 打开随书光盘中的 ch06\index.html 文件，选定要创建链接的图像，然后单击【属性】面板中的【浏览文件】按钮，如图 6-12 所示。

step 02 弹出【选择文件】对话框，浏览并选择一个文件，在【相对于】下拉列表中选择【文档】选项，然后单击【确定】按钮，如图 6-13 所示。

图 6-12　选定图像

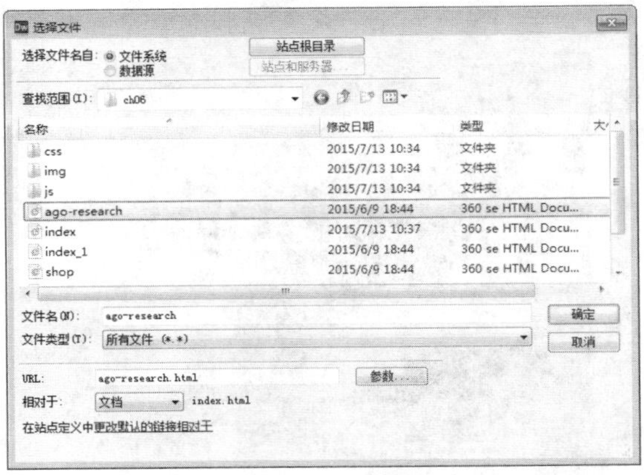

图 6-13　【选择文件】对话框

step 03 在【属性】面板的【目标】下拉列表中，选择链接文档打开的方式，然后在【替换】文本框中输入图像的替换文本“美丽风光”，如图 6-14 所示。

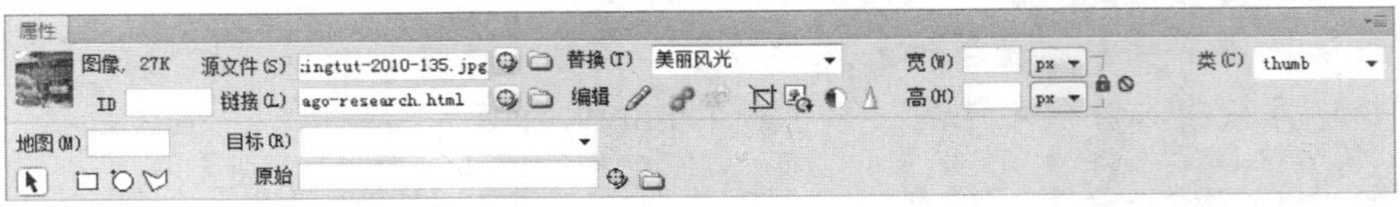

图 6-14　【属性】面板

提示　与文本链接一样，也可以通过直接输入链接地址的方法来创建图像链接。

6.2.3　案例 3——创建外部链接

创建外部链接是指将网页中的文字或图像，与站点外的文档，或与 Internet 上的网站相连接。

提示　创建外部链接(从一个网站的网页链接到另一个网站的网页)时，必须使用绝对路径，即被链接文档的完整 URL 要包括所使用的传输协议(对于网页通常是 http://)。

比如，在主页上添加网易、搜狐等网站的图标，将它们与相应的网站链接起来。

step 01 打开随书光盘中的 ch06\index_1.html 文件，选定百度网站图标，在【属性】面板的【链接】文本框中输入百度的网址 http://www.baidu.com，如图 6-15 所示。

step 02 保存网页后按 F12 键，在浏览器中将网页打开。单击创建的图像链接，即可打开百度网站首页，如图 6-16 所示。

图 6-15 【属性】面板

图 6-16 预览网页

6.2.4 案例 4——创建锚记链接

创建命名锚记(简称锚点)就是在文档的指定位置设置标记，给该标记一个名称以便引用。通过创建锚点，可以使链接指向当前文档或不同文档中的指定位置。

step 01 打开随书光盘中的 ch06\index.html 文件。将光标放置到要命名锚记的位置，或选中要为其命名锚记的文本，如图 6-17 所示。

step 02 在【插入】面板中的【常用】选项卡中，单击【命名锚记】按钮，如图 6-18 所示。

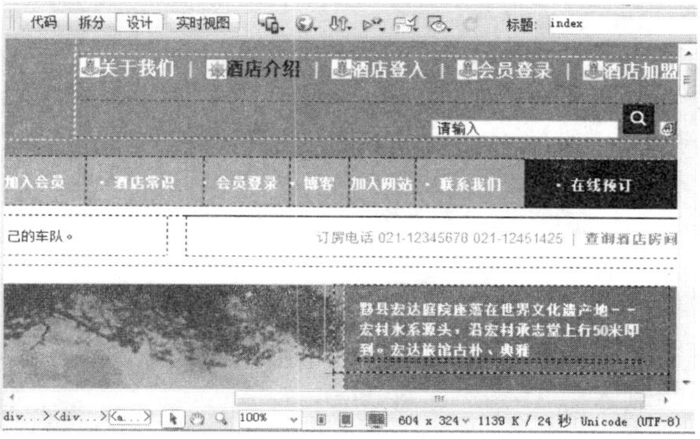

图 6-17 定位命名锚记的位置

图 6-18 选择【命名锚记】按钮

step 03 在弹出的【命名锚记】对话框中，输入“Top”，然后单击【确定】按钮，如图 6-19 所示。

提示

选择【插入】→【命名锚记】菜单命令或按 Ctrl+Alt+A 组合键，也可以打开【命令锚记】对话框。

step 04 此时即可在文档窗口中看到在文档中定义的锚记，如图 6-20 所示。

图 6-19 【命名锚记】对话框

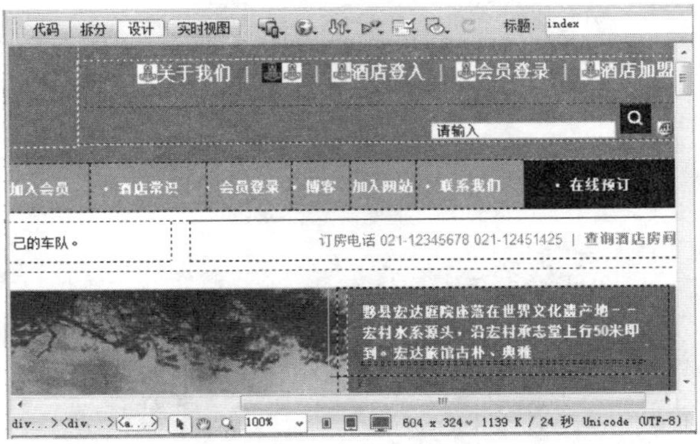

图 6-20 添加命名锚记

提示 在一篇文档中，锚记名称是唯一的，不允许在同一篇文档中出现相同的锚记名称。锚记名称中不能含有空格，而且不应置于层内。锚记名称应区分大小写。

在文档中定义了锚记后，只做好了链接的一半任务，要链接到文档中锚记所在的位置，还必须创建锚记链接。

创建锚记链接的具体操作步骤如下。

step 05 在文档的底部输入文本“返回顶部”并将其作为链接文字选中，如图 6-21 所示。

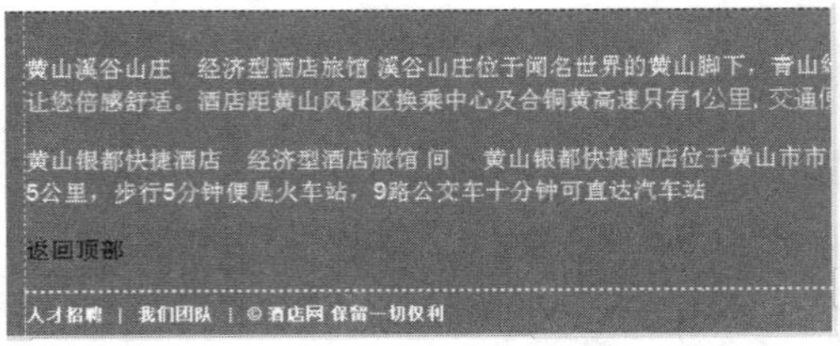

图 6-21 选中链接的文字

step 06 在【属性】面板的【链接】文本框中输入一个字符符号#和锚记名称。比如，要链接到当前文档中名为 Top 的锚记，则输入“#Top”，如图 6-22 所示。

图 6-22 【属性】面板

提示 若要链接到同一文件夹内其他文档(例如 main.html)中名为 top 的锚记，则应输入“main.html#top”。同样，也可以使用【属性】面板中的【指向文件】图标来创建锚记链接。其方法是，单击【属性】面板中的【指向文件】图标，然后将其拖至要链接到的锚记(可以是同一文档中的锚记，也可以是其他打开文档中的锚记)上即可。

step 07 保存文档，按 F12 键在浏览器中将网页打开，然后单击网页底部的“返回顶部”4 个字，如图 6-23 所示。

step 08 在 IE 浏览器中，正文的第 1 行就会出现在页面顶部，如图 6-24 所示。

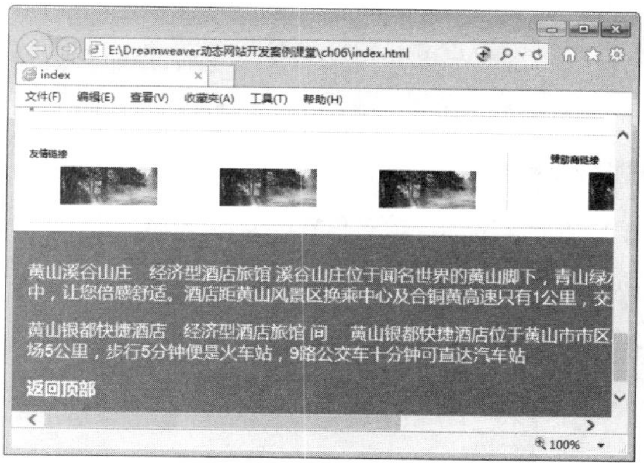

图 6-23 预览网页

图 6-24 返回页面顶部

6.2.5 案例 5——创建图像热点链接

在网页中，不但可以单击整幅图像跳转到链接文档，也可以单击图像中的不同区域而跳转到不同的链接文档。通常将处于一幅图像上的多个链接区域称为热点。热点工具有 3 种：矩形热点工具、椭圆形热点工具和多边形热点工具 。

下面通过实例介绍创建图像热点链接的方法。

step 01 打开随书光盘中的 ch06\index.html 文件，选中其中的图像，如图 6-25 所示。

step 02 单击【属性】面板中相应的热点工具，这里选择矩形热点工具□，然后在图像上需要创建热点的位置拖动鼠标，创建热点，如图 6-26 所示。

图 6-25 选定图像

图 6-26 绘制图像热点

step 03 在【属性】面板的【链接】文本框中输入链接的文件，即可创建一个图像热点链接，如图 6-27 所示。

图 6-27 【属性】面板

step 04 用 step 01～03 的方法创建其他的热点链接，单击【属性】面板上的指针热点工具，将鼠标指针恢复为标准箭头状态，可在图像上选取热点。

提示 被选中的热点边框上将会出现控点，拖动控点可以改变热点的形状。选中热点后，按 Delete 键可以删除热点。在【属性】面板中设置热点相对应的 URL 链接地址。

6.2.6 案例 6——创建电子邮件链接

电子邮件链接是一种特殊的链接，单击这种链接，会启动计算机中相应的 E-mail 程序，允许书写电子邮件，然后发往链接中指定的邮箱地址。

创建电子邮件链接的具体操作步骤如下。

step 01 打开需要创建电子邮件链接的文档。将光标置于文档窗口中要显示电子邮件链接的地方(这里选择页面底部)，选中即将显示为电子邮件链接的文本或图像，然后选择【插入】→【电子邮件链接】菜单命令，如图 6-28 所示。

提示 在【插入】面板的【常用】选项卡中单击【电子邮件链接】按钮也可以打开【电子邮件链接】对话框，如图 6-29 所示。

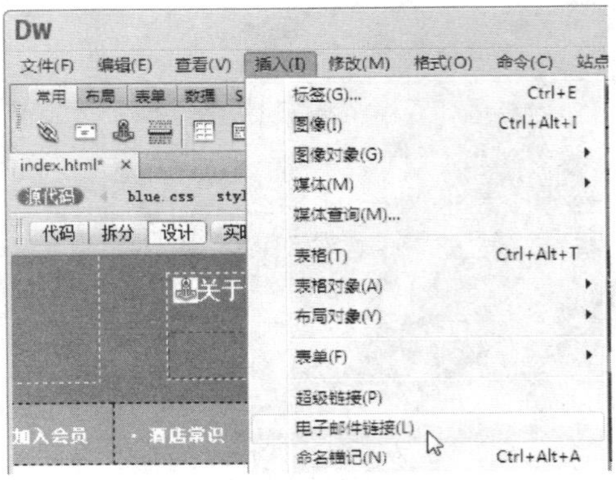

图 6-28 电子邮件链接菜单

图 6-29 【常用】选项卡

step 02 在弹出的【电子邮件链接】对话框的【文本】文本框中，输入或编辑作为电子邮件链接显示在文档中的文本，在【电子邮件】文本框中输入邮件送达的 E-mail 地址，然后单击【确定】按钮，如图 6-30 所示。

提示 同样，也可以利用【属性】面板创建电子邮件链接。其方法是，选中即将显示为电子邮件链接的文本或图像，在【属性】面板的【链接】文本框中输入“mailto:liule2012@163.com”，如图 6-31 所示。

图 6-30 【电子邮件链接】对话框

图 6-31 【属性】面板

提示 电子邮件地址的格式为：用户名@主机名(服务器提供商)。在【属性】面板的【链接】文本框中输入电子邮件地址时，mailto:与电子邮件地址之间不能出现空格(比如正确的格式为 mailto:liule2012@163.com)。

step 03 保存文档，按 F12 键在 IE 浏览器中预览，可以看到电子邮件链接的效果，如图 6-32 所示。

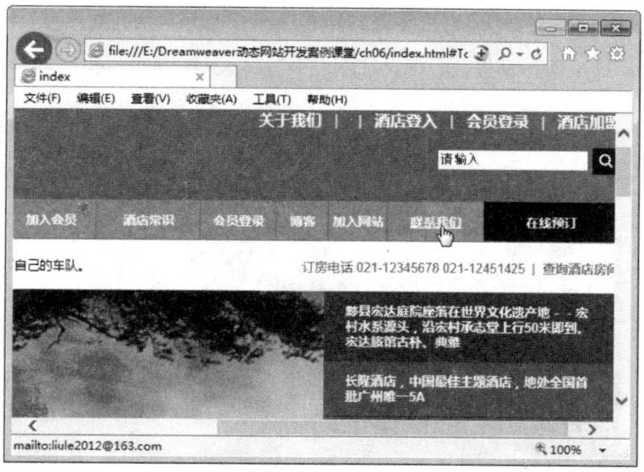

图 6-32 预览效果

6.2.7 案例 7——创建下载文件的链接

下载文件的链接在软件下载网站或源代码下载网站中应用得较多。其创建的方法与一般的链接的创建方法相同，只是所链接的内容不是文字或网页，而是一个软件。

创建下载文件链接的具体操作步骤如下。

step 01 打开需要创建下载文件的文档文件，选中要设置为下载文件的链接的文本，然后单击【属性】面板中【链接】文本框右边的【浏览文件】按钮，如图 6-33 所示。

step 02 打开【选择文件】对话框，选择要链接的下载文件，比如“酒店常识.txt”文件，然后单击【确定】按钮，即可创建下载文件的链接，如图 6-34 所示。

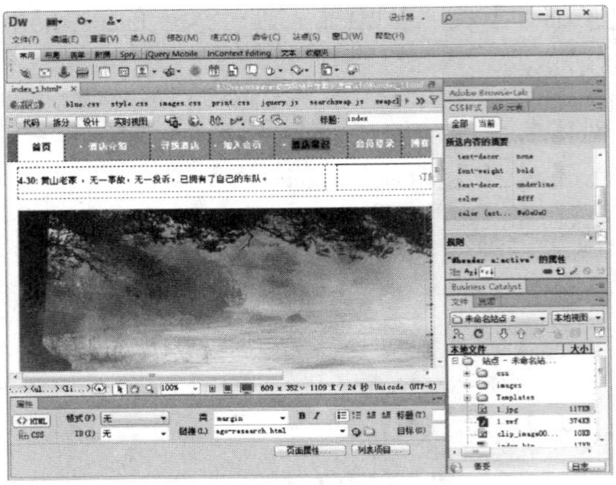

图 6-33 选择文本

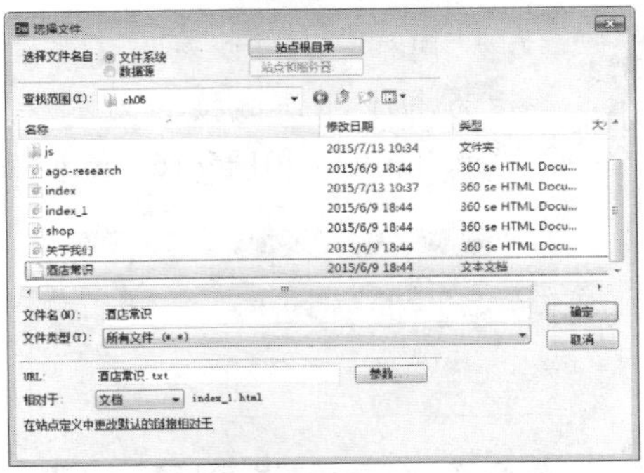

图 6-34 【选择文件】对话框

6.2.8 案例 8——创建空链接

所谓空链接，是指没有目标端点的链接。利用空链接可以激活文档中链接对应的对象和文本。一旦对象或文本被激活，就可以为之添加一个行为，以实现当光标移动到链接上时，进行切换图像或显示分层等动作。创建空链接的具体步骤如下。

step 01 在文档窗口中，选中要设置为空链接的文本或图像，如图 6-35 所示。

图 6-35 选择图像

step 02 打开【属性】面板，然后在【链接】文本框中输入一个“#”号，即可创建空链接，如图 6-36 所示。

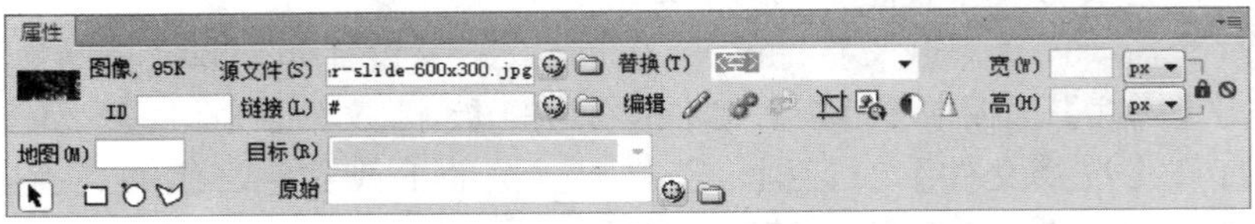

图 6-36 【属性】面板

6.2.9 案例9——创建脚本链接

脚本链接是另一种特殊类型的链接，通过单击带有脚本链接的文本或对象，可以运行相应的脚本及函数(JavaScript 和 VBScript 等)，从而为浏览者提供许多附加的信息。脚本链接还可以被用来确认表单。创建脚本链接的具体步骤如下。

step 01 打开需要创建脚本链接的文档，选择要创建脚本链接的文本、图像或其他对象，这里选中文本“酒店加盟”，如图 6-37 所示。

step 02 在【属性】面板的【链接】文本框中输入“JavaScript：”，接着输入相应的 JavaScript 代码或函数，比如输入“window.close()”，表示关闭当前窗口，如图 6-38 所示。

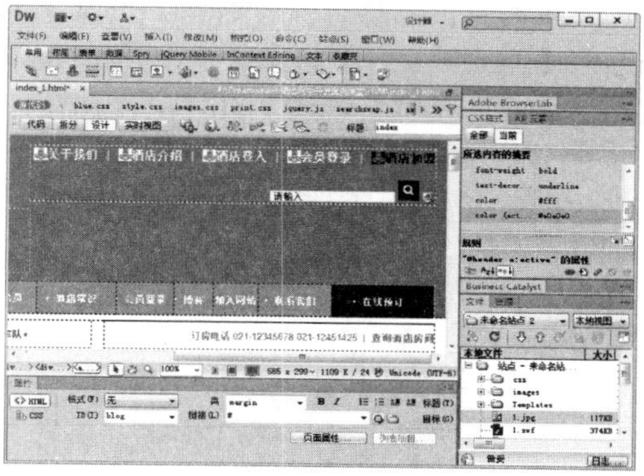

图 6-37 选择文本

图 6-38 输入脚本代码

提示 在代码 javascript:window.close ()中，括号内不能有空格。

step 03 保存网页，按 F12 键在 IE 浏览器中将网页打开，如图 6-39 所示。单击创建的脚本链接文本，会弹出一个对话框，单击【是】按钮，将关闭当前窗口，如图 6-40 所示。

图 6-39 预览网页

图 6-40 提示信息框

提示

JPG 格式的图片不支持脚本链接，如果要为图像添加脚本链接，则应先将图像转换为 GIF 格式。

6.3 案例 10——链接的检查

当创建好一个站点之后，由于一个网站中的链接数量很多，因此在上传服务器之前，必须先检查站点中的所有链接，以免出现链接错误。

在 Dreamweaver CS6 中，可以快速检查站点中网页的链接的具体步骤如下。

step 01 在 Dreamweaver 中，选择【站点】→【检查站点范围的链接】菜单命令，此时会激活链接检查器，如图 6-41 所示。

step 02 从【属性】面板左上角的【显示】下拉列表中可以选择【断掉的链接】、【外部链接】或【孤立的文件】等选项。比如选取【孤立的文件】选项，Dreamweaver CS6 将对当前链接情况进行检查，并且会将孤立的文件列表显示出来，如图 6-42 所示。

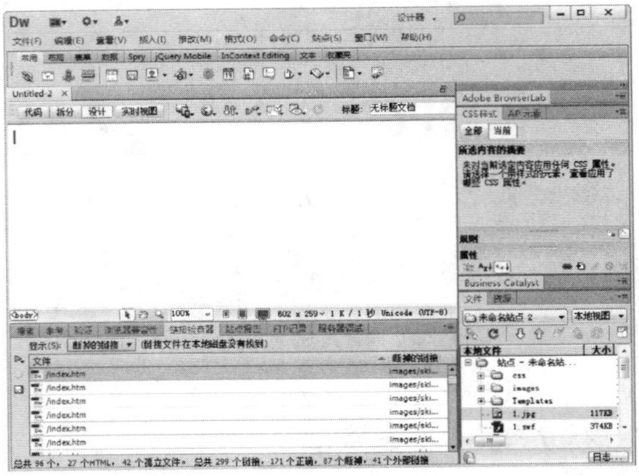

图 6-41　检查站点范围的链接

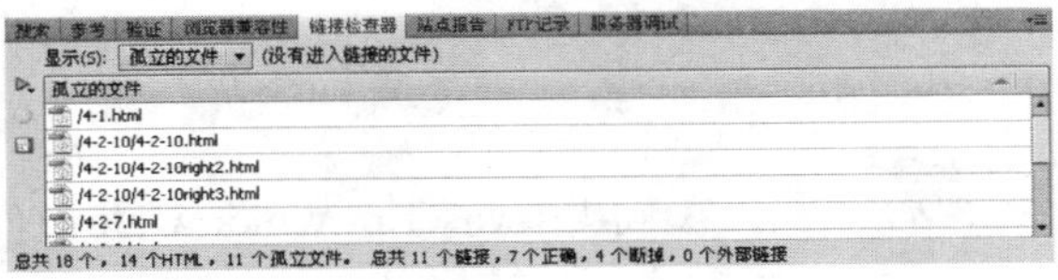

图 6-42　链接检查器

step 03 对于有问题的文件，直接双击鼠标左键，即可将其打开进行修改。

为网页建立的链接要经常检查，因为一个网站都是由多个页面组成的，一旦出现空链接或链接错误的情况，就会对网站的形象造成不好的影响。

6.4 实战演练——为企业网站添加友情链接

使用链接功能可以为企业网站添加友情链接，具体的操作步骤如下。

step 01 打开光盘中的 ch06\index.html 文件。在页面底部输入需要添加的友情链接名称，如图 6-43 所示。

step 02 这里选中“百度”文件，在下方的属性框中的【链接】文本框中输入“www.baidu.com”，如图 6-44 所示。

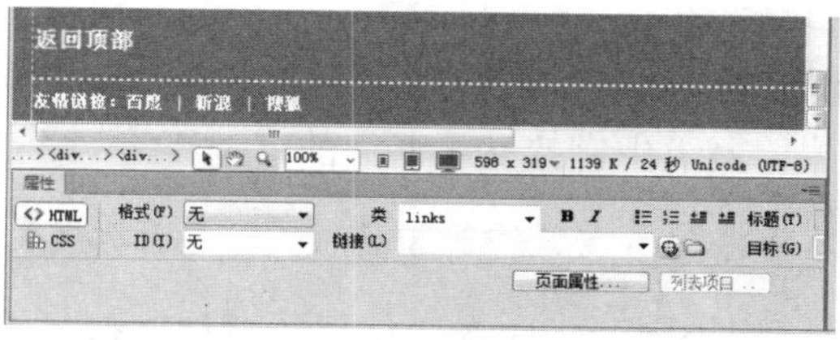

图 6-43　输入友情链接文本

图 6-44　添加链接地址

step 03 重复 02 步骤的操作，选中其他文字，并为这些文件添加链接，如图 6-45 所示。

step 04 保存文档，按 F12 键在 IE 浏览器中预览效果。单击其中的链接，即可打开相应的网页，如图 6-46 所示。

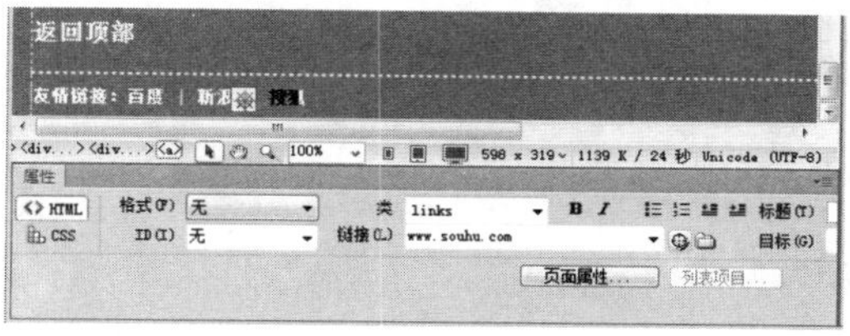

图 6-45　添加其他文本的链接地址

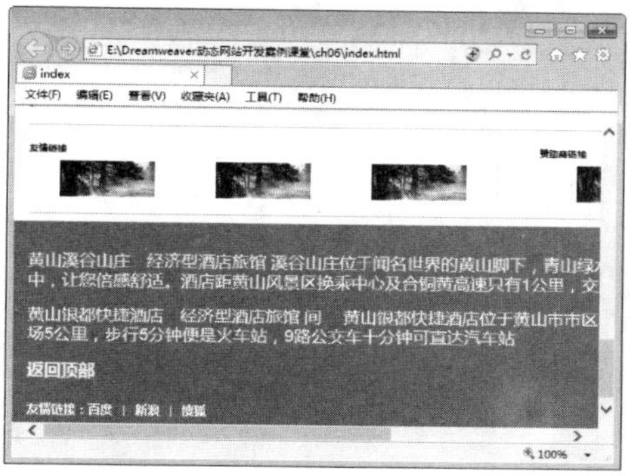

图 6-46　预览网页

6.5 跟我练练手

6.5.1 练习目标

能够熟练掌握本章节所讲内容。

6.5.2 上机练习

练习 1：在网页添加超链接。

练习 2：链接的检查。

练习 3：为企业网站添加超链接。

6.6 高 手 甜 点

甜点 1：如何在 Dreamweaver 中去除网页中链接文字下面的下划线？

在完成网页中的链接制作之后，系统往往会自动在链接文字的下面添加一条下划线，用来标示该内容包含超级链接。当一个网页中的链接较多时，就会显得杂乱，因此有时就需要去除超级链接。其具体操作方法是，在设置页面属性中“链接”选项卡下的“水平线样式”下拉列表中，选择“始终无下划线”选项，即可去除网页中链接文字下面的下划线。

甜点 2：在为图像设置热点链接时，为什么之前为图像设置的普通链接无法使用呢？

一张图像只能选择创建普通链接或热点链接。如果同一张图像在创建了普通链接后再创建热点链接，则普通链接会无效，只有热点链接是有效的。

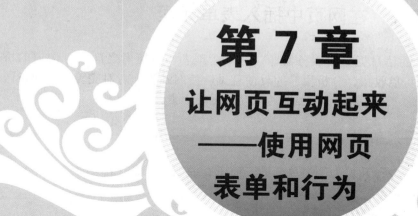

第7章 让网页互动起来——使用网页表单和行为

很多网站都有申请注册会员或邮箱的模块，这些模块都是通过添加网页表单来完成的。另外，设计人员在设计网页时，需要使用编程语言实现一些动作，比如打开浏览器窗口、验证表单等，这些就是网页行为。本章将要介绍的内容是，如何使用网页表单和行为。

本章要点(已掌握的，在方框中打勾)

- ☐ 掌握在网页中插入表单的方法。
- ☐ 掌握在网页中插入复选框与单选按钮的方法。
- ☐ 掌握在网页中制作列表与菜单的方法。
- ☐ 掌握在网页中插入按钮的方法。
- ☐ 掌握在网页中添加行为的方法。
- ☐ 掌握常用网页行为的应用方法。

7.1　在网页中插入表单元素

表单用于把来自用户的信息提交给服务器，是网站管理者与浏览者之间进行沟通的桥梁。利用表单处理程序，可以收集、分析用户的反馈意见，使网站管理者对完善网站建设做出科学、合理的决策。因此，表单是决定网站是否成功的重要因素。

7.1.1　案例 1——插入表单域

每一个表单中都含有表单域和若干个表单元素，而所有的表单元素又都要放在表单域中才会生效，因此，制作表单时要先插入表单域。

在文档中插入表单域的具体操作步骤如下。

step 01 将光标放置在要插入表单域的位置，选择【插入】→【表单】→【表单】菜单命令，如图 7-1 所示。

提示　要插入表单域，也可以在【插入】面板的【表单】选项卡中单击【表单】按钮。

step 02 插入表单域后，页面上会出现一条红色的虚线，如图 7-2 所示。

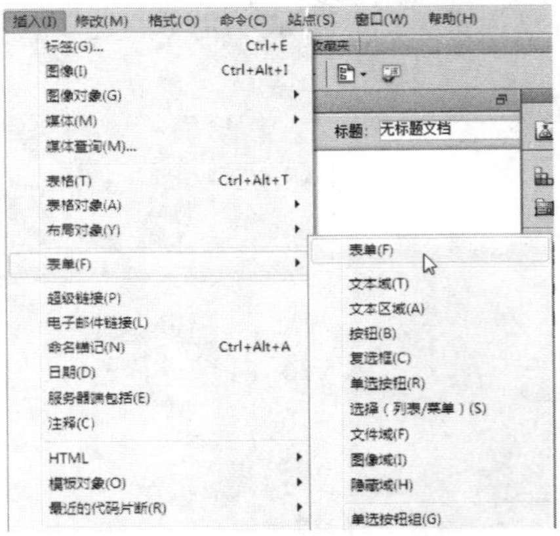

图 7-1　选择【表单】菜单命令

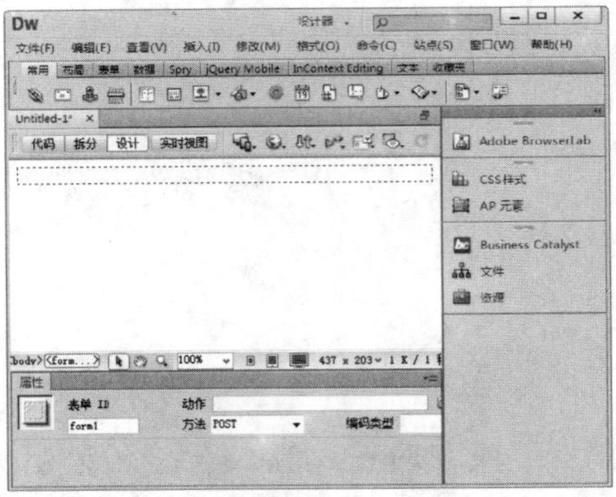

图 7-2　插入的表单域

step 03 选中表单域，或在标签选择器中选择<form#form1>标签，即可在表单的【属性】面板中设置，如图 7-3 所示。

图 7-3　【属性】面板

7.1.2 案例 2——插入文本域

根据不同的 type 属性，文本域可分为 3 种：单行文本域、多行文本域和密码域。

选择【插入】→【表单】→【文本域】菜单命令，或在【插入】面板的【表单】选项卡中单击【文本字段】按钮和【文本区域】按钮，都可以在表单域中插入文本域，如图 7-4 所示。

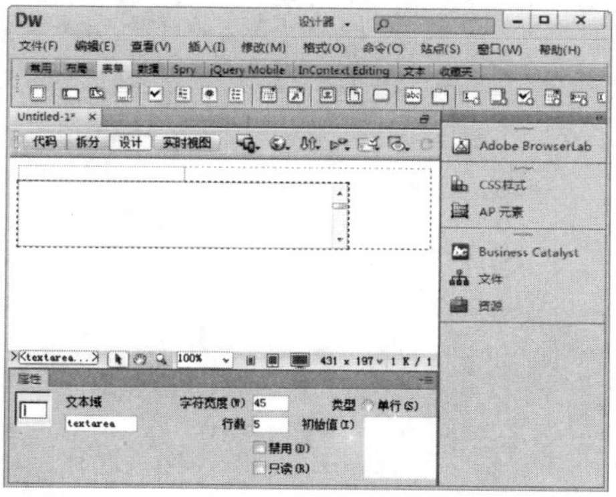

图 7-4 在网页中插入文本域

7.1.3 案例 3——插入单行文本域

单行文本域通常提供单字或短语响应，比如姓名或地址等。

选择【插入】→【表单】→【文本域】菜单命令，或在【插入】面板的【表单】选项卡中单击【文本字段】按钮，即可插入单行文本域，如图 7-5 所示。

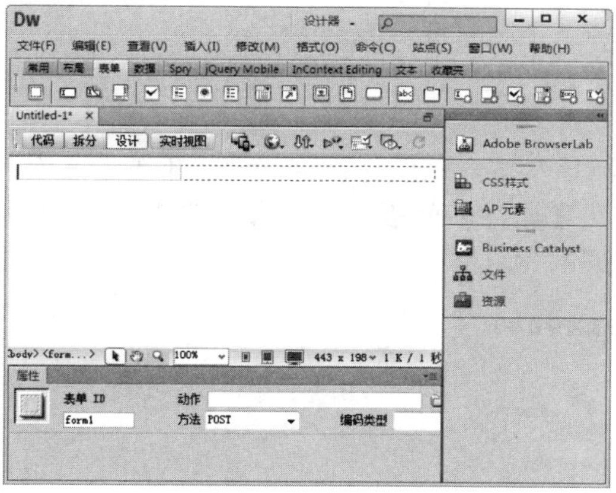

图 7-5 插入单行文本域

提示

插入文本域后，只要在【属性】面板中将【类型】选择为【单行】类型，即可将插入的文本域变为单行文本域。

7.1.4 案例 4——插入多行文本域

选择【插入】→【表单】→【文本区域】菜单命令，或在【插入】面板的【表单】选项卡中单击【文本区域】按钮，即可插入多行文本域，如图 7-6 所示。

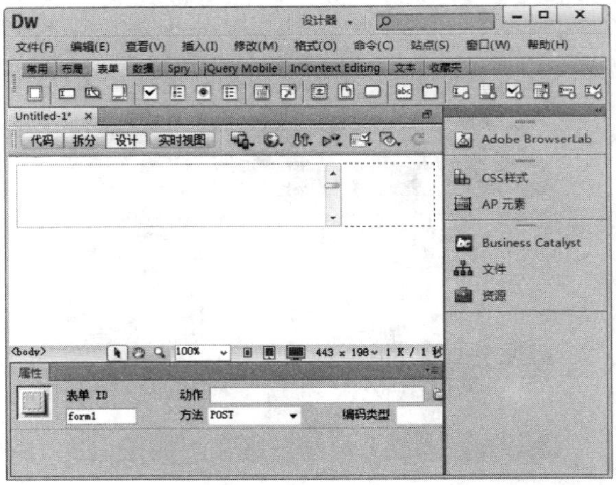

图 7-6 插入多行文本域

> **提示** 插入文本域后，只要在【属性】面板中将【类型】选择为【多行】类型，即可将插入的文本域变为多行文本域。多行文本域可为访问者提供一个较大的区域，供其输入响应，还可以指定访问者最多可输入的行数以及对象的字符宽度。如果输入的文本超过了这些限制，该域将按照换行属性中指定的设置进行滚动。

7.1.5 案例 5——插入密码域

密码域是特殊类型的文本域。当用户在密码域中输入文本信息时，所输入的文本会被替换为星号或项目符号以隐藏该文本，从而保护这些信息不被他人看到，如图 7-7 所示。

当插入文本域之后，在【属性】面板中选中【类型】选项组中的【密码】单选按钮，即可插入密码域，如图 7-8 所示。

图 7-7 密码显示方式

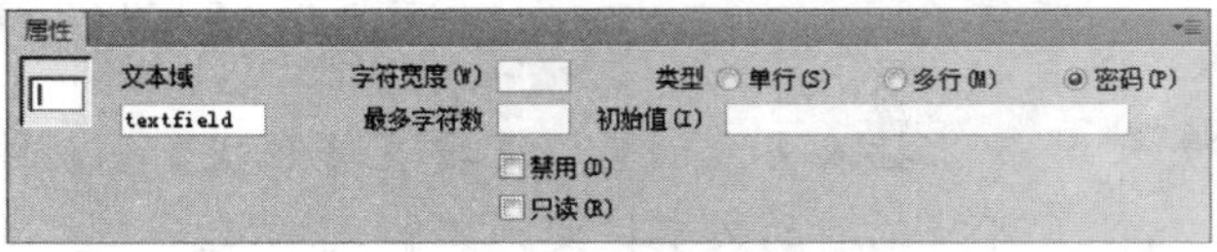

图 7-8 选中【密码】单选按钮

7.2 在网页中插入复选框和单选按钮

复选框允许在一组选项中选择多个选项，用户可以选择任意多个适用的选项。单选按钮代表互相排斥的选择。在某个单选按钮组(由两个或多个共享同一名称的按钮组成)中选择一个选项，就会取消对该组中其他所有选项的选择。

7.2.1 案例 6——插入复选框

如果要从一组选项中选择多个选项，则可使用复选框功能。使用以下两种方法可以插入复选框。

(1) 选择【插入】→【表单】→【复选框】菜单命令，如图 7-9 所示。

(2) 单击【插入】面板【表单】选项卡中的【复选框】按钮，如图 7-10 所示。

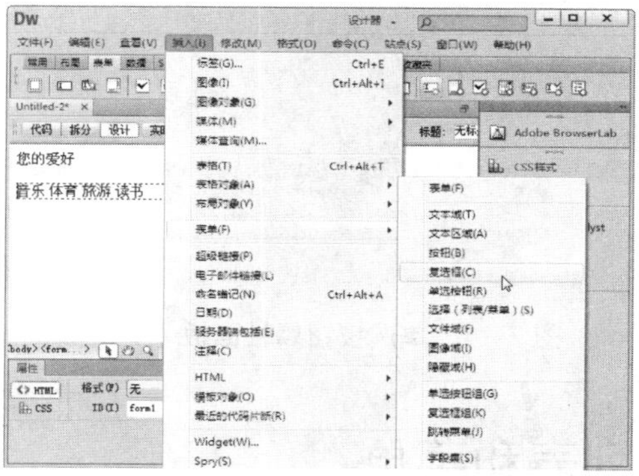

图 7-9 选择【复选框】菜单命令

图 7-10 单击【复选框】按钮

若要为复选框添加标签，可在该复选框的旁边单击，然后输入标签文字即可，如图 7-11 所示。另外，选中【复选框】，在【属性】面板中可以设置其属性，如图 7-12 所示。

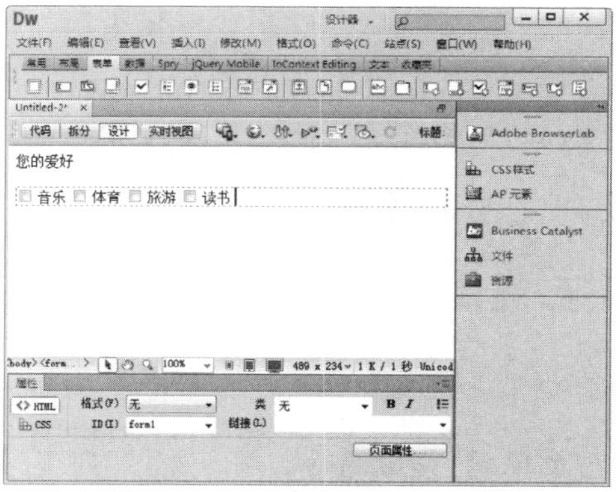

图 7-11 输入复选框的标签文字

图 7-12 复选框【属性】面板

7.2.2 案例 7——插入单选按钮

如果从一组选项中只能选择一个选项，则需要使用单选按钮功能。选择【插入】→【表单】→【单选按钮】菜单命令，即可插入单选按钮。

提示　通过单击【插入】面板【表单】选项卡中的【单选按钮】按钮，也可以插入单选按钮。

若要为单选按钮添加标签，可在该单选按钮的旁边单击，然后输入标签文字即可，如图 7-13 所示。选中单选按钮，在【属性】面板中可为其设置属性，如图 7-14 所示。

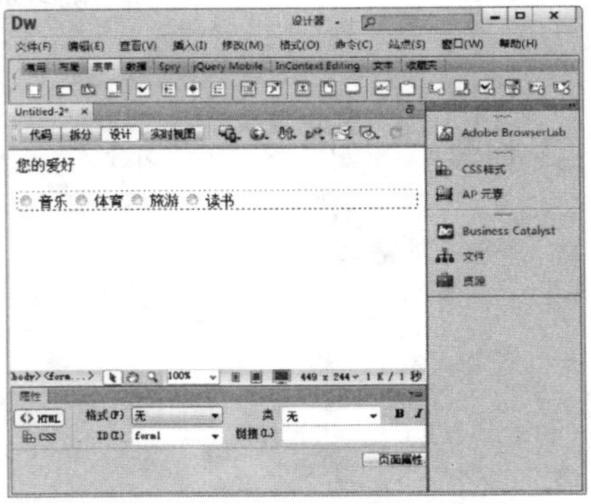

图 7-13　输入单选按钮标签文字

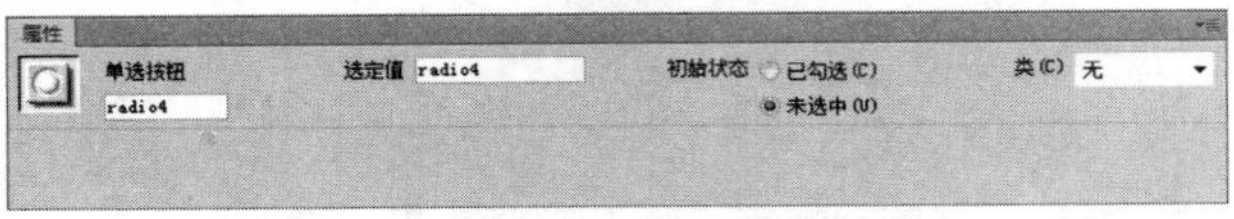

图 7-14　单选按钮属性面板

7.3 制作网页列表和菜单

表单中有两种类型的菜单：一种是单击时下拉的菜单，称为下拉菜单；另一种则显示为一个列有项目的可滚动列表，用户可从该列表中选择项目，被称为滚动列表，如图 7-15 所示分别是下拉菜单域和滚动列表。

图 7-15　列表与菜单

7.3.1 案例 8——插入下拉菜单

创建下拉菜单的具体步骤如下。

step 01 选择【插入】→【表单】→【选择(列表/菜单)】菜单命令，即可插入列表/菜单，然后在其【属性】面板中，在【类型】选项组中选中【菜单】单选按钮，如图 7-16 所示。

step 02 单击【列表值】按钮，在打开的对话框中进行相应的设置，如图 7-17 所示。

图 7-16 选择属性面板

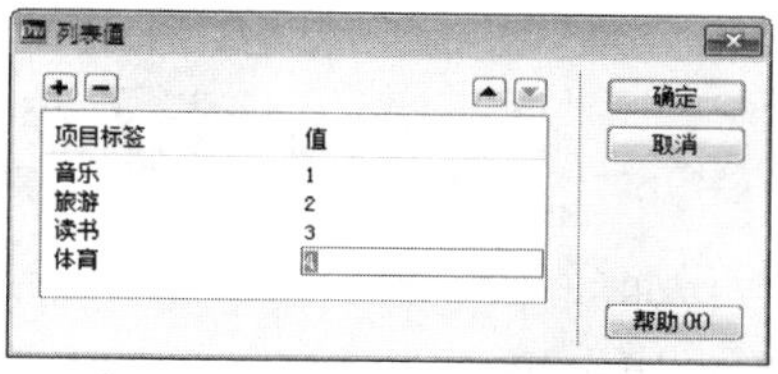

图 7-17 【列表值】对话框

step 03 单击【确定】按钮，在【属性】面板的【初始化时选定】文本框中选择【体育新闻】选项，如图 7-18 所示。

step 04 保存文档，按 F12 键在 IE 浏览器中预览效果，如图 7-19 所示。

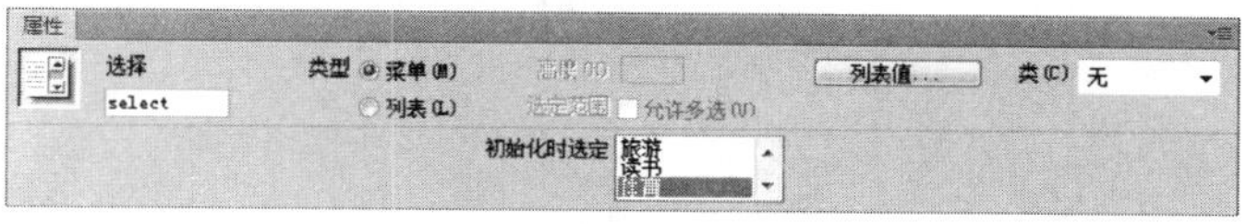

图 7-18 选择初始化时选定的菜单

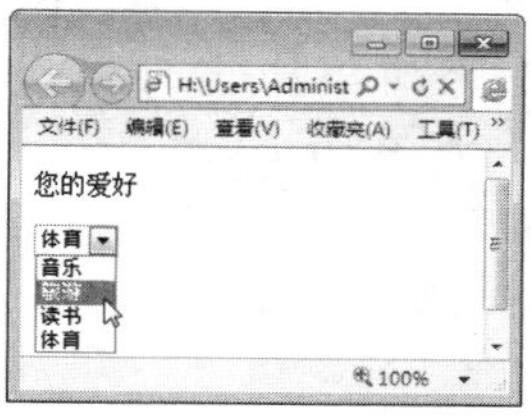

图 7-19 预览效果

7.3.2 案例 9——插入滚动列表

创建滚动列表的具体步骤如下。

step 01 选择【插入】→【表单】→【选择(列表/菜单)】菜单命令，插入列表/菜单，然后在其【属性】面板中，在【类型】选项组中选中【列表】单选按钮，并将其【高度】设置为 3，如图 7-20 所示。

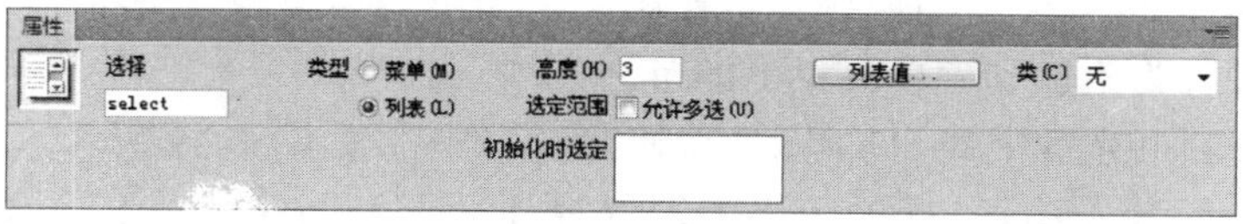

图 7-20 选择属性面板

step 02 单击【列表值】按钮，在打开的对话框中进行相应的设置，如图 7-21 所示。

step 03 单击【确定】按钮保存文档，按 F12 键在 IE 浏览器中预览效果，如图 7-22 所示。

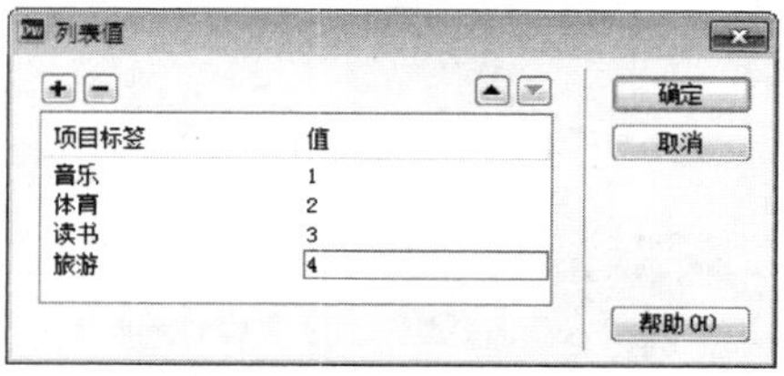

图 7-21 【列表值】对话框

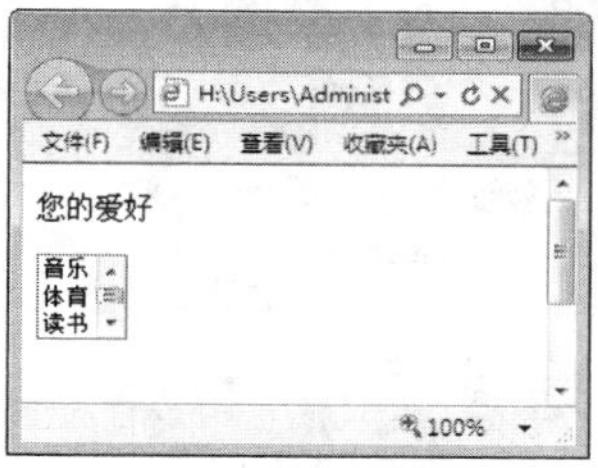

图 7-22 预览效果

7.4 在网页中插入按钮

按钮对于表单来说是必不可少的，无论用户对表单进行了什么操作，只要不单击【提交】按钮，服务器与客户之间就不会有任何交互操作。

7.4.1 案例 10——插入按钮

将光标放在表单内，选择【插入】→【表单】→【按钮】菜单命令，即可插入按钮，如图 7-23 所示。

选中表单按钮 提交 ，即可在打开的【属性】面板中设置按钮名称、值、动作和类等属性，如图 7-24 所示。

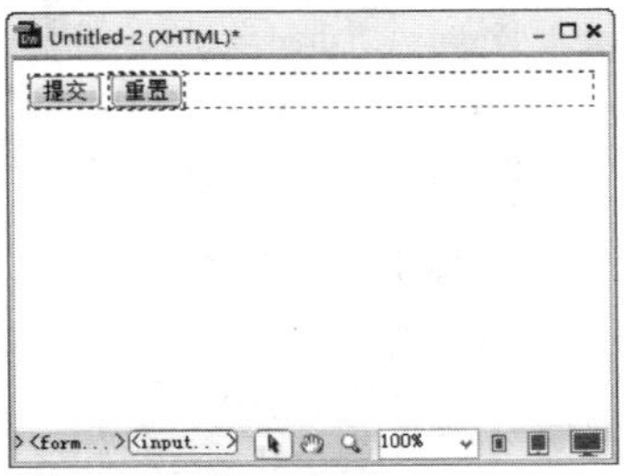

图 7-23 插入按钮

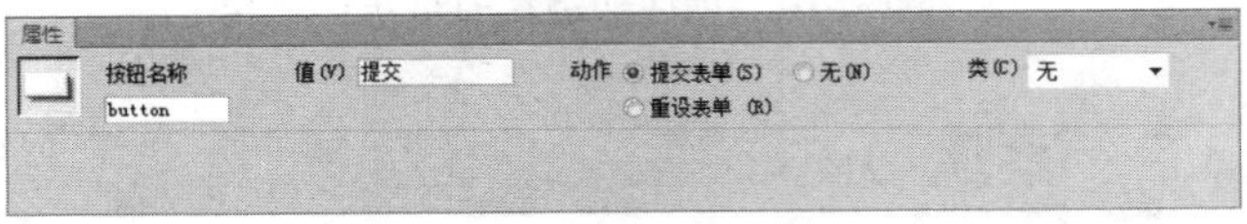

图 7-24 设置按钮的属性

7.4.2 案例 11——插入图像按钮

在 HTML5 中，可以使用图像作为按钮图标。如果要使用图像来执行任务而不是提交数据，则只需将某种行为附加到表单对象上即可。

step 01 打开随书光盘中的 ch07\图像按钮.html 文件，如图 7-25 所示。

step 02 将光标置于第 4 行单元格中，选择【插入】→【表单】→【图像域】菜单命令，或拖动【插入】面板【表单】选项卡中的【图像域】按钮，弹出【选择图像源文件】对话框，如图 7-26 所示。

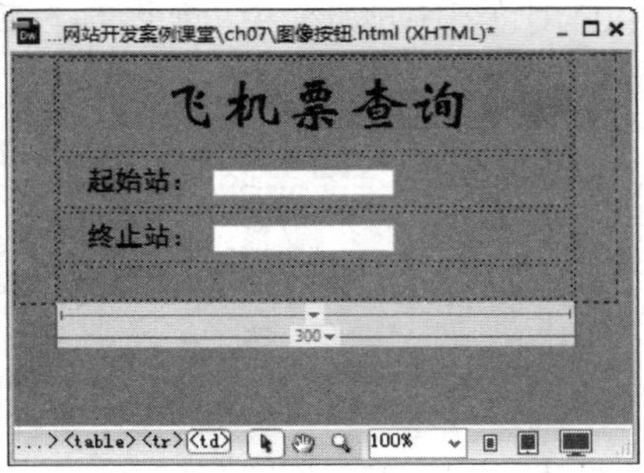

图 7-25 打开素材文件

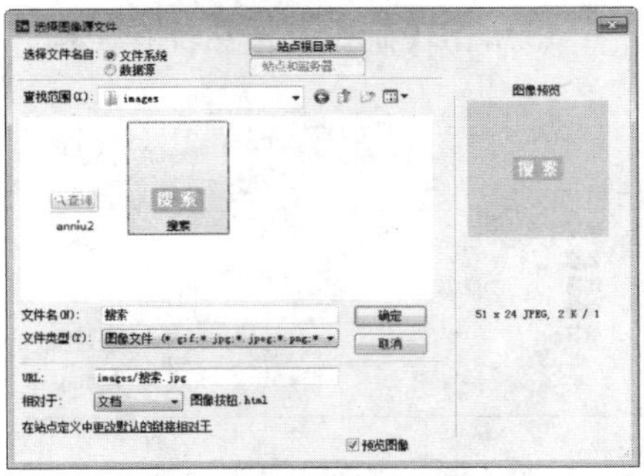

图 7-26 【选择图像源文件】对话框

step 03 在【选择图像源文件】对话框中选中图像，然后单击【确定】按钮，即可插入图像域，如图 7-27 所示。

step 04 选中该图像域，打开其【属性】面板，设置图像域的属性，这里采用默认设置，如图 7-28 所示。

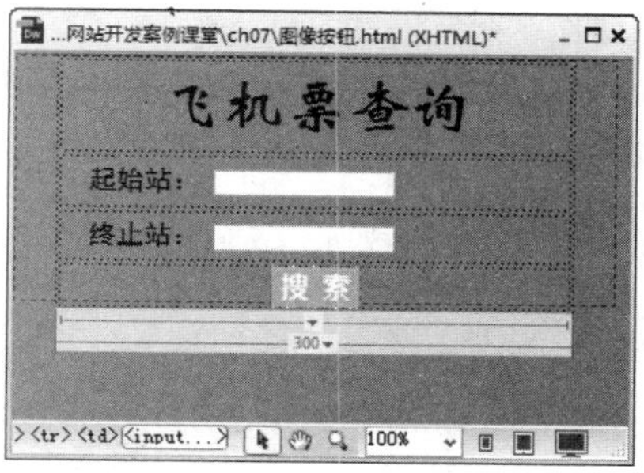

图 7-27 插入图像域

图 7-28 图像区域属性面板

step 05 完成设置后保存文档，按 F12 键在 IE 浏览器中预览效果，如图 7-29 所示。

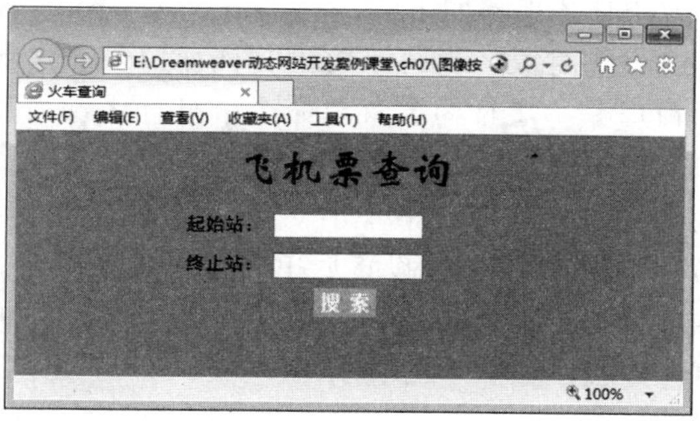

图 7-29 预览效果

7.5 添加网页行为

行为是由对象、事件和动作构成的。对象是产生行为的主体，事件是触发动态效果的原因，动作是指最终需要完成的动态效果。本节就来介绍一下如何为网页添加行为。

7.5.1 案例 12——打开【行为】面板

在 Dreamweaver CS6 中，对行为的添加和控制主要是通过【行为】面板来实现的。选择【窗口】→【行为】菜单命令，即可打开【行为】面板，如图 7-30 所示。

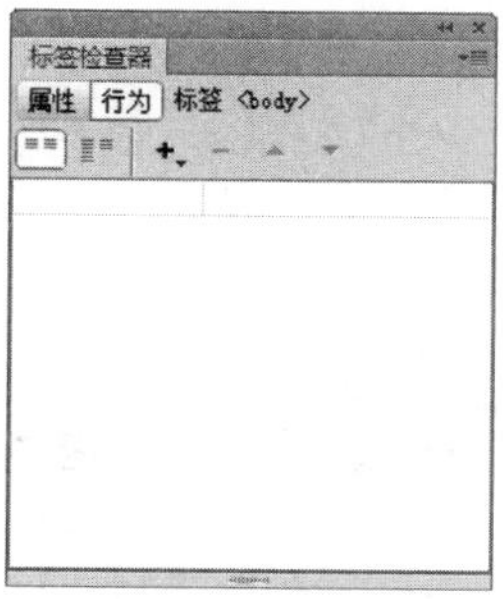

图 7-30 【行为】面板

使用【行为】面板可以将行为附加到页面元素，并且可以修改以前所附加的行为的参数。

【行为】面板中包含以下一些选项行为。

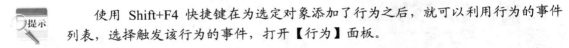

(1) 单击+按钮，可弹出动作菜单，从中可以添加行为。添加行为时，只需从动作菜单中选择一个行为项即可。当从该动作菜单中选择一个动作时，将出现一个对话框，可以在此对话框中指定该动作的参数。如果动作菜单上的所有动作都处于灰显状态，则表示选定的元素无法生成任何事件。

(2) 单击−按钮，可从行为列表中删除所选的事件和动作。

(3) 单击▲按钮或▼按钮，可将动作项向前移或向后移动，从而改变动作执行的顺序。对于不能在列表中上下移动的动作，箭头按钮则处于禁用状态。

提示　使用 Shift+F4 快捷键在为选定对象添加了行为之后，就可以利用行为的事件列表，选择触发该行为的事件，打开【行为】面板。

7.5.2 案例 13——添加行为

在 Dreamweaver CS6 中，可以为文档、图像、链接和表单等任何网页元素添加行为。在给对象添加行为时，可以一次为每个事件添加多个动作，并按【行为】面板中的动作列表的顺序来执行动作。添加行为的具体步骤如下。

step 01 在网页中选定一个对象，也可以单击文档窗口左下角的<body>标签选中整个页面，然后选择【窗口】→【行为】菜单命令，打开【行为】面板，单击+按钮，弹出动作菜单，如图 7-31 所示。

step 02 从弹出的动作菜单中选择一种动作，会弹出相应的参数设置对话框(此处选择“弹出信息”命令)。在其中进行设置后单击【确定】按钮，随即，在事件列表中会显示动作的默认事件。单击该事件，会出现一个▼按钮，单击▼按钮，即可弹出包含全部事件的事件列表，如图 7-32 所示。

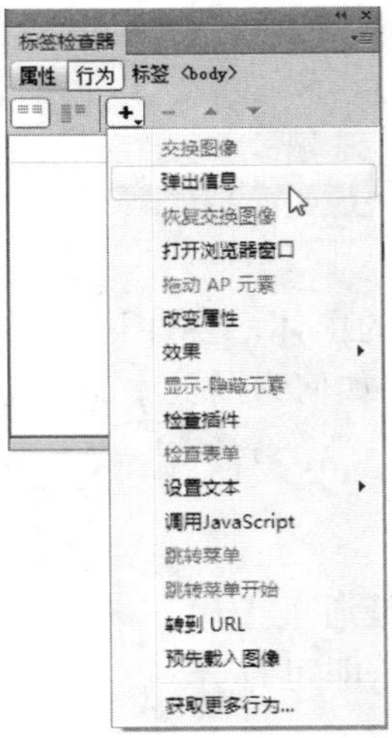

图 7-31　动作菜单

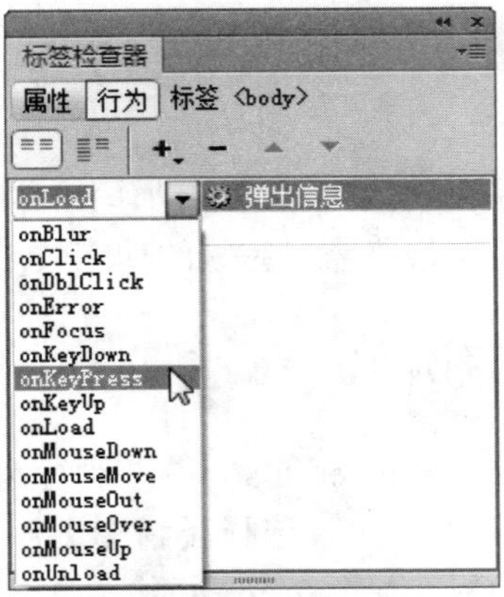

图 7-32　动作事件

7.6 常用行为的应用

Dreamweaver CS6 内置有许多行为，每一种行为都可以实现一个动态效果，或用户与网页之间的交互。

7.6.1 案例 14——交换图像

使用【交换图像】动作，通过更改图像标签的 src 属性，可将一个图像与另一个图像进行交换。使用此动作可以创建鼠标经过图像和其他的图像效果(包括一次交换多个图像)。

创建【交换图像】动作的具体步骤如下。

step 01 打开随书光盘中的 ch07\应用行为\index.html 文件，如图 7-33 所示。

step 02 选择【窗口】→【行为】菜单命令，打开【行为】面板。选中图像，单击+按钮，在弹出的菜单中选择【交换图像】命令，如图 7-34 所示。

图 7-33 打开素材文件

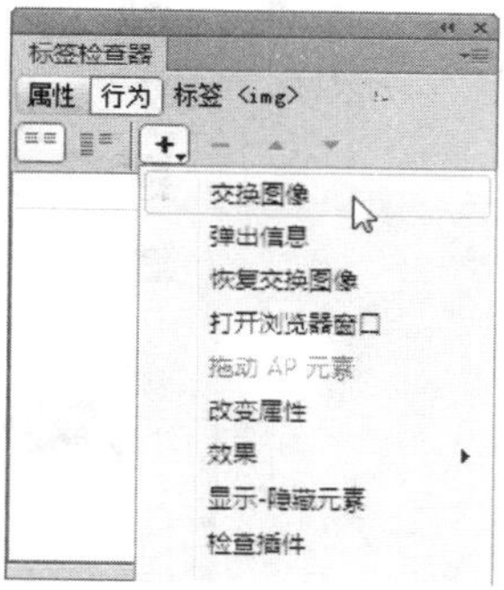

图 7-34 选择【交换图像】命令

step 03 弹出【交换图像】对话框，如图 7-35 所示。

step 04 单击浏览按钮 浏览... ，弹出【选择图像源文件】对话框，从中选择一幅图像，如图 7-36 所示。

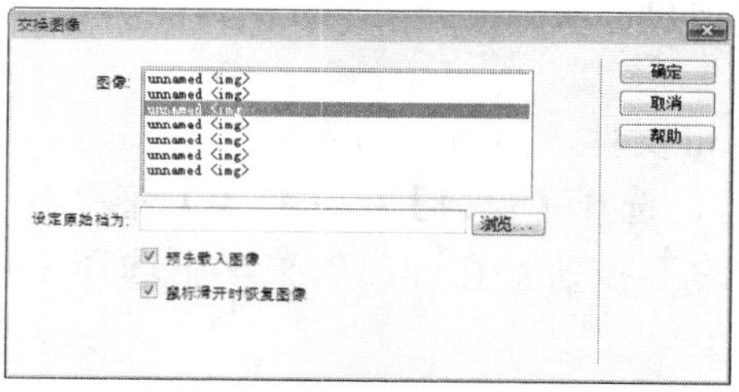

图 7-35 【交换图像】对话框

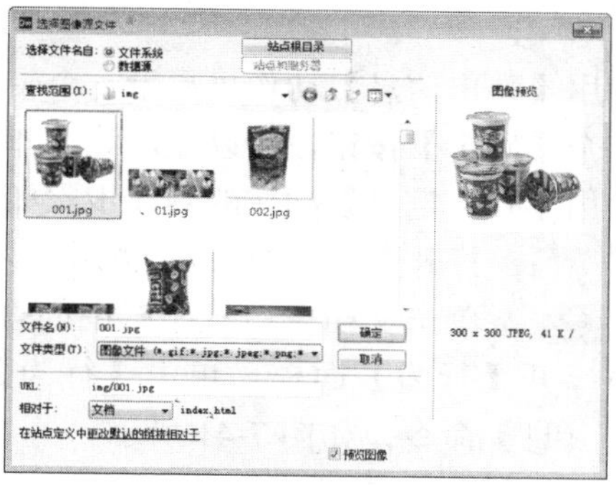

图 7-36 【选择图像源文件】对话框

step 05 单击【确定】按钮，返回【交换图像】对话框，如图 7-37 所示。

step 06 单击【确定】按钮，添加【交换图像】行为，如图 7-38 所示。

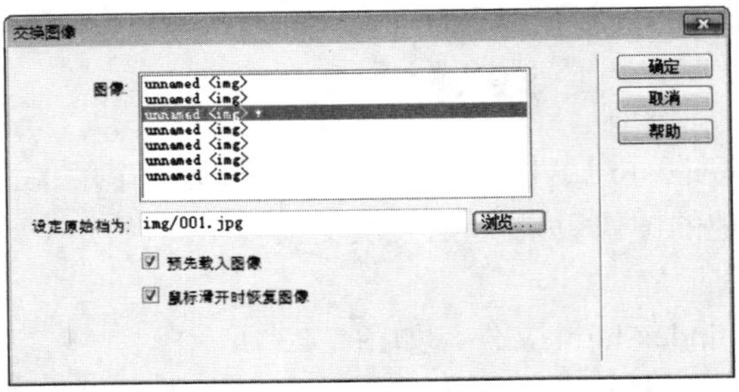

图 7-37　设置原始图像

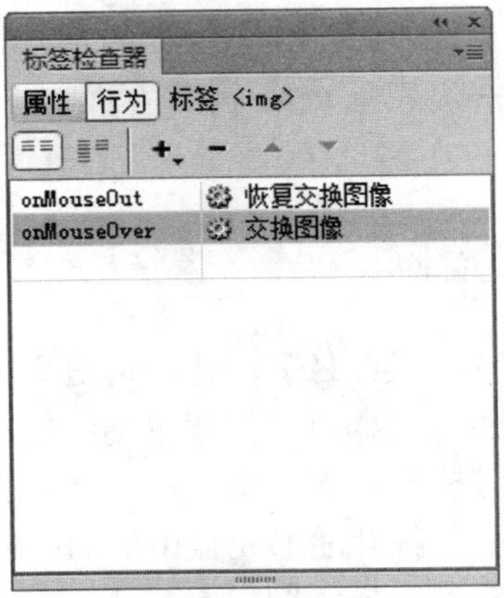

图 7-38　添加【交换图像】行为

step 07 保存文档，按 F12 键在 IE 浏览器中预览效果，如图 7-39 所示。

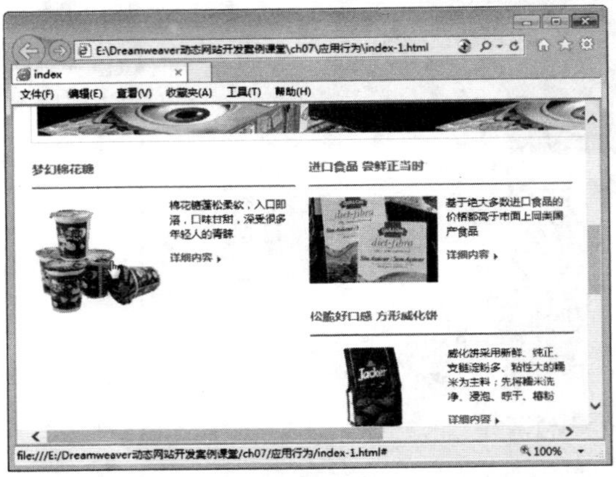

图 7-39　预览效果

7.6.2　案例 15——弹出信息

使用【弹出信息】动作可显示一个带有指定信息的 JavaScript 警告。因为 JavaScript 警告只有一个【确定】按钮，所以使用此动作可以提供信息，而不能为用户提供选择。

使用【弹出信息】动作的具体步骤如下。

step 01 打开光盘中的 ch07\应用行为\index.html 文件，如图 7-40 所示。

step 02 单击文档窗口状态栏中的<body>标签，选择【窗口】→【行为】菜单命令，打开【行为】面板。单击【行为】面板中的+.按钮，在弹出的菜单中选择【弹出信息】命令，如图 7-41 所示。

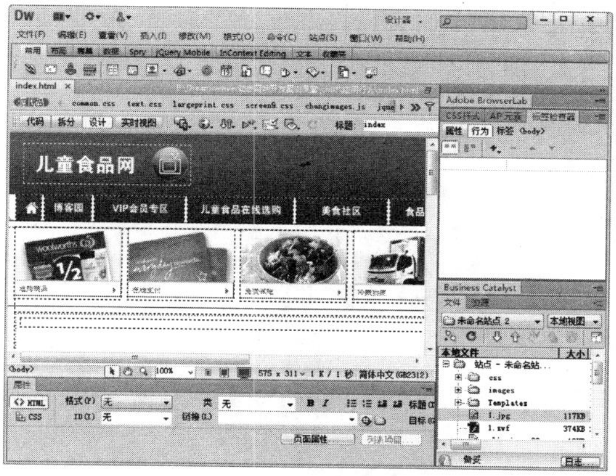

图 7-40 打开素材文件

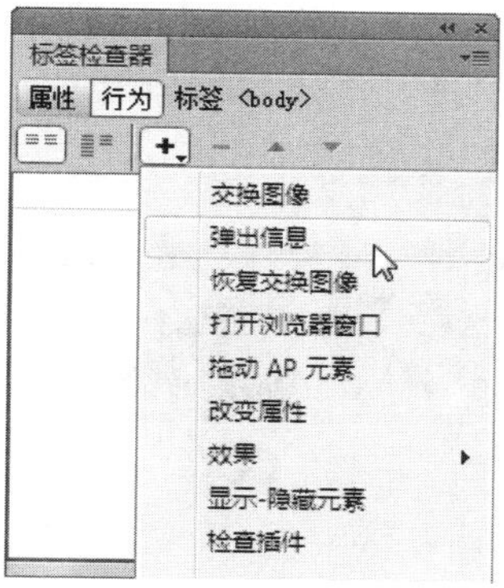

图 7-41 选择【弹出信息】命令

step 03 弹出【弹出信息】对话框，在【消息】文本框中输入要显示的信息“欢迎你的光临”，如图 7-42 所示。

step 04 单击【确定】按钮，添加行为，并设置相应的事件，如图 7-43 所示。

step 05 保存文档，按 F12 键在 IE 浏览器中预览效果，如图 7-44 所示。

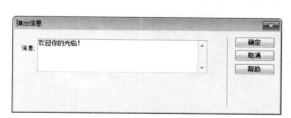

图 7-42 【弹出信息】对话框

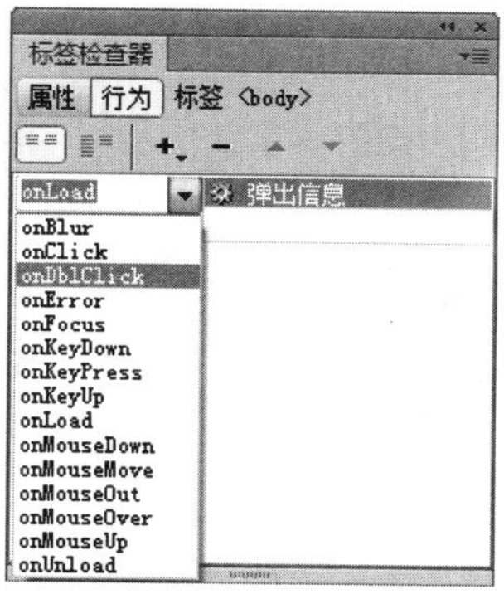

图 7-43 添加行为事件

图 7-44 信息提示框

7.6.3 案例 16——打开浏览器窗口

使用【打开浏览器窗口】动作可以在一个新的窗口中打开 URL，可以指定新窗口的属性(包括其大小)、特性(是否可以调整大小、是否具有菜单栏等)和名称。

使用【打开浏览器窗口】动作的具体步骤如下。

step 01 打开光盘中的 ch07\应用行为\index.html 文件，如图 7-45 所示。

step 02 选择【窗口】→【行为】菜单命令，打开【行为】面板。单击该面板中的+按钮，在弹出的菜单中选择【打开浏览器窗口】命令，如图 7-46 所示。

step 03 弹出【打开浏览器窗口】对话框，在【要显示的 URL】文本框中输入在新窗口中载入的目标 URL 地址(可以是网页，也可以是图像)；或单击【要显示的 URL】文本框右侧的【浏览】按钮，弹出【选择文件】对话框，如图 7-47 所示。

step 04 在【选择文件】对话框中选择文件，单击【确定】按钮，将其添加到文本框中，然后将【窗口宽度】和【窗口高度】分别设置为 380 和 350，在【窗口名称】文本框中输入“弹出窗口”，如图 7-48 所示。

图 7-45　打开素材文件

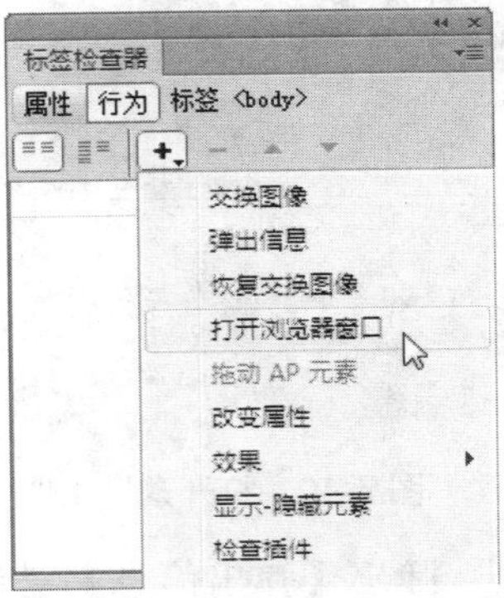

图 7-46　选择要添加的行为

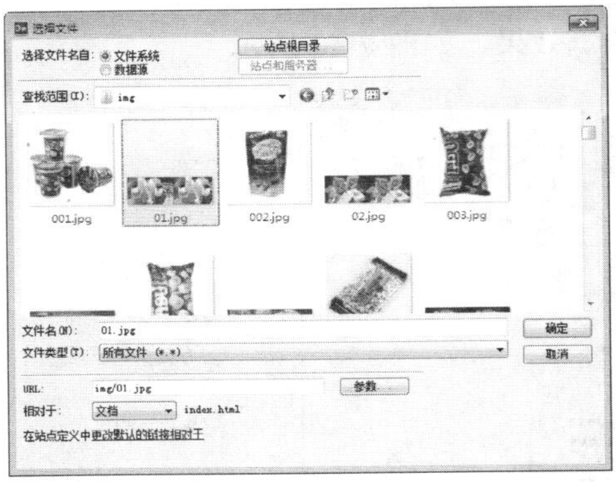

图 7-47　【选择文件】对话框

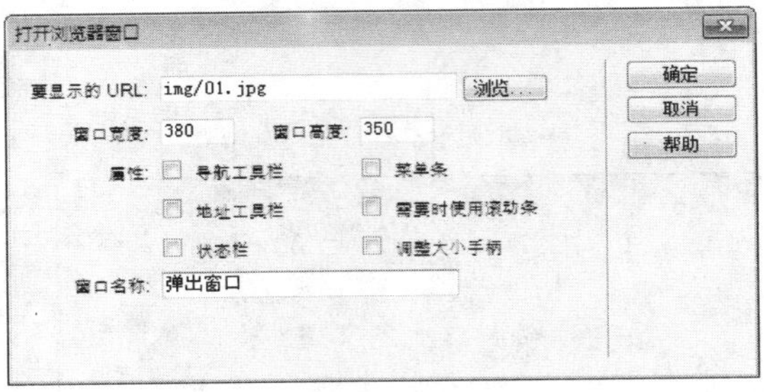

图 7-48　【打开浏览器窗口】对话框

在【打开浏览器窗口】对话框中，各部分的含义如下。

- 【窗口宽度】和【窗口高度】文本框：用于指定窗口的宽度和高度(以像素为单位)。
- 【导航工具栏】复选框：浏览器窗口的组成部分，包括【后退】、【前进】、【主页】和【重新载入】等按钮。
- 【地址工具栏】复选框：浏览器窗口的组成部分，包括【地址】文本框等。
- 【状态栏】复选框：位于浏览器窗口的底部，在该区域中显示消息(比如剩余的载入时间以及与链接关联的 URL)。
- 【菜单条】复选框：浏览器窗口上显示菜单(比如文件、编辑、查看、转到和帮助等菜单)的区域。如果要让访问者能够从新窗口导航，用户应该选中此复选框。如果撤选此复选框，在新窗口中用户只能关闭或最小化窗口。
- 【需要时使用滚动条】复选框：用于指定如果内容超出可视区域时将显示滚动条。如果撤选此复选框，则不显示滚动条。如果【调整大小手柄】复选框该功能也会被撤选，访问者将很难看到超出窗口大小以外的内容(虽然他们可以拖动窗口的边缘使窗口滚动)。

- 【调整大小手柄】复选框：用于指定应该能够调整窗口的大小。方法是拖动窗口的右下角或单击右上角的最大化按钮。如果撤选此复选框，调整大小控件将不可用，右下角也不能拖动。
- 【窗口名称】文本框：新窗口的名称。如果用户要通过 JavaScript 使用链接指向新窗口或控制新窗口，则应该对新窗口命名。此名称不能包含空格或特殊字符。

step 05 单击【确定】按钮，添加行为，并设置相应的事件，如图 7-49 所示。

step 06 保存文档，按 F12 键在 IE 浏览器中预览效果，如图 7-50 所示。

图 7-49 设置行为事件

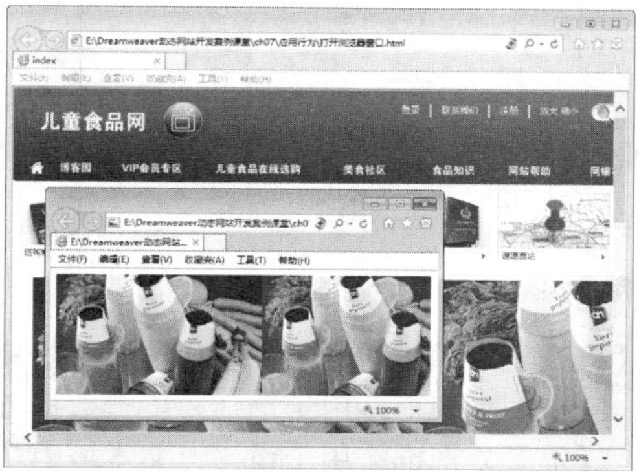

图 7-50 预览效果

7.6.4 案例 17——检查表单行为

在包含表单的页面中填写相关信息时，当信息填写出错时，系统会自动显示出错信息，这是通过检查表单来实现的。在 Dreamweaver CS6 中，可以使用【检查表单】行为来为文本域设置有效性规则，检查文本域中的内容是否有效，以确保输入数据的正确性。

使用【检查表单】行为的具体步骤如下。

step 01 打开随书光盘中的 ch07\检查表单行为.htm 文件，如图 7-51 所示。

step 02 按 Shift+F4 组合键，打开【行为】面板，如图 7-52 所示。

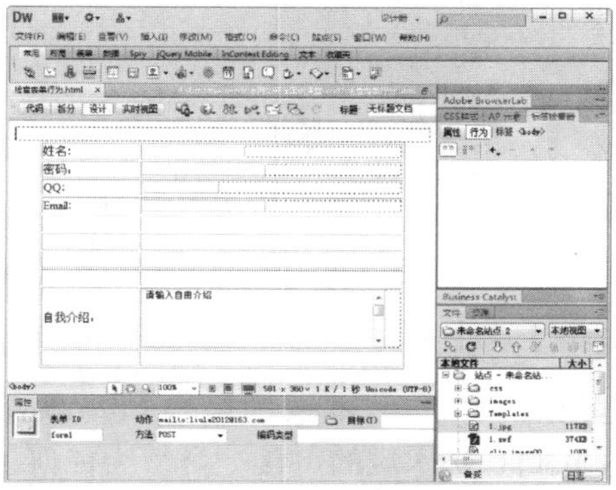

图 7-51 打开素材文件

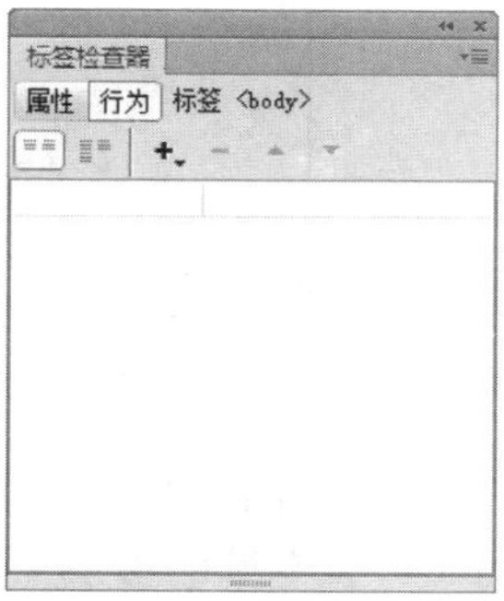

图 7-52 【行为】面板

step 03 单击【行为】面板上的+按钮，在弹出的菜单中选择【检查表单】命令，如图 7-53 所示。

step 04 弹出【检查表单】对话框，【域】列表框中显示了文档中插入的文本域，如图 7-54 所示。

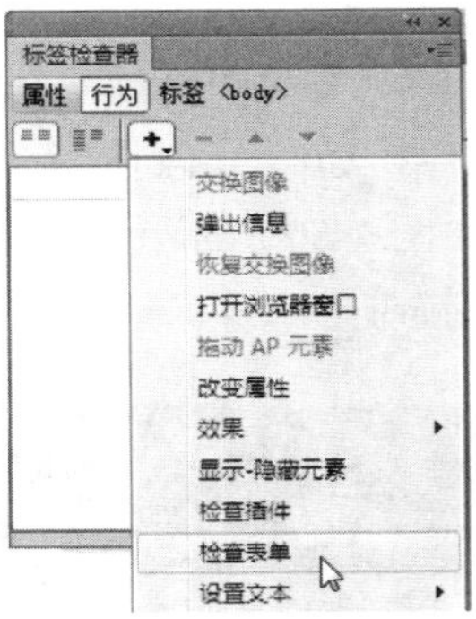

图 7-53 选择【检查表单】命令

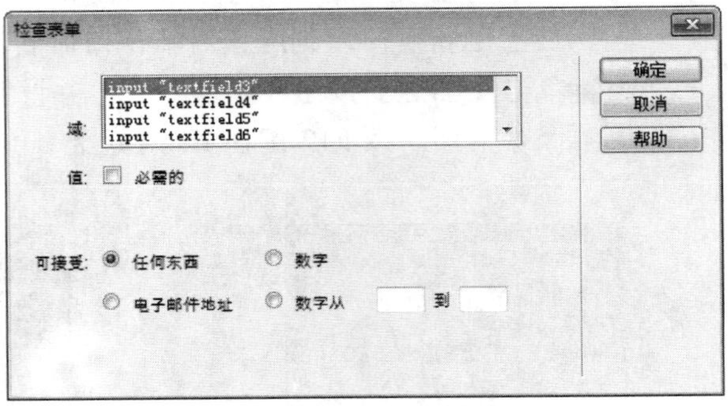

图 7-54 【检查表单】对话框

在【检查表单】对话框中主要参数选项的具体作用如下。

- 【域】列表框：用于选择要检查数据有效性的表单对象。
- 【值】复选框：用于设置该文本域中是否使用必填文本域。
- 【可接受】选项区域：用于设置文本域中可填数据的类型，可以选择 4 种类型。选择【任何东西】选项表明文本域中可以输入任意类型的数据。选择【数字】选项表明文本域中只能输入数字数据。选择【电子邮件地址】选项表明文本域中只能输入电子邮件地址。选择【数字从】选项可以设置可输入数字值的范围，可在右边的文本框中从左至右分别输入最小数值和最大数值。

step 05 选中 textfield3 文本域，选中【必需的】复选框，选中【任何东西】单选按钮，设置该文本域是必需填写项，可以输入任何文本内容，如图 7-55 所示。

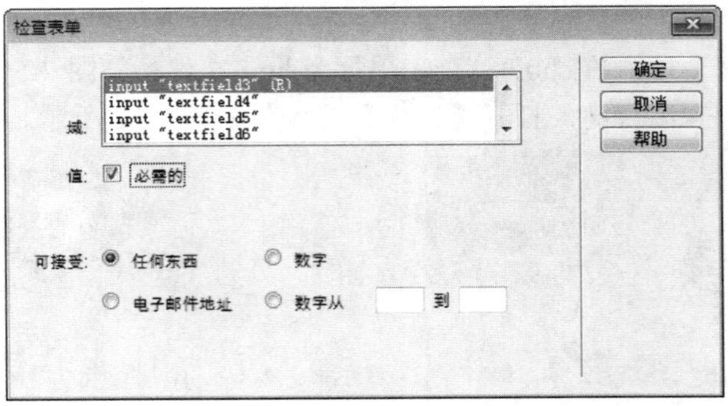

图 7-55 设置【检查表单】属性

step 06 参照相同的方法，设置 textfield2 和 textfield3 文本域为必需填写项。其中 textfield2 文本域的可接受类型为数字，textfield3 文本域的可接受类型为任何东西，如图 7-56 所示。

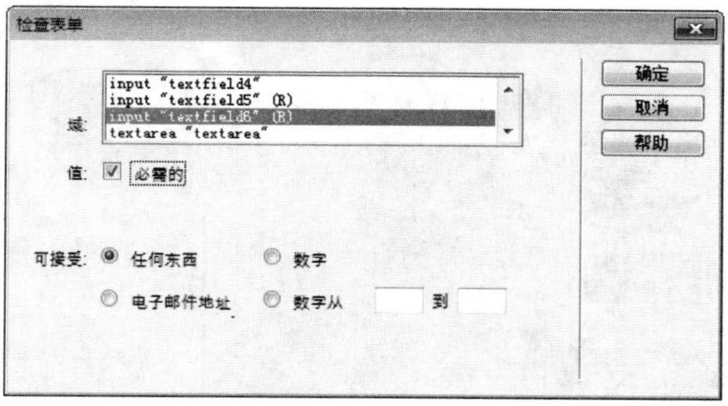

图 7-56　设置其他检查信息

step 07 单击【确定】按钮，即可添加【检查表单】行为，如图 7-57 所示。

step 08 保存文档，按 F12 键在 IE 浏览器中预览效果。当在文档的文本域中未填写或填写有误时，会打开一个信息提示框，提示出错信息，如图 7-58 所示。

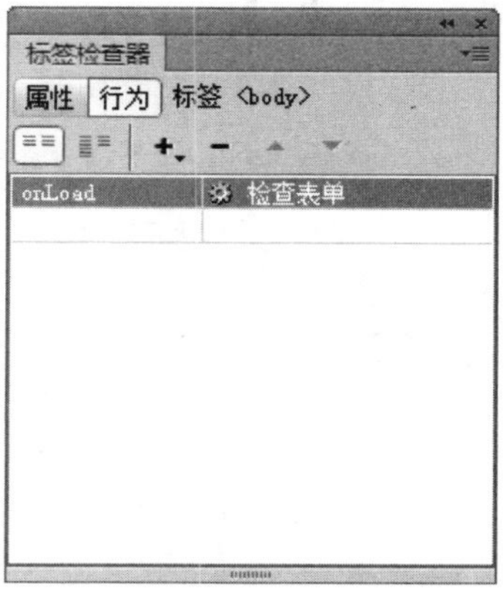

图 7-57　添加【检查表单】行为

图 7-58　预览网页提示信息

7.6.5　案例 18——设置状态栏文本

使用【设置状态栏文本】动作可在浏览器窗口底部左侧的状态栏中显示消息。比如，可以使用此动作在状态栏中显示链接的目标而不是显示与之关联的 URL。

设置状态栏文本的操作步骤如下。

step 01 打开随书光盘中的 ch07\设置状态栏\index.html 文件，如图 7-59 所示。

step 02 按 Shift+F4 组合键，打开【行为】面板，如图 7-60 所示。

step 03 单击【行为】面板上的+按钮，在弹出的菜单中选择【设置文本】→【设置状态栏文本】命令，如图 7-61 所示。

step 04 弹出【设置状态栏文本】对话框，在【消息】文本框中输入“欢迎光临！”，也可以输入相应的 JaveScript 代码，如图 7-62 所示。

图 7-59　打开素材文件

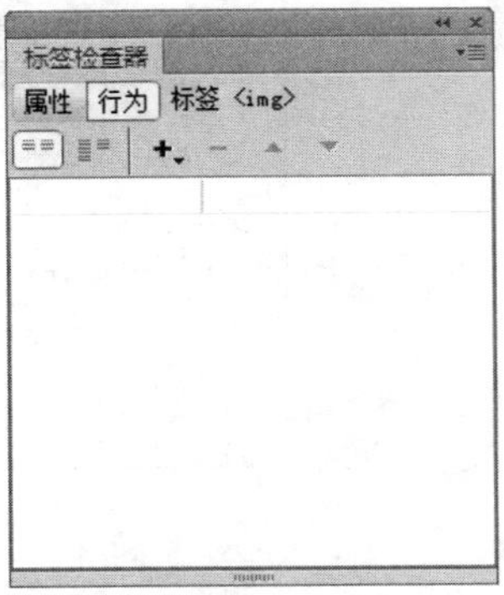

图 7-60　【行为】面板

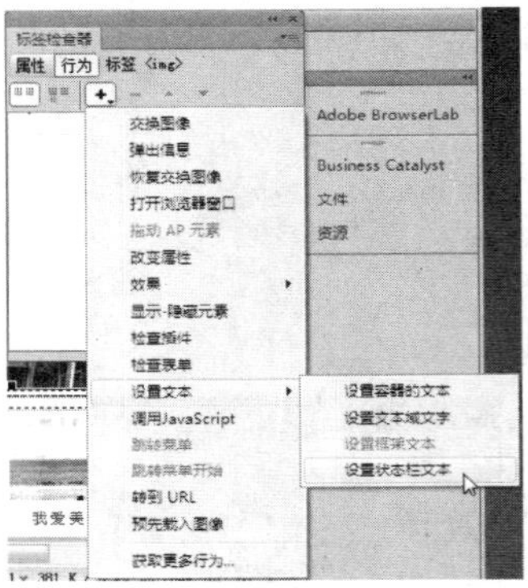

图 7-61　选择【设置状态栏文本】命令

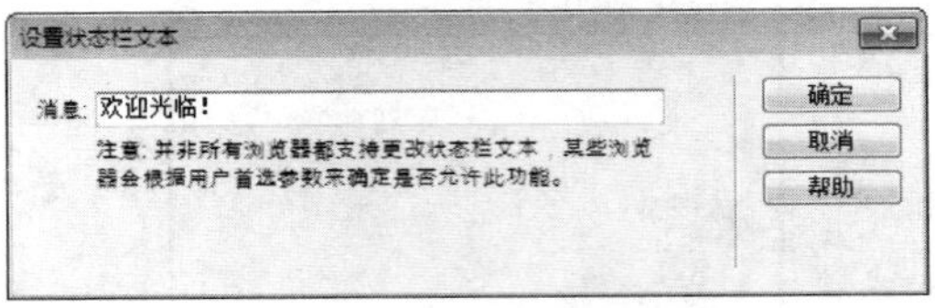

图 7-62　【设置状态栏文本】对话框

step 05 单击【确定】按钮，添加行为，如图 7-63 所示。

step 06 保存文档，按 F12 键在 IE 浏览器中预览效果，如图 7-64 所示。

图 7-63　添加行为

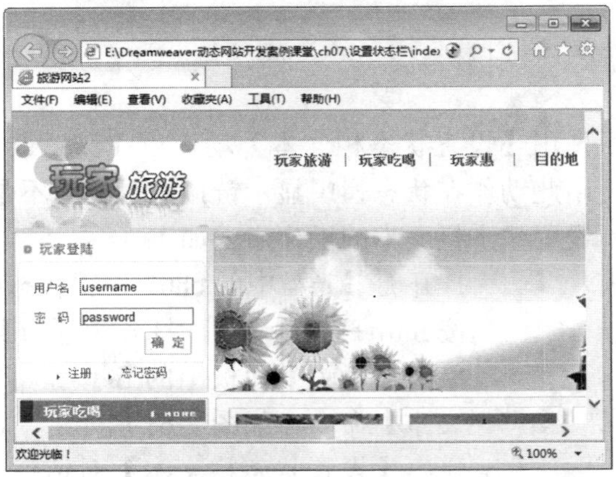

图 7-64　预览效果

7.7 实战演练——使用表单制作留言本

一个好的网站，总是在不断地完善和改进。在改进的过程中，总是要经常听取别人的意见，为此可以通过留言本来获取浏览者浏览网站的反馈信息。

使用表单制作留言本的具体操作步骤如下。

step 01 打开随书光盘中的 ch07\制作留言本.html 文件，如图 7-65 所示。

step 02 将光标移到下一行，单击【插入】面板【表单】选项卡中的【表单】按钮，插入一个表单，如图 7-66 所示。

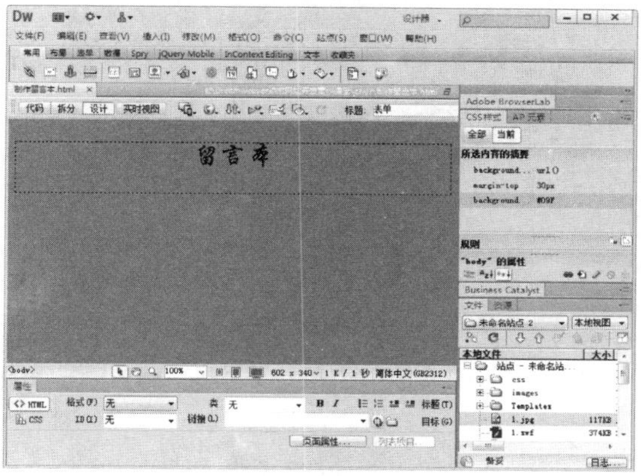

图 7-65 打开素材文件

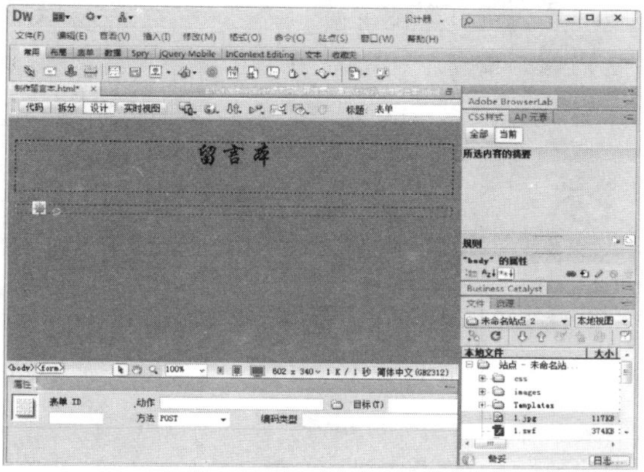

图 7-66 插入表单

step 03 将光标放在红色的虚线内，选择【插入】→【表格】菜单命令，打开【表格】对话框。将【行数】设置为 9，【列】设置为 2，【表格宽度】设置为 470 像素，【边框粗细】设置为 1，【单元格边距】设置为 2，【单元格间距】设置为 3，如图 7-67 所示。

step 04 单击【确定】按钮，在表单中插入表格，并调整表格的宽度，如图 7-68 所示。

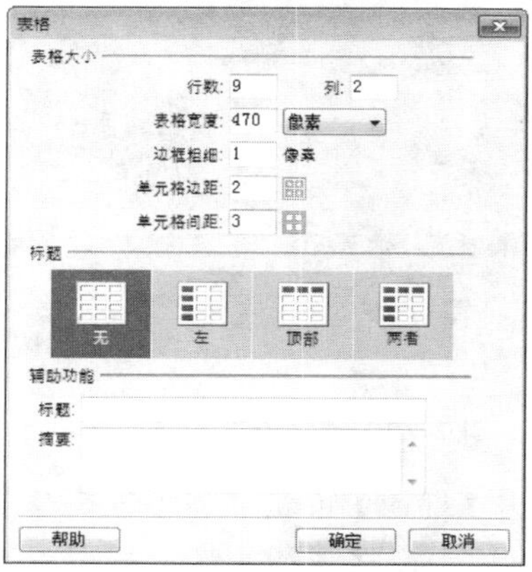

图 7-67 【表格】对话框

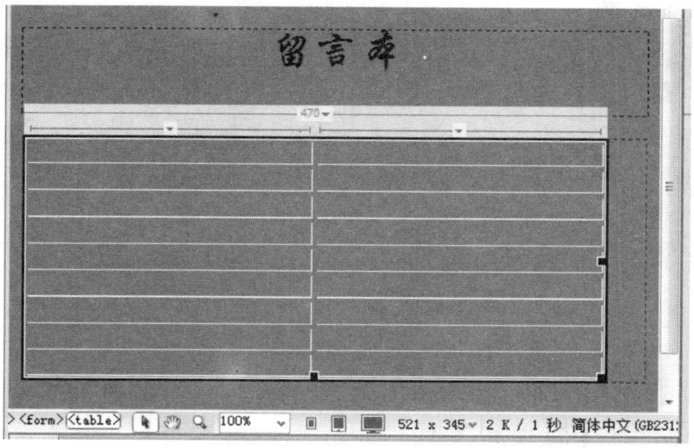

图 7-68 添加表格

step 05 在第 1 列单元格中输入相应的文字，然后选定文字，在【属性】面板中，设置文字的【大小】为 12，将【水平】设置为【右对齐】，【垂直】设置为【居中】，如图 7-69 所示。

step 06 将光标放在第 1 行的第 2 列单元格中，选择【插入】→【表单】→【文本域】菜单命令，插入文本域。在【属性】面板中，设置文本域的【字符宽度】为 12，【最多字符数】为 12，【类型】为【单行】，如图 7-70 所示。

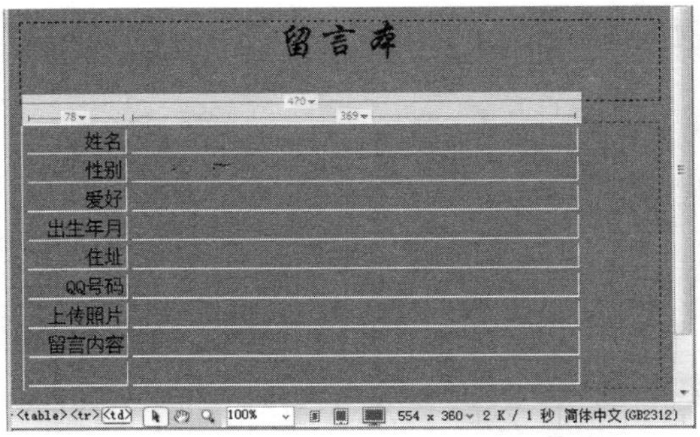

图 7-69　在表格中输入文字

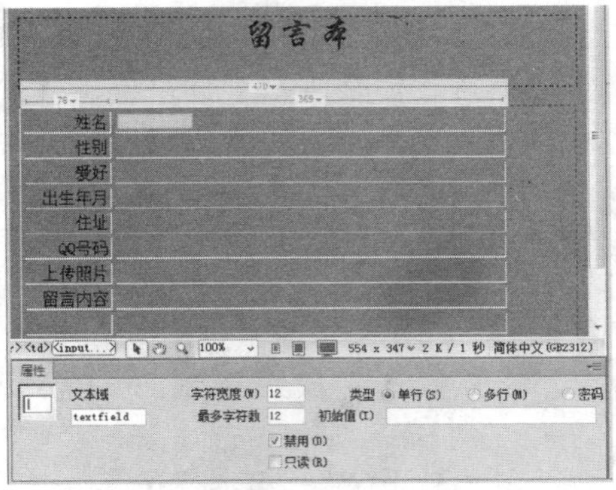

图 7-70　添加文本域

step 07 重复以上步骤，在第 3 行、第 4 行和第 5 行的第 2 列单元格中插入文本域，并设置相应的属性，如图 7-71 所示。

step 08 将光标放在第 2 行的第 2 列单元格中，单击【插入】面板【表单】选项卡中的【单选按钮】按钮，插入单选按钮。在单选按钮的右侧输入“男”，按照同样的方法再插入一个单选按钮，输入“女”。在【属性】面板中，将【初始状态】分别设置为【已勾选】和【未选中】，如图 7-72 所示。

图 7-71　添加其他文本域

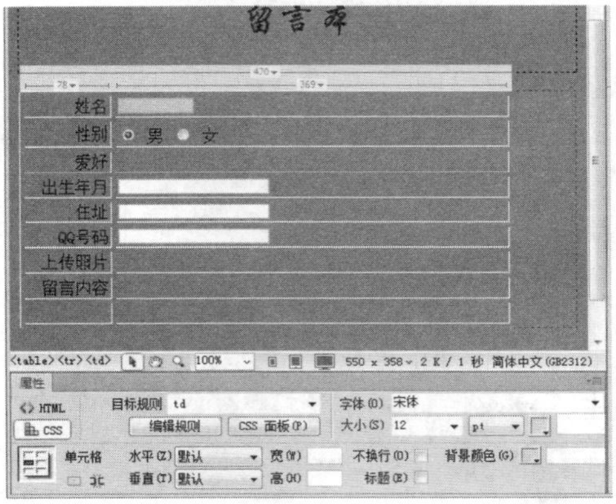

图 7-72　添加单选按钮

step 09 将光标放在第 3 行的第 2 列单元格中，单击【插入】面板【表单】选项卡中的【复选框】按钮，插入复选框。在【属性】面板中，将【初始状态】设置为【未选中】，在其后输入文本“音乐”，如图 7-73 所示。

step 10 按照同样的方法，插入其他复选框，设置其属性并输入文字，如图 7-74 所示。

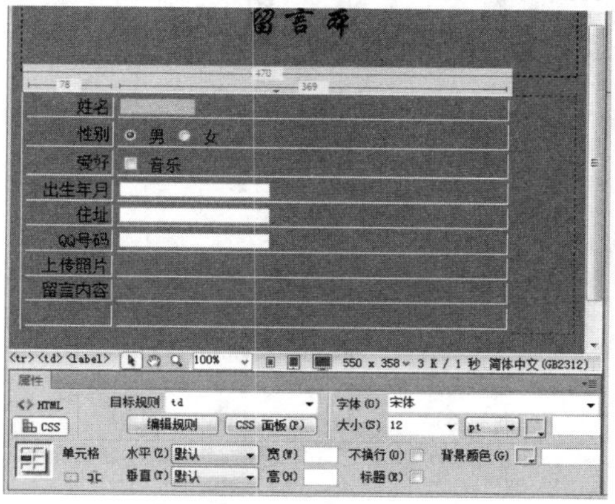

图 7-73　添加复选框

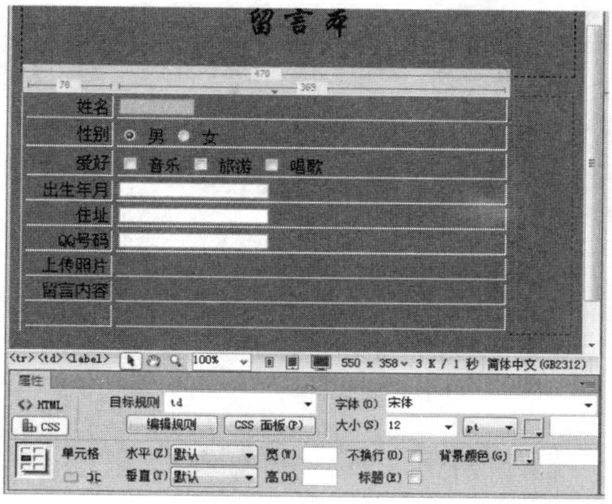

图 7-74　添加其他复选框

step 11 将光标置于第 8 行的第 2 列单元格中，选择【插入】→【表单】→【文本区域】菜单命令，插入多行文本域，并将【属性】面板中的选项设置为默认值，如图 7-75 所示。

step 12 将光标放在第 7 行的第 2 列单元格中，选择【插入】→【表单】→【文件域】菜单命令，插入文件域。在【属性】面板中为其设置相应的属性，如图 7-76 所示。

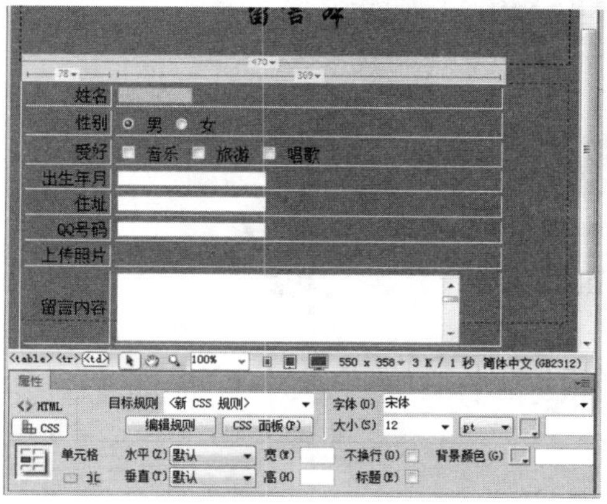

图 7-75　插入多行文本域

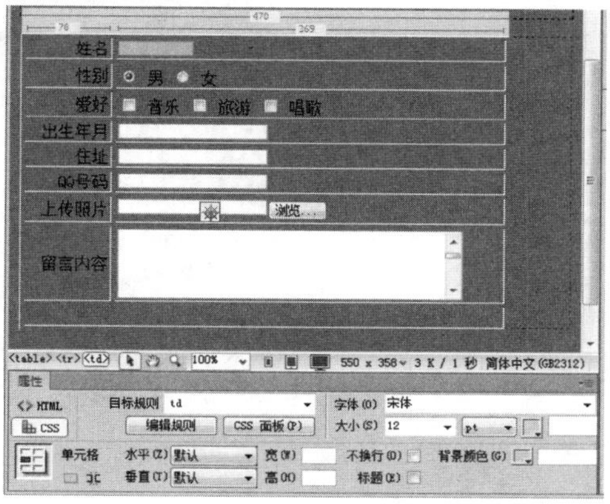

图 7-76　插入文件域

step 13 选定第 9 行的两个单元格，选择【修改】→【表格】→【合并单元格】菜单命令，合并单元格。将光标放在合并后的单元格中，在【属性】面板中，将【水平】设置为【居中对齐】，如图 7-77 所示。

step 14 选择【插入】→【表单】→【按钮】菜单命令，插入 提交 按钮和 重置 按钮。在【属性】面板中，分别为其设置相应的属性，如图 7-78 所示。

step 15 保存文档，按 F12 键在 IE 浏览器中预览效果，如图 7-79 所示。

图 7-77　合并单选格

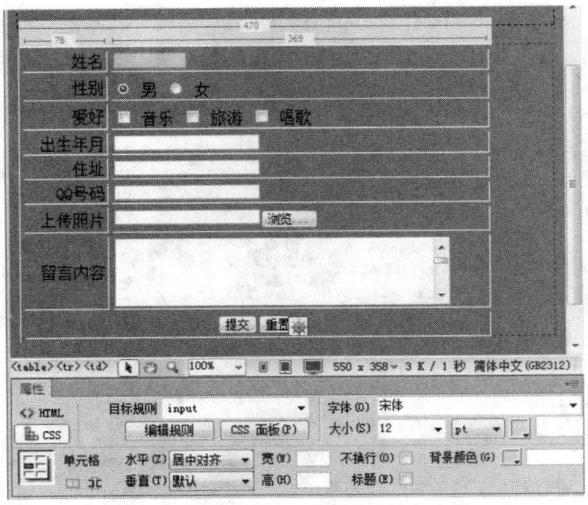

图 7-78　插入提交与重置按钮

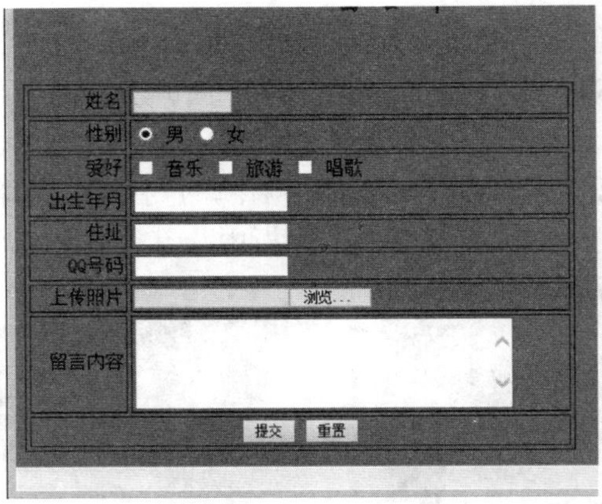

图 7-79　预览网页效果

7.8　跟我练练手

7.8.1　练习目标

能够熟练掌握本章节所讲内容。

7.8.2　上机练习

练习 1：在网页中插入表单元素。

练习 2：在网页中插入单选按钮与复选框。

练习 3：制作网页列表和菜单。

练习 4：在网页中插入按钮。

练习 5：常用行为的应用。

7.9 高手甜点

甜点 1：如何保证表单在 IE 浏览器中正常显示？

在 Dreamweaver 中插入表单并调整到合适的大小后，在 IE 浏览器中预览时可能会出现表单大小失真的情况。为了保证表单在 IE 浏览器中能正常显示，建议使用 CSS 样式表调整表单的大小。

甜点 2：如何下载并使用更多的行为？

Dreamweaver 包含了百余个事件、行为，如果认为这些行为还不足以满足需求，Dreamweaver 同时也提供有扩展行为的功能，可以下载第三方的行为。下载之后解压到 Dreamweaver 的安装目录 Adobe Dreamweaver CS6\configuration\Behaviors\Actions 下。重新启动 Dreamweaver，在【行为】面板中单击+按钮，在弹出的动作菜单中即可看到新添加的动作选项。

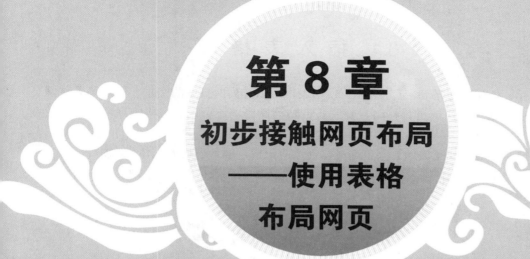

第8章 初步接触网页布局——使用表格布局网页

表格是布局页面时极为有用的设计工具，通过使用表格布局网页可实现对页面元素的准确定位，使得页面在形式上丰富多彩、条理清晰，在组织上井然有序而又不失单调。合理地利用表格来布局页面有助于协调页面结构的均衡。本章就来介绍一下如何使用表格布局网页。

本章要点(已掌握的，在方框中打勾)

- ☐ 掌握插入表格的方法。
- ☐ 掌握选择表格的方法。
- ☐ 掌握设置表格属性的方法。
- ☐ 掌握操作表格的方法。
- ☐ 掌握操作表格数据的方法。

8.1 插 入 表 格

表格由行、列和单元格 3 部分组成。使用表格可以排列网页中的文本、图像等各种网页元素，可以在表格中自由地进行移动、复制和粘贴等操作，还可以在表格中嵌套表格，使页面的设计更灵活、方便。

使用【插入】面板或【插入】菜单都可以创建新表格，插入表格的具体步骤如下。

step 01 新建一个空白网页文档，将光标定位在需要插入表格的位置，如图 8-1 所示。

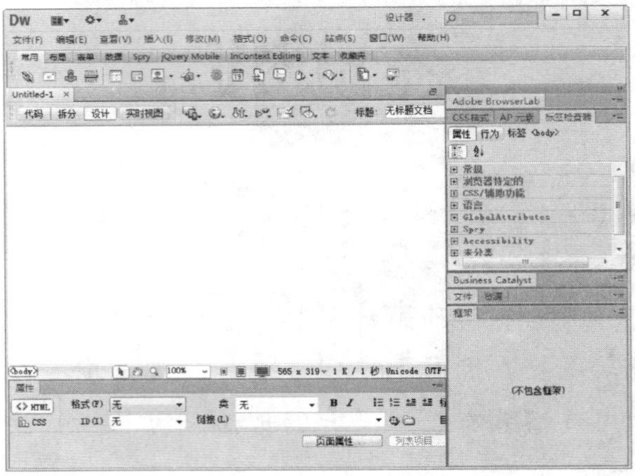

图 8-1 空白网页文档

step 02 单击【插入】面板【常用】选项卡中的【表格】按钮，或选择【插入】→【表格】菜单命令，如图 8-2 所示。

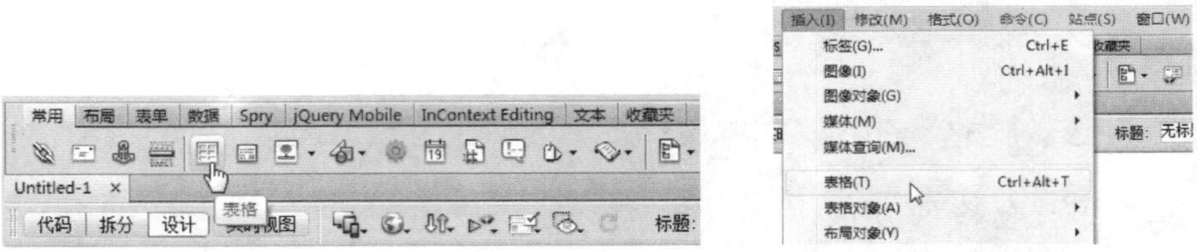

图 8-2 【常用】面板与【表格】菜单命令

step 03 打开【表格】对话框，在其中可以对表格的行数、列表，表格宽度等信息进行设置，如图 8-3 所示。

【表格】对话框中各个选项及参数的含义如下。

- 【行数】：在该文本框中输入新建表格的行数。
- 【列】：在该文本框中输入新建表格的列数。
- 【表格宽度】：该文本框用于设置表格的宽度，单位可以是像素或百分比。
- 【边框粗细】：该文本框用于设置表格边框的宽度(以像素为单位)。若设置为 0，在浏览时则不显示表格边框。

- 【单元格边距】：该文本框用于设置单元格边框和单元格内容之间的像素数。
- 【单元格间距】：该文本框用于设置相邻单元格之间的像素数。
- 【标题】：该选项组用于设置表头样式，有 4 种样式可供选择，分别如下。

  【无】：不将表格的首列或首行设置为标题。

  【左】：将表格的第一列作为标题列，表格中的每一行可以输入一个标题。

  【顶部】：将表格的第一行作为标题行，表格中的每一列可以输入一个标题。

  【两者】：可以在表格中同时输入列标题和行标题。
- 【标题】：在该文本框中输入表格的标题，标题将显示在表格的外部。
- 【摘要】：在这里可输入文字对表格进行说明或注释，内容不会在浏览器中显示，仅在源代码中显示，可提高源代码的可读性。

step 04 单击【确定】按钮，即可在文档中插入表格，如图 8-4 所示。

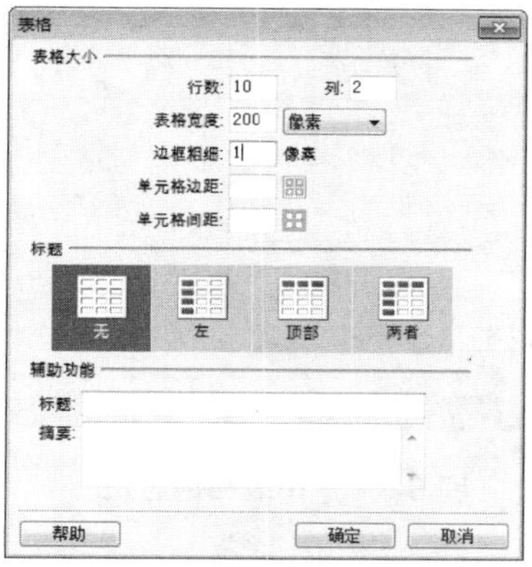

图 8-3 【表格】对话框

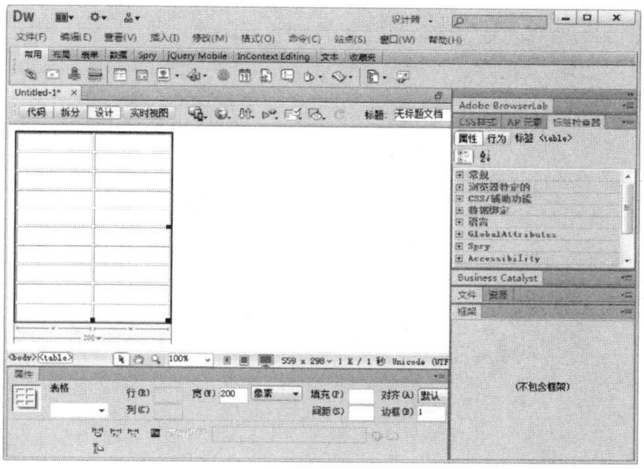

图 8-4 在文档中插入表格

8.2 选中表格

插入表格后，可以对表格进行选中操作。比如选中整个表格或表格中的行与列、单元格等。

8.2.1 案例 1——选中完整的表格

选中完整表格的方法主要有以下 4 种。

(1) 将鼠标指针移动到表格上面，当鼠标指针呈网格图标⊞时单击鼠标左键，如图 8-5 所示。

(2) 单击表格四周的任意一条边框线，如图 8-6 所示。

(3) 将光标置于任意一个单元格中，选择【修改】→【表格】→【选择表格】菜单命令，如图 8-7 所示。

(4) 将光标置于任意一个单元格中，在文档窗口状态栏的标签选择器中单击<table>标签，如图 8-8 所示。

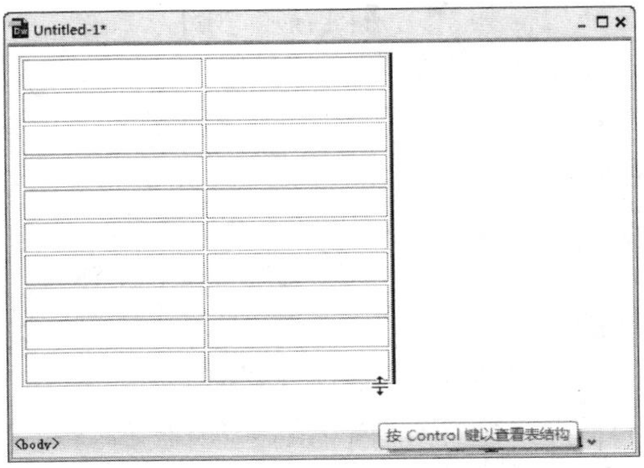

图 8-5　选中表格的方法

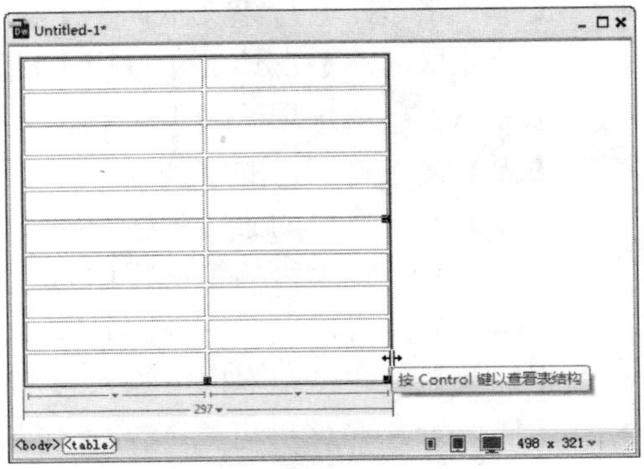

图 8-6　选中表格的方法

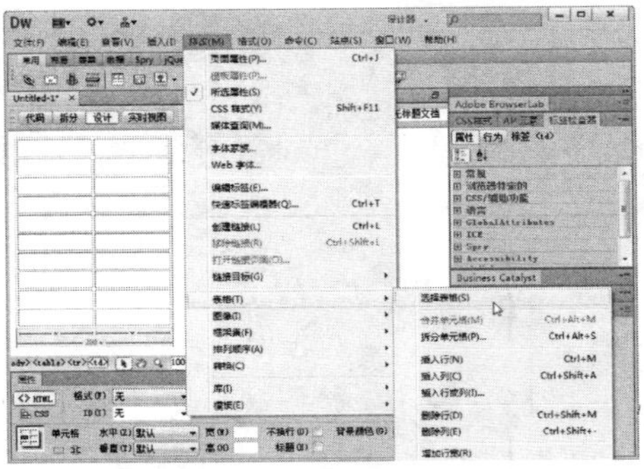

图 8-7　选中表格的方法

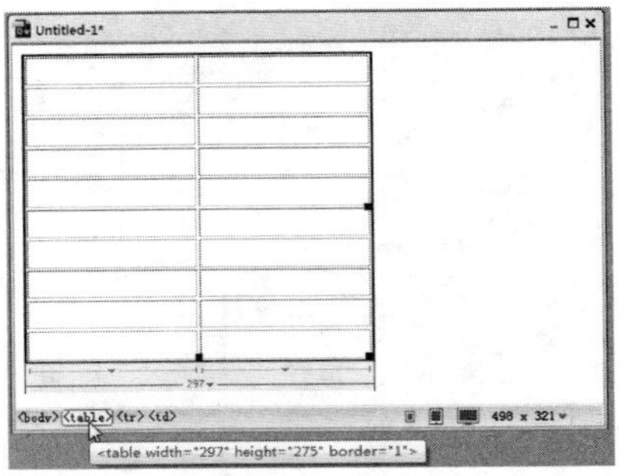

图 8-8　选中表格的方法

8.2.2　案例 2——选中行和列

选中表格中的行和列的方法主要有以下两种。

(1)　将光标定位于行首或列首，鼠标指针变成➡或⬇的箭头形状时单击鼠标左键，即可选中表格的行或列，如图 8-9 所示。

(2)　按住鼠标左键不放从左至右或从上至下拖动，即可选中表格的行或列，如图 8-10 所示。

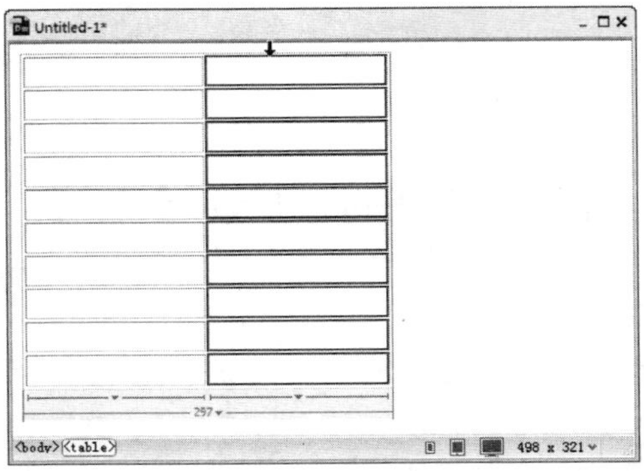

图 8-9　选中表格中的行

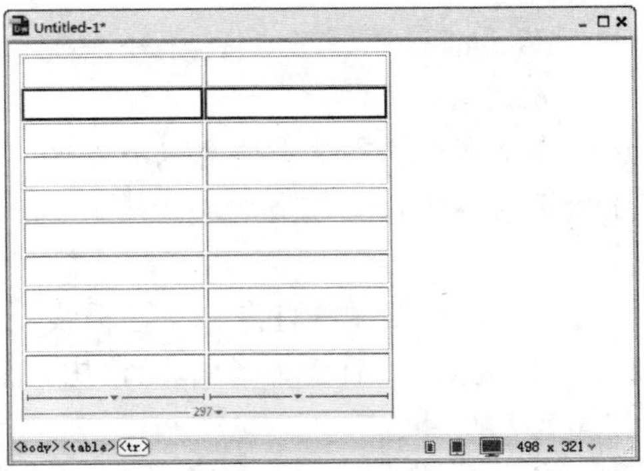

图 8-10　选中表格中的列

8.2.3 案例3——选中单元格

要想选中表格中的单个单元格，可以进行以下几种操作。

(1) 按住 Ctrl 键不放单击单元格，可以选中一个单元格。

(2) 按住鼠标左键不放并拖动，可以选中单个单元格。

(3) 将光标放置在要选中的单元格中，单击文档窗口状态栏上的<td>标签，即可选中该单元格，如图 8-11 所示。

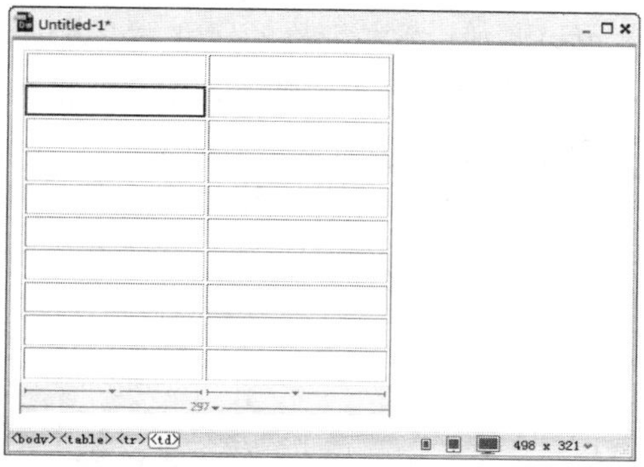

图 8-11 选中单元格

想要选中表格中的多个单元格，可以进行下列操作。

(1) 选中相邻的单元格、行或列：先选中一个单元格、行或列，按住 Shift 键的同时单击另一个单元格、行或列，矩形区域内的所有单元格、行或列就都会被选中，如图 8-12 所示。

(2) 选中不相邻的单元格、行或列：按住 Ctrl 键的同时单击需要选中的单元格、行或列即可，如图 8-13 所示。

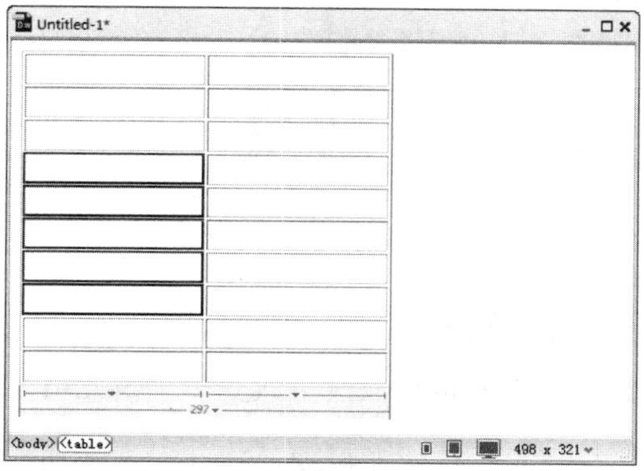

图 8-12 选中相邻的单元格

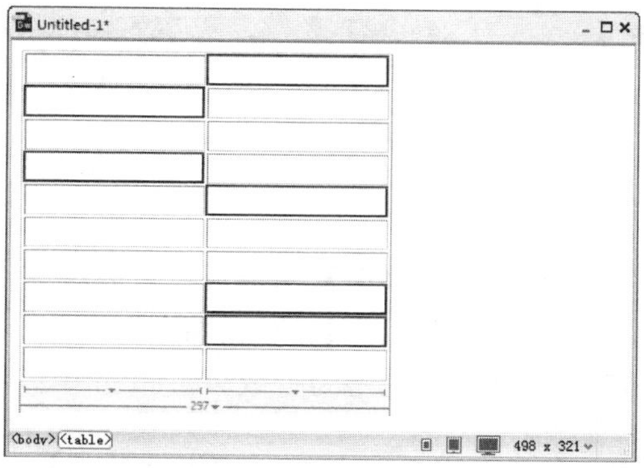

图 8-13 选中不相邻的单元格

提示

在选中单元格、行或列时，两次单击会取消已选中的对象的选中状态。

8.3 表格属性

为了使创建的表格更加美观，需要对表格的属性进行设置。表格属性主要包括完整表格的属性和表格中单元格的属性两种。

8.3.1 案例 4——设置单元格属性

在 Dreamweaver CS6 中，可以单独设置单元格的属性。设置单元格属性的具体步骤如下。

step 01 按住 Ctrl 键的同时单击单元格的边框，选中单元格，如图 8-14 所示。

step 02 选择【窗口】→【属性】菜单命令，打开显示单元格属性的面板，从中对单元格、行和列等的属性进行设置，比如将选中的单元格的背景颜色设置为蓝色(#0000FF)，如图 8-15 所示。

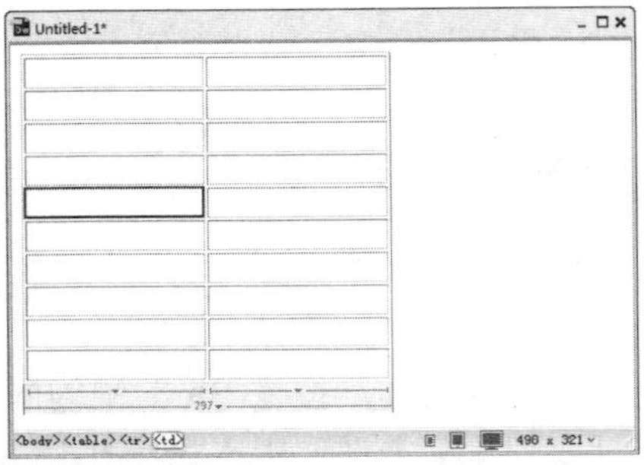

图 8-14　选中单元格

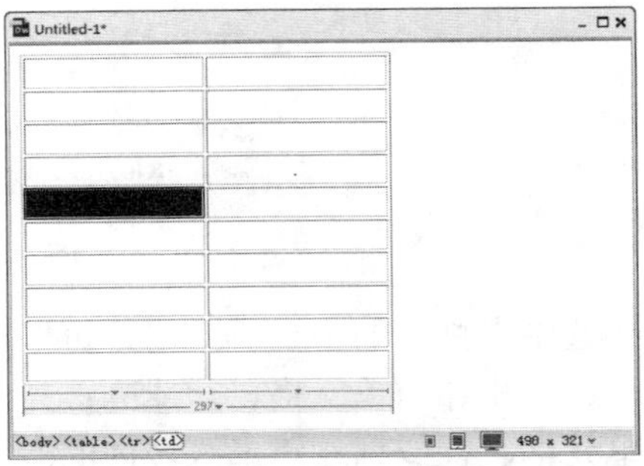

图 8-15　为单元格添加背景颜色

在选中单元格后也可以按 Ctrl+F3 键，打开【属性】面板，如图 8-16 所示。

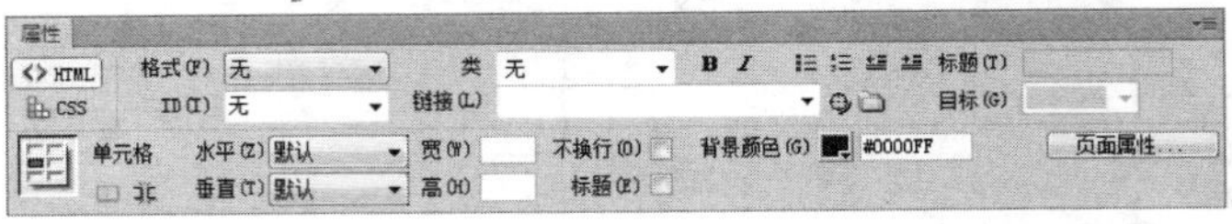

图 8-16　【属性】面板

在单元格的【属性】面板中，可以设置以下选项或参数。

(1)　【合并单元格】按钮：用于把所选的多个单元格合并为一个单元格。

(2)　【拆分单元格为行或列】按钮：用于将一个单元格分成两个或更多个单元格。

提示　一次只能对一个单元格进行拆分，如果选择的单元格多于一个，此按钮将禁用。

(3)　【水平】：该下拉列表框用于设置单元格中对象的水平对齐方式。【水平】下拉列表中包括默认、左对齐、居中对齐和右对齐等 4 个选项。

(4)　【垂直】：该下拉列表框用于设置单元格中对象的垂直对齐方式，【垂直】下拉列表中包括默认、顶端、居中、底部和基线等 5 个选项。

(5) 【宽】和【高】：这两个文本框用于设置单元格的宽度和高度，单位是像素或百分比。

提示 **采用像素为单位的值是表格、行或列当前的宽度或高度的值；以百分比为单位的值是表格、行或列占当前文档窗口宽度或高度的百分比。**

(6) 【不换行】：该复选框用于设置单元格文本是否换行。如果选中了【不换行】复选框，表示单元格的宽度随文字长度的增加而变宽。当输入的表格数据超出单元格宽度时，单元格会调整宽度来容纳数据。

(7) 【标题】：该复选框用于将当前单元格设置为标题行。

(8) 【背景颜色】：选项用于设置单元格的背景颜色。使用颜色选择器可选择要设置的单元格的背景颜色。

8.3.2 案例 5——设置整个表格属性

选中整个表格后，选择【窗口】→【属性】菜单命令或按 Ctrl+F3 键，即可打开表格的【属性】面板，如图 8-17 所示。

图 8-17 表格的【属性】面板

在表格的【属性】面板中，可以对表格的行、宽、对齐方式等参数进行设置。不过，对表格的高度一般不需要进行设置，因为表格会根据单元格中所输入的内容自动调整。

8.4 操作表格

表格创建完成后，还可以对表格进行操作，比如调整表格的大小、增加或删除表格中的行与列、合并与拆分单元格等。

8.4.1 案例 6——调整表格的大小

创建表格后，可以根据需要调整表格或表格的行、列的宽度或高度。整个表格的大小被调整时，表格中所有的单元格将成比例地改变大小。

调整行和列大小的方法如下。

要改变行的高度，将鼠标指针置于表格两行之间的界线上，当鼠标指针变成÷形状时上下拖动鼠标即可，如图 8-18 所示。

要改变列的宽度，将鼠标指针置于表格两列之间的界线上，当鼠标指针变成⇹形状时左右拖动即可，如图 8-19 所示。

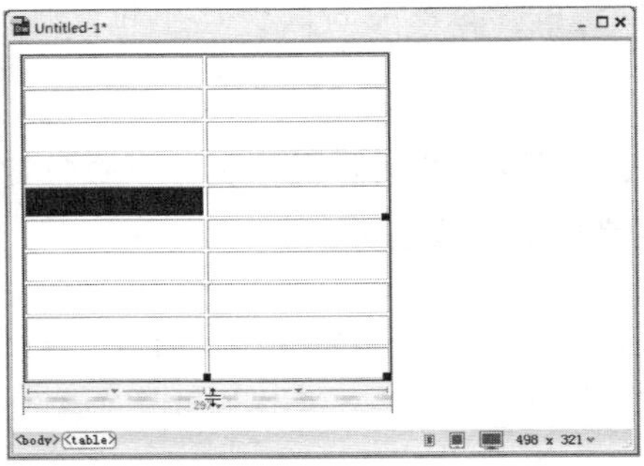

图 8-18　改变行的高度

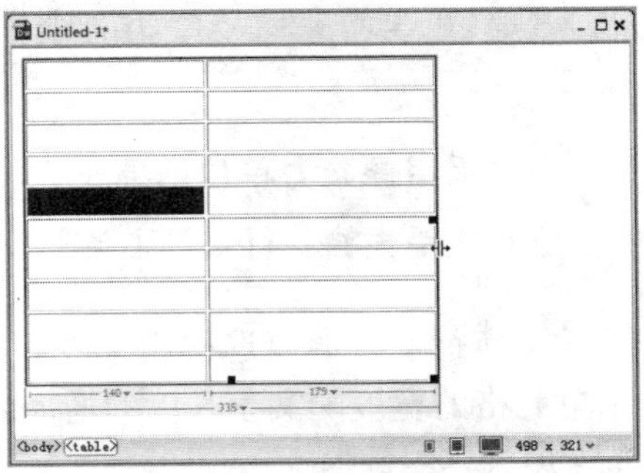

图 8-19　改变列的宽度

调整表格大小的方法如下。

选中表格后拖动选择手柄，沿相应的方向调整大小。拖动右下角的手柄，可在两个方向上调整表格的大小(宽度和高度)，如图 8-20 所示。

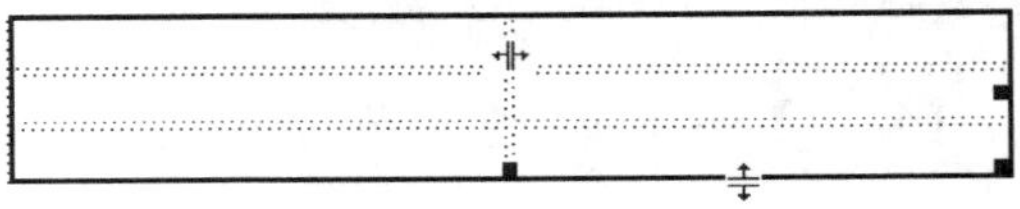

图 8-20　调整表格的大小

8.4.2　案例 7——增加行和列

要在当前表格中增加行和列，可以进行以下几种操作。

(1) 将光标移动到要插入行的下一行并右击，在弹出的快捷菜单中选择【表格】→【插入行】命令，如图 8-21 所示。

(2) 将光标移动到要插入行的下一行，选择【修改】→【表格】→【插入行】菜单命令，如图 8-22 所示。

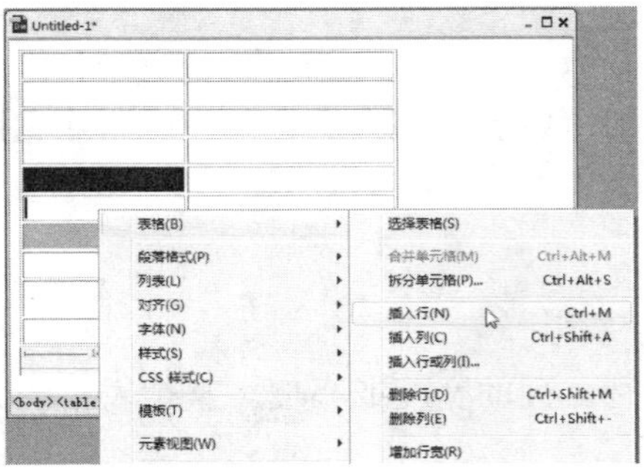

图 8-21　选择【插入行】菜单 命令

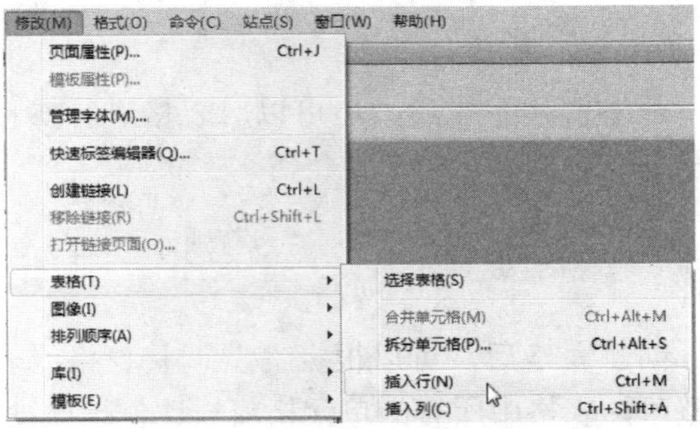

图 8-22　选择【插入行】菜单命令

(3) 将光标移动到要插入行的单元格，按 Ctrl+M 组合键即可插入行，如图 8-23 所示。

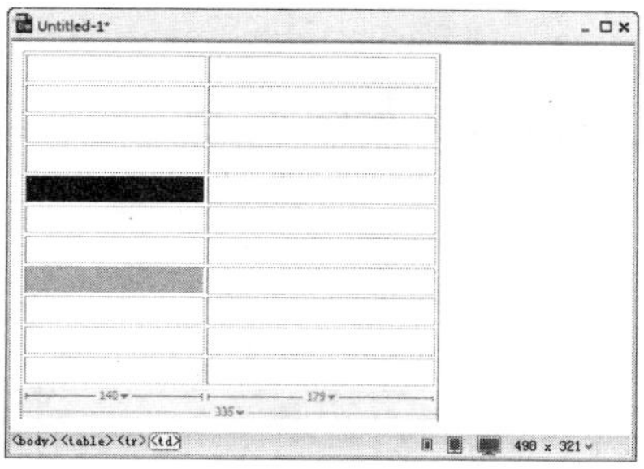

图 8-23　插入行

提示　使用键盘也可以在单元格中移动光标，按 Tab 键可将光标移动到下一个单元格，按 Shift + Tab 组合键可将光标移动到上一个单元格。在表格最后一个单元格中按 Tab 键，将自动添加一行单元格。

要在当前表格中插入列，可以进行以下几种操作。

(1) 将光标移动到要插入列的右边一列并右击，在弹出的快捷菜单中选择【表格】→【插入列】命令，如图 8-24 所示。

(2) 将光标移动到要插入列的右边一列，选择【修改】→【表格】→【插入列】菜单命令，如图 8-25 所示。

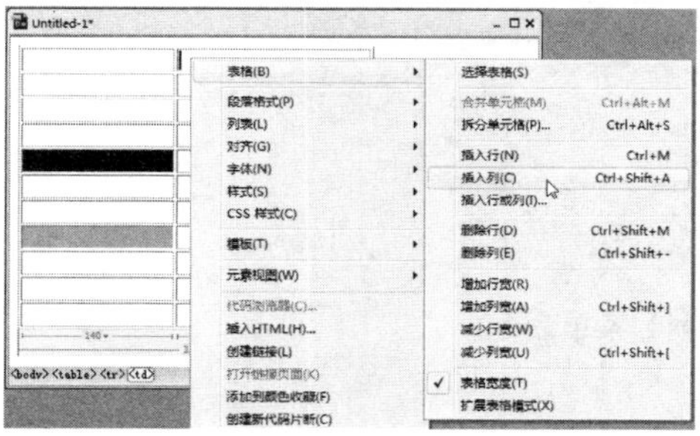

图 8-24　选择【插入列】菜单命令

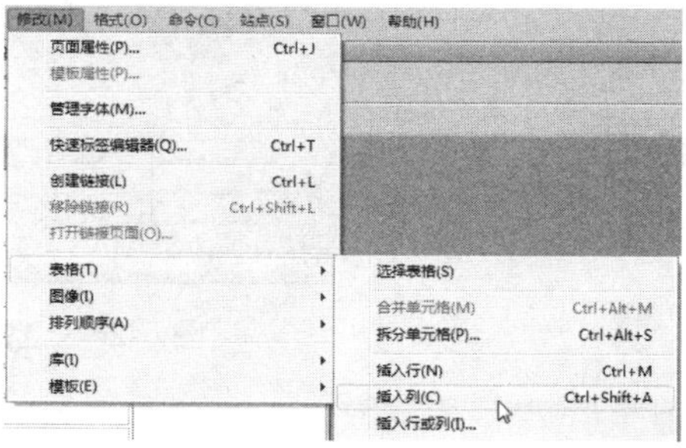

图 8-25　选择【插入列】菜单命令

(3) 将光标移动到要插入列的右边一列，按 Ctrl+Shift+A 组合键，即可插入列，如图 8-26 所示。

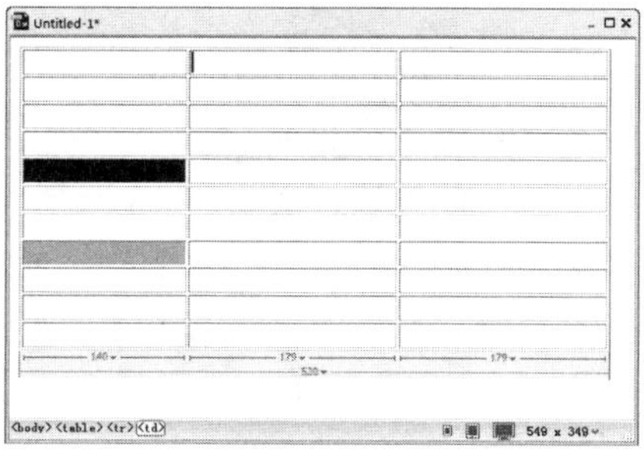

图 8-26　插入列

注意

在插入列时，表格的宽度不会改变，随着列数的增加，列的宽度则会相应地减小。

8.4.3 案例 8——删除行、列、单元格

要删除行或列，可以进行以下几种操作。

(1) 选定要删除的行或列，按 Delete 键即可删除。

提示

使用 Delete 键可以删除多行或多列，但不能删除所有的行或列。如果要删除整个表格，则需要先选中整个表格，然后按 Delete 键即可删除。

(2) 将光标放置在要删除的行或列中，选择【修改】→【表格】→【删除行】或【删除列】命令，即可删除行或列，如图 8-27 所示。

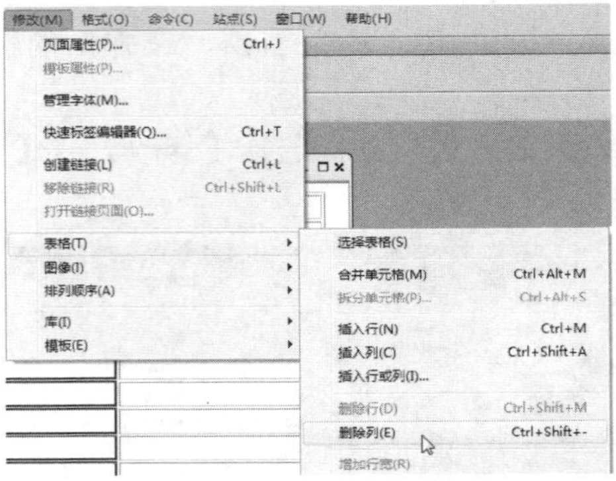

图 8-27 选择【删除列】菜单命令

提示

可以删除所有的行或列，但不能同时删除多行或多列。

8.4.4 案例 9——剪切、复制和粘贴单元格

1. 剪切单元格

移动单元格可使用【剪切】和【粘贴】命令来完成。移动单元格的具体步骤如下。

step 01 选中要移动的一个或多个单元格，如图 8-28 所示。

step 02 选择【编辑】→【剪切】菜单命令，可将选中的一个或多个单元格从表格中剪切出来，如图 8-29 所示。

step 03 将光标置于需要粘贴单元格的位置，选择【编辑】→【粘贴】菜单命令即可，如图 8-30 所示。

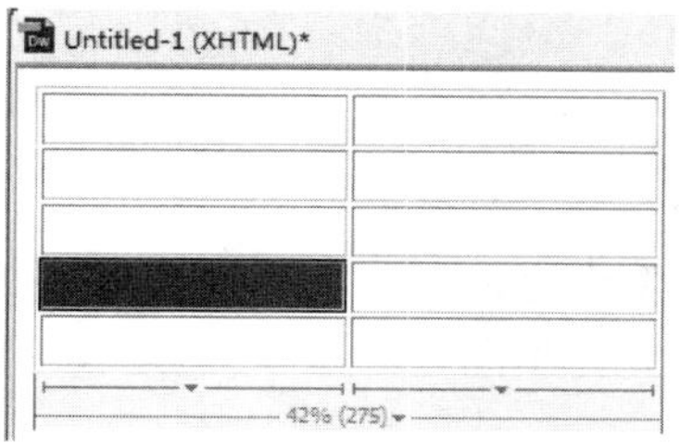

图 8-28　选中单元格

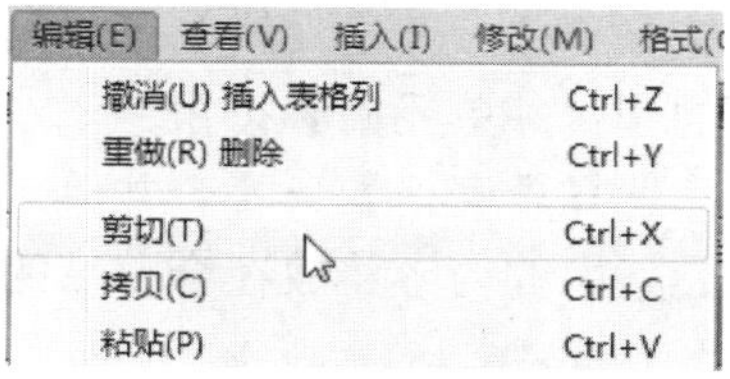

图 8-29　选择【剪切】菜单命令

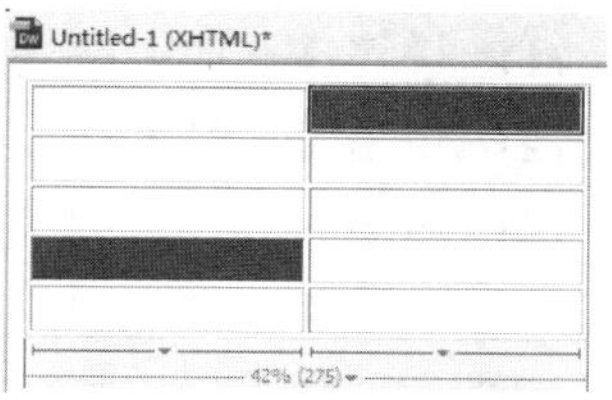

图 8-30　粘贴单元格

提示　所有被选中的单元格必须是连续的且形成的区域呈矩形才能被剪切或复制。对于表格中的某些行或列，使用【剪切】命令可将所选中的行或列删除，否则仅删除单元格中的内容和格式。

2. 复制和粘贴单元格

要粘贴多个单元格，剪贴板的内容必须和表格的格式保持一致。复制、粘贴单元格的具体步骤如下。

step 01 选中要复制的单元格，选择【编辑】→【拷贝】菜单命令，如图 8-31 所示。

step 02 将光标置于需要粘贴单元格的位置，选择【编辑】→【粘贴】菜单命令即可，如图 8-32 所示。

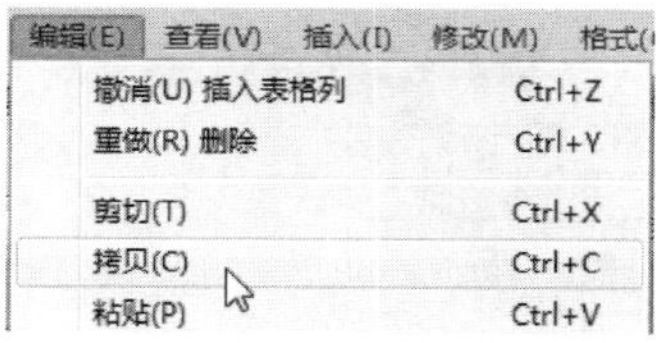

图 8-31　选择【拷贝】菜单命令

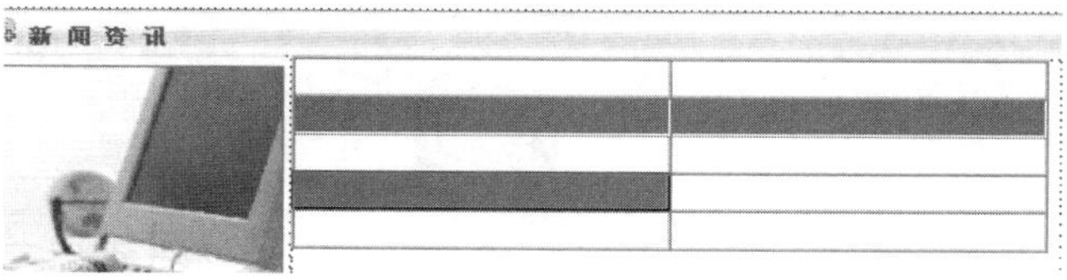

图 8-32　粘贴单元格

8.4.5　案例 10——合并和拆分单元格

1. 合并单元格

只要选择的单元格区域是连续的矩形，就可以对单元格进行合并操作，生成一个跨多行或多列的单元格，否则将无法合并。

合并单元格的具体步骤如下。

step 01 在文档窗口中选中要合并的单元格，如图 8-33 所示。

图 8-33　选中要合并的单元格

step 02 执行下列任意一种操作即可合并单元格。

(1) 选择【修改】→【表格】→【合并单元格】菜单命令。

(2) 单击【属性】面板中的【合并单元格】按钮。

(3) 右击，弹出快捷菜单，选择【表格】→【合并单元格】命令，如图 8-34 所示。合并完成后，合并前各单元格中的内容将放在合并后的单元格里面，如图 8-35 所示。

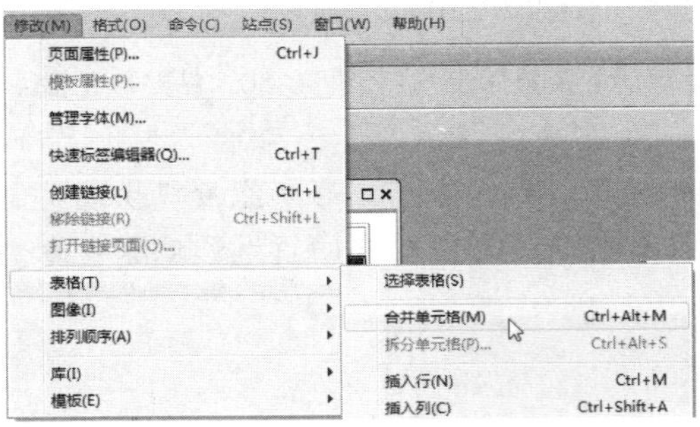

图 8-34 选择【合并单元格】菜单命令

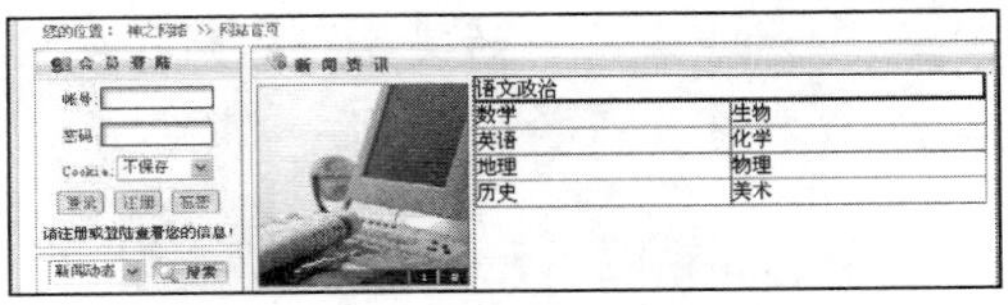

图 8-35 合并之后的单元格

2. 拆分单元格

拆分单元格是将选中的单元格拆分成行或列。拆分单元格的具体步骤如下。

step 01 将光标放置在要拆分的单元格中或选中一个单元格，如图 8-36 所示。

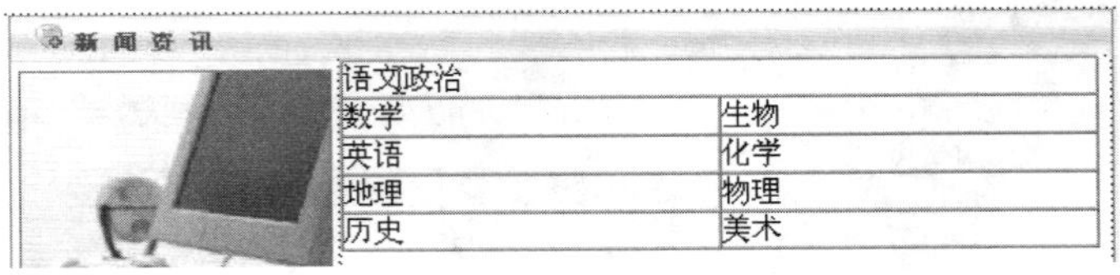

图 8-36 选中要拆分的单元格

step 02 执行下列任意一种操作即可实现拆分单元格。

(1) 选择【修改】→【表格】→【拆分单元格】菜单命令。

(2) 单击【属性】面板中的【拆分单元格】按钮。

(3) 鼠标右击并在弹出的快捷菜单中选择【表格】→【拆分单元格】命令。

step 03 弹出【拆分单元格】对话框，在【把单元格拆分】栏中可选择【行】或【列】单选按钮，在【列数】或【行数】微调框中可输入要拆分成的列数或行数，如图 8-37 所示。

step 04 单击【确定】按钮，即可拆分单元格，如图 8-38 所示。

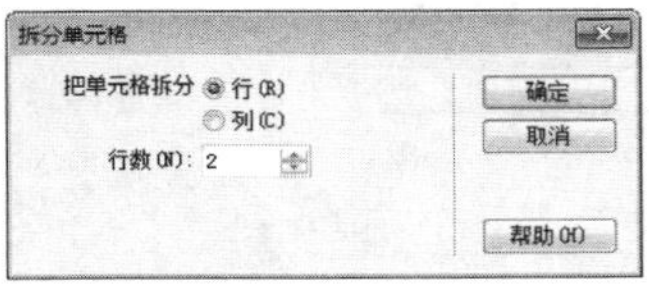

图 8-37 【拆分单元格】对话框

图 8-38 拆分后的单元格

8.5 操作表格数据

在制作网页时，可以使用表格来布局页面。使用表格时，在表格中既可以输入文字，也可以插入图像，还可以插入其他的网页元素。在网页的单元格中还可以嵌套一个表格，这样就可以使用多个表格来布局页面。

8.5.1 案例 11——在表格中输入文本

在需要输入文本的单元格中单击，即可在表格中输入文本。单元格在输入文本时可以自动扩展，如图 8-39 所示。

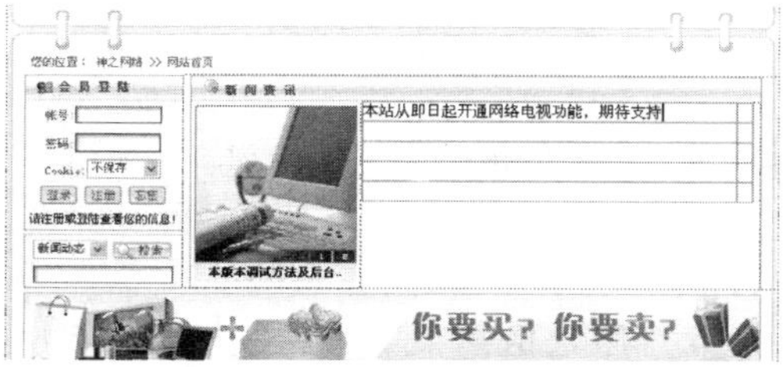

图 8-39　在单元格中输入文本

8.5.2 案例 12——在表格中插入图像

在表格中插入图像是制作网页过程中常见的操作之一，其具体的操作步骤如下。

step 01 将光标放置在需要插入图像的单元格中，如图 8-40 所示。

step 02 单击【插入】面板【常用】选项卡中的【图像】按钮，或选择【插入】→【图像】菜单命令；或从【插入】面板中拖动【图像】按钮到单元格中，如图 8-41 所示。

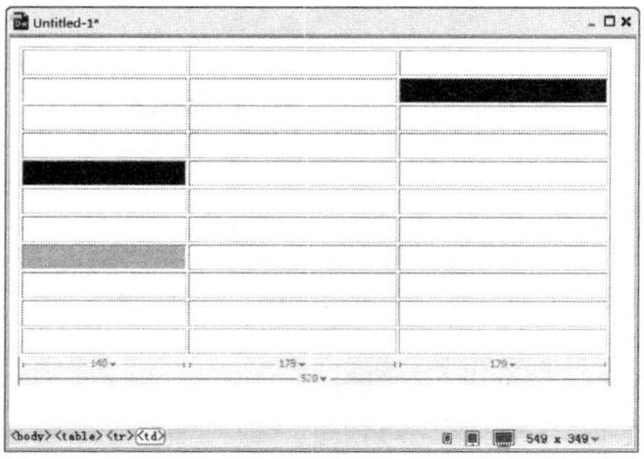

图 8-40　选中要插入图像的单元格

图 8-41　【常用】选项卡

step 03 打开【选择图像源文件】对话框，在其中选择需要插入表格之中的图片，如图 8-42 所示。

step 04 单击【确定】按钮，即可将选中的图片添加到表格之中，如图 8-43 所示。

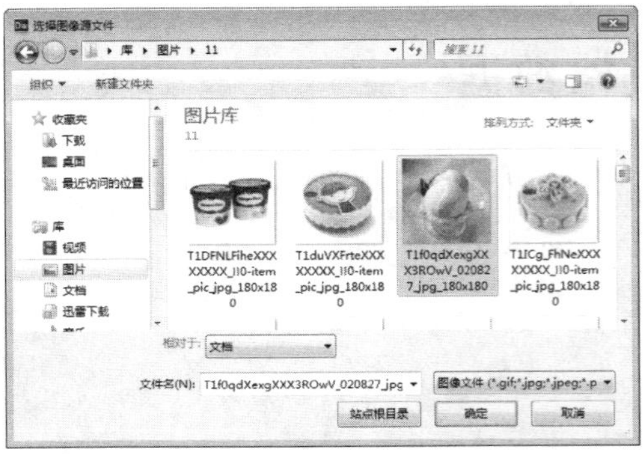

图 8-42 【选择图像源文件】对话框

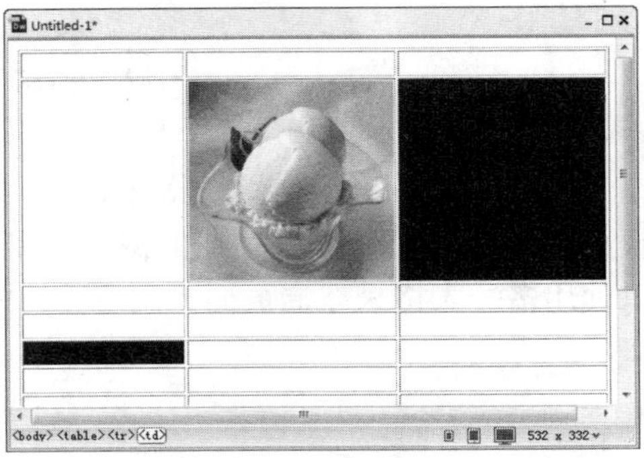

图 8-43 在表格中插入图片

8.5.3 案例 13——表格中的数据排序

表格中的排序功能主要是针对具有格式的数据表格，是根据表格列表中的数据来排序的。具体操作步骤如下。

step 01 选中要排序的表格，如图 8-44 所示。

step 02 选择【命令】→【排序表格】菜单命令，打开【排序表格】对话框，如图 8-45 所示。

学生姓名	性别	政治面貌	总成绩	兴趣爱好
A	女	团员	96	羽毛球
D	女	党员	58	排球
C	男	党员	97	音乐
B	女	团员	68	网球

图 8-44 选中要排序的表格

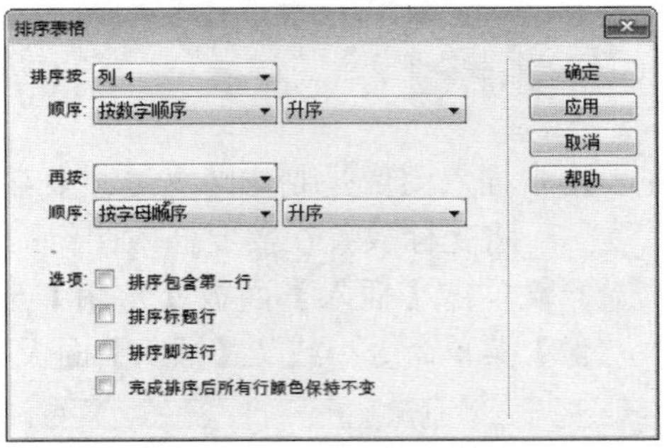

图 8-45 【排序表格】对话框

在【排序表格】对话框中，可以进行以下设置。

(1) 【排序按】：用于设置表格按哪一列的值对表格的行进行排序。

(2) 【顺序】：用于设置表格列排序是【按字母顺序】还是【按数字顺序】，以及是以【升序】(A 到 Z，小数字到大数字)还是【降序】对列进行排序。

(3) 【再按】和【顺序】：用于确定在不同列上第二种排序方法的排序顺序。

(4) 【排序包含第一行】：用于指定表格的第一行也包括在排序中。如果第一行是不应移动的标题，则不应选择此选项。

(5) 【排序标题行】：用于设置使用与 body 行相同的条件对表格 thead 部分中的所有行进行排序。

(6) 【排序脚注行】：用于设置使用与 body 行相同的条件对表格 tfoot 部分中的所有

行进行排序。

(7) 【完成排序后所有行颜色保持不变】：用于设置排序后表格行的属性(例如颜色)应该保持与相同内容的关联。如果表格行使用两种交替的颜色，则不要选择此选项，以确保排序后的表格仍具有颜色交替的行。如果行属性特定于每行的内容，则应选择此选项，以确保这些属性与排序后表格中正确的行保持关联。

step 03 单击【确定】按钮，即可完成对表格的排序。本例是按照表格的第 4 列数字的降序进行排列的，如图 8-46 所示。

学生姓名	性别	政治面貌	总成绩	兴趣爱好
C	男	党员	97	音乐
A	女	团员	96	羽毛球
B	女	团员	68	网球
D	女	党员	58	排球

图 8-46 排序完成后的表格

8.6 实战演练——使用表格布局网页

使用表格可以将网页设计得更加合理，可以将网页元素非常轻松地放置在网页中的任何一个位置。具体操作步骤如下。

step 01 打开随书光盘中的 ch08\index.htm 文件，将光标放置在要插入表格的位置。如图 8-47 所示。

step 02 单击【插入】面板【常用】选项卡中的【表格】按钮。弹出【表格】对话框，将【行数】和【列数】均设置为 2，【表格宽度】设置为 100%，【边框粗细】设置为 0，【单元格边距】设置为 0，【单元格间距】设置为 0，如图 8-48 所示。

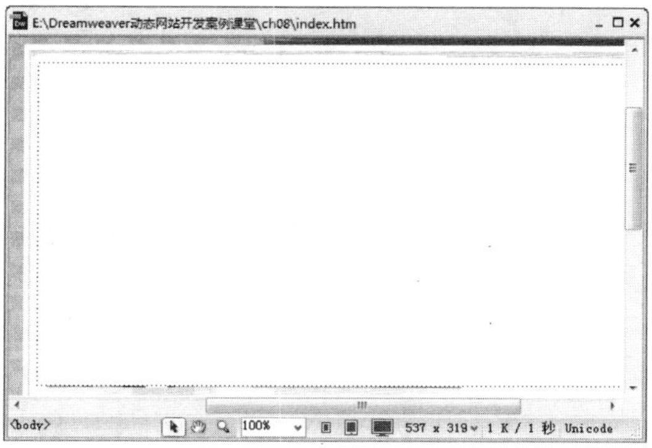

图 8-47 打开素材文件

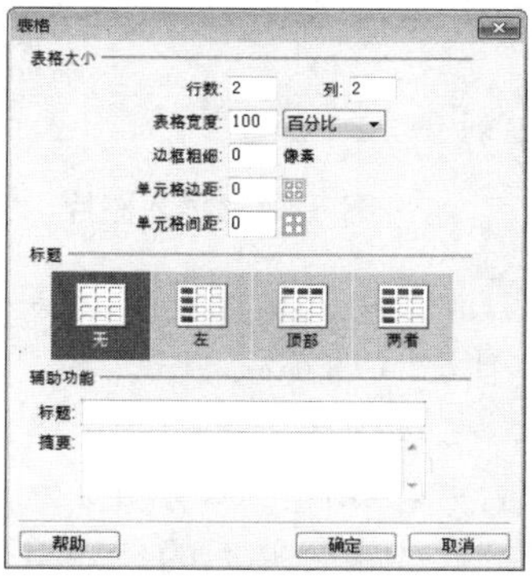

图 8-48 【表格】对话框

step 03 单击【确定】按钮，一个 2 行 2 列的表格就插入到了页面中，如图 8-49 所示。

step 04 将光标放置在第一行的第一列单元格中，单击【插入】面板【常用】选项卡中的【图像】按钮。弹出【选择图像源文件】对话框，从中选择图像文件，如图 8-50 所示。

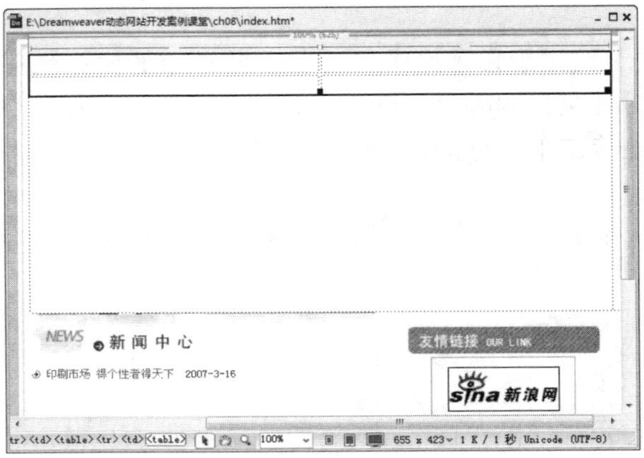

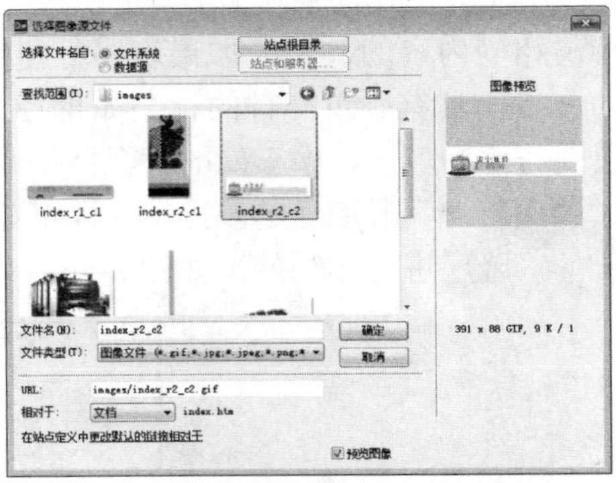

图 8-49　插入表格

图 8-50　选择要插入的图片

step 05 单击【确定】按钮插入图像，如图 8-51 所示。

step 06 将光标放置在第二行的第一列单元格中，在【属性】面板中将【背景颜色】设置为#E3E3E3，如图 8-52 所示。

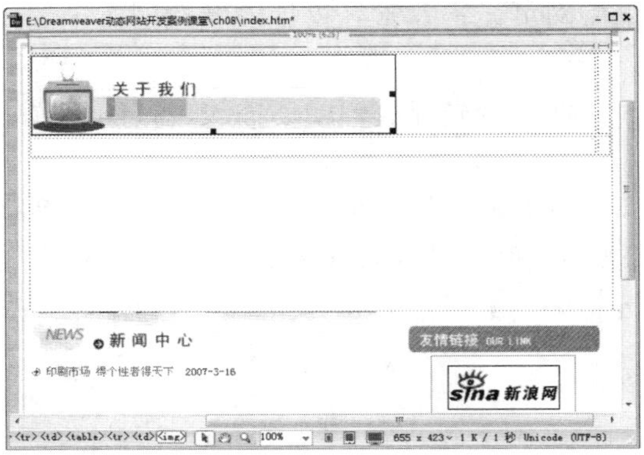

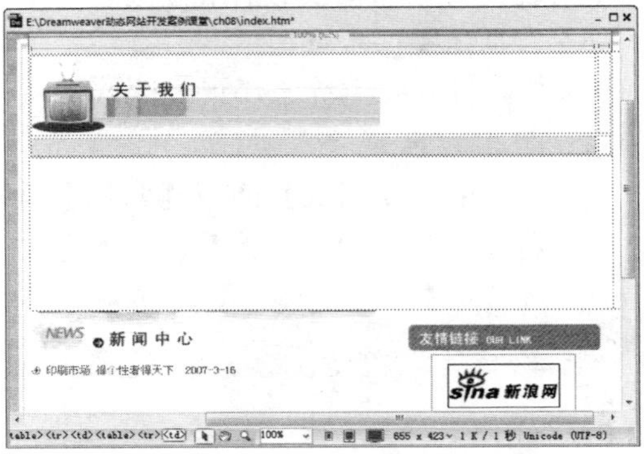

图 8-51　插入图片

图 8-52　设置单元格的背景色

step 07 在单元格中输入文本，在【属性】面板中设置文本的【大小】为 12 像素，如图 8-53 所示。

step 08 选择第二列的两个单元格，在单元格的【属性】面板中单击□按钮，将单元格合并，如图 8-54 所示。

step 09 选定合并后的单元格，选择【插入】→【表格】菜单命令。弹出【表格】对话框，将【行数】设置为 2，【列】设置为 1，【表格宽度】设置为 100%，【边框粗细】设置为 0，【单元格边距】设置为 0，【单元格间距】设置为 0，如图 8-55 所示。

step 10 单击【确定】按钮，一个两行一列的表格就插入到了页面中，如图 8-56 所示。

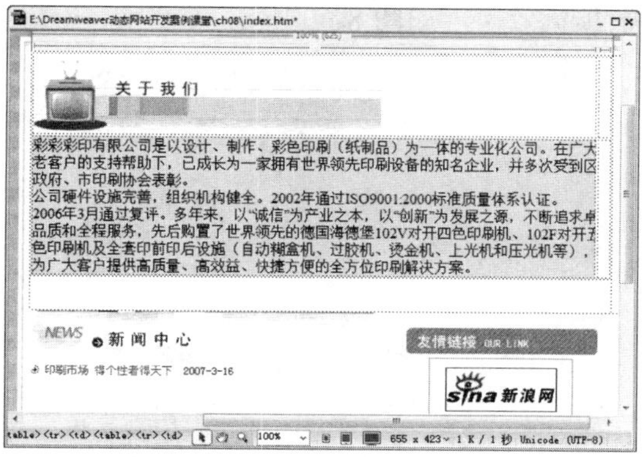

图 8-53 设置文本大小

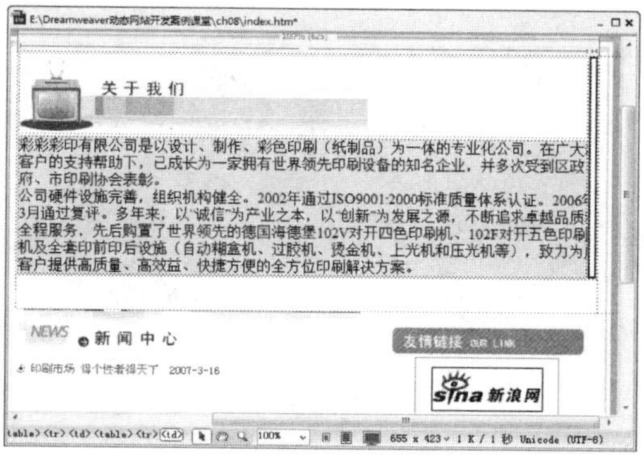

图 8-54 合并选定的单元格

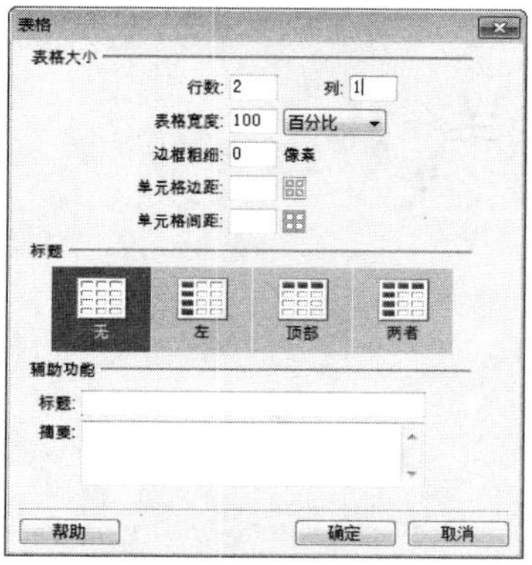

图 8-55 【表格】对话框

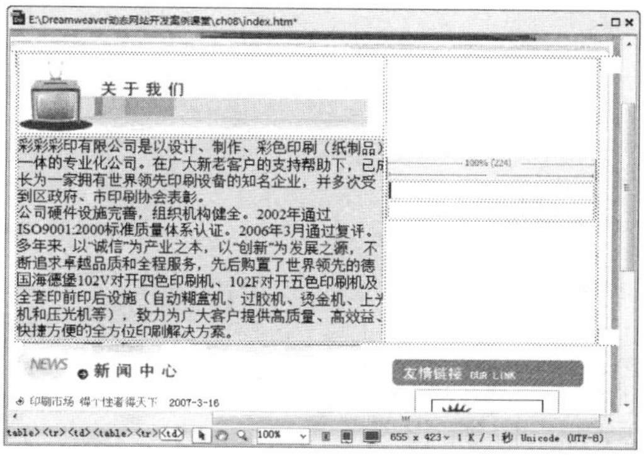

图 8-56 插入表格

step 11 将光标放置到第一行的单元格中，单击【插入】面板【常用】选项卡中的【图像】按钮。弹出【选择图像源文件】对话框，从中选择图像文件，如图 8-57 所示。

step 12 单击【确定】按钮插入图像，如图 8-58 所示。

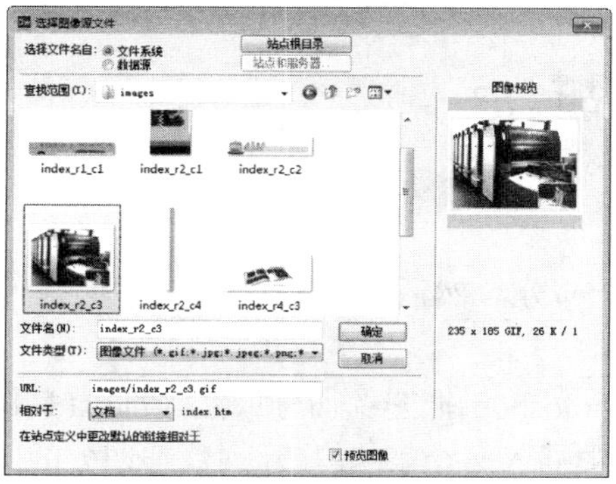

图 8-57 选择图片

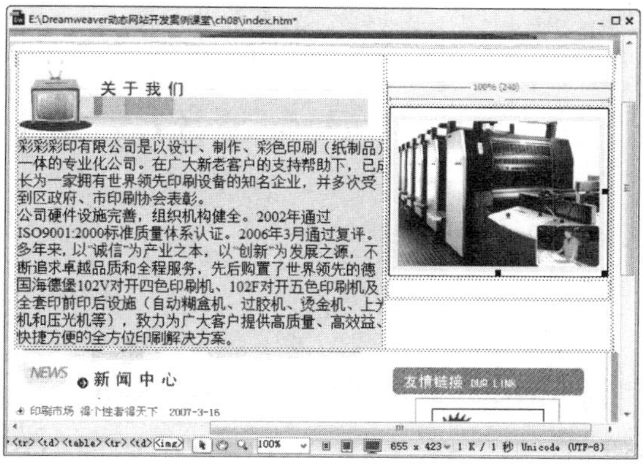

图 8-58 插入图片

step 13 重复上述步骤，在第二行的单元格中插入图像，如图 8-59 所示。

step 14 保存文档，按 F12 键在 IE 浏览器中预览效果，如图 8-60 所示。

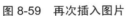

图 8-59　再次插入图片

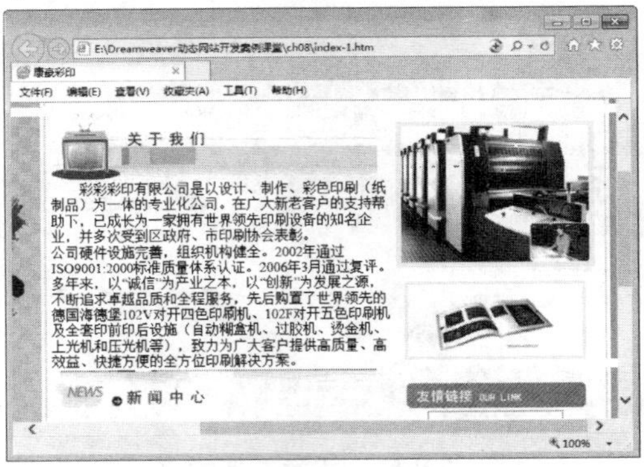

图 8-60　预览网页

8.7　跟我练练手

8.7.1　练习目标

能够熟练掌握本章节所讲内容。

8.7.2　上机练习

练习 1：在网页中插入表格。
练习 2：选择网页中的表格。
练习 3：设置表格的属性。
练习 4：操作表格行与列。
练习 5：操作表格中的数据。
练习 6：使用表格布局网页

8.8　高 手 甜 点

甜点 1：使用表格拼接图片。

对于一些较大的图像，读者可将其切分成几个部分，然后再利用表格把它们拼接到一起，这样就可以加快图像的下载速度。

具体的操作方法是：先用图像处理工具(比如 Photoshop)把图像切分成几个部分(具体切图方法读者可以参照本书中的相关章节)，然后在网页中插入一个表格(其行列数与切分的图像相同)，在表格属性中将边框粗细、单元格边距和单元格间距均设为“0”，再把切分后的图像按照原来的位置关系插进相应的单元格中即可。

甜点 2：去除表格的边框线。

去除表格的边框线有以下两种方法，分别如下。

(1) 在【表格】对话框中操作。

在创建表格时，选择【插入】→【表格】菜单命令，打开【表格】对话框，在其中将【边框粗细】设为 0 像素(这样可使表格在网页预览中处于不可见状态)，如图 8-61 所示。

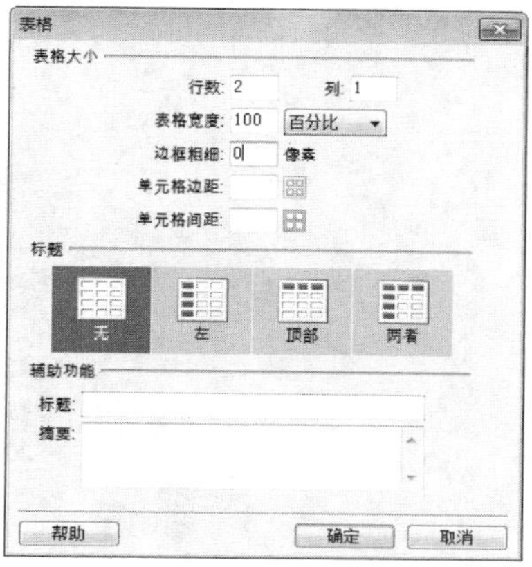

图 8-61 设置表格边框粗细

(2) 在表格的【属性】面板中操作。

插入表格后，选中该表格，然后在表格【属性】面板中设置【边框】为 0，如图 8-62 所示。

图 8-62 设置边框

当设置边框为 0 之后，表格在设计区域中显示的效果如图 8-63 所示。

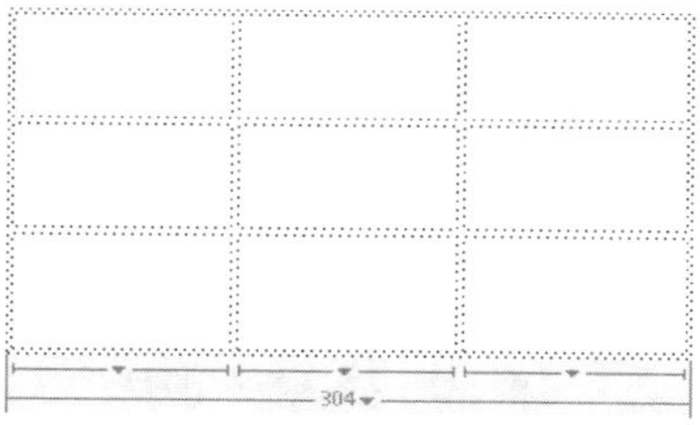

图 8-63 去除边框线的表格

第 9 章 极速的页面布局——使用框架布局网页

框架的作用就是把浏览器窗口划分为若干个区域，每个区域可以分别显示不同的网页。通常框架被用来定义页面的导航区域和内容区域。使用框架最常见的情况就是一个框架显示的是包含导航栏的文档，而另一个框架则显示的是包含内容的文档。本章就来介绍一下如何使用框架布局网页。

本章要点(已掌握的，在方框中打勾)

- ☐ 熟悉什么是网页框架。
- ☐ 掌握创建框架的方法。
- ☐ 掌握保存框架与框架集的方法。
- ☐ 掌握选择框架与框架集的方法。
- ☐ 掌握设置框架与框架集属性的方法。

9.1 认识框架

框架主要用于在一个浏览器窗口中显示多个 HTML 文档的内容，通过构建这些文档之间的相互关系，实现文档导航、浏览以及操作等目的。框架技术主要通过两种元素来实现：框架集(Frameset)和单个框架(Frames)。

所谓框架集，实际上是一个页面，即用于定义在一个文档窗口中显示多个文档框架结构的 HTML 网页。

框架集定义了一个文档窗口中显示网页的框架数、框架的大小、载入框架的网页源和其他可定义的属性等。一般来说，框架集文档中的内容不会显示在浏览器中。可以将框架集看成是一个容纳和组织多个文档的容器。

单个框架是指在框架集中被组织和显示的每一个文档。框架是浏览器窗口中的一个区域，它可以显示与浏览器窗口其余部分显示内容无关的 HTML 文档。

框架网页有以下几个优点。

(1) 很好地保持网站风格的统一。由于框架页面中导航的部分是同一个网页，因此整体风格统一。

(2) 便于浏览者访问。框架网页中的导航部分是固定的，不需要滚动条，便于浏览者访问阅读。

(3) 提高网页的制作效率。可以把每个网页都用到的公共内容制作成单独的网页，作为框架网页的一个框架页面，这样，就不需要在每个页面中再次输入该公共部分的内容，即节省时间，又能提高效率。

(4) 方便更新、维护网站。在更新网站时，只需修改公共部分的框架内容，使用该框架内容的文档就会自动更新，从而完成整个网站的更新修改。

框架在网站的首页面中比较常见。在一个页面中，可以使用嵌套的框架来实现网页设计中的多种需求。对框架还可以随意地设置边框的颜色、链接和跳转功能、框架的行为等，从而制作出更复杂的页面。

9.2 创建框架

Dreamweaver CS6 在【插入】面板中提供了 13 种框架集，只需单击，就可以创建出框架和框架集。

9.2.1 案例 1——创建预定义的框架集

使用预定义的框架集可以轻松地选择想要创建的框架集。创建预定义框架集的操作步骤如下。

step 01 在 Dreamweaver CS6 的操作界面中选择【插入】→ HTML →【框架】子菜单中预定义的框架集，如图 9-1 所示。

step 02 在弹出的【框架标签辅助功能属性】对话框中，进行相关参数的设置，如图 9-2 所示。

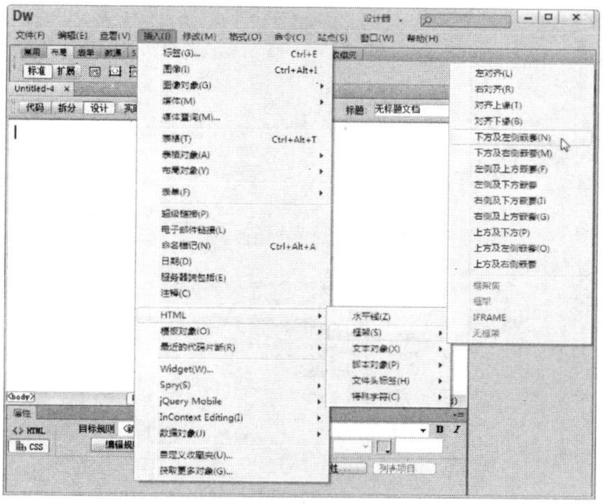

图 9-1 【框架】子菜单

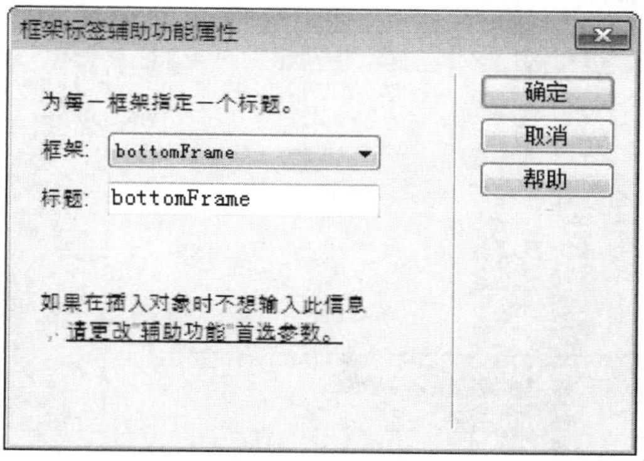

图 9-2 【框架标签辅助功能属性】对话框

step 03 单击【确定】按钮，即可创建一个【下方及左侧嵌套框架集】的框架集，如图 9-3 所示。

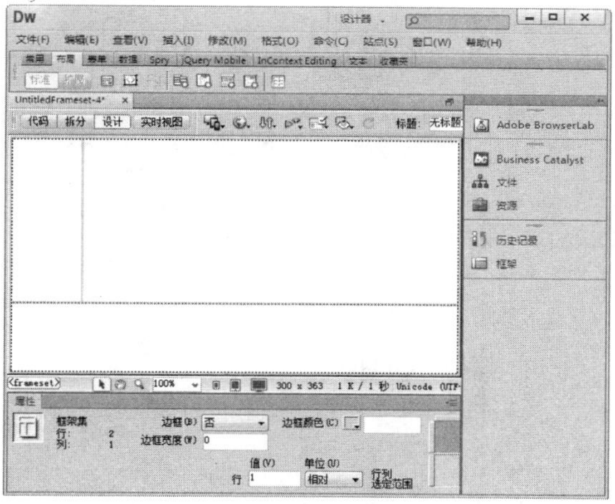

图 9-3 创建一个框架集

9.2.2 案例 2——在框架中添加内容

框架创建好以后，就可以往里面添加内容了。每个框架都是一个文档，既可以直接向框架里添加内容，也可以在框架中打开已经存在的文档。

具体操作步骤如下。

step 01 参照创建预定义框架集的步骤，创建一个“上方及左侧嵌套”的框架集，如图 9-4 所示。

step 02 将光标置于顶部框架中，选择【修改】→【页面属性】菜单命令，弹出【页面属性】对话框，从中将左边距、上边距、右边距和下边距的值都设置为 0，然后单击【确定】按钮，即可设置页面靠左并位于顶部，如图 9-5 所示。

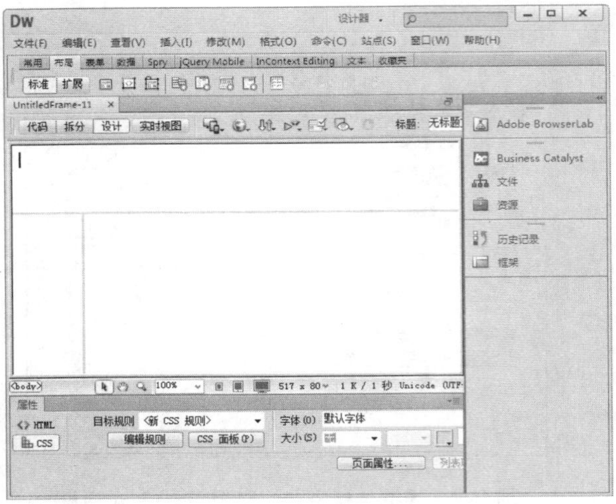

图 9-4　创建一个上方及左侧的框架集

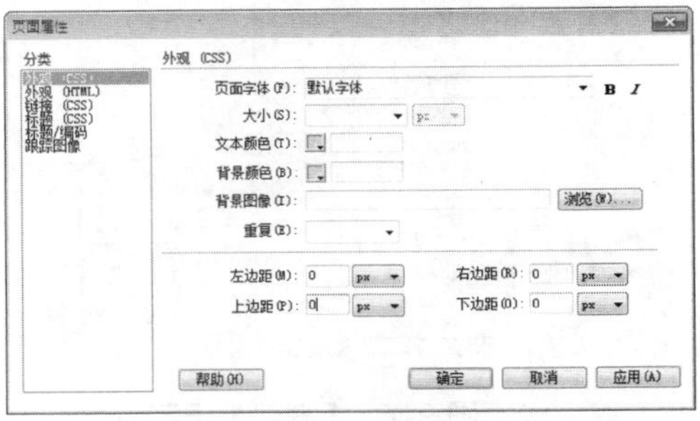

图 9-5　【页面属性】对话框

step 03 选择【插入】→【表格】菜单命令，在顶部框架中插入一行两列的表格，如图 9-6 所示。

step 04 在每列单元格中插入相应的图像，如图 9-7 所示。

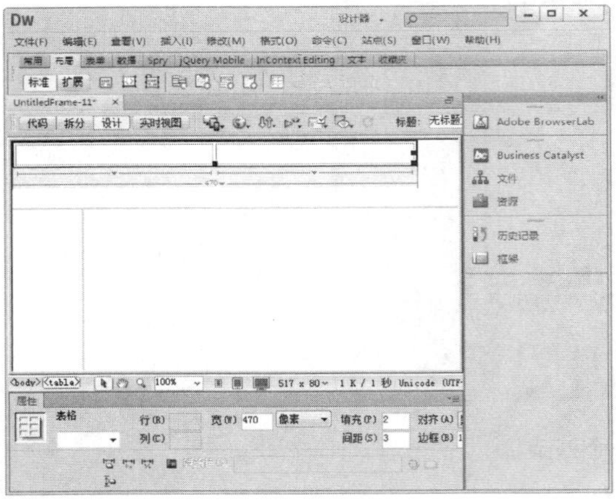

图 9-6　插入表格

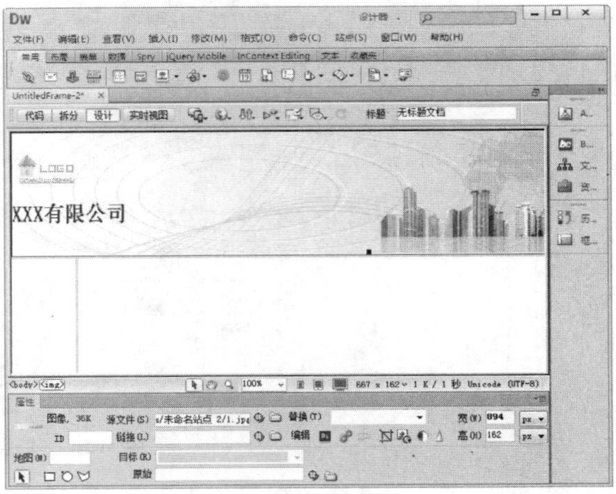

图 9-7　在表格中插入图片

step 05 将光标置于左侧框架中，选择【修改】→【页面属性】菜单命令，弹出【页面属性】对话框，从中将左边距、上边距、右边距和下边距的值都设置为 0，单击【确定】按钮，如图 9-8 所示。

step 06 选择【插入】→【表格】菜单命令，插入一个两行一列的表格，然后在每行单元格中插入相应的图像和文字，如图 9-9 所示。

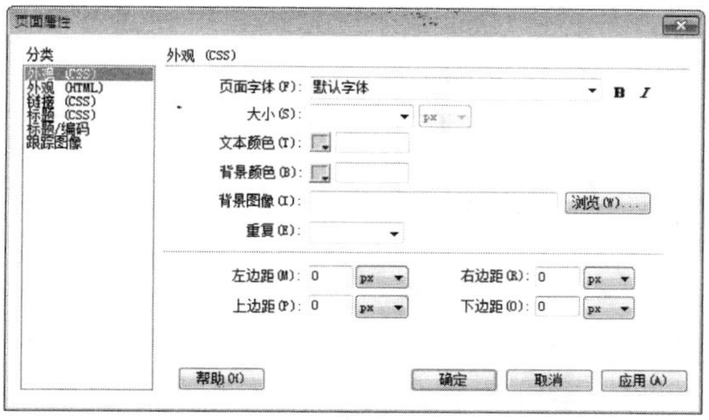

图 9-8 【页面属性】对话框

图 9-9 在表格中添加图片与文字

step 07 将光标置于右侧框架中，选择【修改】→【页面属性】命令，弹出【页面属性】对话框，从中将左边距、上边距、右边距和下边距的值都设置为 0，单击【确定】按钮，如图 9-10 所示。

step 08 选择【插入】→【表格】菜单命令，插入一行一列的表格，在表格中输入相应的文字，再插入相应的表格，设置其背景颜色，并输入相应的文字，如图 9-11 所示。

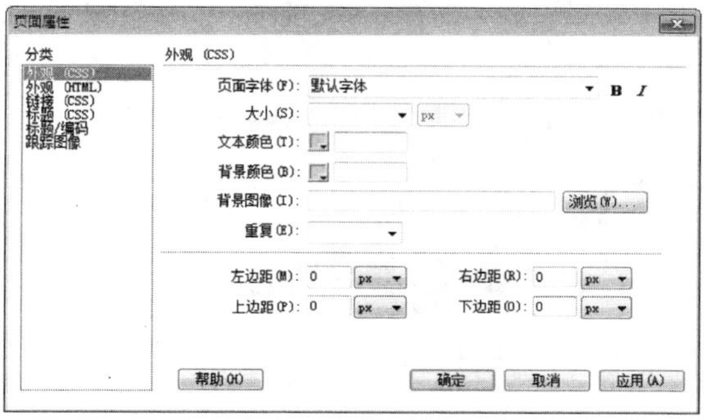

图 9-10 设置网页的边距

图 9-11 插入表格并添加表格数据

step 09 选择【文件】→【保存全部】菜单命令，保存网页中的全部内容，然后在 IE 浏览器中浏览其效果，如图 9-12 所示。

图 9-12　预览网页

9.2.3　案例 3——创建嵌套框架集

在一个框架集之内的框架集被称作嵌套框架集。一个框架集文件可以包含多个嵌套框架集。大多数使用框架的 Web 页实际上使用的都是嵌套的框架，并且在 Dreamweaver CS6 中大多数预定义的框架集也都是嵌套的。如果在一组框架里不同行或不同列中有不同数目的框架，则要求使用嵌套框架集。

创建嵌套框架集的具体步骤如下。

step 01 将光标定位在要插入嵌套框架集的框架中。

step 02 执行下列任意一种操作。

(1) 选择【修改】→【框架集】→【拆分左框架】、【拆分右框架】、【拆分上框架】或【拆分下框架】等命令，如图 9-13 所示。

(2) 选择【插入】→HTML→【框架】菜单命令，在子菜单中选择一种框架集类型(此处选择左对齐)。

step 03 在设计视图中的框架集中会出现嵌套的框架集，如图 9-14 所示。

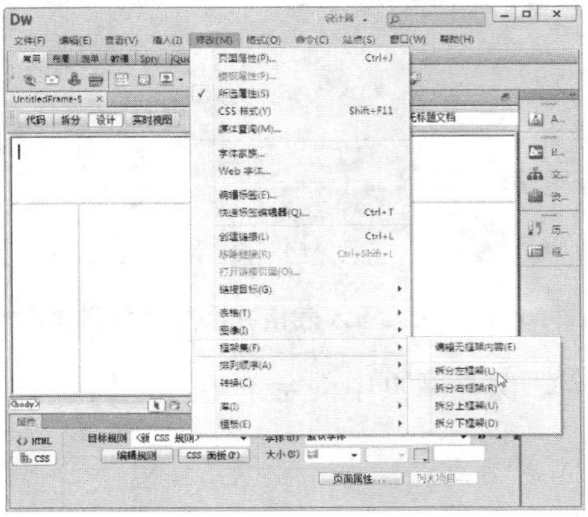

图 9-13　选择修改框架集命令

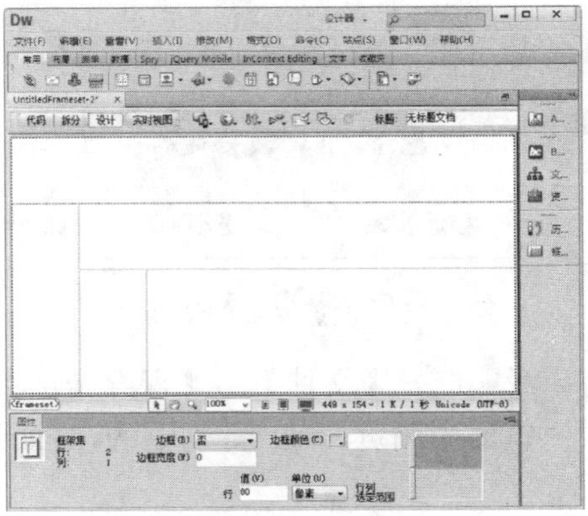

图 9-14　常见的嵌套框架

提示 在设计视图文档窗口中选中框架后，按住鼠标左键拖动框架的边框，可以垂直或水平拆分框架。

9.2.4 案例 4——创建浮动框架

使用浮动框架可以实现在不修改原来网页结构的基础上添加更多的网页内容。创建浮动框架的操作步骤如下。

step 01 在 Dreamweaver CS6 的操作界面中，将光标定位在需要插入浮动框架的位置，如图 9-15 所示。

step 02 选择【插入】→【标签】菜单命令。如图 9-16 所示。

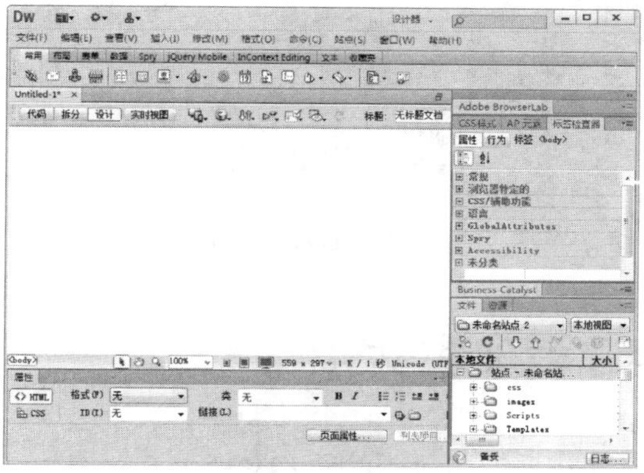

图 9-15 空白文档

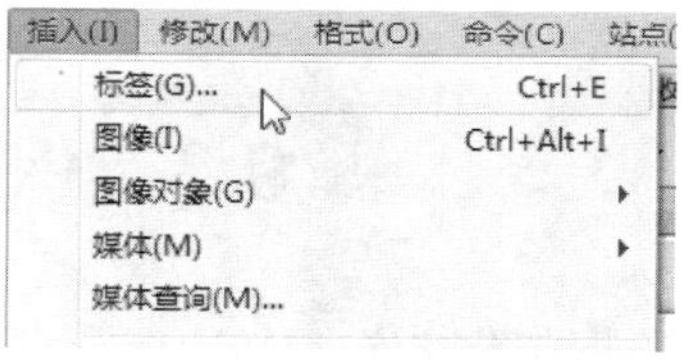

图 9-16 选择【标签】菜单命令

step 03 弹出【标签选择器】对话框，选择【HTML 标签】→【页面元素】→iframe 选项，单击【插入】按钮，如图 9-17 所示。

step 04 弹出【标签编辑器】对话框，从中单击【源】文本框右边的【浏览】按钮，弹出【选择文件】对话框，在其中选择需要插入的框架文件，单击【确定】按钮，如图 9-18 所示。

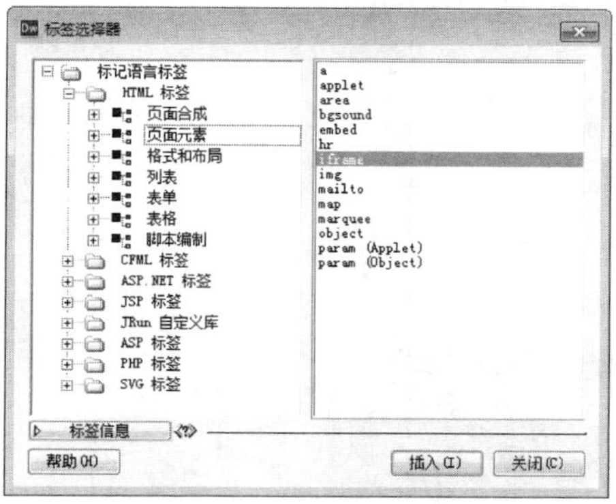

图 9-17 选择 iframe 选项

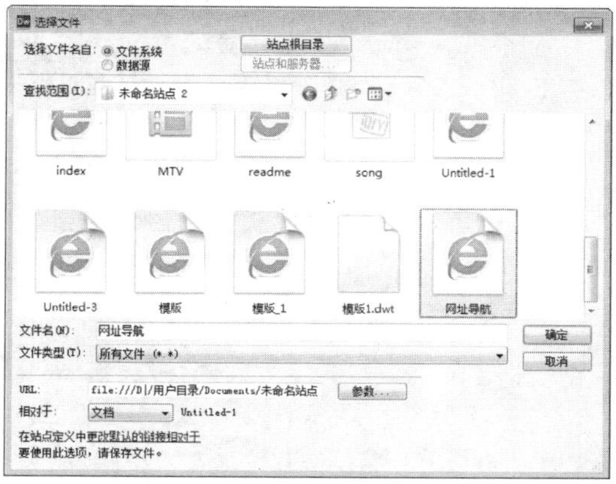

图 9-18 【选择文件】对话框

step 05 返回【标签编辑器】对话框，在【名称】文本框中输入“main.htm”，将【宽度】设置为 465，【高度】设置为 350，如图 9-19 所示。

step 06 单击【确定】按钮，关闭【标签编辑器】对话框，即可插入浮动框架网页，如图 9-20 所示。

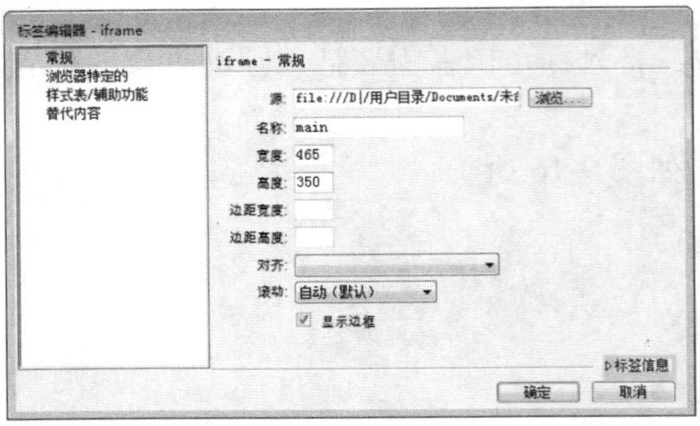

图 9-19 【标签编辑器】对话框

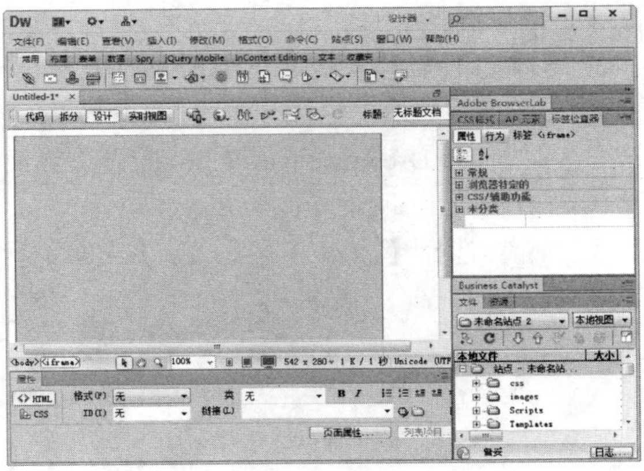

图 9-20 插入的浮动框架

9.3 保存框架和框架集文件

在预览框架集之前，必须保存框架集文件以及在框架中显示的所有文档。

9.3.1 案例 5——保存所有的框架集文件

选择【文件】→【保存全部】菜单命令，即可保存所有的文件(包括框架集文件和框架文件)，如图 9-21 所示。

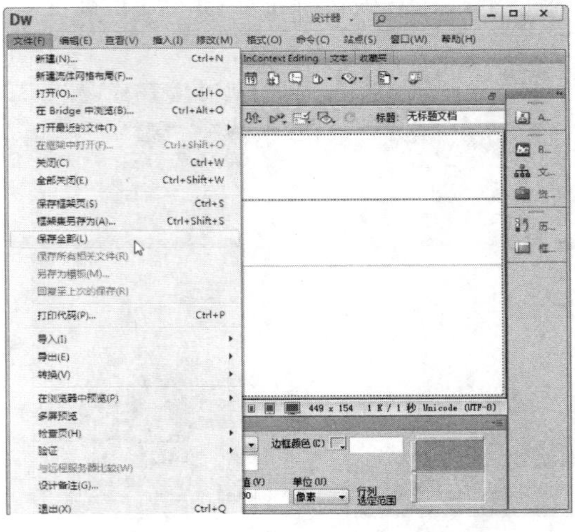

图 9-21 选择【保存全部】菜单命令

选择该命令，如果该框架集文件未保存过，则在设计视图中的框架集的周围将会出现粗边框和一个对话框，用户可从中选择文件名。

Dreamweaver CS6 首先保存的是框架集文件，框架集边框显示选择线，在保存文件对话框的文件名域提供临时文件名 UntitledFrameset-1，用户可以根据自己的需要进行修改，然后单击【保存】按钮即可。

随后系统才会保存框架文件，其文件名域中的文件名会变为 UntitledFrame-4(依框架的个数的不同而不同)，在设计视图(文档窗口)中的选择线也会自动地移到对应的被保存的框架中(据此可以知道正在保存的是哪一个框架文件)，然后单击【保存】按钮，直到所有的文件被保存完。

9.3.2 案例 6——保存框架集文件

在【框架】面板或文档窗口中选择框架集，进行下列操作之一。

(1) 要保存框架集文件，可选择【文件】→【保存框架页】菜单命令，如图 9-22 所示。

(2) 要将框架集文件另存为新文件，可选择【文件】→【框架集另存为】菜单命令。

如果以前没有保存过该框架集文件，那么这两个命令是等效的。

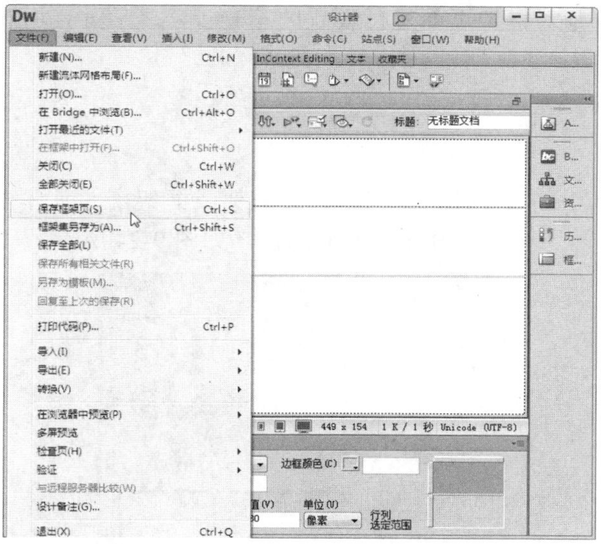

图 9-22 保存框架集文件

9.3.3 案例 7——保存框架文件

在【框架】面板或文档窗口中选择框架，进行下列操作之一。

(1) 要保存框架文件，可选择【文件】→【保存框架页】菜单命令。

(2) 要将框架文件另存为新文件，可选择【文件】→【框架集另存为】菜单命令，如图 9-23 所示。

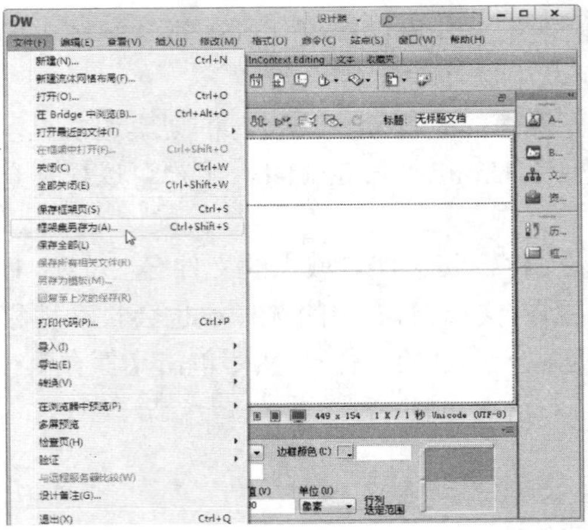

图 9-23 保存框架文件

9.4 选中框架和框架集

选择框架和框架集是对框架页面进行设置的第一步，之后才能对框架和框架集进行重命名和设置属性等操作。

9.4.1 案例 8——认识【框架】面板

框架和框架集是单个的 HTML 文档。修改框架或框架集的具体操作步骤是，选择【窗口】→【框架】菜单命令，可以打开【框架】面板，如图 9-24 所示。

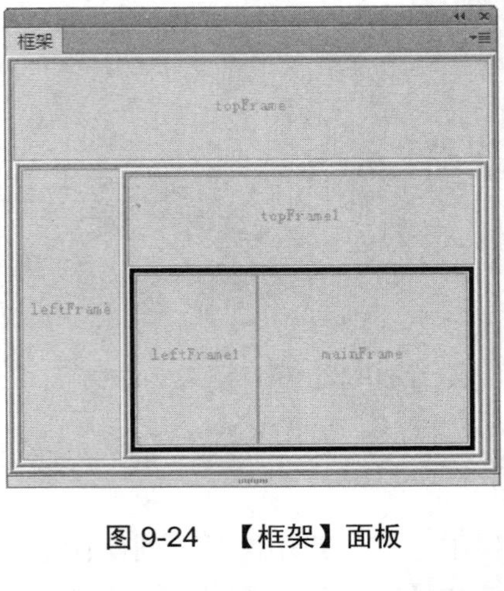

图 9-24 【框架】面板

9.4.2 案例 9——在【框架】面板中选中框架或框架集

在【框架】面板中单击要选中的框架即可选中该框架。当一个框架被选中时，它的边框纹会变为虚线，如图 9-25 所示。

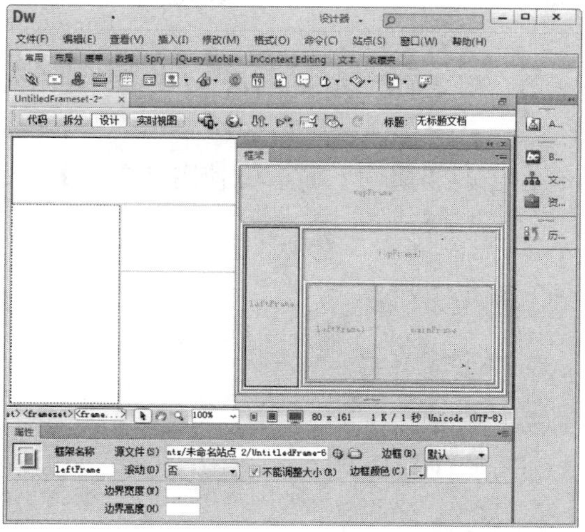

图 9-25 在【框架】面板中选择框架或框架集

9.4.3 案例 10——在文档窗口中转移框架或框架集

在设计视图中单击某个框架的边框，可以选择该框架所属的框架集。当一个框架集被选中时，框架集内的所有框架的边框线都会变为虚线，如图 9-26 所示。

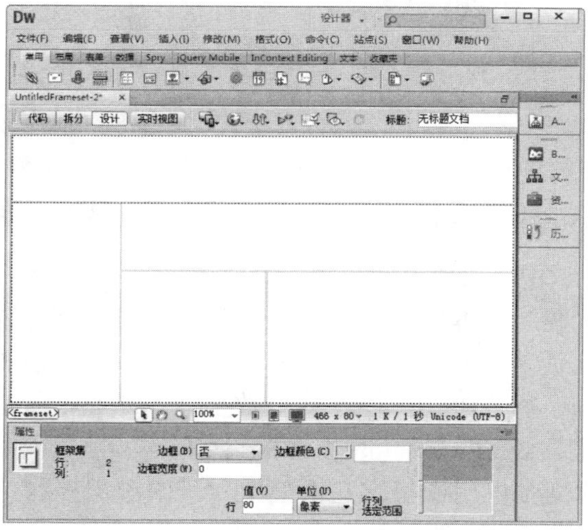

图 9-26 在文档窗口中选中框架或框架集

要将选中的框架或框架集转移到另一个框架，可以进行以下操作之一。

(1) 按 Alt 键和左(或右)箭头键，可将选择转移到下一个框架。

(2) 按 Alt 键和上箭头键，可将选择转移到父框架。

(3) 按 Alt 键和下箭头键，可将选择转移到子框架。

9.5 设置框架和框架集属性

每个框架和框架集都有自己的【属性】面板，使用【属性】面板可以设置框架和框架集的属性。

9.5.1 案例 11——设置框架属性

设置框架属性的步骤如下。

step 01 在【框架】面板中单击选中框架，如图 9-27 所示。

step 02 选择【窗口】→【属性】菜单命令，打开【属性】面板，如图 9-28 所示。

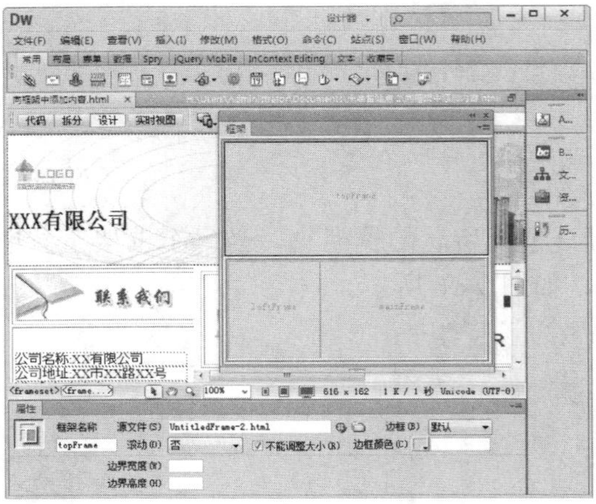

图 9-27 选中要编辑属性的框架

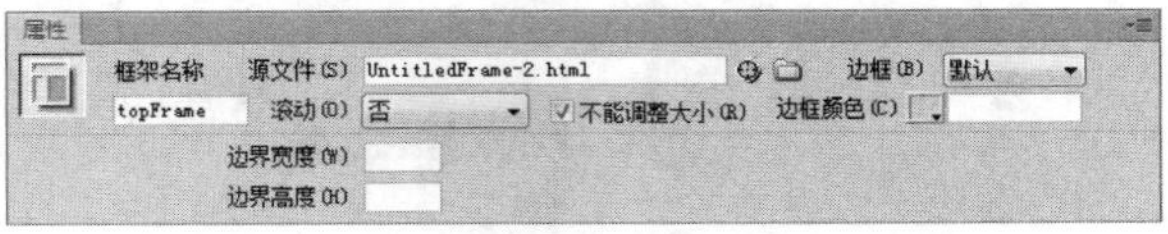

图 9-28 【属性】面板

在框架的【属性】面板中，可以进行以下设置。

(1) 【框架名称】：在此文本框中要输入的是链接的目标属性或脚本在引用该框架时所用的名称。框架名称必须是单个词；允许使用下划线(_)，但不允许使用连字符(-)、句点 (.)和空格。框架名称必须以字母为起始，而不能以数字为起始。框架名称区分大小写。不要使用 JavaScript 中的保留字(比如 right 或 top)作为框架名称。

(2) 【源文件】：此文本框用于指定在框架中显示的源文档。单击【文件夹】图标可以浏览文件，然后可以选择一个文件。

(3) 【滚动】：此下拉列表框用于指定在框架中是否显示滚动条。将此选项设置为【默认】，将不设置相应属性的值，从而使各个浏览器使用其默认值。大多数浏览器默认为【自动】，这意味着只有在 IE 浏览器窗口中没有足够的空间来显示当前框架的完整内容时，才显示滚动条。

(4) 【不能调整大小】：如果选中此复选框则访问者无法通过拖动框架边框在浏览器中调整框架的大小。

(5) 【边框】：此下拉列表框用于设置在浏览器中查看框架时显示或隐藏当前框架的边

框。为框架设置【边框】选项，将覆盖框架集的边框设置。

【边框】下拉列表中有 3 个选项：【是】(显示边框)、【否】(隐藏边框)和【默认】。大多数浏览器默认为显示边框，除非父框架集已将【边框】设置为【否】。只有当共享该边框的所有框架都将【边框】设置为【否】时，或者当父框架集的【边框】属性设置为【否】并且共享该边框的框架都将【边框】设置为【默认】时，边框才是隐藏的。

(6) 【边框颜色】：此文本框可用来为所有框架的边框设置边框颜色。此颜色应用于和框架接触的所有边框，并且重设框架集的指定边框颜色。

(7) 【边界宽度】：使用此文本框可以像素为单位设置左边距和右边距的宽度(框架边框和内容之间的空间)。

(8) 【边界高度】：使用此文本框可以像素为单位设置上边距和下边距的高度(框架边框和内容之间的空间)。

提示 设置框架的边界宽度和高度并不等同于选择【修改】→【页面属性】命令，必须在打开的【属性】对话框中设置框架边距。

9.5.2 案例 12——设置框架集属性

在文档窗口的设计视图中单击框架集中的两个框架之间的边框，或在【框架】面板中单击围绕框架集的边框，就可以选中框架集。

选择【窗口】→【属性】菜单命令，打开【属性】面板，如图 9-29 所示。

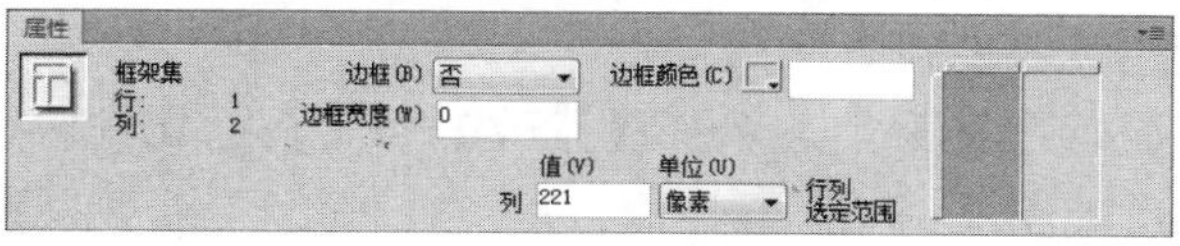

图 9-29 设置框架集属性

(1) 【边框】：此下拉列表框用于确定在浏览器中查看文档时在框架的周围是否应显示边框。如果要显示边框，则选择【是】选项；如果不显示边框，则选择【否】选项。如果允许浏览器来确定如何显示边框，则选择【默认】选项。

(2) 【边框宽度】：此文本框用于指定框架集中所有边框的宽度。

提示 所有宽度都是以像素为单位指定的。若指定的宽度对于访问者查看框架集所使用的浏览器而言太宽或太窄，框架将按比例伸缩以调整可用空间，这同样适用于以像素为单位指定的高度。

(3) 【边框颜色】：此文本框用于设置边框的颜色。可使用颜色选择器选择一种颜色，或输入颜色的十六进制值。

若要设置选定框架集的各行和各列的框架大小，可以单击【行列选定范围】区域左侧或顶部的选项卡，然后在【值】文本框中输入高度或宽度。

(4) 【单位】：此下拉列表框用于指定浏览器分配给每个框架的空间大小，包括以下 3 个选项。

- 像素：选择此选项时将选定列或行的大小设置为一个绝对值。对于应始终保持相同大小的框架(例如导航条)而言，此选项是最佳选择。在给以百分比或相对值为单位指定大小的框架分配空间之前，给以像素为单位指定大小的框架分配空间。设置框架大小的最常用的方法是将左侧框架设置为固定像素宽度，将右侧框架大小设置为相对大小，这样在分配像素宽度后，就能够使右侧框架伸展以占据所有的剩余空间。
- 百分比：选择此选项时将指定选定列或行应相当于其框架集的总宽度或总高度的百分比。以百分比为单位的框架分配空间是在以像素为单位的框架之后，但在将单位设置为相对值的框架之前。
- 相对：选择此选项时将指定在为单位设成像素和百分比的框架分配空间之后，为选定列或行分配其余可用的空间，剩余的空间在大小设置为相对值的框架中按比例划分。

提示

当用户从【单位】下拉列表框中选择【相对】选项时，用户在【值】文本框中输入的所有数字均消失；如果用户想要指定一个数字，就必须重新输入。如果只有一行或一列设置为【相对】，则不需要输入数字，因为该行或列在其他行和列已分配空间后将接受所有的剩余空间。为了确保完全的跨浏览器兼容性，可以在【值】文本框中输入“1”，这等效于不输入任何值。

9.5.3 案例 13——改变框架的背景颜色

改变框架背景颜色的具体步骤如下。

step 01 将插入点放置在框架中，选择【修改】→【页面属性】菜单命令，打开【页面属性】对话框，如图 9-30 所示。

step 02 单击【背景颜色】按钮，在弹出的颜色选择器中选择一种颜色，然后单击【确定】按钮即可，如图 9-31 所示。

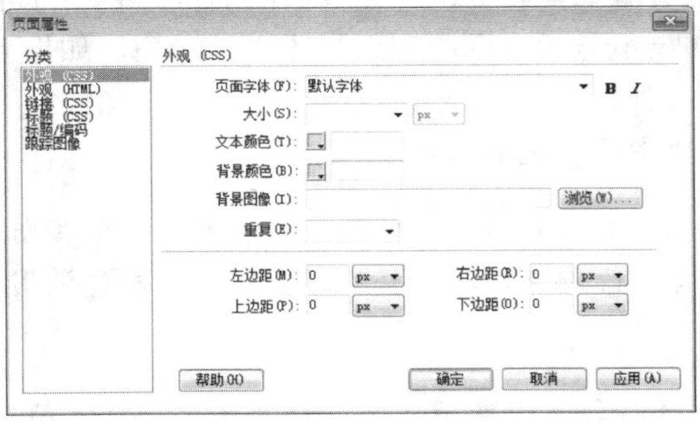

图 9-30 【页面属性】对话框

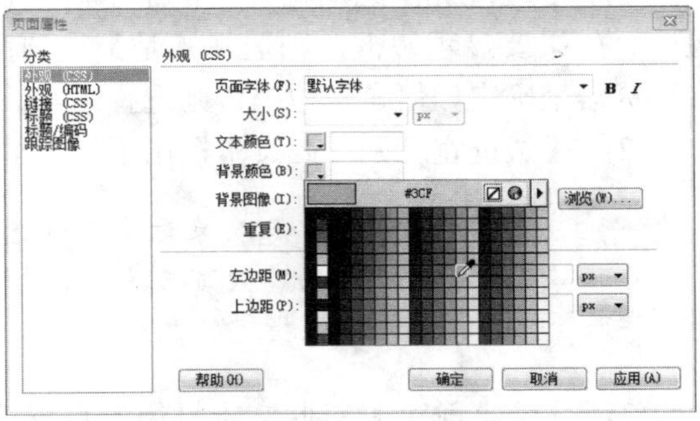

图 9-31 设置背景色

9.6 实战演练——创建左右结构框架的网页

本实例通过创建左右结构的框架网页来学习完整创建框架网页的方法。实战本实例的具体操作步骤如下。

step 01 选择【文件】→【新建】菜单命令，打开【新建文档】对话框。在该对话框中，选择【空白页】选项卡，在【页面类型】分类下选择 HTML 选项，在【布局】分类下选择【无】选项，如图 9-32 所示。

step 02 单击【创建】按钮，创建一个空白页面，如图 9-33 所示。

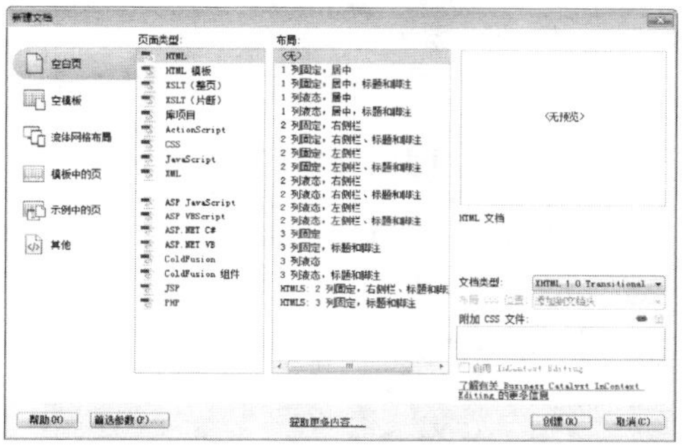

图 9-32 【新建文档】对话框

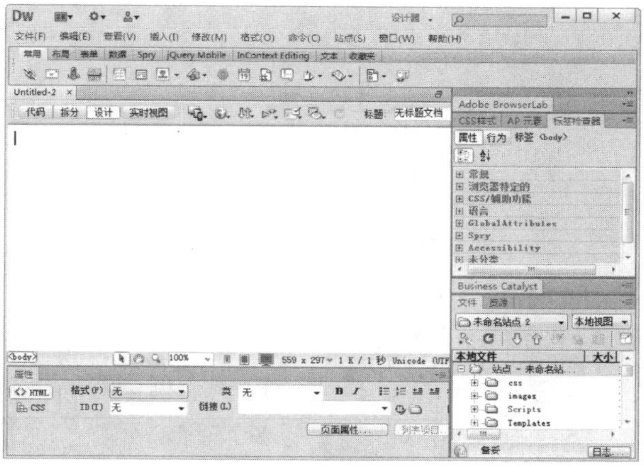

图 9-33 新建的空白文档

step 03 选择【插入】→ HTML →【框架】→【左对齐】菜单命令，在文档中插入左侧框架，弹出【框架标签辅助功能属性】对话框，单击【确定】按钮，如图 9-34 所示。

step 04 保存框架页文件。单击所插入框架的边缘，选中所有的框架(选中的框架会被虚线包围)，选择【文件】→【保存框架页】菜单命令，如图 9-35 所示。

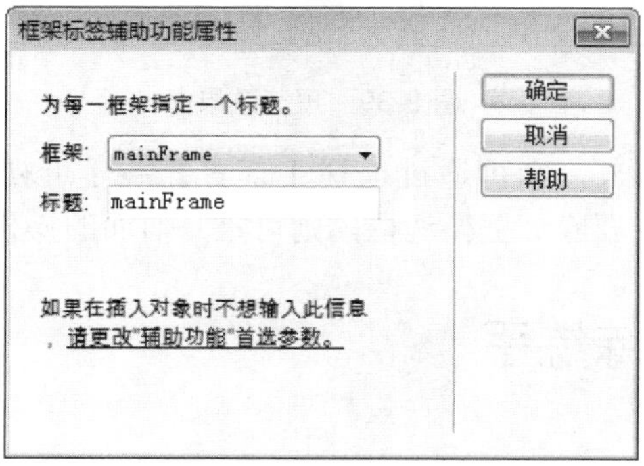

图 9-34 【框架标签辅助功能属性】对话框

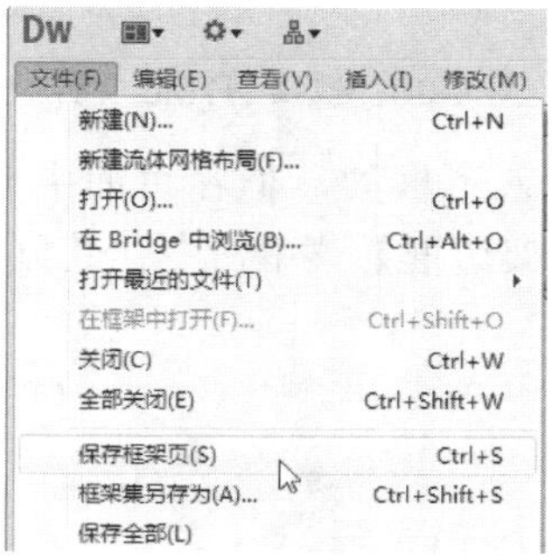

图 9-35 保存框架页

step 05 打开【另存为】对话框，在【保存在】下拉列表框中选择 ch09 文件夹。文件名命名为 Frameset.htm，然后单击【保存】按钮，即可保存框架页文件，如图 9-36 所示。

step 06 选择【窗口】→【框架】菜单命令，在【框架】面板中单击左侧框架，选中左侧框架。单击【源文件】后的【浏览文件】按钮，从 images 文件夹中选择插入 leftFrame.html 文件，如图 9-37 所示。

图 9-36 【另存为】对话框

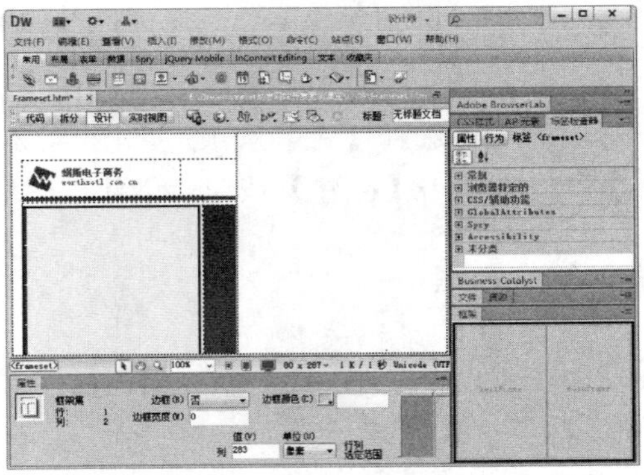

图 9-37 选择要添加的网页文件

step 07 右侧框架中页面的插入。参照步骤 06，在右侧框架中插入页面 right.html，如图 9-38 所示。

step 08 保存文档，按 F12 键在浏览器中预览效果，如图 9-39 所示。

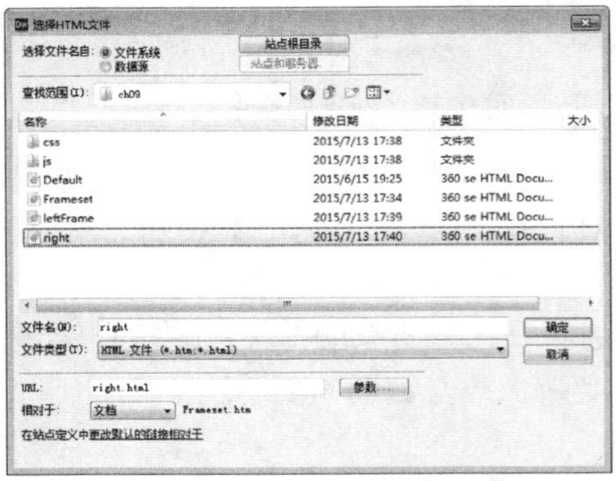

图 9-38 选择 HTML 文件

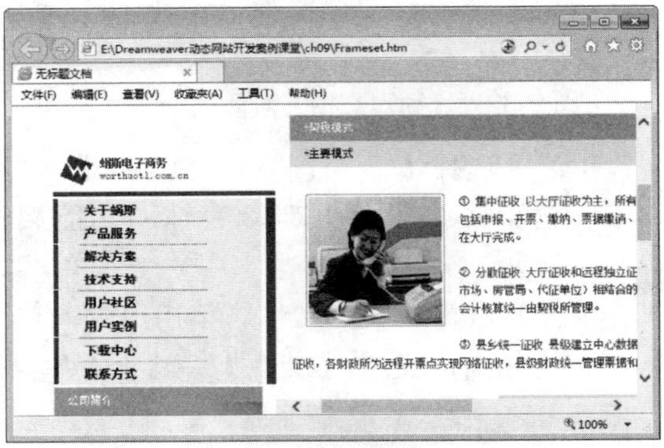

图 9-39 预览效果

如果插入了框架，但在页面中并没有显示出来，则可通过选择【查看】→【可视化助理】→【框架边框】菜单命令让其显示出来。如果要隐藏框架边框，则可重复前面的操作。

9.7 跟我练练手

9.7.1 练习目标

能够熟练掌握本章节所讲内容。

9.7.2 上机练习

练习 1：创建不同样式的框架。
练习 2：在框架中添加内容。
练习 3：保存框架与框架集。
练习 4：设置框架与框架集属性。
练习 5：创建左右结构框架的网页。

9.8 高 手 甜 点

甜点 1：如何避免别人把自己的网页放在其框架中？

一些网页设计者往往喜欢偷窃别人的劳动成果，比如把别人精心制作的网页，以子页的形式放到自己的框架中。为了尽量避免自己的网页内容被“盗用”，用户可在网页源代码的<head>和</head>之间加入如下代码：

```
<script language="javascript"><!--
if (self!=top){top.location=self.location;}
-->< /script>
```

将上述代码加入之后，就可以有效保护自己的网页不被别人放到框架中使用。

甜点 2：快速添加框架。

要给框架页面增加新框架，就是像拆分表格的单元格一样，把一个框架分为两个框架。其操作方法如下。

按住 Ctrl 键，将鼠标放在框架边框上，当鼠标变为上下箭头时，可把边框拖到一个新位置，当松开鼠标按钮时，一个新的空白的框架就形成了。

第 10 章 批量制作风格统一的网页——使用模板

使用模板可以为网站的更新和维护提供极大的方便，仅修改网站的模板即可完成对整个网站中页面的统一修改。本章就来介绍一下如何使用模板批量制作风格统一的网页。

本章要点(已掌握的，在方框中打勾)

- ☐ 掌握创建模板的方法。
- ☐ 掌握管理模板的方法。

10.1 创 建 模 板

使用模板创建文档可以使网站和网页具有统一的结构和外观。模板实质上就是作为创建其他文档的基础文档。在创建模板时，可以明确哪些网页元素应该长期保留、不可编辑，哪些元素可以编辑修改。

10.1.1 案例 1——在空白文档中创建模板

利用 Dreamweaver 的新建功能可以直接创建模板，具体操作步骤如下。

step 01 选择【文件】→【新建】菜单命令，弹出【新建文档】对话框。在【新建文档】对话框中选择【空白页】选项卡，在【页面类型】列表框中选择【HTML 模板】选项，如图 10-1 所示。

step 02 单击【创建】按钮即可创建一个空白的模板文档，如图 10-2 所示。

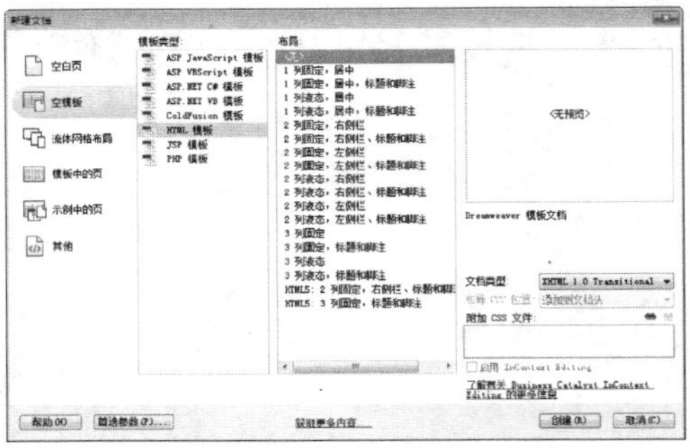

图 10-1 【新建文档】对话框

图 10-2 创建空白模板

10.1.2 案例 2——在【资源】面板中创建模板

在【资源】面板中创建模板的具体步骤如下。

step 01 选择【窗口】→【资源】菜单命令，打开【资源】面板，如图 10-3 所示。

step 02 在【资源】面板中，单击【模板】按钮，【资源】面板将变成模板样式，如图 10-4 所示。

step 03 单击【资源】面板右下角的【新建模板】按钮；或在【资源】面板的列表中右击，在弹出的快捷菜单中选择【新建模板】命令，如图 10-5 所示。

step 04 一个新的模板就被添加到了模板列表中。选中该模板，然后修改模板的名称即可完成创建，如图 10-6 所示。

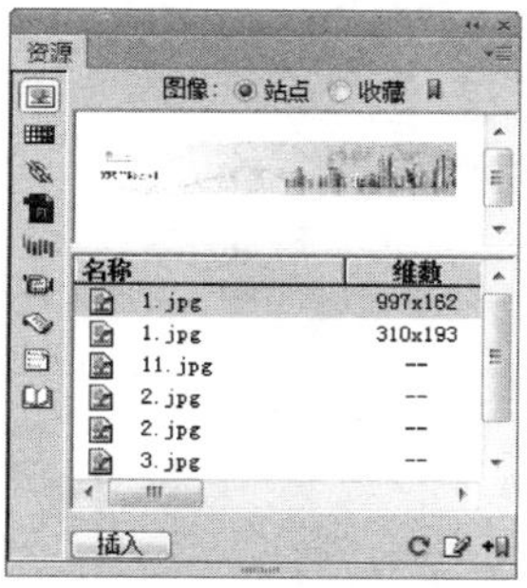

图 10-3 【资源】面板

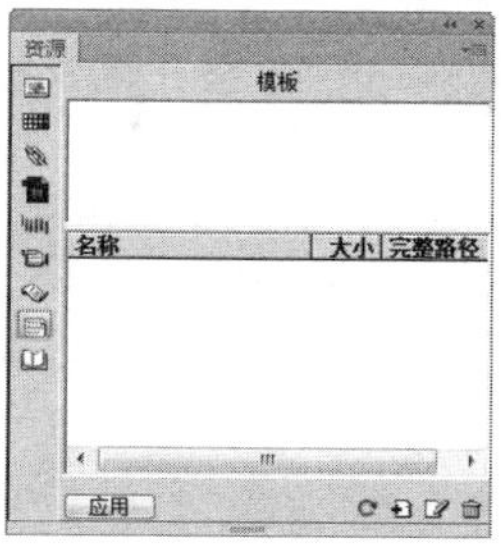

图 10-4 模板样式

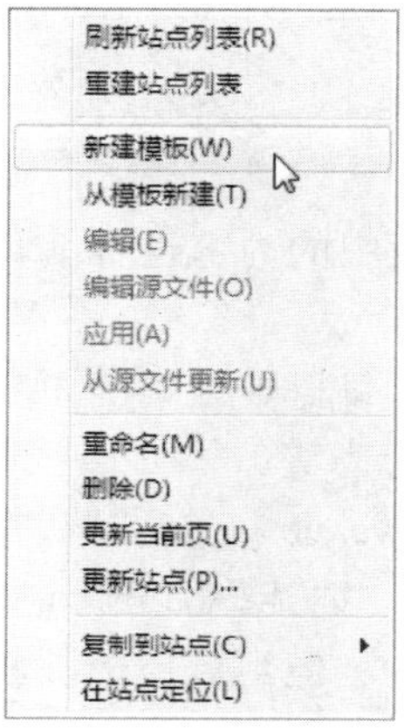

图 10-5 选择【新建模板】命令

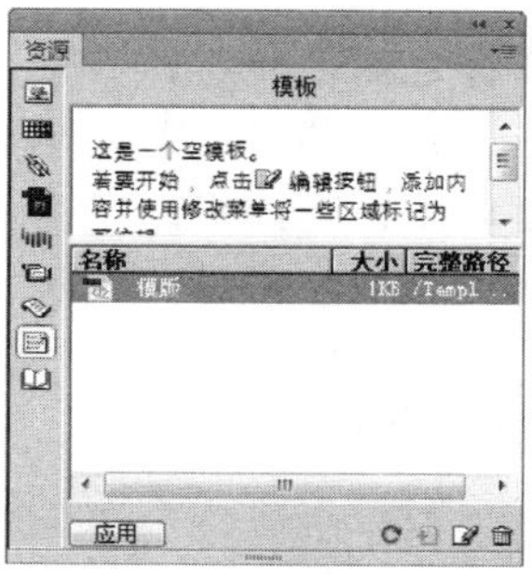

图 10-6 选中创建的模板

提示 如果要编辑创建完成的空白模板，可单击【编辑】按钮，Dreamweaver 会在【资源】面板和 Templates 文件夹中创建一个新的空模板。单击【资源】面板右上角的【菜单】按钮；或在要重命名的模板上右击，从弹出的快捷菜单中选择【重命名】命令，可以对模板重命名。在重命名模板时，Dreamweaver 的模板参数会自动地更新使用该模板的文档。

10.1.3 案例 3——使用现有文档创建模板

使用现有文档创建模版的具体操作步骤如下。

step 01 打开随书光盘中的 ch10\index.html 文件，如图 10-7 所示。

step 02 选择【文件】→【另存为模板】菜单命令，弹出【另存模板】对话框，在【站点】下拉列表中选择保存的站点“模板”，在【另存为】文本框中输入模板名，如图 10-8 所示。

step 03 单击【保存】按钮，弹出提示框，单击【是】按钮，即可将网页文件保存为模板，如图 10-9 所示。

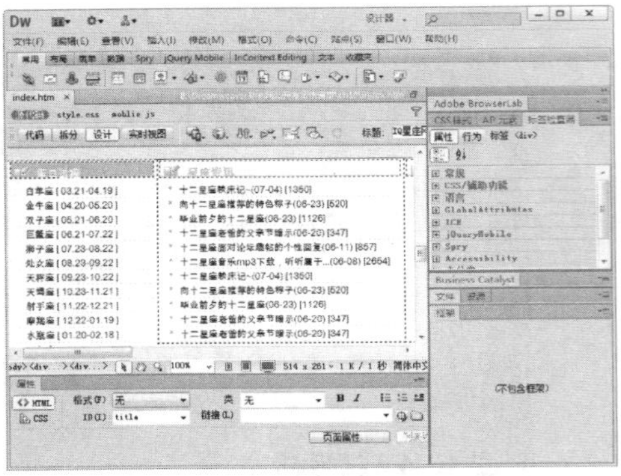

图 10-7 打开素材文件

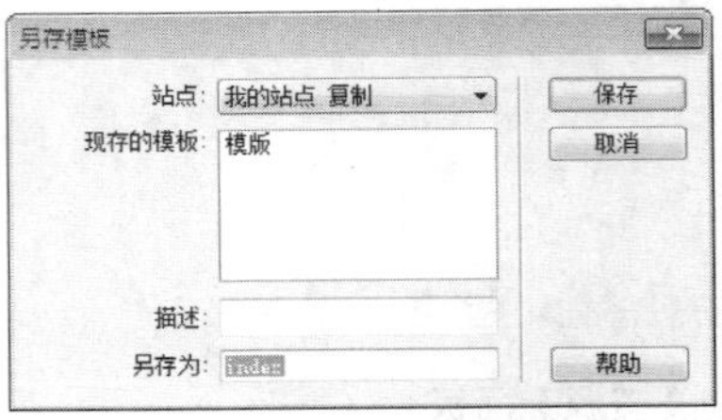

图 10-8 【另存模板】对话框

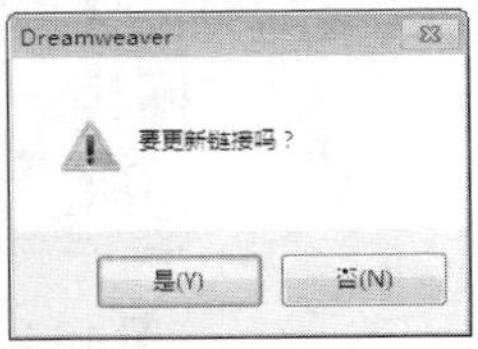

图 10-9 信息提示框

10.1.4 案例 4——创建可编辑区域

在创建模板之后，用户需要根据自己的具体要求对模板中的内容进行编辑，即指定哪些内容可以编辑，哪些内容不能编辑(锁定)。

在模板文档中，可编辑区是页面中变化的部分，比如“每日导读”的内容。不可编辑区(锁定区)是各页面中相对保持不变的部分，如导航栏和栏目标志等。

当新创建一个模板或把已有的文档存为模板时，Dreamweaver CS6 默认把所有的区域标记为锁定，因此，用户必须根据自己的要求对模板进行编辑，把某些部分标记为可编辑区。

在编辑模板时，可以修改可编辑区，也可以修改锁定区。但当该模板被应用于文档时，则只能修改文档的可编辑区，文档的锁定区是不允许被修改的。

定义新的可编辑区域的具体步骤如下。

step 01 打开随书附赠的光盘中的 ch10\Templates\模版.dwt 文件，如图 10-10 所示。

step 02 将光标放置在要插入可编辑区域的位置，选择【插入】→【模板对象】→【可编辑区域】菜单命令，如图 10-11 所示。

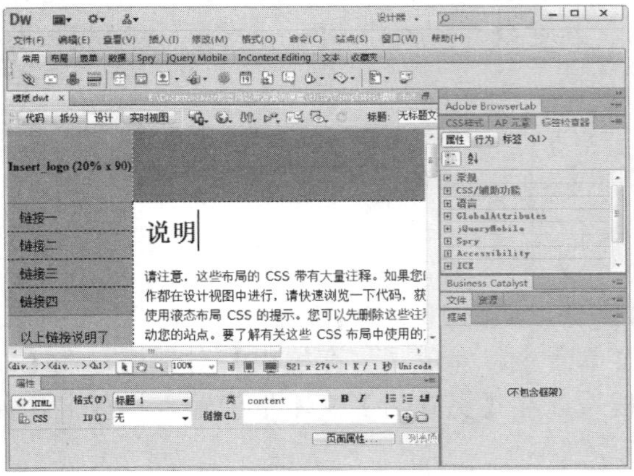

图 10-10 打开素材文件

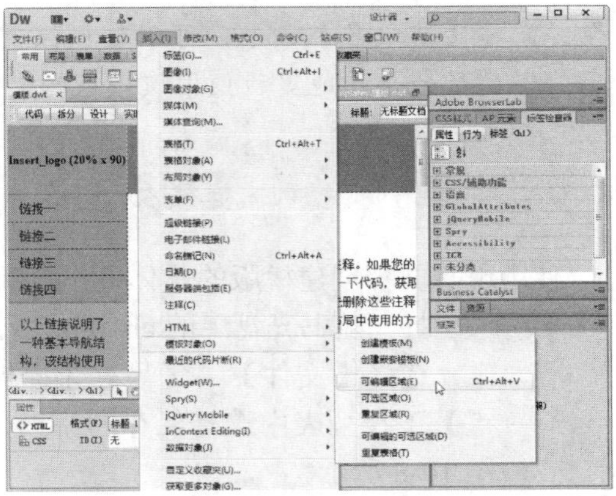

图 10-11 选择【可编辑区域】菜单命令

step 03 弹出【新建可编辑区域】对话框，在【名称】文本框中输入名称，如图 10-12 所示。

提示 命名一个可编辑区域时，不能使用单引号(')、双引号(")、尖括号(< >)和&等。

step 02 单击【确定】按钮即可插入可编辑区域。在模板中，可编辑区域会被突出显示，如图 10-13 所示。

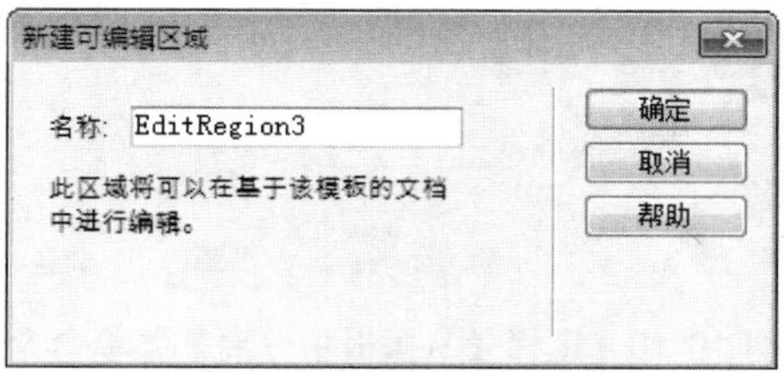

图 10-12 【新建可编辑区域】对话框

图 10-13 可编辑区域

step 03 选择【文件】→【保存】菜单命令，保存模板，如图 10-14 所示。

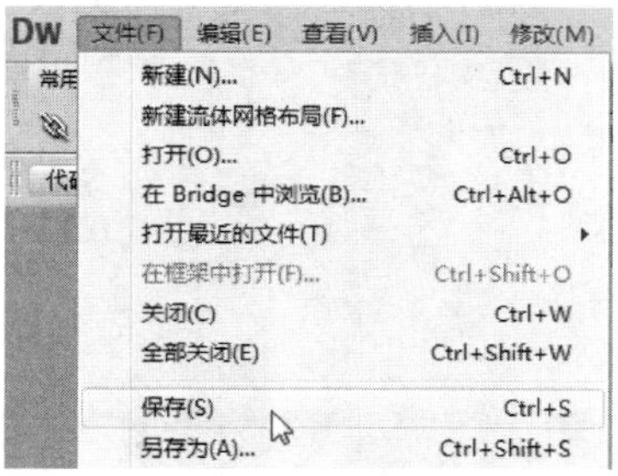

图 10-14 选择【保存】菜单命令

10.2 管 理 模 板

模板创建好后，根据实际需要可以随时对进模板的样式、内容行更改。更改模板后，Dreamweaver 会对应用该模板的所有网页进行同时更新。

10.2.1 案例 5——从模板中分离文档

利用从模板中分离功能，可以将文档从模板中分离，分离后，模板中的内容依然存在。文档从模板中分离后，文档的不可编辑区域会变成可编辑区，这就给修改网页内容带来很大方便。

从模板中分离文档的具体步骤如下。

step 01 打开随书光盘中的 ch10\模版.html 文件，从图 10-15 中可以看出页面处于不可编辑状态。

step 02 选择【修改】→【模板】→【从模板中分离】菜单命令，如图 10-16 所示。

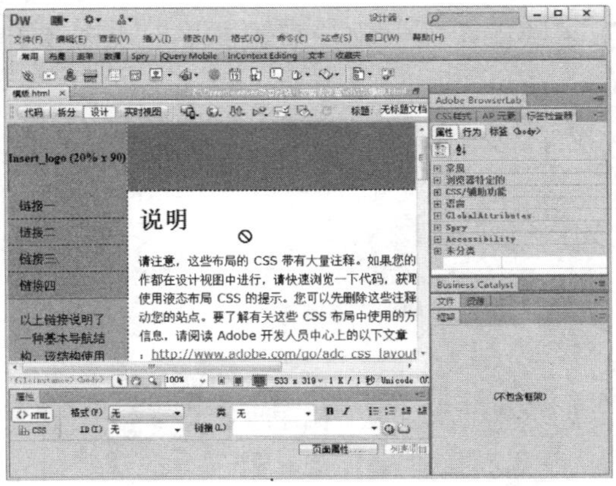

图 10-15　打开素材文件

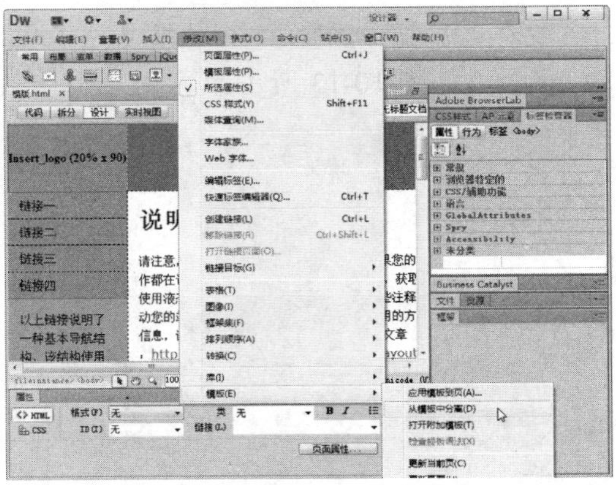

图 10-16　选择【从模板中分离】菜单命令

step 03 选择命令后，即可将网页从模板中分离出来，此时即可将图像路径重新设置，如图 10-17 所示。

step 04 保存文档，按 F12 快捷键在 IE 浏览器中预览效果，如图 10-18 所示。

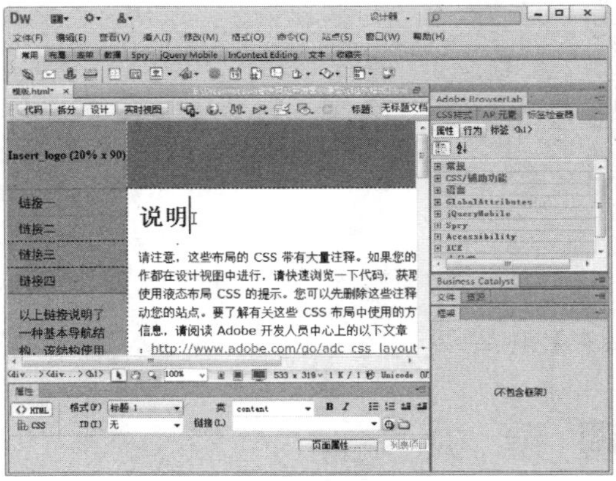

图 10-17　将网页从模板中分离

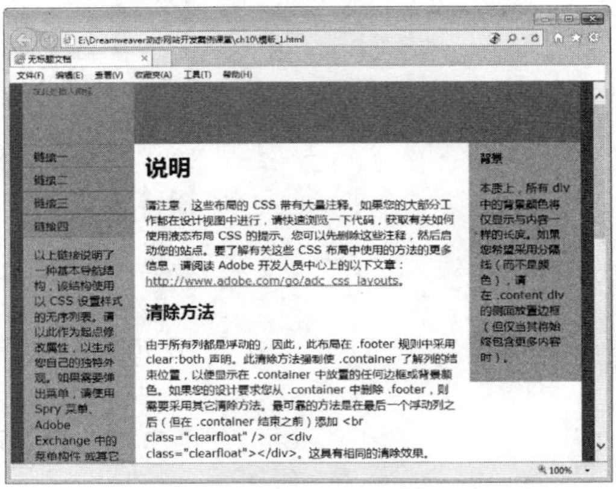

图 10-18　预览网页效果

10.2.2　案例 6——更新模板和基于模板的网页

用模板的最新版本更新整个站点及应用特定模板的所有文档的具体步骤如下。

step 01 打开随书光盘中的 ch10\Templates\模版.dwt 文件，如图 10-19 所示。

step 02 将光标置于模板需要修改的地方，并进行修改，如图 10-20 所示。

step 03 选择【文件】→【保存】命令，即可保存更改后的网页。然后打开应用该模板的网页文件，可以看到更新后的网页，如图 10-21 所示。

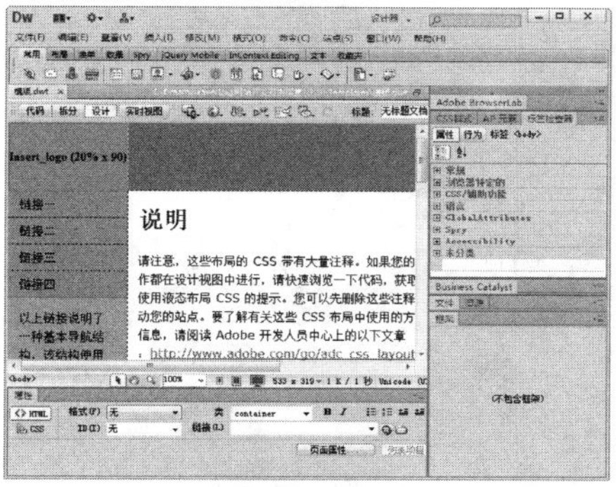

图 10-19　打开素材文件

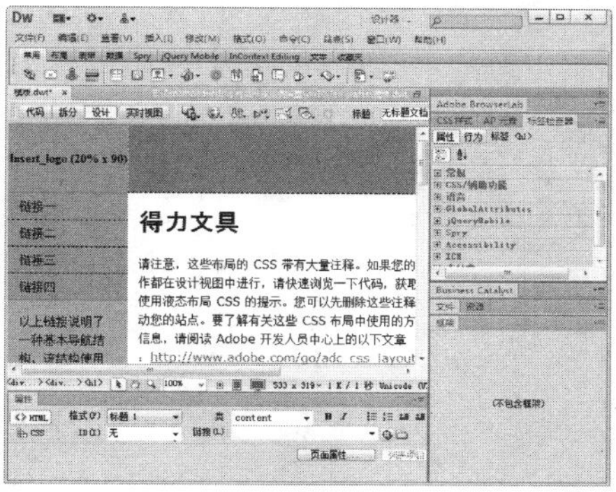

图 10-20　修改模板

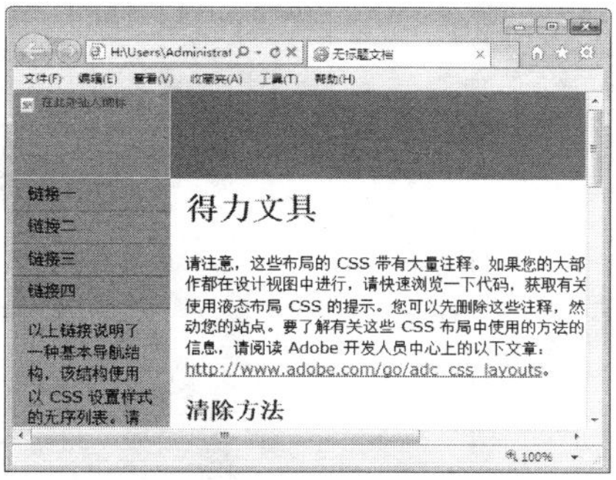

图 10-21　预览网页效果

10.3　实战演练——创建基于模板的页面

模板制作完成后，就可以将其应用到网页中。建立站点 my site，并将光盘中的“素材\ch13\”设置为站点根目录。通过使用模板，能快速、高效地设计出风格一致的网页。

本实例的具体操作步骤如下。

step 01 选择【文件】→【新建】菜单命令，打开【新建文档】对话框，在【新建文档】对话框中选择【模板中的页】选项卡，在【站点】列表框中选择【我的站点】选项，选择【站点“我的站点”的模板】列表中的模板文件“模版 1”，如图 10-22 所示。

step 02 单击【创建】按钮，创建一个基于模板的网页文档，如图 10-23 所示。

step 03 将光标放置在可编辑区域中，选择【插入】→【表格】菜单命令，弹出【表格】对话框，将【行数】和【列】都设置为 1，【表格宽度】设置为 95%，【边框粗细】设置为 0，【单元格边距】和【单元格间距】均设置为 0，如图 10-24 所示。

step 04 单击【确定】按钮插入表格。在【属性】面板中，将【对齐】设置为【居中对齐】，如图 10-25 所示。

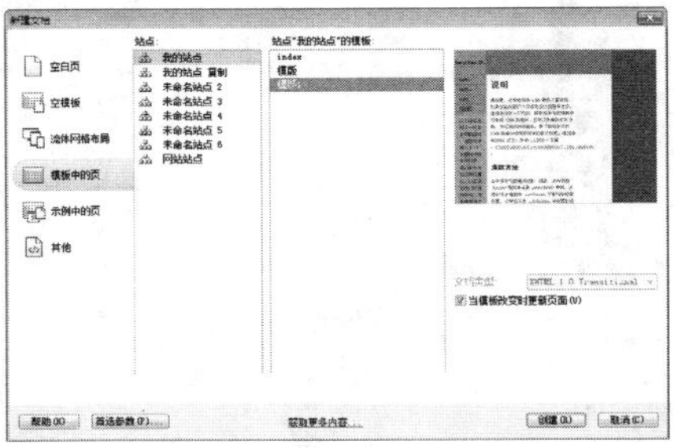

图 10-22 【新建文档】对话框

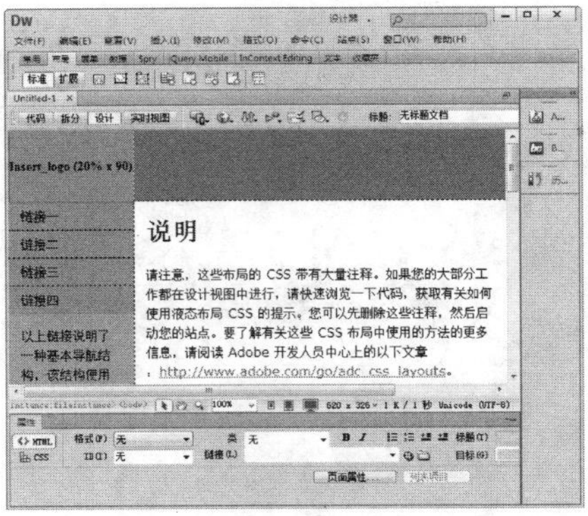

图 10-23 创建基于模板的网页

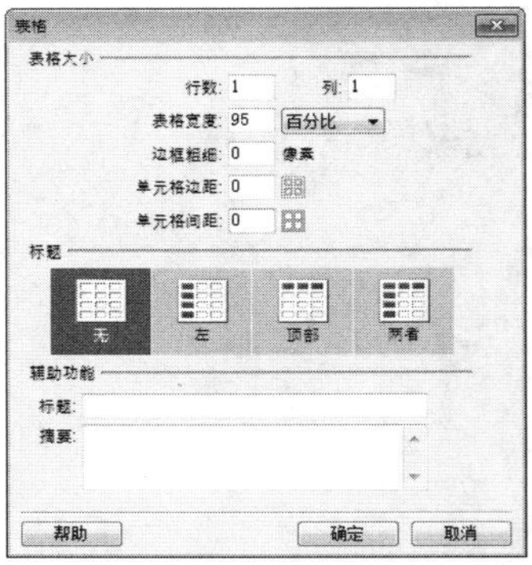

图 10-24 【表格】对话框

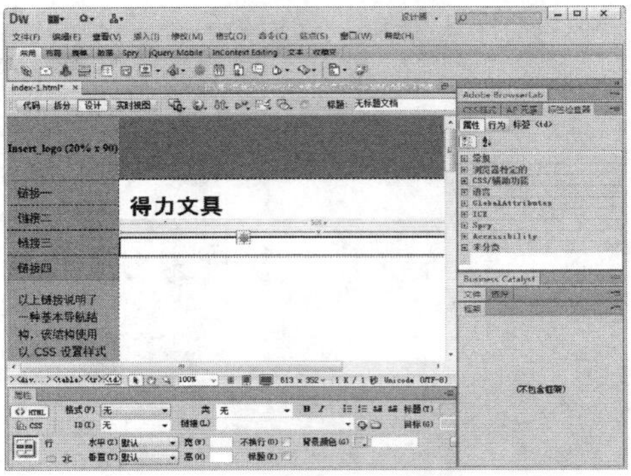

图 10-25 插入表格

step 05 将光标放置在表格中，输入文字和图像，并设置文字和图像的对齐方式，如图 10-26 所示。

step 06 选择【文件】→【保存】菜单命令，打开【另存为】对话框，在【文件名】下拉列表框中输入“index.html”，单击【保存】按钮，如图 10-27 所示。

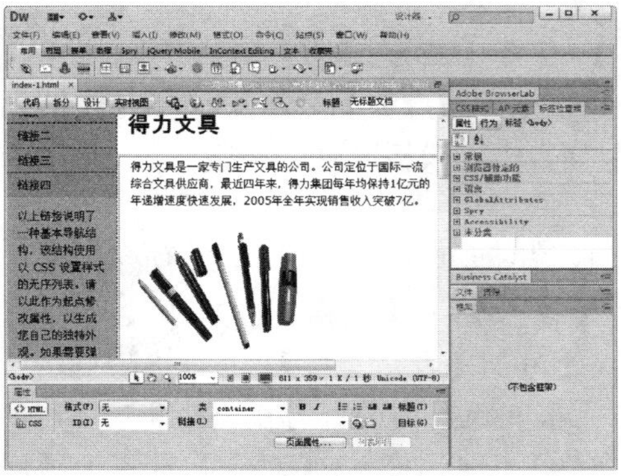

图 10-26 添加文字和图像

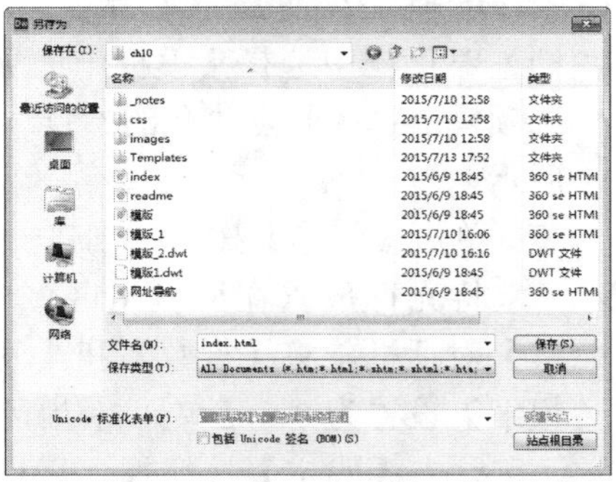

图 10-27 【另存为】对话框

step 07 按 F12 键在 IE 浏览器中预览效果，如图 10-28 所示。

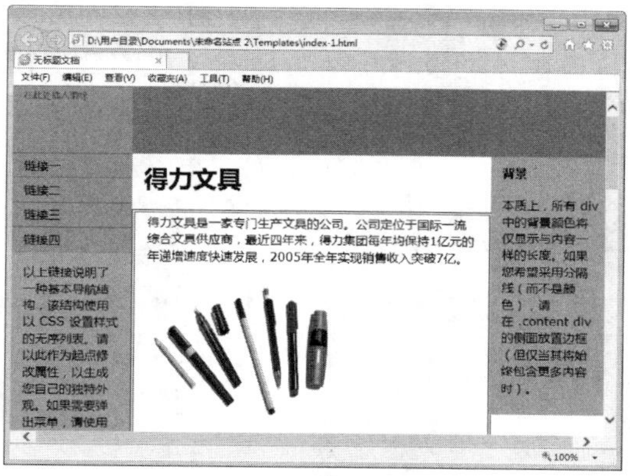

图 10-28　预览网页效果

10.4　跟我练练手

10.4.1　练习目标

能够熟练掌握本章节所讲的内容。

10.4.2　上机练习

练习 1：创建模板的各种方法。
练习 2：管理模板。
练习 3：创建基于模板的页面。

10.5　高 手 甜 点

甜点 1：处理不可编辑的模板。

为了避免编辑时候误操作而导致模板中的元素发生变化，模板中的内容才默认为不可编辑状态。只有把某个区域或者某段文本设置为可编辑状态之后，才可以在由该模板创建的文档中改变这个区域。具体操作步骤如下。

step 01 先用鼠标选取需要编辑的某个区域，然后选择【修改】→【模板】→【令属性可编辑】命令，如图 10-29 所示。

step 02 在弹出的对话框中选择【令属性可编辑】复选框，单击【确定】按钮，如图 10-30 所示。

甜点 2：模板使用技巧。

使用模板可以为网站的更新和维护提供极大的方便，只修改网站的模板便可完成对整个网站中页面的统一修改。模板的使用难点是如何合理地设置和定义模板的可编辑区域。要想把握好这一点，在定义模板的可编辑区域时，一定要仔细地研究整个网站中各个页面所具有的共同风格和特性。只有这样，才能设计出适合网站使用的合理模板。使用库项目可以完成对网站中某个板块的修改。利用这些功能不仅可以提高工作效率，还可以使网站的更新和维护等烦琐的工作变得更加轻松。

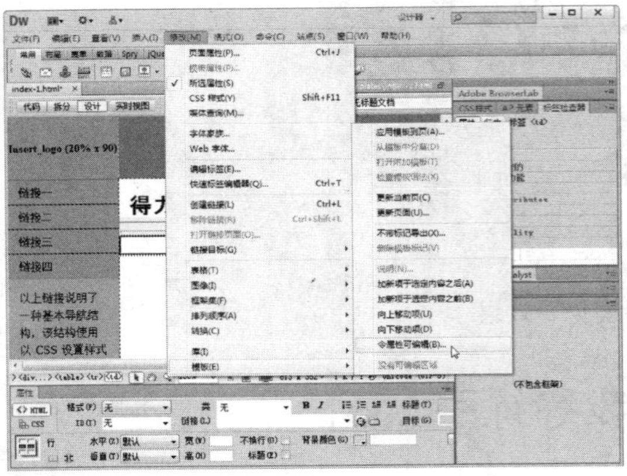

图 10-29　选择【令属性可编辑】命令

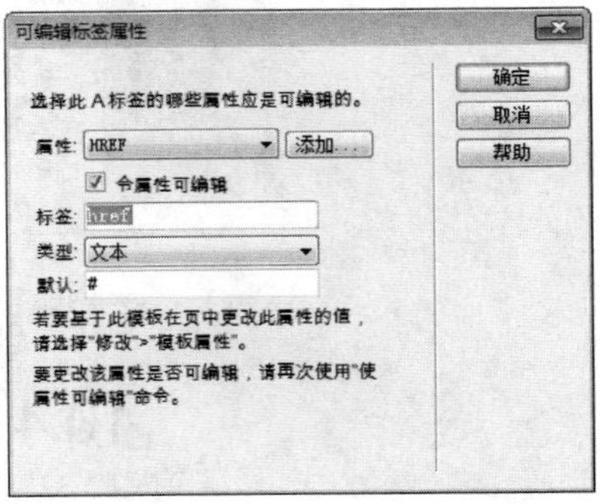

图 10-30　可编辑区域

第 2 篇

网页美化与布局

- 第 11 章　读懂样式表密码——使用 CSS 样式表美化网页
- 第 12 章　架构师的大比拼——网页布局典型案例
- 第 13 章　让别人浏览我的成果——网站的发布

第 11 章

读懂样式表密码——使用 CSS 样式表美化网页

使用 CSS 技术可以对文档进行精细的页面美化。CSS 样式不仅可以对单个页面进行格式化，还可以对多个页面使用相同的样式进行修饰，以达到统一的效果。

本章就来介绍一下如何使用 CSS 样式表美化网页。

本章要点(已掌握的，在方框中打勾)

- ☐ 熟悉 CSS 的概念、作用与语法。
- ☐ 掌握使用 CSS 样式表美化网页的方法。
- ☐ 掌握使用 CSS 滤镜美化网页的方法。

11.1 初识 CSS

现在，网页的排版格式越来越复杂，样式也越来越多。通过 CSS 样式，很多美观的效果都可以实现。应用 CSS 样式制作出的网页会给人一种条理清晰、格式漂亮、布局统一的感觉，加上多种字体的动态效果，会使网页变得更加生动有趣。

11.1.1 CSS 概述

CSS(Cascading Style Sheet)，中文名为层叠样式表，也可以被称为 CSS 样式表或样式表，其文件扩展名为.css。CSS 是用于增强或控制网页样式，并允许将样式信息与网页内容分离的一种标记性语言。

引用样式表的目的是将“网页结构代码”和“网页样式风格代码”分离，从而使网页设计者可以对网页布局进行更多的控制。利用样式表，可以将整个站点上的所有网页都指向某个 CSS 文件，设计者只需要修改 CSS 文件中的某一行，整个网页上对应的样式都会随之发生相同的改变。

11.1.2 CSS 的作用

CSS 样式可以一次对若干个文档的样式进行控制。当 CSS 样式更新后，所有应用了该样式的文档都会自动更新。可以说，CSS 在现代网页设计中是必不可少的工具之一。

CSS 的优越性有以下几点。

1. 分离了格式和结构

HTML 并没有严格地控制网页的格式或外观，仅定义了网页的结构和个别要素的功能，其他部分让浏览器自己决定应该让各个要素以何种形式显示。但是，随意使用 HTML 样式会导致代码混乱，编码会变得臃肿不堪。

CSS 解决了这个问题，它将定义结构的部分和定义格式的部分分离，从而对页面的布局能够施加更多的控制。通俗地讲，就是把 CSS 代码独立出来，从另一个角度来控制页面外观。

2. 控制页面布局

HTML 中的<font size>代码能调整字号，表格标签可以生成边距，但是，总体上的控制却很有限，比如它不能精确地生成 80 像素的高度，不能控制行间距或字间距，不能在屏幕上精确地定位图像的位置，而 CSS 就可以使这一切都成为可能。

3. 制作出更小、下载更快的网页

CSS 只是简单的文本，就像 HTML 那样，它不需要图像，不需要执行程序，不需要插件，不需要流式。有了 CSS 之后，以前必须求助于 GIF 格式的，现在通过 CSS 可以自己实

现。此外，使用 CSS 还可以减少表格标签及其他加大 HTML 体积的代码，减少图像用量，从而减小文件的大小。

4. 便于维护及更新大量的网页

如果没有 CSS，要更新整个站点中所有主体文本的字体，就必须一页一页地修改网页。CSS 则是将格式和结构分离，利用样式表可以将站点上所有的网页都指向单一的一个 CSS 文件，只要修改 CSS 文件中的某一行，整个站点就都会随之发生相同的变动。

5. 使浏览器成为更友好的界面

CSS 的代码有很好的兼容性，比如丢失了某个插件时不会发生中断，或者使用低版本的浏览器时代码不会出现杂乱无章的情况。只要是可以识别 CSS 的浏览器，就可以应用 CSS。

11.1.3 CSS 的基本语法

CSS 样式表由若干条样式规则组成。这些样式规则可以应用到不同的元素或文档，从而定义它们显示的外观。每一条样式规则由 3 个部分构成：选择符(selector)、属性(properties)和属性值(value)。其基本格式如下。

```
selector{property: value}
```

- selector 选择符：采用多种形式，可以为文档中的 HTML 标记，例如<body>、<table>、<p>等，但是也可以是 XML 文档中的标记。
- property 属性：是选择符指定的标记所包含的属性。
- value：指定了属性的值。

如果定义选择符的多个属性，则属性和属性值为一组，组与组之间用分号(;)隔开。其基本格式如下：

```
selector{property1: value1; property2: value2;…… }
```

下面就给出一条样式规则：

```
p{color:red}
```

该样式规则中的选择符 p，为段落标记<p>提供样式；color 为指定文字颜色属性；red 为属性值。此样式表示标记<p>指定的段落文字为红色。

如果要为段落设置多种样式，则可以使用下列语句：

```
p{font-family:"隶书"; color:red; font-size:40px; font-weight:bold}
```

11.2 使用 CSS 样式美化网页

在使用 CSS 样式的属性美化网页元素之前，需要先定义 CSS 样式的属性。CSS 样式常用的属性包括字体、文本、背景、链接、样式等。

11.2.1 案例 1——使用字体样式美化文字

CSS 样式的字体属性用于定义文字的字体、大小、粗细的表现等。其中，font 用于统一定义字体的所有属性。各字体的属性如下。

1. font-family 属性

使用 font-family 属性，可以同时定义多种字体，比如，中文的宋体，英文的 Arial，代码如下：

```
<html>
<head>
<meta http-equiv="Content-Type" content="text/html; charset=gb2312" />
<title>CSS font-family 属性示例</title>
<style type="text/css" media="all">
p#songti{font-family:"宋体";}
p#Arial{font-family:Arial;}
p#all{font-family:"宋体",Arial;}
</style>
</head>
<body>
<p id="songti">使用宋体.</p>
<p id="Arial">使用 arial 字体.</p>
</body>
</html>
```

2. font-size 属性

font-size 属性：定义字体大小。

HTML 的 big、small 标签定义了大字体和小字体的文字，此标签已被 W3C 抛弃，真正符合标准网页设计的显示文字大小的方法是使用 font-size CSS 属性。在浏览器中可以使用 Ctrl++增大字体，Ctrl--缩小字体。

下面通过一个例子来认识 font-size 属性，代码如下：

```
<html>
<head>
<meta http-equiv="Content-Type" content="text/html; charset=gb2312" />
<title>CSS font-size 属性绝对字体尺寸示例</title>
<style type="text/css" media="all">
p{font-size:12px;}
p#xxsmall{font-size:xx-small;}
p#xsmall{font-size:x-small;}
p#small{font-size:small;}
p#medium{font-size:medium;}
p#xlarge{font-size:x-large; }
p#xxlarge{font-size:xx-large;}
</style>
</head>
<body>
<p id="xxsmall">font-size 中的 xxsmall 字体</p>
<p id="xsmall">font-size 中的 xsmall 字体</p>
```

```
<p id="small">font-size 中的 small 字体</p>
<p id="medium">font-size 中的 medium 字体</p>
<p id="xlarge">font-size 中的 xlarge 字体</p>
<p id="xxlarge">font-size 中的 xxlarge 字体</p>
</body>
</html>
```

3. font-style 属性

font-style 属性：定义斜体字。

网页中的字体样式都是不固定的，开发者可以使用 font-style 来实现目的，其属性包含如下内容。

- normal：正常的字体，即浏览器默认状态下的字体。
- italic：斜体。对于没有斜体变量的特殊字体，将应用 oblique。
- oblique：倾斜的字体，即没有斜体变量。

下面通过一个例子来认识 font-style 属性，代码如下：

```
<html>
<head>
<meta http-equiv="Content-Type" content="text/html; charset=gb2312" />
<title>CSS font-style 属性示例</title>
<style type="text/css" media="all">
p#normal{font-style:normal;}
p#italic{font-style:italic;}
p#oblique{font-style:oblique;}
</style>
</head>
<body>
<p id="normal">正常字体.</p><p id="italic">斜体.</p><p id="oblique">斜体.</p>
</body>
</html>
```

4. font-variant 属性

font-variant 属性：定义小型的大写字母字体，对中文没什么意义。

在网页中常常可以碰到需要输入内容的地方，如果输入汉字的话是没问题的，可是当需要输入英文时，那么它的大小写是令我们最头疼的问题。在 CSS 中可以通过 font-variant 的几个属性来实现输入时不受其限制的功能，其属性如下。

- Normal：正常的字体，即浏览器默认状态下的字体。
- small-caps：定义小型的大写字母。

下面通过一个例子来认识 font-variant 属性，代码如下：

```
<html>
<head>
<meta http-equiv="Content-Type" content="text/html; charset=gb2312" />
<title>CSS font-variant 属性示例</title>
<style type="text/css" media="all">
p#small-caps{font-variant:small-caps;}
p#uppercase{text-transform:uppercase;}
</style>
```

```
</head>
<body>
<p id="small-caps">The quick brown fox jumps over the lazy dog.</p>
<p id="uppercase">The quick brown fox jumps over the lazy dog.</p>
</body>
</html>
```

5. font- weight 属性

font- weight 属性：定义字体的粗细。其属性值如下。

- Normal：正常，等同于固定值在 400 以下的。
- Bold：粗体，等同于固定值在 500 以上的。
- Normal：正常，等同于 400。
- Bold：粗体，等同于 700。
- Bolder：更粗。
- Lighter：更细。

100 | 200 | 300 | 400 | 500 | 600 | 700 | 800 | 900：字体粗细的绝对值。

下面通过一个例子来认识 font-weight 属性，代码如下：

```
<html>
<head>
<meta http-equiv="Content-Type" content="text/html; charset=gb2312" />
<title>CSS font-weight 属性示例</title>
<style type="text/css" media="all">
p#normal
{font-weight: normal;}
p#bold{font-weight: bold;}
p#bolder{font-weight: bolder;}
p#lighter{font-weight: lighter;}
p#100{font-weight: 100;}
</style>
</head>
<body>
<p id="normal">font-weight: normal</p><p id="bold">font-weight: bold</p>
<p id="bolder">font-weight: bolder</p>
<p id="lighter">font-weight: lighter</p><p id="100">font-weight: 100</p>
</body>
</html>
```

11.2.2 案例 2——使用文本样式美化文本

CSS 样式的文本属性用于定义文字、空格、单词、段落的样式。其文本属性如下。

1. letter-spacing 属性

letter-spacing 属性：定义文本中字母的间距(中文为文字的间距)。

该属性在应用时有以下两种情况。

- Normal：默认间距，主要由用户所使用的浏览器等设备决定。
- <length>：由浮点数字和单位标识符组成的长度值，允许为负值。

下面通过一个例子来认识 letter-spacing 属性，代码如下：

```
<html>
<head>
<meta http-equiv="Content-Type" content="text/html; charset=gb2312" />
<title>CSS letter-spacing 属性示例</title>
<style type="text/css" media="all">
.ls3px{letter-spacing: 3px;}
.lsn3px{letter-spacing: -3px;}
</style>
</head>
<body>
<p class="ls3px">
<strong><ahref="http://www.dreamdu.com/css/property letter-
spacing/">letter-spacing</a>示例:</strong>
<p>All i have to do, is learn CSS.(仔细看是字母之间的距离,不是空格本身的宽
度。)</p>
</p>
<p>
<strong><ahref="http://www.dreamdu.com/css/property letter-
spacing/">letter-spacing</a>示例:</strong>
<p class="lsn3px">All i have to do, is learn CSS.</p>
</p>
</body>
</html>
```

2. word-spacing 属性

word-spacing 属性：定义以空格间隔文字的间距(就是空格本身的宽度)。
该属性在应用时有以下两种情况。

- Normal：默认间距，即浏览器的默认间距。
- <length>：由浮点数字和单位标识符组成的长度值，允许为负值。

下面通过一个例子来认识 word-spacing 属性，代码如下：

```
<html>
<head>
<meta http-equiv="Content-Type" content="text/html; charset=gb2312" />
<title>CSS word-spacing 属性示例</title>
<style type="text/css" media="all">
.ws30{word-spacing: 30px;}
.wsn30{word-spacing: -10px;}
</style>
</head>
<body><p><strong>word-spacing 示例:</strong>
<p class="ws30">All i have to do, is learn CSS.</p></p><p>
<strong>word-spacing 示例:</strong><p class="wsn30">All i have to do, is
learn
CSS.</p>
</p>
</body>
</html>
```

3. text-dewration 属性

text-decoration 属性：定义文本是否有下划线以及下划线的方式。

该属性在应用时有以下 4 种情况。

- Underline：定义有下划线的文本。
- Overline：定义有上划线的文本。
- line-through：定义直线穿过文本。
- blink：定义闪烁的文本。

下面通过一个例子来认识 text-description 属性，代码如下：

```
<html>
<head>
<meta http-equiv="Content-Type" content="text/html; charset=gb2312" />
<title>CSS text-decoration 属性示例</title>
<style type="text/css" media="all">
p#line-through{text-decoration: line-through;}
</style>
</head>
<body>
<p id="line-through">示例<a href="#">CSS 教程</a>,<strong><a
href="#">text-decoration</a></strong>示例,属性值为 line-through 中画线.</p>
</body>
</html>
```

4. text-transform 属性

text-transform 属性：定义文本的大小写状态，此属性对中文无意义。

该属性在应用时有以下 4 种情况。

- Capitalize：首字母大写。
- Uppercase：将所有设定此值的字母变为大写。
- Lowercase：将所有设定此值的字母变为小写。
- None：正常无变化，即输入状态。

下面通过一个例子来认识 text-transform 属性，代码如下：

```
<html>
<head>
<meta http-equiv="Content-Type" content="text/html; charset=gb2312" />
<title>CSS text-transform 属性示例</title>
<style type="text/css" media="all">
p#capitalize{text-transform: capitalize; }
p#uppercase{text-transform: uppercase; }
p#lowercase{text-transform: lowercase; }
</style>
</head>
<body>
<p id="capitalize">hello world</p><p id="uppercase">hello world</p>
<p id="lowercase">HELLO WORLD</p>
</body>
</html>
```

5. text-align 属性

text-align 属性：定义文本的对齐方式。

该属性在应用时有以下 4 种情况。

- Left：对于当前块的位置为左对齐。
- Right：对于当前块的位置为右对齐。
- Center：对于当前块的位置为居中。
- Justify：对齐每行的文字。

下面通过一个例子来认识 text-align 属性，代码如下：

```
<html>
<head>
<meta http-equiv="Content-Type" content="text/html; charset=gb2312" />
<title>CSS text-align 属性示例</title>
<style type="text/css" media="all">
p#left{text-align: left; }
</style>
</head>
<body>
<p id="left">left 左对齐</p>
</body>
</html>
```

6. text-indent 属性

text-indent 属性：定义文本的首行缩进(在首行文字前插入指定的长度)。

该属性在应用时有以下 2 种情况。

- <length>：百分比数字由浮点数字和单位标识符组成的长度值，允许为负值。
- <percentage>：百分比表示法。

下面通过一个例子来认识 text-indent 属性，代码如下：

```
<html>
<head>
<meta http-equiv="Content-Type" content="text/html; charset=gb2312" />
<title>CSS text-indent 属性示例</title>
<style type="text/css" media="all">
p#indent{text-indent:2em;top:10px;}
p#unindent{text-indent:-2em;top:210px;}
p{width:150px;margin:3em;}
</style>
</head>
<body>
<p id="indent">示例<a href="#">CSS 教程</a>,<strong><a
href="#">text-indent</a></strong>示例,正值向后缩,负值向前进.text-indent 属性可以
定义首行的缩进,是我们经常使用到的 CSS 属性.</p>
<p id="unindent">示例<a href="#">CSS 教程</a>,<strong><a
href="#">text-indent</a></strong>示例,正值向后缩,负值向前进.</p>
</body>
</html>
```

11.2.3 案例 3——使用背景样式美化背景

在 CCS 中，定义文字颜色可以使用 color 属性，而包含文字的 p 段落、div 层、page 页面等的颜色与背景图片的定义可以使用背景(background)属性。

背景属性如下。

1. background-color 属性

background-color 属性：背景色，定义背景颜色。其值如下。

- <color>：颜色表示法，可以是数值表示法，也可以是颜色名称。
- Transparent：背景色透明。

下面通过一个例子来认识 background-color 属性。

定义网页的背景使用绿色，内容白字黑底，示例代码如下：

```
<html>
<head>
<meta http-equiv="Content-Type" content="text/html; charset=gb2312" />
<title>CSS background-color 属性示例</title>
<style type="text/css" media="all">
body{background-color:green;}
h1{color:white;background-color:black;}
</style>
</head>
<body>
<h1>白字黑底</h1>
</body>
</html>
```

2. background-image 属性

background-image 属性：定义背景图像。其值如下。

- <uri>：使用绝对地址或相对地址指定背景图像。
- None：将背景设置为无背景状。

下面通过一个例子来认识 background-image 属性，代码如下：

```
<html>
<head>
<meta http-equiv="Content-Type" content="text/html; charset=gb2312" />
<title>CSS background-image 属性示例</title>
<style type="text/css" media="all">
.para{background-image:none; width:200px; height:70px;}
.div{width:200px; color:#FFF; font-size:40px;
font-weight:bold;height:200px;background-image:url(flower1.jpg);}
</style>
</head>
<body>
<div class="para">div 段落中没有背景图片</div>
<div class="div">div 中有背景图片</div>
</body>
</html>
```

3. background-repeat 属性

background-repeat 属性：定义背景图像的重复方式。

在默认情况下，图像会自动向水平和竖直两个方向平铺。如果不希望平铺，或者希望沿着一个方向平铺，可以使用 background-repeat 属性实现。该属性可以设置为以下 4 种平铺方式。

- Repeat：平铺整个页面，左右与上下。
- repeat-x：在 X 轴上平铺，左右。
- repeat-y：在 Y 轴上平铺，上下。
- no-repeat：当背景大小比所要填充背景的块小时图片不重复。

下面通过一个例子来认识 background-repeat 属性，代码如下：

```
<html>
<head>
<meta http-equiv="Content-Type" content="text/html; charset=gb2312" />
<title>CSS background-repeat 属性示例</title>
<style type="text/css" media="all">
body{background-image:url('images/small.jpg');background-repeat:no-repeat;}
p{background-image:url('images/small.jpg');background-repeat:repeat-
y;backgroun
d-position:right;top:200px;left:200px;width:300px;height:300px;border:1px
solid
black; margin-left:150px;}
</style>
</head>
<body>
<p>示例 CSS 教程，repeat-y 竖着重复的背景(div 的右侧).</p>
</body>
</html>
```

4. background-position 属性

background-position 属性：定义背景图像的位置。

将标题居中或者右对齐可以使用 background-postion 属性，其值如下。

(1) 水平方向。

- left：对于当前填充背景位置居左。
- center：对于当前填充背景位置居中。
- right：对于当前填充背景位置居右。

(2) 垂直方向。

- top：对于当前填充背景位置居上。
- center：对于当前填充背景位置居中。
- bottom：对于当前填充背景位置居下。

(3) 垂直与水平的组合，代码如下：

```
. x-% y-%;
. x-pos y-pos;
```

下面通过一个例子来认识 background-position 属性，代码如下：

```
<html>
<head>
<meta http-equiv="Content-Type" content="text/html; charset=gb2312" />
<title>CSS background-position 属性示例</title>
<style type="text/css" media="all">
body{background-image:url('images/small.jpg');background-repeat:no-repeat;}
p{background-image:url('images/small.jpg');background-position:right
bottom ;background-repeat:no-repeat;border:1px solid
black;width:400px;height:200px; margin-left:130px;}
div{background-image:url('images/small.jpg');background-position:50%
20% ;background-repeat:no-repeat;border:1px solid
black;width:400px;height:150px;}
</style>
</head>
<body>
<p>p 段落中右下角显示橙色的点.</p>
<div>div 中距左上角 x 轴 50%,y 轴 20%的位置显示橙色的点.</div>
</body>
</html>
```

5. background-attachment 属性

background-attachment 属性：定义背景图像随滚动轴的移动方式。

设置或检索背景图像是随对象内容滚动还是固定的，其值如下。

- Scroll：随着页面的滚动，背景图片将移动。
- Fixed：随着页面的滚动，背景图片不会移动。

下面通过一个例子来认识 background-attachment 属性，代码如下：

```
<html>
<head>
<meta http-equiv="Content-Type" content="text/html; charset=gb2312" />
<title>CSS background-attachment 属性示例</title>
<style type="text/css" media="all">
body{background:url('images/list-orange.png');background-
attachment:fixed;backg
round-repeat:repeat-x;background-position:center
center;position:absolute;height:400px;}
</style>
</head>
<body>
<p>拖动滚动条,并且注意中间有一条橙色线并不会随滚动条的下移而上移.</p>
</body>
</html>
```

11.2.4 案例 4——使用链接样式美化链接

在 HTML 语言中，超链接是通过标签<a>来实现的，链接的具体地址则是利用<a>标签的

href 属性，代码结构如下：

```
<a href="http://www.baidu.com">链接文本</a>
```

在浏览器默认的浏览方式下，超链接统一为蓝色并且有下划线，被单击过的超链接则为紫色，其下也有下划线。这种最基本的超链接样式现在已经无法满足广大设计师的需求。通过 CSS 可以设置超链接的各种属性，而且通过伪类别还可以制作很多动态效果。首先用最简单的方法去掉超链接的下划线，代码如下：

```
/*超链接样式* /
a{text-decoration:none; margin-left:20px;} /* 去掉下划线 */
```

可制作动态效果的 CSS 伪类别属性如下。

- a:link：超链接的普通样式，即正常浏览状态的样式。
- a:visited：被单击过的超链接的样式。
- a:hover：鼠标指针经过超链接上时的样式。
- a:active：在超链接上单击时，即“当前激活”时超链接的样式。

11.2.5 案例 5——使用列表样式美化列表

CSS 列表属性可以改变 HTML 列表的显示方式。

通常列表主要采用<ul>或者<ol>标签，然后配合<li>标签罗列各个项目。CSS 列表有以下几个常见属性。

1. list-style-image 属性

list-style-image 属性：用于设置或检索作为对象的列表项标记的图像。其值如下。

- URI：一般是一个图片的网址。
- None：不指定图像。

示例代码如下：

```
<html>
<head>
<meta http-equiv="Content-Type" content="text/html; charset=gb2312" />
<title>CSS list-style-image 属性示例</title>
<style type="text/css" media="all">
ul{list-style-image: url("images/list-orange.png");}
</style>
</head>
<body>
<ul>
<li>使用图片显示列表样式</li>
<li>本例中使用了 list-orange.png 图片</li>
<li>我们还可以使用 list-green.png top.png 或 up.png 图片</li>
<li>大家可以尝试修改下面的代码</li>
</ul>
</body>
</html>
```

2. list-style-position 属性

list-style-position 属性：用于设置或检索作为对象的列表项标记如何根据文本排列。其值如下。

- Inside：列表项目标记放置在文本以内，且环绕文本根据标记对齐。
- Outside：列表项目标记放置在文本以外，且环绕文本不根据标记对齐。

示例代码如下：

```
<html>
<head>
<meta http-equiv="Content-Type" content="text/html; charset=gb2312" />
<title>CSS list-style-position 属性示例</title>
<style type="text/css" media="all">
ul#inside{list-style-position: inside;list-style-image:
url("images/list-orange.png");}
ul#outside{list-style-position: outside;list-style-image:
url("images/list-green.png");}
p{padding: 0;margin: 0;}
li{border:1px solid green;}
</style>
</head>
<body>
<p>内部模式</p>
<ul id="inside">
<li>内部模式 inside</li>
<li>示例 XHTML 教程.</li>
<li>示例 CSS 教程.</li>
<li>示例 JAVASCRIPT 教程.</li>
</ul>
<p>外部模式</p>
<ul id="outside">
<li>外部模式 outside</li>
<li>示例 XHTML 教程.</li>
<li>示例 CSS 教程.</li>
<li>示例 JAVASCRIPT 教程.</li>
</ul>
</body>
</html>
```

3. list-style-type 属性

list-style-type 属性：用于设置或检索对象的列表项所使用的预设标记。其值如下。

- Disc：点。
- Circle：圆圈。
- Square：正方形。
- Decimal：数字。

- None：无(取消所有的 list 样式)。

示例代码如下：

```
<html>
<head>
<meta http-equiv="Content-Type" content="text/html; charset=gb2312" />
<title>CSS list-style-type 属性示例</title>
<style type="text/css" media="all">
ul{list-style-type: disc;}
</style>
</head>
<body>
<ul>
<li>正常模式</li>
<li>示例 XHTML 教程.</li>
<li>示例 CSS 教程.</li>
<li>示例 JAVASCRIPT 教程.</li>
</ul>
</body>
</html>
```

11.2.6 案例 6——使用区块样式美化区块

块级元素就是一个方块，像段落一样，默认占据一行位置。内联元素又称行内元素，顾名思义，它只能放在行内，就像一个单词一样不会造成前后换行，起辅助作用。

一般的块级元素包括段落<p>、标题<h1>……<h2>、列表<ul>……<ol>……<li>、表格<table>、表单<form>、DIV<div>和 BODY<body>等元素。

内联元素包括表单元素<input>、超链接<a>、图像<img>、<span>等。块级元素的显著特点是，它总是从一个新行开始显示，而且其后的元素也需另起一行显示。

下面通过一个示例来看一下块元素与内联元素的区别，代码如下：

```
<html>
<head>
<meta http-equiv="Content-Type" content="text/html; charset=gb2312" />
<title>CSS list-style-type 属性示例</title>
<style type="text/css" media="all">
ul{list-style-type: disc;}
img{ width:100px; height:70px;}
</style>
</head>
<body>
<p>标签不同行：</p>
<div><imgsrc="flower.jpg" /></div>
<div><imgsrc="flower.jpg" /></div>
<div><imgsrc="flower.jpg" /></div>
<p>标签同一行：</p>
<span><imgsrc="flower.jpg" /></span>
<span><imgsrc="flower.jpg" /></span>
<span><imgsrc="flower.jpg" /></span>
</body>
</html>
```

在上述示例中，3 个 div 元素各占一行，相当于在它之前和之后各插入了一个换行，而内联元素 span 没对显示效果造成任何影响，这就是块级元素和内联元素的区别。正因为有了这些元素，才使网页变得丰富多彩。

如果没有 CSS 的作用，块元素会以不断换行的方式一直往下排，而有了 CSS 以后，可以改变这种 HTML 的默认布局模式，把块元素放到想要摆放的位置上，而不是每次都另起一行。也就是说，可以用 CSS 的 display:inline 属性将块级元素改变为内联元素，也可以用 display:block 属性将内联元素改变为块元素。

上述代码修改如下：

```
<html>
<head>
<meta http-equiv="Content-Type" content="text/html; charset=gb2312" />
<title>CSS list-style-type 属性示例</title>
<style type="text/css" media="all">
ul{list-style-type: disc;}
img{ width:100px; height:70px;}
</style>
</head>
<body>
<p>标签同一行：</p>
<div style="display:inline"><imgsrc="flower.jpg" /></div>
<div style="display:inline"><imgsrc="flower.jpg" /></div>
<div style="display:inline"><imgsrc="flower.jpg" /></div>
<p>标签不同行：</p>
<span style="display:block"><imgsrc="flower.jpg" /></span>
<span style="display:block"><imgsrc="flower.jpg" /></span>
<span style="display:block"><imgsrc="flower.jpg" /></span>
</body>
</html>
```

由此可以看出，display 属性改变了块元素与行内元素默认的排列方式。另外，如果 display 属性值为 none 的话，那么可以使用该元素隐藏，并且不会占据空间。代码如下：

```
<html>
<head>
<title>display 属性示例</title>
<style type=" text/ css">
div{width:100px; height:50px; border:1px solid red}
</style>
</head>
<body>
<div>第一个块元素</div>
<div style="display:none">第二个块元素</div>
<div >第三个块元素</div>
</body>
</html>
```

11.2.7 案例 7——使用宽高样式设定宽高

11.2.6 节介绍了块元素与行内元素的区别，本节将介绍二者宽高属性的区别，块元素可以设置宽度与高度，但行内元素是不能设置的。比如，span 元素是行内元素，给 span 设置宽、高属性的代码如下：

```
<html>
<head>
<title>宽高属性示例</title>
<style type=" text/ css">
span{ background:#CCC }
.special{ width:100px; height:50px; background:#CCC}
</style>
</head>
<body>
<span class="special">这是 span 元素 1</span>
<span>这是 span 元素 2</span>
</body>
</html>
```

在这个示例中，程序运行的结果是，设置了宽高属性的 span 元素 1，与没有设置宽高属性的 span 元素 2 的显示效果是一样的。因此，行内元素不能设置宽高属性。如果把 span 元素改为块元素，效果会如何呢？

根据 11.2.6 节所学内容，通过设置 display 属性的值为 block，可使行内元素变为块元素。代码如下：

```
<html>
<head>
<title>宽高属性示例</title>
<style type=" text/ css">
span{ background:#CCC;display:block ;border:1px solid #036}
.special{ width:200px; height:50px; background:#CCC}
</style>
</head>
<body>
<span class="special">这是 span 元素 1</span>
<span>这是 span 元素 2</span>
</body>
</html>
```

在浏览器的输出中可以看出，当把 span 元素变为块元素后，类为 special 的 span 元素 1 按照所设置的宽高属性显示，而 span 元素 2 则按默认状态占据一行显示。

11.2.8 案例 8——使用边框样式美化边框

border 一般用于分隔不同的元素。border 的属性主要有 3 个，即 color(颜色)、width(粗细)、style(样式)。在使用 CSS 设置边框时，可以分别使用 border-color、border-width 和 border-style 属性进行设置。

- border-color：用于设定 border 的颜色。通常情况下，颜色值为十六进制数，比如红色为#ff0000。当然也可以颜色的英语单词显示，比如 red、yellow 等。
- border-width：用于设定 border 的粗细程度，可将其设为 thin、medium、thick 或者具体的数值，单位为 px。border 默认的宽度值为 medium，一般浏览器将其解析为 2px。

- border-style：用于设定 border 的样式，none(无边框线)、dotted(由点组成的虚线)、dashed(由短线组成的虚线)、solid(实线)、double(双线，双线宽度加上它们之间的空白部分的宽度就等于 border-width 定义的宽度)、groove(根据颜色画出 3D 沟槽状的边框)、ridge(根据颜色画出 3D 脊状的边框)、inset(根据颜色画出 3D 内嵌边框，颜色较深)、outse(t 根据颜色画出 3D 外嵌边框，颜色较浅)等样式。注意：border-style 属性的默认值为 none，因此边框要想显示出来必须设置 border-style 的值。

为了更清楚地看到这些样式的效果，下面通过一个例子来展示一下。其代码如下：

```
<html>
<head>
<title>border 样式示例</title>
<style type=" text/ css">
div{ width:300px; height:30px; margin-top:10px;
border-width:5px;border-color:green }
</style>
</head>
<body>
<div style="border-style:dashed">边框为虚线</div>
<div style="border-style:dotted">边框为点线</div>
<div style="border-style:double">边框为双线</div>
<div style="border-style:groove">边框为 3D 沟槽状线</div>
<div style="border-style:inset">边框为 3D 内嵌边框线</div>
<div style="border-style:outset">边框为 3D 外嵌边框线</div>
XHTML+CSS+JavaScript 网页设计与布局
114
<div style="border-style:ridge">边框为 3D 脊状线</div>
<div style="border-style:solid">边框为实线</div>
</body>
</html>
```

在上述代码中，分别设置了 border-color、border-width 和 border-style 属性，其效果是对上下左右 4 条边框同时产生作用。在实际应用中，除了采用这种方式外，还可以分别对 4 条边框设置不同的属性值。其方法是按照规定的顺序，给出 2 个、3 个、4 个属性值，分别代表不同的含义。给出 2 个属性值：前者表示上下边框的属性，后者表示左右边框的属性。给出 3 个属性值，前者表示上边框的属性，中间的数值表示左右边框的属性，后者表示下边框的属性。给出 4 个属性值，依次表示上、右、下、左边框的属性，即按顺时针排序。

其代码如下：

```
<html>
<head>
<title>border 样式示例</title>
<style type=" text/ css">
div{ border-width:5px 8px;border-color:green yellow red; border-
style:dotted
dashed solid double }
</style>
</head>
<body>
```

```
<div>设置边框</div>
</body>
</html>
```

在上述代码中，给 div 设置的上下边框的宽度为 5px，左右边框的宽度为 8px；上边框的颜色为绿色，左右边框的颜色为黄色，下边框的颜色为红色；从上边框开始，按照顺时针方向，4 条边框的样式分别为点线、虚线、实线和双线。

如果某元素的 4 条边框的设置都一样，其代码还可以简写如下：

```
border:5px solid red;
```

如果想对某一条边框单独设置，比如：

```
border-left::5px solid red;
```

这样只将左边框设置为红色、实线、宽度为 5px 就可以了。至于其他 3 条边框的设置，与此类似，其属性为：border-right、border-top、border-bottom，分别用于设置右边框、上边框、下边框的样式。

如果只想设置某一条边框的某一个属性，比如：

```
border-left-color:: red;
```

这样就可以将左边框的颜色设置为红色。其他属性设置类似，在此不再一一举例。

11.3 使用 CSS 滤镜美化网页

随着网页设计技术的发展，人们已经不满足于单调地展示页面布局并显示文本，而是希望在页面中能够加入一些多媒体特效而使页面丰富起来。使用滤镜能够实现这些需求，它能够产生各种各样的文字或图片特效，从而大大地提高页面的吸引力。

11.3.1 CSS 滤镜概述

CSS 滤镜是 IE 浏览器厂商为了增加浏览器功能和竞争力，而独自推出的一种网页特效。CSS 滤镜不是浏览器插件，也不符合 CSS 标准。由于 IE 浏览器应用比较广泛，所以这里有必要介绍一下。

从 Internet Explorer4.0 开始，浏览器便开始支持多媒体滤镜特效，允许使用简单的代码就能对文本和图片进行处理。比如模糊、彩色投影，火焰效果，图片倒置，色彩渐变，风吹效果和光晕效果等。当把滤镜和渐变结合运用到网页脚本语言中时，就可以建立一个动态交互的网页。

CSS 的滤镜属性的标识符是 filter，语法格式如下：

```
filter:filtername(parameters)
```

filtername 是滤镜名称，比如 Alpha、blur、chroma 和 DropShadow 等。parameters 指定了滤镜中各参数，通过这些参数可控制滤镜的显示效果。表 11-2 列出了常用的滤镜名称。

表 11-2　CSS 滤镜

滤镜名称	效　果
Alpha	设置透明度
BlendTrans	实现图像之间的淡入和淡出的效果
Blur	建立模糊效果
Chroma	设置对象中指定的颜色为透明色
DropShadow	建立阴影效果
FlipH	将元素水平翻转
FlipV	将元素垂直翻转
Glow	建立外发光效果
Gray	灰度显示图像，即显示为黑白图像
Invert	图像反相，包括色彩、饱和度和亮度值，类似底片效果
Light	设置光源效果
Mask	建立透明遮罩
RevealTrans	建立切换效果
Shadow	建立另一种阴影效果
Wave	波纹效果
X-ray	显现图片的轮廓，类似于 X 光片效果

滤镜可以分为基本滤镜和高级滤镜。基本滤镜可以直接作用于 HTML 对象上，是能立即生效的滤镜。高级滤镜是指需要配合 JavaScript 脚本语言，才能产生变换效果的滤镜，包括 BlendTrans、RevealTrans 和 Light 等。

11.3.2　案例 9——Alpha 滤镜

Alpha(通道)滤镜能实现针对图片文字元素的“透明”效果。这种透明效果是通过“把一个目标元素和背景混合”来实现的，混合程度可以由用户指定数值来控制。通过指定坐标，可以指定点、线和面的透明度。如果将 Alpha 滤镜与网页脚本语言结合，并适当地设置其参数，就能使图像显示淡入淡出的效果。

Alpha 滤镜的语法格式如下：

```
{filter : Alpha ( enabled=bEnabled, style=iStyle, opacity=iOpacity,
finishOpacity=iFinishOpacity,
            startx=iPercent, starty=iPercent, finishx=iPercent,
finishy=iPercent )}
```

上述语法中，各参数的含义如表 11-3 所示。

表 11-3　Alpha 滤镜的参数

参　数	说　明
enabled	设置滤镜是否激活
style	设置透明渐变的样式，也就是渐变显示的形状，取值为 0～3。0 表示无渐变，1 表示线形渐变，2 表示圆形渐变，3 表示矩形渐变
opacity	设置透明度，取值范围是 0～100。0 表示完全透明，100 表示完全不透明
finishOpacity	设置结束时透明度，取值范围也是 0～100。
startx	设置透明渐变开始点的水平坐标(即 x 坐标)
starty	设置透明渐变开始点的垂直坐标(即 y 坐标)
finishx	设置透明渐变结束点的水平坐标
finishy	设置透明渐变结束点的垂直坐标

为图像添加 Alpha 滤镜的实例如下：

```
<html>
<head>
    <title>Alpha 滤镜</title>
</head>
<body>
      原始图<img src="baimd.jpg" style="width:200px;height:120px;">
        style=0<img src="baimd.jpg" style="width:200px;height:120px;filter :
Alpha(opacity=60 , style=0)" >
        style=2<img src="baimd.jpg" style="width:200px;height:120px;filter :
Alpha(opacity=60 , style=2)" >
       style=3 <img src="baimd.jpg" style="width:200px;height:120px;filter :
Alpha(opacity=60 , style=3)" >
  </body>
</html>
```

在 IE 浏览器中浏览效果如图 11-1 所示，可以看到显示了 4 张图片，其透明度依次减弱。

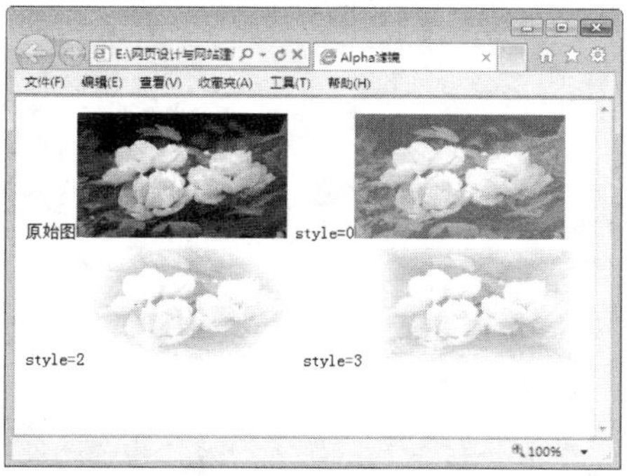

图 11-1　Alpha 滤镜的应用

在使用 Alpha 滤镜时要注意以下两点。

(1) 由于 Alpha 滤镜使当前元素部分透明，该元素下层的内容的颜色对整个效果起着重要决定作用，因此颜色的合理搭配相当重要。

(2) 透明度的大小要根据具体情况仔细调整，取一个最佳值。

Alpha 滤镜的透明特效不但能应用于图片，还可以应用于文字。

```
<html>
<head>
   <title>Alpha 滤镜</title>
   <style type="text/css">
   <!--
     p{
       color:yellow;
       font-weight:bolder;
       font-size:25pt;
       width:100%
     }
   -->
   </style>
</head>
<body style="background-color:Black">
   <div >
     <p>Alpha 滤镜</p>
     <p style="filter:alpha(opacity=60 , style=1)">透明效果</p>
     <p style="filter:alpha(opacity=60 , style=2)">透明效果</p>
     <p style="filter:alpha(opacity=60 , style=3)">透明效果</p>
   </div>
  </body>
</html>
```

在 IE 中浏览效果如图 11-2 所示，可以看到显出现了四个段落，其透明度依次减弱。

图 11-2　Alpha 滤镜的应用

11.3.3　案例 10——Blur 滤镜

Blur(模糊)滤镜实现页面模糊效果，即在一个方向上的运动模糊。如果应用得当，就可以产生高速移动的动感效果。

Blur 滤镜的语法格式如下：

```
{filter : Blur ( enabled=bEnabled , add=iadd , direction=idirection ,
         strength=fstrength )}
```

上述语法中各参数的含义如表 11-4 所示。

表 11-4　Blur 滤镜参数

参　数	说　明
enabled	设置滤镜是否激活
add	指定图片是否改变成模糊效果。这是个布尔参数，有效值为 True 或 False。True 是默认值，表示应用模糊效果，False 则表示不应用

续表

参　数	说　明
direction	设定模糊方向。模糊的效果是按顺时针方向起作用的，取值范围为 0～360 度，45 度为一个间隔。有 8 个方向值：0 表示零度，代表向上方向。45 表示右上，90 表示向右，135 表示右下，180 表示向下。225 表示左下，270 表示向左，315 表示左上
strength	指定模糊半径大小，单位是像素，默认值为 5，取值范围为自然数，该取值决定了模糊效果的延伸范围

将图片与文字应用 Blur 滤镜，具体的代码如下：

```
<html>
<head>
<title>模糊 Blur</title>
<style>
img{
     height:180px;
}
 div.div2 { width:400px;filter:blur(add=true,direction=90,strength=50) }
</style>

</head>
<body>
       原始图<img src="baihua.jpg">
       add=true<img src="baihua.jpg"
style="filter:Blur(add=true,direction=225,strength=20)">
       add=false<img src="baihua.jpg"
style="filter:Blur(add=false,direction=225,strength=20)">
 <div class="div2">
       <p style="font-size: 30pt; font-weight: bold; color:DarkBlue">
         Blur 滤镜</p>
    </div>
</body>
</html>
```

在 IE 浏览器中浏览效果如图 11-3 所示，可以看到两张模糊图片，在一定方向上发生模糊。下方的文字也发生了模糊，具有文字吹风的效果。

图 11-3　Blur 滤镜的应用

11.3.4 案例 11——Chroma 滤镜

Chroma(透明色)滤镜可以设置 HTML 对象中指定的颜色为透明色。其语法格式如下：

```
{filter : Chroma(enabled=bEnabled , color=sColor)}
```

其中，color 参数设置要变为透明色的颜色。

下面给出一个应用 chroma 滤镜的实例，具体的代码如下：

```
<html>
<head>
    <title>Chroma 滤镜</title>
    <style>
      <!--
        div{position:absolute;top:70;letf:40; filter:Chroma(color=blue)}
        p{font-size:30pt; font-weight:bold; color:blue}
      -->
    </style>
</head>
<body>
    <p>Chroma 滤镜效果</p>
    <div>
        <p>Chroma 滤镜效果</p>
    </div>
</body>
</html>
```

在 IE 浏览器中浏览效果如图 11-4 所示，可以看到第二个段落，某些笔画丢失。但拖动鼠标选择过滤颜色后的文字，便可以查看过滤掉颜色的文字。

Chroma 滤镜一般应用于文字特效，而且对于有些格式的图片也是不适用的。比如，JPEG 格式的图片是一种已经减色和压缩处理的图片，所以将其中的某种颜色要设置为透明，十分困难。

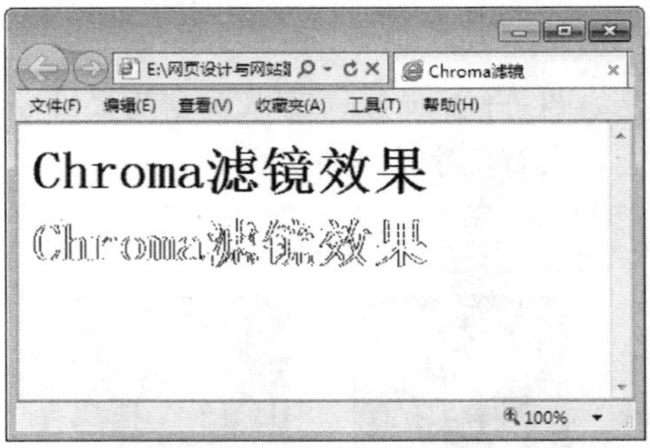

图 11-4 Chroma 滤镜的应用

11.3.5 案例 12——DropShadow 滤镜

阴影效果在实际的文字和图片中非常实用，IE 浏览器通过 DropShadow(下落的阴影)滤镜建立阴影效果，使元素内容在页面上产生投影，从而实现立体的效果。其工作原理就是创建一个偏移量，并定义一个阴影颜色，使之产生效果。

DropShadow 滤镜的语法格式如下：

```
{filter : DropShadow ( enabled=bEnabled , color=sColor , offx=iOffsetx,
offy=iOffsety,
                positive=bPositive ) }
```

上述语法中各参数的含义如表 11-5 所示。

表 11-5　DropShadow 滤镜的参数

参　数	说　明
enabled	设置滤镜是否激活
color	指定滤镜产生的阴影颜色
offx	指定阴影水平方向偏移量，默认值为 5px
offy	指定阴影垂直方向偏移量，默认值为 5px
positive	指定阴影透明程度，为布尔值。True(1)表示为任何的非透明像素建立可见的阴影；False(0)表示为透明的像素部分建立透明效果

下面给出了一个应用 Dropshadow 滤镜的实例，具体的代码如下：

```
<html>
<head>
   <title>DropShadow 滤镜</title>
</head>
<body>
   <table width="90%" height="90%">
      <tr>
         <td style="filter: DropShadow(color=gray,offx=10,offy=10,positive=1)">
            <img src="9.jpg" >
         </td>
      </tr>
      <tr>
         <td style="filter: DropShadow(color=gray,offx=5,offy=5.positive=1);
               font-size:20pt; color:DarkBlue">
           这是一个阴影效果
         </td>
      </tr>
   </table>
</body>
</html>
```

在 IE 浏览器中浏览效果如图 11-5 所示，可以看到图片产生了阴影，但不明显。下方文字产生的阴影效果明显。

图 11-5　DropShadow 滤镜的应用

11.3.6　案例 13——FlipH 滤镜和 FlipV 滤镜

在 CSS 中，通过 Filp 滤镜可以实现 HTML 对象的翻转效果，其中 FlipH(水平翻转)滤镜用于水平翻转对象，即将元素对象按水平方向进行 180 度翻转。FlipH 滤镜可以在 CSS 中直接使用，使用格式如下：

```
{Fliter: FlipH(enabled=bEnabled)}
```

该滤镜中只有一个 enabled 参数，表示是否激活该滤镜。

下面给出一个应用 FlipH 滤镜的实例，具体的代码如下：

```
<html >
<head>
   <title>FlipH 滤镜</title>
<style>
img{
height:120px;
width:200px;
}
</style>
</head>
<body>
      原图片<img src="9.jpg">
      图片水平翻转<img src="9.jpg" style="Filter:FlipH()">

</body>
</html>
```

在 IE 浏览器中浏览效果如图 11-6 所示，可以看到图片以中心为支点，进行了左右方向上的翻转。

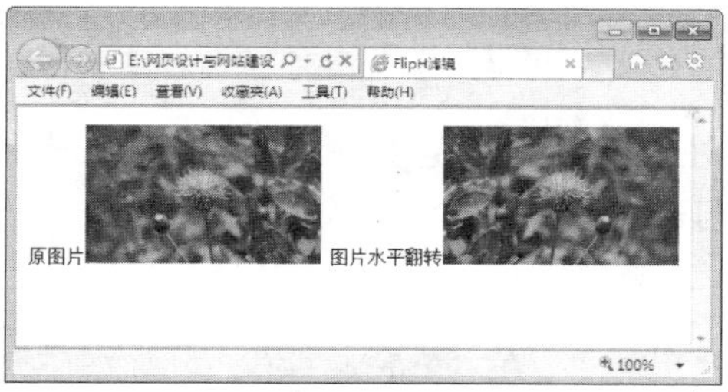

图 11-6　FlipH 滤镜的应用

FlipV(垂直翻转)滤镜用来实现对象的垂直翻转，其中包括文字和图像。其语法格式如下：

```
{Fliter: FlipV(enabled=bEnabled)}
```

上述语法中，enabled 参数表示是否激活滤镜。

下面给出一个应用 FlipV 滤镜的实例，具体的代码如下：

```
<html>
<head>
<title>FlipV 滤镜</title>
</head>
<body>
        <img src="9.jpg">原图片
        <img src="9.jpg" style="Filter:FlipV()">图片垂直翻转
</body>
</html>
```

在 IE 浏览器中浏览效果如图 11-7 所示，可以看到右方图片上下发生了翻转。

图 11-7　FlipV 滤镜的应用

11.3.7 案例 14——Glow 滤镜

文字或物体发光的特性往往能吸引浏览者注意，Glow(光晕)滤镜可以使对象的边缘产生一种柔和的边框或光晕，并可产生如火焰一样的效果。

其语法格式如下：

```
{filter : Glow ( enabled=bEnabled , color=sColor , strength=iDistance ) }
```

其中，color 用于设置边缘光晕颜色，strength 用于设置了晕圈范围，取值范围是 1～255，值越大效果越强。

下面给出了一个应用 Glow 滤镜的实例，具体的代码如下：

```
<html>
<head>
    <title>filter glow</title>
这段文字不带有光晕
    <style>
    <!--
      .weny{
            width:100%;
            filter:Glow(color=#9966CC,strength=10)}
    -->
    </style>
</head>
<body>
    <div class="weny">
        <p style="font-family: 1 幼圆; font-size: 40pt; font-weight: bolder;
color: #003366">
            这段文字带有光晕
    </div>
</body>
</html>
```

在 IE 浏览器中浏览效果如图 11-8 所示，可以看到文字带有光晕出现，非常漂亮。当 Glow 滤镜作用于文字时，每个文字边缘都会出现光晕，效果非常强烈。而对于图片，Glow 滤镜只在其边缘加上光晕。

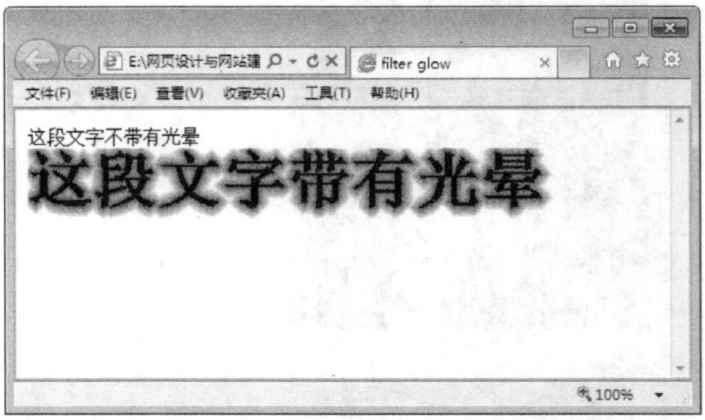

图 11-8 Glow 滤镜的应用

11.3.8 案例 15——Gray 滤镜

黑白色是一种经典颜色，使用 Gray(灰色)滤镜能够轻松地将彩色图片变为黑白图片。

其语法格式如下：

```
{filter:Gray(enabled=bEnabled)}
```

上述语法中，enabled 表示是否激活，可以在页面代码中直接使用。

下面给出了一个应用 Gray 滤镜的实例，具体的代码如下：

```
<html>
<head>
<title>Gray 滤镜</title>
</head>
<body>
        <img src="9.jpg"  style="width: 50%;height:50%"  />原图
         <img src="9.jpg"  style="width: 50%;height:50%; filter: Gray()"
/>  灰度图
</body>
</html>
```

在 IE 浏览器中浏览效果如图 11-9 所示，可以看到第二张图片以黑白色显示。

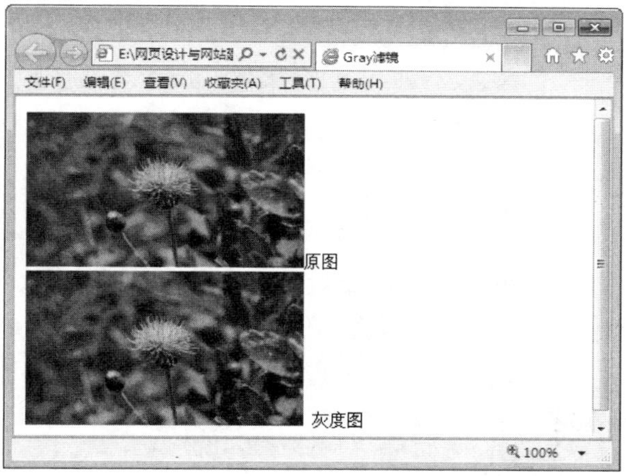

图 11-9 Gray 滤镜的应用

11.3.9 案例 16——Invert 滤镜

Invert(反色)滤镜可以把对象的可视化属性全部翻转，包括色彩、饱和度和亮度值，使图片产生一种“底片”或负片的效果。

其语法格式如下：

```
{filter:Invert(enabled=bEnabled)}
```

上述语法中，enabled 参数用来设置是否激活滤镜。

下面给出了一个应用反色滤镜的实例，具体的代码如下：

```
<html>
<head>
<title>Invert 滤镜</title>
</head>
<body>
<img src="9.jpg" />原图
<img src="9.jpg"  style="width:30%; filter: Invert()" />反相图
</body>
</html>
```

在 IE 浏览器中浏览效果如图 11-10 所示，可以看到第二张图片以相片底片的颜色出现。

图 11-10　Invert 滤镜的应用

11.3.10　案例 17——Mask 滤镜

通过 Mask(遮罩)滤镜可为网页中的元素对象做出一个矩形遮罩。遮罩，就是使用一个颜色图层将包含有文字或图像等对象的区域遮盖，但是文字或图像部分却是以背景色显示出来的。

Mask 滤镜的语法格式如下：

```
{filter:Mask(enabled=bEnabled , color=sColor)}
```

其中，参数 color 用来设置 Mask 滤镜作用的颜色。

下面给出了一个应用 Mask 滤镜的实例，具体代码如下：

```
<html>
<head>
<title>Mask 遮罩滤镜</title>
<style>
p {
    width:400;
filter:mask(color:#FF9900);
    font-size:40pt;
    font-weight:bold;
    color:#00CC99;
}
</style>
```

```
</head>
<body>
<p>这里有个遮罩</p>
</body>
</html>
```

在 IE 浏览器中浏览效果如图 11-11 所示，可以看到文字上面有一个遮罩，文字颜色是背景颜色。

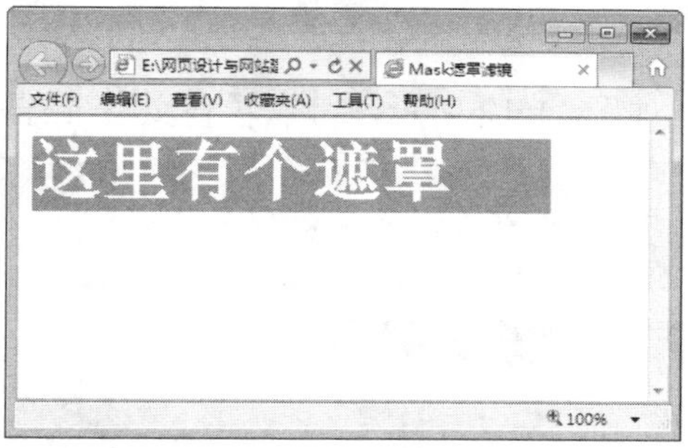

图 11-11 Mask 滤镜的应用

11.3.11 案例 18——Shadow 滤镜

通过 Shadow(阴影)滤镜来给对象添加阴影效果，其实际效果看起来好像是对象离开了页面，并在页面上显示出该对象阴影。阴影部分的工作原理是建立一个偏移量，并为其加上颜色。

Shadow 滤镜的语法格式如下：

```
{filter:Shadow(enabled=bEnabled , color=sColor , direction=iOffset,
strength=iDistance)}
```

上述语法中的各参数如表 11-6 所示。

表 11-6 Shadow 滤镜的参数

参 数	说 明
enabled	设置滤镜是否激活
color	设置投影的颜色
direction	设置投影的方向，分别有 8 种取值代表 8 种方向：取值为 0 表示向上方向，45 为右上，90 为右，135 为右下，180 为下方，225 为左下方，270 为左方，315 为左上方
strength	设置投影向外扩散的距离

下面给出了一个应用阴影滤镜的实例，具体的代码如下：

```
<html>
<head>
<title>阴影效果</title>
<style>
h1 {
```

```
    color:#FF6600;
    width:400;
    filter:shadow(color=blue, offx=15, offy=22, positive=flase);
}
</style>
</head>
<body>
<h1>我好看么</h1>
</body>
</html>
```

在 IE 浏览器中浏览效果如图 11-12 所示，可以看到文字带有阴影效果。

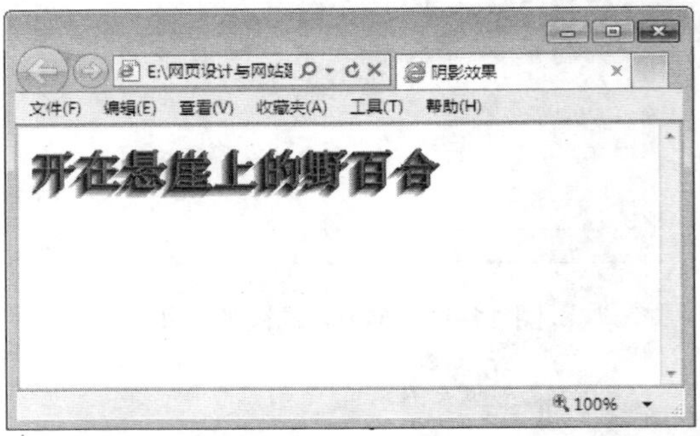

图 11-12　Shadow 滤镜的应用

11.3.12　案例 19——Wave 滤镜

Wave(波浪)滤镜可以为对象添加竖直方向上的波浪效果，也可以用来把对象按照竖直的波纹样式打乱。

其语法格式如下：

```
{filter:Wave(enabled=bEnabled , add=bAddImage , freq=iWaveCount ,
lightStrength=iPercentage ,
          phase=iPercentage , strength=iDistance)}
```

上述语法中的各参数说明如表 11-7 所示。

表 11-7　Wave 滤镜的参数

参　数	说　明
enabled	设置滤镜是否激活
add	布尔值，表示是否在原始对象上显示效果。True 表示显示；False 表示不显示
freq	设置生成波纹的频率，也就是设定在对象上产生的完整的波纹的条数
lightStrength	波纹效果的光照强度，取值范围为 0～100
phase	设置正弦波开始的偏移量，取百分比值 0～100，默认值为 0.25 表示 360×25%为 90 度，50 则为 180 度
strength	波纹的曲折的强度

下面给出了一个应用 Wave 滤镜的实例，具体的代码如下：

```
<html>
<head>
<title>波浪效果</title>
<style>
h1 {
    color:violet;
    text-align:left;
    width:400;
    filter:wave(add=true, freq=5, lightStrength=45, phase=20, strength=3);
}
</style>
</head>
<body>
<h1>一起去看大海</h1>
</body>
</html>
```

在 IE 浏览器中浏览效果如图 11-13 所示，可以看到文字带有波浪效果。

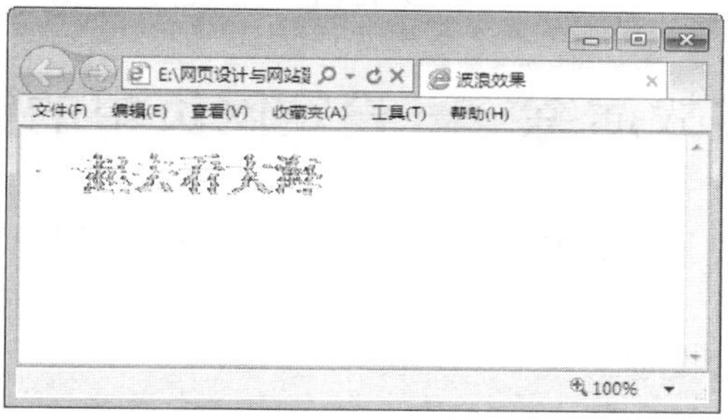

图 11-13 Wave 滤镜的应用

11.3.13 案例 20——X-ray 滤镜

X-ray(X 射线)滤镜可以使对象反映出它的轮廓，并把这些轮廓的颜色加亮，使整体看起来会有一种 X 光片的效果。

其语法格式如下：

```
{filter:Xray(enabled=bEnabled)}
```

其中，enabled 参数用于确定是否激活该滤镜。

下面给出了一个应用 X-ray 滤镜的实例，具体的代码如下：

```
<html>
<head>
<title>X 射线</title>
<style>
.noe {
filter:xray;
}
</style>
</head>
```

```
<body>
<img src="9.jpg" class="noe" />
<img src="9.jpg" />
</body>
</html>
```

在 IE 浏览器中浏览效果如图 11-14 所示，可以看到图片有 X 光效果。

图 11-14　X-ray 滤镜的应用

11.4　实战演练——设定网页中的链接样式

搜搜作为一个搜索引擎网站，知名度越来越高了。打开其搜搜首页，可看到该页存在一个水平导航菜单，通过这个导航可以搜索不同类别的内容。本实例将结合本章学习的知识，轻松实现搜搜导航栏的样式设定。

具体步骤如下。

step 01 分析需求。

实现该实例，需要包含三个部分，第一个部分是 SOSO 图标，第二个部分是水平菜单导航栏，也是本实例重点，第三个部分是表单部分，包含一个输入框和按钮。该实例实现后，其实际效果如图 11-15 所示。

图 11-15　预览网页效果

step 02 创建 HTML 网页，实现基本 HTML 元素。

对于本实例，需要利用 HTML 标记实现搜搜图标，导航的项目列表、下方的搜索输入框和按钮等。其代码如下：

```
<html>
<head>
<title>搜搜</title>
  </head>
<body>
<center><br><img src="logo index.png"><br><br><br><br>
<div>
<ul>
            <li id=h></li>
    <li><a href="#">网页</a></li>
    <li > <a href="#">图片</a></li>
    <li> <a href="#">视频</a></li>
    <li><a href="#">音乐</a></li>
    <li><a href="#">搜吧</a></li>
    <li><a href="#">问问</a></li>
    <li><a href="#">团购</a></li>
    <li><a href="#">新闻</a></li>
    <li><a href="#">地图</a></li>
    <li id="more"><a href="#">更 多 &gt;&gt;</a></li>
</ul>
</div>
<p style="height:44px;"> </p>
<div id=s>
<form action="/q?" id="flpage" name="flpage">
   <input type="text" value="" size=50px;/>
   <input type="submit" value="搜搜">
</form>
</div>
</center>
</body>
</html>
```

在 IE 浏览器中浏览效果如图 11-16 所示，可以看到一个图片，即搜搜图标，中间显示了一列项目列表，每个选项都是超级链接。下方是一个表单，包含输入框和按钮。

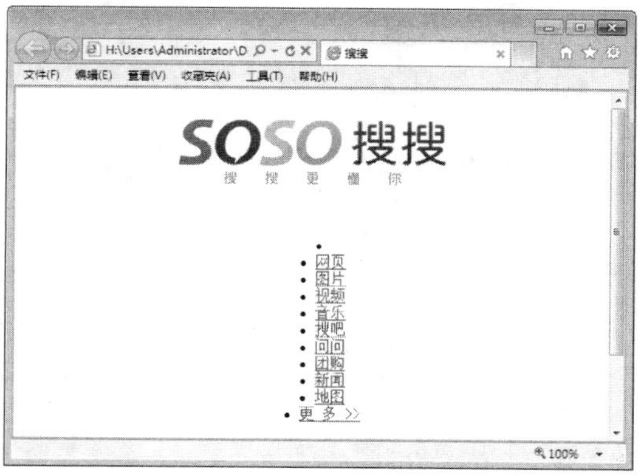

图 11-16　创建基本 HTML 网页

step 03 添加 CSS 代码，修饰项目列表。

框架出来之后，就可以修改项目列表的相关样式，即列表水平显示，同时定义整个 div

层属性。比如设置背景色、宽度、底部边框和字体大小等。其代码如下：

```
p{ margin:0px; padding:0px;}
#div{
    margin:0px auto;
    font-size:12px;
    padding:0px;
    border-bottom:1px solid #00c;
    background:#eee;
    width:800px;height:18px;
}
div li{
    float:left;
    list-style-type:none;
    margin:0px;padding:0px;
    width:40px;
}
```

上述代码中，float 属性设置了菜单栏水平显示，list-style-type 设置了列表不显示项目符号。在 IE 浏览器中浏览效果如图 11-17 所示，可以看到页面整体效果和搜搜首页比较相似，下面就可以在细节上进一步修改了。

图 11-17　修饰基本 HTML 网页元素

step 04 添加 CSS 代码，修饰超级链接。代码如下：

```
div li a{
    display:block;
    text-decoration:underline;
    padding:4px 0px 0px 0px;
    margin:0px;
            font-size:13px;
}
div li a:link, div li a:visited{
    color:#004276;

}
```

上述代码设置了超级链接，即导航栏中菜单选项中的相关属性。比如超级链接以块显示、文本带有下划线，字体大小为 13 像素，并设定了鼠标访问超级链接后得颜色。

在 IE 浏览器中浏览效果如图 11-18 所示，可以看到字体颜色发生改变，字体变小。

图 11-18　修饰网页文字

step 05 添加 CSS 代码，定义对齐方式和表单样式。代码如下：

```
div li#h{width:180px;height:18px;}
div li#more{width:85px;height:18px;}
#s{
      background-color:#006EB8;
      width:430px;
}
```

上述代码中，h 定义了水平菜单最前方空间的大小，more 定义了更多的长度和宽带，s 定义了表单背景色和宽带。在 IE 浏览器中浏览效果如图 11-19 所示。

step 06 添加 CSS 代码，修饰访问默认相。代码如下：

```
<a href="#"  style="text-decoration:none;color:#020202;font-size:14px;">网页
</a>
```

此代码段设置了被访问时的默认样式。在 IE 浏览器中浏览效果如图 11-20 所示，可以看到“网页”菜单选项，颜色为黑色，不带有下划线。

图 11-19　修饰网页背景色

图 11-20　网页最终效果

11.5　跟我练练手

11.5.1　练习目标

能够熟练掌握本章节所讲内容。

11.5.2 上机练习

练习 1：使用 CSS 样式表美化网页。

练习 2：使用 CSS 滤镜美化网页。

练习 3：设定网页中的链接样式。

11.6 高手甜点

甜点 1：滤镜效果是 IE 浏览器特有的效果，那么在 Firefox 中能不能实现呢？

滤镜效果虽然是 IE 浏览器特有的效果，但使用 Firefox 浏览器时，一些属性也可以实现。例如 IE 浏览器的阴影效果，在 Firefox 网页设计中，可以先在文字下面再叠一层浅色的同样的字，然后做 2 个像素的错位，就可以制造出有阴影的假象。

甜点 2：文字和图片导航速度谁快呀？

使用文字作导航栏速度最快。文字导航不仅速度快，而且更稳定。比如，有些用户上网时会关闭图片。在处理文本时，不要在普通文本上添加下划线或者颜色。除非特别需要，否则不要为普通文字添加下划线。就像用户需要识别哪些能点击一样，读者不应当将本不能点击的文字误认为能够点击。

第 12 章 架构师的大比拼——网页布局典型案例

使用 CSS 布局网页是一种很新的概念，它完全不同于传统的网页布局习惯。它首先对页面从整体上用<div>标记进行了分块，然后对各个块进行 CSS 定位，最后再在各个块中添加相应的内容。本章就来介绍一下网页布局当中的一些典型范例。

本章要点(已掌握的，在方框中打勾)

- ☐ 理解使用 CSS 排版的方法。
- ☐ 掌握固定宽度网页布局的方法。
- ☐ 掌握自动缩放网页 1-2-1 型布局模式的方法。
- ☐ 掌握自动缩放网页 1-3-1 型布局模式的方法。

12.1 使用 CSS 排版

DIV 在 CSS+DIV 页面排版中是一个块的概念，DIV 的起始标记和结束标记之间的所有内容都是用来构成这个块的。其中所包含的元素特性由 DIV 标记属性来控制，或者通过使用样式表格式化这个块来进行控制。CSS+DIV 页面排版思想是，先在整体上进行<div>标记的分块，然后对各个块进行 CSS 定位，最后再在各个块中添加相应的内容。

12.1.1 案例 1——将页面用 DIV 分块

使用 DIV+CSS 页面排版布局，需要对网页有一个整体的构思，即准备将网页划分为哪几个部分。比如是上、中、下结构，还是左右两列结构，还是三列结构。确定之后，根据网页构思，将页面用 DIV 划分为相应的几个块，用来存放不同的内容。当然了，大块中还可以存放不同的小块。最后，通过 CSS 属性，对这些 DIV 进行定位。

在现在的网页设计中，一般网站采用的都是上中下结构，即上面是页面头部，中间是页面内容，最下面是页脚，整个上中下结构最后放到一个 DIV 容器中，方便控制。页面头部一般用来存放 Logo 和导航菜单，页面内容包含页面要展示的信息、链接和广告等，页脚存放的是版权信息和联系方式等。

将上中下结构放置到一个 DIV 容器中，方便后面排版和对页面进行整体调整，如图 12-1 所示。

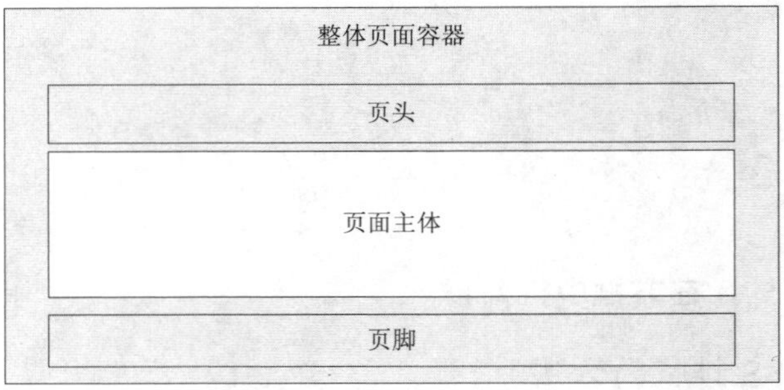

图 12-1 上中下网页布局结构

12.1.2 案例 2——设置各块位置

复杂的网页布局，不是单纯的一种结构，而是包含多种网页结构。比如总体上是上中下，中间内部又分为两列布局等。

页面总体结构确认后，一般情况下，页头和页脚的变化就不会大了。会发生变化的，只是页面主体。此时需要根据页面展示的内容，决定中间布局采用什么的样式。

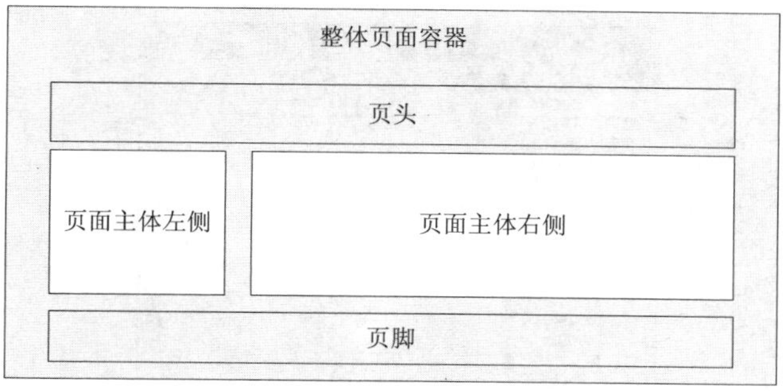

图 12-2　上中下网页布局结构

12.1.3　案例 3——用 CSS 定位

页面版式确定后，就可以利用 CSS 对 DIV 进行定位，使其在指定位置出现，从而实现对页面的整体规划。然后再向各个页面添加内容。

下面创建一个总体为上中下结构，页面主体布局为左右结构的页面的 CSS 定位实例。具体步骤如下。

step 01 构建 HTML 网页，使用 DIV 划分最基本的布局块。其代码如下：

```
<html>
<head>
<title>CSS 排版</title><body>
<div id="container">
  <div id="banner">页面头部</div>
  <div id=content >
  <div id="right">
页面主体右侧
  </div>
  <div id="left">
页面主体左侧
  </div>
</div>
  <div id="footer">页脚</div>
</div>
</body>
</html>
```

上述代码中，共创建了 5 个层。其中，ID 名称为 container 的 DIV 层，是一个布局容器，即所有的页面结构和内容都是在这个容器内实现；名称为 banner 的 DIV 层，是页头部分；名称为 footer 的 DIV 层，是页脚部分；名称为 content 的 DIV 层，是中间主体(该层包含了两个层，一个是 right 层，一个是 left 层，分别放置不同的内容)。

在 IE 浏览器中的浏览效果如图 12-3 所示，可以看到网页中显示了这几个层，从上到下一次排列。

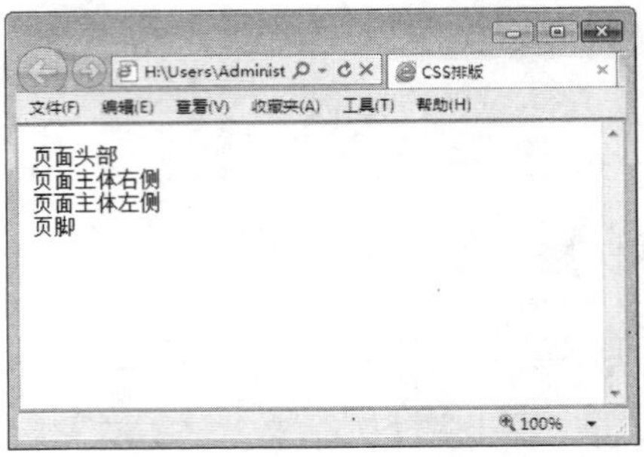

图 12-3 添加网页层次

step 02 对 body 标记和 container 层(布局容器)进行 CSS 修饰，从而对整体样式进行定义。代码如下：

```
<style type="text/css">
<!--
body {
  margin:0px;
  font-size:16px;
  font-family:"幼圆";
}
#container{
  position:relative;
  width:100%;
}
-->
</style>
```

上述代码只是设置了文字大小、字体、布局容器 container 的宽度、层定位方式，布局容器撑满整个浏览器。

在 IE 浏览器中浏览效果如图 12-4 所示，可以看到此时相比较上一个显示页面，发生的变化不大，只不过字形和字体大小发生变化，因为 container 没有带有边框和背景色无法显示该层。

step 03 使用 CSS 对页头进行定位，即 banner 层，使其在网页上显示。代码如下：

```
#banner{
  height:80px;
  border:1px solid #000000;
  text-align:center;
  background-color:#a2d9ff;
  padding:10px;
  margin-bottom:2px;
}
```

上述代码中首先设置了 banner 层的高度为 80 像素，宽度充满整个 container 布局容器，之后又分别设置了边框样式、字体对齐方式、背景色、内边距和外边距的底部等。

在 IE 浏览器中的浏览效果如图 12-5 所示，可以看到在页面顶部显示了一个浅绿色的边框，边框充满整个浏览器，边框中间显示了一个“页面头部”的文本信息。

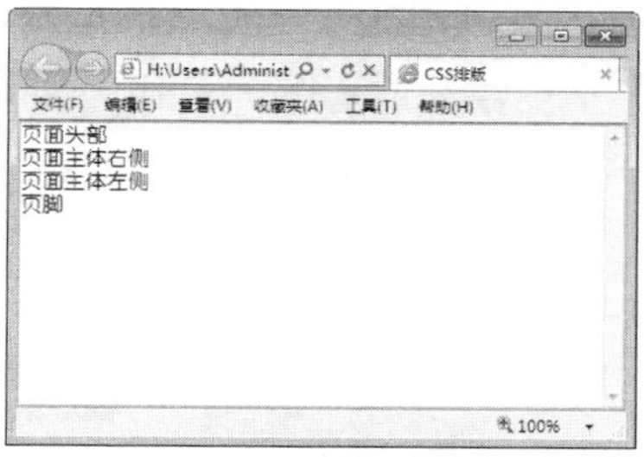

图 12-4　使用 CSS 设置网页整体样式

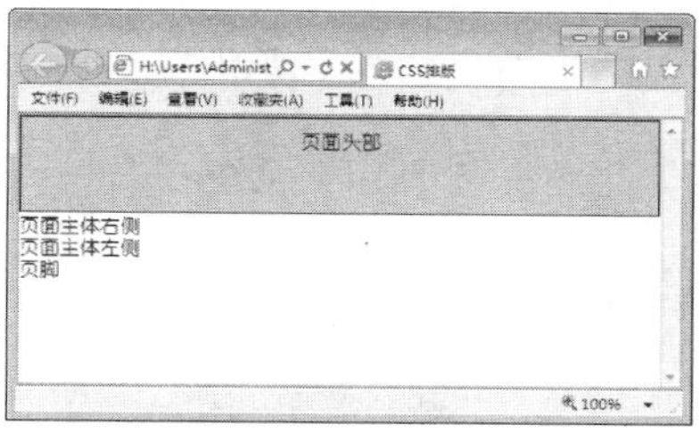

图 12-5　使用 CSS 定义页头部分

step 04 如果在页面主体两个层并列显示，则需要使用 float 属性，将一个层设置到左边，将另一个层设置到右边。其代码如下：

```
#right{
  float:right;
  text-align:center;
  width:80%;
 border:1px solid #ddeecc;
margin-left:1px;
height:200px;
}
#left{
  float:left;
  width:19%;
  border:1px solid #000000;
  text-align:center;
height:200px;
background-color:#bcbcbc;
}
```

上述代码设置了这两个层的宽带，right 层占有空间的 80%，left 层占有空间的 19%，并分别设置了两个层的边框样式，对齐方式，背景色等。

在 IE 浏览器中的浏览效果如图 12-6 所示，可以看到页面的主体部分分为两个层并列显示，左边背景色为灰色，占有空间较小，右侧背景色为白色，占有空间较大。

图 12-6　使用 CSS 定义页面主体

step 05 设置页脚部分。页脚通常在主体下面。因为页面主体中使用了 float 属性设置层浮动，所以需要在页脚层设置 clear 属性，使其不受浮动的影响。其代码如下：

```
#footer{
  clear:both;        /* 不受 float 影响 */
  text-align:center;
  height:30px;
  border:1px solid #000000;
              background-color:#ddeecc;
}
```

上述代码设置页脚对齐方式、高度、边框和背景色等。在 IE 浏览器中的浏览效果如图 12-7 所示，可以看到页面底部显示了一个边框，背景色为浅绿色，边框充满了整个 DIV 布局容器。

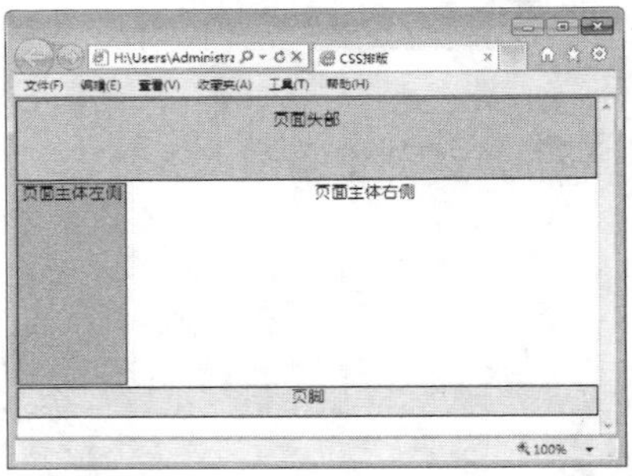

图 12-7　使用 CSS 定义页脚部分

12.2　固定宽度网页剖析与布局

网页开发过程中，有几种比较经典的网页布局方式，包括宽度固定的上中下布局、宽度固定的左右布局、自适应宽度布局和浮动布局等。这些布局会经常在网页设计中出现，并且经常被用到各种类型的网站开发中。

12.2.1　案例 4——网页单列布局模式

网页单列布局模式是最简单的布局形式，也被称之为 1-1-1 型布局，其中“1”表示一共 1 列，连字符表示竖直方向上下排列。如图 12-8 所示为网页单列布局模式示意图。

本节将介绍的是网页单列布局模式，其效果如图 12-9 所示。

从中可以看到，这个页面一共分为三个部分，第一部分包含图片和菜单栏，这一部分放到页头，是网页单行布局版式的第一个“1”。第二个部分是中间的内容部分，即页面主体，用于存放要显示的文本信息，是网页单行布局版式的第二个“1”。第三个部分是页面底部，包含地址和版权信息的页脚，是网页单行布局版式的第三个“1”具体步骤如下。

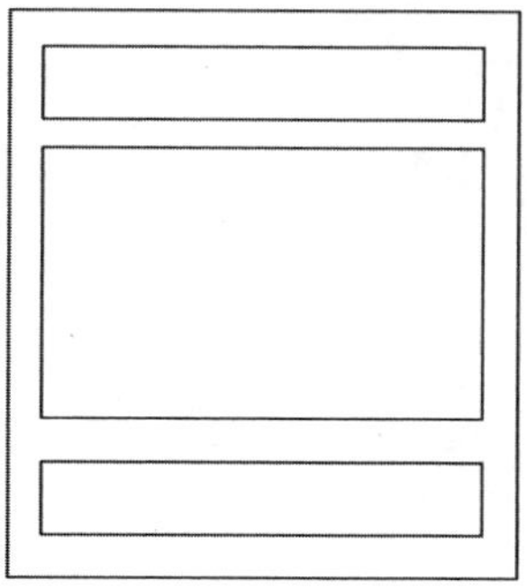

图 12-8　网页单列布局模式

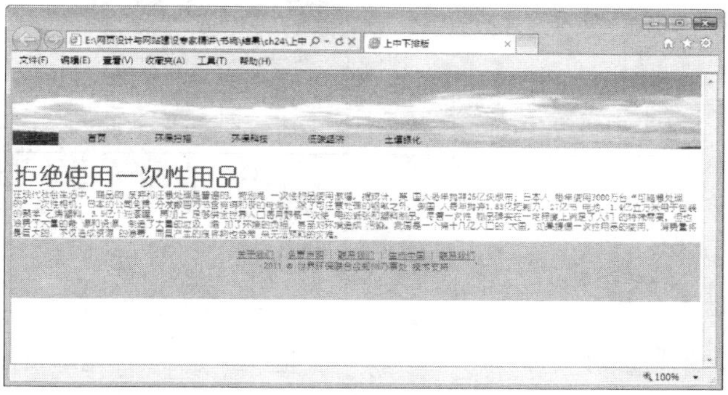

图 12-9　网页预览效果

step 01 使用 DIV 块对页面区域进行划分，使其符合 1-1-1 的页面布局模型。基本代码如下：

```
<html>
<head>
<title>上中下排版</title>
</head>
<body>
  <div class="big">
      <div class="up">
          <p><a href="#">首页</a><a href="#">环保扫描</a><a href="#">环保科技
</a><a href="#">低碳经济</a><a href="#">土壤绿化</a></p></div>        <div
class="middle">
          <br />
          <h1>拒绝使用一次性用品</h1>
      <p>      在现代社会生活中，商品的废弃和任意处理是普遍的，特别是一次性物品使用激增。
据统计，英国人每年抛弃 25 亿块尿布；......
</p>
        </div>
        <div class="down">
        <br />
          <p><a href="#">关于我们</a> | <a href="#">免责声明</a> | <a href="#">
联系我们</a> | <a href="#">生态中国</a> | <a href="#">联系我们</a></p>
            <p>2011 &copy; 世界环保联合会郑州办事处 技术支持</p>
        </div>
    </div>
</body>
</html>
```

上述代码创建了 4 个层，层 big 是 DIV 布局容器，用来存放其他的 DIV 块。层 up 表示页头部分，层 middle 表示页面主体，层 down 表示页脚部分。

在 IE 浏览器中浏览效果如图 12-10 所示，可以看到页面显示了 3 个区域信息，顶部显示的是超级链接部分，中间显示的是段落信息，底部显示的地址和版权信息。其布局从上到下自动排列，并不是期望的那种。

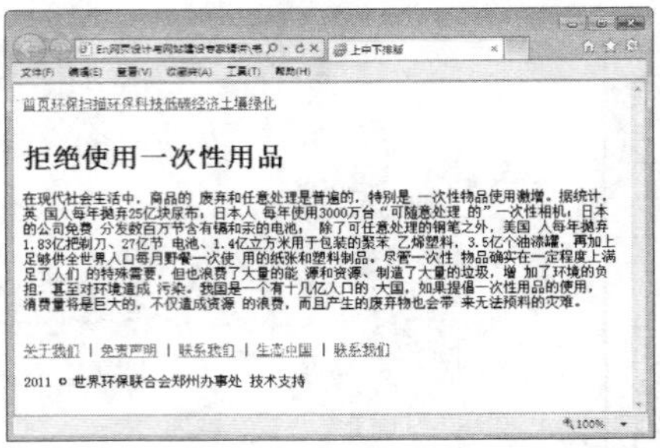

图 12-10　创建基本 HTML 网页

step 02 图 12-10 中的字体样式非常丑陋，布局也不合理。此时需要使用 CSS 代码，对页面整体样式，进行修饰。代码如下：

```
<style>
  *{
    padding:0px;
    margin:0px;
    }
  body{
    font-family:"幼圆";
    font-size:12px;
     color:green;
    }
  .big{
    width:900px;
    margin:0 auto 0 auto;
    }
</style>
```

上述代码定义了页面整体样式，比如字形为“幼圆”，字体大小为 12 像素，字体颜色为绿色，布局容器 big 的宽带为 900 像素。margin:0 auto 0 auto 语句表示该块与页面的上下边界为 0，左右自动调整。

在 IE 浏览器中的浏览效果如图 12-11 所示，可以看到页面字体变小，字体颜色为绿色，并充满整个页面，页面宽度为 900 像素。

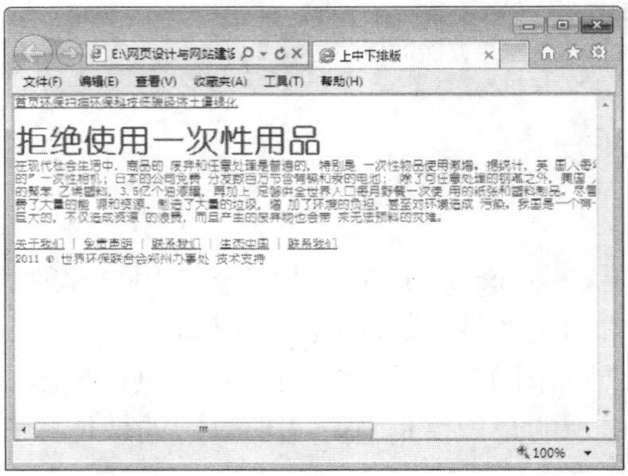

图 12-11　修饰网页文字

step 03 使用 CSS 定义页头部分，即导航菜单。代码如下：

```
.up p{
        margin-top:80px;
        text-align:left;
        position:absolute;
        left:60px;
        top:0px;
        }
.up a{
        display:inline-block;
        width:100px;
        height:20px;
        line-height:20px;
        background-color:#CCCCCC;
        color:#000000;
        text-decoration:none;
        text-align:center;
        }
.up a:hover{
        background-color:#FFFFFF;
        color:#FF0000;
        }
.up{
    width:900px;
    height:100px;
    background-image:url(17.jpg);
    background-repeat:no-repeat;
    }
```

在类选择器 up 中，CSS 定义层的宽度和高度，其宽度为 900 像素，并定义了背景图片。

在 IE 浏览器中的浏览效果如图 12-12 所示，可以看到页面顶部显示了一个背景图，并且超级链接以一定距离显示，以绝对定位方式在页头显示。

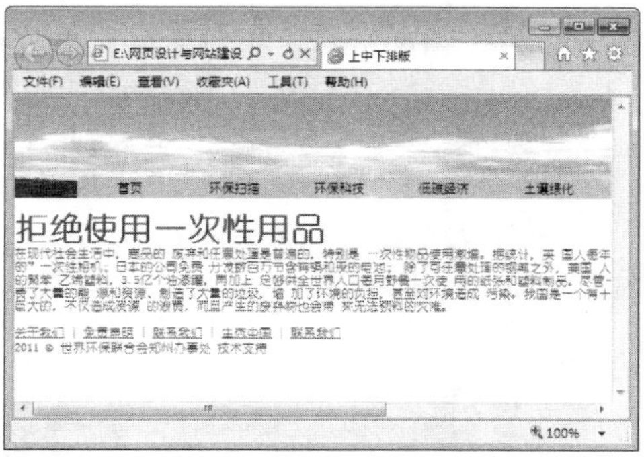

图 12-12　添加网页背景色

step 04 使用 CSS 定义页面主体，即定义层和段落信息。代码如下：

```
.middle{
  border:1px #ddeecc solid;
  margin-top:10px;
  }
```

在类选择器 middle 中，定义了边框的样式和内边距的距离，此处层的宽度和 big 层宽度一致。

在 IE 浏览器中的浏览效果如图 12-13 所示，可以看到中间部分以边框形式显示，标题居中显示，段落缩进两个字符显示。

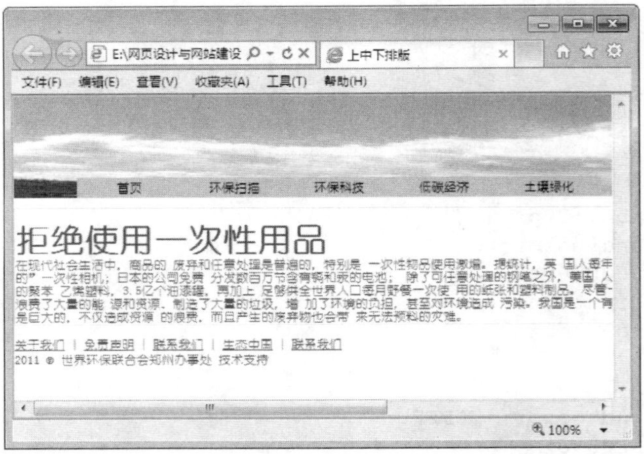

图 12-13　使用 CSS 定义页面主体

step 05 定义页脚，代码如下：

```
.down{
  background-color:#CCCCCC;
  height:80px;
  text-align:center;
  }
```

上述代码中，类选择器 down 定义了背景颜色，高度和对齐方式。其他选择器定义超级链接的样式。

在 IE 浏览器中的浏览效果如图 12-14 所示，可以看到页面底部显示了一个灰色矩形框，其版权信息和地址信息居中显示。

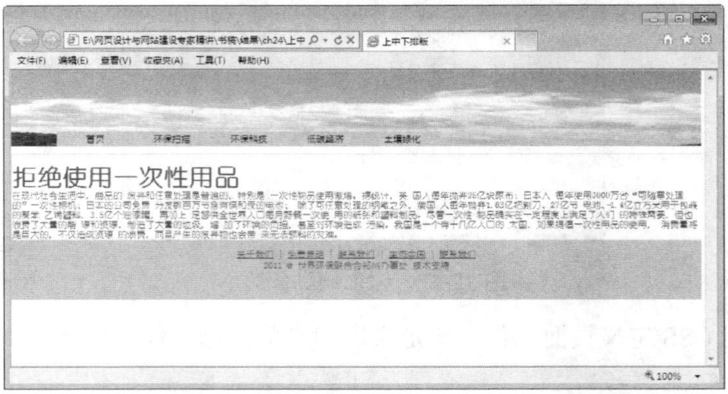

图 12-14　页面的最终效果

12.2.2 案例 5——网页 1-2-1 型布局模式

在页面排版中，有时会根据内容需要将页面主体分为左右两个部分显示，用来存放不同的信息内容，实际上这也是一种宽度固定的布局。这种布局模式可以说是 1-1-1 型布局模式的演变。

如图 12-15 所示为网页 1-2-1 型布局模式示意图。

本节将介绍的是网页 1-2-1 型布局模式，其效果如图 12-16 所示。

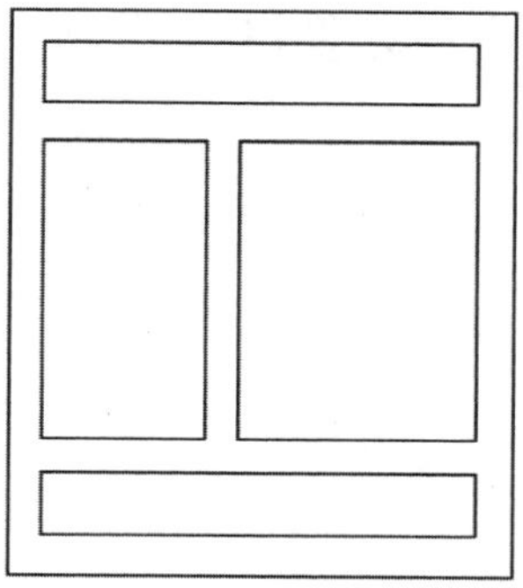

图 12-15　1-2-1 网页布局模式

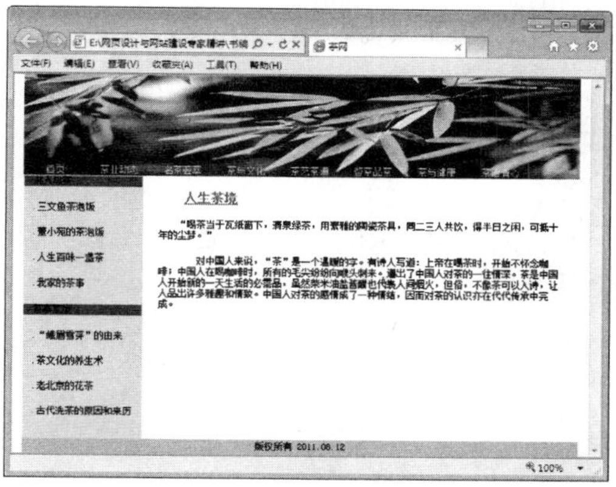

图 12-16　页面的最终效果

step 01 创建 HTML 网页，使用 DIV 构建块。在 HTML 页面，将 DIV 框架和所要显示的内容显示出来，并将要引用的样式名称定义好。代码如下：

```
<html>
<head>
<title>茶网</title>
  </head>
<body>
<div id="container">
  <div id="banner">
    <img src="b.jpg" border="0">
  </div>
  <div id="links">
    <ul>
      <li>首页</li>
      <li>茶业动态</li>
      <li>名茶荟萃</li>
      <li>茶与文化</li>
      <li>茶艺茶道</li>
      <li>鉴茶品茶</li>
      <li>茶与健康</li>
     <li>茶语清心</li>
    </ul>
    <br>
  </div>
  <div id="leftbar">
      <p class="lefttitle">名人与茶</p>
```

```
      <p>.三文鱼茶泡饭</p>
       <p>.董小宛的茶泡饭</p>
       <p>.人生百味一盏茶</p>
      <p>.我家的茶事</p>
    <p class="lefttitle">茶事掌故</p>
     <p>.“峨眉雪芽”的由来</p>
    <p>.茶文化的养生术</p>
     <p>.老北京的花茶</p>
    <p>.古代洗茶的原因和来历</p>
  </div>
  <div id="content">
    <h4>人生茶境</h4>
    <p>
“喝茶当于瓦纸窗下，清泉绿茶，用素雅的陶瓷茶具，同二三人共饮，得半日之闲，可抵十年的尘梦。”
</p>
<p>
      对中国人来说，“茶”是一个温暖的字。
</p>
  </div>
  <div id="footer">版权所有 2011.08.12</div>
</div>
</body>
</html>
```

上述代码定义的个层用来构建页面布局。其中，层 container 作为布局容器；层 banner 作为页面图形 logo；层 links 层作为页面导航；层 leftbar 作为左侧内容部分；层 content 作为右侧内容部分；层 footer 作为页脚部分。

在 IE 浏览器中浏览效果如图 12-17 所示，可以看到页面上部显示了一张图片，下面是超级链接，段落信息，最后是地址信息等。

step 02 CSS 定义页面整体样式，比如网页中字形或对齐方式等。代码如下：

```
<style>
<!--
body, html{
  margin:0px; padding:0px;
  text-align:center;
}
#container{
  position: relative;
  margin: 0 auto;
  padding:0px;
  width:700px;
  text-align: left;
}
-->
</style>
```

上述代码中，类选择器 container 定义了布局容器的定位方式为相对定位，宽度为 700 像素，文本左对齐，内外边距都为 0 像素。

在 IE 浏览器中的浏览效果如图 12-18 所示，可以看到与上一个页面比较，发生的变化不大。

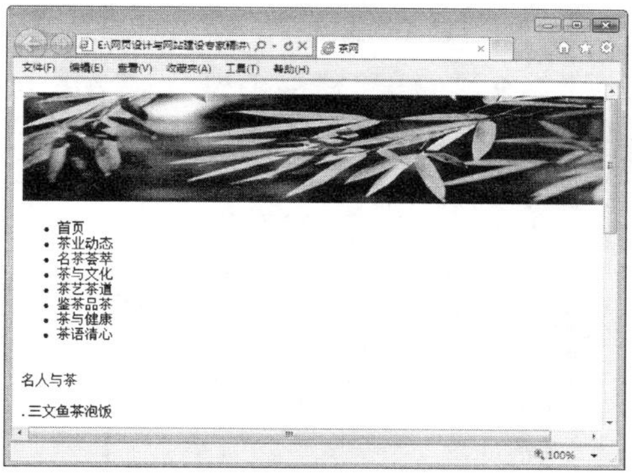

图 12-17　添加网页基本信息

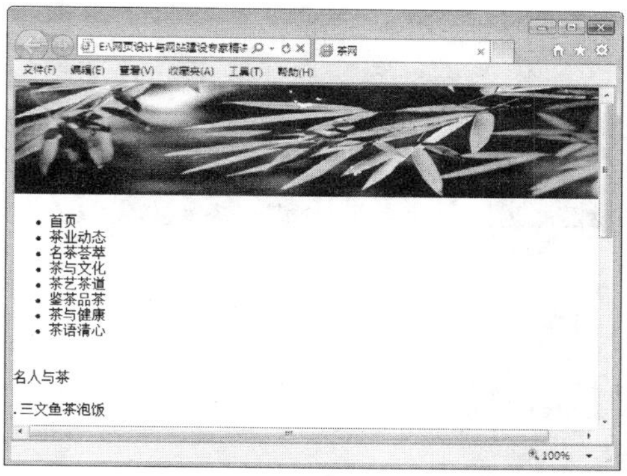

图 12-18　使用 CSS 定义页面整体样式

step 03 CSS 定义页头部分。此网页的页头部分，包含两个部分，一个页面 logo，一个页面的导航菜单。定义这两个层的 CSS 代码如下：

```
#banner{
  margin:0px; padding:0px;
}
#links{
  font-size:12px;
  margin:-18px 0px 0px 0px;
  padding:0px;
  position:relative;
}
```

上述代码中，ID 选择器 banner 定义了内外边距都是 0 像素，ID 选择器 links 定义了导航菜单的样式，比如字体大小为 12 像素，定位方式为相对定位等。

在 IE 浏览器中浏览效果如图 12-19 所示，可以看到页面导航部分在图像上显示，并且每个菜单相隔一定距离。

step 04 使用 CSS 代码，定义页面主体左侧部分，代码如下：

```
#leftbar{
  background-color:#d2e7ff;
  text-align:center;
  font-size:12px;
  width:150px;
  float:left;
  padding-top:0px;
  padding-bottom:30px;
  margin:0px;
}
```

上述代码中，选择器 leftbar 定义了层背景色、对齐方式、字体大小和左侧 DIV 层的宽度。这里使用 float 定义层在水平方向上浮动定位。

在 IE 浏览器中的浏览效果如图 12-20 所示，可以看到页面左侧部分以矩形框显示，包含了一些简单的页面导航。

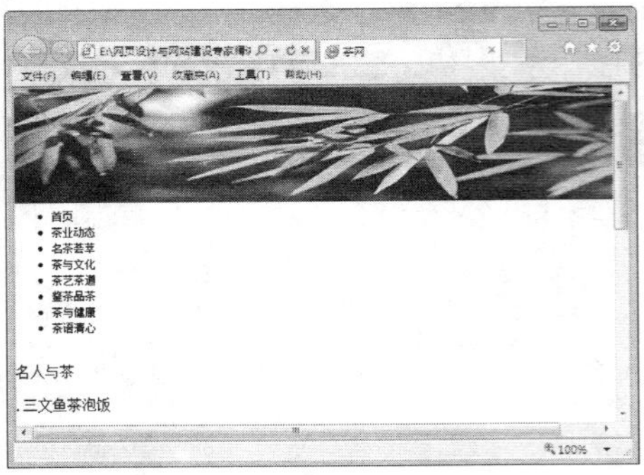

图 12-19　使用 CSS 定义页头部分

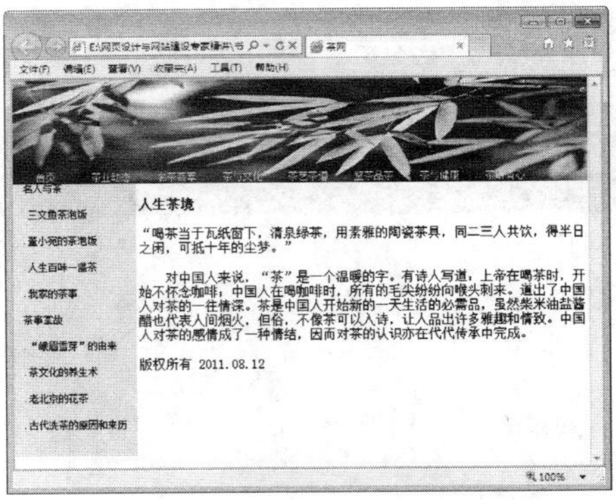

图 12-20　使用 CSS 定义页面主体的左侧部分

step 05 使用 CSS 代码，定义页面主体右侧部分，代码如下：

```
#content{
  font-size:12px;
  float:left;
  width:550px;
  padding:5px 0px 30px 0px;
  margin:0px;
}
```

在上述代码中，ID 选择器 content，用来定义字体大小、右侧 div 层宽度，内外边距等。在 IE 浏览器中的浏览效果如图 12-21 所示，可以看到右侧部分的段落字体变小，段落缩进了两个单元格。

step 06 CSS 定义页脚部分。如果上面的层使用了浮动定位，页脚一般需要使用 clear 去掉浮动所带来的影响。其代码如下：

```
#footer{
  clear:both;
  font-size:12px;
  width:100%;
  padding:3px 0px 3px 0px;
  text-align:center;
  margin:0px;
  background-color:#b0cfff;
}
```

在上述代码中，footer 选择器定义了层的宽度，即充满整个布局容器，字体大小为 12 像素，居中对齐和背景色。在 IE 浏览器中的浏览效果如图 12-22 所示，可以看到页脚显示了一个矩形框，背景色为浅蓝色，矩形框内显示了版权信息。

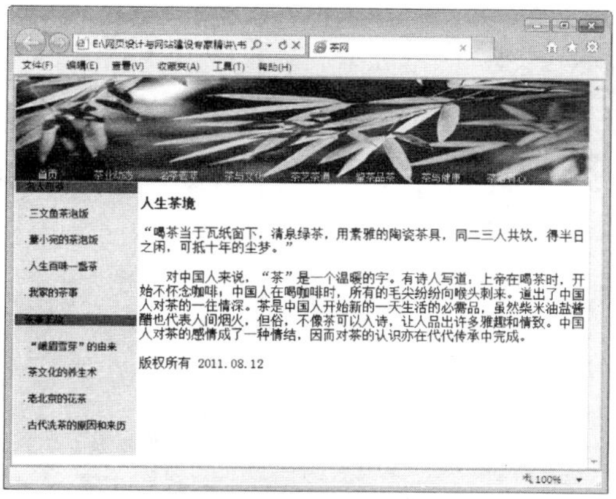

图 12-21 使用 CSS 定义页面主体的右侧部分

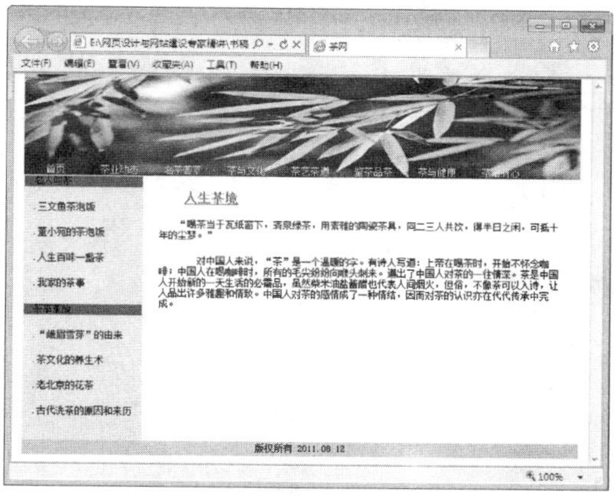

图 12-22 使用 CSS 定义页脚部分

12.2.3 案例 6——网页 1-3-1 型布局模式

掌握了网页 1-2-1 型布局之后，1-3-1 型布局就很容易实现了，在 1-2-1 布局中增加一列就可以了，框架布局如图 12-23 所示。

下面介绍制作网页 1-3-1 型布局模式，最终的效果如图 12-24 所示。具体操作步骤如下。

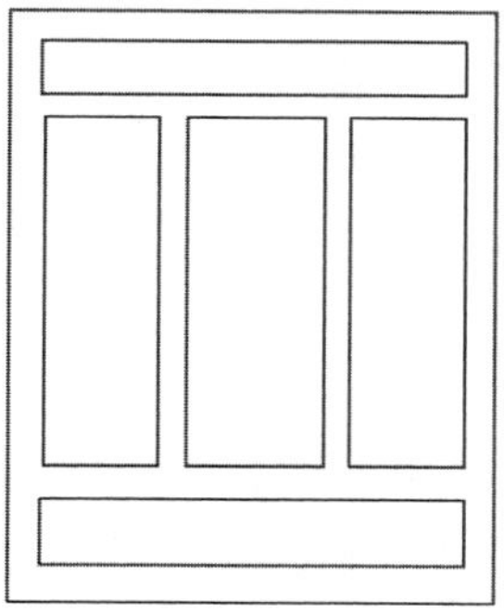

图 12-23 1-3-1 型布局模式

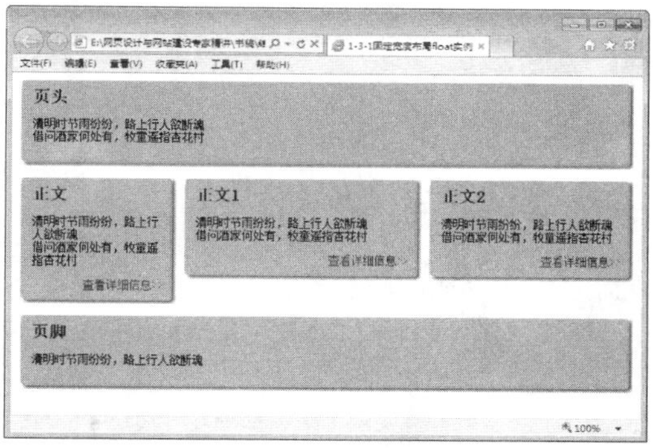

图 12-24 页面最终效果

step 01 创建 HTML 网页，使用 DIV 构建块。在 HTML 页面，将 DIV 框架和所要显示的内容显示出来，并将要引用的样式名称定义好，代码如下：

```
<!DOCTYPE html PUBLIC "-//W3C//DTD XHTML 1.0 Transitional//EN"
"http://www.w3.org/TR/xhtml1/DTD/xhtml1-transitional.dtd">
<html xmlns="http://www.w3.org/1999/xhtml">
<head>
<meta http-equiv="Content-Type" content="text/html; charset=utf-8" />
<title>1-3-1 固定宽度布局 float 实例</title>
</head>
<body>
 <div id="header">
    <div class="rounded">
        <h2>页头</h2>
```

```
        <div class="main">
        <p>
        清明时节雨纷纷，路上行人欲断魂<br/>
        借问酒家何处有，牧童遥指杏花村 </p>
        </div>
        <div class="footer">
        <p></p>
        </div>
    </div>
</div>
<div id="container">
<div id="left">
    <div class="rounded">
        <h2>正文</h2>
        <div class="main">
        <p>
        清明时节雨纷纷，路上行人欲断魂<br/>
        借问酒家何处有，牧童遥指杏花村
        </p>

        </div>
        <div class="footer">
        <p>
        查看详细信息&gt;&gt;
        </p>
        </div>
    </div>
</div>
<div id="content">
    <div class="rounded">
        <h2>正文 1</h2>
        <div class="main">
        <p>
        清明时节雨纷纷，路上行人欲断魂<br/>
        借问酒家何处有，牧童遥指杏花村
        </p>

        </div>
        <div class="footer">
        <p>
        查看详细信息&gt;&gt;
        </p>
        </div>
    </div>
</div>
<div id="side">
    <div class="rounded">
        <h2>正文 2</h2>
        <div class="main">
        <p>
        清明时节雨纷纷，路上行人欲断魂<br/>
        借问酒家何处有，牧童遥指杏花村
        </p>
        </div>
```

```
        <div class="footer">
        <p>
        查看详细信息&gt;&gt;
        </p>
        </div>
    </div>
</div>
</div>
<div id="pagefooter">
    <div class="rounded">
        <h2>页脚</h2>
        <div class="main">
        <p>
        清明时节雨纷纷，路上行人欲断魂
        </p>
        </div>
        <div class="footer">
        <p>

        </p>
        </div>
    </div>
</div>
</body>
</html>
```

在 IE 浏览器中的预览效果如图 12-25 所示。

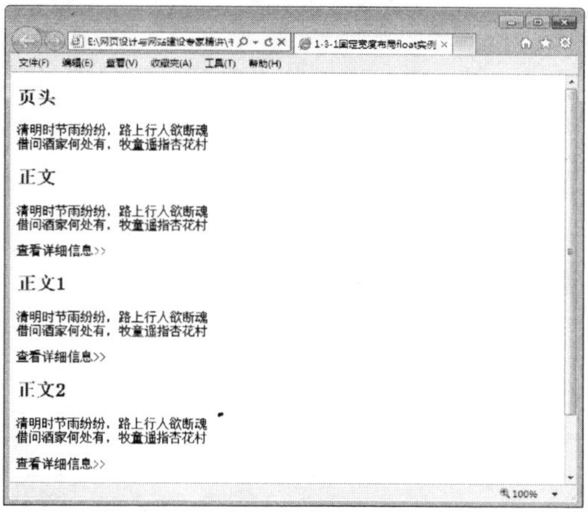

图 12-25 创建网页的 HTML 基本页面

step 02 CSS 定义页面整体样式。网页整体信息定义完毕后，需要使用 CSS 来定义网页的整体样式，具体代码如下：

```
<style type="text/css">
body {
background: #FFF;
font: 14px 宋体;
margin:0;
padding:0;
```

```
}
.rounded {
 background: url(images/left-top.gif)   top left no-repeat;
 width:100%;
 }
.rounded h2 {
 background:
   url(images/right-top.gif)
 top right no-repeat;
 padding:20px 20px 10px;
 margin:0;

 }
.rounded .main {
 background:
   url(images/right.gif)
 top right repeat-y;
 padding:10px 20px;
   margin:-20px 0 0 0;
     }
.rounded .footer {
 background:
   url(images/left-bottom.gif)
 bottom left no-repeat;
 }
.rounded .footer p {
 color:red;
 text-align:right;
 background:url(images/right-bottom.gif) bottom right no-repeat;
 display:block;
 padding:10px 20px 20px;
 margin:-20px 0 0 0;
 font:0/0;
 }
#header,#pagefooter,#container{
 margin:0 auto;
 width:760px;}
 #left{
    float:left;
    width:200px;
    }

#content{
    float:left;
    width:300px;
    }
#side{
    float:left;
    width:260px;
    }

#pagefooter{
    clear:both;
}
</style>
```

在浏览器 IE 中的浏览效果如图 12-26 所示。

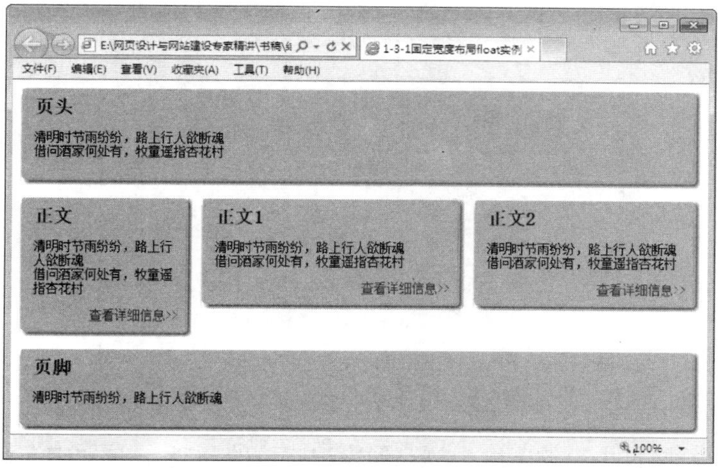

图 12-26　使用 CSS 定义网页布局

12.3　自动缩放网页 1-2-1 型布局模式

自动缩放的网页布局要比固定宽度的网页布局复杂一些，其根本的原因在于宽度不确定，导致很多参数无法确定，必须使用一些技巧来完成。

对于一个 1-2-1 型的布局，首先要使内容的整体宽度随浏览器窗口宽度的变化而变化。因此，中间 container 容器中的左右两列的总宽度也会变化。这样就会产生两种不同的情况：一是这两列按照一定的比例同时变化；二是一列固定，另一列变化。这两种情况都是很常用的布局方式，下面先从等比例变宽布局讲起。

12.3.1　案例 7——1-2-1 型等比例变宽布局

首先实现按比例的适应方式，可以在前面制作的 1-2-1 型浮动布局的基础上完成本案例。原来的 1-2-1 型浮动布局中的宽度都是用像素数值确定的固定宽度，下面就来对它进行改造，使它能够自动调整各个模块的宽度。

实际上只需要修改 3 处宽度就可以了，修改的样式代码如下：

```
#header,#pagefooter,#container{ margin:0 auto;
width: 768px; /*删除原来的固定宽度
width: 85%; /*改为比例宽度*/
#content{ float:right;
width:500px; /*删除原来的固定宽度*/
width: 66%; /*改为比例宽度*/
#side{ float:left;
width:  260px; /*删除原来的固定宽度*/
width:33%; /*改为比例宽度*/
```

在 IE 浏览器中运行上述程序，即可得到如图 12-27 所示的结果。

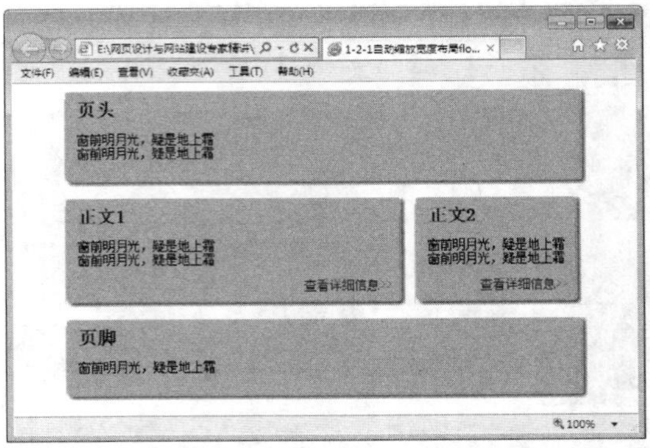

图 12-27　1-2-1 型等比例变宽布局

在这个页面中，网页内容的宽度为浏览器窗口宽度的 85%。页面中左侧的边栏的宽度和右侧的内容栏的宽度保持 1∶2 的比例。可以看到无论浏览器窗口宽度如何变化，它们都等比例变化。这样就实现了各个 div 的宽度都会等比例适应浏览器窗口。

在实际应用中还需要注意以下两点。

(1) 确保不要使一列或多个列的宽度太大，以至于其内部的文字行宽太宽，造成阅读困难。

(2) 圆角框的最宽宽度的限制，这种方法制作的圆角框如果超过一定宽度就会出现裂缝。

12.3.2　案例 8——1-2-1 型单列变宽布局

在实际应用中，单列宽度变化，而保持其他列固定不变的布局，比其他布局方法更实用。一般在存在多个列的页面中，通常比较宽的一个列是用来放置内容的，而窄列放置链接、导航等内容。这些内容一般宽度是固定的，不需要扩大。因此可以把内容列设置为可以变化，而其他列固定。

比如在图 12-27 中，右侧的 Side 的宽度固定，当总宽度变化时，Content 部分就会自动变化。如果仍然使用简单的浮动布局是无法实现这个效果的。如果把某一列的宽度设置为固定值，那么另一列(即活动列)的宽度就无法设置了，因为总宽度未知，活动列的宽度也无法确定。那么怎么解决呢？主要问题就是浮动列的宽度应该等于 100%-300px，而 CSS 显然不支持这种带有加减法运算的宽度表达方法，但是通过 margin 可以变通地实现这个宽度。

具体的解决方法是，在 content 的外面再套一个 DIV，使它的宽度为 100%，也就是等于 container 的宽度，然后通过将左侧的 margin 设置为负的 300 像素，就使它向左平移了 300 像素。再将 content 的左侧 margin 设置为正的 300 像素，就实现了 100%-300px 这个本来无法表达的宽度。具体的 CSS 代码如下：

```
#header,#pagefooter,#container{
margin:0 auto;
width:85%;
min-width:500px;
max-width:800px;
```

```
}
#contentWrap{
margin-left:-260px;
float:left;
width:100%;
}
#content{
margin-left:260px;
}
#side{
float:right;
width:260px;
}
#pagefooter{
clear:both;
}
```

在 IE 浏览器中运行上述代码，即可得到如图 12-28 所示的结果。

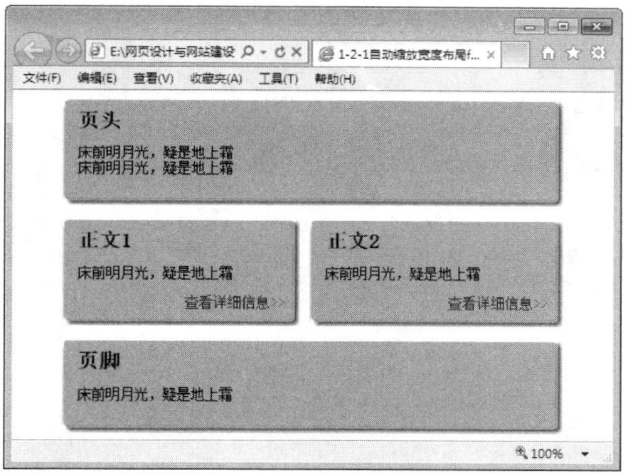

图 12-28 1-2-1 型单列变宽布局

12.4 自动缩放网页 1-3-1 型布局模式

1-3-1 型布局可以产生很多不同的变化方式，比如三列都按比例来适应宽度；一列固定，其他两列按比例适应宽度；两列固定，其他一列适应宽度。

对于后两种情况，又可以根据特殊的一列与另外两列的不同位置，产生出多种变化。下面分别进行介绍。

12.4.1 案例 9——1-3-1 型三列宽度等比例布局

对于 1-3-1 型布局的第一种情况，即三列按固定比例伸缩适应总宽度，和前面介绍的 1-2-1 型的布局完全一样，只要分配好每一列的百分比就可以了。这里就不再赘述。

12.4.2 案例 10——1-3-1 型单侧列宽度固定的变宽布局

对于一列固定、其他两列按比例适应宽度布局的情况，如果这个固定的列在左边或右边，那么只需要在两个变宽列的外面套一个 DIV，并使这个 DIV 宽度是变宽的它与旁边的固定宽度列构成了一个单列固定的 1-2-1 型布局就可以了。此时使用“绝对定位”法或者“改进浮动”法进行布局，然后再将变宽列中的两个变宽列按比例并排，就很容易实现 1-3-1 单侧列宽度固定的变宽布局了。

下面使用浮动方法进行制作，解决的方法同 1-2-1 型单列固定一样。这里把浮动的两个列看成一个列，在容器里面再套一个 DIV，即由原来的一个 wrap 变为两层，分别叫作 outerWrap 和 innerWrap。这样，outerWrap 就相当于上面 1-2-1 型方法中的 wrap 容器。新增加的 innerWrap 是以标准流方式存在的，宽度会自然伸展，由于设置 200 像素的左侧 margin，因此它的宽度就是总宽度减去 200 像素了。innerWrap 里面的 navi 和 content 就会都以这个新宽度为宽度基准。

具体的代码如下：

```
<!DOCTYPE html PUBLIC "-//W3C//DTD XHTML 1.0 Transitional//EN"
"http://www.w3.org/TR/xhtml1/DTD/xhtml1-transitional.dtd">
<html xmlns="http://www.w3.org/1999/xhtml">
<head>
<meta http-equiv="Content-Type" content="text/html; charset=utf-8" />
<title>1-3-1 1 固定宽度布局 float 实例</title>
<style type="text/css">
body {
background: #FFF;
font: 14px 宋体;
margin:0;
padding:0;
}

.rounded {
  background: url(images/left-top.gif)   top left no-repeat;
  width:100%;
  }
.rounded h2 {
  background:url(images/right-top.gif)   top right no-repeat;
  padding:20px 20px 10px;
  margin:0;

  }
.rounded .main {
  background: url(images/right.gif)   top right repeat-y;
  padding:10px 20px;
    margin:-20px 0 0 0;
      }
.rounded .footer {
  background:
     url(images/left-bottom.gif)
  bottom left no-repeat;
```

```
  }
.rounded .footer p {
  color:red;
  text-align:right;
  background:url(images/right-bottom.gif) bottom right no-repeat;
  display:block;
  padding:10px 20px 20px;
  margin:-20px 0 0 0;
  font:0/0;
  }
#header,#pagefooter,#container{
 margin:0 auto;
 width:85%;
 }

#outerWrap{
    float:left;
    width:100%;
    margin-left:-200px;
    }

#innerWrap{
    margin-left:200px;
    }


#left{
    float:left;
    width:40%;
    }


#content{
    float:right;
    width:59.5%;
    }

#content img{
    float:right;
    }


#side{
    float:right;
    width:200px;
    }

#pagefooter{
    clear:both;
</style>
</head>
<body>
 <div id="header">
     <div class="rounded">
```

```
        <h2>页头</h2>
        <div class="main">
        <p>
        床前明月光，疑是地上霜</p>
        </div>
        <div class="footer">
        <p></p>
        </div>
    </div>
</div>
<div id="container">
<div id="outerWrap">
<div id="innerWrap">
<div id="left">
    <div class="rounded">
        <h2>正文</h2>
        <div class="main">
        <p>
            床前明月光，疑是地上霜<br/>
            床前明月光，疑是地上霜</p>

        </div>
        <div class="footer">
        <p>
        查看详细信息&gt;&gt;
        </p>
        </div>
    </div>
</div>
<div id="content">
    <div class="rounded">
        <h2>正文 1</h2>
        <div class="main">
          <p>
            床前明月光，疑是地上霜</p>

        </div>
        <div class="footer">
        <p>
        查看详细信息&gt;&gt;
        </p>
        </div>
    </div>
</div>
</div>
</div>
<div id="side">
    <div class="rounded">
        <h2>正文 2</h2>
        <div class="main">
        <p>
            床前明月光，疑是地上霜<br/>
            床前明月光，疑是地上霜</p>
        </div>
```

```
        <div class="footer">
        <p>
        查看详细信息&gt;&gt;
        </p>
        </div>
    </div>
</div>
</div>

<div id="pagefooter">
    <div class="rounded">
        <h2>页脚</h2>
        <div class="main">
        <p>
        床前明月光，疑是地上霜
        </p>
        </div>
        <div class="footer">
        <p>
        </p>
        </div>
    </div>
</div>
</body>
</html>
```

在 IE 浏览器中的运行结果如图 12-29 所示。

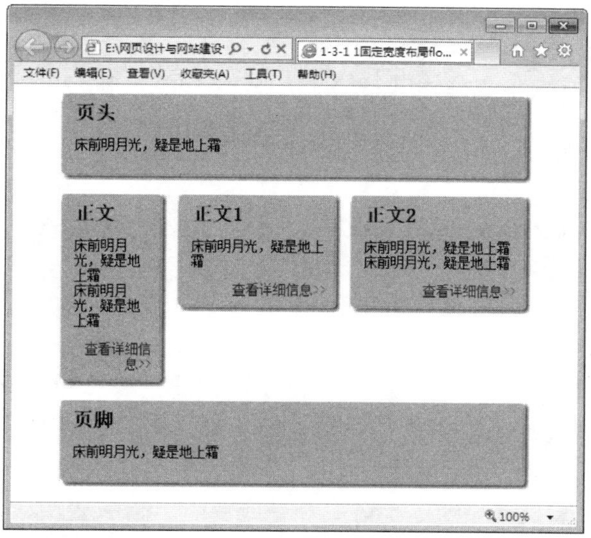

图 12-29　1-3-1 型单侧列宽度固定的变宽布局

12.4.3　案例 11——1-3-1 型中间列宽度固定的变宽布局

这种布局是固定列被放在中间，它的左右各有一列，并按比例适应总宽度。这是一种很少见的布局形式(最常见的是两侧的列宽度固定，中间列宽度变化)，如果已经充分理解了“改进浮动”法制作单列宽度固定的 1-2-1 型布局，那么把“负 margin”的思路继续深化，就可以实现这种不多见的布局。代码如下：

```
<!DOCTYPE html PUBLIC "-//W3C//DTD XHTML 1.0 Transitional//EN"
"http://www.w3.org/TR/xhtml1/DTD/xhtml1-transitional.dtd">
<html xmlns="http://www.w3.org/1999/xhtml">
<head>
<meta http-equiv="Content-Type" content="text/html; charset=utf-8" />
<title>1-3-1 1 中间固定宽度布局 float 实例</title>
<style type="text/css">
body {
background: #FFF;
font: 14px 宋体;
margin:0;
padding:0;
}

.rounded {
 background: url(images/left-top.gif)   top left no-repeat;
 width:100%;
 }
.rounded h2 {
 background: url(images/right-top.gif)   top right no-repeat;
 padding:20px 20px 10px;
 margin:0;

 }
.rounded .main {
 background: url(images/right.gif)   top right repeat-y;
 padding:10px 20px;
 margin:-20px 0 0 0;
     }
.rounded .footer {
 background: url(images/left-bottom.gif)   bottom left no-repeat;
 }
.rounded .footer p {
 color:red;
 text-align:right;
 background:url(images/right-bottom.gif) bottom right no-repeat;
 display:block;
 padding:10px 20px 20px;
 margin:-20px 0 0 0;
 font:0/0;
 }
#header,#pagefooter,#container{
margin:0 auto;
width:85%;
}

#naviWrap{
width:50%;
float:left;
```

```
margin-left:-150px;
}

#left{
margin-left:150px;
    }


#content{
    float:left;
    width:300px;
    }

#content img{
    float:right;
    }

#sideWrap{
    width:49.9%;
    float:right;
    margin-right:-150px;

}

#side{
    margin-right:150px;
    }

#pagefooter{
    clear:both;
    }

</style>
</head>
<body>
 <div id="header">
    <div class="rounded">
        <h2>页头</h2>
        <div class="main">
        <p>
        床前明月光，疑是地上霜</p>
        </div>
        <div class="footer">
        <p></p>
        </div>
    </div>
</div>
<div id="container">
<div id="naviWrap">
<div id="left">
    <div class="rounded">
        <h2>正文</h2>
```

```
        <div class="main">
        <p>
        床前明月光，疑是地上霜</p>

        </div>
        <div class="footer">
        <p>
        查看详细信息&gt;&gt;
        </p>
        </div>
    </div>
</div>
</div>
<div id="content">
    <div class="rounded">
        <h2>正文 1</h2>
        <div class="main">
          <p>
        床前明月光，疑是地上霜</p>

      </div>
        <div class="footer">
        <p>
        查看详细信息&gt;&gt;
        </p>
        </div>
    </div>
</div>
<div id="sideWrap">
<div id="side">
    <div class="rounded">
        <h2>正文 2</h2>
        <div class="main">
        <p>
        床前明月光，疑是地上霜
        </p>
        </div>
        <div class="footer">
        <p>
        查看详细信息&gt;&gt;
        </p>
        </div>
    </div>
</div>
</div>
</div>
<div id="pagefooter">
    <div class="rounded">
        <h2>页脚</h2>
        <div class="main">
        <p>
        床前明月光，疑是地上霜
```

```
            </p>
            </div>
            <div class="footer">
            <p>
            </p>
            </div>
        </div>
</div>
</body>
</html>
```

在上述代码中，页面中间列的宽度是 300 像素，两边列等宽(不等宽的道理是一样的)，即总宽度减去 300 像素后剩余宽度的 50%，制作的关键是如何实现(100%-300px)/2 的宽度。现在需要在 left 和 side 两个 DIV 外面分别套一层 DIV，把它们“包裹”起来，依靠嵌套的两个 DIV，实现相对宽度和绝对宽度的结合。在 IE 浏览器中的运行结果如图 12-30 所示。

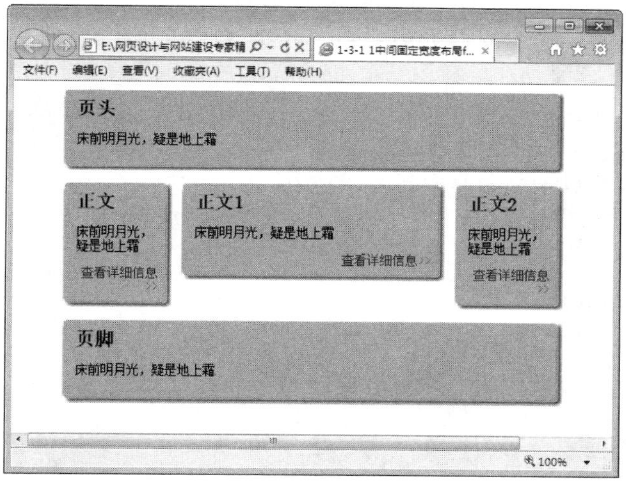

图 12-30　1-3-1 型中间列宽度固定的变宽布局

12.4.4　案例 12——1-3-1 型双侧列宽度固定的变宽布局

3 列中的左右两列宽度固定，中间列宽度自适应变宽布局实际应用很广泛，下面继续通过浮动定位实现这种布局。关键思想是把 3 列的布局看作是嵌套的两列布局，利用 margin 的负值来实现 3 列浮动。

具体的代码如下：

```
<!DOCTYPE html PUBLIC "-//W3C//DTD XHTML 1.0 Transitional//EN"
"http://www.w3.org/TR/xhtml1/DTD/xhtml1-transitional.dtd">
<html xmlns="http://www.w3.org/1999/xhtml">
<head>
<meta http-equiv="Content-Type" content="text/html; charset=utf-8" />
<title>1-3-1 1 两侧固定宽度中间变宽布局 float 实例</title>
<style type="text/css">
body {
```

```
background: #FFF;
font: 14px 宋体;
margin:0;
padding:0;
}

.rounded {
 background: url(images/left-top.gif)   top left no-repeat;
 width:100%;
 }
.rounded h2 {
 background: url(images/right-top.gif)  top right no-repeat;
 padding:20px 20px 10px;
 margin:0;

 }
.rounded .main {
 background: url(images/right.gif)   top right repeat-y;
 padding:10px 20px;
   margin:-20px 0 0 0;
     }
.rounded .footer {
 background: url(images/left-bottom.gif)   bottom left no-repeat;
 }
.rounded .footer p {
 color:red;
 text-align:right;
 background:url(images/right-bottom.gif) bottom right no-repeat;
 display:block;
 padding:10px 20px 20px;
 margin:-20px 0 0 0;
 font:0/0;
 }
#header,#pagefooter,#container{
 margin:0 auto;
 width:85%;
 }
#side{
    width:200px;
    float:right;
    }
#outerWrap{
    width:100%;
    float:left;
    margin-left:-200px;
}
#innerWrap{
    margin-left:200px;
    }

#left{
    width:150px;
```

```
    float:left;
}

#contentWrap{
    width:100%;
    float:right;
    margin-right:-150px;
}
#content{
    margin-right:150px;
    }

#content img{
    float:right;
    }
#pagefooter{
    clear:both;
    }
</style>
</head>
<body>
 <div id="header">
    <div class="rounded">
        <h2>页头</h2>
        <div class="main">
        <p>
        床前明月光，疑是地上霜</p>
        </div>
        <div class="footer">
        <p></p>
        </div>
    </div>
</div>
<div id="container">
<div id="outerWrap">
<div id="innerWrap">
<div id="left">
    <div class="rounded">
        <h2>正文</h2>
        <div class="main">
        <p>床前明月光，疑是地上霜</p>

        </div>
        <div class="footer">
        <p>
        查看详细信息&gt;&gt;
        </p>
        </div>
    </div>
</div>
<div id="contentWrap">
<div id="content">
```

```
    <div class="rounded">
        <h2>正文 1</h2>
        <div class="main">
        <p>
        床前明月光，疑是地上霜</p>

        </div>
        <div class="footer">
        <p>
        查看详细信息&gt;&gt;
        </p>
        </div>
    </div>
</div>
</div><!-- end of contetnwrap-->
</div><!-- end of inwrap-->
</div><!-- end of outwrap-->
<div id="side">
    <div class="rounded">
        <h2>正文 2</h2>
        <div class="main">
        <p>床前明月光，疑是地上霜</p>
        </div>
        <div class="footer">
        <p>
        查看详细信息&gt;&gt;
        </p>
        </div>
    </div>
</div>
</div>
<div id="pagefooter">
    <div class="rounded">
        <h2>页脚</h2>
        <div class="main">
        <p>
        床前明月光，疑是地上霜
        </p>
        </div>
        <div class="footer">
        <p>
        </p>
        </div>
    </div>
</div>
</body>
</html>
```

在上述代码中，先把左边和中间两列看作一组活动列，而右边的一列作为固定列，使用前面的“改进浮动”法就可以实现。然后，再把两列各自当作独立的列，左侧列为固定列，再次使用“改进浮动”法，就可以最终完成整个布局。在 IE 浏览器中的运行结果如图 12-31 所示。

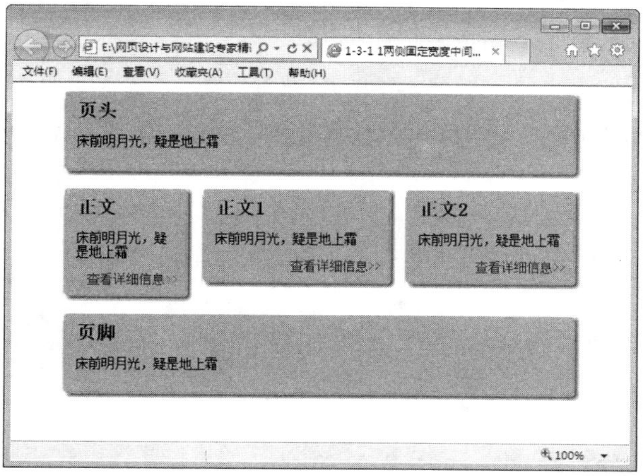

图 12-31　1-3-1 型双侧列宽度固定的变宽布局

12.4.5　案例 13——1-3-1 型中列和侧列宽度固定的变宽布局

这种布局的中间列和它一侧的列是固定宽度，另一侧列宽度自动调整。很显然这种布局就很简单，同样可使用改进浮动法来实现。由于两个固定宽度列是相邻的，因此就不必使用两次改进浮动法了，只需要一次就可以做到。具体代码如下：

```
<!DOCTYPE html PUBLIC "-//W3C//DTD XHTML 1.0 Transitional//EN"
"http://www.w3.org/TR/xhtml1/DTD/xhtml1-transitional.dtd">
<html xmlns="http://www.w3.org/1999/xhtml">
<head>
<meta http-equiv="Content-Type" content="text/html; charset=utf-8" />
<title>1-3-1 中列和左侧列宽度固定的变宽布局 float 实例</title>
<style type="text/css">
body {
background: #FFF;
font: 14px 宋体;
margin:0;
padding:0;
}

.rounded {
 background: url(images/left-top.gif)  top left no-repeat;
 width:100%;
 }
.rounded h2 {
 background: url(images/right-top.gif)  top right no-repeat;
 padding:20px 20px 10px;
 margin:0;

 }
.rounded .main {
```

```
 background:
   url(images/right.gif)
 top right repeat-y;
 padding:10px 20px;
   margin:-20px 0 0 0;
     }
.rounded .footer {
 background: url(images/left-bottom.gif)  bottom left no-repeat;
 }
.rounded .footer p {
 color:red;
 text-align:right;
 background:url(images/right-bottom.gif) bottom right no-repeat;
 display:block;
 padding:10px 20px 20px;
 margin:-20px 0 0 0;
 font:0/0;
 }
#header,#pagefooter,#container{
margin:0 auto;
width:85%;
}

#left{
    float:left;
    width:150px;
    }


#content{
    float:left;
    width:250px;
    }

#content img{
    float:right;
    }

#sideWrap{
    float:right;
    width:100%;
    margin-right:-400px;
    }

#side{
margin-right:400px;
    }

#pagefooter{
    clear:both;
}
</style>
</head>
<body>
```

```
<div id="header">
    <div class="rounded">
        <h2>页头</h2>
        <div class="main">
        <p>
        床前明月光，疑是地上霜</p>
        </div>
        <div class="footer">
        <p></p>
        </div>
    </div>
</div>
<div id="container">
<div id="left">
    <div class="rounded">
        <h2>正文</h2>
        <div class="main">
        <p>
        床前明月光，疑是地上霜</p>

        </div>
        <div class="footer">
        <p>
        查看详细信息&gt;&gt;
        </p>
        </div>
    </div>
</div>
<div id="content">
    <div class="rounded">
        <h2>正文 1</h2>
        <div class="main">
                <p>
        床前明月光，疑是地上霜</p>

        </div>
        <div class="footer">
        <p>
        查看详细信息&gt;&gt;
        </p>
        </div>
    </div>
</div>
<div id="sideWrap">
<div id="side">
    <div class="rounded">
        <h2>正文 2</h2>
        <div class="main">
        <p>
        床前明月光，疑是地上霜</p>
        </div>
        <div class="footer">
        <p>
        查看详细信息&gt;&gt;
```

```
            </p>
            </div>
        </div>
</div>
</div>
</div>
<div id="pagefooter">
        <div class="rounded">
            <h2>页脚</h2>
            <div class="main">
            <p>
            床前明月光，疑是地上霜
            </p>
            </div>
            <div class="footer">
            <p>
            </p>
            </div>
        </div>
</div>
</body>
</html>
```

在上述代码中将左侧的 left 和 content 列的宽度分别固定为 150 像素和 250 像素，右侧的 side 列的宽度就等于 100%-150px-250px。因此根据改进浮动法，在 side 列的外面再套一个 sideWrap 列，使 sideWrap 的宽度为 100%，并通过设置负的 margin，使它向右平移 400 像素。然后再对 side 列设置正的 margin，限制右边界，这样就可以实现希望的效果了。

在 IE 浏览器中的运行结果如图 12-32 所示。

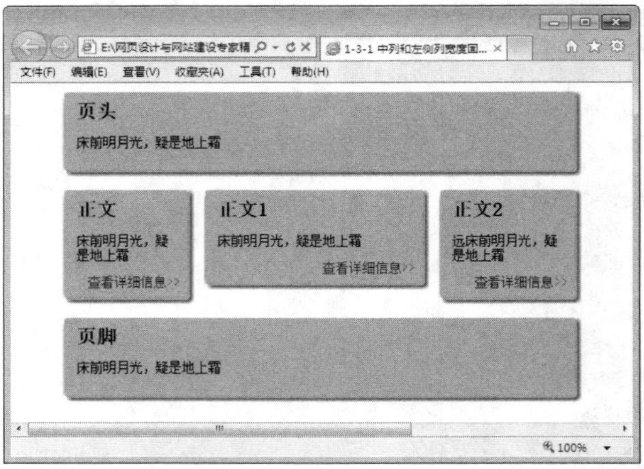

图 12-32　1-3-1 型中列与侧列宽度固定的变宽布局

12.5　实战演练——使用 CSS 设定网页布局列的背景色

在实际的页面布局当中，对各列的背景色都有要求，比如希望每一列都有自己的颜色。下面将以实例介绍如何使用 CSS 设定网页布局列的背景色。

这里以固定宽度 1-3-1 型布局为框架，直接修改其 CSS 样式表，具体代码如下：

```
body{
font:14px 宋体;
margin:0;
}
#header,#pagefooter {
background:#CF0;
width:760px;
margin:0 auto;
}
h2{
margin:0;
padding:20px;
}
p{
padding:20px;
text-indent:2em;
margin:0;
}
#container {
position: relative;
width:760px;
margin:0 auto;
background:url(images/16-7.gif);
}
#left {
width: 200px;
position: absolute;
left: 0px;
top: 0px;
}
#content {
right: 0px;
top: 0px;
margin-right: 200px;
margin-left: 200px;
}
#side {
width: 200px;
position: absolute;
right: 0px;
top: 0px;
}
```

在上述代码中，left、content、side 没有使用背景色，是因为各列的背景色只能覆盖到其内容的下端，而不能使每一列的背景色都一直扩展到最下端，因为每个 DIV 只负责自己的高度，根本不管它旁边的列有多高，要使并列的各列的高度相同是很困难的。

通过给 container 设定一个宽度为 760px 的背景，这个背景图按样式中的 left、content、side 宽度进行颜色制作，变相实现给三列加背景的功能。运行结果如图 12-33 所示。

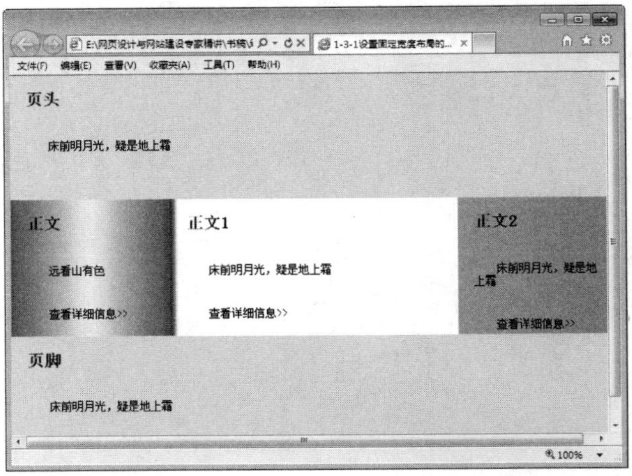

图 12-33　设定网页布局列的背景色

12.6　跟我练练手

12.6.1　练习目标

能够熟练掌握本章节所讲内容。

12.6.2　上机练习

练习 1：使用 CSS 排版。
练习 2：固定宽度网页剖析与布局。
练习 3：自动缩放网页 1-2-1 型布局模式。
练习 4：自动缩放网页 1-3-1 型布局模式。

12.7　高 手 甜 点

甜点 1：IE 浏览器和 Firefox 浏览器，显示 float 浮动布局时会出现不同的效果，为什么？

两个相连的 IDV 块，如果一个设置为左浮动，一个设置为右浮动，这时在 Firefox 浏览器中就会出现设置失效的问题。其原因是 IE 浏览器会根据设置来判断 float 浮动，而在 Firefox 浏览器中，如果上一个 float 没有被清除的话，下一个 float 会自动沿用上一个 float 的设置，而不使用自己的 float 设置。

这个问题的解决办法就是，在每一个 DIV 块设置 float 后，在最后加入一句清除浮动的代码 clear:both。这样就清除了前一个浮动的设置，下一个 float 就不会再使用上一个浮动设置，从而使用自己所设置的浮动了。

甜点 2：DIV 层的高度是设置了好，还是不设置好？

在 IE 浏览器中，如果设置了 DIV 层的高度值，那么一旦内容很多就会超出所设置的高度，这时浏览器就会自己撑开高度，以达到显示全部内容的效果，不受所设置的高度值限制。浏览器在 Firefox 浏览器中，如果固定了 DIV 层高度值，那么容器的高度就会被固定住，就算内容过多，浏览器也不会撑开，也会显示全部内容，但是如果容器下面还有内容的话，那么这一块就会与下一块内容重合。

解决这个问题的办法是，不要设置 DIV 层的高度值，让浏览器根据内容多少自动进行判断，这样也就不会出现内容重合的问题。

第 13 章 让别人浏览我的成果——网站的发布

将本地站点中的网站建设好后，需要将站点上传到远端服务器上，供 Internet 上的用户浏览。本章就来介绍一下如何发布网站。

本章要点(已掌握的，在方框中打勾)

- ☐ 熟悉上传网站前的准备工作。
- ☐ 掌握测试网站的方法。
- ☐ 掌握上传网站的方法。

13.1 上传网站前的准备工作

在将网站上传到网络服务器之前，首先要在网络服务器上注册域名和申请网络空间，同时，还要对本地计算机进行相应的配置，以完成网站的上传。

13.1.1 注册域名

域名可以说是企业的“网上商标”，所以在域名的选择上要与注册商标相符合，以便于记忆。

在申请域名时，应该选择短且容易记忆的域名，另外最好还要和客户的商业有直接的关系，尽可能地使用客户的商标或企业名称。

13.1.2 申请空间

域名注册成功后，需要为自己的网站在网上安个“家”，即申请网站空间。网站空间是指用于存放网页的，置于服务器中的可通过国际互联网访问的硬盘空间(即用于存放网站的服务器中的硬盘空间)。

在注册了域名之后，还需要进行域名解析。

域名是为了方便记忆而专门建立的一套地址转换系统。要访问一台互联网上的服务器，最终还必须通过 IP 地址来实现，域名解析就是将域名重新转换为 IP 地址的过程。

一个域名只能对应一个 IP 地址，而多个域名则可同时被解析到一个 IP 地址。域名解析需要由专门的域名解析服务器(DNS)来完成。

13.2 测 试 网 站

网站上传到服务器后，需要做的工作就是在线测试网站，这是一项十分重要又非常烦琐的工作。在线测试工作包括测试网页外观、测试链接、测试网页程序、检测数据库，以及测试下载时间是否过长等。

13.2.1 案例 1——测试站点范围的链接

测试网站超链接，也是上传网站之前必不可少的工作之一。对网站的超链接逐一进行测试，不仅能够确保访问者打开链接目标，还可以使超链接目标与超链接源保持高度的统一。

在 Dreamweaver CS6 中进行站点各页面超链接测试的步骤如下。

step 01 打开网站的首页，在窗口中选择【站点】→【检查站点范围的链接】菜单命令，如图 13-1 所示。

step 02 在 Dreamweaver CS6 设计器的下端弹出【链接检查器】面板，并给出本页页面的检测结果，如图 13-2 所示。

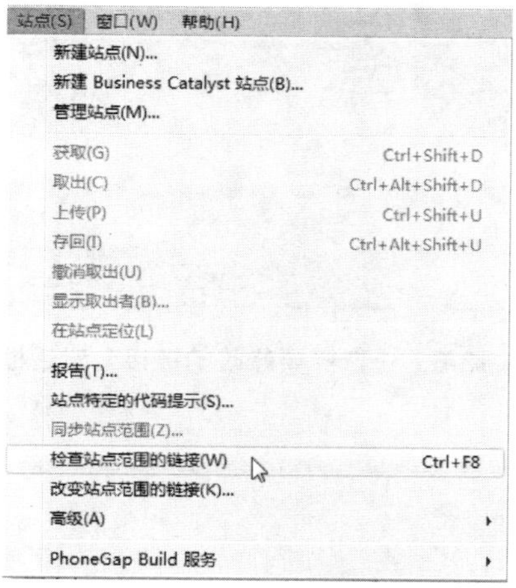

图 13-1 选择【检查站点范围的链接】菜单命令

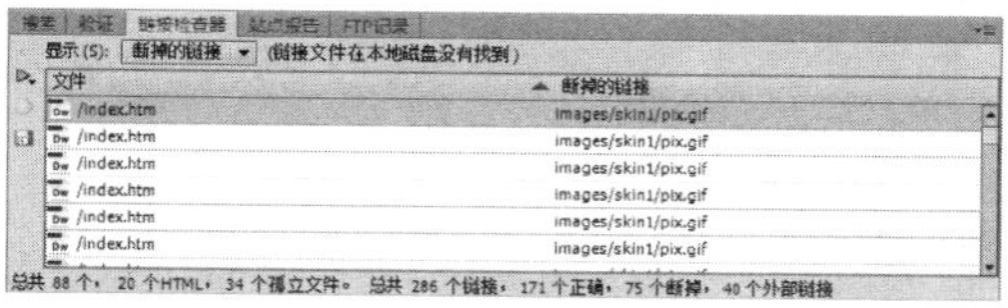

图 13-2 【链接检查器】面板

step 03 如果需要检测整个站点的超链接时，单击左侧的按钮，在弹出的下拉菜单中选择【检查整个当前本地站点的链接】命令，如图 13-3 所示。

step 04 在【链接检查器】底部弹出整个站点的检测结果，如图 13-4 所示。

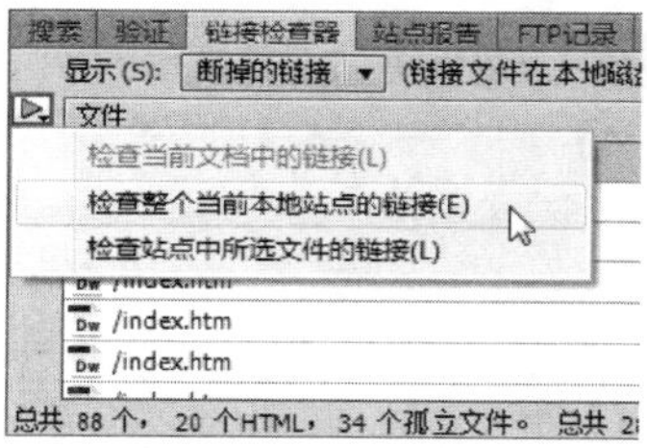

图 13-3 检查整个当前网站

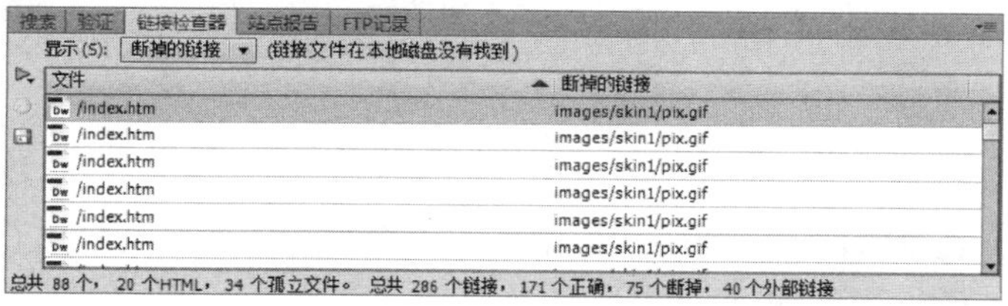

图 13-4 站点测试结果

13.2.2 案例 2——改变站点范围的链接

更改站点内某个文件的所有链接的具体步骤如下。

step 01 在窗口中选择【站点】→【改变站点范围的链接】菜单命令，打开【更改整个站点链接】对话框，如图 13-5 所示。

step 02 在【更改所有的链接】文本框中输入要更改链接的文件，或者单击右边的【浏览文件】按钮，在打开的【选择要修改的链接】对话框中选中要更改链接的文件，然后单击【确定】按钮，如图 13-6 所示。

step 03 在【变成新链接】文本框中输入新的链接文件，或者单击右边的【浏览文件】按钮，在打开的【选择新链接】对话框中选中新的链接文件，如图 13-7 所示。

step 04 单击【确定】按钮，即可改变站点内某个文件的链接情况，如图 13-8 所示。

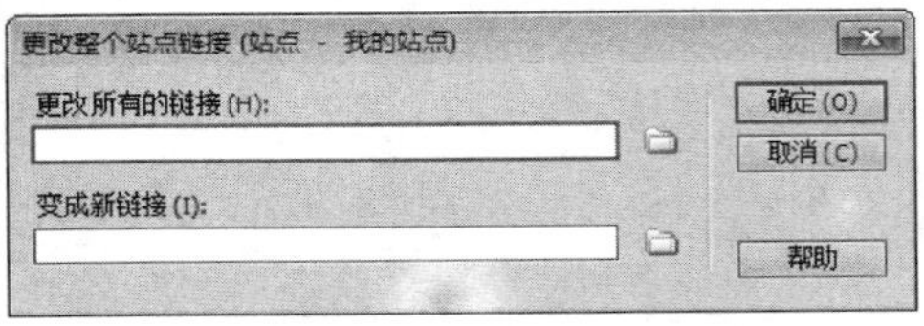

图 13-5 【更改整个站点链接】对话框

图 13-6 【选择要修改的链接】对话框

图 13-7 【选择新链接】对话框

图 13-8 更改整个站点链接

13.2.3 案例 3——查找和替换

在 Dreamweaver CS6 中，对整个站点中所有文档进行源代码、标签等内容查找和替换的具体操作步骤如下。

step 01 选择【编辑】→【查找和替换】菜单命令，如图 13-9 所示。

step 02 打开【查找和替换】对话框，在【查找范围】下拉列表框中，可以选择【当前文档】、【所选文字】、【打开的文档】和【整个当前本地站点】等选项；在【搜索】下拉列表框中，可以选择对【文本】、【源代码】和【指定标签】等内容进行搜索，如图 13-10 所示。

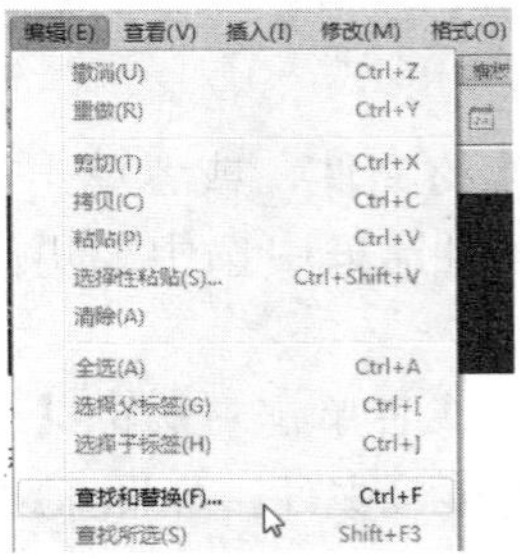

图 13-9 选择【查找与替换】命令

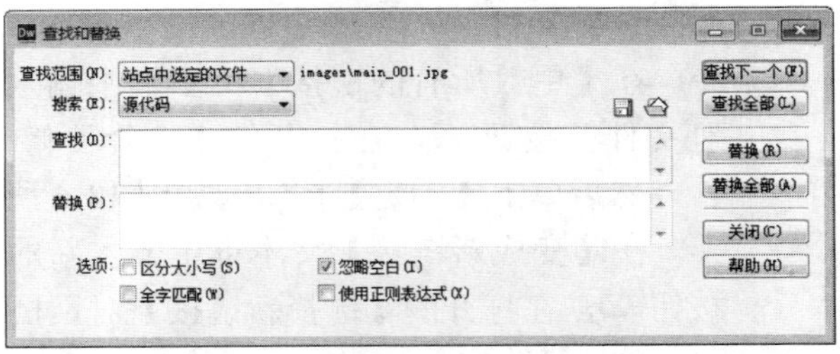

图 13-10 【查找和替换】对话框

step 03 在【查找】列表框中输入要查找的具体内容；在【替换】列表框中输入要替换的内容；在【选项】选项组中，可以设置【区分大小写】、【全字匹配】等选项。单击【查找下一个】或者【替换】按钮，就可以完成对页面内的指定内容的查找和替换操作。

13.2.4 案例 4——清理文档

测试完超链接之后，还需要对网站中每个页面的文档进行清理。在 Dreamweaver CS6 中，可以清理一些不必要的 HTML，以此增加网页打开的速度。清理文档的具体操作步骤如下。

1. 清理不必要的 HTML

step 01 选择【命令】→【清理 XHTML】菜单命令，弹出【清理 HTML/XHTML】对话框。

step 02 在【清理 HTML/XHTML】对话框中，可以设置对【空标签区块】、【多余的嵌套标签】和【Dreamweaver 特殊标记】等内容的清理，具体设置如图 13-11 所示。

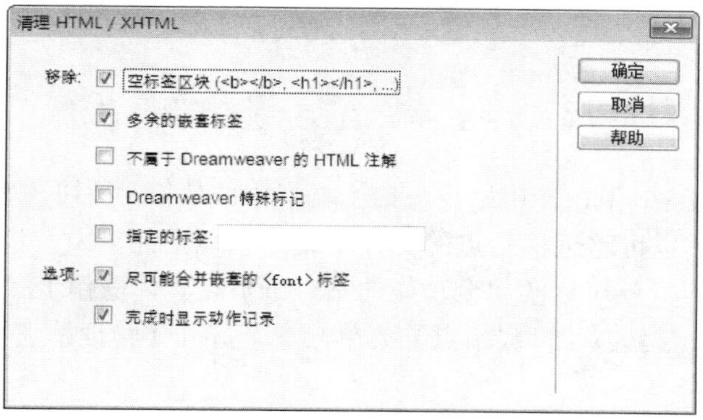

图 13-11 清理不必要的 HTML

step 03 设置完成后单击【确定】按钮，即可完成对页面指定内容的清理。

2. 清理 Word 生成的 HTML

step 01 选择【命令】→【清理 Word 生成的 HTML】菜单命令，打开【清理 Word 生成的 HTML】对话框，如图 13-12 所示。

step 02 在【基本】选项卡中，可以设置要清理的来自 Word 文档的特定标记、背景颜色等选项；在【详细】选项卡中，可以进一步地设置要清理的 Word 文档中的特定标记以及 CSS 样式表的内容，如图 13-13 所示。

step 03 设置完成后单击【确定】按钮，即可完成对由 Word 生成的 HTML 的内容的清理。

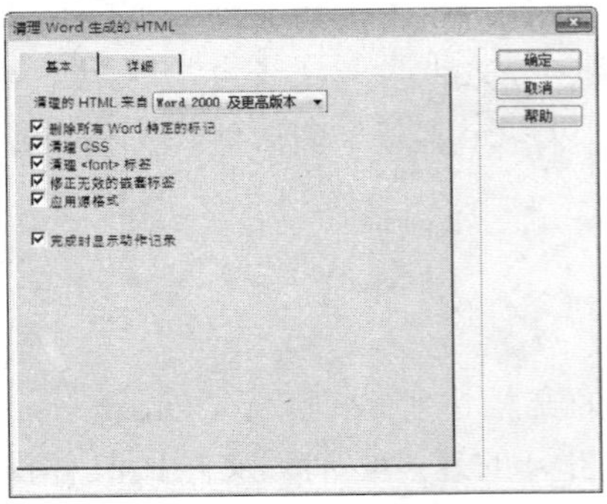

图 13-12 【基本】选项卡

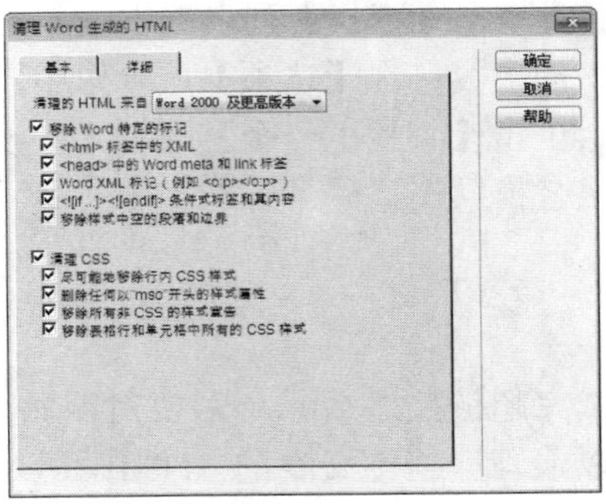

图 13-13 【详细】选项卡

13.3 上 传 网 站

网站测试好以后，接下来最重要的工作就是上传网站。只有将网站上传到远程服务器上，才能让浏览者浏览。设计者既可利用 Dreamweaver 软件自带的上传功能，也可利用专门的 FTP 软件上传网站。

13.3.1 案例 5——使用 Dreamweaver 上传网站

在 Dreamweaver CS6 中，使用站点窗口工具栏中的和按钮，既可将本地文件夹中的文件上传到远程站点，也可将远程站点的文件下载到本地文件夹中。将文件的上传/下载操作和存回/取出操作相结合，就可以实现全功能的站点维护。具体操作步骤如下。

step 01 选择【站点】→【管理站点】菜单命令，打开【管理站点】对话框，如图 13-14 所示。

step 02 在【管理站点】对话框中单击【编辑】按钮，打开【站点设置对象】对话框，选择【服务器】选项，如图 13-15 所示。

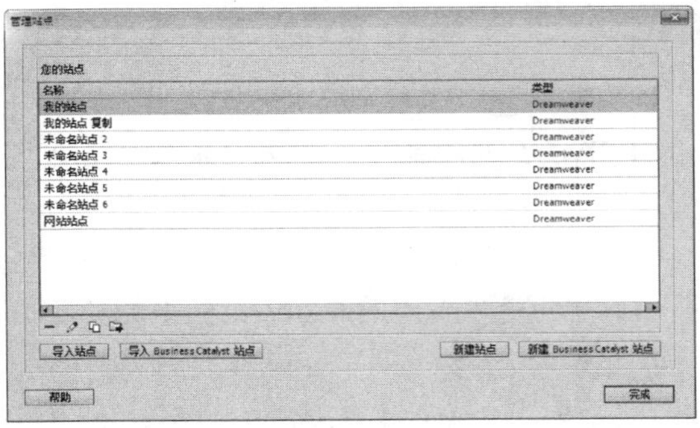

图 13-14 【管理站点】对话框

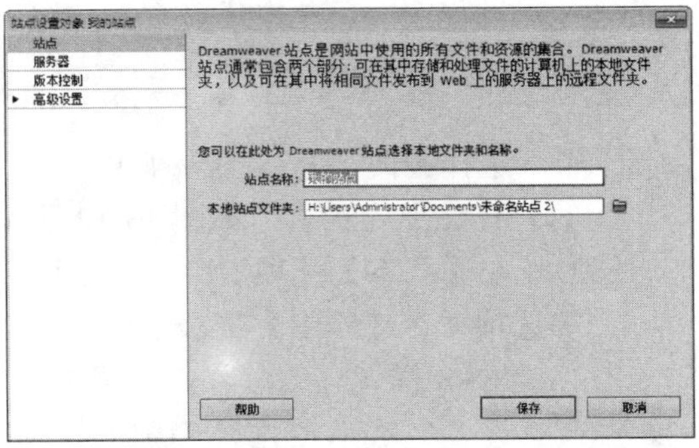

图 13-15 【站点设置对象】对话框

step 03 单击右侧面板中的按钮，如图 13-16 所示。

step 04 在【服务器】文本框中输入服务器的名称，在【连接方法】下拉列表框中选择

FTP 选项，在【FTP 地址】文本框中输入服务器的地址，在【用户名】和【密码】文本框中输入相关信息，单击【测试】按钮，可以测试网络是否连接成功，单击【保存】按钮，完成设置，如图 13-17 所示。

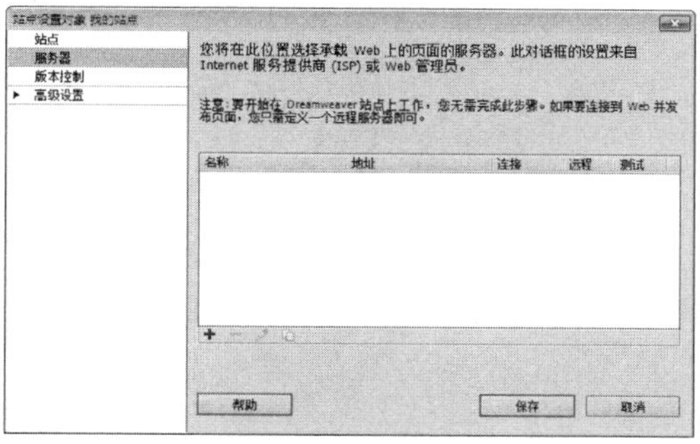

图 13-16　【服务器】选项卡

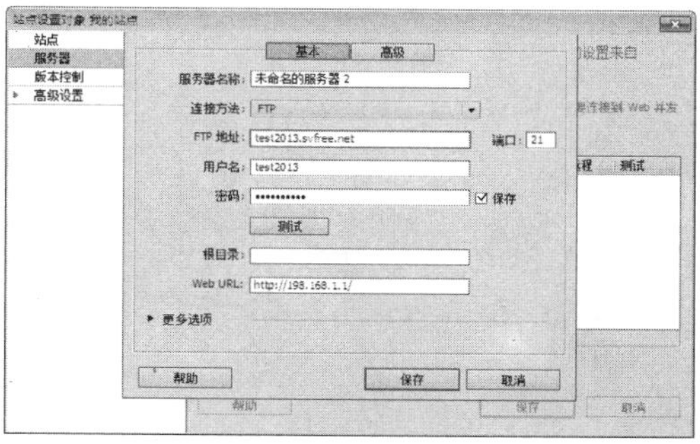

图 13-17　输入服务器信息

step 05 返回【站点设置对象】对话框，如图 13-18 所示。

step 06 单击【保存】按钮，完成设置。返回到【管理站点】对话框，如图 13-19 所示。

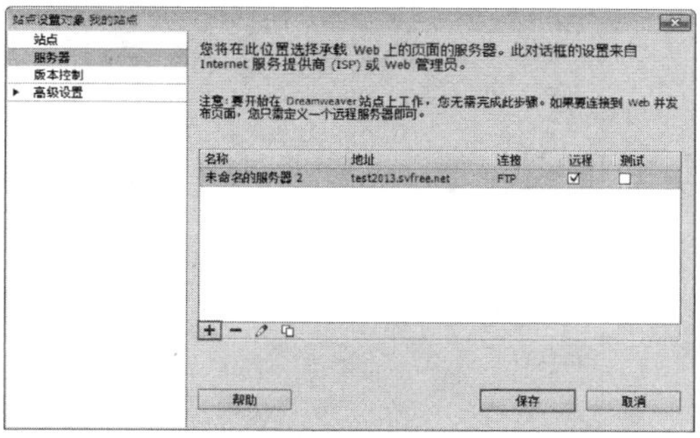

图 13-18　【站点设置对象】对话框

图 13-19　【管理站点】对话框

step 07 单击【完成】按钮，返回站点文件窗口。在【文件】面板中，单击工具栏上的按钮，如图 13-20 所示。

step 08 打开上传文件窗口，在该窗口中单击按钮，如图 13-21 所示。

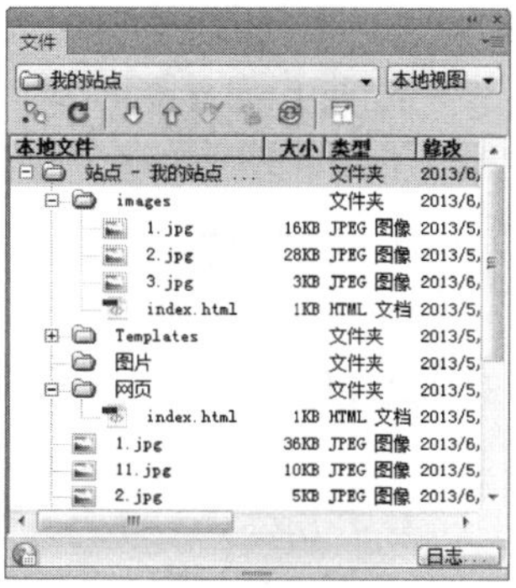

图 13-20　【文件】面板

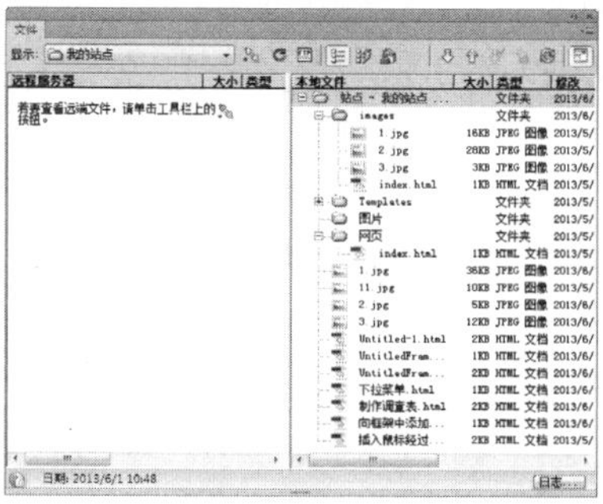

图 13-21　上传文件窗口

step 09 开始连接到我的站点之上。单击工具栏中的按钮，弹出一个信息提示框，如图 13-22 所示。

step 10 单击【确定】按钮，系统开始上传网站内容，如图 13-23 所示。

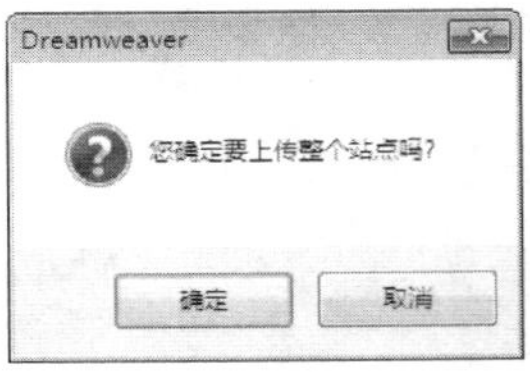

图 13-22　信息提示框

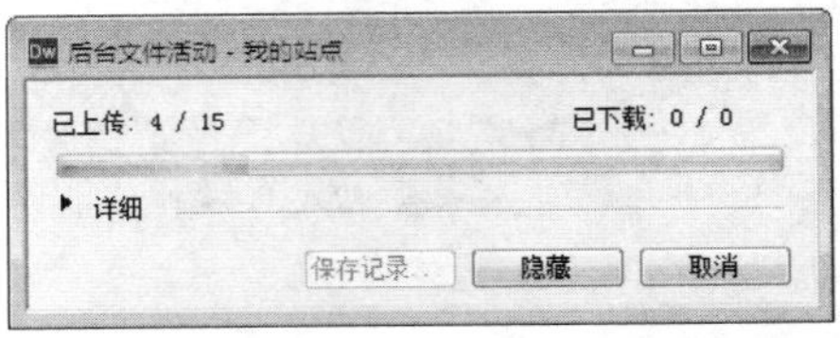

图 13-23　开始上传文件

13.3.2　案例 6——使用 FTP 工具上传网站

利用专门的 FTP 软件上传网页，具体操作步骤如下(本小节以 Cute FTP 8.0 进行讲解)。

step 01 打开 FTP 软件，选择【新建】→【FTP 站点】菜单命令，如图 13-24 所示。

step 02 弹出【站点属性：未标题(1)】对话框，如图 13-25 所示。

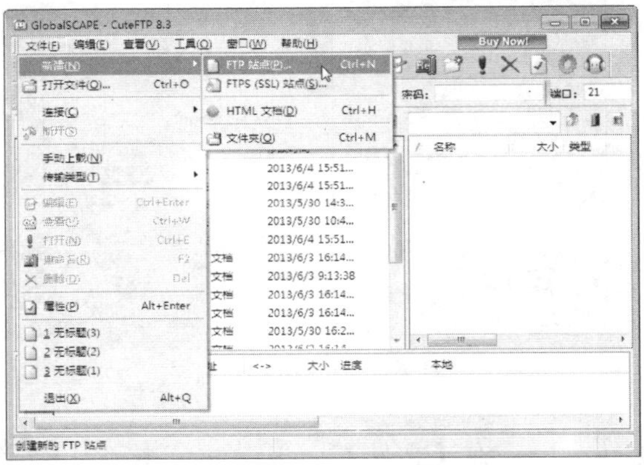

图 13-24　FTP 软件操作界面

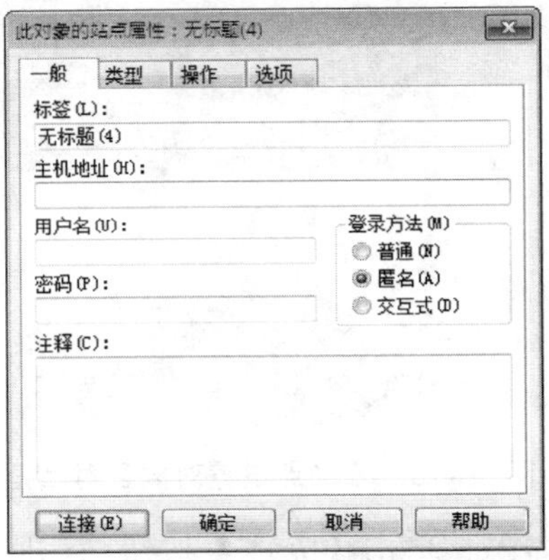

图 13-25　【站点属性：未标题(1)】对话框

step 03 在【站点属性：未标题(1)】对话框中根据提示输入相关信息，单击【链接】按钮，连接到相应的地址，如图 13-26 所示。

step 04 返回主界面后，切换至【本地驱动器】选项卡，选择要上传的文件，如图 13-27 所示。

step 05 在左侧窗口中选中需要上传的文件并右击，在弹出的快捷菜单中选择【上载】命令，如图 13-28 所示。

step 06 这时，在窗口的下方窗口中将显示文件上传的进度以及上传的状态，如图 13-29 所示。

step 07 上传完成后，用户即可在外部进行查看，如图 13-30 所示。

图 13-26　输入信息

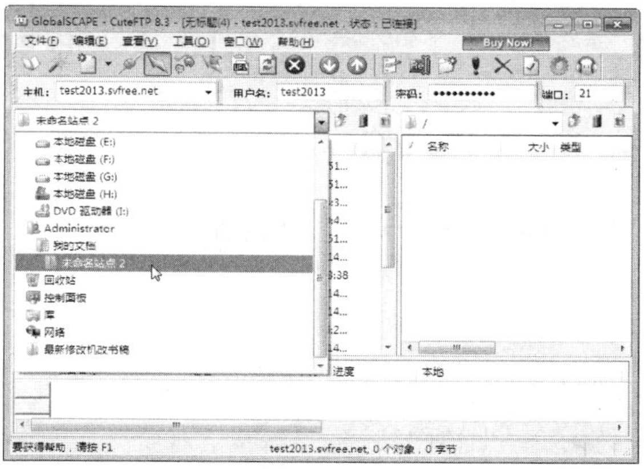

图 13-27　选择要上传的文件

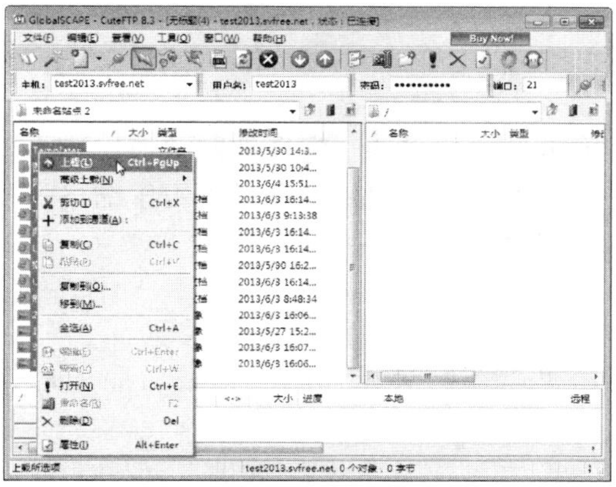

图 13-28　开始上传文件

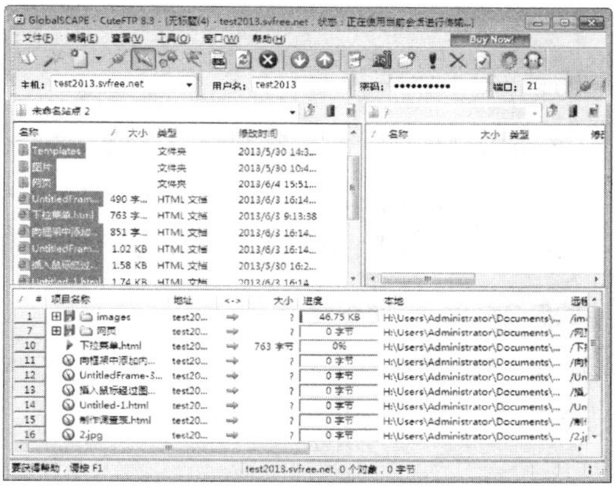

图 13-29　文件上传的进度

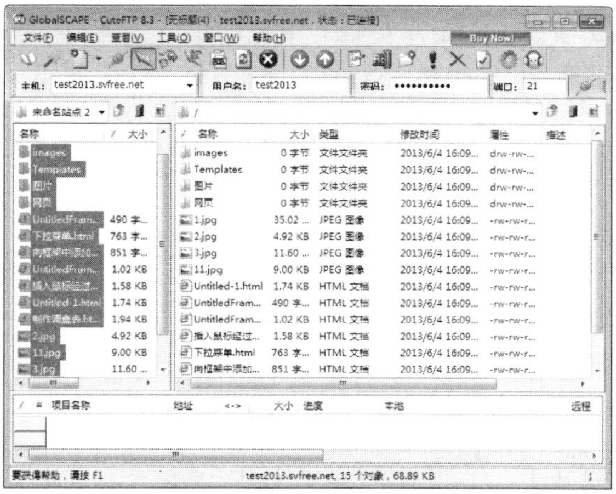

图 13-30　查看文件上传结果

13.4 跟我练练手

13.4.1 练习目标

能够熟练掌握本章节所讲内容。

13.4.2 上机练习

练习 1：测试网站。

练习 2：上传网站。

13.5 高 手 甜 点

甜点 1：正确上传文件。

上传网站的文件需要遵循两个原则：首先要确定上传的文件一定会被网站使用，不要上传无关紧要的文件，并尽量缩小上传文件的体积；其次上传的图片要尽量采用压缩格式，这不仅可以节省服务器的资源，而且可以提高网站的访问速度。

甜点 2：设置网页自动关闭。

如果希望网页在指定的时间内能自动关闭，可以在网页源代码的标签后面加入如下代码：

```
<script LANGUAGE="JavaScript">
setTimeout("self.close()",5000)
</script>
```

代码中的 5000 表示 5 秒钟，它是以毫秒为单位的。

第 3 篇

动态网站开发篇

第 14 章 制作动态网页基础——构建动态网站的运行环境

动态网站是目前流行的网站类型，它实现了人机交互功能。不过，在制作动态网站之前，必须先构建动态网站的运行环境。本章就来介绍一下如何构建动态网站所需的运行环境。

本章要点(已掌握的，在方框中打勾)

- ☐ 熟悉动态网站运行的环境。
- ☐ 掌握架设 IIS+PHP 动态网站运行环境的方法。
- ☐ 掌握架设 Apache+PHP 动态网站运行环境的方法。
- ☐ 掌握 MySQL 数据库的安装方法。

14.1 准备互动网页的执行环境

在创建动态网站之前，用户需要准备互动网页的执行环境。

14.1.1 什么是 PHP

PHP (Personal Home Page，目前已经正名为：Hypertext Preprocessor)，与 ASP 相同，是一种属于内嵌于 HTML 文件案中的程序代码语言。PHP 程序可以根据不同的状态输出不同的网页内容，是一种快速流行且功能强大的网页程序语言。使用 PHP 程序来开发网站的优势如下。

(1) PHP 可以在 Linux 与 Windows 环境下执行，搭配着这两个操作系统中的服务器软件，比如 Apache 或 PWS、IIS，能让您所开发出来的程序轻易地跨越两个平台来执行，不须改写。

(2) PHP 所使用的执行环境，无论在软硬件的投资成本都相当的低廉，且所开发的程序功能都相当强大完整，可以很明显提升企业的竞争力！

(3) PHP 所使用的语法简单易懂，若用户已经有其他程序语言的基础，则可以很轻松地跨入 PHP 程序设计的领域。

14.1.2 执行 PHP 的程序

PHP 程序必须在支持 PHP 的网站服务器才能操作，用户不能直接选择网页来执行浏览。所以在执行 PHP 程序之前，必须拥有一个服务器空间。

下面介绍两种不同的网站服务器：Apache 与 IIS 的安装与设置，并且搭配 PHP 安装程序的加入，让两种网站服务器都有执行 PHP 程序的能力。

另外，在 Dreamweaver CS6 中，PHP 的程序必须搭配 MySQL 的数据库来制作互动网页。笔者建议用户在安装完网站服务器后再安装 MySQL 数据库，因为无论用户采取何种服务器环境都不会影响 MySQL 数据库的执行。

14.2 架设 IIS +PHP 的执行环境

本节主要讲述 IIS+PHP 的执行环境配置方法。

14.2.1 案例 1——IIS 网站服务器的安装与设置

1. IIS 网站服务器的启动

在 Windows 7 中，Microsoft Internet 信息服务(IIS)是默认安装好的，用户只需要启动该服务即可。具体操作步骤如下。

step 01 单击【开始】按钮，在弹出的列表中选择【控制面板】选项，如图 14-1 所示。

step 02 打开【控制面板】窗口，选择【程序】选项，如图 14-2 所示。

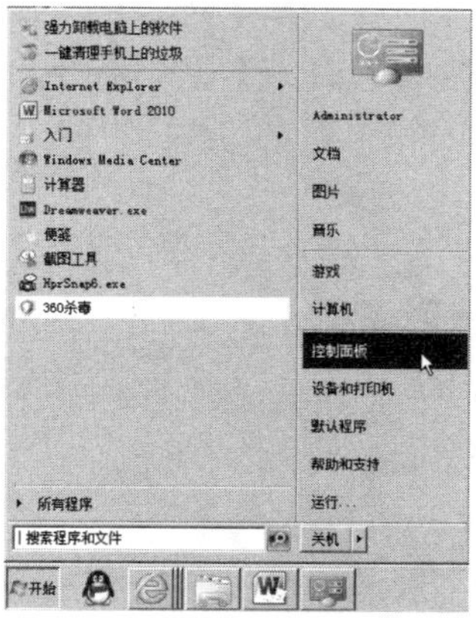

图 14-1 选择【控制面板】选项

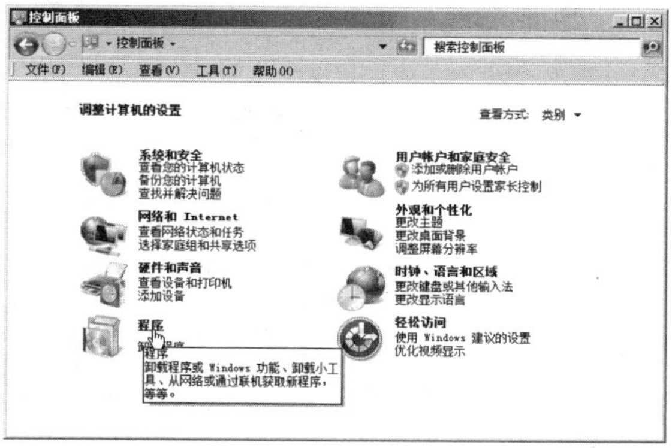

图 14-2 选择【程序】选项

step 03 打开【控制面板\程序】窗口，选择【打开或关闭 Windows 功能】选项，如图 14-3 所示。

step 04 打开【Windows 功能】对话框，展开【Internet 信息服务】选项，选择【Web 管理工具】和【万维网服务】复选框，然后单击【确定】按钮即可启动 IIS 网络服务器，如图 14-4 所示。

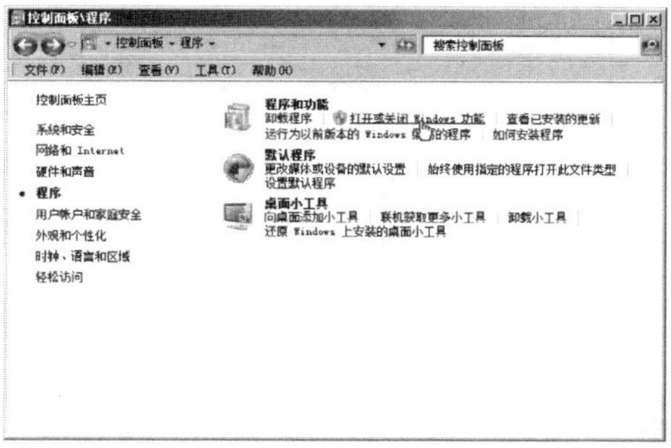

图 14-3 【控制面板\程序】窗口

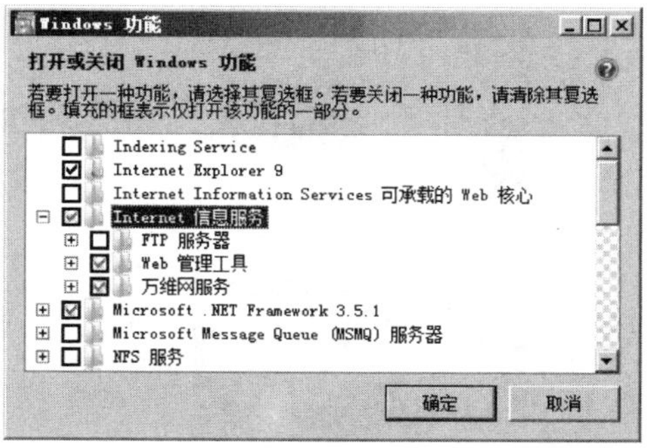

图 14-4 【Windows 功能】对话框

step 05 测试 IIS 网站服务器是否安装成功。打开 IE 浏览器，在网址栏输入："http://localhost/"，运行后效果如图 14-5 所示，说明 IIS 已成功安装。

2. 设置 IIS 网站服务器

如果用户是按照前述的方式来启动 IIS 网站服务器，那么整个网站服务器的根目录就位于<系统盘符:\Inetpub\wwwroot>中，也就是说，如果要添加网页到网站中显示，都必须将网页放置在这个目录之下。

上述系统默认的存放路径比较长，使用起来相当不便，下面介绍更改网站虚拟目录的方法，这里将网站的虚拟目录放置在<C:\dwphp>文件夹中，具体的操作步骤如下。

step 01 右击桌面【计算机】图标，在弹出的快捷菜单中选择【管理】菜单命令，如图 14-6 所示。

step 02 打开【计算机管理】窗口，选择【Internet 信息服务】→【网站】→ Default Web Site 选项，右击并在弹出的快捷菜单中选择【添加虚拟目录】菜单命令，如图 14-7 所示。

图 14-5 IIS 安装成功

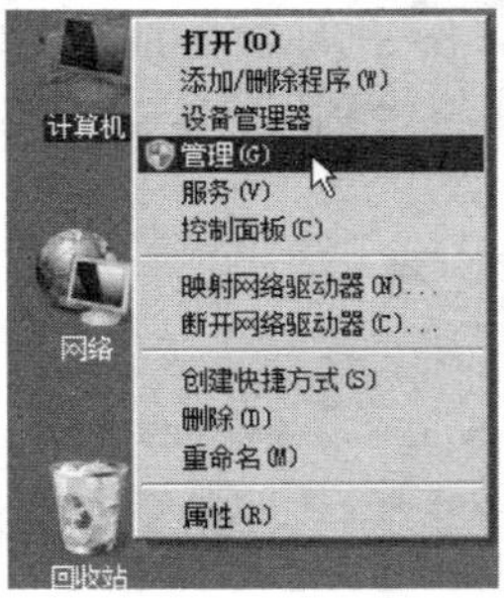

图 14-6 选择【管理】菜单命令

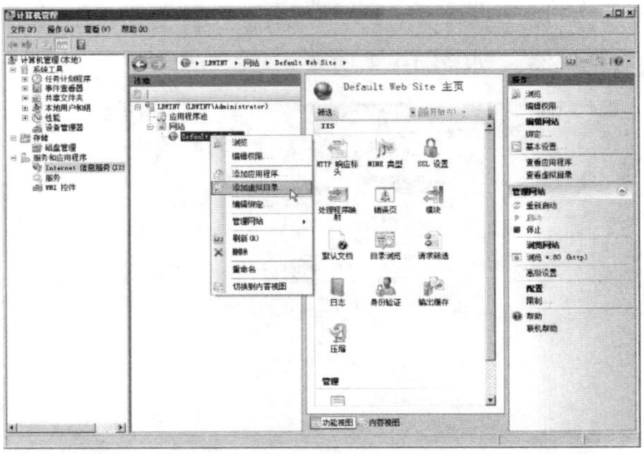

图 14-7 添加虚拟目录

step 03 打开【添加虚拟目录】对话框，在别名中输入虚拟网站的名称，这里输入“dwphp”，然后选择物理路径为 C:\dwphp，如图 14-8 所示。

step 04 单击【确定】按钮，即完成了 IIS 网站服务器设置的更改。IIS 网站服务器的网站虚拟目录已被更改为<C:\dwphp>。

3. 测试题后的 IIS

这里需要制作一个简单的网页，测试一下放置在刚才所更改的虚拟目录里的网页是否能够被浏览器预览。

具体的操作步骤如下。

step 01 选择【开始】→【所有程序】→【附件】→【记事本】选项，打开【记事本】窗口，在其中输入相关代码，如图 14-9 所示。

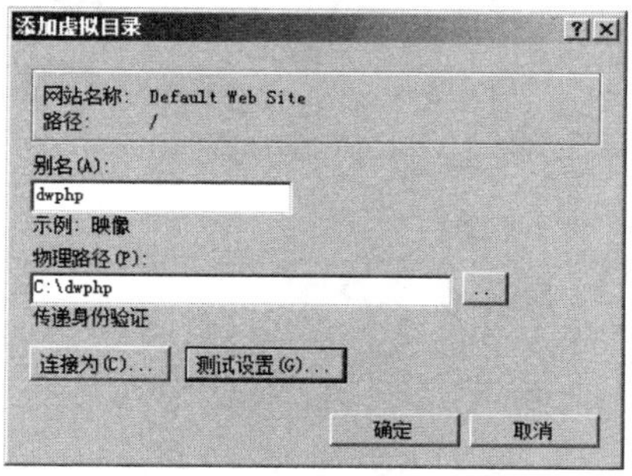

图 14-8 【添加虚拟目录】对话框

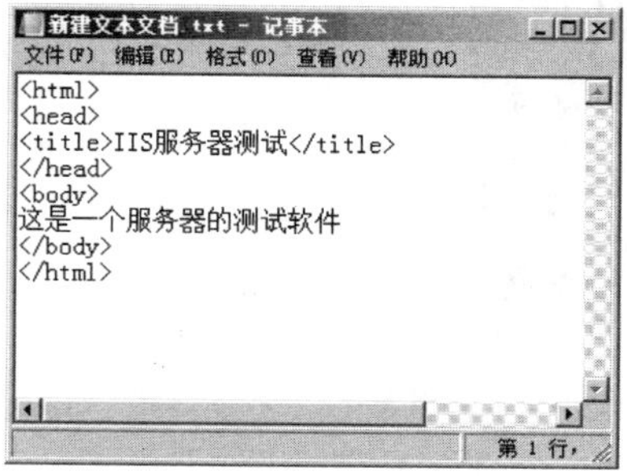

图 14-9 【记事本】窗口

step 02 选择【文件】→【保存】菜单命令，从而保存这个网页。将这个文件命名为 index.html，而保存的位置就是<C:\dwphp>，如图 14-10 所示。

step 03 打开浏览器，输入本机网址及添加的网页名称：“http://localhost/dwphp/index.html”，运行效果如图 14-11 所示。

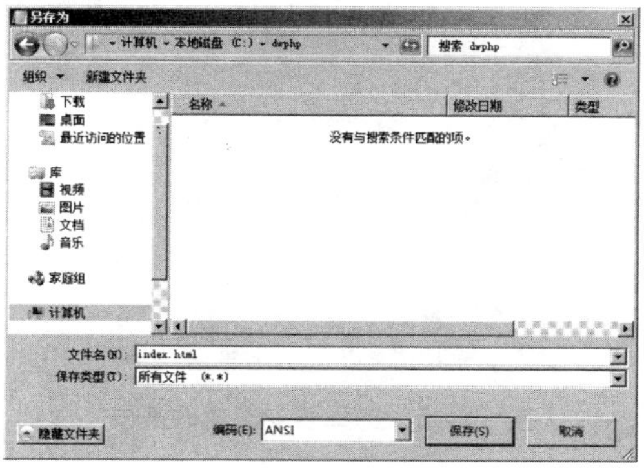

图 14-10 【另存为】对话框

图 14-11 网页测试效果

14.2.2 案例 2——在 IIS 网站服务器上安装 PHP

IIS 网站服务器的安装与设置都完成后，就可以安装 PHP 软件了。用户可以通过网址 http://www.php.net/downloads.php 获取 PHP 软件。下面以下载的 php-5.3.17-Win32-VC9-x86.msi 为例进行讲解安装的方法。

1. PHP 的安装

在 IIS 网站服务器上安装 PHP 的具体操作步骤如下。

step 01 双击安装程序，进入安装界面，单击 Next 按钮开始安装，如图 14-12 所示。

step 02 打开版权说明界面，阅读完版权说明后单击 I accept the terms in the license Agreement 按钮继续安装，如图 14-13 所示。

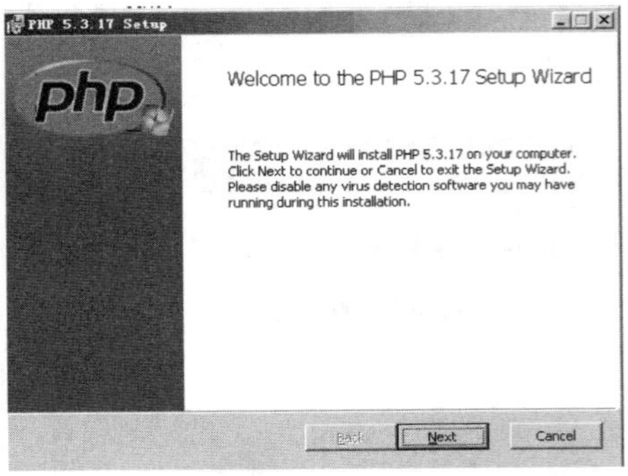

图 14-12　欢迎界面

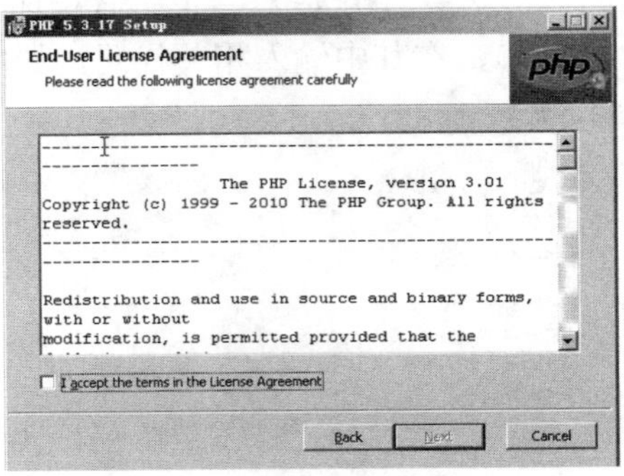

图 14-13　版权信息界面

step 03 打开 PHP 安装路径设置页面，在其中可以根据实际需要设置 PHP 安装路径，单击 OK 按钮，如图 14-14 所示。

step 04 打开服务器安装界面，选择 IIS CG 为本机所使用的网站服务器，单击 Next 按钮，如图 14-15 所示。

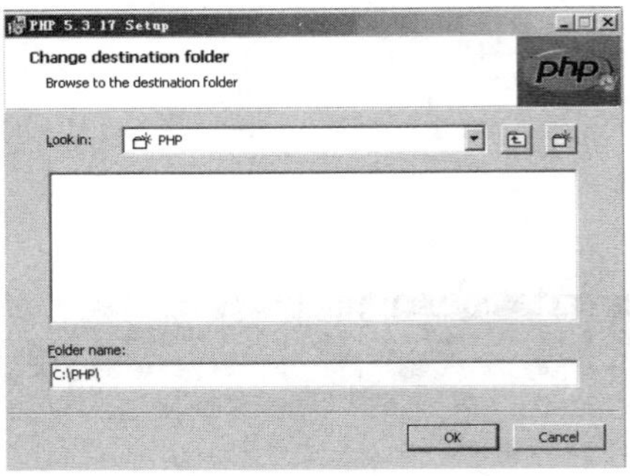

图 14-14　设置安装路径

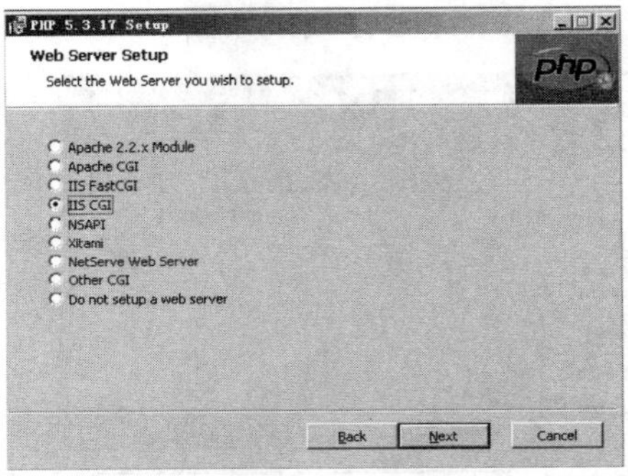

图 14-15　选择要安装的服务器

step 05 打开准备安装窗口，单击 Install 按钮，如图 14-16 所示。

step 06 安装完成后，单击 Finish 按钮，如图 14-17 所示。

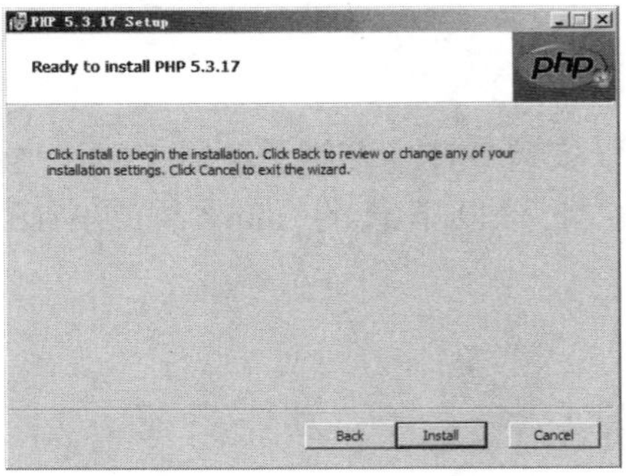

图 14-16　准备安装界面

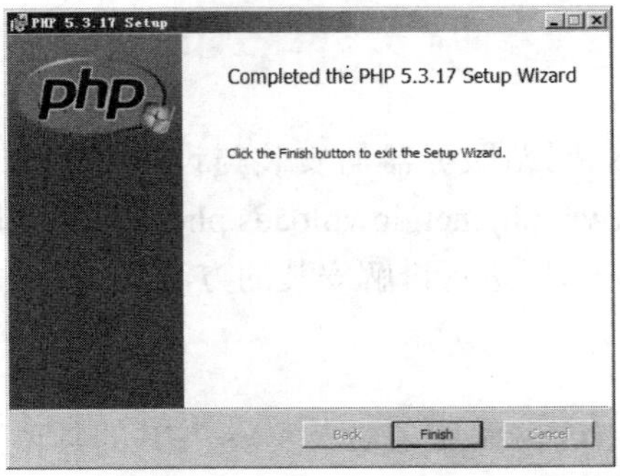

图 14-17　完成安装界面

step 07 打开 IIS，单击 Web 服务器扩展，选择【所有未知 CGI 扩展】，然后单击【允许】按钮，如图 14-18 所示。

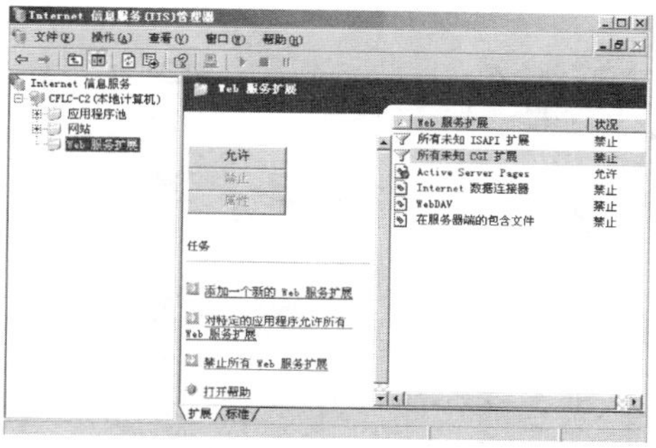

图 14-18 扩展 Web 服务器

2. 测试 PHP 执行在 IIS 网站服务器上

PHP 安装完成后，即可进行测试操作，检测是否安装成功。具体操作步骤如下。

step 01 选择【开始】→【所有程序】→【附件】→【记事本】选项，打开【记事本】窗口，在其中输入 PHP 程序，如图 14-19 所示。

step 02 选择【文件】→【保存】来保存这个网页。将文件命名为<index.php>，保存的位置为<C:\dwphp>，如图 14-20 所示。

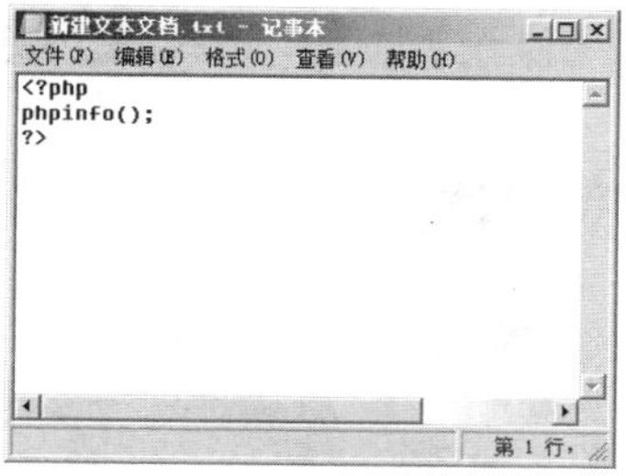

图 14-19 【记事本】窗口

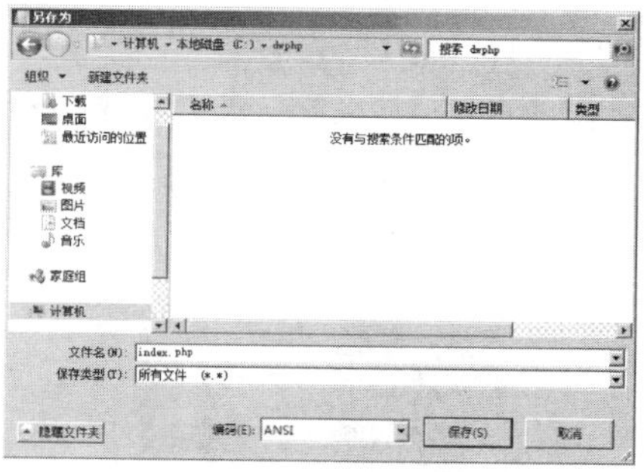

图 14-20 【另存为】对话框

step 03 打开浏览器，输入本机网址及添加的网页名称“http://localhost/index.php”。浏览器能够正确显示刚刚完成的网页，并显示该网站目前 PHP 相关信息，说明安装成功，如图 14-21 所示。

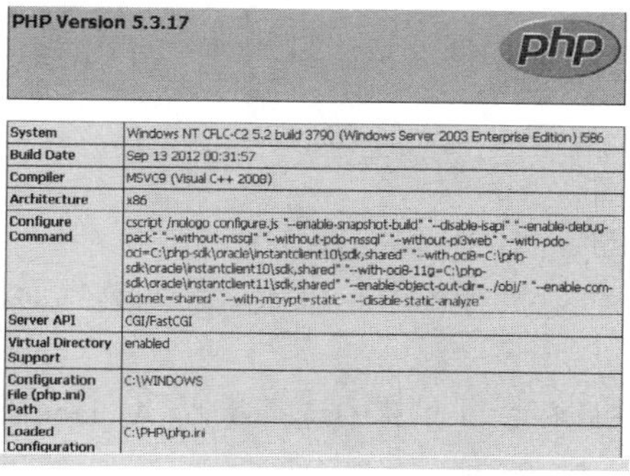

图 14-21 测试网页结果

14.3　架设 Apache+PHP 的执行环境

本节主要讲述 Apache+PHP 执行环境搭建的方法。

14.3.1　案例 3——Apache 网站服务器的安装与设置

Apache 网站服务器是一个免费的软件，用户可以通过网址 http://httpd.apache.org/获取该软件。下面以安装与配置 httpd-2.2.22-win32-x86-no_ssl.msi 为例进行讲解架设 Apache+PHP 执行环境的方法。

1. 关闭原有的网站服务器

在安装 Apache 网站服务器之前，如果所使用的操作系统已经装有网站服务器，比如 IIS 网站服务器等，用户必须先停止这些服务器，才能完成 Apache 网站服务器的安装。

以 Windows 7 的操作系统为例，关闭原有网站服务器的操作步骤如下。

step 01 右击桌面上的【计算机】图标，在弹出的快捷菜单中选择【管理】命令，如图 14-22 所示。

step 02 打开【计算机管理】窗口，选择【Internet 信息服务(IIS)】→【网站】下的【默认的网站】选项，然后在【操作】窗格中单击【停止】按钮，即可关闭原有的网站服务器，如图 14-23 所示。

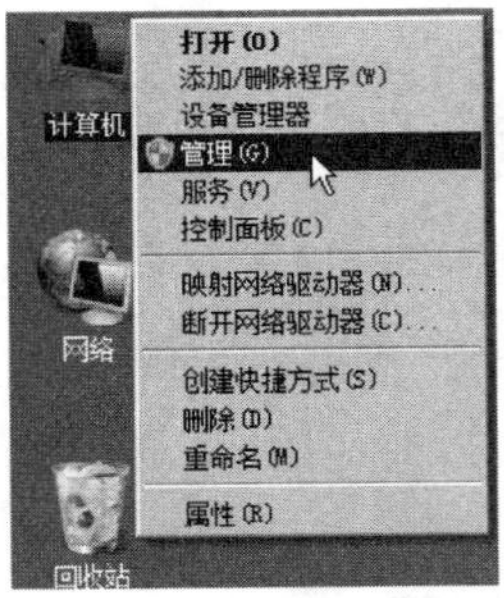

图 14-22　选择【管理】菜单命令

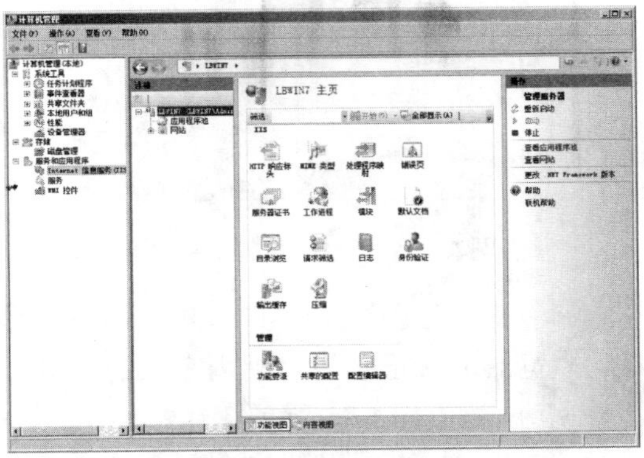

图 14-23　【计算机管理】窗口

2. 安装 Apache 网站服务器

安装 Apache 网站服务器的方法，具体的操作步骤如下。

step 01 双击下载的软件可以执行程序，进入欢迎安装界面，单击 Next 按钮开始安装，如图 14-24 所示。

step 02 打开软件版权说明界面，在其中选择接受 Apache 服务器软件的版权说明选项，单击 next 按钮，如图 14-25 所示。

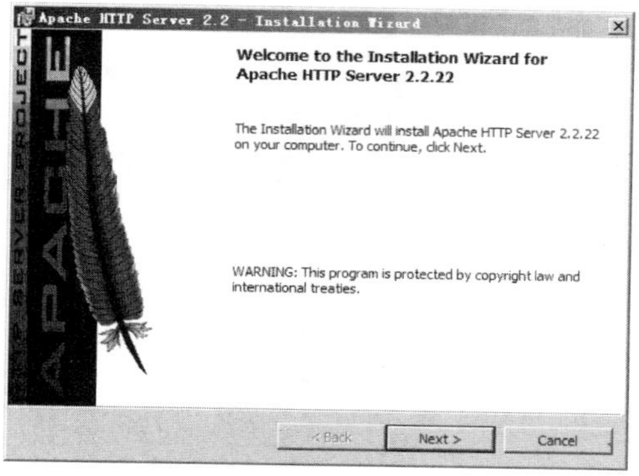

图 14-24　欢迎界面

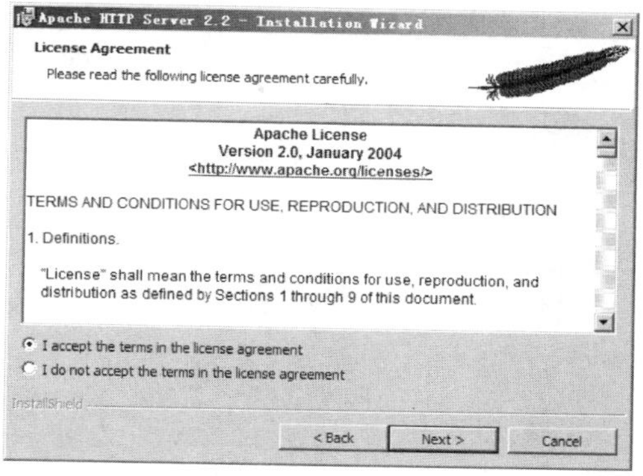

图 14-25　版权说明界面

step 03 打开许可证协议说明界面，单击 Next 按钮继续安装，如图 14-26 所示。

step 04 打开服务器设置对话框，设置本机的网域名称及主机名称。若只在本机测试，则全部输入“localhost”，设置用户的电子邮件，以便联系，设置可操作用户，建议选择如图 14-27 中所示的选项让本机用户皆可操作，最后单击 Next 按钮继续安装。

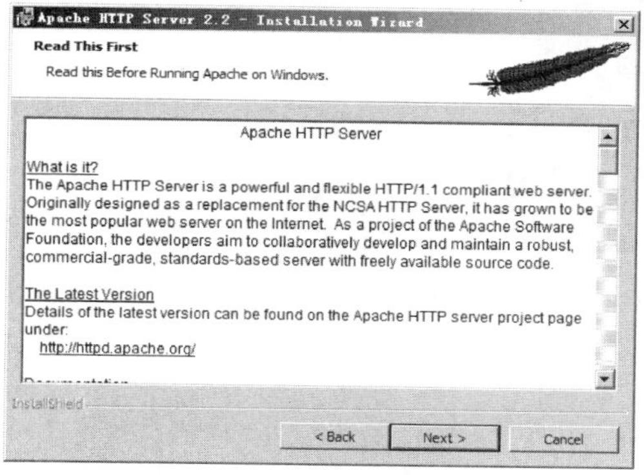

图 14-26　许可证协议说明界面

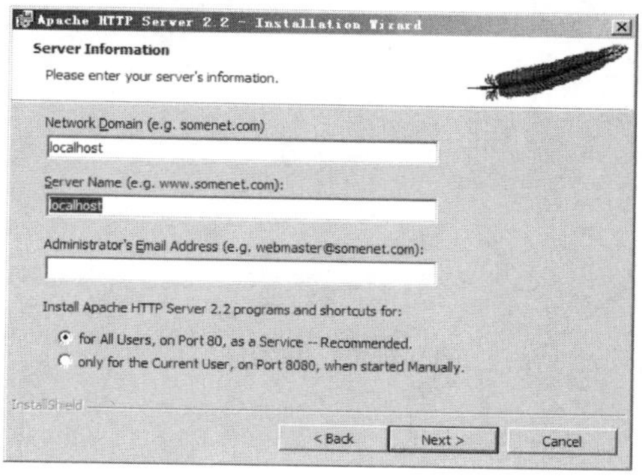

图 14-27　服务器设置界面

step 05 打开选择安装类型界面，这里选择 Typical 一般安装模式，单击 Next 按钮继续安装，如图 14-28 所示。

step 06 打开软件安装路径设置界面，这里更改为 c:\appache2.2，单击 Next 按钮继续安装，如图 14-29 所示。

step 07 至此所有安装的选项都已设置完成。单击 Install 按钮开始安装，如图 14-30 所示。

step 08 至此所有的安装操作完成后。单击 Finish 按钮结束安装，如图 14-31 所示。

step 09 安装完毕之后，Apache 网站服务器也随之被启动，在桌面右下角的工作栏中会出现 Apache 网站服务器图标，即表示目前 Apache 网站服务器已被启动，如图 14-32 所示。

step 10 打开浏览器，在网址栏输入“http://localhost/”，如果出现如图 14-33 所示浏览器页面信息，即表示 Apache 网站服务器已经安装成功并执行正常。

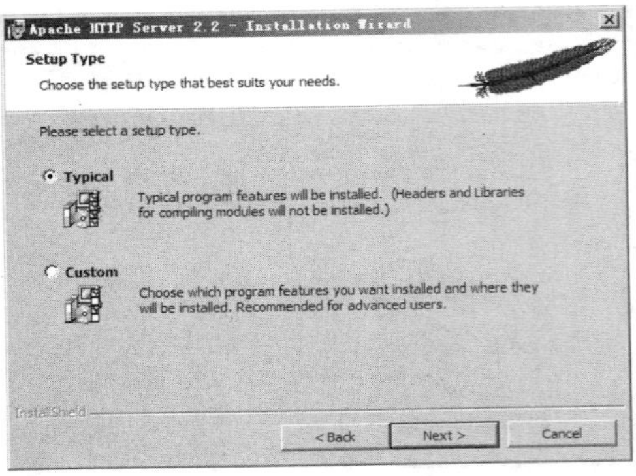

图 14-28　选择软件安装类型

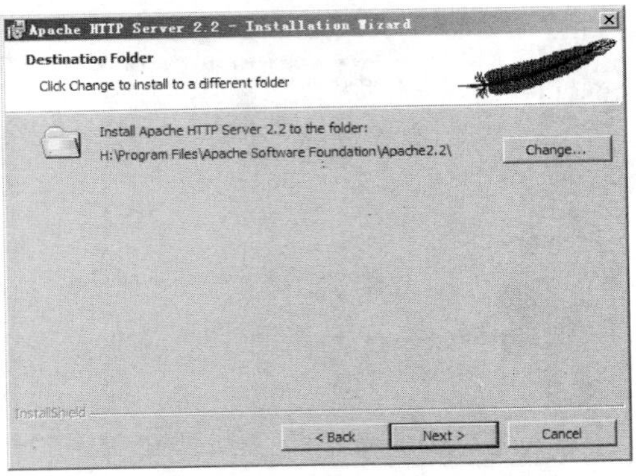

图 14-29　更改软件安装路径

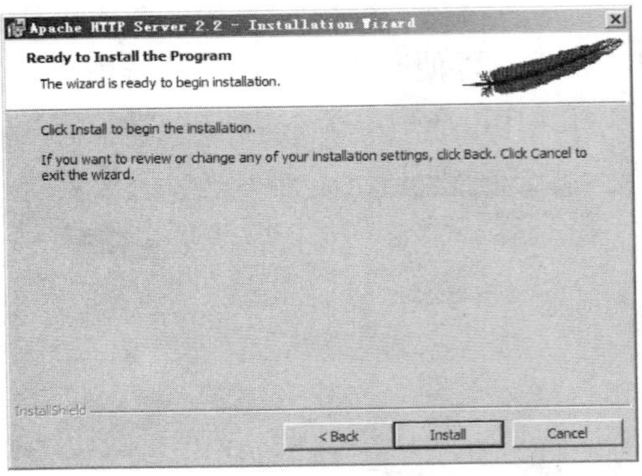

图 14-30　开始安装

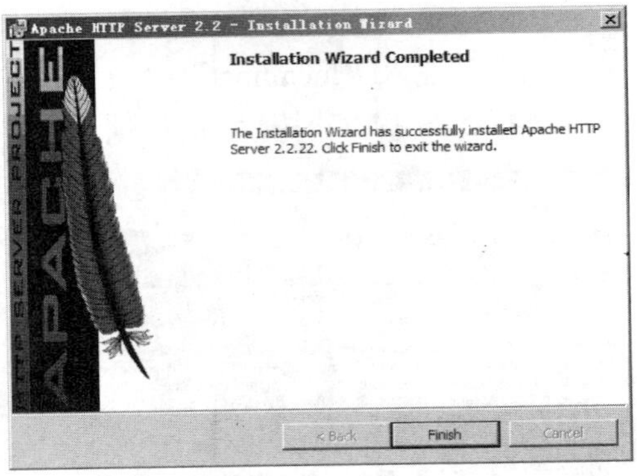

图 14-31　安装完成

图 14-32　启动图标

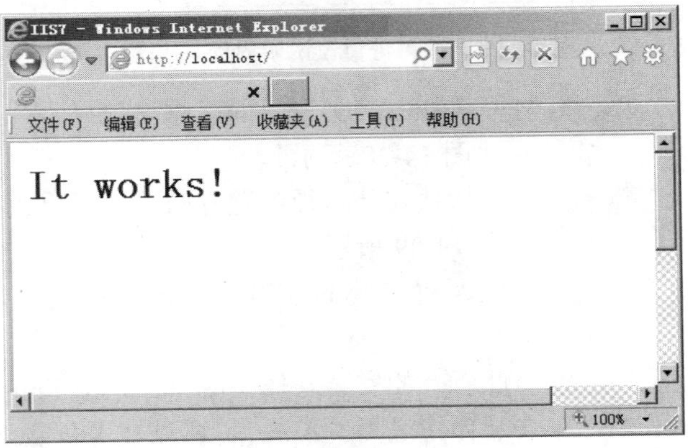

图 14-33　浏览器页面

3. 设置 Apache 网站服务器

如果用户是按照上述的方式来安装 Apache 网站服务器，那么目前整个网站服务器的根目录就位于<C:\Apache2.2>中。

如果用户不愿意使用默认的路径，可以将其更改。不过在更改之前，必须先打开<httpd.conf>文件，即在该文件中修改，具体的操作步骤如下。

step 01 选择【开始】→【所有程序】→Apache HTTP Server 2.2→Configure Apache Server→Edit the Apache httpd.conf Configuration File 选项，如图 14-34 所示。

step 02 打开<httpd.conf>文件，在其中选择【编辑】→【查找】菜单命令，如图 14-35 所示。

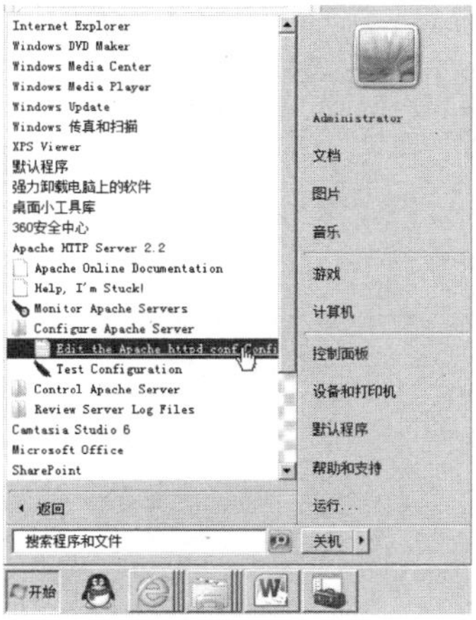

图 14-34　打开<httpd.conf>文件

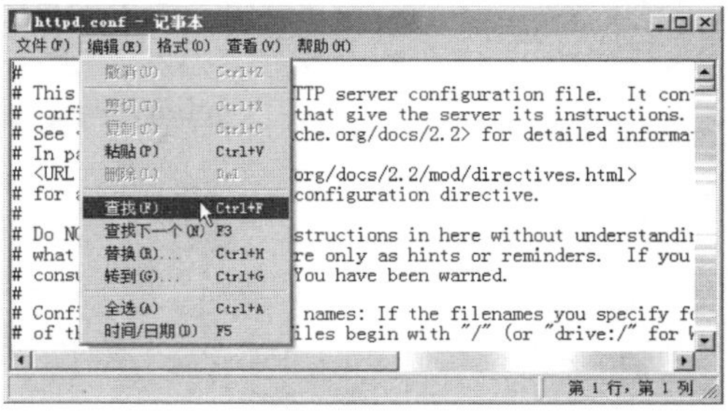

图 14-35　选择【查找】命令

step 03 打开【查找】对话框，输入“DocumentRoot”，单击【查找下一个】按钮来查找要修改的设置字串，如图 14-36 所示。

图 14-36　【查找】对话框

step 04 设置文件是以“DocumentRoot‘文件夹路径’”的方式来设置网站的根目录，如图 14-37 所示为目前的设置。

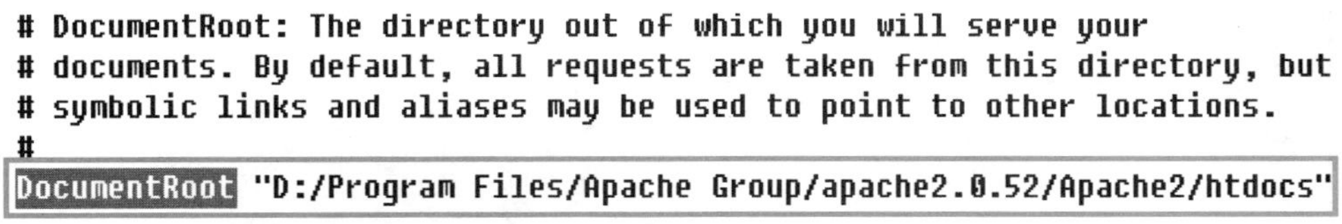

DocumentRoot: The directory out of which you will serve your
documents. By default, all requests are taken from this directory, but
symbolic links and aliases may be used to point to other locations.
#
DocumentRoot "D:/Program Files/Apache Group/apache2.0.52/Apache2/htdocs"

图 14-37　系统默认路径

step 05 把软件默认的路径修改为想要更改的路径，如图 14-38 所示。

DocumentRoot “C:\Apache2.2\htdocs”

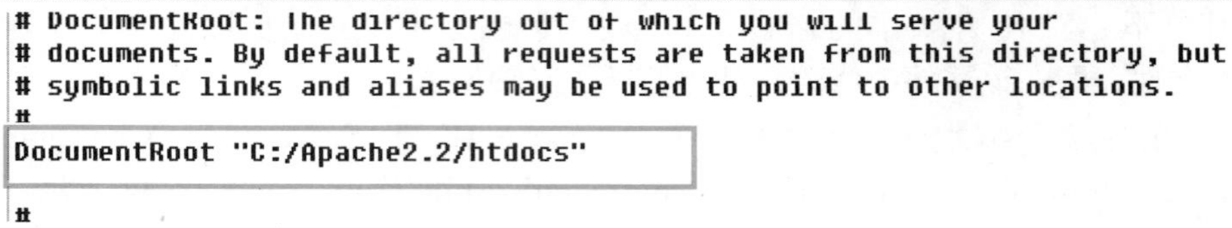

图 14-38　更改文件的路径

step 06 设置完毕之后，保存并关闭<httpd.conf>文件。然后选择【开始】→【所有程序】→Apache HTTP Server 2.2→Control Apache Server→Restart 选项，重新启动 Apache 网站服务器，这样更改的路径才能生效，如图 14-39 所示。

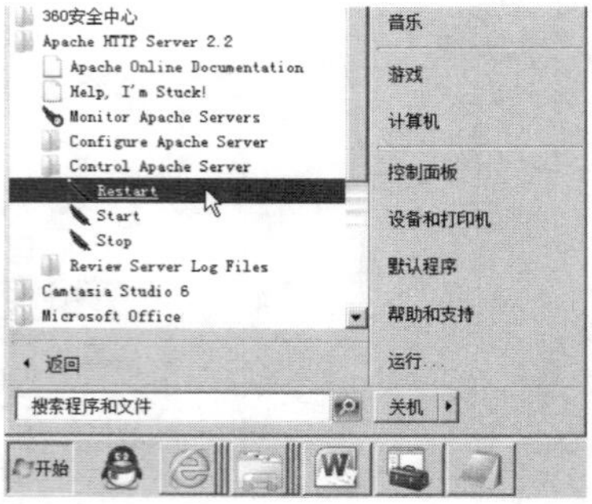

图 14-39　重启 Apache 网站服务器

如此一来 Apache 网站服务器的网站根目录已被更改为< C:\Apache2.2\htdocs>。此时还需要制作一个简单的网页，放置在刚才所更改的网页根目录里，用于测试网页能否被浏览器正常打开。具体的操作步骤如下。

step 01 选择【开始】→【所有程序】→【附件】→【记事本】选项，打开【记事本】窗口，在其中输入网页代码，如图 14-40 所示。

step 02 选择【文件】→【保存文件】菜单命令，将文本保存为网页格式，比如<index.html>，保存的位置为新设置的路径<C:\Apache2.2\htdocs >，如图 14-41 所示。

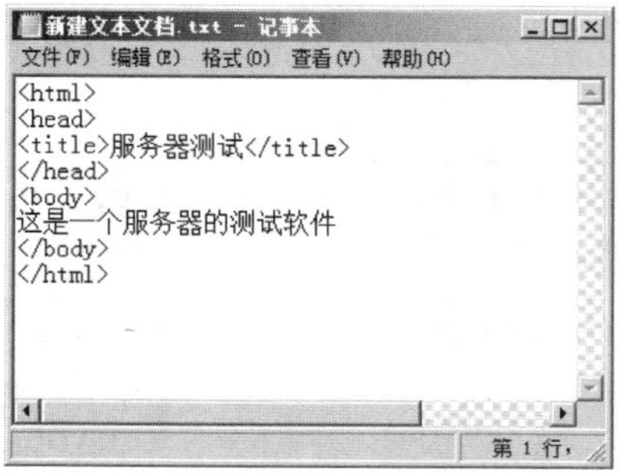

图 14-40　记事本窗口

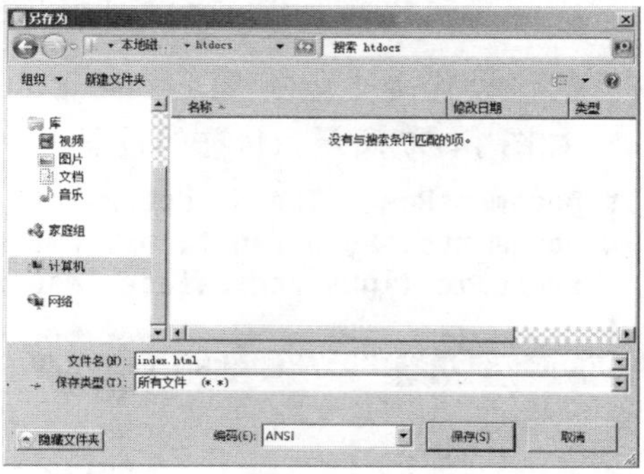

图 14-41　【另存为】对话框

step 03 打开浏览器，输入本机网址及添加的网页名称“http://localhost/index.html”。运行结果如图 14-42 所示，表示浏览器能够正确的显示网页。

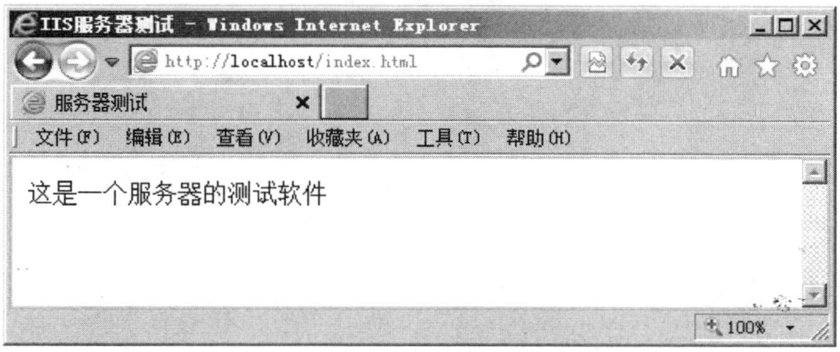

图 14-42　网页预览结果

14.3.2　案例 4——在 Apache 网站服务器上安装 PHP

用户可以通过网址(http://www.php.net/downloads.php)免费下载 PHP 软件。

1. PHP 的安装

在 Apache 网站服务器上安装 PHP 的具体操作步骤如下。

step 01 双击安装文件进入安装画面，单击 Next 按钮开始安装，如图 14-43 所示。

step 02 打开版权说明界面，阅读完毕版权说明后勾选 I accept the terms in the license Agreement 复选框，单击 Next 按钮继续安装，如图 14-44 所示。

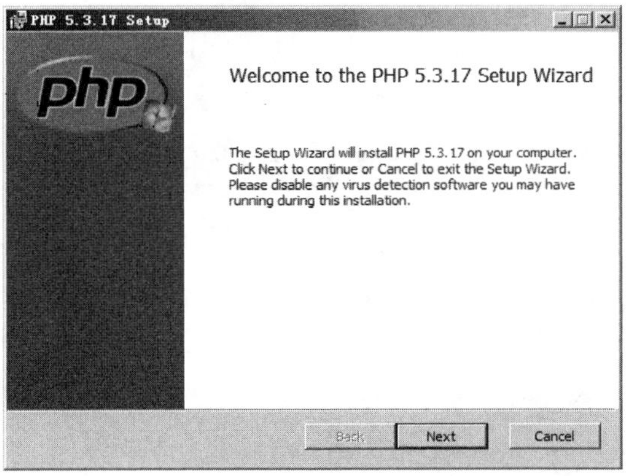

图 14-43　欢迎界面

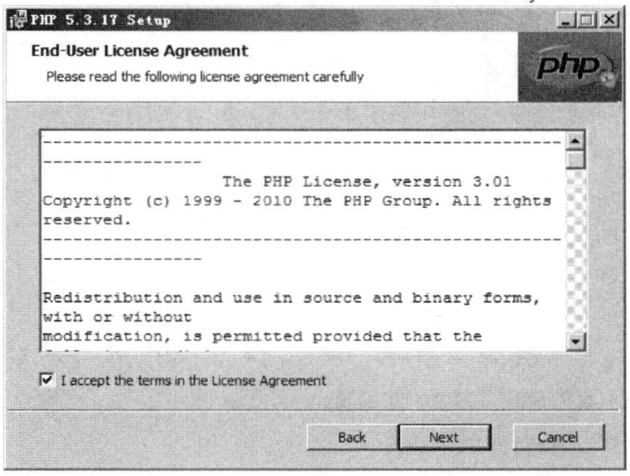

图 14-44　版权信息界面

step 03 打开 PHP 安装路径对话框，请设置 PHP 安装路径，单击 Next 按钮，如图 14-45 所示。

step 04 打开服务器安装窗口，选择 Apache 2.2.x Module 为本机所使用的网站服务器，即选中 Apache 2.2.x Module 单选按钮，单击 Next 按钮，如图 14-46 所示。

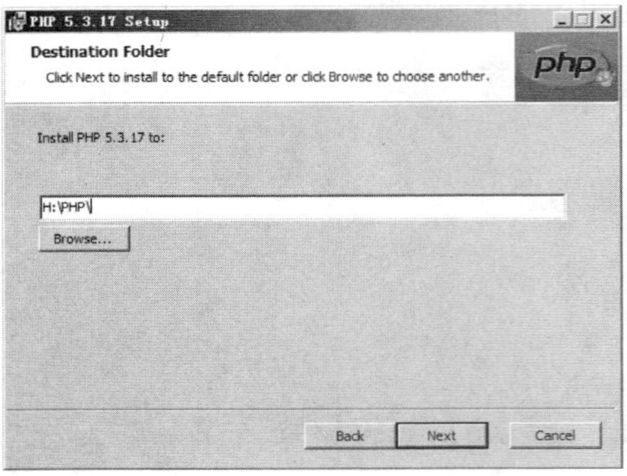

图 14-45　设置安装路径

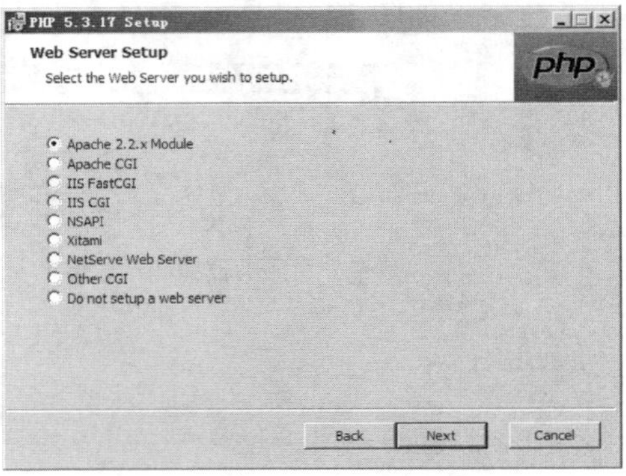

图 14-46　选择服务器类型

step 05 在打开的窗口中选择 Apache 配置文件所在目录，然后单击 Next 按钮，如图 14-47 所示。

step 06 在打开的窗口中选择需要安装的功能模块，这里采用默认的设置，单击 Next 按钮，如图 14-48 所示。

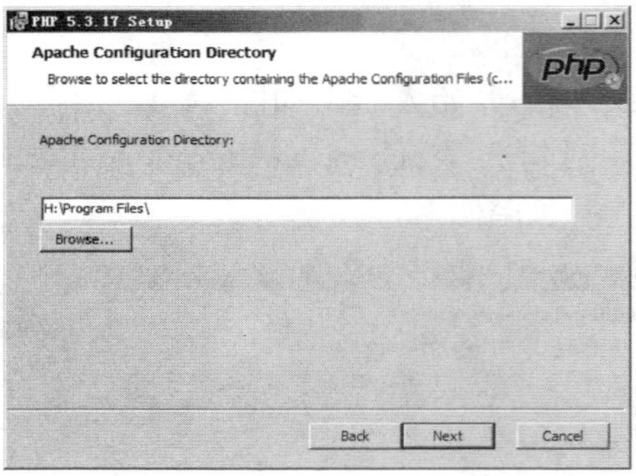

图 14-47　选择 Apache 配置文件所在目录

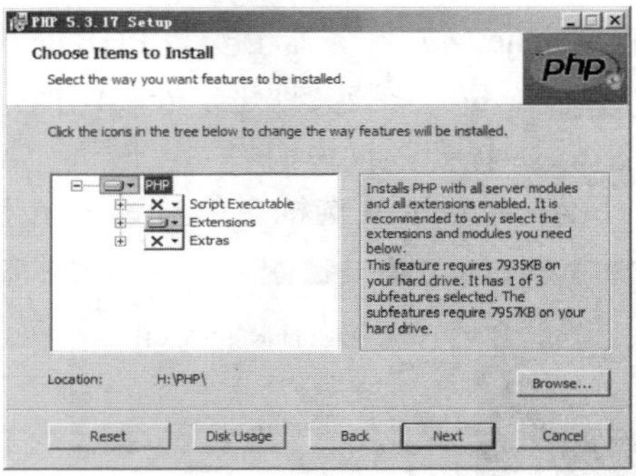

图 14-48　选择需要安装功能模块

step 07 打开准备安装窗口，单击 Install 按钮，如图 14-49 所示。

step 08 安装完成后，单击 Finish 按钮，如图 14-50 所示。

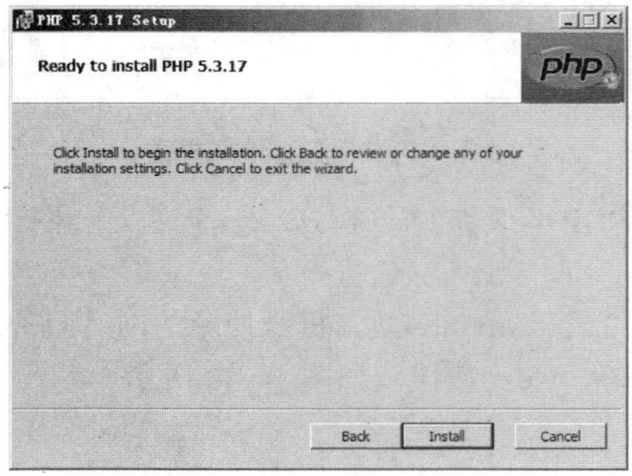

图 14-49　准备安装 PHP

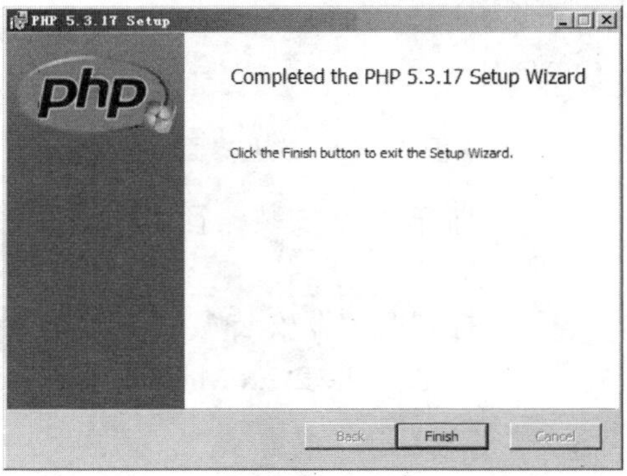

图 14-50　完成安装

2. 重启 Apache 服务器

安装完 PHP 之后，还需要重新启动 Apache 服务器，具体操作步骤如下。

step 01 选择【开始】→Apache HTTP Server 2.2→Configure Apache Server→Edit the Apache httpd.conf Configuration File 选项，打开配置文件，在配置文件末尾已经加上相应配置信息，如图 14-51 所示。

```
#BEGIN PHP INSTALLER EDITS - REMOVE ONLY ON UNINSTALL
PHPIniDir "C:\PHP\"
LoadModule php5_module "C:\PHP\php5apache2_2.dll"
#END PHP INSTALLER EDITS - REMOVE ONLY ON UNINSTALL
```

图 14-51 配置文件信息

step 02 关闭该配置文件，然后选择【开始】→Apache HTTP Server 2.0.52→Control Apache Server→Restart 选项，重新启动 Apache 服务器。

3. 测试 PHP 执行在 Apache 网站服务器上

在这里需要制作一个简单的 PHP 网页，放置在网页根目录里，用于测试 Apache 网站服务器是否已经可以正确解读 PHP 程序。操作步骤如下。

step 01 选择【开始】→【所有程序】→【附件】→【记事本】选项，打开【记事本】窗口，在其中输入相应的代码，如图 14-52 所示。

step 02 选择【文件】→【保存文件】菜单命令，将该文件保存为网页，并将其命名为<index.php>，保存位置为<C:\apache\htdocs>，如图 14-53 所示。

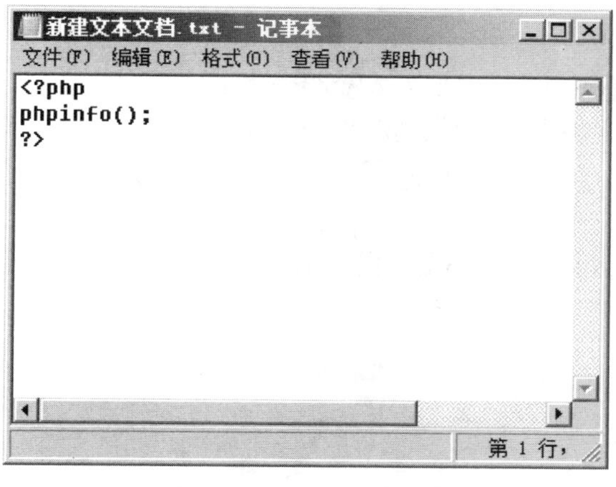

图 14-52 【记事本】窗口

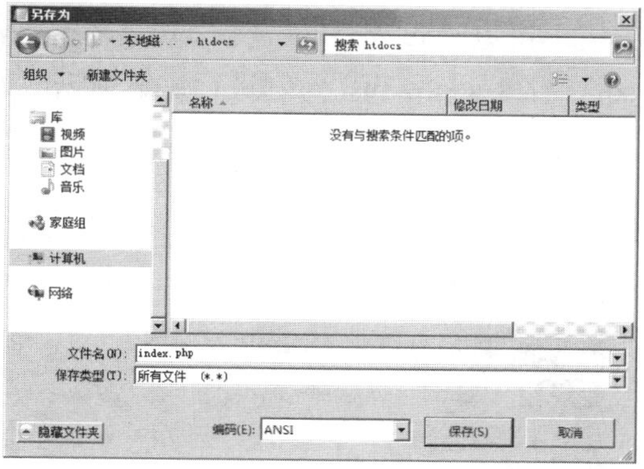

图 14-53 【另存为】对话框

step 03 打开浏览器，输入本机网址及添加的网页名称“http://localhost/index.php”，运行结果如图 14-54 所示。从中可以看出浏览器能够正确的显示刚刚完成的网页，并显示该网站目前 PHP 相关信息。

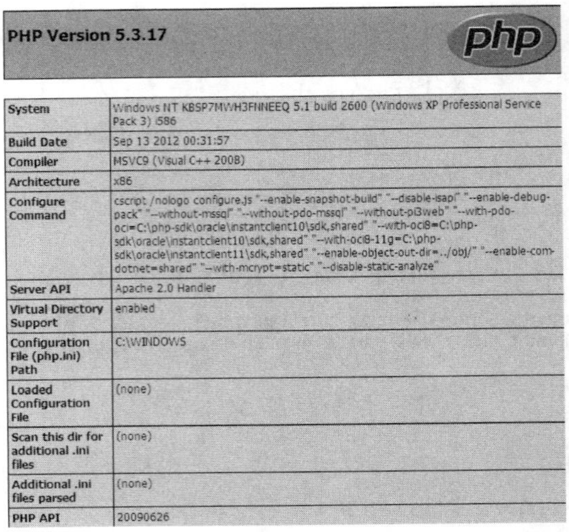
PHP Version 5.3.17
php
System | Windows NT KBSP7MWH3FNNEEQ 5.1 build 2600 (Windows XP Professional Service Pack 3) i586
Build Date | Sep 13 2012 00:31:57
Compiler | MSVC9 (Visual C++ 2008)
Architecture | x86
Configure Command | cscript /nologo configure.js "--enable-snapshot-build" "--disable-isapi" "--enable-debug-pack" "--without-mssql" "--without-pdo-mssql" "--without-pi3web" "--with-pdo-oci=C:\php-sdk\oracle\instantclient10\sdk,shared" "--with-oci8=C:\php-sdk\oracle\instantclient10\sdk,shared" "--with-oci8-11g=C:\php-sdk\oracle\instantclient11\sdk,shared" "--enable-object-out-dir=../obj/" "--enable-com-dotnet=shared" "--with-mcrypt=static" "--disable-static-analyze"
Server API | Apache 2.0 Handler
Virtual Directory Support | enabled
Configuration File (php.ini) Path | C:\WINDOWS
Loaded Configuration File | (none)
Scan this dir for additional .ini files | (none)
Additional .ini files parsed | (none)
PHP API | 20090626

图 14-54　预览效果

14.4　MySQL 数据库的安装

设置好网站服务器之后，还需要安装 MySQL 数据库。MySQL 不仅是一套功能强大、使用方便的数据库，还是一个可以跨越不同平台，提供各种不同操作系统的工具。

14.4.1　案例 5——MySQL 数据库的安装

用户可以通过网址(http://www.mysql.com/downloads/)获取 MySQL 数据库。下面以安装 mysql-5.5.28-win32.msi 为例进行讲解数据库的安装方法，具体操作步骤如下。

step 01 双击下载好的安装文件，进入程序安装欢迎画面，单击 Next 按钮开始安装，如图 14-55 所示。

step 02 打开用户协议窗口，选择 I accept the terms in the License Agreement 复选框后，单击 Next 按钮继续安装，如图 14-56 所示。

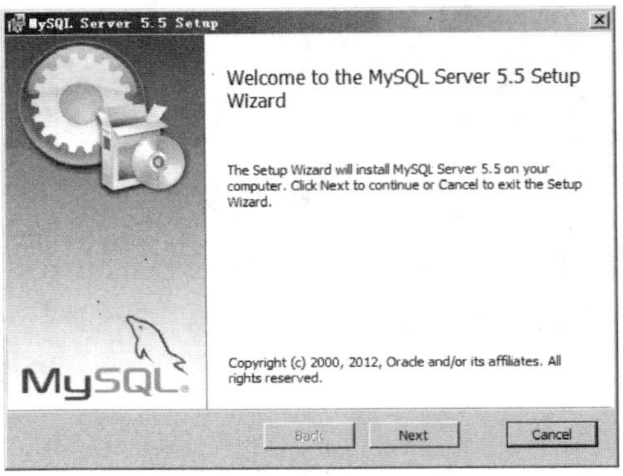

图 14-55　欢迎界面

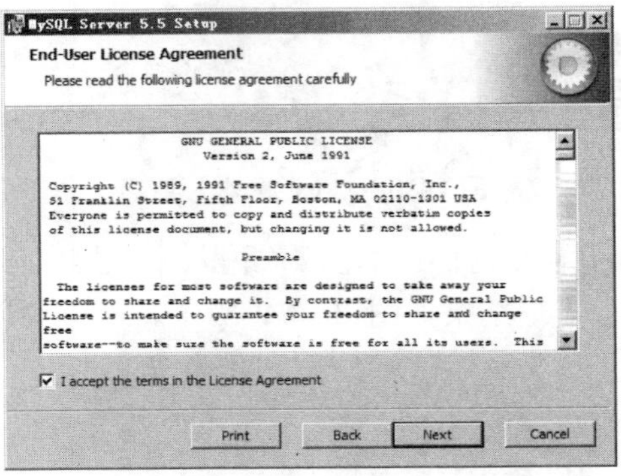

图 14-56　用户协议窗口

step 03 打开选择安装类型窗口，选择 Typical 后单击 Next 按钮继续安装，如图 14-57 所示。

step 04 打开准备安装窗口，单击 Install 按钮继续安装，如图 14-58 所示。

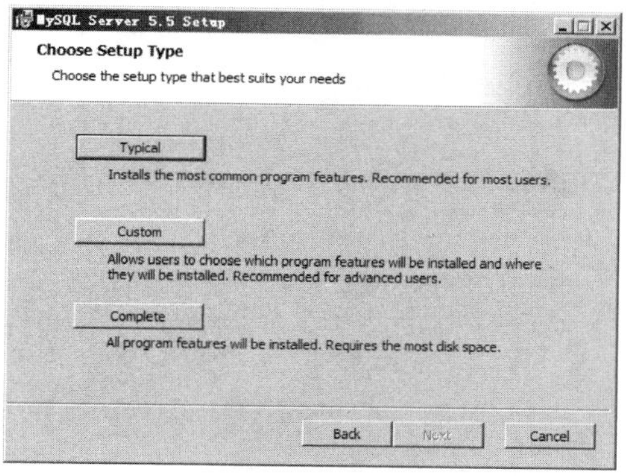

图 14-57　选择安装类型

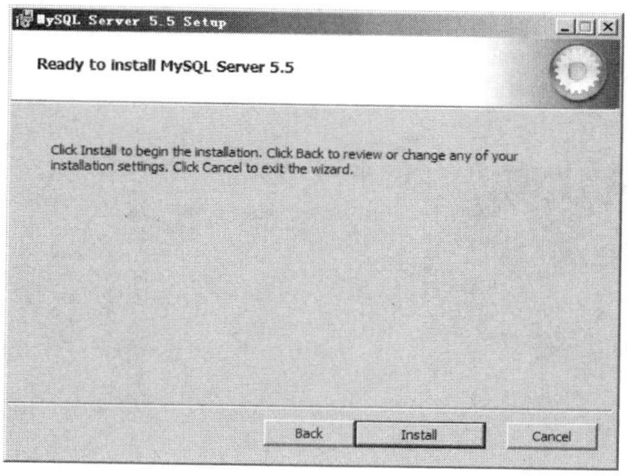

图 14-58　准备安装界面

step 05 MySQL 开始自动安装，并显示安装的进度，如图 14-59 所示。

step 06 弹出组件安装界面，单击 next 按钮，如图 14-60 所示。

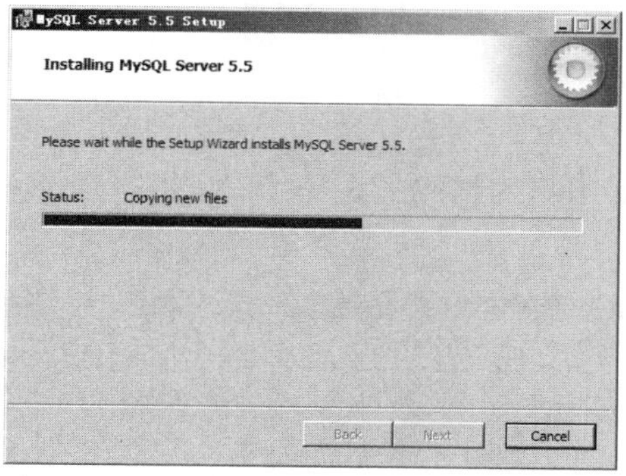

图 14-59　开始安装

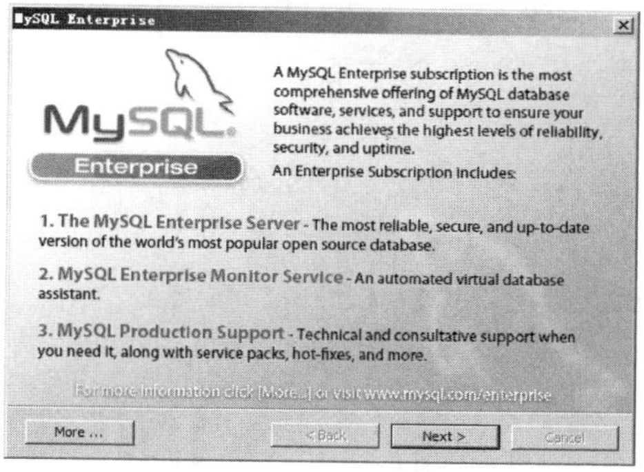

图 14-60　组件安装界面

step 07 打开 MySQL 企业服务器对话框，单击 next 按钮继续，如图 14-61 所示。

step 08 安装完成后，单击 Finish 按钮，如图 14-62 所示。

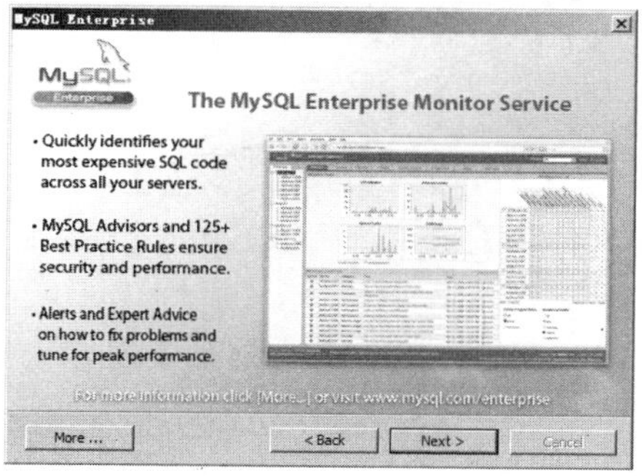

图 14-61　企业服务器界面

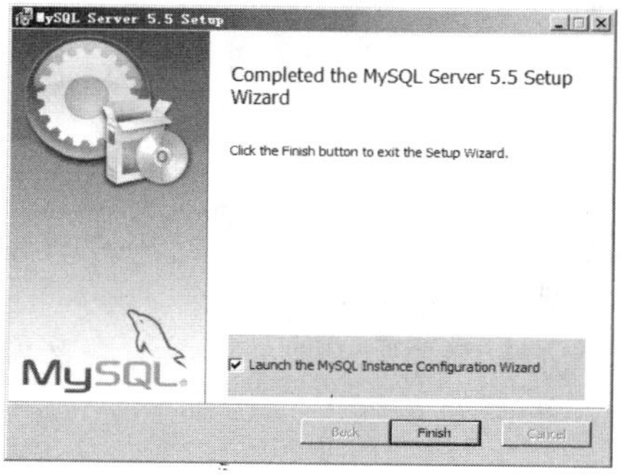

图 14-62　完成安装

MySQL 安装完成后，还需要继续配置服务器选项，具体操作步骤如下。

step 01 在上面安装操作的最后一步，选择 launch the Mysql instance Configuration Wizard 复选框，然后单击 Finish 按钮，进入欢迎设置数据库向导的画面，单击 Next 按钮开始设置，如图 14-63 所示。

step 02 选择 Standard Configuration 标准组态模式后，单击 Next 按钮继续，如图 14-64 所示。

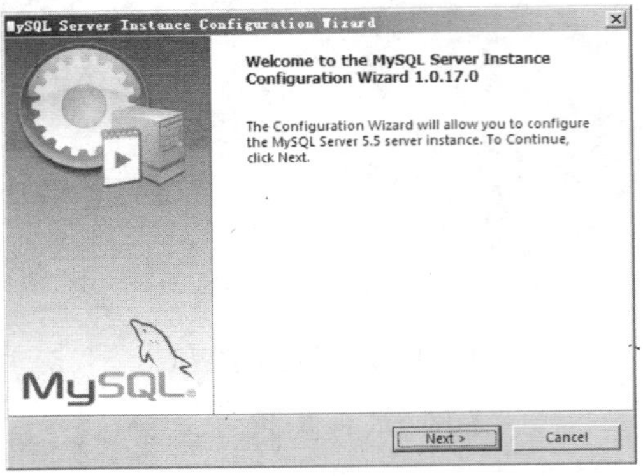

图 14-63 欢迎设置数据库向导

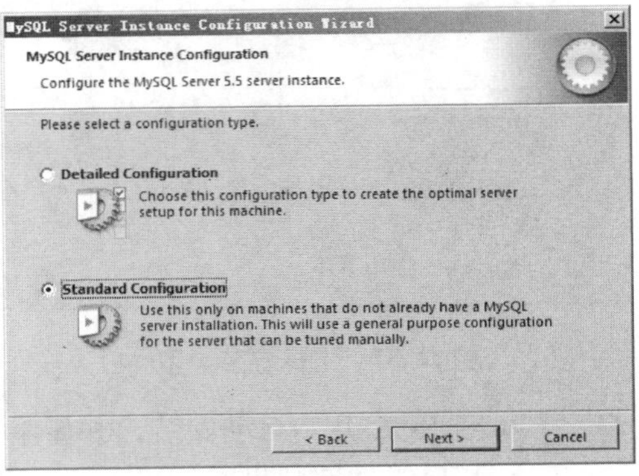

图 14-64 选择设置类型

step 03 打开设置服务器选项对话框，采用默认的设置，单击 Next 按钮继续，如图 14-65 所示。

step 04 打开安全设置选项对话框，输入 root 用户的密码后，单击 Next 按钮继续，如图 14-66 所示。

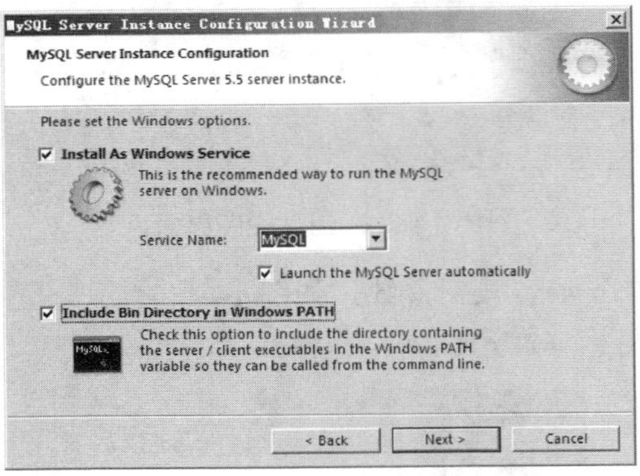

图 14-65 设置服务器选项

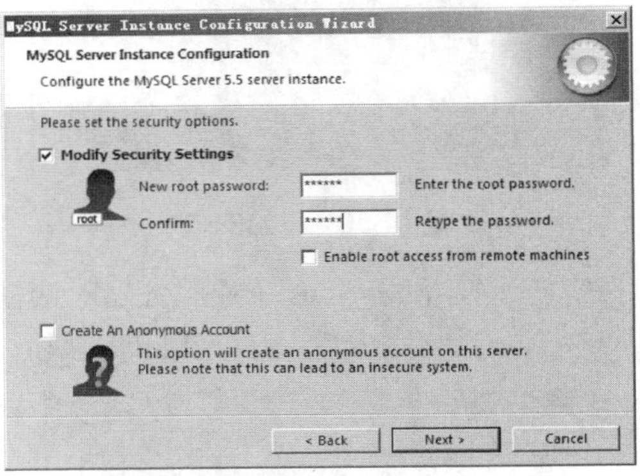

图 14-66 设置安全选项

step 05 打开准备执行对话框，并显示执行的具体内容，单击 Execute 按钮继续，如图 14-67 所示。

step 06 出现下面画面表示组态文件已成功储存，单击 Finish 按钮完成组态设置，如图 14-68 所示。

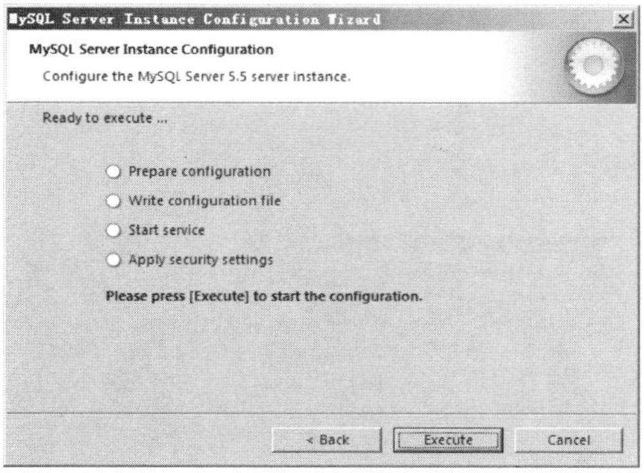

图 14-67　准备执行界面

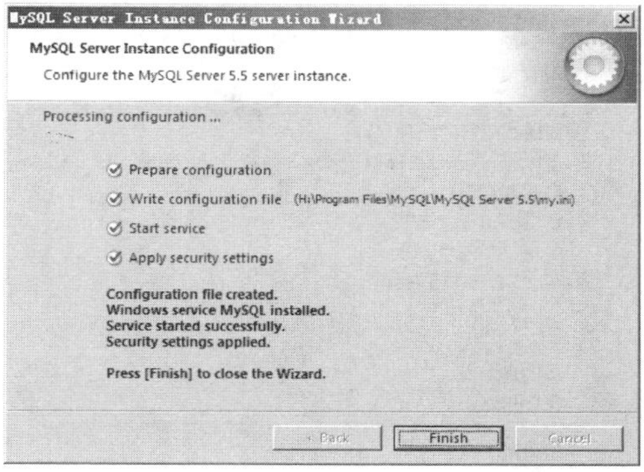

图 14-68　配置完成界面

14.4.2　案例 6——phpMyAdmin 的安装

MySQL 数据库的标准操作界面，必须通过命令提示符来操作，通过 MySQL 的指令来建置管理数据库内容。如果想要执行新增、编辑及删除数据库的内容，就必须学习陌生的 SQL 语法，背诵艰深的命令指令，而后才能使用 MySQL 数据库，如图 14-69 所示。

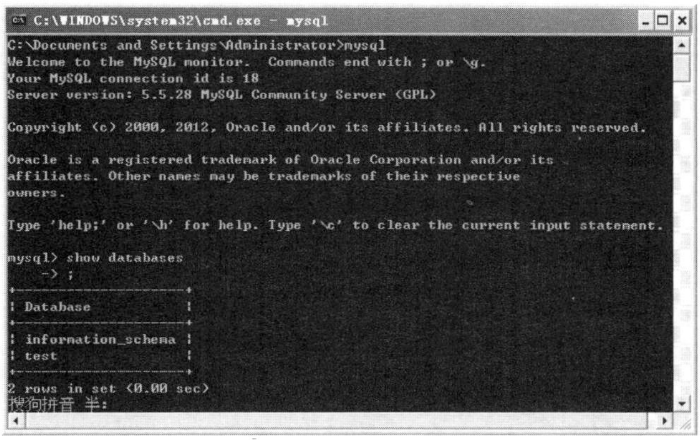

图 14-69　命令提示符窗口

难道就没有较为简单的软件可以让用户在类似 Access 的操作环境下直接管理 MySQL 数据库吗？有，而且这样的软件还不少，其中最常用的就是 phpMyadmin。

phpMyadmin 软件是一套 Web 界面的 MySQL 数据库管理程序，不仅功能完整、使用方便，而且只要用户有适当的权限，就可以在线修改数据库的内容，让用户更安全、快速地获得数据库中的数据。

用户可以通过网址(http://www.phpmyadmin.net/)获得 phpMyAdmin 软件。下面以安装 phpMyAdmin-3.5.3-rc1-all-languages.zip 为例进行讲解安装的方法，操作步骤如下。

step 01 右击下载的 phpMyAdmin 压缩文件，在弹出的快捷菜单中选择【解压文件】菜单命令，如图 14-70 所示。

step 02 将解压后的文件放置到网站根目录< C:\Apache2.2\htdocs >之下，如图 14-71 所示。

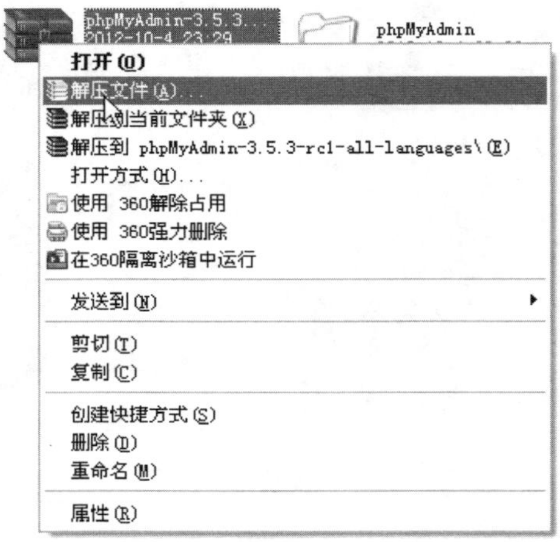

图 14-70　解压文件

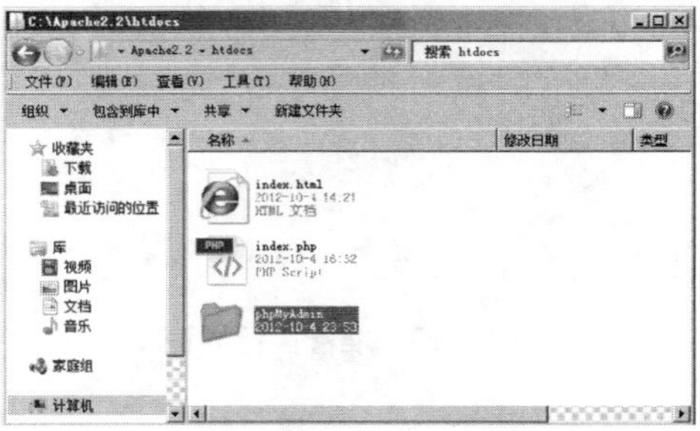

图 14-71　解压后的文件

step 03 打开浏览器，在网址栏中输入“http://localhost/phpMyAdmin/index.php”。如果运行结果如图 14-72 所示，则表示 phpMyAdmin 能够被正确执行。

图 14-72　phpMyAdmin 的运行界面

14.5　实战演练——快速安装 PHP 集成环境：AppServ 2.5

动态网站的执行环境除了可以通过本节中介绍的方法进行创建外，用户还可以使用 AppServ 2.5 软件快速安装 PHP 集成环境，这个环境也适用动态网站的运行。用户可以通过网址 http://www.appservnetwork.com/获取 AppServ 软件。下面以安装 AppServ 2.5 为例进行讲解。

快速安装 PHP 集成环境的操作步骤如下。

step 01 双击< appserv-win32-2.5.10.exe>开始安装 AppServ。进入欢迎安装的画面，单击 Next 按钮开始安装，如图 14-73 所示。

step 02 打开许可协议窗口，单击 I Agree 按钮，如图 14-74 所示。

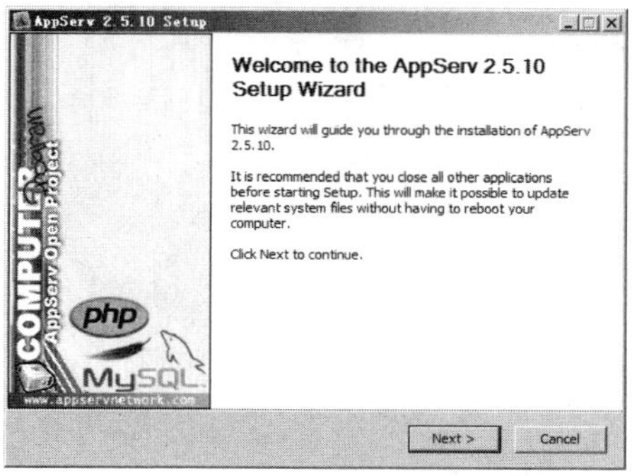

图 14-73　欢迎界面

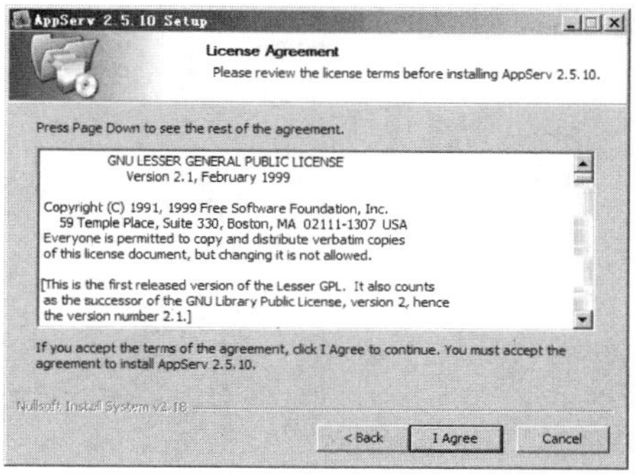

图 14-74　许可证协议界面

step 03 打开设置软件安装路径的窗口，建议采用默认值，单击 Next 按钮继续安装，如图 14-75 所示。

step 04 打开选择安装的程序窗口，建议采用默认值，单击 Next 按钮继续安装，如图 14-76 所示。

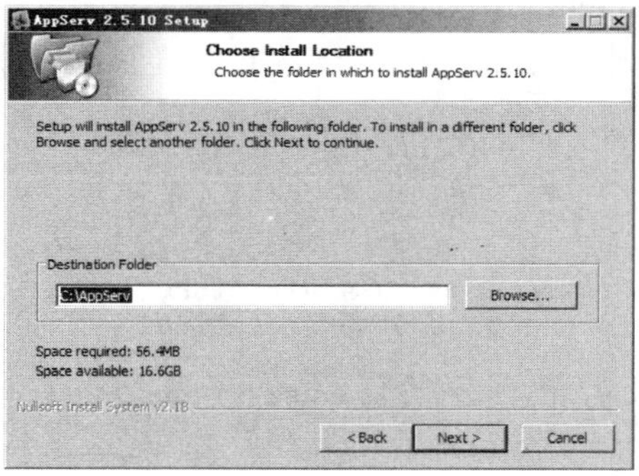

图 14-75　选择安装路径

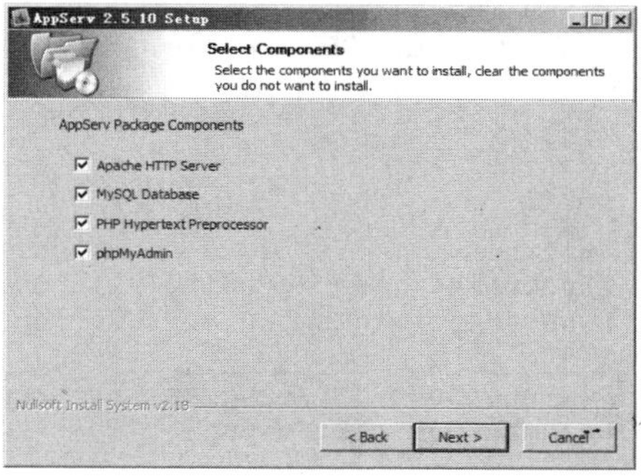

图 14-76　选择安装组件

step 05 弹出设置 Apache 窗口，设置服务器的名称和用户的电子邮件，单击 Next 按钮继续安装，如图 14-77 所示。

step 06 打开设置 MySQL 窗口，输入 MySQL 服务器登录密码，单击 Install 按钮开始安装，如图 14-78 所示。

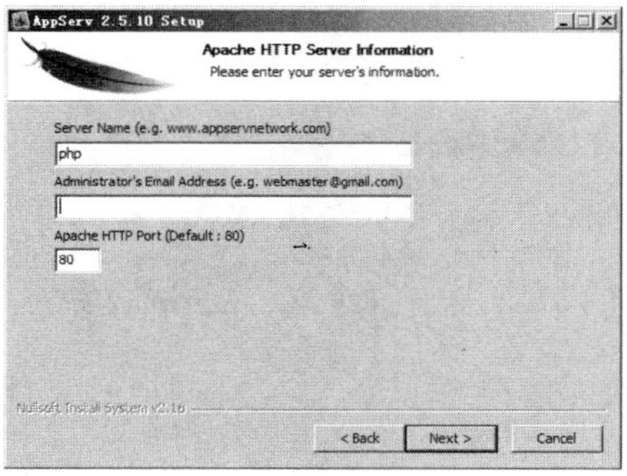

图 14-77　设置服务器的名称和电子邮件

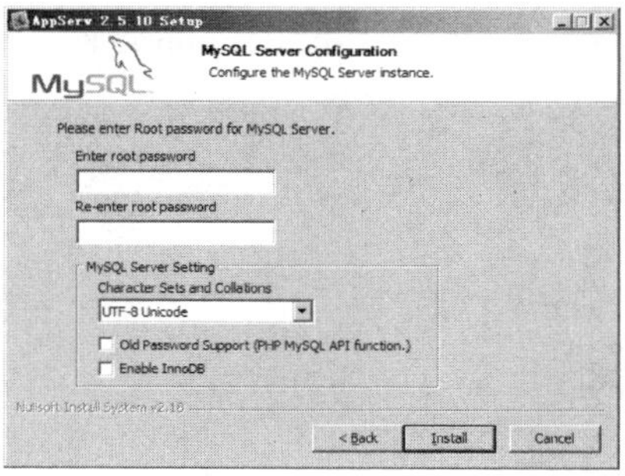

图 14-78　输入 SQL 登录密码

step 07 完成软件安装，单击 Finish 按钮启动 Apache 及 MySQL，如图 14-79 所示。

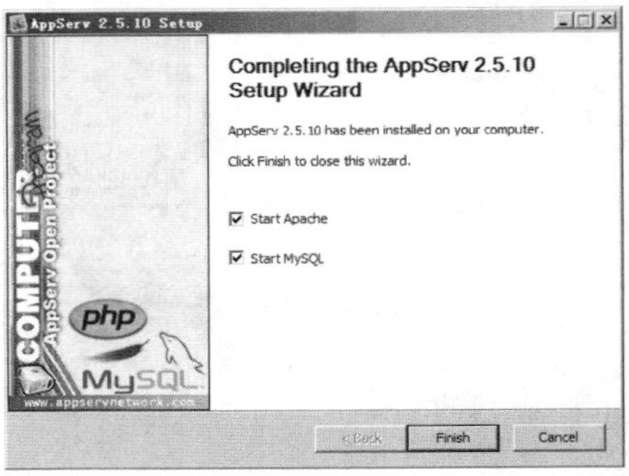

图 14-79　安装完成

软件安装完成后，还需要进行简单的配置，操作步骤如下。

step 01 选择【开始】→【所有程序】→Apache HTTP Server 2.5.10→Configure Apache Server→Edit the Apache httpd.conf Configuration File 选项。选择【编辑】→【查找】命令，打开【查找】对话框，输入“DocumentRoot”，单击【找下一个】按钮来查找要修改的字串。在设置文件中将原来的设置前加一个#号转为批注，再增加下面这一栏的设置，如图 14-80 所示。

DocumentRoot “C:/dwphp”

```
# documents. By default, all requests are taken from this directory, but
# symbolic links and aliases may be used to point to other locations.
#
DocumentRoot "C:/Program Files/Apache Group/apache2.5/Apache2/htdocs"
DocumentRoot "C:/dwphp"
```

图 14-80　修改字串

step 02 设置完毕之后，保存并关闭这个文件。选择【开始】→【所有程序】→Apache HTTP Server 2.5.10→Control Apache Server→Restart 选项，重新启动 Apache 网络服务器。

step 03 另外，AppServ 插件默认的路径为<C:\AppServ>，而 phpMyAdmin 则是安装在<C:\AppServ\www>文件夹中，如图 14-81 所示

step 04 这里将 phpMyAdmin 文件夹复制到<C:\dwphp>中完成所有的设置，如图 14-82 所示

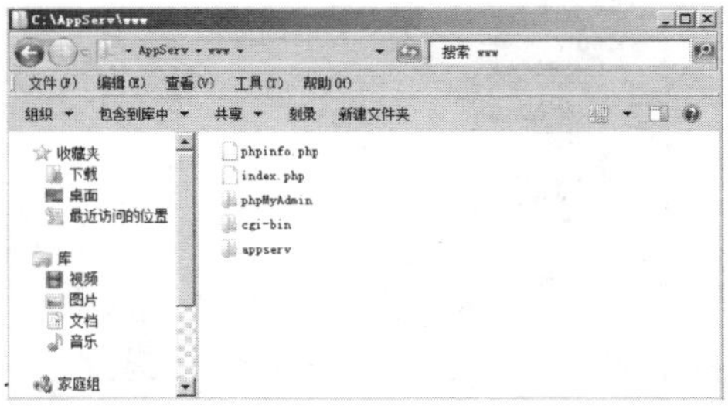

图 14-81　系统默认安装路径

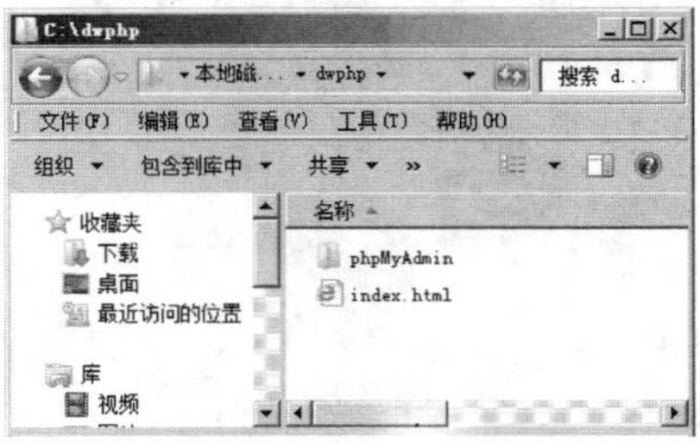

图 14-82　复制文件夹更改路径

14.6 跟我练练手

14.6.1 练习目标

能够熟练掌握本章节所讲内容。

14.6.2 上机练习

练习 1：架设 IIS +PHP 的执行环境。

练习 2：架设 Apache+PHP 的执行环境。

练习 3：MySQL 数据库的安装

14.7 高 手 甜 点

甜点 1：架设 IIS+PHP 环境后不支持 MySQL 怎么办？

在 php.ini 的配置文件中找到 mysql 后做如下配置：

```
mysql.default port=3306
mysql.default_host=localhost
mysql.default_user=root
```

然后把 libmysql.dll 复制到 system32 目录下，把 php.ini 复制到 windows 目录下，最后重启计算机即可。

甜点 2：Apache 网站服务器配置修改完成后不能生效怎么办？

在 Apache+PHP 的执行环境下，如果修改了配置文件的任何一项设置，就必须将 Apache 网络同服务器重新启动才能生效。

第 15 章 架起动态网页的桥梁——定义动态网站与使用 MySQL 数据库

数据库是动态网站的关键性数据，可以说没有数据库就不可能实现动态网站的制作。本章就来介绍如何定义动态网站及使用 MySQL 数据库，包括 MySQL 数据库的使用方法、在网页中使用数据库、MySQL 数据库的高级设定等。

本章要点(已掌握的，在方框中打勾)

- ☐ 熟悉定义互动网站的重要性。
- ☐ 理解在 Dreamweaver 中定义互动网站意义。
- ☐ 掌握在网站中使用 MySQL 数据库的方法。
- ☐ 掌握在网页中使用数据库的方法。
- ☐ 掌握 MySQL 数据库的安全设定。

15.1 定义一个互动网站

定义一个互动网站是制作动态网站的第一步，许多初学者会忽略这一点，以至由 Dreamweaver CS6 所产生的代码无法与服务器配合。

15.1.1 定义互动网站的重要性

打开 Dreamweaver CS6 的第一步不是制作网页和写程序，而是先定义所制作的网站，原因如下。

(1) 将整个网站视为一个单位来定义，可以清楚地整理出整个网站的架构、文件的配置网页之间的关联等信息。

(2) 可以在同一个环境下一次性定义多个网站，而且各个网站之间不冲突。

(3) 在 Dreamweaver CS6 中添加了一项测试服务器的设置，如果事先定义好了网站，就可以让该网站的网页连接到测试服务器里的数据库资源当中，还可以在编辑画面中预览数据库中的数据，甚至打开浏览器来运行。

15.1.2 案例 1——在 Dreamweaver CS6 中定义网站

设置网站服务器是所有动态网页编写前的第一个操作，因为动态数据必须要通过网站服务器的服务才能运行。许多人都会忽略这个操作，以至程序无法执行或出错。

1. 整理制作范例的网站信息

在开始操作之前，请先养成一个习惯——整理制作范例的网站信息。具体做法是：将所要制作的网站信息以表格的方式列出，再按表来实施，这样不仅可以让网站数据井井有条，在维护工作时也能够更快地掌握网站情况。

如表 15-1 所示为整理出来的网站信息。

表 15-1 网站信息表

信息名称	内 容
网站名称	DWMXPHP 测试网站
本机服务器主文件夹	C:\Apache2.2\htdocs
程序使用文件夹	C:\Apache2.2\htdocs
程序测试网址	http://localhost/

2. 定义新网站

整理好网站的信息后，就可以正式进入 Dreamweaver CS6 进行网站编辑了。具体操作步骤如下。

step 01 在 Dreamweaver CS6 的编辑界面中，选择【站点】→【管理站点】命令，如

图 15-1 所示。

step 02 在【管理站点】对话框中，选择【新建站点】命令进入【站点】对话框，如图 15-2 所示。

提示 另外，用户也可以直接选择【站点】→【新建站点】命令进入【站点】对话框，如图 15-3 所示。

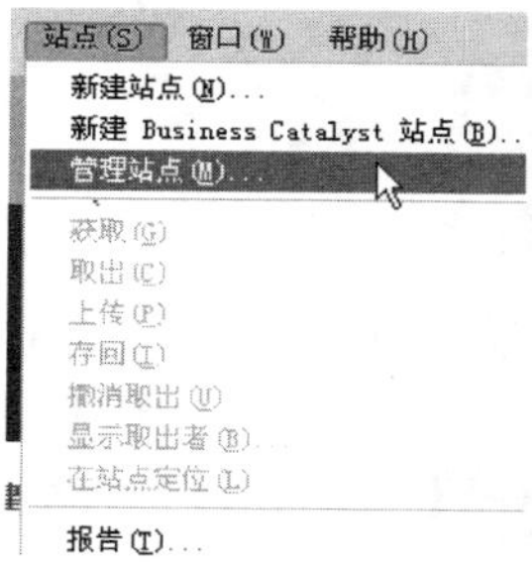

图 15-1 选择【管理站点】命令

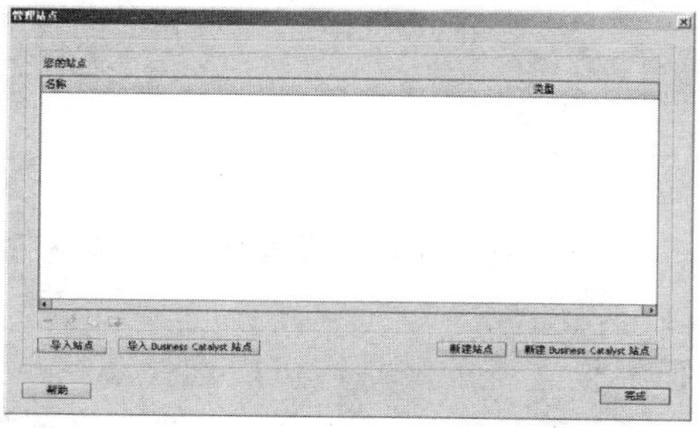

图 15-2 【管理站点】对话框

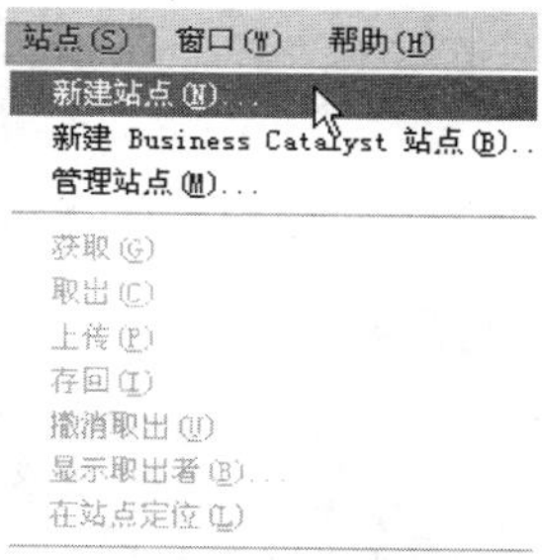

图 15-3 选择【新建站点】命令

step 03 打开站点设置对话框，输入站点名称为“DWMXPHP 测试网站”，选择本地站点文件夹位置为 C:\Apache2.2\htdocs，如图 15-4 所示。

step 04 在左侧列表中选择【服务器】选项卡，单击+按钮，如图 15-5 所示。

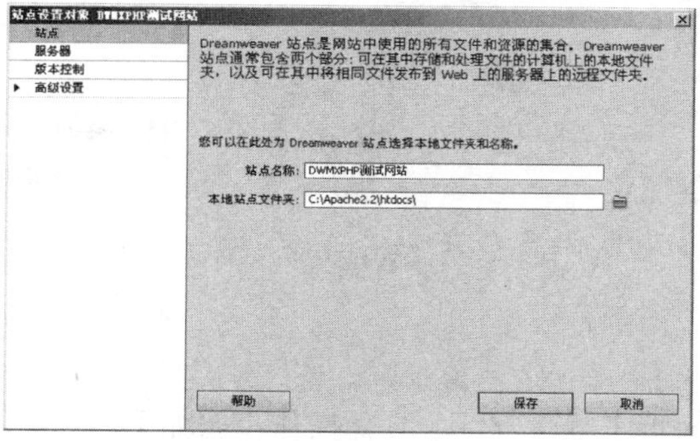

图 15-4 设置站点的名称与存放位置

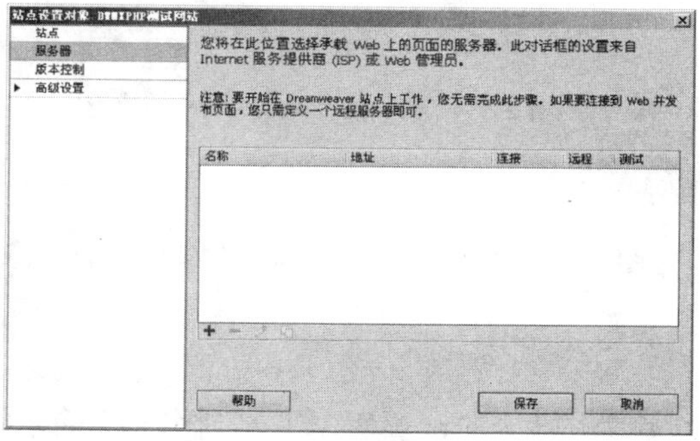

图 15-5 【服务器】对话框

step 05 在基本标签框中输入服务器名称“DWMXPHP 测试网站”，选择连接方法为【本地/网络】，选择服务器文件夹为 C:\Apache2.2，如图 15-6 所示。

提示 统一资源定位器(Uniform Resource Locatol，URL)是一种网络上的定位系统，可称为网站。Host 指 Internet 连接的电脑，至少有一个固定的 IP 地址。Localhost 指本地端的主机，也就是用户自己的电脑。

step 06 选择【高级】选项卡，设置测试服务器的服务器模型为 PHP MySQL，最后单击【保存】按钮保存站点设置，如图 15-7 所示。

注意 其他可选的服务器模型有 ASP VBScript、ASP JavaScript、ASP. NET (C#、VB)、ColdFusion、JSP 等。

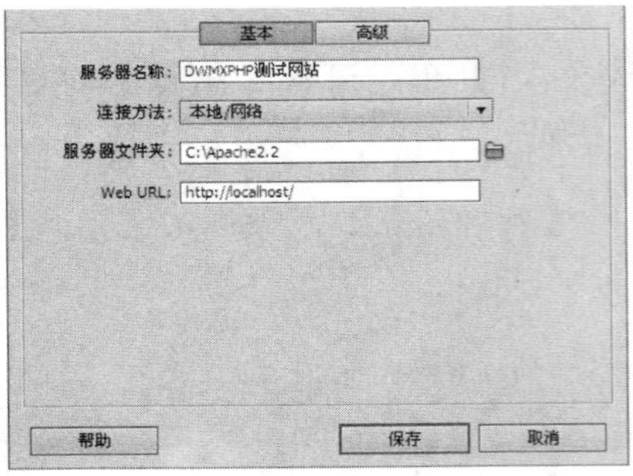

图 15-6 【基本】选项卡

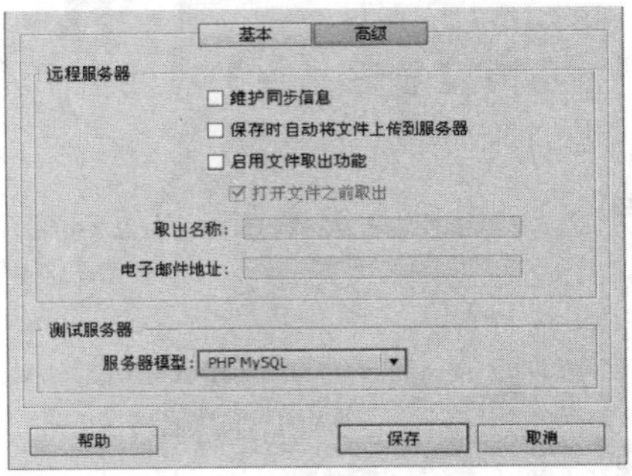

图 15-7 【高级】选项卡

step 07 返回到 Dreamweaver CS6 的编辑界面中，在【文件】面板上会显示所设置的结果，如图 15-8 所示。

step 08 如果想要修改已经设置好的网站，可以选择【站点】→【站点管理】命令，在打开的对话框中单击“铅笔”按钮，再次编辑站点的属性，如图 15-9 所示。

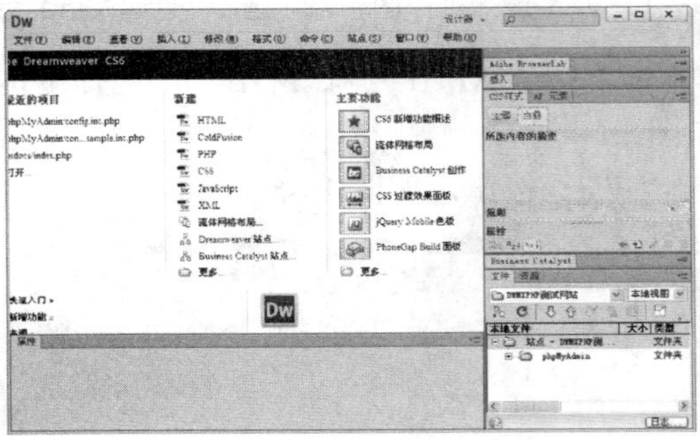

图 15-8 Dreamweaver CS6 的编辑界面

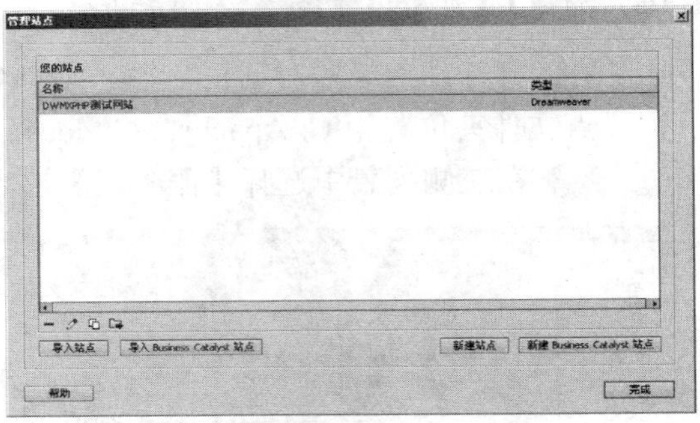

图 15-9 【管理站点】对话框

3. 测试设置结果

完成了以上的设置后，需要制作一个简单的网页来测试一下。具体操作步骤如下。

step 01 在【文件】面板中添加一个新文件并打开该文件进行编辑。要添加新文件，就要选中该网站文件夹后右击，在弹出的快捷菜单中选择【新建文件】命令，如图 15-10 所示。

step 02 双击<test.php>打开新文件，在页面上添加一些文字，如图 15-11 所示。

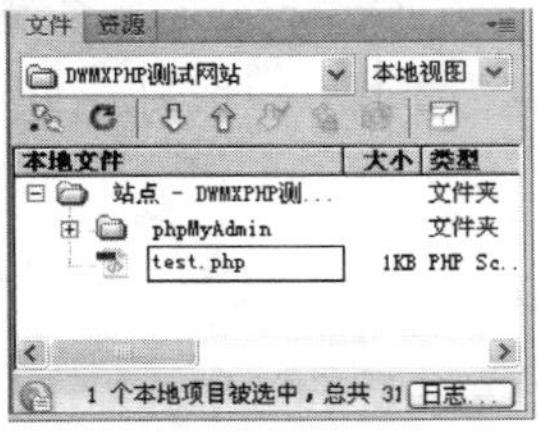

图 15-10 新建文件

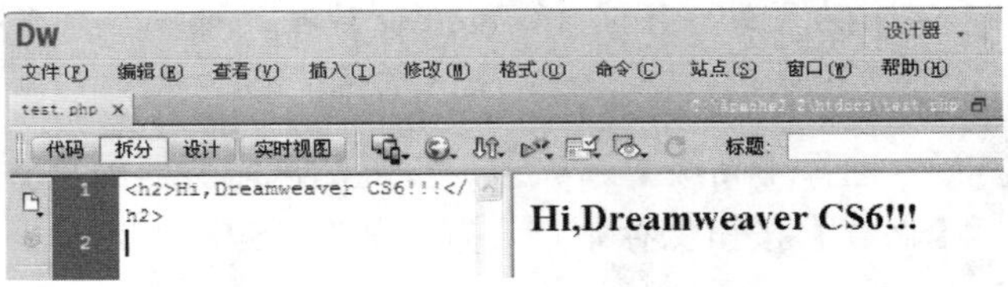

图 15-11 添加网页内容

step 03 添加完成后直接按 F12 键打开浏览器来预览，可以看到页面执行的结果，如图 15-12 所示。

图 15-12　网页预览结果

注意

不过这样似乎与预览静态网页时没有什么区别。仔细看看这个网页所执行的网址，它不再是以磁盘路径来显示，而是以刚才设置的 URL 前缀 http://localhost/再加上文件名来显示的，这表示网页是在服务器的环境中运行。

step 04 仅仅这样还不能完全显示出互动网站服务器的优势，因此还需再加入一行代码来测试程序执行的能力。首先回到 Dreamweaver CS6，在刚才的代码后再添加一行，执行下列操作，如图 15-13 所示。

提示

图 15-13 中的代码中的 date()是一个 PHP 的时间函数，其中的参数可设置显示格式，可以显示目前服务器的时间，而<?php echo...?>会将函数所取得的结果送到前端浏览器来显示。所以在执行这个页面时，应该会在网页上显示出服务器的当前时间。

step 05 按 Ctrl+S 组合键保存文件后，再按 F12 键打开浏览器进行预览，果然在刚才的网页下方出现了当前时间，这就表示了我们的设置确实可用，Dreamweaver CS6 的服务器环境也就此开始了，如图 15-14 所示。

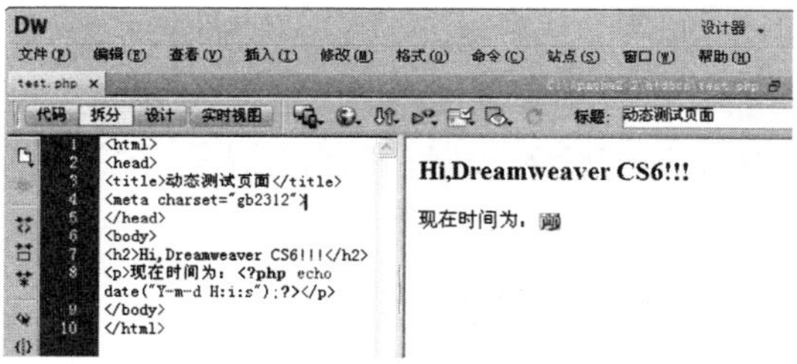

图 15-13　添加动态代码

图 15-14　动态网页预览结果

15.2　MySQL 数据库的使用

要使一个网站达到互动效果，不是让网页充满了动画和音乐，而是当浏览者对网页提出要求时，网站能做出相应的响应结果。而要实现这样的效果，通常需搭配数据库的使用，让网页读出保存在数据库中的数据。

15.2.1 数据库的原理

Dreamweaver CS6 可连接的数据库类型很多，从 dBase 到目前市场上的主流数据库 Access、SQLServer、MySQL、Oracle 等都能使用。在 Dreamweaver CS6 开发 PHP 互动网站的环境下所搭配的数据库为 MySQL。在使用数据库之前，必须对数据库的构造及运行方式有所了解，才能有效地制作互动程序。

数据库(Database)是一些相关数据的集合，我们可以通过一定的原则与方法添加、编辑和删除数据的内容，进而对所有数据进行搜索、分析及对比，取得可用的信息，产生所需的结果。

一个数据库不是只能保存一种简单的数据，它可以将不同的数据内容保存在同一个数据库中。比如，在进销存管理系统中，可以同时将货物数据与厂商数据保存在同一个数据库文件中，归类及管理时用起来都很方便。

若不同类的数据之间有关联还可以彼此使用。比如，可以查询出某种产品的名称、规格及价格，而且可以利用其厂商编号查询到厂商名称及联系电话。我们称保存在数据库中不同类别的记录集合为数据表(Table)。一个数据库中可以保存多个数据表，而每个数据表之间并不是互不相干的，如果有关联的话，它们是可以协同作业彼此合作的，如图 15-15 所示。

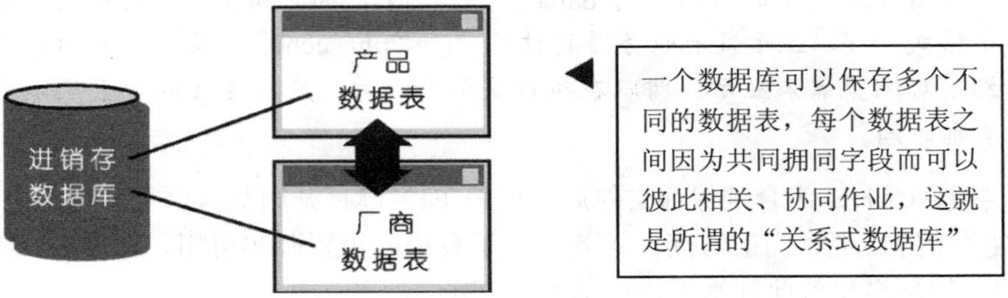

图 15-15　数据库示意图

每一个数据表都由一个个字段组合起来。比如，在产品数据表中，可能会有产品编号、产品名称和产品价格等字段，只要按照一个个字段的设置输入数据，即可完成一个完整的数据库，如图 15-16 所示。

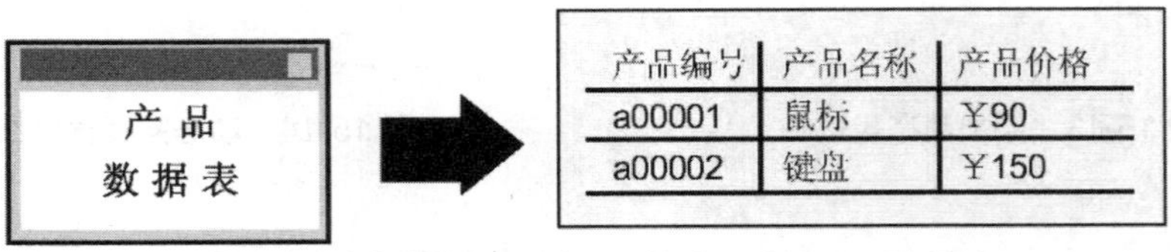

产 品
数 据 表
产品编号 产品名称 产品价格
a00001 鼠标 ￥90
a00002 键盘 ￥150

图 15-16　数据表示意图

这里有一个很重要的概念，一般人认为数据库是保存数据的地方，这是不对的。其实数据表才是真正保存数据的地方，数据库是放置数据表的场所，如图 15-17 所示。

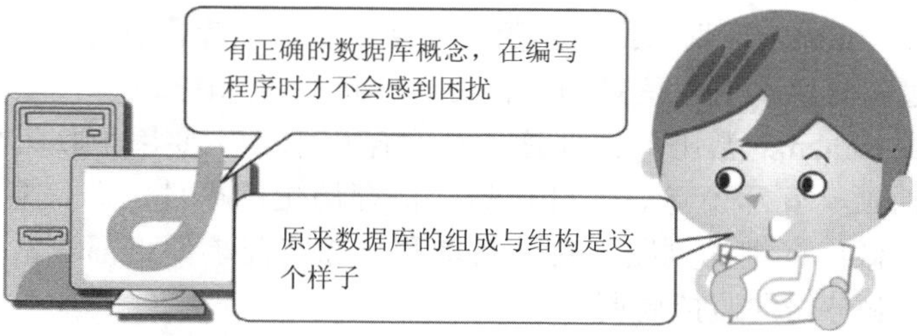

有正确的数据库概念，在编写程序时才不会感到困扰
原来数据库的组成与结构是这个样子

图 15-17　数据存放位置

15.2.2　案例 2——数据库的建立

由于 MySQL 数据库的指令都是在命令提示符界面中使用的，这对于初学者来说比较难。对此，本书将采用 phpMyAdmin 管理程序来执行，以便能有更简易的操作环境与使用效果。

1. 启动 phpMyAdmin 管理程序

phpMyAdmin 是一套使用 PHP 程序语言开发的管理程序，它采用网页形式的管理界面。如果要正确执行这个管理程序，就必须在网站服务器上安装 PHP 与 MySQL 数据库。

在第 14 章中，将 phpMyAdmin 管理程序下载后的压缩文件解压在本机服务器主文件夹中，路径是<C:\Apache2.2\htdocs\phpMyAdmin>。如果要启动 phpMyAdmin 管理程序，只要打开浏览器，输入网址“http://localhost/phpMyAdmin/index.php”即可启动，启动后的界面如图 15-18 所示。

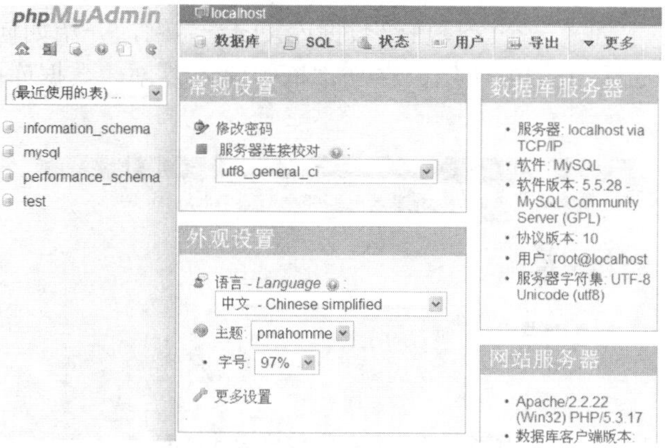

图 15-18　phpMyAdmin 的工作界面

2. 创建数据库

在 MySQL 数据库安装完毕之后，会有 4 个内置数据库：mysql、information_schema、performance_schema 及 test 产生。

- mysql 数据库：是系统数据库，在 24 个数据表中保存了整个数据库的系统设置，十分重要。

- information_schema 数据库：包括数据库系统有什么库，有什么表，有什么字典，有什么存储过程等所有对象信息和进程访问、状态信息。
- performance_schema 数据库：新增一个存储引擎，主要用于收集数据库服务器性能参数。包括锁、互斥变量、文件信息；保存历史的事件汇总信息，为提供 MySQL 服务器性能做出详细的判断，对于新增和删除监控事件点都非常容易，并可以随意改变 mysql 服务器的监控周期。
- test 数据库：是让用户测试用的数据库，可以在里面添加数据表来测试。MySQL 内置的 4 个数据库可在菜单中看到，如图 15-19 所示。

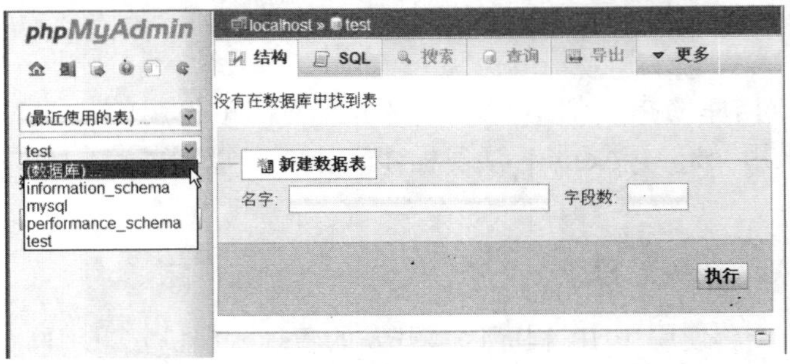

图 15-19　test 的测试界面

提示　performance_schema 是 MySQL5.5 新增的一个功能，可以帮助 DBA 了解性能降低的原因。mysql、information_schema 为关键库，不能被删除，否则数据库系统不再可用。

下面以在 MySQL 中创建一个学校班级数据库 class 为例，介绍如何添加一个同学通讯录的数据表 classmates，如图 15-20 所示，在文本框中输入要创建数据库的名称 class，再单击【创建】按钮即可。

图 15-20　新建学校班级数据库

提示　在一个数据库中可以保存多个数据表，以本页所举的范例来说明：一个班级的数据库中，可以包含同学通讯录数据表、教师通讯录数据表、期中考试分数数据表等。因此，这里需要创建数据库 class，也需要创建数据表 classmates。

3. 认识数据表的字段

在添加数据表之前，首先要规划数据表中要使用的字段。其中设置数据字段的类型非常重要，使用正确的数据类型才能正确地保存和应用数据。

在 MySQL 数据表中常用的字段数据类型可以分为以下 3 个类别。

(1) 数值类型。

该类型用来保存、计算的数值数据字段，比如，会员编号或是产品价格等。在 MySQL 中的数值字段按照保存的数据所需空间的大小有以下区别，如表 15-2 所示。

表 15-2　数值类型表

数值数据类型	保存空间	数据的表示范围
TINYINT	1byte	signed-128～127　unsigned 0～255
SMALLINT	2bytes	signed-32768～32767　unsigned 0～65535
MEDIUMINT	3bytes	signed-8388608～8388607　unsigned 0～16777215
INT	4bytes	signed-2147483648～2147483647　unsigned 0～4294967295
注：signed 表示其数值数据范围可能有负值，unsigned 表示其数值数据均为正值		

(2) 日期及时间类型。

该类型用来保存日期或时间类型的数据，比如，会员生日、留言时间等。MySQL 中的日期及时间类型有以下几种格式，如表 15-3～表 15-5 所示。

表 15-3　日期数据类型表

日期数据类型	
数据类型名称	DATE
存储空间	3 byte
数据的表示范围	'1000-01-01'～'9999-12-31'
数据格式	"YYYY-MM-DD"　"YY-MM-DD"　"YYYYMMDD"　"YYMMDD" YYYYMMDD YYMMDD
注：在数据格式中，若没有加上引号为数值的表示格式，前后加上引号为字符串的表示格式	

表 15-4　时间数据类型表

时间数据类型	
数据类型名称	TIME
存储空间	3 byte
数据的表示范围	'-838:59:59'～'838:59:59'
数据格式	Mhh:mm:ssN　"hhmmss" hhmmss
注：在数据格式中，若没有加上引号为数值的表示格式，前后加上引号为字符串的表示格式	

表 15-5　日期与时间数据类型表

日期与时间数据类型	
数据类型名称	DATETIME
存储空间	8 byte
数据的表示范围	'1000-01-01 00:00:00'～'9999-12-31 23:59:59'
数据格式	"YYYY-MM-DD hh:mm:ss" "YY-MM-DD hh:mm:ss" "YYYYMMDDhhmmss" "YYMMDDhhmmss" YYYYMMDDhhmmss YYMMDDhhmmss

注：在数据格式中，若没有加上引号为数值的表示格式，前后加上引号为字符串的表示格式

(3) 文本类型。

可用来保存文本类型的数据，如学生姓名、地址等。在 MySQL 中文本类型数据有下列几种格式，如表 15-6 所示。

表 15-6　文本数据类型表

文本数据类型	保存空间	数据的特性
CHAR(M)	M bytes，最大为 255 bytes	必须指定字段大小，数据不足时以空白字符填满
VARCHAR(M)	M bytes，最大为 255 bytes	必须指定字段大小，以实际填入的数据内容来存储
TEXT	最多可保存 25 535 bytes	不需指定字段大小

在设置数据表时，除了要根据不同性质的数据选择适合的字段类型之外，有些重要的字段特性定义也能在不同的类型字段中发挥其功能，常用的设置如下。

表 15-7　特殊字段数据类型表

特性定义名称	适用类型	定义内容
SIGNED、UNSIGNED	数值类型	定义数值数据中是否允许有负值，SIGNED 表示允许
AUTOJNCREMENT	数值类型	自动编号，由 0 开始以 1 来累加
BINARY	文本类型	保存的字符有大小写区别
NULL、NOTNULL	全部	是否允许在字段中不填入数据
默认值	全部	若是字段中没有数据，即以默认值填充
主键	全部	主索引，每个数据表中只能允许一个主键列，而且该栏数据不能重复，加强数据表的检索功能

提示　如果想要了解更多关于 MySQL 其他类型的数据字段及详细数据，可参考 MySQL 的使用手册或 MySQL 的官方网站 http://www. mysql.com。

4. 添加数据表

如表 15-8 所示是要添加一个同学通讯录数据表的字段的规划。

表 15-8 同学通讯录数据表

名 称	字 段	名称类型	Null	其 他
姓名	className	VARCHAR(20)	否	
性别	classSex	CHAR(2)	否	默认值：女
生日	classBirthda	yDATE	否	
电子邮件	classEmail	VARCHAR(100)	是	
电话	classPhone	VARCHAR(100)	是	
住址	classAddress	VARCHAR(100)	是	

其中有以下几个要注意的地方。

- 座号(classID)为这个数据表的主索引字段，基本上它是数值类型保存的数据，因为一般座号不会超过两位数，也不可能为负数，所以设置它的字段类型为 TINYINT(2)，属性为 UNSIGNED。为使在添加数据时，数据库能自动为学生编号，所以在字段上加入了 auto_increment 自动编号的特性。
- 姓名(className)属于文本字段，一般不会超过 10 个中文字，也就是不会超过 20 Bytes，所以这里设置为 VARCHAR(20)。
- 性别(classSex)属于文本字段，因为只保存一个中文字(男或女)，所以设置为 CHAR(2)，默认值为“女”。
- 生日(classBirthday)属于日期时间格式，设置为 DATE。
- 电子邮件(classEmail)、电话(classPhone)及住址(classAddress)都是文本字段，设置为 VARCHAR(100)，最多可保存 100 个英文字符，50 个中文字。因为每个人不一定有这些数据，所以这 3 个字段允许为空。

接下来要回到 phpMyAdmin 的管理界面，为 MySQL 中的 class 数据库添加数据表。选择创建的 class 数据库，输入添加的数据表名称和字段数，然后单击【执行】按钮，如图 15-21 所示。

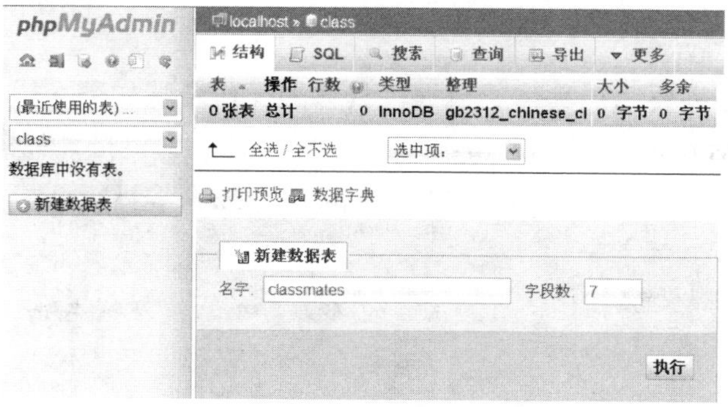

图 15-21 新建数据表

请按照前面规划的数据表内容，为数据表添加字段，如图 15-22 所示。

图 15-22　添加数据表字段

在操作上述设置的过程中，需要注意以下 4 点。

(1) 设置 ClassID 为整数。

(2) 设置 ClassID 为自动编号。

(3) 设置 ClassID 为主键列。

(4) 允许 classEmail、classPhoned、classAddress 为空位。

在设置完毕之后，单击【保存】按钮，在打开的界面中可以查看完成的 classmates 数据表，如图 15-23 所示。

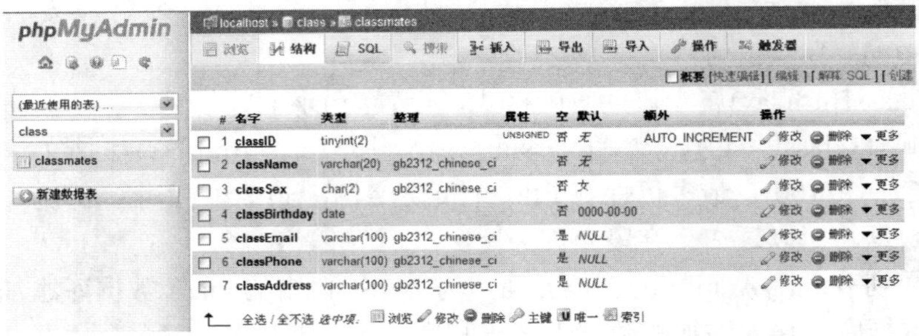

图 15-23　classmates 数据表

5. 添加数据

添加数据表后，还需要添加具体的数据，具体的操作步骤如下。

step 01 选择 classmates 数据表，单击菜单上的【插入】链接，如图 15-24 所示。

图 15-24　单击【插入】链接

step 02 依照字段的顺序，将对应的数值依次输入，单击【执行】按钮，即可插入数据。选择【继续插入 1 行】选项即可继续添加数据，如图 15-25 所示。

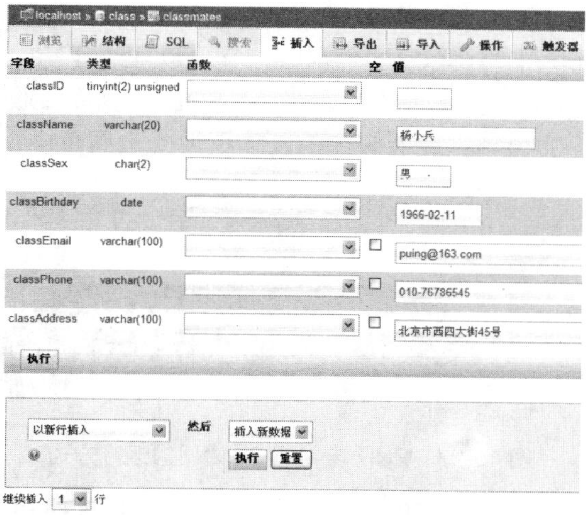

图 15-25 插入数据

step 03 按照图 15-26 所示的数据，重复执行步骤 1～2 的操作，将数据输入到数据表中。

classID	className	classSex	classBirthday	classEmail	classPhone	classAddress
1	杨小兵	男	1966-02-11	puing@163.com	010-76786545	北京市西四大街45号
2	金晶	女	1986-10-07	jinjing@126.com	022-34534563	温州市新华大街30号
3	倪淼	女	1986-12-17	nimiao@126.com	034-32445456	南京市夫子庙9号
4	林小红	女	1982-09-23	linxiaohong@126.com	029-45435634	天津市南开区红旗街49号
5	毛爱国	男	1978-12-30	maoaiguo@126.com	0445-32344634	上海市爱民路43号
6	厉小田	男	1988-03-07	lixiaotian@126.com	0932-65645635	北京市玉泉路54号
7	宁辉	男	1984-03-12	ninghui@126.com	010-84737273	北京市丰台区598号
8	蓝小天	男	1976-05-30	lanxiaotian@126.com	0554-67438382	广东市中山路553号
9	蒋凯华	男	1987-01-16	yayunaiwo@yahoo.com	021-88888888	上海市中山路888号
10	安小民	男	1949-10-01	anxiaoming@126.com	022-37453453	重庆市红岩路33号

图 15-26 输入的数据

15.3 在网页中使用 MySQL 数据库

一个互动网页的呈现，实际上就是将数据库整理的结果显示在网页上。所以，如何在网页中连接到数据库，并读出数据显示，甚至选择数据来更改，是使用 MySQL 数据库的一个重点。

15.3.1 网页取得数据库的原理

PHP 是一种网络程序语言，它并不是 MySQL 数据库的一部分，所以 PHP 的研发单位就制作了一套与 MySQL 沟通的函数。SQL(Structured Query Language，结构化查询语言)就是这些函数与 MySQL 数据库连接时所运用的方法与准则。

几乎所有的关系式数据库所采用的都是 SQL 语法，而 MySQL 就是使用它来定义数据库结构、指定数据库表格与字段的类型与长度、添加数据、修改数据、删除数据、查询数据，以及建立各种复杂的表格关联。

所以，当网页中需要取得 MySQL 的数据时，它可以应用 PHP 中 MySQL 的程序函数，通过 SQL 的语法来与 MySQL 数据库沟通。当 MySQL 数据库接收到 PHP 程序传递过来的 SQL 语法后，再根据指定的内容完成所叙述的工作再返回到网页中。PHP 与 MySQL 之间的运行方式如图 15-27 所示。

图 15-27　PHP 与 MySQL 之间的运行方式

根据这个原理，一个 PHP 程序开发人员只要在使用数据库时遵循下列步骤，即可顺利获得数据库中的资源。

(1) 建立连接(Connection)对象来设置数据来源。

(2) 建立记录集(Recordset)对象并进行相关的记录操作。

(3) 关闭数据库连接并清除所有对象。

15.3.2　案例 3——建立 MySQL 数据库连接

在 Dreamweaver CS6 中，连接数据库十分轻松简单。下面通过实例来说明如何使用 Dreamweaver CS6 建立数据库连接。

step 01 在 Dreamweaver CS6 中，选择所定义的网站“DWPHP 测试网站”，新建一个文件 showdata.php，并打开此文件，如图 15-28 所示。

step 02 选择【窗口】→【数据库】命令，进入【数据库】面板。单击+按钮，选择【MySQL 连接】命令进入设置对话框，如图 15-29 所示。

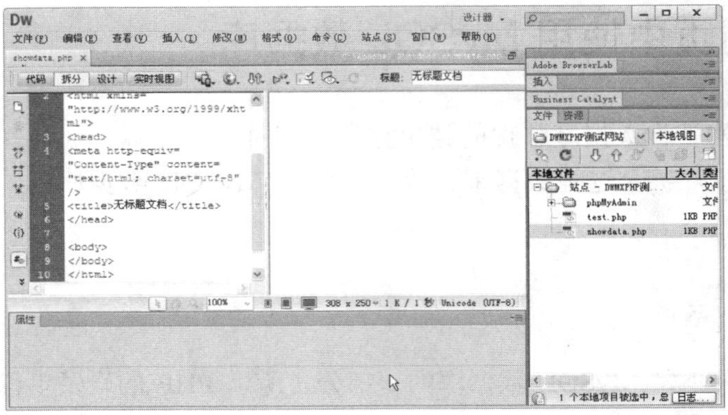

图 15-28　新建文件

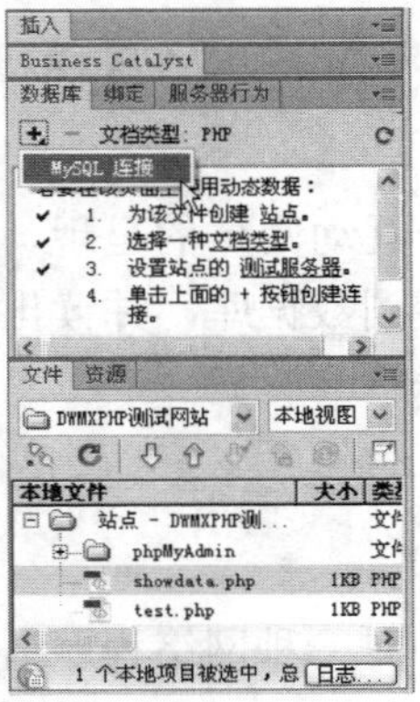

图 15-29　连接数据库

step 03 进入【MySQL 连接】对话框后，输入自定义的连接名称“connClass”，输入 mysql 服务器的用户名和密码，单击【选取】按钮来选取连接的数据库，如图 15-30 所示。

step 04 打开【选取数据库】对话框，选择 class 数据库，单击【确定】按钮，如图 15-31 所示。

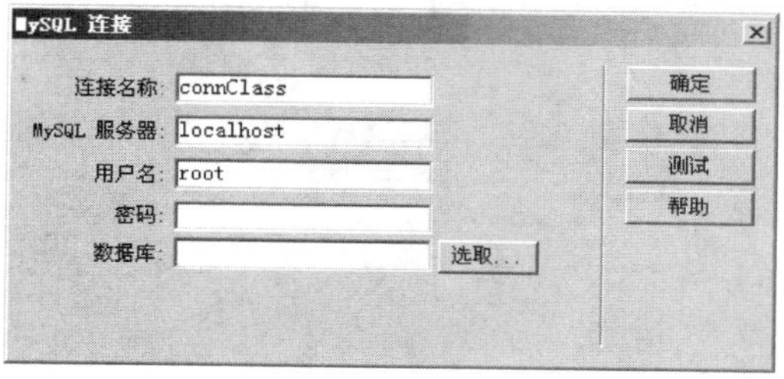

图 15-30 【MySQL 连接】对话框

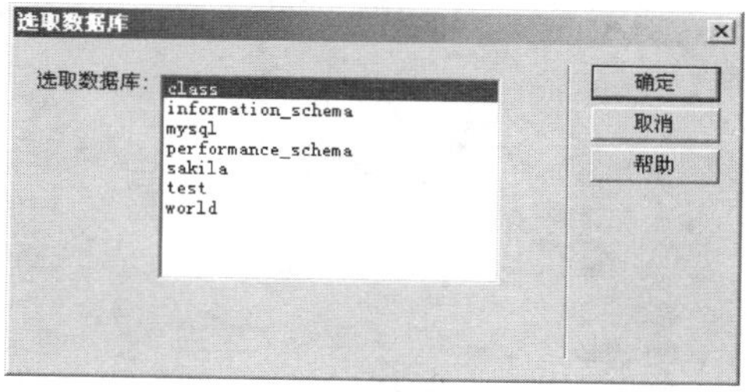

图 15-31 【选取数据库】对话框

step 05 返回到原界面后，单击【测试】按钮，提示成功创建连接脚本，单击【确定】按钮，如图 15-32 所示。

step 06 回到 Dreamweaver CS6 后，可以打开【数据库】面板。class 数据库的 classmates 数据表在连接设置后已经读入 Dreamweaver CS6 了，如图 15-33 所示。

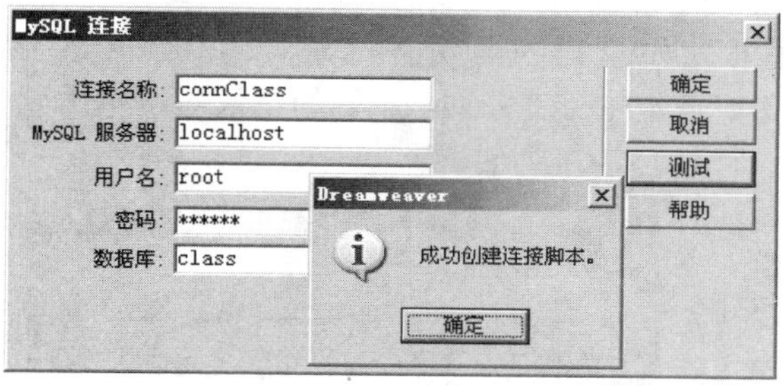

图 15-32 连接数据库

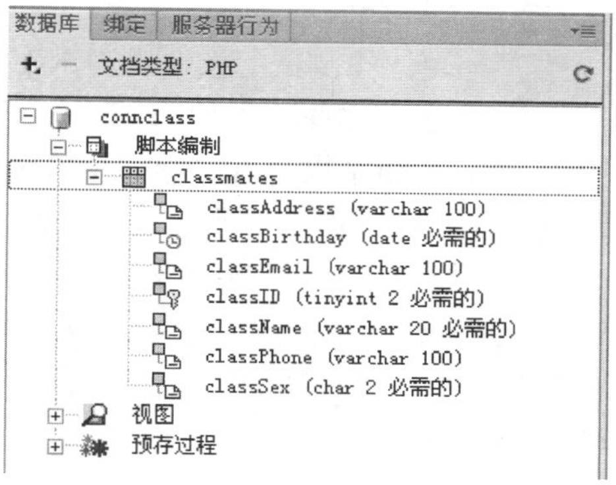

图 15-33 【数据库】面板

提示 权限概念的实现是 MySQL 数据库的特色之一。在设置连接时，Dreamweaver CS6 不时会提醒为数据库管理员加上密码，目的是要让权限管理加上最后一道锁。MySQL 数据库是默认不为管理员账户加密码的，所以必须在 MySQL 数据库调整后再回到 Dreamweaver CS6 时修改设置，在第 15.3.3 节中会对此重点说明。

15.3.3 案例 4——绑定记录集

在第 15.3.1 节中，曾讲过网页若要用到数据库中的资源，在建立连接后，必须建立记录集才能进行相关的记录操作。在这一节中，我们先简单说明如何在建立连接之后添加记录集。

所谓记录集，就是将数据库中的数据表按照要求来筛选、排序整理出来的数据，可在【绑定】面板中进行操作。

step 01 切换到【数据库】→【绑定】面板，单击+按钮，选择【记录集(查询)】命令，如图 15-34 所示。

step 02 打开【记录集】对话框。输入记录集名称，选择使用的连接，选择使用的数据库，选择【全部】单选按钮，显示全部字段，最后单击【确定】按钮，如图 15-35 所示。

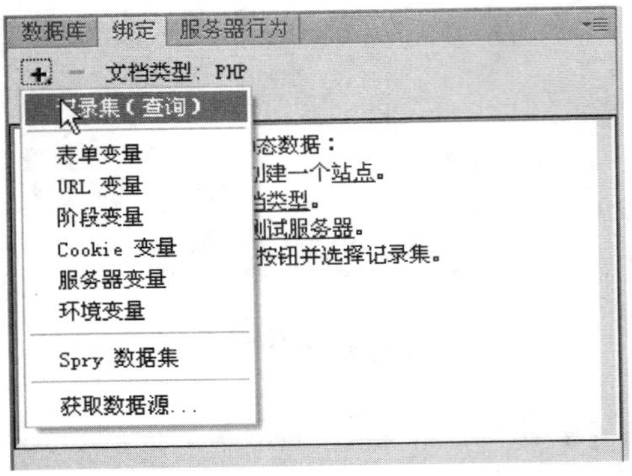

图 15-34　选择【记录集(查询)】命令

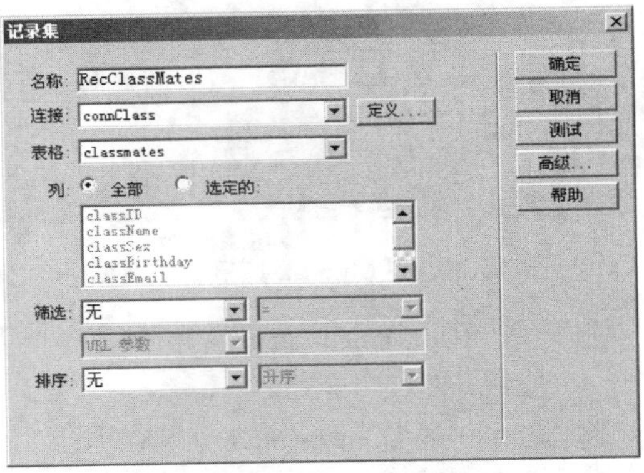

图 15-35　【记录集】对话框

step 03 单击【测试】按钮来测试连接结果，此时出现【测试 SQL 指令】对话框，上面显示了数据库中的所有数据，单击【确定】按钮回到先前的对话框。最后单击【确定】按钮结束设置，回到【绑定】面板，如图 15-36 所示。

step 04 在【绑定】面板上会看到名为【记录集(RecClassMates)】的记录集，单击⊞可以看到记录集内的所有字段名称，如图 15-37 所示。

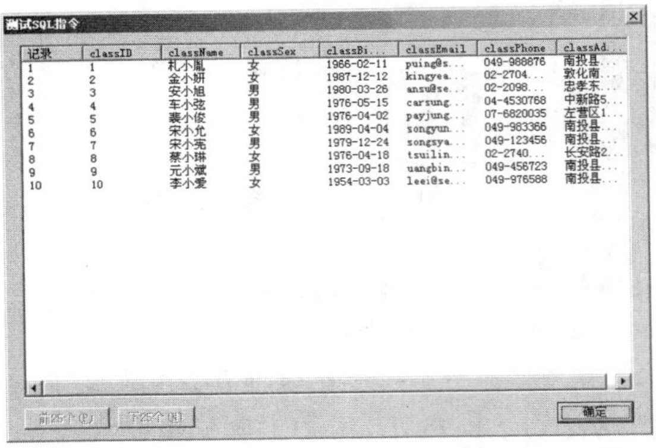

图 15-36　【测试 SQL 指令】对话框

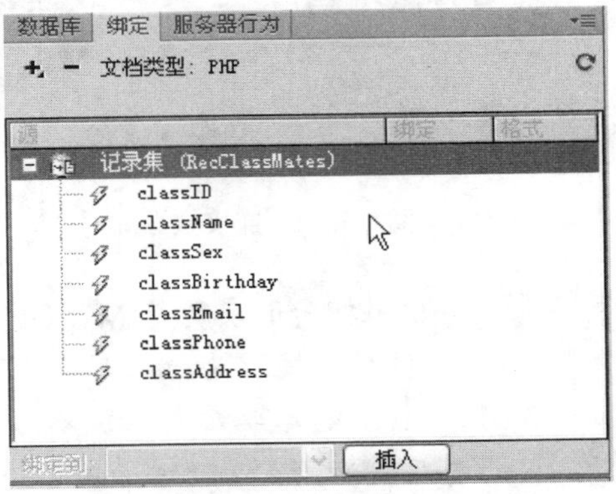

图 15-37　【绑定】面板

step 05 拖动这些字段将它放在网页上显示，如图 15-38 所示。

step 06 拖动完毕之后的效果如图 15-39 所示。

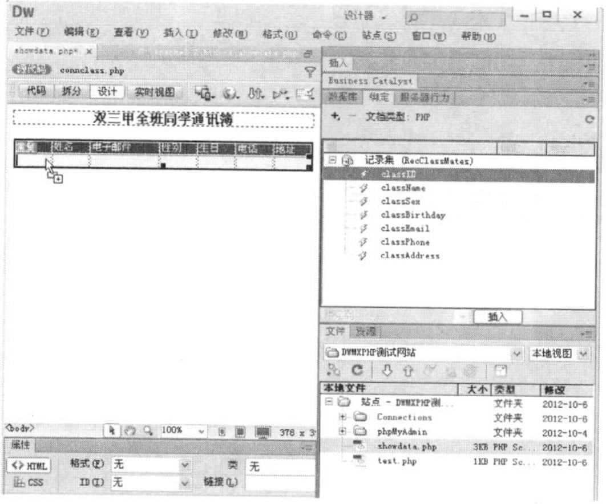

图 15-38 拖动字段

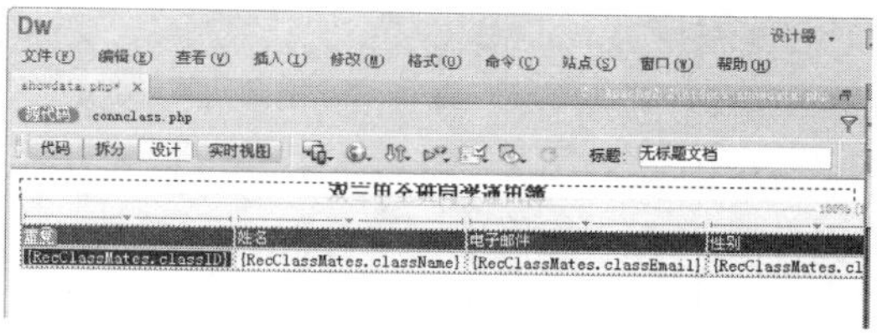

图 15-39 最终效果

step 07 在当前设置中，若是预览，只会读出数据库的第一笔数据，但在实际工作中需要设置【重复区域】，将所有数据一一读出。解决这一问题的方法是，首先选取设置重复的区域。在【服务器行为】选项卡中单击+号按钮，在弹出的快捷菜单中选择【重复区域】命令，如图 15-40 所示。

step 08 在打开的【重复区域】对话框中设置【显示】为【所有记录】来显示所有数据，再单击【确定】按钮，如图 15-41 所示。

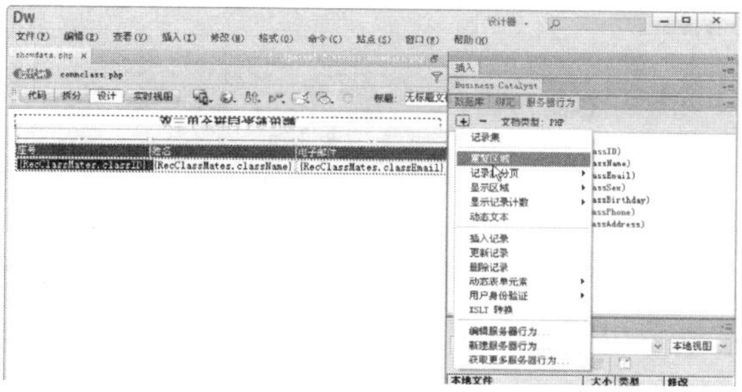

图 15-40 选择【重复区域】命令

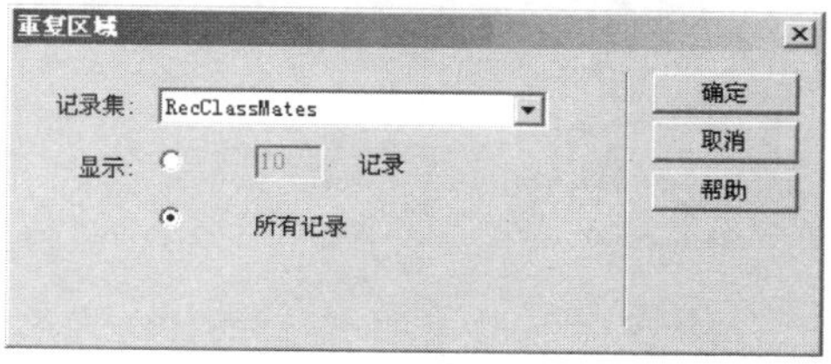

图 15-41 【重复区域】对话框

step 09 设置完毕后，在表格上方可以看到“重复”灰色标签，如图 15-42 所示。

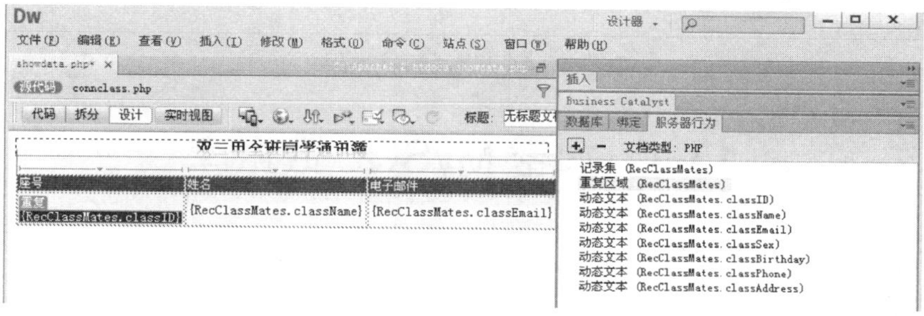

图 15-42 添加“重复”标签

step 10 预览结果。单击【活动数据视图】按钮进入即时数据视图的显示模式，会看到在编辑页面里数据被全部读了进来，如图 15-43 所示。

图 15-43　读出的数据信息

step 11 按 F12 键打开浏览器。Dreamweaver CS6 轻轻松松地将数据库的数据转化成了真实的网页，这样便完成了<showdata.php>的制作。选择【文件】→【保存】命令保存此网页，如图 15-44 所示。

双三甲全班同学通讯簿

座号	姓名	电子邮件	性别	生日	电话	地址
1	札小胤	puing@seetv.com	女	1966-02-11	049-988876	南投县埔里镇六合路12号
2	金小妍	kingyean@seetv.com	女	1987-12-12	02-27042762	敦化南路938号5楼
3	安小旭	ansu@seetv.com	男	1980-03-26	02-20981230	忠孝东路520号6楼
4	车小弦	carsung@seetv.com	男	1976-05-15	04-4530768	中新路530号7楼
5	裴小俊	payjung@seetv.com	男	1976-04-02	07-6820035	左营区1777号6楼
6	宋小允	songyung@seetv.com	女	1989-04-04	049-983366	南投县埔里镇南门路一巷10号
7	宋小宪	songsyan@seetv.com	男	1979-12-24	049-123456	南投县鱼池乡琼文巷123号
8	蔡小琳	tsuiling@seetv.com	女	1976-04-18	02-27408965	长安路256号9楼
9	元小斌	uangbing@seetv.com	男	1973-09-18	049-456723	南投县埔里镇建国北路10号
10	李小爱	leei@seetv.com	女	1954-03-03	049-976588	南投县埔里镇北环路一巷80号

图 15-44　网页预览效果

15.4　加密 MySQL 数据库

本节将介绍 MySQL 数据库的高级应用，主要包括 MySQL 数据库的安全、MySQL 数据库的加密等内容。

15.4.1 MySQL 数据库的安全问题

MySQL 数据库是存在于网络上的数据库系统，只要是网络用户，都能连接到该资源，如果没有权限或其他措施，任何人都可以对 MySQL 数据库进行存取。MySQL 数据库在安装完毕后，默认情况下是完全不设防的，即任何人都可以不使用密码就连接到 MySQL 数据库，这是一个相当危险的安全漏洞。

1. phpMyAdmin 管理程序的安全考虑

phpMyAdmin 是一套网页界面的 MySQL 管理程序，有许多 PHP 的程序设计师都会将这套工具直接上传到他的 PHP 网站文件夹里，管理员只能从远端通过浏览器登录 phpMyAdmin 来管理数据库。

这个方便的管理工具是否也是方便的入侵工具呢？没错，只要是对 phpMyAdmin 管理较为熟悉的朋友，看到该网站是使用 PHP+MySQL 的互动架构，都会去测试该网站 <phpMyAdmin>的文件夹是否安装了 phpMyAdmin 管理程序。若是网站管理员一时疏忽，未采取有效的手段，别人很容易通过此程序，进入该网站的数据库。

2. 防堵安全漏洞的建议

无论是 MySQL 数据库本身的权限设置，还是 phpMyAdmin 管理程序的安全漏洞，为了避免他人通过网络入侵数据库，用户必须做好以下几件事。

(1) 修改 phpMyAdmin 管理程序的文件夹名称。这个做法虽然简单，但至少已经拦截掉一大半非法入侵者了。最好是修改成不容易猜到，与管理或是 MySQL、phpMyAdmin 等关键字无关的文件夹名称。

(2) 为 MySQL 数据库的管理账号加上密码。我们一再提到 MySQL 数据库的管理账号 root，默认是不设任何密码的，这就好像装了安全系统，却没打开电源开关一样。所以，替 root 加上密码是相当重要的。

(3) 养成备份 MySQL 数据库的习惯。一旦所有安全措施都失效了，如果用户平常就有备份的习惯，那么即使数据被删除了，用户也能很轻松地将数据恢复。

15.4.2 案例 4——为 MySQL 管理账号加上密码

在 MySQL 数据库中的管理员账号为 root，为了保护数据库账号的安全，需要对管理员账号加密。具体操作步骤如下。

step 01 打开浏览器，在网址栏中输入“http:localhost/phpMyAdmin/index.php”，进入 phpMyAdmin 的管理主界面。单击【权限】文字链接，设置管理员账号的权限，如图 15-45 所示。

step 02 这里有两个 root 账号，分别为由本机(localhost)进入和所有主机(：：1)进入的管理账号，默认没有密码。首先修改所有主机的密码，单击【编辑权限】链接，进入下一界面，如图 15-46 所示。

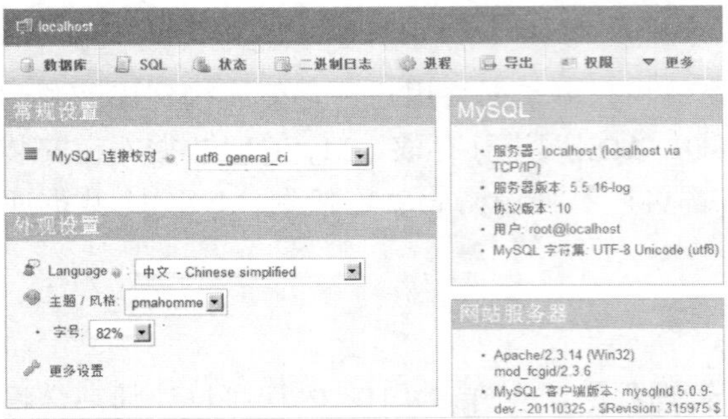

图 15-45　设置管理员密码

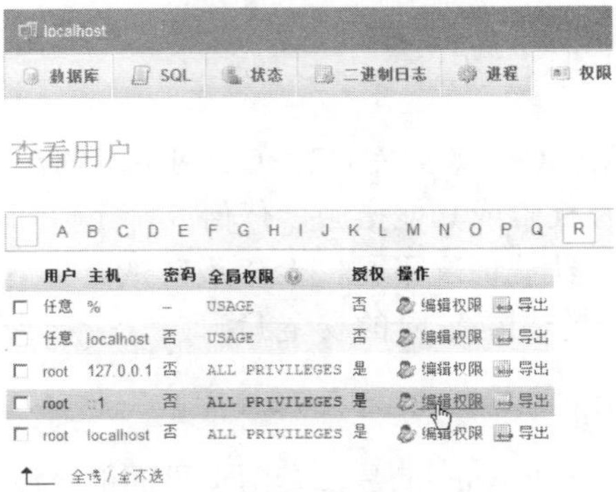

图 15-46　【查看用户】界面

step 03 在打开的界面中的【密码】文本框中输入所要使用的密码，单击【执行】按钮，如图 15-47 所示。

step 04 执行完成后，将显示执行的 SQL 语句。单击【编辑权限】链接，设置另一个账号，操作方法和上一步类似，此处再重复讲述，如图 15-48 所示。

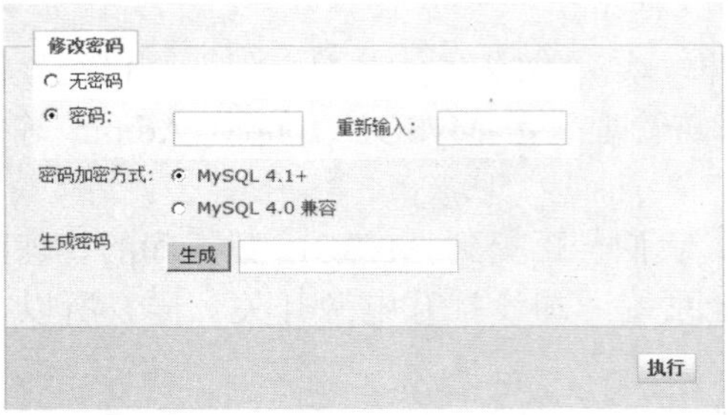

图 15-47　修改密码

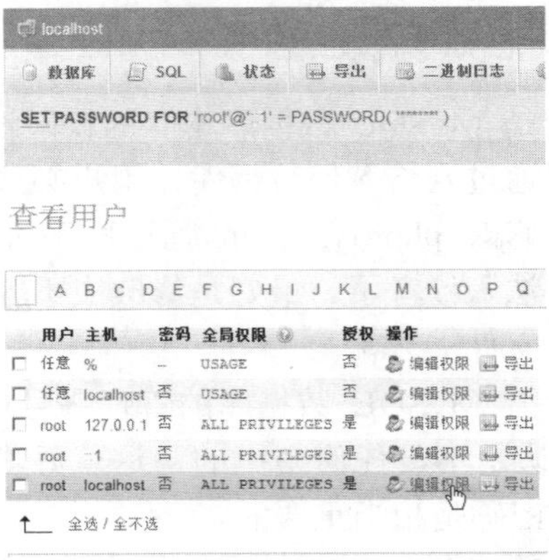

图 15-48　为其他账户添加密码

提示

在修改完毕之后重新登录管理界面，就可以正常使用 MySQL 数据库的资源了。修改过数据库密码之后，需要同时修改网站的数据库连接设置，操作见 15.3.2 节 step 03，设置 root 密码为相应密码即可。

15.5　实战演练——数据库的备份与还原

在 MySQL 数据库里备份数据，是十分简单又轻松的事情。本节将介绍如何备份 MySQL 的数据表，以及如何删除和插入数据表。

1. 数据库的备份

用户可以使用 phpMyAdmin 的管理程序将数据库中的所有数据表以一个单独的文本文件

导出。当数据库受到损坏或是要在新的 MySQL 数据库中加入这些数据时，只需将这个文本文件插入即可。

以本章所使用的文件为例，先进入 phpMyAdmin 的管理界面，就可以备份数据库了，具体的操作步骤如下。

step 01 选择需要导出的数据库，单击【导出】链接，进入下一页，如图 15-49 所示。

step 02 选择导出方式为【快速-显示最少的选项】，单击【执行】按钮，如图 15-50 所示。

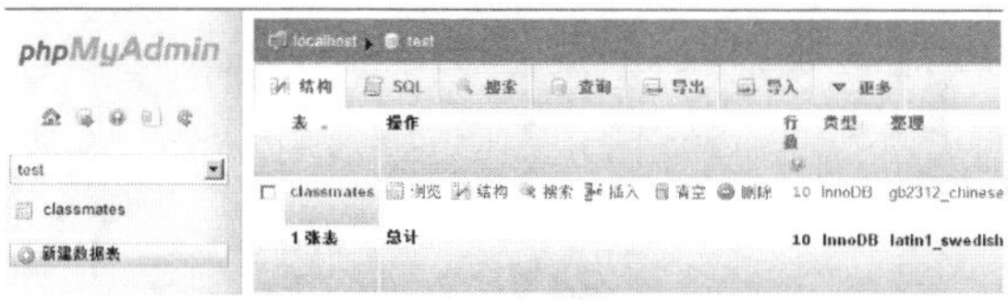

图 15-49　选择要导出的数据库

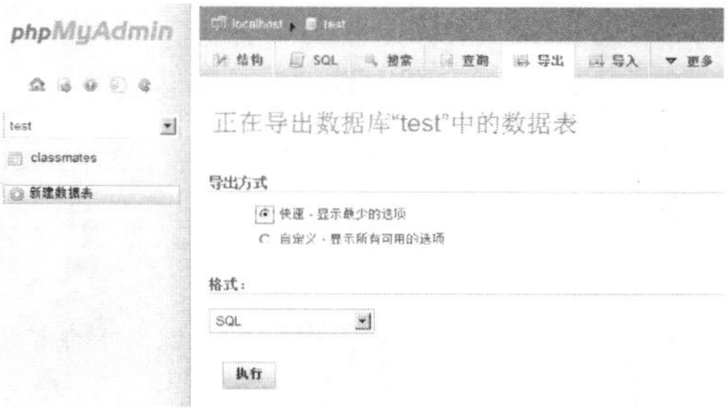

图 15-50　选择导出方式

step 03 打开【文件下载】对话框，单击【保存】按钮，如图 15-51 所示。

step 04 打开【另存为】对话框，在其中输入保存文件的名称，设置保存的类型及位置，如图 15-52 所示。

提示　MySQL 备份下的文件是扩展名为*.sql 的文本文件，这样的备份操作不仅简单，文件内容也较小。

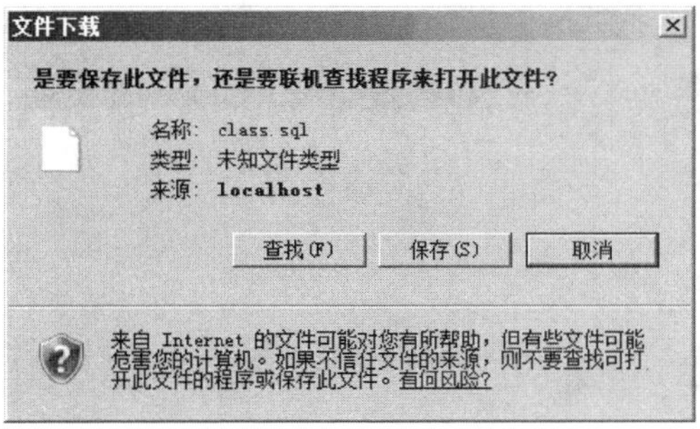

图 15-51　【文件下载】对话框

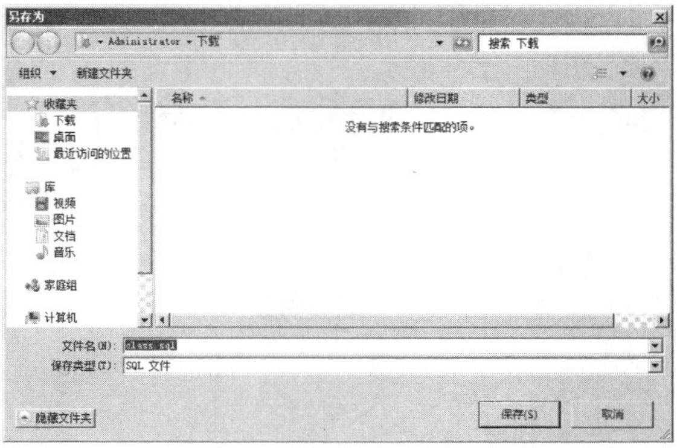

图 15-52　【另存为】对话框

2. 数据库的还原

还原数据库文件的操作步骤如下。

step 01 在执行数据库的还原前，必须将原来的数据表删除。单击 classmates 的【删除】链接，如图 15-53 所示。

step 02 此时会显示一个询问画面，单击【确定】按钮，如图 15-54 所示。

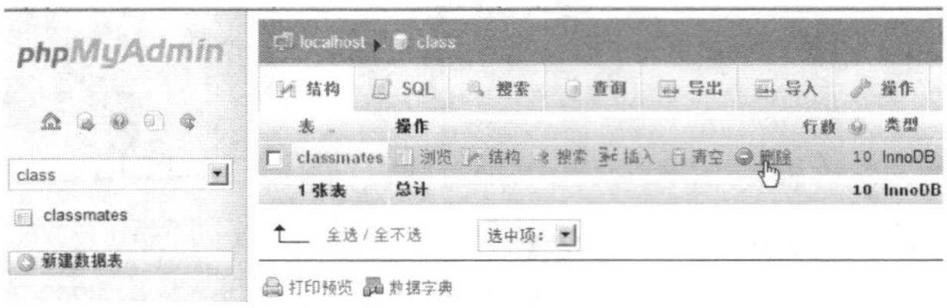

图 15-53　选中要删除的数据表

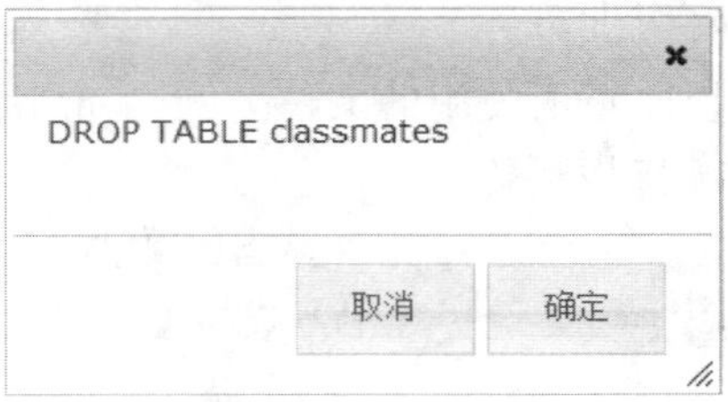

图 15-54　信息提示框

step 03 回到原界面，会发觉该数据表已经被删除了，如图 15-55 所示。

step 04 插入刚才备份的<class.sql>文件，将该数据表还原。单击【导入】链接，如图 15-56 所示。

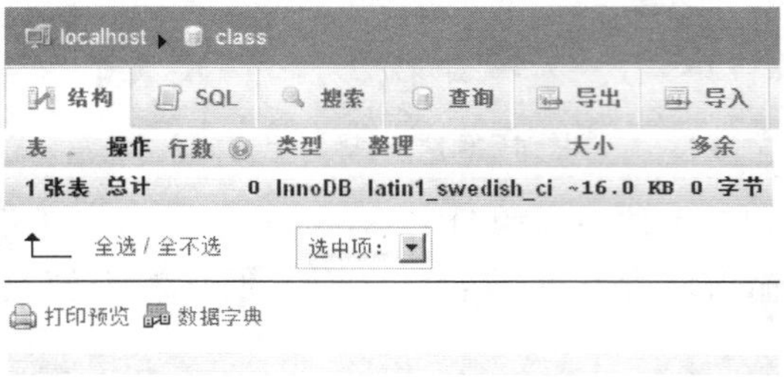

图 15-55　删除数据表

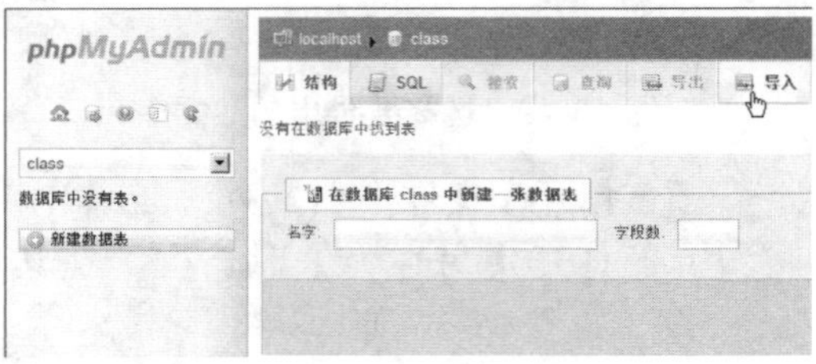

图 15-56　【导入】按钮

step 05 打开要导入的文件页面中，单击界面中的【浏览】按钮，如图 15-57 所示。

step 06 打开【选择要加载的文件】对话框，选择 C:\class.sql 文件，单击【打开】按钮，如图 15-58 所示。

图 15-57　【要导入的文件】界面

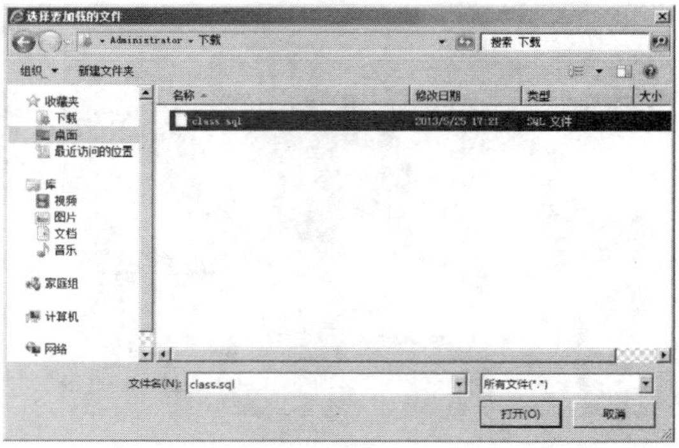

图 15-58　【选择要加载的文件】对话框

step 07 单击【执行】按钮，系统即会读取 class.sql 文件中所记录的指令与数据，将数据表恢复，如图 15-59 所示。

step 08 在执行完毕后，class 数据库中又出现了一个数据表，如图 15-60 所示。

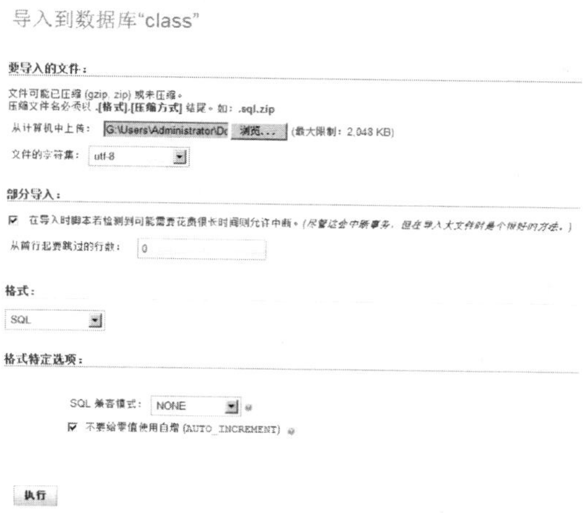

图 15-59　开始执行导入操作

图 15-60　导入数据表

step 09 这样原来删除的数据表 classmates 又还原了，如图 15-61 所示。

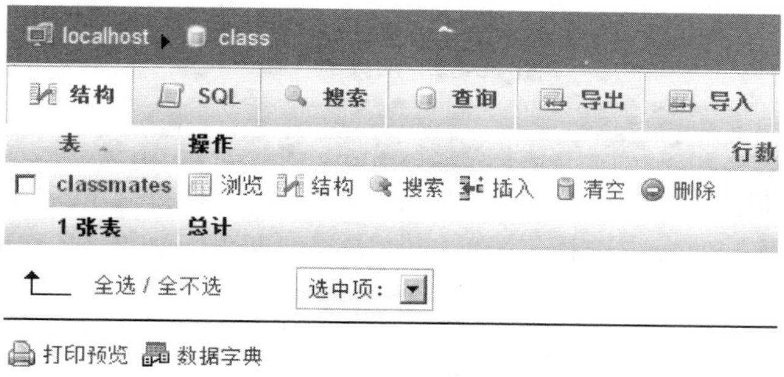

图 15-61　数据表操作界面

15.6　跟我练练手

15.6.1　练习目标

能够熟练掌握本章节所讲内容。

15.6.2　上机练习

练习 1：定义动态网站站点。

练习 2：MySQL 数据库的使用。

练习 3：在网页中使用 MySQL 数据库。

练习 4：加密 MySQL 数据库。

练习 5：备份与还原 MySQL 数据库。

15.7 高手甜点

甜点 1：如何解决 PHP 读出的 MySQL 数据中的乱码问题？

如图 15-62 所示，在连接文件中加入如下代码即可解决：

mysql_query("set character set 'gb2312'");//读数据库

mysql_query("set names 'gb2312'");//写数据库

```
<?php
# FileName="Connection_php_mysql.htm"
# Type="MYSQL"
# HTTP="true"
$hostname_connclass = "localhost";
$database_connclass = "class";
$username_connclass = "root";
$password_connclass = "root";
$connForum = mysql_pconnect($hostname_connclass, $username_connclass,
$password_connclass) or trigger_error(mysql_error(),E_USER_ERROR);
mysql_query("set character set 'gb2312'");//读库
mysql_query("set names 'gb2312'");//写库
?>
```

图 15-62　加入的代码

甜点 2：如何导出制定的数据表？

如果用户想导出制定的数据表，在选择导出方式时，选择【自定义-显示所有可用的选项】，然后在【数据表】列表中选择需要导出的数据表即可，如图 15-63 所示。

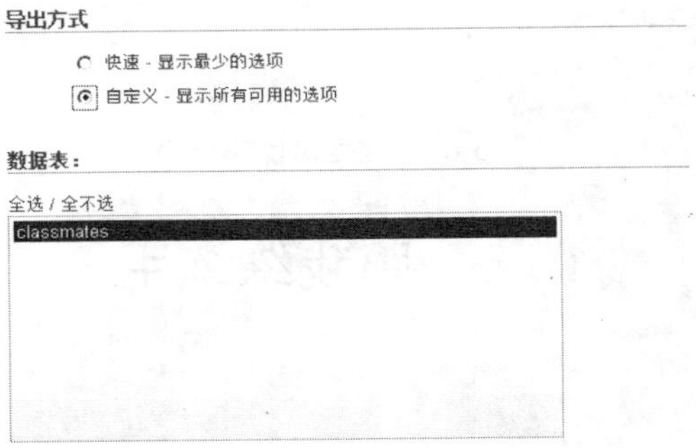

图 15-63　选择导出数据表的方式

第16章

开启动态网页制作之路——动态网站应用模块开发

在开发动态网站的过程中，开发人员经常会遇到添加需要的应用模块问题。本章就来介绍一下常见的动态应用模块的开发方法和技巧。包括在线点播模块的开发、网页搜索模块的开发、在线支付模块的开发、在线客服模块的开发和天气预报模块的开发。

本章要点(已掌握的，在方框中打勾)

- ☐ 熟悉网站模块的概念。
- ☐ 掌握模块的使用方法。
- ☐ 掌握常用动态模块的开发。

16.1 网站模块的概念

模块指在程序设计中，为完成某一功能所需的一段程序或子程序；或指能由编译程序、装配程序等处理的独立程序单位；或指大型软件系统的一部分。网站模块就是指在网站制作中能完成某一功能所需的一段程序或子程序。

在网站建设中，经常会用到一些功能，比如在线客服、在线播放、搜索、天气预报等，这些被称为常用功能。这些功能具有很好的通用性，在学习掌握之后可以直接运用到自己的网站建设中。

16.2 网站模块的使用

网站模块是实现某一功能的完整代码，在使用的时候，只需在合适的位置插入这段代码就行了。

16.2.1 案例 1——程序源文件的复制

本书会把每个不同的程序，以文件夹的方式完整地整理在<C:\Apache2.2\htdocs>里，请将本章范例文件夹中的<源文件\ model>完整复制到<C:\Apache2.2\htdocs>里，这样就可以进行网站的规划了。

16.2.2 案例 2——新建站点

请准备好先前的网站程序基本数据表来定义新建的站点。首先进入 Dreamweaver CS6 后选择主菜单的【站点】→【管理站点】后，在管理网站对话框中选择【新建】→【站点】进入对话框来设置。

step 01 打开【站点设置】对话框，输入站点名称“DWPHPCS6 网站模块”，选择站点文件夹为 C:\apach2.2\htdocs\model，如图 16-1 所示。

step 02 在左侧列表中选择【服务器】选项卡，单击+按钮，如图 16-2 所示。

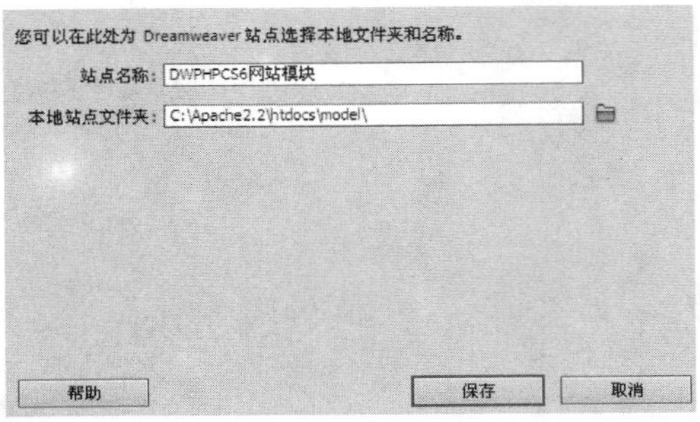

图 16-1 【站点设置】对话框

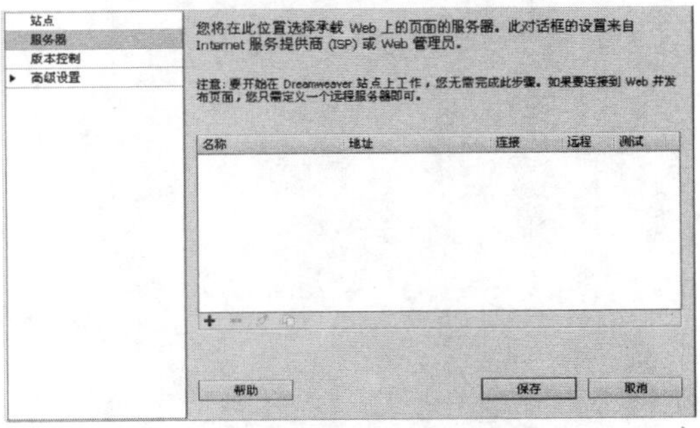

图 16-2 设置服务器

step 03 在基本标签框中输入服务器名称“DWPHCS6 网站模块”，选择连接方法为【本地/网络】，选择服务器文件夹为 C:\Apache2.2\htdocs\model，设置 Web URL 为 http://localhost/model/，如图 16-3 所示。

step 04 选择【高级】选项卡，设置测试服务器的服务器模型为 PHP MySQL，最后单击【保存】按钮保存站点设置，如图 16-4 所示。

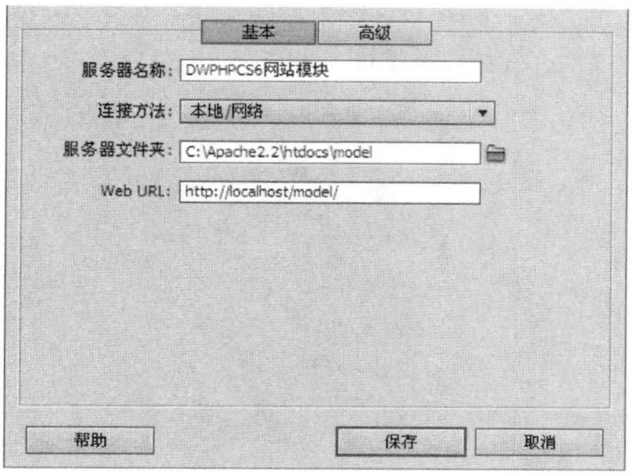

图 16-3 【基本】选项卡

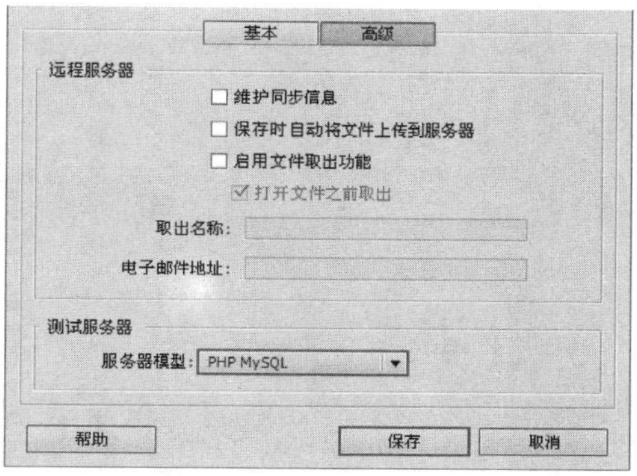

图 16-4 【高级】选项卡

16.3 常用动态网站模块开发

下面介绍常见动态网站模块的开发过程。

16.3.1 案例 3——在线点播模块开发

在线点播不仅能实现播放视频功能，还可以实现许多有用的辅助功能。

(1) 控制播放器窗口状态。

(2) 开启声音。

在线播放模块运行效果如图 16-5 所示。

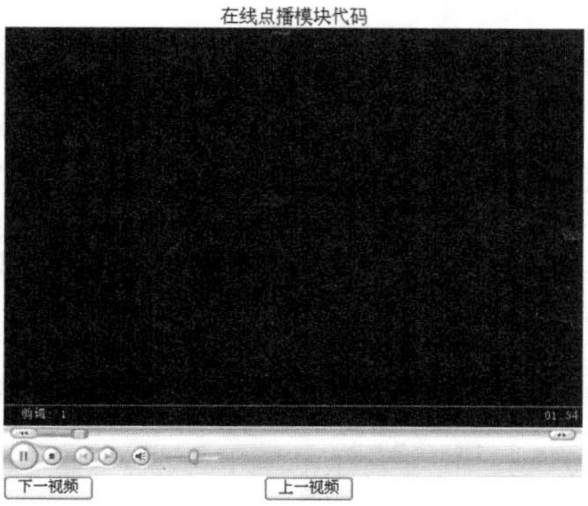

图 16-5 在线播放模块

在【文件】面板中选择要编辑的网页<sp\index..php>，双击将其打编辑区开在，如图 16-6 所示。从 code.txt 中复制粘贴到相应的位置，如图 16-7 所示。

图 16-6 打开代码编辑区

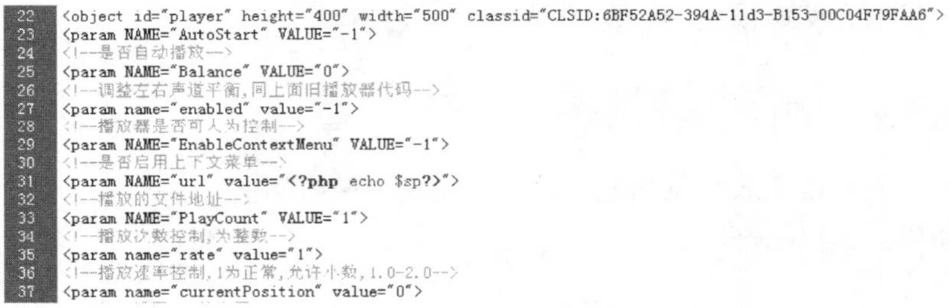

图 16-7 输入的代码

16.3.2 案例 4——网页搜索模块开发

在浏览网站中，我们经常看到有一个百度搜索框或者 google 的搜索框，如果在制作的网站中加入该模块，能为网站访客带来很大的便捷，实现效果如图 16-8 所示。

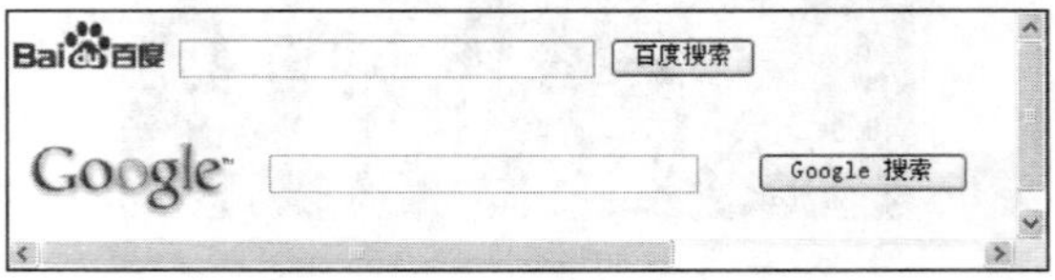

图 16-8 网页搜索模块

在【文件】面板中选择要编辑的网页<ss\index..php>，双击将其在编辑区打开，如图 16-9

所示。从 code.txt 中复制粘贴到相应的位置，如图 16-10 所示。

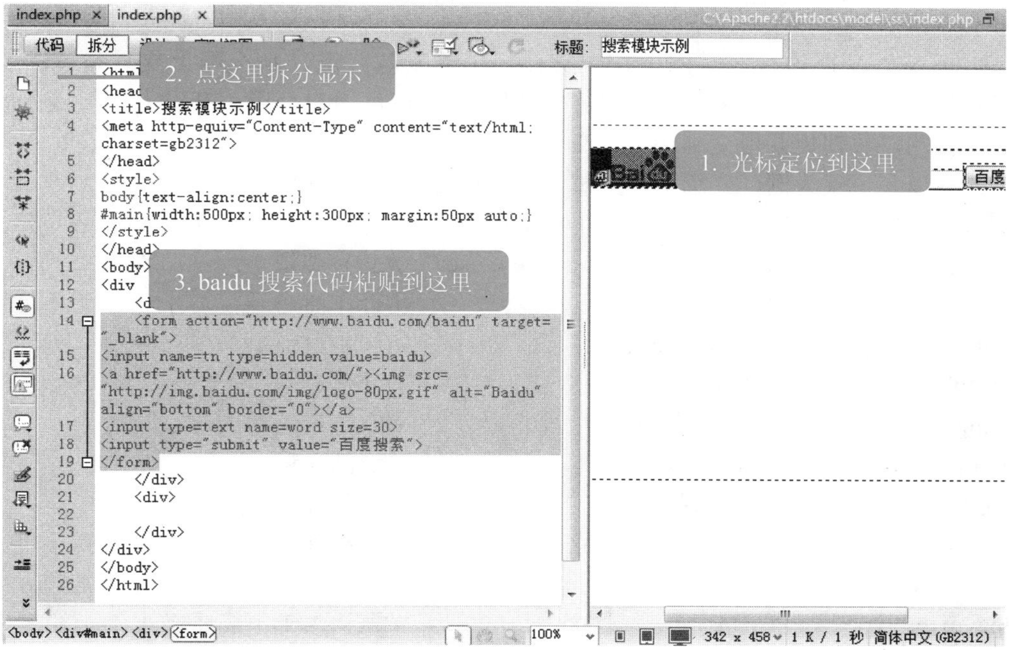

图 16-9　代码编辑区

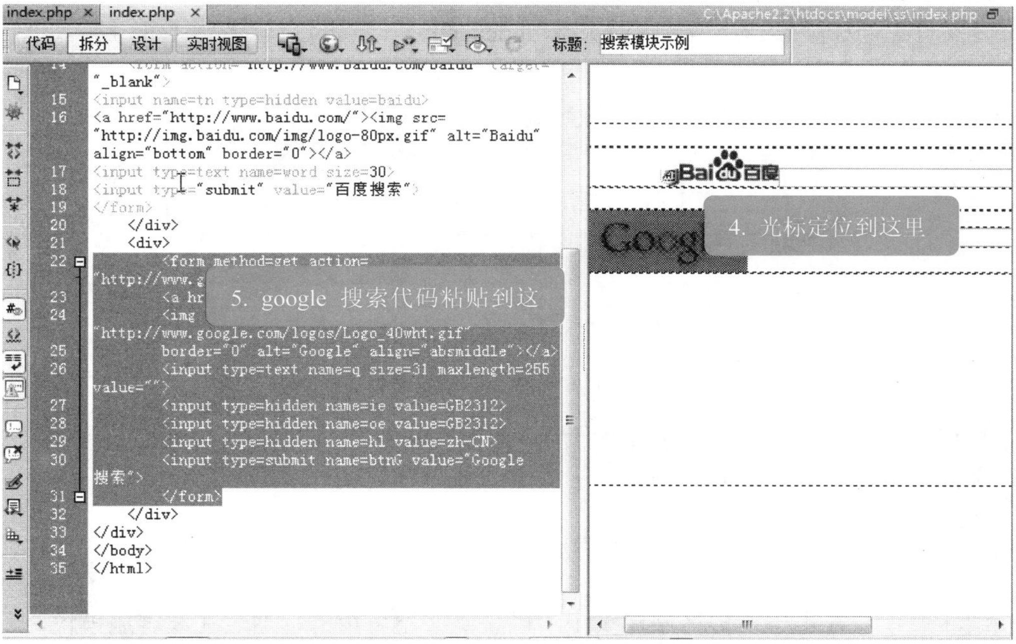

图 16-10　添加网页搜索模块代码

16.3.3 案例 5——在线支付模块开发

在电子商务发展的今天，网上在线支付应用越来越广泛，那么网上支付是怎么实现的呢。多数的银行和在线支付服务商都提供了相应的接口供用户使用，开发人员要做的就是把接口中需要的参数搜集并提交到接口页面中。

下面就以支付宝为例，介绍一下支付宝在支付过程中是如何搜集数据的。

支付宝接口文件可以从支付宝商家用户中申请获取，在接口数据中需要以下表单信息：

```
"service"          => "create_direct_pay_by_user", //交易类型
"partner"          => $partner,                    //合作商户号
"return_url"       => $return_url,                 //同步返回
"notify_url"       => $notify_url,                 //异步返回
"_input_charset"   => $_input_charset,             //字符集，默认为 GBK
"subject"          => "商品名称",                  //商品名称，必填
"body"             => "商品描述",                  //商品描述，必填
"out_trade_no"     => date(Ymdhms),                //商品外部交易号，必填(保证唯一性)
"total_fee"        => "0.01",                      //商品单价，必填(价格不能为 0)
"payment_type"     => "1",                         //默认为 1,不需要修改
"show_url"         => $show_url,                   //商品相关网站
"seller_email"     => $seller_email                //卖家邮箱，必填
```

在【文件】面板中选择要编辑的网页<zf\index..php>，双击将其在编辑区打开，如图 16-11 所示。

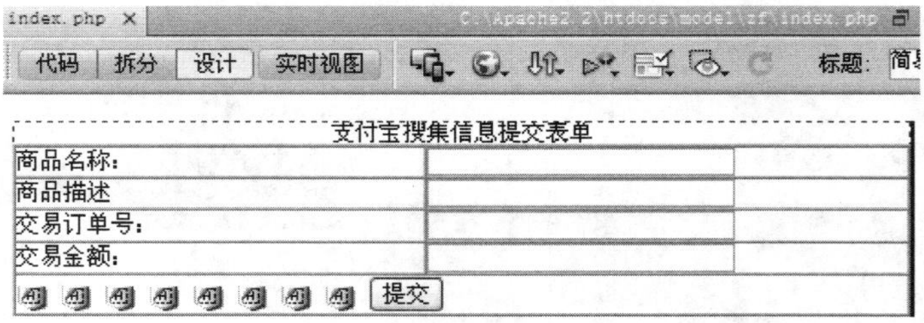

图 16-11　在线支付模块编辑区

这里根据接口需要的信息进行表单布局，并最后通过 post 把表单数据提交到接口页面，在接口页面只需要使用$_post【"表单字段名"】接收这些提交过来的信息就可以了。

16.3.4 案例 6——在线客服模块开发

在线客服模块在电子商务网站建设中可以说是必不可少的，通过在线客服模块，可以让访客很方便地与网站运营的客服人员进行沟通交流，如图 16-12 所示。

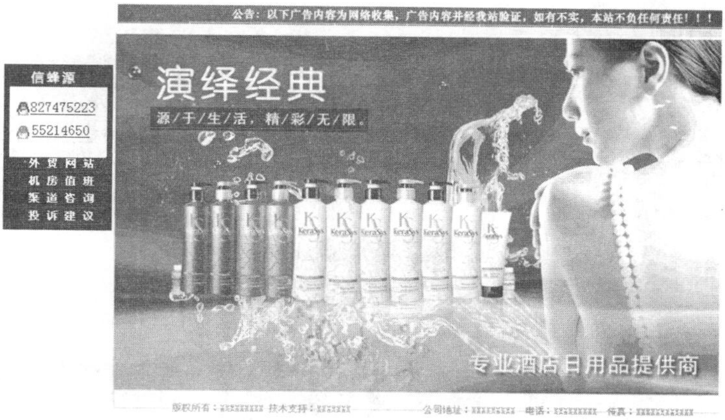

图 16-12　在线客服模块

在【文件】面板中选择要编辑的网页<qq\index..php>，双击将其在编辑区打开。切换到代码窗口，可以看到第一行为 qq 模块调用方式，如图 16-13 所示。

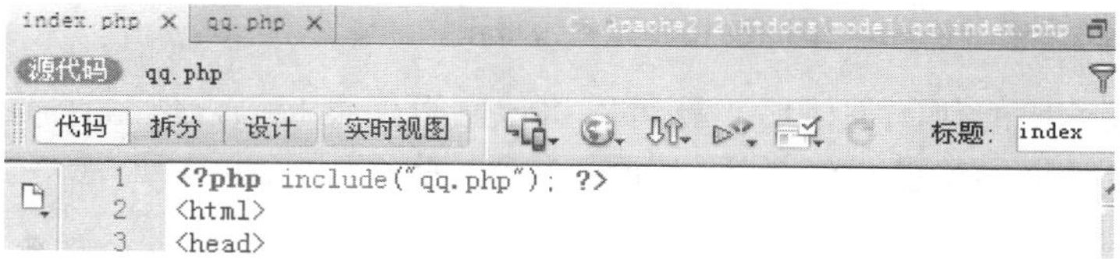

图 16-13　调用 QQ 的代码

接着打开模板文件 qq.php，找到修改 qq 号码的地方，在实际应用中在这里修改相应属性值就可以了，如图 16-14 所示。

图 16-14　修改代码

16.3.5　案例 7——天气预报模块开发

天气预报模块对一些办公性质的网站来说很实用，它可以通过一些天气网站提供的相关代码来实现。下面一段代码是由中国天气网提供的调用代码：

```
<iframe src="http://m.weather.com.cn/m/pn12/weather.htm " width="245"
height="110" marginwidth="0" marginheight="0" hspace="0" vspace="0"
frameborder="0" scrolling="no"></iframe>
```

在使用上述代码时只需将这段代码放入需要设置的地方就行了。

在【文件】面板中选择要编辑的网页<tq\index..php>，双击将其在编辑区打开。切换到拆分窗口，如图 16-15 所示。

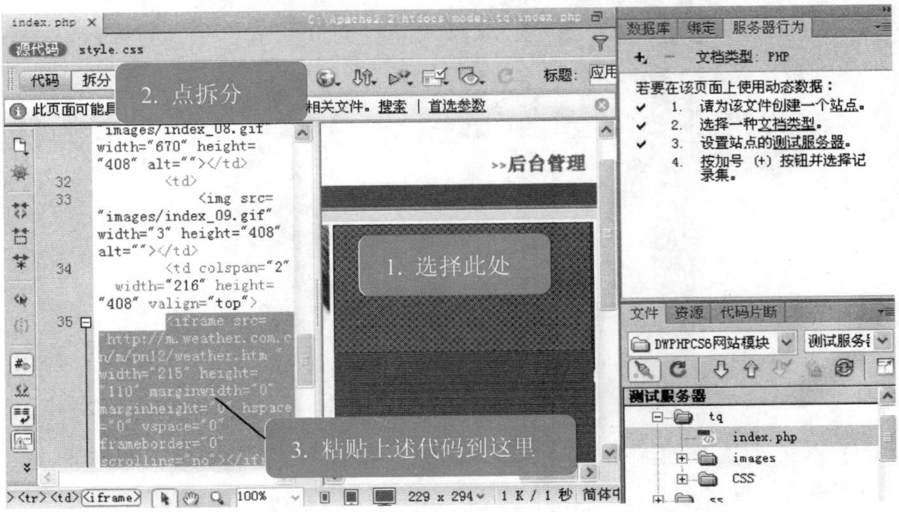

图 16-15　天气预报模块编辑区

添加天气预报模块的代码完成后，就可以将该网页保存起来，然后在 IE 浏览器中预览网页，可以看到天气预报模块的显示效果，如图 16-16 所示。

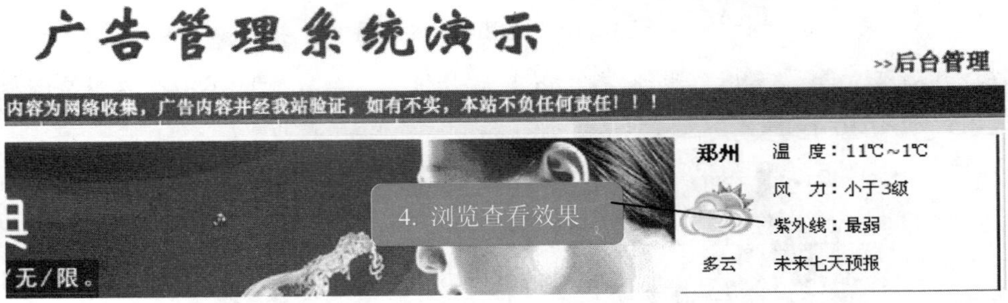

图 16-16　天气预报模块预览效果

第 17 章 娱乐休闲类网站开发实战

娱乐休闲类网页类型较多，结合主题内容不同，所设计的网页风格差异很大，比如聊天交友、星座运程、游戏视频等。本章主要以电影网为例，介绍娱乐休闲类网页的制作技巧与方法。

本章要点(已掌握的，在方框中打勾)

- ☐ 熟悉网站的分析与准备工作内容。
- ☐ 熟悉网站结构分析的方法。
- ☐ 掌握网站主页面的制作方法。
- ☐ 掌握网站二级页面的制作方法。
- ☐ 掌握网站后台管理的制作。

17.1　网站分析及准备工作

本章通过介绍电影网网站的建设，认识娱乐休闲类网站的制作与开发。

17.1.1　设计分析

休闲娱乐网站注重图文混排的效果。实践证明，只有文字的页面用户停留的时间相对较短。如果完全是图片，又不能概括信息的内容，用户看着就会不明白。因此使用图文混排的方式是比较恰当的。另外一点，休闲娱乐类网站要注意引入会员注册机制，这样可以积累一些忠实的用户群体，有利于网站的可持续性发展。

17.1.2　网站工作流程图

本章所制作的休闲娱乐网站的工作流程，如图 17-1 所示。

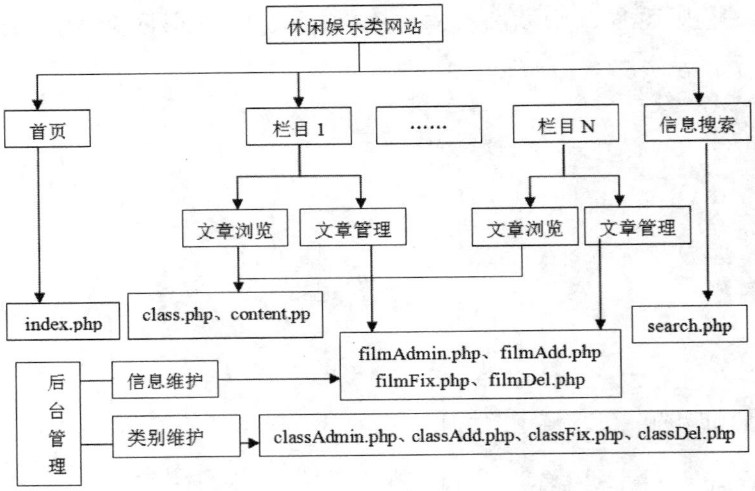

图 17-1　网站工作流程图

17.1.3　数据库分析

动态网站的核心就是后台数据库，要想制作本章的休闲娱乐网站，首先需要对所使用的数据库进行分析。

1. MySQL 数据库的导入

将本章范例文件夹中的<源文件\ch16>完整复制到 C:\Apache2.2\htdocs 中，之后就可以开始导入数据库了。

在该目录中有本章范例所使用的数据库备份文件<db_16.sql>，将其导入，其中包含了三个数据表：admin、filmclass、film。

2. 数据表分析

导入数据表之后，在这个页面中可以选择两个数据表后方的【结构】文字链接观看数据表内容，如图 17-2 所示。

表 ▲	操作						行数
admin	浏览	结构	搜索	插入	清空	删除	1
film	浏览	结构	搜索	插入	清空	删除	33
filmclass	浏览	结构	搜索	插入	清空	删除	7
3 张表	总计						41

图 17-2 导入的数据表

- admin 数据表：用于保存登录管理界面的账号与密码，主索引栏为[username]字段，如图 17-3 所示。

名字	类型	整理	属性	空	默认	额外	操作
username	char(20)	gb2312_chinese_ci		否			修改
passwd	char(20)	gb2312_chinese_ci		否			修改

用户名
密码

图 17-3 查看数据表

目前数据表中已经预存有一条数据，如图 17-4 所示，其值都为 admin，为默认使用的账号及密码。

username	passwd
admin	admin

图 17-4 账户与密码

- filmClass 数据表：主要用于电影分类的管理。本数据表以[class_id](电影类别管理编号)为主索引，并设定为 UNSIGNED、auto_increment，如图 17-5 所示。

名字	类型	整理	属性	空	默认
class_id	smallint(5)		UNSIGNED	否	无
classname	varchar(100)	gb2312_chinese_ci		否	
classnum	smallint(5)			否	0

编号
类别名称
排序号

图 17-5 filmClass 数据表

- film 数据表：主要用于每则网站电影信息的管理。本数据表以[film_id](网站电影信息管理编号)为主索引，并设定为 UNSIGNED、auto_increment，如图 17-6 所示。

名字
类型
整理
属性
空
默认
编号
发布时间
标题
分类
发布人
图片
是否推荐
是否新片
影片地区
下载地址
内容
film_id
smallint(5)
UNSIGNED
否
无
film_time
datetime
否
0000-
film_title
varchar(100)
gb2312_chinese_ci
否
film_type
varchar(100)
gb2312_chinese_ci
否
无
film_editor
varchar(100)
gb2312_chinese_ci
否
film_photo
varchar(100)
gb2312_chinese_ci
否
istop
smallint(5)
否
0
isnew
smallint(5)
否
0
film_country
smallint(5)
是
0
film_Url
varchar(100)
gb2312_chinese_ci
否
film_content
text
gb2312_chinese_ci
否
无

图 17-6　film 数据表

17.1.4　制作程序基本数据表

本章范例的网站程序基本数据表的内容，如表 17-1 所示。

表 17-1　网站程序基本数据表

信息名称	内　容
网站名称	CH16
本机服务器主文件夹	C:\Apache2.2\htdocs\ch16
程序使用文件夹	C:\Apache2.2\htdocs\ch16
程序测试网址	http://localhost/ ch16/
MySQL 服务器地址	localhost
管理账号/密码	root / root
使用数据库名称	Db_16
使用数据表名称	admin、filmclass、film

17.2　网站结构分析

本例中的网站首页面使用 1-2-1 型结构进行布局，主要包括导航、资讯中心及下方的脚注，效果如图 17-7 所示。

二级页面只有一个，使用 1-2-1 型结构进行布局，如图 17-8 所示。

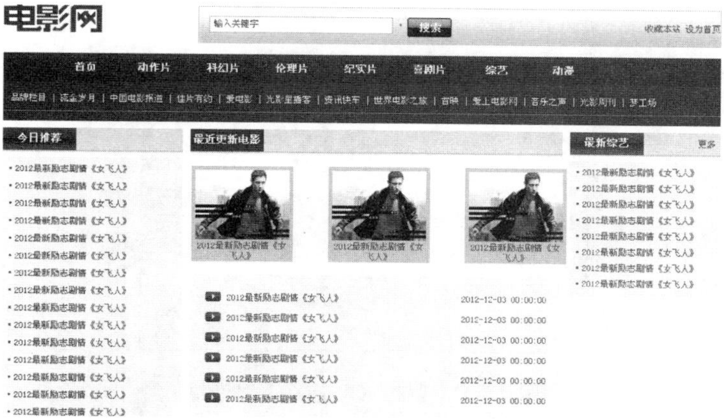

图 17-7 网站首页

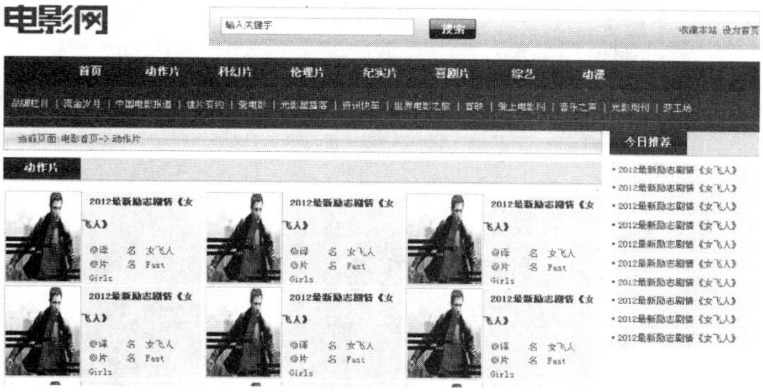

图 17-8 网站二级页面

17.3 网站主页面的制作

在做好了对网站的分析及准备工作之后，就可以正式开始制作网站了。下面就以在 Dreamweaver CS6 中制作为例进行介绍。

17.3.1 管理站点

制作网站的第一步工作就是创建站点。在 Dreamweaver CS6 中创建站点的方法在前面的章节中已经介绍，这里不再赘述。

17.3.2 网站广告管理主页面的制作

由于本书篇幅所限，这里只介绍完成页面制作过程中的步骤和数据绑定。

1. 数据库连接的设置

在【文件】面板选择要编辑的网页<index.php>，双击将其在编辑区打开，接着切换到

【数据库】面板。单击+号按钮，在弹出的菜单中选择【MySQL 连接】命令，打开【MySQL 连接】对话框，在其中输入连接的名称和 MySQL 的连接信息，单击【确定】按钮，即可完成数据库的连接设置，如图 17-9 所示。

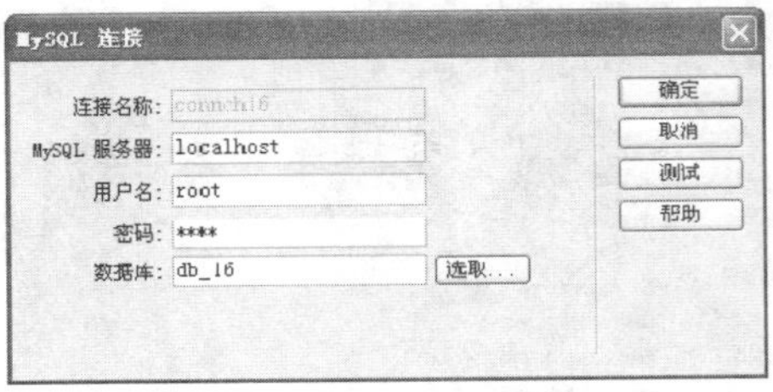

图 17-9 【MySQL 连接】对话框

2. 模块化处理网站顶部与底部

制作本章的实例时，仍然使用模块化结构思想，把多个页面共用的部分单独分离出来，形成多个单独页面，在需要使用模块的地方引入一下就行。本实例主要有两个需要单独分离的页面，分别是顶部导航(top.php)、网站底部(foot.php)。

3. 绑定数据库

在首页中有九处需要动态调用数据的地方，分别是今日推荐、推荐图片、最新电影、最新综艺、最新动作、最新国产、最新欧美、最新日韩、最新动漫，如图 17-10 所示。

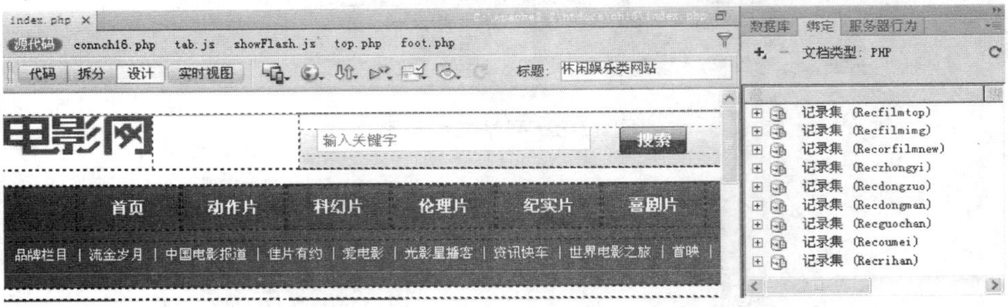

图 17-10 网站的首页

分别对首页中的数据进行绑定的操作步骤如下。

step 01 在【绑定】面板中打开今日推荐 Recfilmtop 记录集，此记录集从信息表中检索标记 istop=1 的 15 条最新信息，如图 17-11 所示。

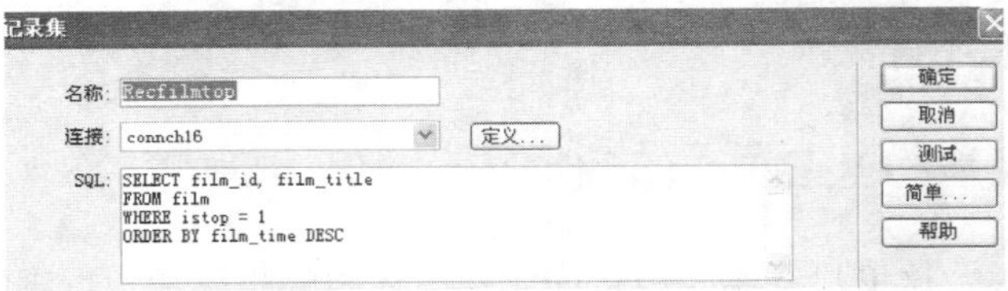

图 17-11 【记录集】对话框

step 02 选择【服务器行为】→【重复区域】选项，打开【重复区域】对话框，设定重复区域的参数，如图 17-12 所示。

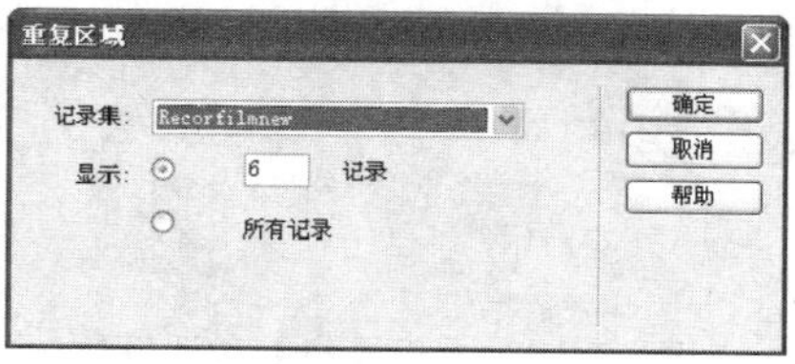

图 17-12 【重复区域】对话框

step 03 打开推荐图片记录集(Recifnotop)，从电影表中检索最新推荐的信息以图片形式显示在首页，如图 17-13 所示。

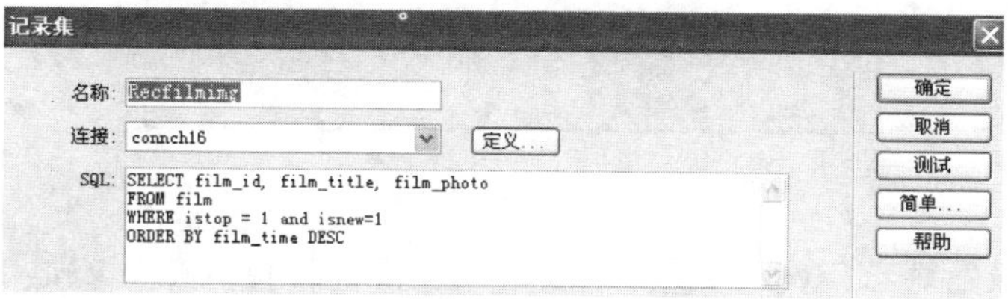

图 17-13 【记录集】对话框

step 04 选择【服务器行为】→DWTeam→Horizontal LooperMX 选项，并将其设置成为 1 行 2 列，如图 17-14 所示。

step 05 打开 Horizontal LooperMX 对话框，设置图片以 1 行 2 列的方式水平显示，如图 17-15 所示。

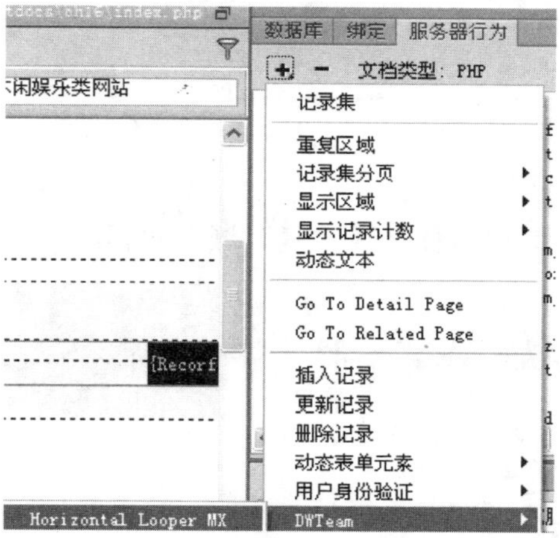

图 17-14 选择 Horizontal LooperMX 选项

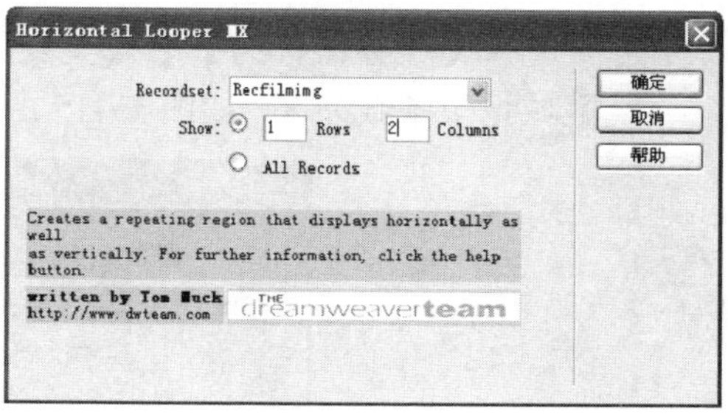

图 17-15 Horizontal LooperMX 对话框

step 06 打开最新电影记录集(Recfilmnew)，获取最新的电影信息，如图 17-16 所示。

step 07 选择【服务器行为】→【重复区域】选项，打开【重复区域】对话框，设定重复区域记录条数为 6，如图 17-17 所示。

图 17-16 【记录集】对话框

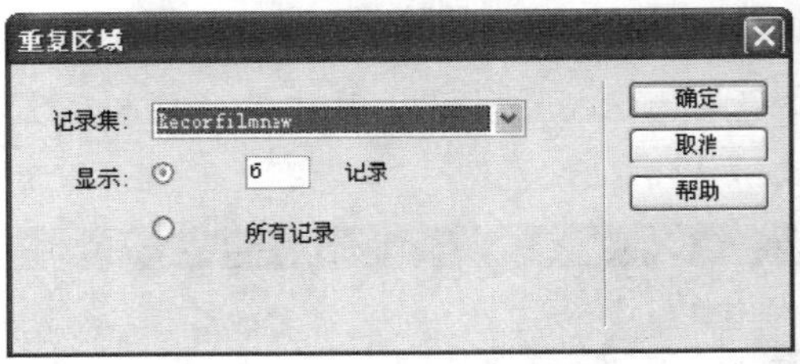

图 17-17 【重复区域】对话框

step 08 打开最新综艺(Reczhongyi)、最新动作(Recdongzuo)、最新动漫(Recdongman)记录集，分别完成对最新发布的综艺信息、动作电影信息、动漫信息的检索。这里以 film_type 和 isnew 作为检索条件，只是改变了一下 film_type 参数值，如图 17-18 所示。

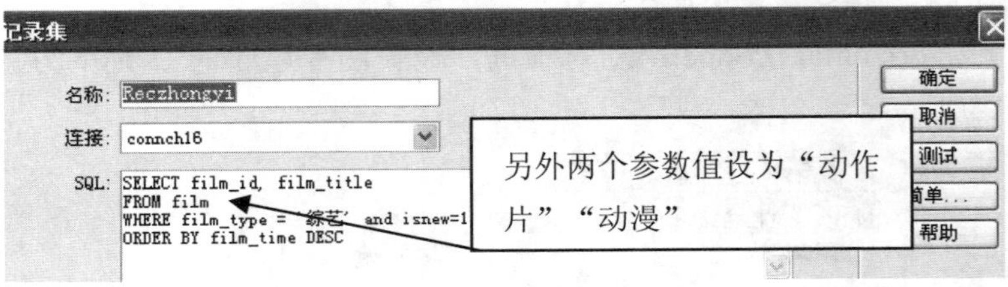

图 17-18 【记录集】对话框

step 09 选择【服务器行为】→【重复区域】选项，打开【重复区域】对话框，设定重复区域记录条数为 8，如图 17-19 所示。

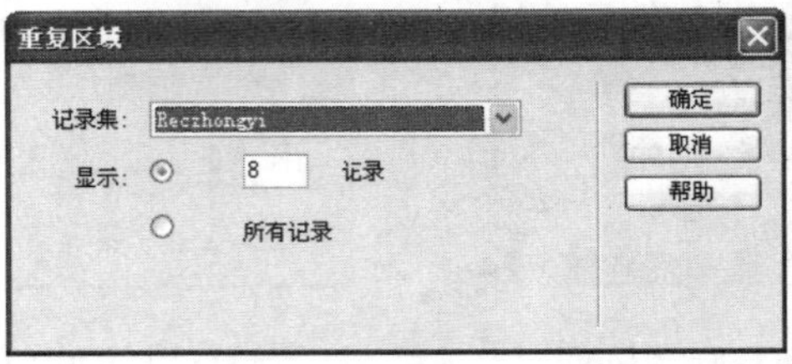

图 17-19 【重复区域】对话框

step 10 打开最新上传国产(Recguochan)、最新上传欧美(Recoumei)、最新上传日韩(Recrihan)记录集，分别完成对最新上传的国产电影、欧美电影、日韩电影的检索，设置条件为 film_type 和 film_country。在条件设置时用 1 代表国产，2 代表欧美，3 代表日韩，如图 17-20 所示。

图 17-20 【记录集】对话框

step 11 选择【服务器行为】→DWTeam→Horizontal Looper MX 选项，如图 17-21 所示。

step 12 打开 Horizontal LooperMX 对话框，设置图片以 1 行 3 列的方式显示，如图 17-22 所示。

图 17-21 Horizontal Looper MX 选项

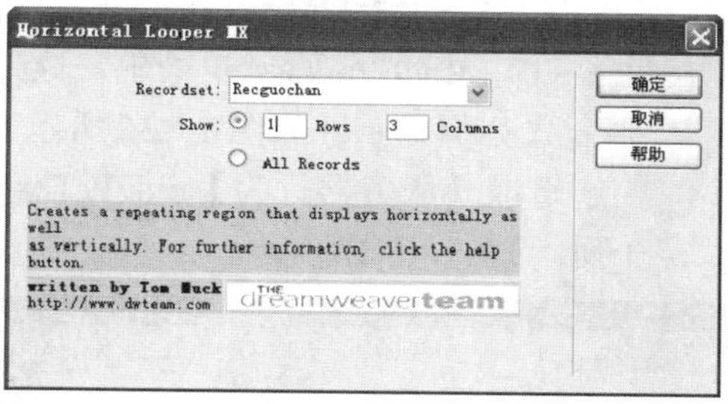

图 17-22 Horizontal LooperMX 对话框

17.4 网站二级页面的制作

在【文件】面板中打开目录下的 class.php，在列表中创建一个获取所有本类电影信息的记录集 Recfilmclass 和获取本类电影推荐信息的 Recfilmtop，如图 17-23 所示。

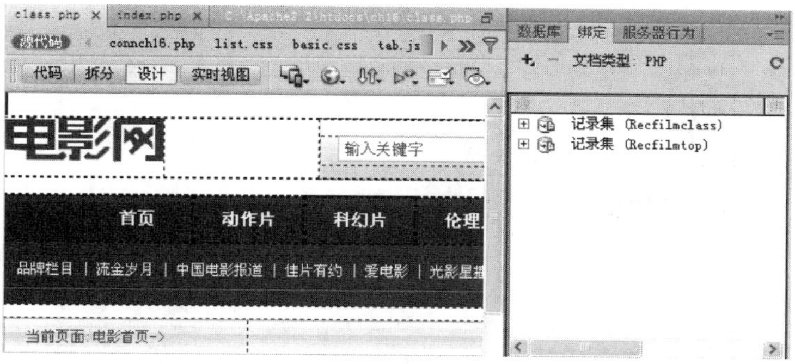

图 17-23 编辑窗口

Class.php 记录集的设置与首页记录集的设置不同。首页记录集的设置是绑定到某个信息分类下，或未指定分类，而列表页记录集需要动态获取传过来的参数 film_type，其参数值设定为$_GET['film_type']。

网站二级页面记录集的设置步骤如下。

step 01 打开 Recfilmtop 记录集，该记录集选取 5 条本栏目下的标记为推荐的信息，如图 17-24 所示。

step 02 设定重复记录，指定显示 10 条记录，如图 17-25 所示。

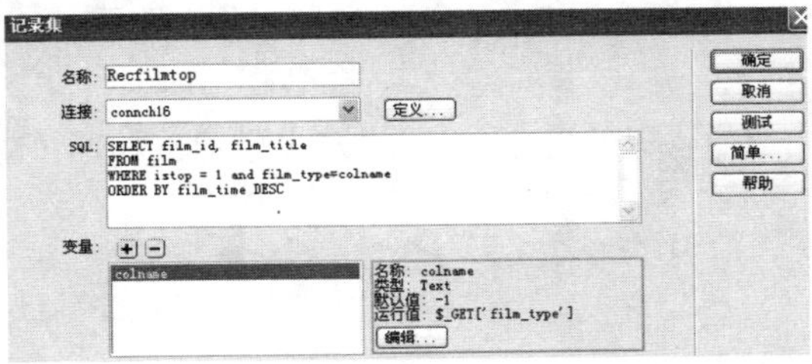

图 17-24 【记录集】对话框

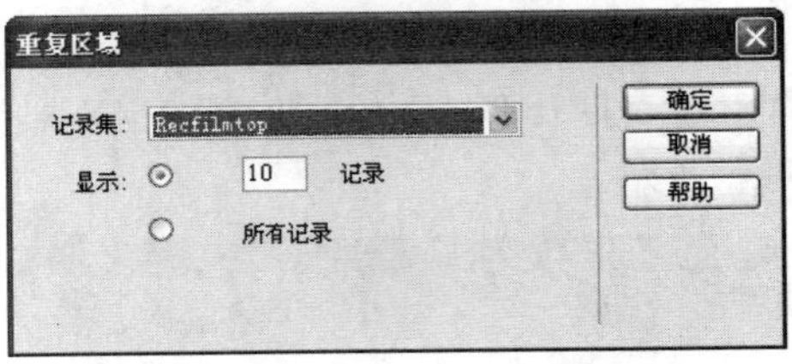

图 17-25 【重复区域】对话框

step 03 打开 Recfilmclass 记录集，该记录集选取本分类下的所有电影信息，并以图片类别方式分页显示，如图 17-26 所示。

step 04 选取【服务器行为】→DWTeam→Horizontal Looper MX 选项，将其设定为 3 行 3 列，如图 17-27 所示。

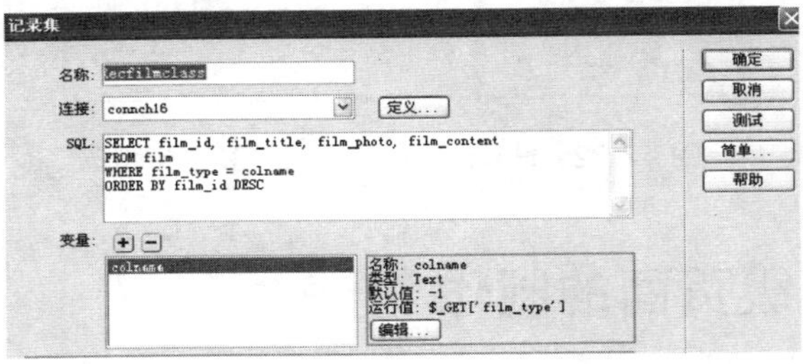

图 17-26 【记录集】对话框

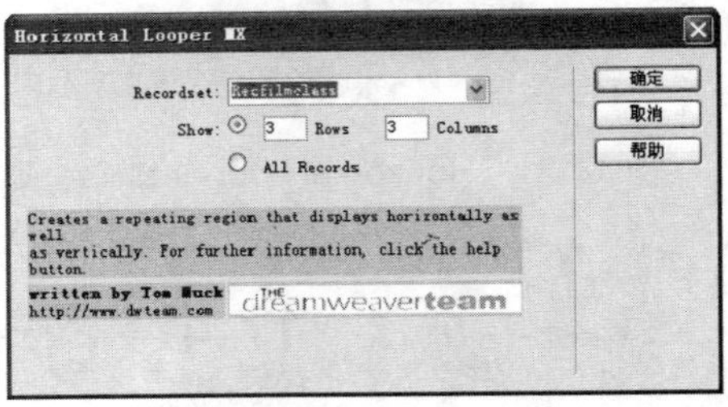

图 17-27 Horizontal Looper MX 对话框

step 05 插入记录集导航条，如图 17-28 所示。

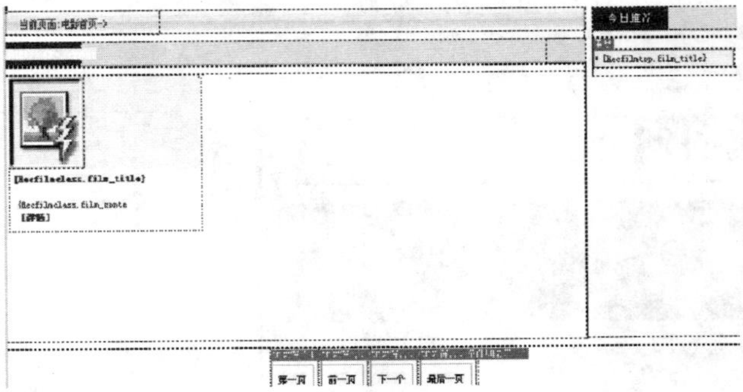

图 17-28 插入记录集导航条

17.5 网站后台分析与讨论

由于后台设计涉及的功能比较多，所以不能像前边的章节那样，直接进入某个管理页面，为此本网站后台使用了一个 index.php 页进行导航。在【文件】面板中打开 admin 目录下 index.php 页面，可以看到这里就是一个导航页，没有具体的页面功能，如图 17-29 所示。

图 17-29 网站后台管理

新增影片类别、管理影片类别用于管理影片信息的分类，新增影片信息和管理影片信息用于影片信息的管理维护。

从中可以看出信息类型的后台在实现过程中运用到的技术是一样的，实现过程都是经由添加信息执行【服务器行为】→【插入记录】，到管理页面的分页显示，再到每条信息后的编辑链接页面执行【服务器行为】→【更新记录】，每条信息后的删除链接页面执行【服务器行为】→【删除记录】，不同之处就在于各个表字段和字段的多少不一样。

17.6 网站成品预览

网站制作完成后就可以在浏览器中预览网站的各个页面了，操作步骤如下。

step 01 使用浏览器打开<index.php>，如图 17-30 所示。

图 17-30 网站首页

step 02 单击导航中的动作片链接，进入信息列表页，如图 17-31 所示。

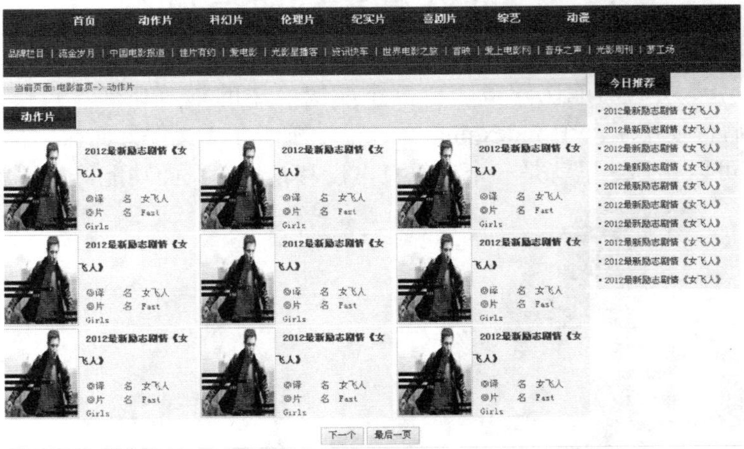

图 17-31　信息列表页

step 03 单击其他任一超级链接，进入信息内容页，如图 17-32 所示。

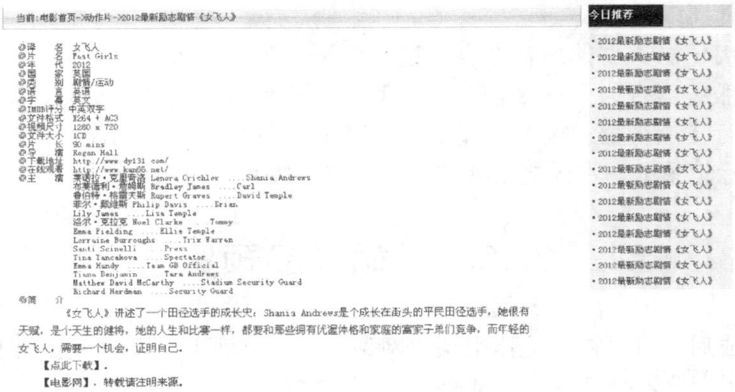

图 17-32　信息内容页

step 04 在【搜索框】中输入关键字“2012”，如图 17-33 所示。

图 17-33　输入关键字

step 05 单击【搜索】按钮，可以实现搜索功能，如图 17-34 所示。

step 06 在 IE 浏览器地址栏中输入“http://localhost/ch16/admin/”，打开【管理员登录画面】对话框，在其中输入默认的管理账号及密码“admin”，如图 17-35 所示。

step 07 单击【登录管理画面】按钮，进入管理界面，如图 17-36 所示。

step 08 单击管理界面中的【新增影片类别】连接，进入【新增影片类别】界面，如图 17-37 所示。

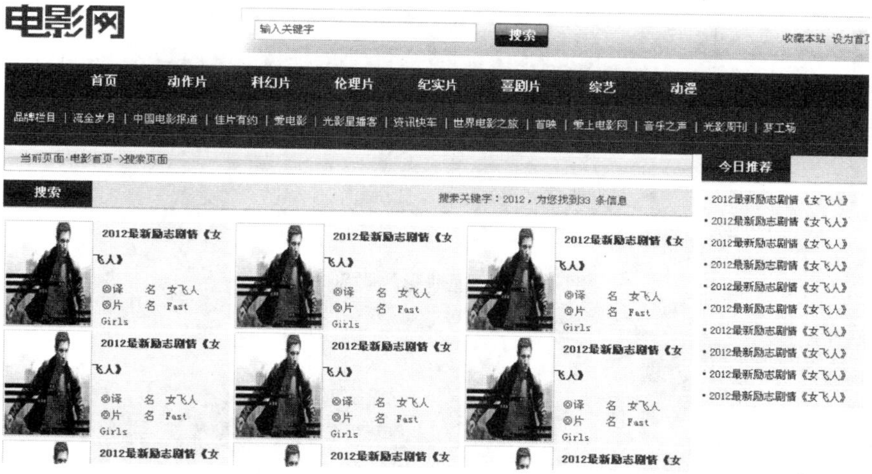

图 17-34　搜索结果

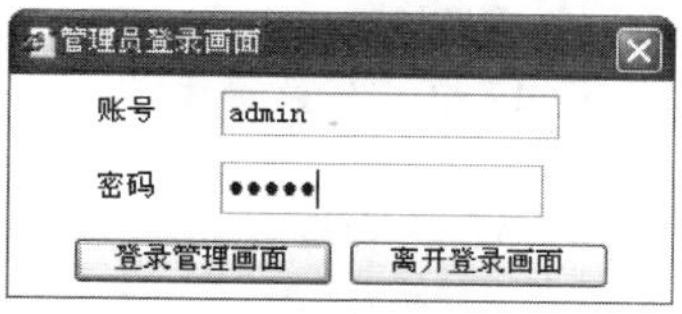

图 17-35　【管理员登录画面】对话框

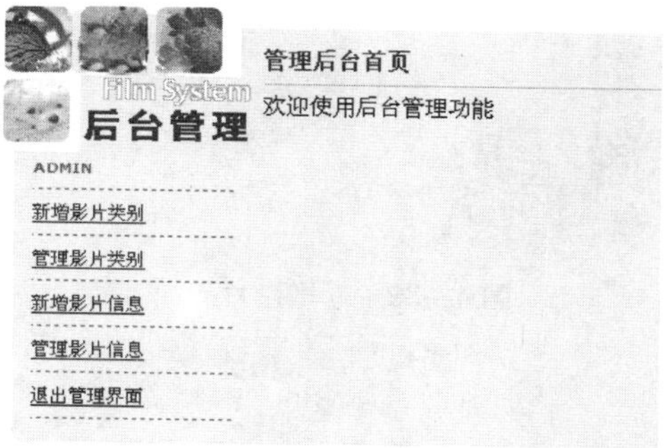

图 17-36　管理界面

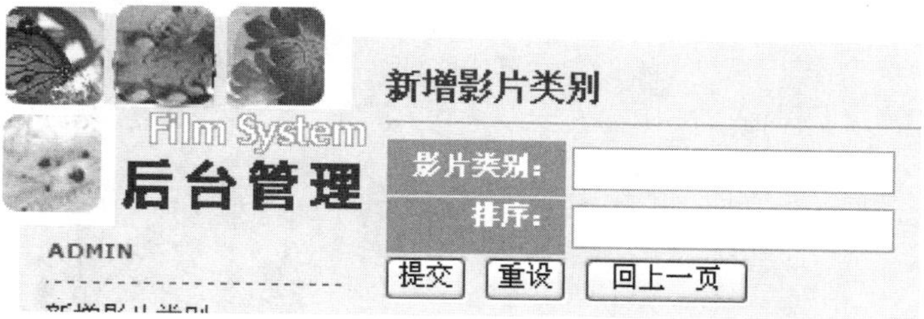

图 17-37　新增影片类别界面

step 09 输入完各项信息之后，单击【提交】按钮，返回到管理信息大类页面，使用每则信息旁的【编辑】及【删除】文字链接来执行编辑和删除操作，如图 17-38 所示。

step 10 单击左侧导航中的【新增影片信息】链接，进入影片信息添加页面，如图 17-39 所示。

step 11 输入各项信息之后，返回到信息管理界面，然后使用每则信息旁的【编辑】及【删除】文字链接执行编辑和删除操作，如图 17-40 所示。

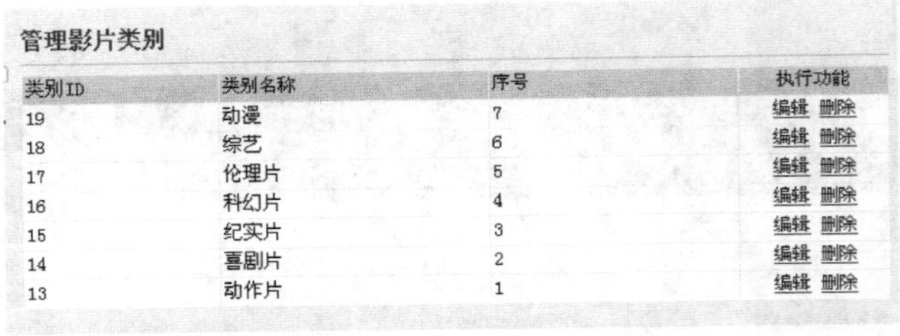
管理影片类别

类别ID	类别名称	序号	执行功能
19	动漫	7	编辑 删除
18	综艺	6	编辑 删除
17	伦理片	5	编辑 删除
16	科幻片	4	编辑 删除
15	纪实片	3	编辑 删除
14	喜剧片	2	编辑 删除
13	动作片	1	编辑 删除

图 17-38　管理影片类别界面

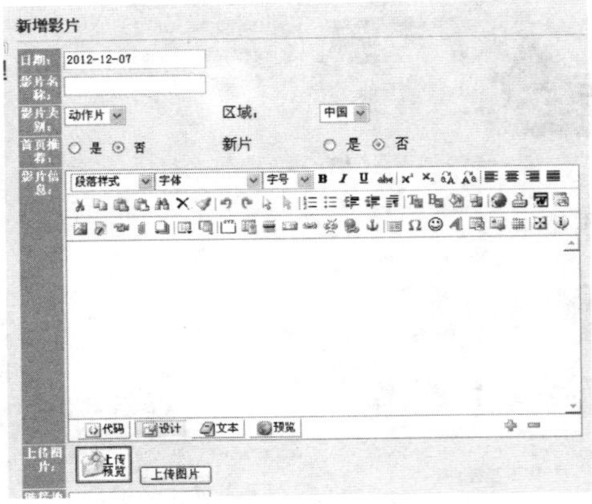

图 17-39　新增影片界面

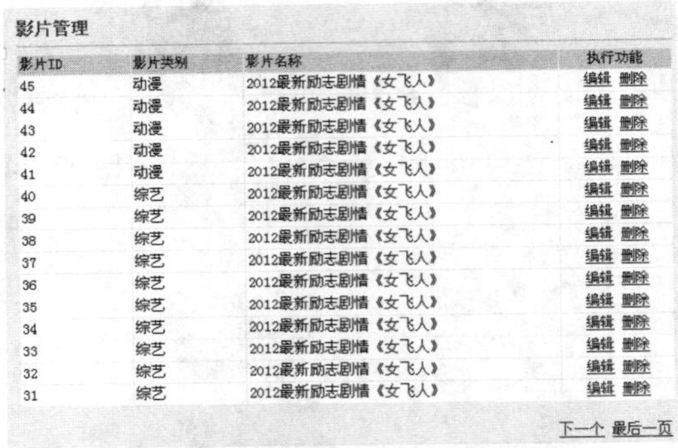
影片管理

影片ID	影片类别	影片名称	执行功能
45	动漫	2012最新励志剧情《女飞人》	编辑 删除
44	动漫	2012最新励志剧情《女飞人》	编辑 删除
43	动漫	2012最新励志剧情《女飞人》	编辑 删除
42	动漫	2012最新励志剧情《女飞人》	编辑 删除
41	动漫	2012最新励志剧情《女飞人》	编辑 删除
40	综艺	2012最新励志剧情《女飞人》	编辑 删除
39	综艺	2012最新励志剧情《女飞人》	编辑 删除
38	综艺	2012最新励志剧情《女飞人》	编辑 删除
37	综艺	2012最新励志剧情《女飞人》	编辑 删除
36	综艺	2012最新励志剧情《女飞人》	编辑 删除
35	综艺	2012最新励志剧情《女飞人》	编辑 删除
34	综艺	2012最新励志剧情《女飞人》	编辑 删除
33	综艺	2012最新励志剧情《女飞人》	编辑 删除
32	综艺	2012最新励志剧情《女飞人》	编辑 删除
31	综艺	2012最新励志剧情《女飞人》	编辑 删除

下一个 最后一页

图 17-40　影片管理界面

第 18 章 电子商务类网站开发实战

电子商务类网站的开发主要包括电子商务网站主界面制作、电子商务网站二级页面制作和电子商务网站后台的制作。本章以经营红酒产品为主的电子商务网站为例介绍其制作方法。

本章要点(已掌握的，在方框中打勾)

- ☐ 熟悉网站的分析与准备工作内容。
- ☐ 熟悉网站结构分析的方法。
- ☐ 掌握网站主页面的制作方法。
- ☐ 掌握网站二级页面的制作方法。
- ☐ 掌握网站后台管理的制作。

18.1 网站分析及准备工作

在开发网站之前，首先需要对网站进行分析，并做一些准备工作。

18.1.1 设计分析

商务类网站一般侧重于向用户传达企业信息，包括企业的产品、企业的新闻资讯、企业销售网络、联系方式等，让用户快速了解企业的最新产品和最新资讯，为用户咨询信息提供联系方式。

本实例使用红色为网站主色调，让用户打开页面就会产生记忆识别。整个页面以产品、资讯为重点，舒适的主题色加上精美的产品图片，可以增加用户的购买欲望。

18.1.2 网站流程图

本章所制作的电子商务类网站的流程图，如图 18-1 所示。

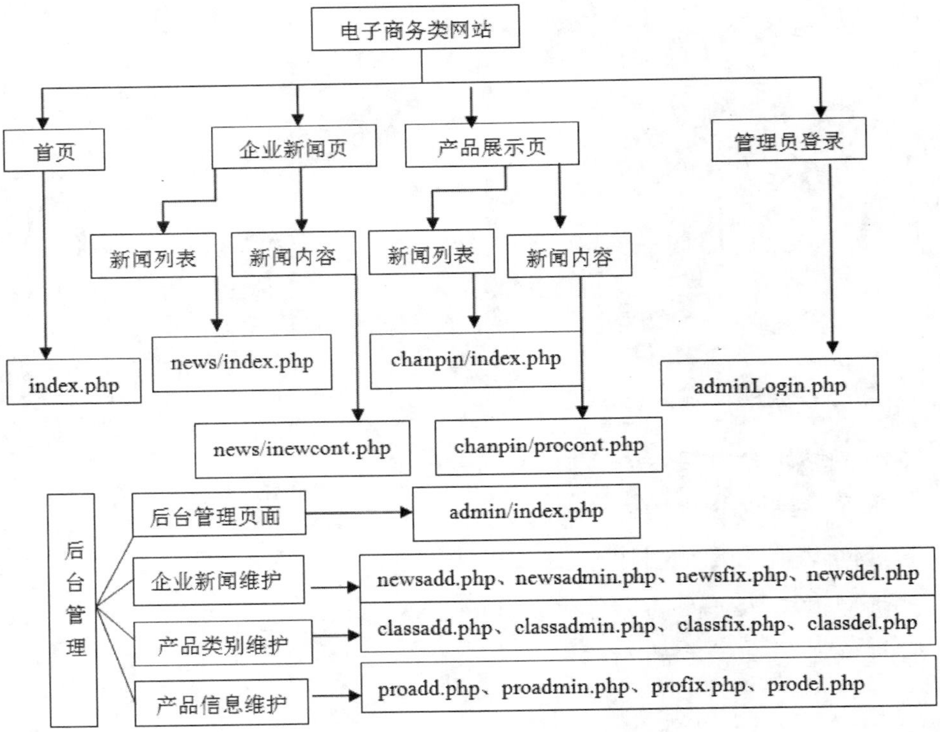

图 18-1 网站的流程图

18.1.3 数据库分析

1. MySQL 数据库的导入

将本章范例文件夹中的<源文件\ch14>完整复制到 C:\Apache2.2\htdocs 中，之后就可以开始网站的规划设计了。

在该目录中有本章范例所使用的数据库备份文件<db_14.sql>，将其导入，其中包含了四个数据表：admin、news、proclass、product。

2. 数据表分析

导入数据表之后，选择两个数据表后方的【结构】文字链接，观看数据表内容，如图 18-2 所示。

表	操作						行数
admin	浏览	结构	搜索	插入	清空	删除	
news	浏览	结构	搜索	插入	清空	删除	
proclass	浏览	结构	搜索	插入	清空	删除	
product	浏览	结构	搜索	插入	清空	删除	
4 张表	总计						

图 18-2 分析数据表

- admin 数据表：用于保存登录管理界面的账号与密码，主索引栏为 username 字段，如图 18-3 所示。

图 18-3 admin 数据表

目前数据表中已预存有一条数据，如图 18-4 所示，其值均为 admin，为默认使用的账号及密码。

username	passwd
admin	admin

图 18-4 数据库账户

- news 数据表：用于网站每则企业新闻的管理。本数据表以 news_id(企业新闻管理编号)为主索引，并设定为 UNSIGNED(正数)、auto_increment(自动编号)，从而使用户在添加数据时能为网站每一则企业信息管理都加上一个单独的编号而不重复，如图 18-5 所示。
- proClass 数据表：用于产品分类的管理。本数据表以 class_id (产品类别管理编号)为主索引，并设定为 UNSIGNED(正数)、auto_increment(自动编号)，从而使用户在添加数据时能为每一则产品分类管理都加上一个单独的编号而不重复，如图 18-6 所示。

编号
日期
标题
发布人
照片
首页推荐
内容
名字 类型 整理 属性 空 默认
news_id smallint(5) UNSIGNED 否 无
news_time datetime 否 0000-0
news_title varchar(100) gb2312_chinese_ci 否
news_editor varchar(100) gb2312_chinese_ci 否
news_photo varchar(100) gb2312_chinese_ci 是 NULL
news_top smallint(5) 否 0
news_content text gb2312_chinese_ci 否 无

图 18-5　news 数据表

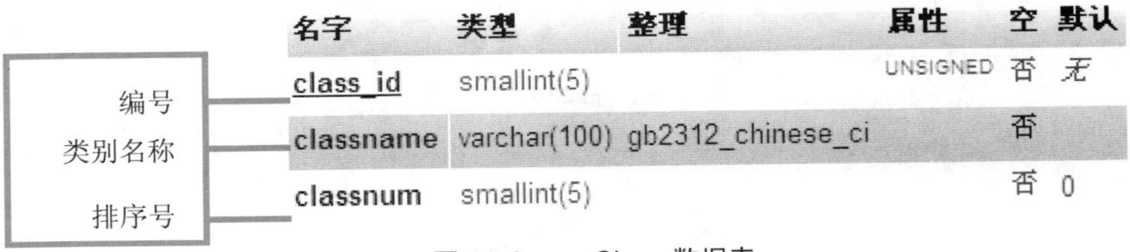
编号
类别名称
排序号
名字 类型 整理 属性 空 默认
class_id smallint(5) UNSIGNED 否 无
classname varchar(100) gb2312_chinese_ci 否
classnum smallint(5) 否 0

图 18-6　proClass 数据表

- product 数据表：主要用于每则网站产品的管理。本数据表以 pro_id (企业产品管理编号)为主索引，并设定为 UNSIGNED (正数)、auto_increment (自动编号)，从而使用户在添加数据时能为每一则网站产品信息管理都加上一个单独的编号而不重复，如图 18-7 所示。

编号
发布时间
产品类别
产品名称
产品图片
发布人
产品信息
是否推荐
名字 类型 整理 属性 空 默认
pro_id smallint(5) UNSIGNED 否 无
pro_time datetime 否 0000
pro_type varchar(20) gb2312_chinese_ci 否
pro_name varchar(100) gb2312_chinese_ci 否
pro_photo varchar(100) gb2312_chinese_ci 否
pro_editor varchar(100) gb2312_chinese_ci 否
pro_content text gb2312_chinese_ci 否 无
pro_top smallint(5) 否 0

图 18-7　product 数据表

18.1.4　制作程序基本数据表

如表 18-1 所示是本章范例网站的程序基本数据表。

表 18-1 网站基本数据表

信息名称	内　容
网站名称	CH18
本机服务器主文件夹	C:\Apache2.2\htdocs\ch18
程序使用文件夹	C:\Apache2.2\htdocs\ch18
程序测试网址	http://localhost/ch18/
MySQL 服务器地址	localhost
管理账号/密码	root/root
使用数据库名称	Db_14
使用数据表名称	admin、news、proclass、product

18.2 网站结构分析

本例中的网站首页面使用 1-(1+2)-1 结构进行布局，凸显网站的大器。整个页面非常简洁明了，主要包括导航、banner、产品展示、企业新闻、促销信息及下方的脚注，如图 18-8 所示。

图 18-8 网站首页

二级页面有多个，只有企业资讯页和产品展台需要使用动态方法实现，这两个页面使用 1-2-1 型结构进行布局(在实际网站制作中，通常设计者把变化不大的页面作静态化处理，仅对经常更新的页面进行编程处理)，如图 18-9 所示。

图 18-9　二级页面

18.3　网站主页面的制作

网站的分析以及准备工作都做好之后就可以正式进行网站的制作了。下面以在 Dreamweaver CS6 中制作为例进行介绍。

18.3.1　管理站点

制作网站的第一步工作就是创建站点。在 Dreamweaver CS6 中创建站点的方法在前面的章节中已经介绍，这里不再赘述。

18.3.2　网站广告管理主页面的制作

下面只针对完成页面制作过程中的步骤和数据绑定进行讲解。

1. 数据库连接的设置

在【文件】面板选择要编辑的网页<index.php>，双击将其在编辑区打开。然后切换到【数据库】面板，单击+号按钮，在弹出的菜单中选择【MySQL 连接】菜单命令，在打开的【MySQL 连接】对话框中输入连接的名称和 MySQL 的连接信息，单击【确定】按钮，如图 18-10 所示。

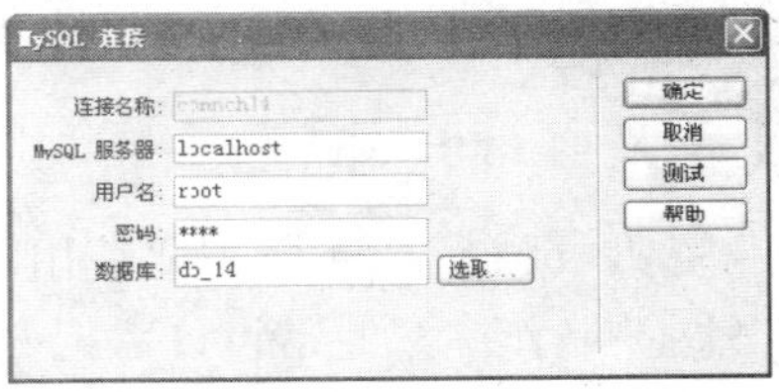

图 18-10　【MySQL 连接】对话框

2. 主要数据绑定实现

在首页中有三处需要动态调用数据的地方，分别是图片新闻、文字新闻、促销产品。这就有一个问题，同样是新闻，那么该如何区分图片新闻与文字新闻呢？如何区分哪种商品出现在首页呢？

下面就来介绍如何将这些数据绑定到网页中，具体的操作步骤如下。

step 01 打开数据【绑定】面板，这里需要三个数据绑定记录集，分别对应图片新闻、文字新闻、促销产品，如图 18-11 所示。

图 18-11 【绑定】面板

step 02 单击打开图片新闻记录集 Recnewstop，在 SQL 语句后面，有一个 limit1 指令，该指令的用途是从数据表中取出一条数据，整个 sql 语句的意思是从 news 表中取出推荐的图片不为空的最新发布的一条数据。如果数据量比较大，使用 limit 指令就显得非常有必要，可以大大提高数据的检索效率，如图 18-12 所示。

step 03 由于仅获取一条信息，不需要设置重复区域，因此接着设定跳转至详细信息页面，如图 18-13 所示。

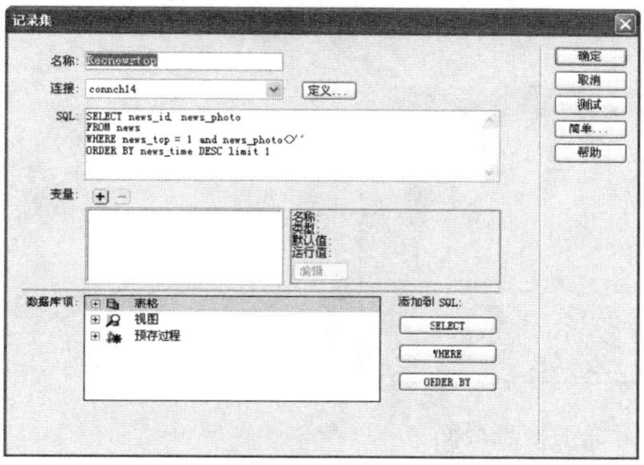

图 18-12 【记录集】对话框

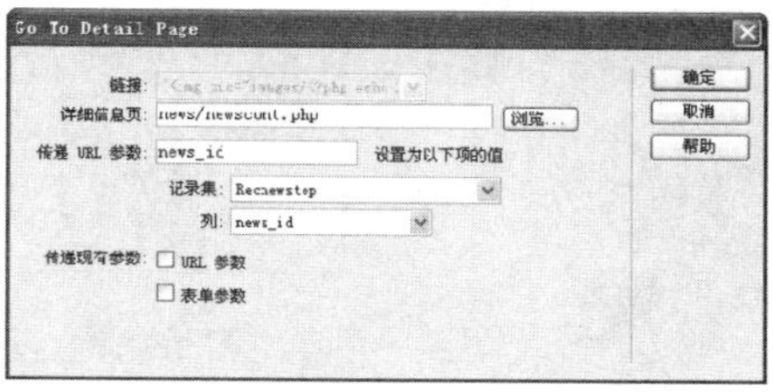

图 18-13 设置跳转至详细信息页面

step 04 单击打开 Recnews 记录集，该记录集设置的目的是为了获取 6 条最新的企业新闻。SQL 语句的意义是从 news 表中取出 6 条最新发布的新闻信息，如图 18-14 所示。

step 05 在设定重复区域的时候设定记录条数为 6，如图 18-15 所示。

step 06 设定跳转详细页面，如图 18-16 所示。

step 07 打开促销产品记录集(Recprotop)，该记录集目的是为了从产品数据表 product 中取出最新一条推荐到首页的产品信息，如图 18-17 所示。

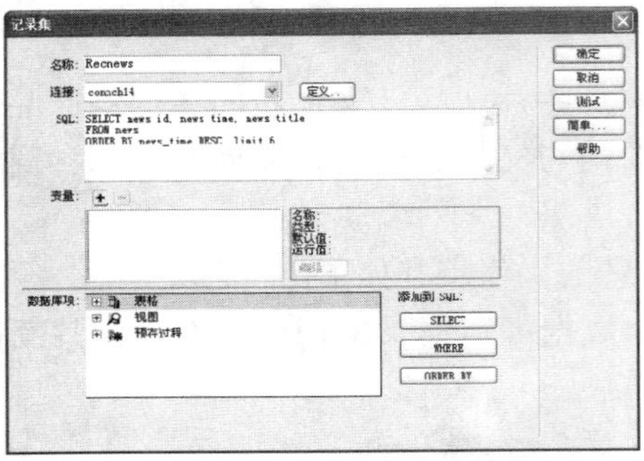

图 18-14 【记录集】对话框

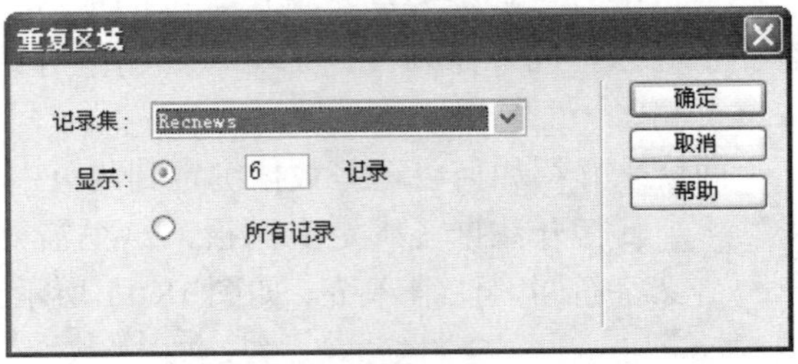

图 18-15 【重复区域】对话框

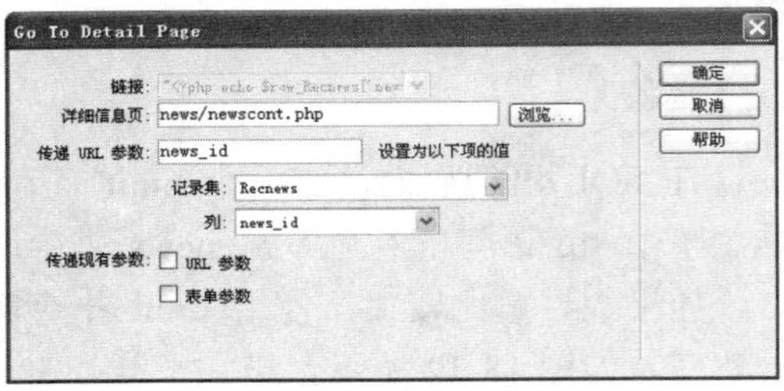

图 18-16 设置跳转详细页面

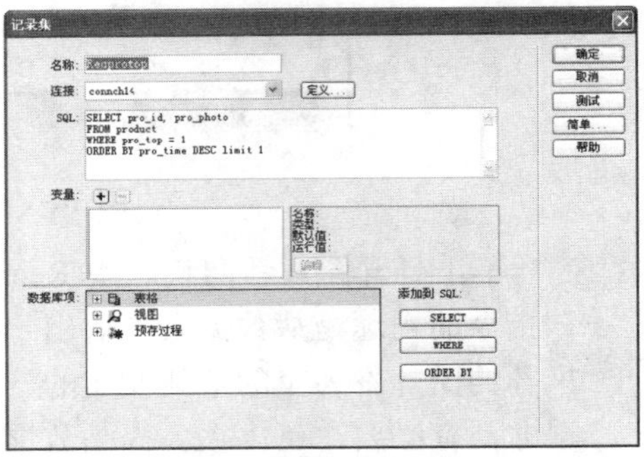

图 18-17 【记录集】对话框

step 08 因为仅获取一条记录，也不需要设置重复区域，因此接着设定跳转至详细信息页面，如图 18-18 所示。

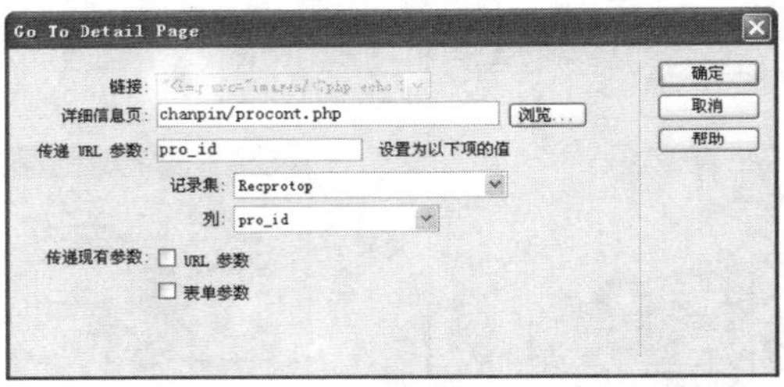

图 18-18 设置跳转至详细信息页面

18.4 网站二级页面的制作

前边已经提到需要动态化的二级页面有两个，一个是企业新闻列表页，一个是产品展示列表页。

18.4.1 企业新闻列表页

在【文件】面板中打开 news 目录下的 index.php，在新闻列表中创建一个用于获取所有企业新闻的记录集 Recnews，在绑定面板中将其打开。在 SQL 语句中按时间的降序排列所有记录，如图 18-19 所示。

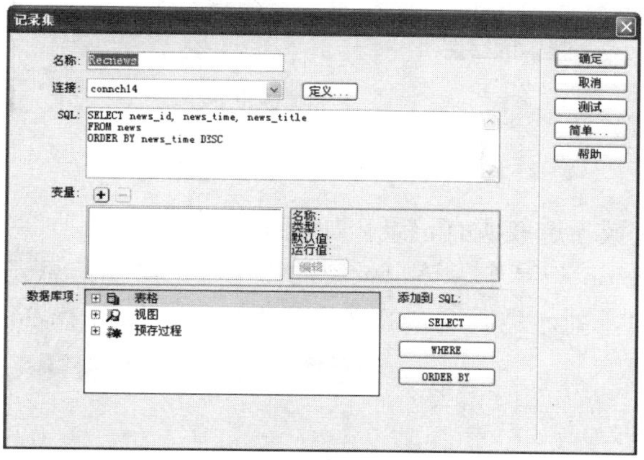

图 18-19 【记录集】对话框

列表中还需要设定重复区域、记录集导航条和显示区域，如图 18-20 所示。

图 18-20 新闻列表页

18.4.2 企业产品展示列表页

在【文件】面板中打开 chanpin 目录下的 index.php，在产品列表中创建两个记录集，一个是用于获取所有推荐的产品记录集 Recprotop，一个是用于获取产品类别的记录集 Recproclass。打开【绑定】面板，可以查看到两个记录集如图 18-21 所示。

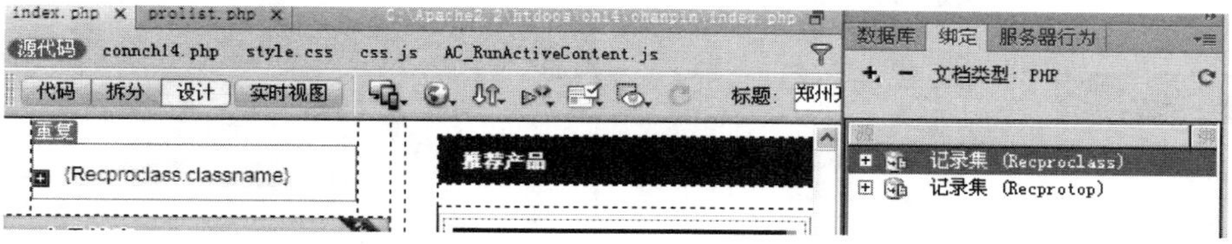

图 18-21 【绑定】面板

制作企业产品展示列表页的操作步骤如下。

step 01 打开 Recproclass 记录集，SQL 语句的意思是从产品类别表选择所有记录，并按 classnum 升序排列，如图 18-22 所示。

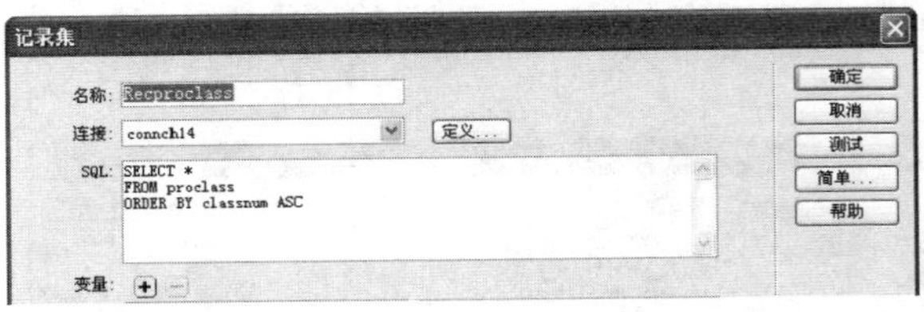

图 18-22 【记录集】对话框

step 02 设定重复区域，选取所有记录，如图 18-23 所示。

step 03 打开 Recprotop 记录集，该记录集的作用是从产品信息表中取出推荐的所有产品按发布时间降序排列，最后发布的产品最先显示，如图 18-24 所示。

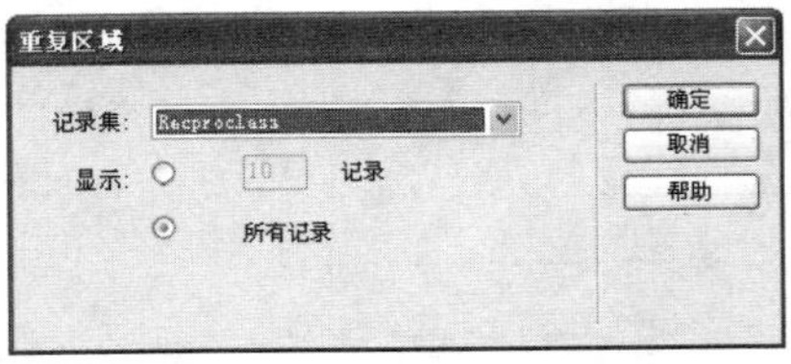

图 18-23 【重复区域】对话框

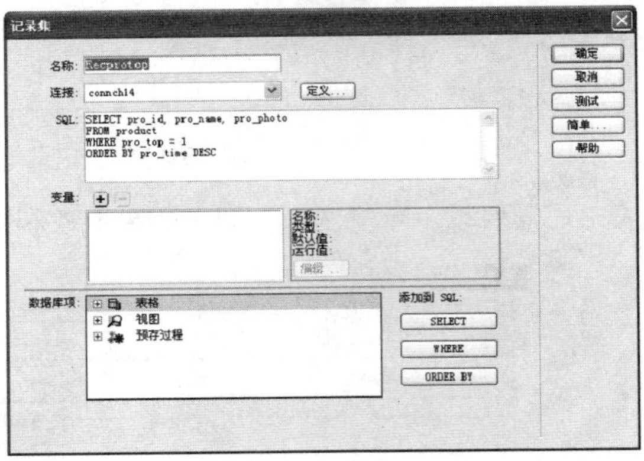

图 18-24 【记录集】对话框

step 04 由于是图片列表，在设定的时候选择【服务器行为】→DWteam→Horizontal Looper MX，如图 18-25 所示。

step 05 打开 Horizontal Looper MX 对话框，在其中设定行列为 3 行 3 列，如图 18-26 所示。

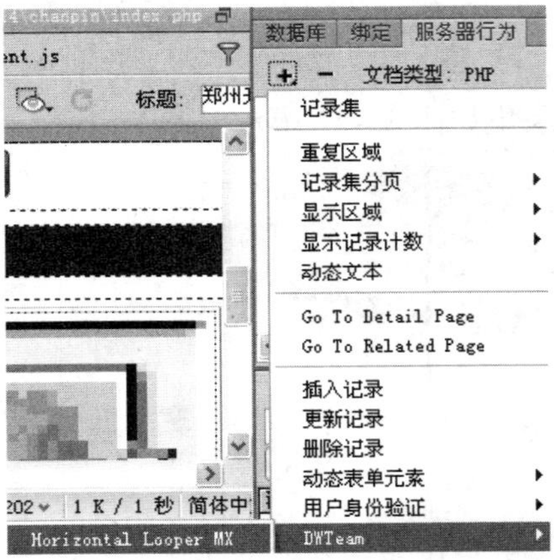

图 18-25 【记录集】对话框

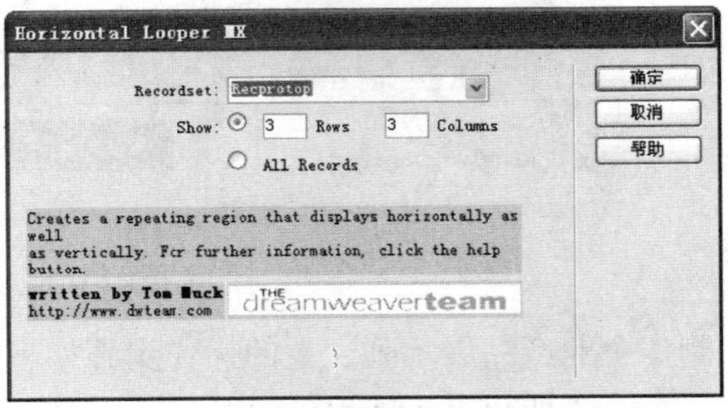

图 18-26 Horizontal Looper MX 对话框

18.5　网站后台分析与讨论

由于后台设计涉及的功能比较多，所以不能像前边的章节那样，直接进入某个管理页面，为此在设计本网站后台时使用了一个 index.php 页进行导航。在【文件】面板中打开 admin 目录下 index.php 页面，可以看到该导航页并没有具体的页面功能，如图 18-27 所示。

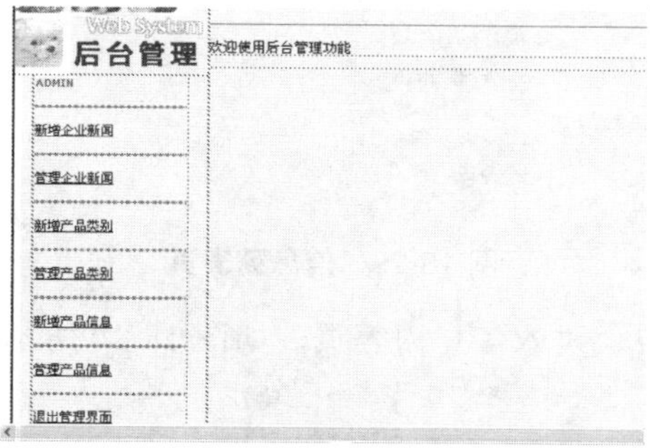

图 18-27　后台管理页面

新增企业新闻、管理企业新闻用于管理企业新闻信息，新增产品类别和管理产品类别用于管理产品类别的管理，新增产品信息和管理产品信息用于产品的管理维护。

18.6　网站成品预览

网站制作完成后就可以在浏览器中预览网站的各个页面了，操作步骤如下。

step 01 使用浏览器打开<index.php>文件，如图 18-28 所示。

图 18-28　网站首页

step 02 点击企业资讯菜单，进入信息列表页，如图 18-29 所示。

图 18-29　信息列表页

step 03 单击任一条信息，进入信息内容页，如图 18-30 所示。

图 18-30　信息内容页

step 04 点击导航上的产品展台，进入产品展示列表页，如图 18-31 所示。

图 18-31　产品展示列表页

step 05 单击【后台管理】按钮，在打开的【管理员登陆画面】对话框中输入默认的管理账号及密码“admin”，如图 18-32 所示。

step 06 单击【登录管理画面】按钮，进入后台管理界面，如图 18-33 所示。

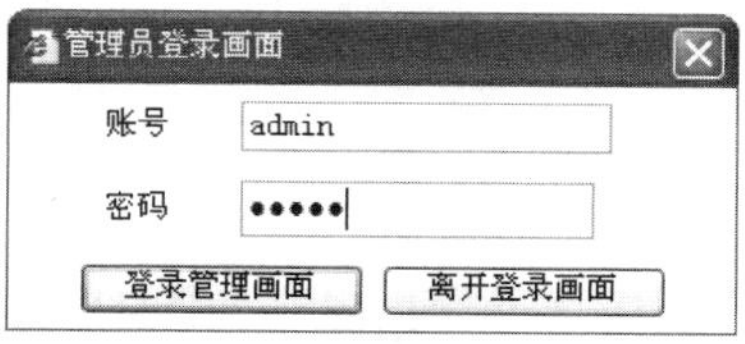

图 18-32 【管理员登录画面】对话框

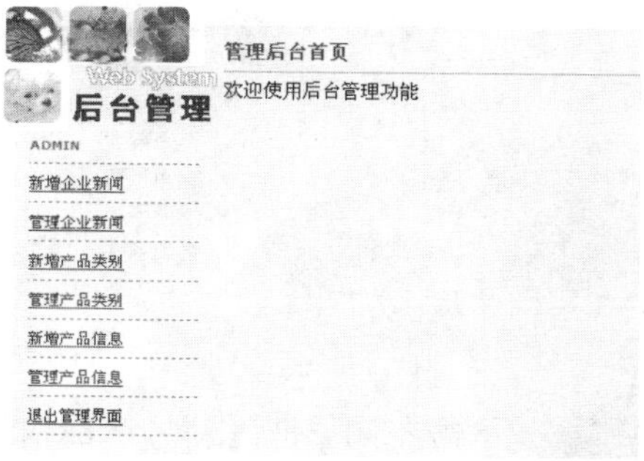

图 18-33 后台管理页面

step 07 单击左方的【新增企业新闻】导航，进入新增企业新闻页面，在其中输入相关数据信息，如图 18-34 所示。

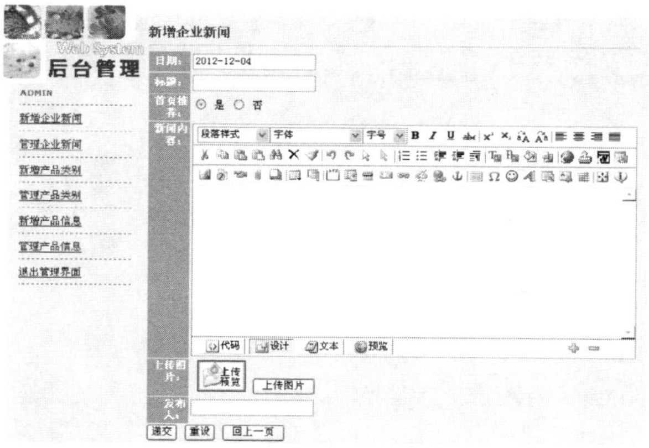

图 18-34 新增企业新闻页面

step 08 输入完各项信息之后，单击【提交】按钮，返回到管理企业新闻页面，使用每则信息旁的【编辑】及【删除】文字链接来执行编辑和删除操作，如图 18-35 所示。

step 09 单击左侧导航【新增产品类别】链接，进入产品类别添加页面，如图 18-36 所示。

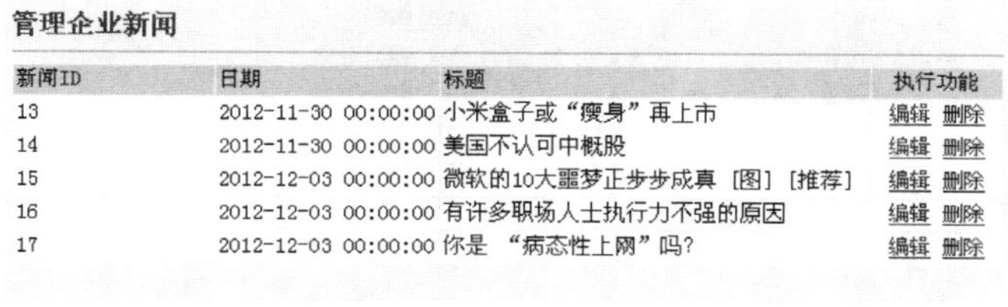
管理企业新闻
新闻ID
日期
标题
执行功能
13
2012-11-30 00:00:00 小米盒子或“瘦身”再上市
编辑 删除
14
2012-11-30 00:00:00 美国不认可中概股
编辑 删除
15
2012-12-03 00:00:00 微软的10大噩梦正步步成真 [图] [推荐]
编辑 删除
16
2012-12-03 00:00:00 有许多职场人士执行力不强的原因
编辑 删除
17
2012-12-03 00:00:00 你是 “病态性上网”吗?
编辑 删除

图 18-35 管理企业新闻页面

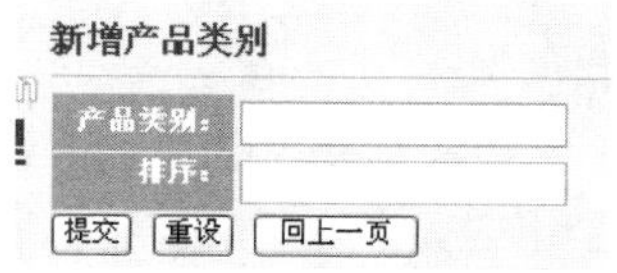

图 18-36 新增产品类别页面

step 10 输入类别名称排序号之后，返回到产品类别管理界面，使用每则类别旁的【编辑】及【删除】文字链接来执行编辑和删除功能，如图 18-37 所示。

管理产品类别

类别ID	类别名称	序号	执行功能
18	礼品系列	5	编辑 删除
17	洋酒系列	6	编辑 删除
16	红酒系列	2	编辑 删除
15	啤酒系列	3	编辑 删除
14	清酒系列	2	编辑 删除
13	烧酒系列	1	编辑 删除

图 18-37　管理产品类别

step 11 单击左侧导航【新增产品信息】，进入产品信息添加页面，如图 18-38 所示。

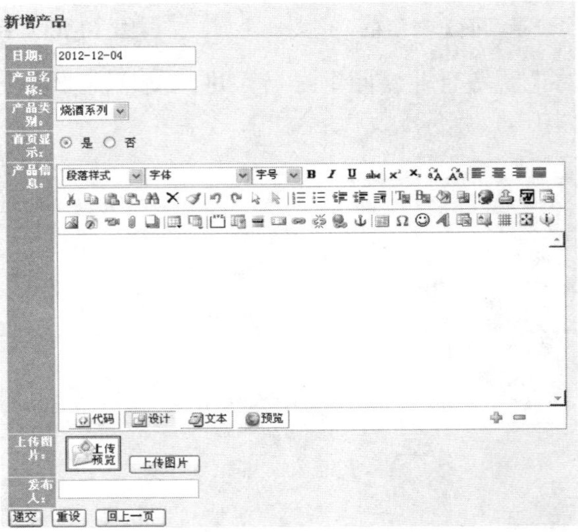

图 18-38　新增产品页面

step 12 输入各项信息之后，返回到产品管理界面，使用每则产品旁的【编辑】及【删除】文字链接来执行编辑和删除操作，如图 18-39 所示。

产品管理

产品ID	产品类别	产品名称	执行功能
21	烧酒系列	烧酒1	编辑 删除
20	红酒系列	红酒6 [推荐]	编辑 删除
19	红酒系列	红酒5 [推荐]	编辑 删除
18	红酒系列	红酒4 [推荐]	编辑 删除
17	红酒系列	红酒3 [推荐]	编辑 删除
16	红酒系列	红酒2 [推荐]	编辑 删除
15	红酒系列	红酒1 [推荐]	编辑 删除
14	烧酒系列	烧酒	编辑 删除
13	红酒系列	红酒 [推荐]	编辑 删除

图 18-39　产品管理界面

第 4 篇

网站全能拓展篇

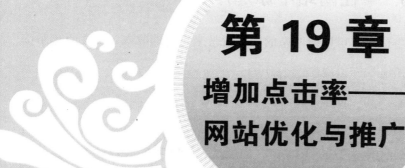

第 19 章 增加点击率——网站优化与推广

制作好一个网站后，坐等访客的光临是不行的。放在互联网上的网站就像一块立在地下走道中的公告牌一样，即使人们在走道里走动的次数很多，但是往往也很难发现这个公告牌，可见，宣传网站有多么重要。就像任何产品一样，再优秀的网站如果不进行自我宣传，也很难有较大的访问量。

本章要点(已掌握的，在方框中打勾)

- ☐ 熟悉网站广告的分类。
- ☐ 掌握添加网站广告的方法。
- ☐ 掌握添加实用查询工具的方法。
- ☐ 掌握网站宣传与推广的方法。

19.1　在网站中添加广告

通过在网站适当地添加广告信息，可以给网站的拥有者带来不小的收入。随着点击量的上升，创造的财富也越多。

19.1.1　网站广告分类

网站广告设计更多的时候是通过烦琐的工作与多次的尝试完成的。在实际工作中，网页设计者会根据需要添加不同类型的网站广告。网站广告的形式大致分为以下 6 种。

1. 网幅式广告

网幅式广告又称旗帜广告，通常横向出现在网页中，最常见的尺寸是 468×60 像素和 468×80 像素，目前还有 728×90 像素的大尺寸型，是网络广告比较早出现的一种广告形式。以往网幅广告以 JPG 或者 GIF 格式为主，伴随着网络的发展，SWF 格式的网幅广告也比较常见了，如图 19-1 所示。

2. 弹出式广告

弹出式广告是互联网上的一种在线广告形式，意图透过广告来增加网站流量。用户进入网页时，会自动开启一个新的浏览器视窗，以吸引读者直接到相关网址浏览，从而收到宣传之效。这些广告一般都透过网页的 JavaScript 指令来启动，但也有通过其他形式启动的。由于弹出式广告过分泛滥，很多浏览器或者浏览器组件也加入了弹出式窗口杀手的功能，以屏蔽这样的广告，如图 19-2 所示。

图 19-1　网幅式广告

图 19-2　弹出式广告

3. 按钮式广告

按钮式广告是一种小面积的广告形式，这种广告形式被开发出来主要有两个原因，一方面可以通过减小面积来降低购买成本，让小预算的广告主能够有能力购买；另一方面是为了更好地利用网页中面积比较小的零散空白位。

常见的按钮式广告有 125×125 像素、120×90 像素、120×60 像素、88×314 像素等 4 种尺寸。在购买的时候，广告主也可以购买连续位置的几个按钮式广告组成双按钮广告、三按钮广告等，以加强宣传效果。按钮式广告一般容量比较小，常见的有 JPEG、GIF、Flash 等几格式，如图 19-3 所示。

4. 文字链接广告

文字链接广告是一种最简单、最直接的网上广告，只需将超链接加入相关文字便可，如图 19-4 所示。

图 19-3　按钮式广告

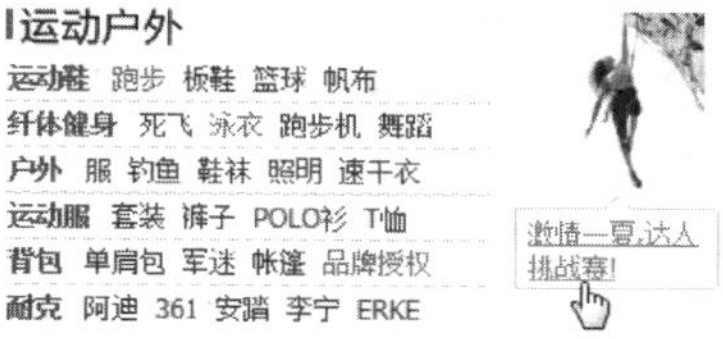

图 19-4　文字链接广告

5. 横幅式广告

横幅式广告是通栏式广告的初步发展阶段，初期用户认可程度很高，有不错的效果。但是伴随着时间的推移，人们对横幅式广告已经开始变得麻木。于是广告主和媒体开发了通栏式广告，它比横幅式广告更长，面积更大，更具有表现力，更吸引人。一般的通栏式广告尺寸有 590×105 像素、590×80 像素等，已经成为一种常见的广告形式，如图 19-5 所示。

6. 浮动式广告

浮动式广告是网页页面上悬浮或移动的非鼠标响应广告，形式可以为 Gif 或 Flash 等格式，如图 19-6 所示。

图 19-5　横幅广告

图 19-6 浮动广告

19.1.2　添加网站广告

网站广告的种类很多，下面以添加漂浮广告为例，讲解如何在网站上添加广告。具体操作步骤如下。

step 01 启动 Dreamweaver CS6，打开随书光盘中的 ch19\index.htm 文件，如图 19-7 所示。

step 02 单击【代码】按钮，将下面的代码复制到</body>之前的位置。

```
<div id="ad" style="position:absolute"><a href="http://www.baidu.com">
<img src="images/星座.jpg" border="0"></a>
</div>
<script language="javascript">
  var x = 50,y = 60
  var xin = true, yin = true
  var step = 1
  var delay = 10
  var obj=document.getElementById("ad")
  function floatAD() { var L=T=0
     var R= document.body.clientWidth-obj.offsetWidth
     var B = document.body.clientHeight-obj.offsetHeight
     obj.style.left = x + document.body.scrollLeft
     obj.style.top = y + document.body.scrollTop
     x = x + step*(xin?1:-1)
     if (x < L) { xin = true; x = L}
     if (x > R){ xin = false; x = R}
     y = y + step*(yin?1:-1)
     if (y < T) { yin = true; y = T }
     if (y > B) { yin = false; y = B } }
  var itl= setInterval("floatAD()", delay)
 obj.onmouseover=function(){clearInterval(itl)}
 obj.onmouseout=function(){itl=setInterval("floatAD()", delay)}
```

step 03 保存网页，然后在浏览器中浏览网页，如图 19-8 所示。

图 19-7　打开素材文件

图 19-8　预览网页

19.2　添加实用查询工具

在制作好的网页中，还可以添加一些实用查询工具，比如天气预报、IP 查询、万年历、列车时刻查询等。

19.2.1 添加天气预报

在网页中添加天气预报的具体步骤如下。

step 01 打开随书光盘中的“素材\ch19\网址导航.html”文件，选择文字“天气”，如图 19-9 所示。

step 02 在【属性】面板的【链接】文本框中输入“http://www.weather.com.cn/”，如图 19-10 所示。

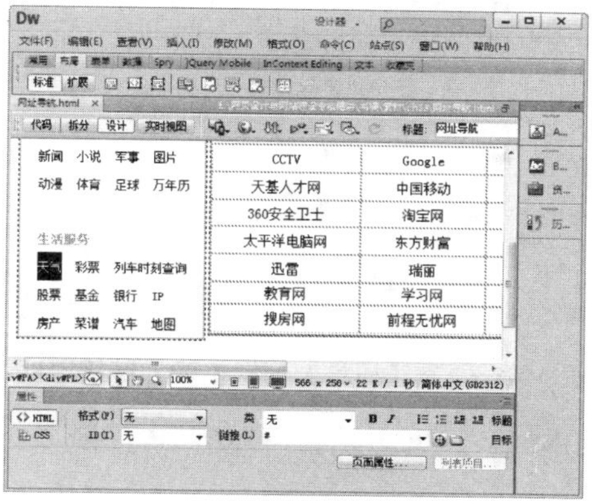

图 19-9 选择天气文本

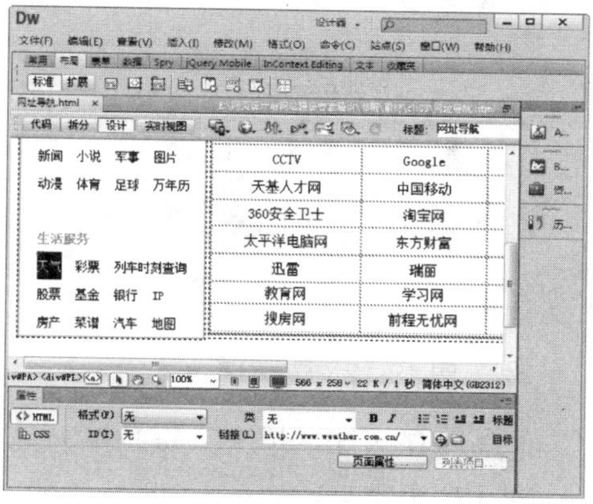

图 19-10 在【属性】面板中输入链接地址

step 03 保存文件，按 F12 键预览，然后单击【天气】文字，页面就会跳转到天气查询页面，如图 19-11 所示。

图 19-11 预览网页

19.2.2 添加 IP 查询

在网页中添加 IP 查询的具体步骤如下。

step 01 打开随书光盘中的“素材\ch28\网址导航.html”文件，选择文字 IP，如图 19-12 所示。

step 02 在【属性】面板的【链接】文本框中输入“http://www.ip138.com/”，如图 19-13 所示。

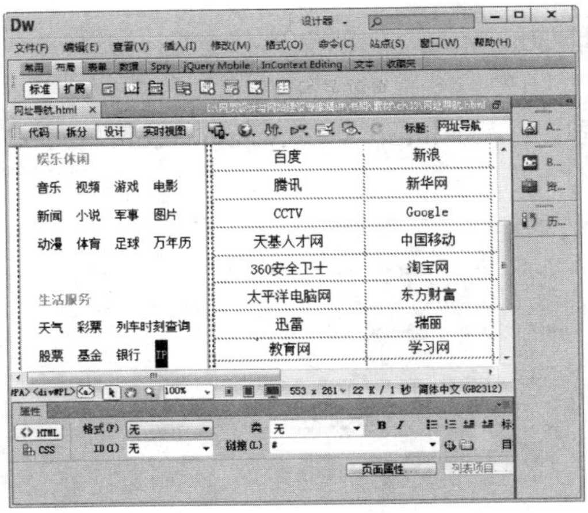

图 19-12 选择 IP 文本

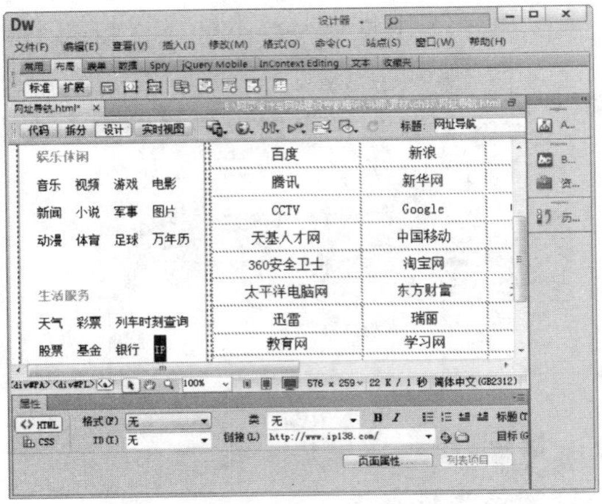

图 19-13 在【属性】面板中输入链接地址

step 03 保存文件，按 F12 键预览，然后单击 IP 文字，页面就会跳转到 IP 查询页面，如图 19-14 所示。

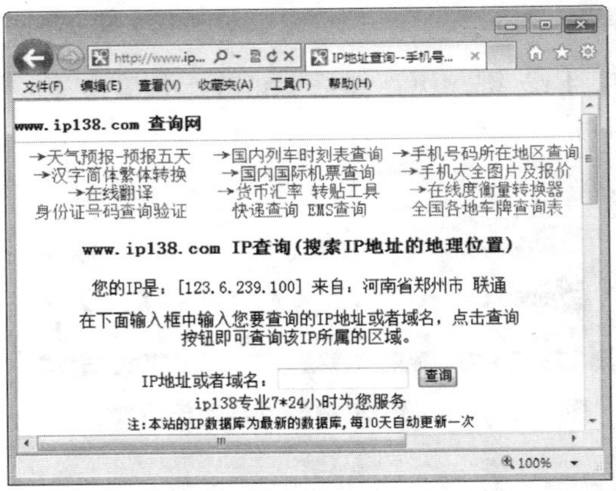

图 19-14 预览网页

19.2.3 添加万年历

在网页中添加 IP 查询的具体步骤如下。

step 01 打开随书光盘中的“素材\ch28\网址导航. html”文件，选择文字“万年历”，如图 19-15 所示。

step 02 在【属性】面板中的【链接】文本框中输入“http://www.nongli.net/”，如图 19-16 所示。

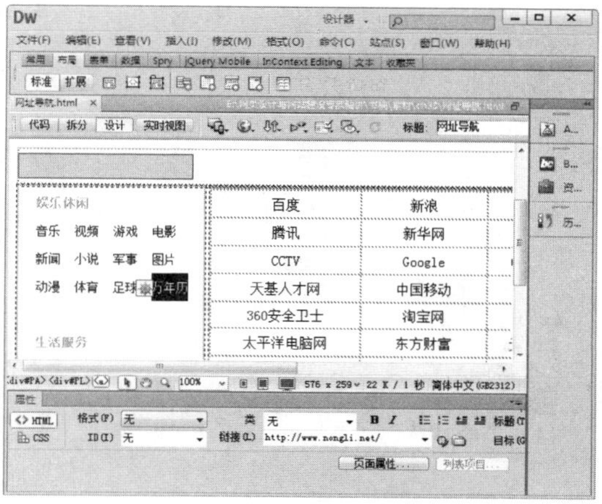

图 19-15　选择万年历文本

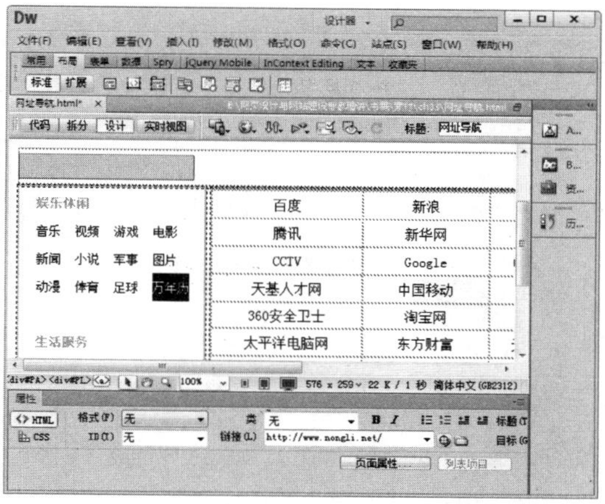

图 19-16　在【属性】面板中输入链接地址

step 03 保存文件，按 F12 键预览，然后单击【万年历】文字，页面就会跳转到万年历查询页面，如图 19-17 所示。

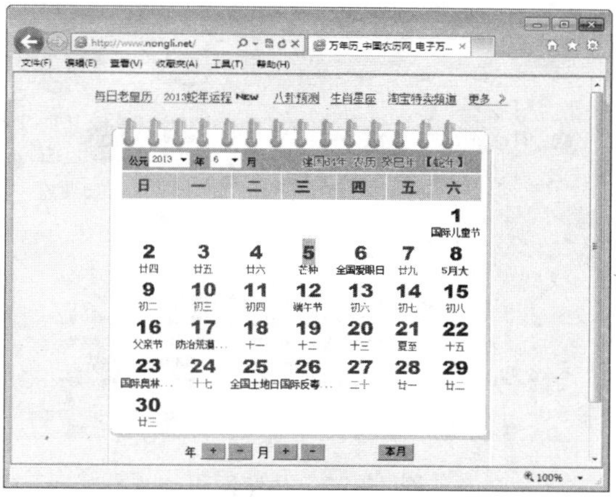

图 19-17　预览网页

19.2.4　添加列车时刻查询

在网页中添加 IP 查询的具体步骤如下。

step 01 打开随书光盘中的“素材\ch28\网址导航.html”文件，选择文字“列车时刻查询”，如图 19-18 所示。

step 02 在【属性】面板的【链接】文本框中输入“http://www.12306.cn/mormhweb/”，如图 19-19 所示。

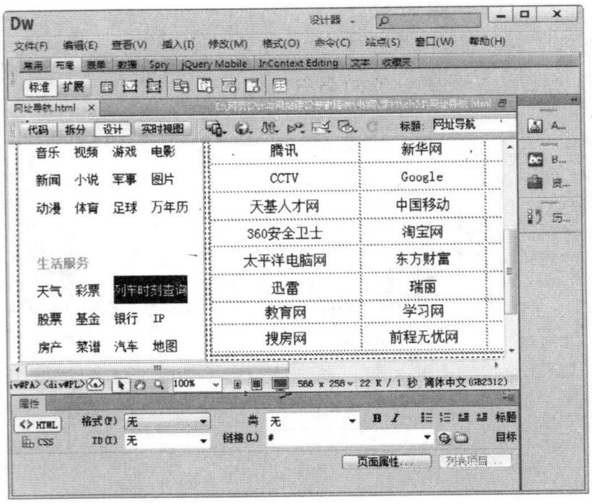

图 19-18　选择列车时刻表文本

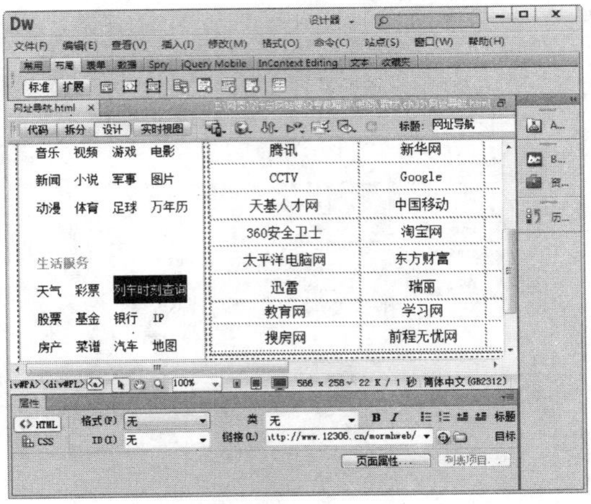

图 19-19　在【属性】面板中输入链接地址

step 03 保存文件，按 F12 键预览，然后单击【列车时刻查询】文字，页面就会跳转到列车时刻查询页面，如图 19-20 所示。

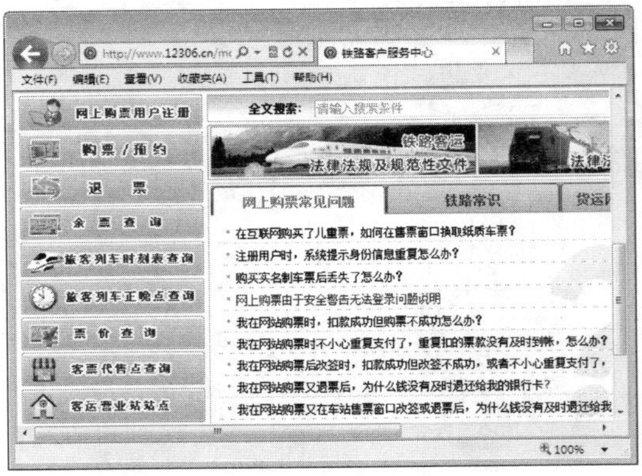

图 19-20　预览网页

19.3　网站的宣传与推广

网站做好后，需要大力地宣传和推广，只有如此才能让更多的人知道并浏览。宣传广告的方式很多，包括利用大众传媒、网络传媒、电子邮件、留言本与博客、在论坛中宣传。效果最明显的是网络传媒的方式。

19.3.1　网站宣传实用策略

除了本章前面所讲述的宣传方法外，还有以下一些比较实用的网站宣传技巧。

(1) 利用聊天室宣传网站。先在聊天室的公告中对所有人进行宣传，然后再对每个聊天室的人挨个儿宣传。很多大型网站聊天室里每天都有很大流量的聊天人员，所以这种方法见效比较快。但是需要注意的是：因为大部分聊天室都禁止发送广告性质的信息，所以在语言上需要好好斟酌才行。一般情况下，不要和聊天室的管理人员聊天，否则马上会被赶出聊天室。

(2) 利用搜索引擎宣传网站。搜索引擎是一个进行信息检索和查询的专门网站。很多网站的宣传都是依靠搜索引擎来宣传，因为网上很多浏览者都是通过搜索引擎查找相关信息。比如很多人都习惯利用百度搜索信息，所以如果在百度引擎上注册你的网站，被搜索到机会就很大。当然，读者还需要好好研究一下网站的关键字，这对增大网站被搜索的几率很重要。国内此类网站很多，比如百度、网易、搜狐、中文雅虎等，填份表格，就能成功注册，以后浏览者就能在这些引擎中查到相关的网页。

(3) 利用 QQ 宣传网站。目前，很多网页浏览者都有自己的 QQ，所以利用 QQ 宣传也是一个比较实用的方法。首先要多注册几个 QQ 号码，然后在 QQ 中创建不同的分组，依次添加陌生人，开始宣传网站。一般以创业为向导，找到和浏览者共同的兴趣点。如果浏览者感兴趣，则继续聊下去，否则不需要打扰别人，继续寻找下一个目标。根据以往的网站宣传经验，这种方法见效比较快。

19.3.2 利用大众传媒进行推广

大众传媒通常包括电视、书刊报纸、户外广告以及其他印刷品等。

1. 电视

目前，电视是最大的宣传媒体。如果在电视中做广告，一定能收到像其他电视广告商品一样家喻户晓的效果，但对于个人网站而言就不太适合了。

2. 书刊报纸

报纸是仅次于电视的第二大媒体，也是使用传统方式宣传网站的最佳途径。作为一名电脑爱好者，在使用软硬件和上网的过程中，通常也积累了一些值得与别人交流的经验和心得，那就不妨将它写出来，写好后寄往像《电脑爱好者杂志》等比较著名的刊物，从而让更多的人受益。可以在文章的末尾注明自己的主页地址和 E-mail 地址，或者将一些难以用书稿方式表达的内容放在自己的网站中表达。如果文章很受欢迎，那么就能吸引更多的朋友前来访问自己的网站。

3. 户外广告

在一些繁华、人流量大的地段的广告牌上做广告也是一种比较好的宣传方式。目前，在街头、地铁内所做的网站广告就说明了这一点，但这种方式比较适合有实力的商业性质的网站。

4. 其他印刷品

公司信笺、名片、礼品包装等都应该印上网址名称，让客户在记住你的名字、职位的同时，也能看到并记住你的网址。

19.3.3 利用网络媒介进行推广

由于网络广告的对象是网民，具有很强的针对性，因此，使用网络广告不失为一种较好的宣传方式。

1. 网络广告

在选择网站做广告的时候，需要注意以下两点。

(1) 应选择访问率高的门户网站，只有选择访问率高的网站，才能达到“广而告之”的效果。

(2) 优秀的广告创意是吸引浏览者的重要“手段”，要想唤起浏览者点击的欲望，就必须给浏览者点击的理由。因此，图形的整体设计、色彩和图形的动态设计以及与网页的搭配等都是极其重要的，如图 19-21 所示为天天营养网首页，在其中就可以看到添加的网络广告信息。

2. 电子邮件

这个方法对自己熟悉的朋友使用比较有效，或者在主页上提供更新网站邮件订阅功能，一旦自己的网站有更新，便可通知网友了。如果随便地向自己不认识的网友发 E-mail 宣传自己主页的话，就不太友好了。有些网友会认为那是垃圾邮件，以至于给网友留下不好的印象，并列入黑名单或拒收邮件列表内，这样对提高自己网站的访问率并无实质性的帮助，而且若未经别人同意就三番五次地发出一样的邀请信，也是不礼貌的。

发出的 E-mail 邀请信要有诚意，态度要和蔼，并将自己网站更新的内容简要地介绍给网友，倘若网友表示不愿意再收到类似的信件，就不要再将通知邮件寄给他们了，如图 19-22 所示为邮箱登录页面。

图 19-21　天天营养网

图 19-22　电子邮件广告

3. 留言板、博客

处处留言、引人注意也是一种很好的宣传自己网站的方法。在网上浏览当看到一个不错的网站时，可以考虑在这个网站的留言板中留下赞美的语句，并把自己网站的简介、地址一并写下来，将来其他朋友留言时看到这些留言，说不定就会有兴趣到你的网站中去参观一下。

随着网络的发展，现在诞生了许多个人博客，在博客中也可以留下你宣传网站的语句。还有一些是商业网站的留言板、博客等，比如网易博客等，每天都会有数百人在上面留言，访问率较高，在那里留言对于让别人知道自己网站的效果会更明显，如图 19-23 所示为网易博客的首页。

留言时的用语要真诚、简洁，切莫将与主题无关的语句也写在上面。留言篇幅要尽量简短，不要将同一篇留言反复地写在别人的留言板上。

4. 网站论坛

目前，大型的商业网站中都有多个专业论坛，有的个人网站上也有论坛，那里会有许多人在发表观点，在论坛中留言也是一种很好的宣传网站的方式，如图 19-24 所示为天涯论坛首页。

图 19-23　网易博客

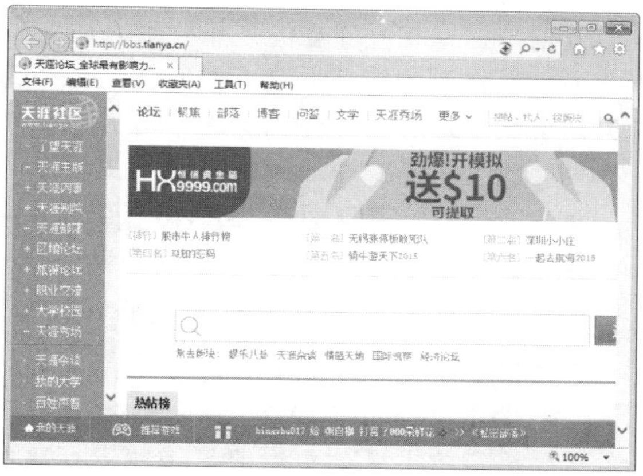

图 19-24　天涯论坛

19.3.4　利用其他形式进行推广

大众媒体与网络媒体是比较常见的网站推广方式，下面再来介绍几种其他推广方式。

1. 注册搜索引擎

在知名的网站中注册搜索引擎，可以提高网站的访问量。当然，很多搜索引擎(有些是竞价排名)是收费的，这对商业网站可以使用，对个人网站就有点不好接受了，如图 19-25 所示为百度网站的企业推广首页。

2. 和其他网站交换链接

对于个人网站来说，友情链接可能是最好的宣传网站的方式。跟访问量大的、优秀的个人网页相互交换链接，能大大地提高网页的访问量，如图 19-26 所示为某个网站的友情链接区域。

图 19-25 百度推广首页

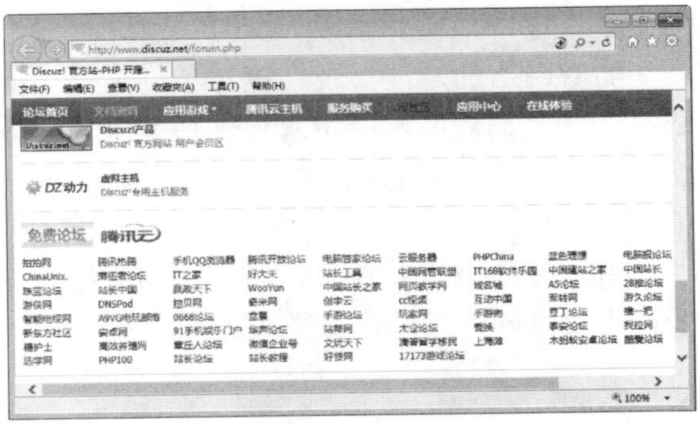

图 19-26 网站友情链接

这个方法比参加广告交换组织要有效得多，起码可以选择将广告放置到哪个网页。能选择与那些访问率较高的网页建立友情链接，这样造访网页的网友肯定会多起来。

友情链接是相互建立的，想要别人加上自己网站的链接，就要在自己网页的首页或专门做【友情链接】的专页放置对方的链接，并适当地进行推荐，这样才能吸引更多的人愿意与你共建链接。此外，网站标志要制作的漂亮、醒目，使人一看就有兴趣点击。

19.4 实战演练——查看网站的流量

添加并查看网站流量功能的具体操作如下。

step 01 在 IE 浏览器中输入网址“http://www.cnzz.com/”，打开“CNZZ 数据专家”网的主页，如图 19-27 所示。

step 02 单击【免费注册】按钮进行注册，进入创建用户界面，根据提示输入相关信息，如图 19-28 所示。

图 19-27 “CNZZ 数据专家”网的主页

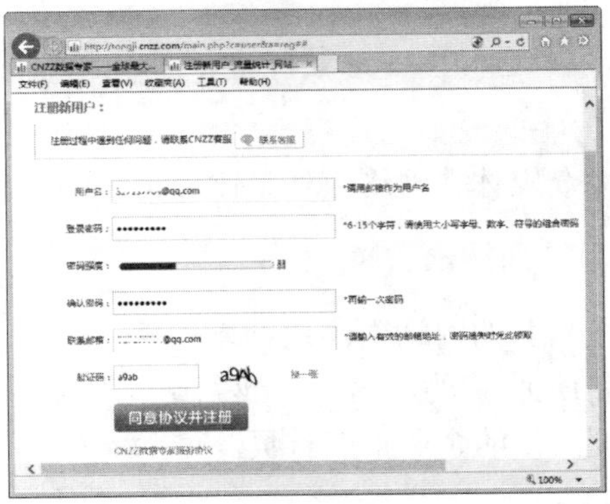

图 19-28 注册页面

step 03 单击【同意协议并注册】按钮，即可注册成功，并进入【添加站点】界面，如图 19-29 所示。

step 04 在【添加站点】界面中输入相关信息，如图 19-30 所示。

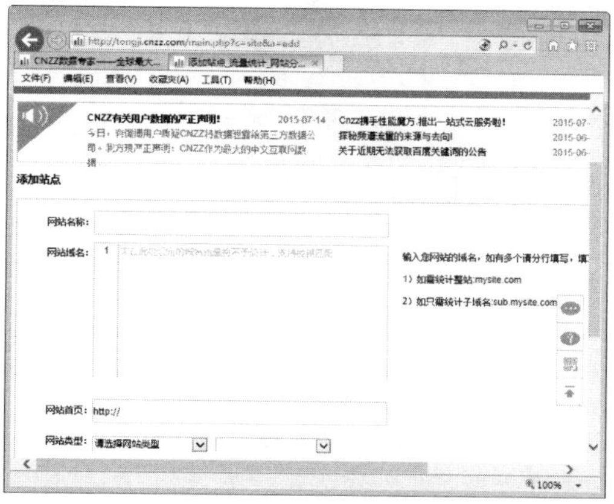

图 19-29 【添加站点】界面

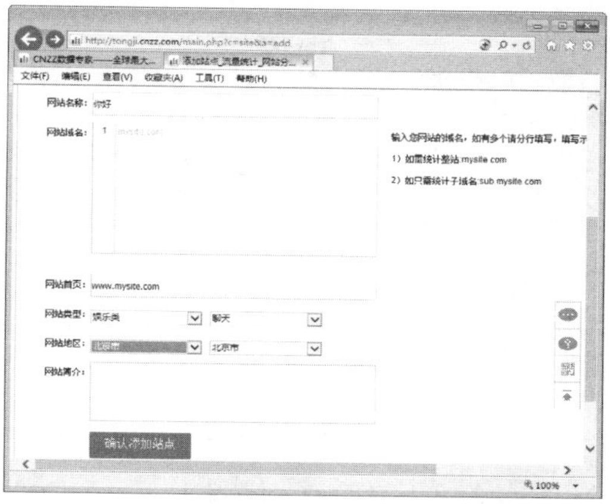

图 19-30 输入站点信息

step 05 单击【确认添加站点】按钮，进入【站点设置】界面，如图 19-31 所示。

step 06 在【统计代码】界面中单击【复制到剪切板】按钮，根据需要复制代码(此处选择“站长统计文字样式”)，如图 19-32 所示。

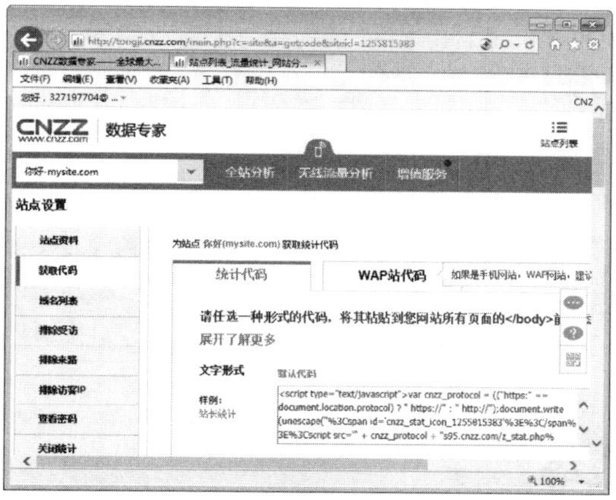

图 19-31 设置站点界面

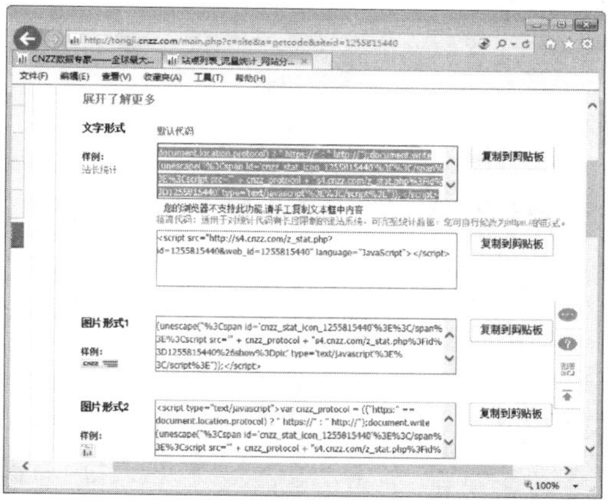

图 19-32 复制代码

step 07 将代码插入到页面源码中，如图 19-33 所示。

step 08 保存并预览效果，如图 19-34 所示。

图 19-33　添加代码到页面源代码之中

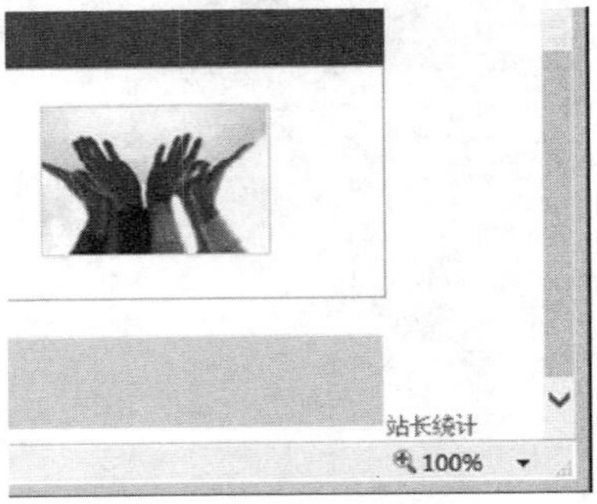

图 19-34　预览网页

step 09 单击【站长统计】按钮，进入【查看用户登录】界面，如图 19-35 所示。

step 10 进入查看界面，即可查看网站的浏览量，如图 19-36 所示。

图 19-35　【查看用户登录】界面

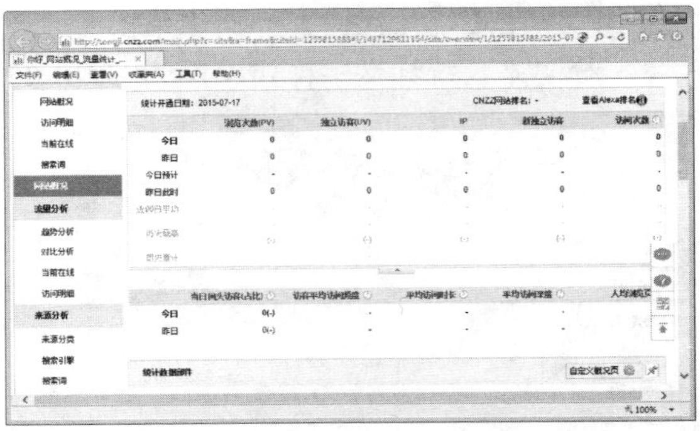

图 19-36　网站的浏览结果

19.5　跟我练练手

19.5.1　练习目标

能够熟练掌握本章节所讲内容。

19.5.2　上机练习

练习 1：在网站中添加广告。

练习 2：在网站中添加使用查询工具。

练习 3：网站的宣传与推广。

练习 4：查看网站的流量。

19.6 高手甜点

甜点 1：网站广告的摆放位置。

由于人的眼球会因为阅读而产生疲劳，所以在越靠近左上角的位置越能够吸引读者的注意力。这也是为什么很多网站的 logo 都是放在左上角，可不要说设计者都是千篇一律。这样子做其实是有好处的，在左上角的 logo 更加能够让人记住你的站的这个“品牌”。

同样，相反来说，越是靠右下角的位置就越失去广告的价值。首先，如果要强逼将某个广告放在某个位置，已经违反了上面的原则。不要说广告不会成为网站的一部分，相反，会很影响来访者的视觉，严重的会引起读者对网站的反感，甚至不再访问。

其次，要记住，写博客或者做站，吸引来访者的并不是你站内的广告，而是实实在在的内容。这些宝贵的位置，是要留起来，让这些内容可以吸引来访者，从而让广告有机会被看到继而被点击。

甜点 2：正确添加视频播放器。

在网站中添加视频播放器时，应尽量使用音乐文件的相对路径，比如 images\yinyue.mp3。这可以保障当网页文件夹的路径发生变化时，视频播放器仍然可以正常地连接到音乐文件。

第 20 章 打造坚实的保垒——网站安全与防御

网站攻击技术无处不在，在某个安全程序非常高的网站，攻击者也许只用小小的一行代码就可以让网站成为入侵者的帮凶，让网站访问者成了最无辜的受害者。

20.1 网站维护基础知识

在学习网站安全与防御策略之前，用户需要了解相关的网站基础知识。

20.1.1 网站的维护与安全

网站安全的基础是系统与平台的安全，只有在做好系统平台的安全工作后，才能保证网站的安全。目前，随着网站数量的增多，以及编写网站代码的程序语言也在不断地更新，致使网站漏洞层出不穷，黑客攻击手段不断变化，让用户防不胜防。但用户可以以不变应万变，从如下几个方面来防范网站的安全。

目前，由于每个网站的服务器空间并不都是自己的。因为，一些小的公司没有经济实力购买自己的服务器，他们只能去租别人的服务器，所以对于在不同地方的网站服务器空间，其网站防范措施也不尽相同。

1. 网站服务空间是租用的

针对这种情况，网站管理员只能在保护网站的安全方面下功夫，即在网站开发这块儿做一些安全的工作。

(1) 网站数据库的安全。一般 SQL 注入攻击主要是针对网站数据库的，所以需要在数据库连接文件中添加相应防攻击的代码。比如在检查网站程序时，打开那些含有数据库操作的 ASP 文件，这些文件是需要防护的页面，然后在其头部加上相关的防注入代码，于是这些页面就能防注了，最后再把它们都上传到服务器上。

(2) 堵住数据库下载漏洞，换句话说就是不让别人下载数据库文件，并且数据库文件的命名最好复杂并隐藏起来，让别人认不出来。有关如何防范数据库下载漏洞的知识，将在下一节进行详细介绍。

(3) 网站中最好不要有上传和论坛程序。因为这样最容易产生上传文件漏洞以及其他的网站漏洞，关于这一点笔者在网站漏洞分析章节已经做了详细的介绍，这里不再重述。

(4) 对于后台管理程序的要求是，首先不要在网页上显示后台管理程序的入口链接，防止黑客攻击，其次用户名和密码不能过于简单且要定期更换。

(5) 定期检查网站上的木马，使用某些专门木马查杀工具，或使用网站程序集成的监测工具定期检查网站上是否存在有木马。另外还可以把网站上除了数据库文件外的文件，都改成只读的属性，以防止文件被篡改。

2. 网站服务空间是自己的

针对这种情况，除了采用上述几点对网站安全进行防范外，还要对网站服务器的安全进行防范。这里以 Windows+IIS 实现的平台为例，需要做到如下几点。

(1) 服务器的文件存储系统要使用 NTFS 文件系统，因为在对文件和目录进行管理方面，NTFS 系统更安全有效。

(2) 关闭默认的共享文件。

(3) 建立相应的权限机制，让权限分配以最小化权限的原则分配给 Web 服务器访问者。

(4) 删除不必要的虚拟目录、危险的 IIS 组件和不必要的应用程序映射。

(5) 保护好日志文件的安全。因为日志文件是系统安全策略的一个重要环节，可以通过对日记的查看，及时发现并解决问题，确保日志文件的安全能有效提高系统整体的安全性。

20.1.2 常见的网站攻击方式

网站攻击的手段极其多样，黑客常用的网站攻击手段主要有如下几种。

1. 阻塞攻击

阻塞类攻击手段的典型攻击方法是拒绝服务攻击(Denial of Service，DOS)。该方法是一类个人或多人利用网络协议组的某些工具，拒绝合法用户对目标系统(比如服务器等)或信息访问。攻击成功后的后果为使目标系统死机、使端口处于停顿状态等，还可以在网站服务器中发送杂乱信息、改变文件名称、删除关键的程序文件等，进而扭曲系统的资源状态，使系统的处理速度降低。

2. 文件上传漏洞攻击

网站的上传漏洞根据在网页文件上传的过程中，对其上传变量的处理方式的不同，可分为动力型和动网型两种。其中，动网型上传漏洞是编程人员在编写网页时，未对文件上传路径变量进行任何过滤就进行了上传，从而产生了漏洞，以致用户可以对文件上传路径变量进行任意修改。动网型上传漏洞最早出现在动网论坛中，其危害性极大，使很多网站都遭受攻击。而动力上传漏洞是因为网站系统没有对上传变量进行初始化，在处理多个文件上传时，可以将 ASP 文件上传到网站目录中所产生的漏洞。

上传漏洞攻击方式对网站安全威胁极大，攻击者可以直接上传比如 ASP 木马文件而得到一个 WEBSHELL，进而控制整个网站服务器。

3. 跨站脚本攻击

跨站脚本攻击一般是指黑客在远程站点页面 HTML 代码中插入具有恶意目的的数据。用户认为该页面是可信赖的，但当浏览器下载该页面时，嵌入其中的脚本将被解释执行。跨站脚本攻击方式最常见的，比如通过窃取 cookie，或通过欺骗使用户打开木马网页，或直接在存在跨站脚本漏洞的网站中写入注入脚本代码，在网站挂上木马网页等。

4. 弱密码的入侵攻击

这种攻击方式首先需要用扫描器探测到 SQL 账号和密码信息，进而拿到 SA 的密码，然后用 SQLEXEC 等攻击工具通过 1433 端口连接到网站服务器上，再开设以系统账号，通过 3389 端口登录。这种攻击方式还可以配合 WEBSHELL 来使用。一般的 ASP+MSSQL 网站通常会把 MSSQL 连接密码写到一个配置文件当中，用 WEBSHELL 来读取配置文件里面的 SA 密码，然后再上传一个 SQL 木马来获取系统的控制权限。

5. 网站旁注入侵

这种技术是通过 IP 绑定域名查询的功能，先查出服务器上有多少网站，再通过一些薄弱的网站实施入侵，拿到权限之后转而控制服务器的其他网站。

6. 网站服务器漏洞攻击

网站服务器的漏洞主要集中在各种网页中。由于网页程序编写得不严谨，从而出现了各种脚本漏洞，比如动网文件上传漏洞、Cookie 欺骗漏洞等都属于脚本漏洞。但除了这几类常见的脚本漏洞外，还有一些专门针对某些网站程序出现的脚本程序漏洞，比如用户对输入的数据过滤不严、网站源代码暴露以及远程文件包含漏洞等。

对这些漏洞的攻击，攻击者需要有一定的编程基础。现在网络上随时都有最新的脚本漏洞发布，也有专门的工具，初学者完全可以利用这些工具进行攻击。

20.2 网站安全防御策略

在了解了网站安全基础知识后，下面介绍网站安全防御策略。

20.2.1 检测上传文件的安全性

服务器提供了多种服务项目，其中上传文件是其提供的最基本的服务项目。它可以让空间的使用者自由上传文件，但是在上传文件的过程中，很多用户可能会上传了一些对服务器造成致命打击的文件，比如最常见的 ASP 木马文件。所以网络管理员必须利用入侵检测技术来检测网页木马是否存在，以防止随时随地都有可能发生的安全隐患。“思易 ASP 木马追捕”就是一个很好的检测工具，通过该工具可以检测到网站中是否存在 ASP 木马文件。

下面就来介绍一下使用“思易 ASP 木马追捕”检测上传文件是否是木马的过程，具体操作步骤如下。

step 01 下载“思易 ASP 木马追捕 2.0”源文件，并将 asplist2.0.asp 文件存放在 IIS 默认目录 H:\Inetpub\wwwroot，然后在【管理工具】窗口中双击【Internet 信息服务】按钮，打开【Internet 信息服务】窗口。右击，在弹出的快捷菜单中选择【浏览】命令，如图 20-1 所示。

step 02 在打开的窗口中可以看到添加到 H:\Inetpub\wwwroot 目录下的 asplist2.0.asp 文件。在 IE 浏览器中打开该网页，在【检查文件类型】后面的文本框中输入思易 ASP 木马追捕可以检查的文件类型，主要包括：ASP、JPG、ZIP 在内的许多种文件类型，默认是检查所有类型。在【增加搜索自定义关键字】文本框中输入确定 ASP 木马文件所包含的特征字符，以增加木马检查的可靠性，关键字用顿号隔开，如图 20-2 所示。

图 20-1　选择【浏览】命令

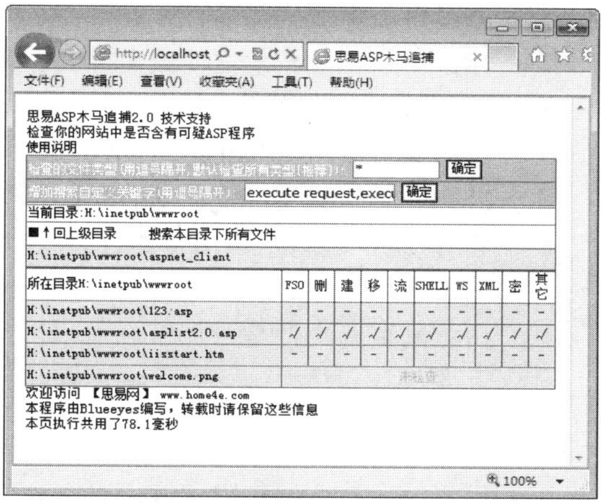

图 20-2　打开 asplist 2.0.asp 文件

step 03 在【所在目录】中列出了当前浏览器的目录，上面显示的是该目录包含的子目录，下面显示是该目录的文件。此时单击目录列表中的目录可以检查相应的目录，而单击【回到上级目录】链接按钮即可返回到当前目录的上一级目录，如图 20-3 所示。

step 04 在设置好【检查文件类型】和【增加搜索自定义关键字】属性后，单击【确定】按钮，根据设置进行网页木马的探测，如图 20-4 所示。

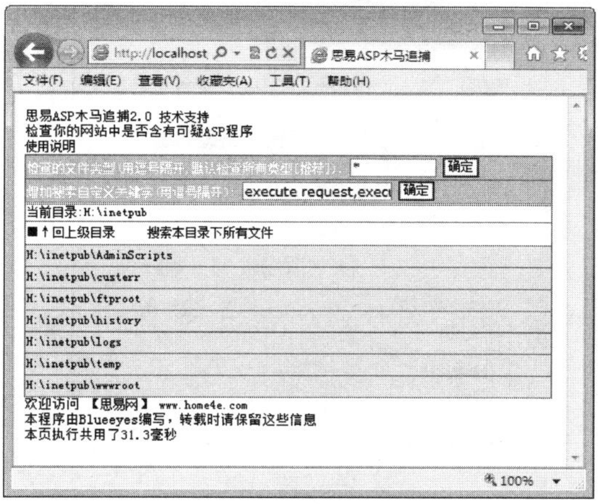

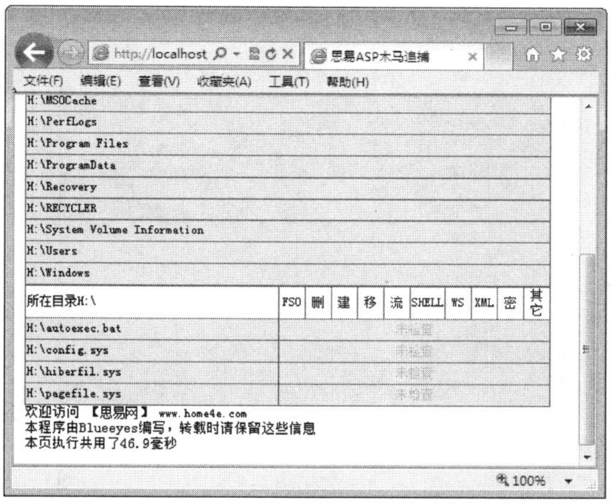

图 20-3　网页预览效果

图 20-4　网页木马探测结果

step 05 在“思易 ASP 木马追捕”工具中可以查看目录下的每一分文件，正常的网页文件一般不会支持删除、新建、移动文件的操作。如果检测出来的文件支持删除、新建操作或同时支持多种组件的调用，则可以确定该文件为木马病毒，直接将其删除即可。

图 20-4 中显示的各个参数的含义如下。

- FSO：即 FSO 组件，具有远程删除新建修改文件或文件夹的功能。

- 删：可以在线删除文件或文件夹。
- 建：可以在线新建文件或文件夹。
- 移：可以在线移动文件或文件夹。
- 流：是否调用 Adodbe.stream。
- Shell：是否调用 Shell，Shell 是微软对一些常用外壳操作函数的封装。
- WS：是否调用 WSCIPT 组件。
- XML：是否调用 XMLHTTP 组件。
- 密：网页源文件是否加密。

20.2.2 设置网站的访问权限

限制用户的网站访问权限往往可以有效堵住入侵者的上传。

设置网站访问权限的具体操作步骤如下。

step 01 在资源管理器中右击 D:\inetpub 中的 www.***.com 目录，在弹出的快捷菜单中选择【属性】命令，在打开的对话框中切换到【安全】选项卡，如图 20-5 所示。

step 02 在【组和用户名】列表中选择任意一个用户名，然后单击【编辑】按钮，打开【权限】对话框，如图 20-6 所示。

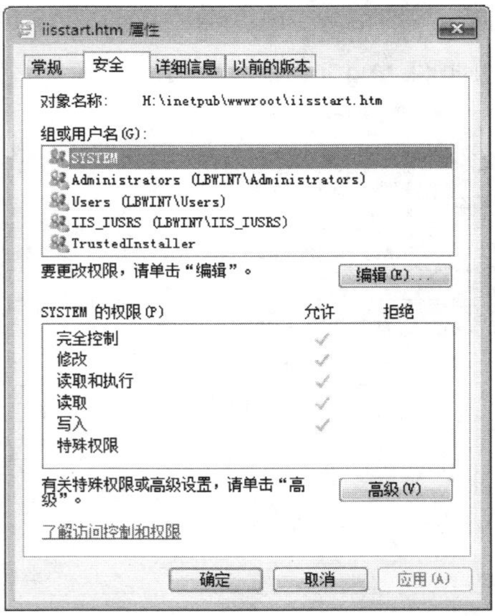

图 20-5 【安全】选项卡

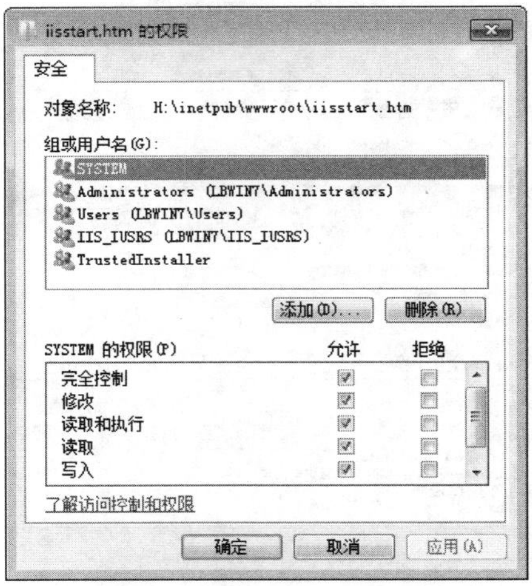

图 20-6 【权限】对话框

step 03 单击【添加】按钮，打开【选择用户或组】对话框，在其中输入用户名"Everyone"，如图 20-7 所示。

step 04 单击【确定】按钮，返回文件夹属性对话框中可看到已将 Everyone 用户添加到列表中。在权限列表中选择【读取和运行】、【列出文件夹目录】、【读取】权限后，单击【确定】按钮，即可完成设置，如图 20-8 所示。

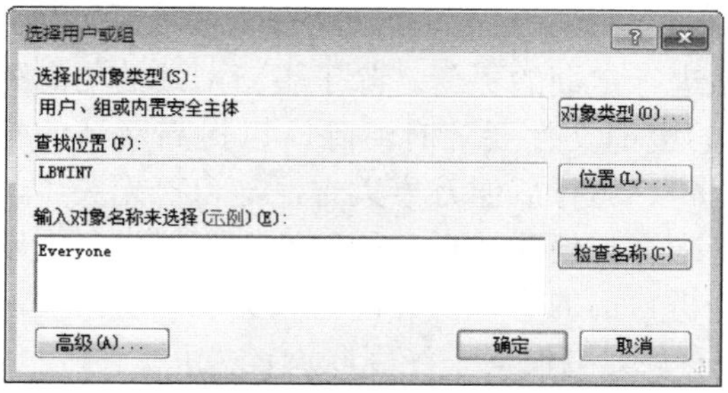

图 20-7 【选择用户或组】对话框

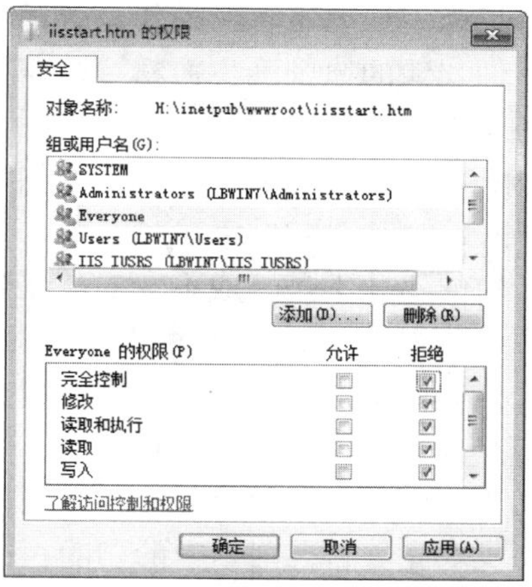

图 20-8 文件夹属性对话框

另外，在网页文件夹中还有数据库文件的权限设置需要进行特别设置。因为用户在提交表单或注册等操作时，会修改到数据库的数据，所以除了给用户读取的权限外，还需要写入和修改权限，否则也会出现用户无法正常访问网站的问题。

设置网页数据库文件的权限的操作方法如下：右击文件夹中的数据库文件，在弹出的快捷菜单中选择【属性】命令，在打开的属性对话框中切换到【安全】选项卡，在【组或用户名称】列表中选择 Everyone 用户，在权限列表中再选择【修改】、【写入】权限。

20.4 高手甜点

网站做好后，需要对网站进行相应的维护，主要是对网站硬件和软件的维护。

甜点 1：网站硬件的维护。

硬件中最主要的就是服务器，一般要求使用专用的服务器，不要使用 PC 代替。因为专用的服务器中有多个 CPU，并且硬盘的各方面的配置也比较优秀；如果其中一个 CPU 或硬盘坏了，别的 CPU 和硬盘还可以继续工作，不会影响到网站的正常运行。

网站机房通常要注意室内的温度、湿度以及通风性，这些将影响到服务器的散热和性能的正常发挥。如果有条件，最好使用两台或两台以上的服务器，所有的配置最好都是一样的，因为服务器经过一段时间要进行停机检修，在检修的时候可以运行别的服务器工作，这样不会影响到网站的正常运行。

甜点 2：网站软件的维护。

软件管理也是确保一个网站能够良好运行的必要条件，通常包括服务器的操作系统配置、网站的定期更新、数据的备份以及网络安全的防护等。

(1) 服务器的操作系统配置。

一个网站要能正常运行，硬件环境是一个先决条件。但是服务器操作系统的配置是否可行和设置的优良性如何，则是一个网站能否良好长期运行的保证。除了要定期对这些操作系统进行维护外，还要定期对操作系统进行更新，并使用最先进的操作系统。一般来说，操作系统中软件安装的原则是少而精，即在服务器中安装的软件应尽可能地少，只要够用即可，这样可防止各个软件之间相互冲突。因为有些软件还是不健全的、有漏洞的，还需要进一步地完善，所以安装的软件越多，潜在的问题和漏洞也就越多。

(2) 网站的定期更新。

网站的创建并不是一成不变的，还要对网站进行定期的更新。除了更新网站的信息外，还要更新或调整网站的功能和服务。对网站中的废旧文件要随时清除，以提高网站的精良性，从而提高网站的运行速度。不要以为网站上传、运行后便万事大吉，与自己无关了，其实还要多光顾自己的网站，可以作为一个旁观者来客观地看待自己的网站，评价自己的网站与别的优秀网站相比还有哪些不足。有时自己分析自己的网站往往比别人更能发现问题，然后再进一步地完善自己网站中的功能和服务。还有就是要时时关注互联网的发展趋势，随时调整自己的网站，使其顺应潮流，以便给别人提供更便捷和贴切的服务。

(3) 数据的备份。

所谓数据的备份，就是对自己网站中的数据进行定期备份，这样既可以防止服务器出现突发错误丢失数据，又可以防止自己的网站被别人“黑”掉。如果有了定期的网站数据备份，那么即使自己的网站被别人“黑”掉了，也不会影响网站的正常运行。

(4) 网络安全的防护。

所谓网络的安全防护，就是防止自己的网站被别人非法地侵入和破坏。除了要对服务器进行安全设置外，首要的一点是要注意及时下载和安装软件的补丁程序。另外，还要在服务器中安装、设置防火墙。防火墙虽然是确保安全的一个有效措施，但不是唯一的，也不能确保绝对安全。为此，还应该使用其他的安全措施。另外一点就是要时刻注意病毒的问题，要时刻对自己的服务器进行查毒、杀毒等操作，以确保系统的安全运行。

随着网络的飞速发展，网络上的不安全因素也越来越多，所以有必要保护网络的安全。在操作计算机的同时，要采用一定的安全策略和防护方法。比如提高网络的安全意识，要养成不随意透露密码、尽量不用生日或电话号码等容易被破解的信息作为密码，经常更换密码，禁用不必要的服务。在操作计算机时，显示器上常常会出现一些不需要的信息，应根据实际情况禁用一些不必要的服务，并安装一些对计算机能起到保护作用的程序等。